全国高等农林院校“十一五”规划教材
全国高等农林院校基础类课程教材

有 机 化 学

第2版

张金桐　主编

中国林業出版社

图书在版编目（CIP）数据

有机化学/张金桐主编. －2版. —北京：中国林业出版社，2011.3（2013.12重印）
全国高等农林院校“十一五”规划教材　全国高等农林院校基础类课程教材
ISBN 978-7-5038-6104-8

Ⅰ.①有…　Ⅱ.①张…　Ⅲ.①有机化学-高等学校-教材　Ⅳ.①062

中国版本图书馆CIP数据核字（2011）第033284号

出版：中国林业出版社（100009　北京西城区刘海胡同7号）
E-mail：forestbook@163.com　电话：010－83222880
网址：http：//lycb.forestry.gov.cn
发行：中国林业出版社
印刷：北京北林印刷厂
版次：2004年7月第1版（共印2次）
　　　2011年3月第2版（共印1次）
印次：2013年12月第4次
开本：787mm×1092mm　1/16
印张：22.25
字数：540千字
印数：5001～10000册
定价：30.00元

全国高等农林院校“十一五”规划教材
全国高等农林院校基础类课程教材

《有机化学（第2版）》
编写组

主　编　张金桐
副主编　李进民　赵晋忠
编　者　（以姓氏笔画为序）
王世飞（山西农业大学）
刘涌洲（山西农业大学）
李进民（山西大同大学）
李咏玲（山西农业大学）
李　锐（山西农业大学）
张金桐（山西农业大学）
张建刚（山西农业大学）
陈红兵（山西农业大学）
陈金珠（江西农业大学）
武　鑫（山西农业大学）
赵晋忠（山西农业大学）
贾俊仙（山西农业大学）
徐鲁斌（青岛农业大学）

内容简介

本书以适应全国高等教育教学改革提出的“厚基础、宽口径、强能力、高素质、广适应”人才培养模式的需要，以培养学生的科学思维能力、分析和解决问题的能力及创新能力为目标，突出农林院校动、植物生产类和生物科学类等专业特点，着重介绍有机化学的基本知识和基本理论，以价键理论和电子效应为主详细阐明了各类有机化合物结构和性质的关系。全书共十七章分五部分。第一部分为基本知识、基本理论及研究对象和研究方法。第二部分以官能团分类详细阐述各类化合物的命名、结构特征、物理化学性质及其应用。第三部分介绍天然有机化合物及次生物质。第四部分介绍立体异构。第五部分简要介绍波谱知识和高分子化合物。每章都有重要的综合性练习题，还有适量的思考题供学生复习、巩固知识。

本书可作为高等院校农、林、牧、水产等专业本科生的教材，也可供相关院校师生和农林、生物科研工作者使用。

第2版前言

本教材缘于山西农业大学董雍年、丁起盛和康俊卿三位教授编写出版的《有机化学》（中国林业出版社，2001）一书，根据“面向21世纪课程教材”有机化学教学研讨会制订的“有机化学教学大纲”，结合多年的教学经验和课程体系改革的研究成果，由张金桐教授主编出版了《有机化学》第1版（2004年）。本教材自第1版出版以来，已经7年了，深受使用过本书的高等农林院校的大学生、研究生以及相关学科工作者的欢迎，为适应高等教育和现代科学的发展，决定再版。

再版与第1版比较，编写的体例没有变化，编写的重点仍然是从加强基础的观点出发，以培养学生的科学思维能力，分析问题、解决问题和创新能力为目标，着力拓宽知识面，以适应当前农林院校各学科以及新增学科发展的需要。再版书的特点就是根据结构与功能统一对重点章节进行编排，比如芳香烃的结构及其结构如何决定芳香烃在亲电取代反应中的行为作为第四章的主题。相继的几章介绍官能团的内容，并按照芳香烃的安排加以叙述：命名、结构、反应和其他应用。由于对结构和反应的侧重，在介绍重要反应时结合反应机理，使两者有机的统一起来，有利于学生理解和记忆。

本教材第1版出版以后，我们收到一些宝贵的建议，在再版编写过程中，尽可能采纳这些意见，修改相应的错误和缺点，为此谨向有关同志表示衷心感谢。同时为使本教材更加适应于农林院校，参加编写的院校和编写作者进行了调整。

再版由山西农业大学联合山西大同大学、青岛农业大学和江西农业大学共同编写。主编：张金桐；副主编：李进民，赵晋忠；参编：张金桐（第一、二章）、陈红兵（第三、十一章）、张建刚（第四章）、陈金珠（第五章）、李锐（第六章）、徐鲁斌（第七章）、赵晋忠（第八、十七章）、贾俊仙（第九、十六章）、刘涌洲（十章）、李咏玲（第十二章）、李进民（第十三章）、王世飞（第十四章）和武鑫（第十五章）。在编写过程中，承蒙有关兄弟院校各级领导大力支持和参编者的紧密配合，特别是山西农业大学教务处和中国林业出版社为本书做了大量工作，谨在此一并表示感谢。本版可能仍难免有错误之处，恳请同行和读者批评指正。

编者
2011年2月
于山西太谷

第1版前言

本教材是根据“面向21世纪课程教材”有机化学教学研讨会制定的“有机化学教学大纲”，以适应“面向21世纪高等农林院校有机化学课程体系和教学改革方案”的要求，参照已经多年使用的、由山西农业大学董雍年、丁起盛和康俊卿三位教授编写出版的《有机化学》（中国林业出版社，2001）一书，结合作者多年的教学经验和全国高等农业院校教学内容和课程体系改革的研究成果编写的。全书共十七章。可作为高等院校农、林、牧、水产等专业本科生的教材，也可供高等院校其他相关专业使用。

本教材吸取了近年来国内外教材的特点，以培养学生的科学思维能力，分析问题、解决问题和创新能力为目标，着力拓宽知识面，反映有机化学领域的最新技术和最新进展，以适应迅速发展的高等教育的需要。在编写过程中，考虑当前农林院校的教学实际和各学科发展的现状，本教材以有机化合物的结构和性质为主线，对各类化合物的物理化学性质及应用进行阐述，加强了有机化学基本理论、基本知识和基本技能的教学和训练，在重点介绍价键理论、电子效应的同时，适当地介绍了分子轨道理论。主要反应历程穿插结合在各类化合物化学反应中加以介绍。对构象和顺反异构等内容提前安排，以利于学生尽早树立有机化合物立体概念，较深入地理解有机化合物的结构、性质和反应历程内在联系。为体现生物学科的特点和后续课程的衔接，适当增加了碳水化合物、脂肪、蛋白质和核酸及次生物质的比重。有关波谱的基本知识、高分子化合物都另设专章介绍，以拓宽学生知识面，适应不同专业的需要（注有＊号的内容可作为选读内容）。

本教材在内容的选编和安排上注意了教材的系统性、科学性和完整性，由浅入深、循序渐进，注意联系农业科学实际，在叙述上力求深入浅出，在文字上力求通俗易懂，便于自学。每章除有综合性习题外，还附有适量的针对各章节重点和难点的思考题，以利于学生及时复习和巩固所学知识。

本教材由山西农业大学联合山西大同大学、山西师范大学及临汾学院共同编写，由张金桐任主编，李进民、董胜利任副主编，丁起盛任主审。由张金桐（第一、二章）、陈红兵（第三、十一一章）、刘涌洲（第四、十章）、陈克民（第五章）、李锐（第六章）、古玲（第七章）、赵晋忠（第八、十七章）、贾俊仙（第九、十六章）、裴宝弟（第十二章）、李进民（第十三章）、董胜利（第十四章）和冀满祥（第十五章）执笔编写。全书由张金桐教授和丁起盛教授统一整理定稿。

在编写过程中，承蒙有关兄弟院校各级领导大力支持和参编者的紧密配合，特别是山西农业大学教务处和中国林业出版社为本书的问世做了大量工作。谨在此一并表示衷心感谢。

由于编者水平有限，书中错误和疏漏之处在所难免，恳请同行和读者批评指正。

编　者

2004年5月1日

于山西太谷

目　　录

第一章 绪 论

有机化学是研究有机化合物的一门科学，它与人类的生活和工农业生产有着极为密切的关系。

农业生产是人类利用和改造大自然的具体体现。农业科学研究的具体对象—动物和植物的主要组成成分，除水以外，就当属各类有机化合物了。深入探讨这些物质在生物体内的转化规律以及它们和自然界的内在联系，是获取农业丰收的科学依据。因此，有机化学是农业院校的重点基础课程。

掌握有机化学的规律性，也有利于培养学生分析问题和解决问题的能力。

第一节 有机化合物和有机化学

一、有机化学的发展，有机化合物的定义

有机化合物这一名词是瑞典化学家柏察留斯（J. J. Berzelius）提出来的。有机化学作为一门独立的学科，是从 1828 年德国化学家武勒（F. Wöhler）从无机化合物氰酸铵（NH_4OCN）合成出典型的有机化合物尿素[$(H_2N)_2CO$]才开始了有机化学发展新纪元。随后 1848 年科尔贝（H. Kolbe）合成了醋酸，1854 年贝特洛（M. Berthelot）合成了油脂，1861 年布特列洛夫（Ъутлеров）合成了碳水化合物。在积累了大量实践经验的基础上，凯库勒（A. Keküle）、库帕（A. Couper）和布特列洛夫，分别提出了有机化合物的结构理论，其主要内容为：

（1）碳原子是四价的，在有机化合物的分子中，碳原子彼此间可以结合成长链或结合成环；碳原子间不但可以用单键相互结合，而且可以彼此间结合成双键或三键。

（2）在分子中，各原子间不是杂乱无章的堆积，而是按一定的顺序和方式相互结合着，称这种结合顺序和结合方式为化学结构。

（3）物质的性质，不仅取决于它们的分子组成，而且与它们的化学结构有着密切的关系，因此我们可以根据分子的结构来预测它们的性质；也可以根据物质的性质来推测它的结构。

经典结构理论的建立，使有机化学得到了长足的发展，在此基础上，肖莱马（K. Schorlemmer）于 1874 年把有机化合物定义为“碳氢化合物（烃）及其衍生物”，研究有机化合物的组成、结构、性质、应用及其变化规律的科学为有机化学。

二、有机化合物的特点

有机化学之所以成为一门独立的学科而从化学中分支出来，是由于有机化合物有许多有别于无机化合物的特性所决定的，有机化合物的特性可归纳如下：

1. 组成和结构上的特点 有机化合物的组成元素比较简单，所有的有机化合物都含有碳，绝大多数有机化合物还含有氢元素；此外，参与有机化合物组成的元素主要的还有氧、氮、硫、磷、卤素等。

虽然有机化合物的组成元素比较简单，但由于有机化合物中广泛地存在着同分异构现象，因此，有机化合物的数量十分庞大，目前有机化合物的种类已达到1800余万种（而无机化合物仅有十余万种）。

2. 化学反应上的特点 由于有机化合物分子中，各原子之间是以共价键相结合，所以它们在化学性质上有以下共同特点：

（1）绝大多数有机化合物都易燃烧，而且在燃烧产物中都有二氧化碳和水。

（2）和无机化合物的离子交换反应不同，有机化学反应需要经过原有的共价键断裂和新的共价键形成的过程，所以有机化学反应一般比较慢，而且反应情况也比较复杂，经常伴随有副反应的发生和副产物的生成，这给提纯有机化合物带来许多困难。

3. 物理性质上的特点 以共价键相结合的有机化合物分子的极性一般比较小，分子间的引力又主要是较弱的色散力，因此在物理性质上表现出如下一些特点：

（1）熔点、沸点比较低，一般有机化合物的熔点多在300℃以下，沸点多在350℃以下。

（2）难溶于水而易溶于有机溶剂（相似相溶）。

第二节 共 价 键

一、共价键的量子力学基础

在海特勒（Heitler）和伦敦（London）处理氢分子离子（H_2^+）的基础上，量子力学处理共价键时有两种近似方法，即价键法和分子轨道法。

1. 价键法 价键法的要点如下：

（1）成键时如果两个原子都具有未配对电子且自旋反平行时，就可以偶合形成电子对，每一对电子的偶合就是一条共价键。如果偶合两对或三对电子，就是共价双键或三键。

（2）一个电子与另一个电子偶合后，不能再与第三个电子配对偶合，这就是共价键的饱和性。

（3）电子的配对偶合必然导致电子云的重叠，电子云重叠程度越大，形成的共价键也越稳定，所以共价键形成时，总是在尽可能的情况下形成最大程度的重叠，因此共价键具有方向性。

2. 分子轨道法 分子轨道法的要点如下：

（1）原子在相互结合组成分子时，原子轨道也相应地转变为分子轨道，分子轨道的波函数可以用原子轨道的线性组合来表示，即：

$$\psi = C_1\psi_1 + C_2\psi_2$$

根据线性组合原则，两个原子轨道组成两个分子轨道。

（2）每一个分子轨道都有其相应的能级，在由两个原子轨道组成的两个分子轨道中，其中一个比低能级的原子轨道能级还低，称为“成键轨道”；另一个则比高能级的原子轨道能级还高，称为“反键轨道”。

（3）分子中的电子按照保里不相容原理、能量最低原理和洪特（F. Hund）规则填充到各个分子轨道中去。

二、碳原子的杂化轨道

1. *碳原子的基态和激发态* 碳原子的电子构型为 $1s^2$、$2s^2$、$2p_x^{\ 1}$、$2p_y^{\ 1}$、$2p_z^{\ 0}$，称为“基态”，它的外层只有 2 个未成对电子分处于 2 个 p 轨道上。当碳原子成键时，它首先要吸收一部分能量（402 kJ · mol^{-1}）使 2s 轨道上的一个电子跃迁到 p 轨道上去，这一过程称为激发。激发后碳原子的电子构型称为激发态。

$$\underset{\text{基态}}{2s^2 2p_x^{\ 1} 2p_x^{\ 1} 2p_x^{\ 0}} \xrightarrow[\text{激发}]{\text{吸收能量}} \underset{\text{激发态}}{2s^1 2p_x^{\ 1} 2p_y^{\ 1} 2p_z^{\ 1}}$$

碳原子激发时虽然要消耗一部分能量，但通过激发以后，它由两个未成对电子变成四个未成对电子，可以多形成两条共价键，由此释放的能量（以形成 C—H 键为例，将多释放 828 kJ · mol^{-1}）足以补偿激发所需的能量而且有余，使形成的分子更为稳定，所以碳原子的激发不仅是可能的，而且是必要的。

2. *碳原子的杂化轨道* 1931 年，美国化学家鲍林（L. Pauling）提出了轨道杂化理论。这一理论认为激发态的碳原子在形成分子时，成键的电子云之间将产生排斥和干扰，称为微扰。微扰的结果又将使碳原子的电子构型（电子云或原子轨道的形状及空间分布状态）发生变化，这一过程称为杂化。杂化以后的原子轨道称为杂化轨道。可见，杂化是成键的必然结果，杂化和成键是同步进行的，不同的成键情况一定会造成不同的杂化情况；也可以说，每种不同的杂化形式也必然与不同的键型相适应。在化合物中，碳原子有如下的几种杂化形式：

（1）sp^3 杂化：由 1 个 s 轨道和所有 3 个 p 轨道共同参与杂化形成 4 个能量相等的新轨道称为 sp^3 杂化，该轨道称为 sp^3 杂化轨道。每个 sp^3 杂化轨道含有 1/4 的 s 成分和 3/4 的 p 成分，它的轨道形状既不同于 s 轨道，也不同于 p 轨道，而是一种葫芦形，一头大，一头小。4 个 sp^3 杂化轨道的空间分布是轨道轴指向正四面体的四个顶点，轨道轴间的夹角为 109°28′，其几何构型为正四面体，如图 1-1 所示。

sp^3 杂化是碳原子最主要的杂化形式，如果碳原子以 4 条单键和其它原子成键时，碳原子都以 sp^3 杂化形式出现。

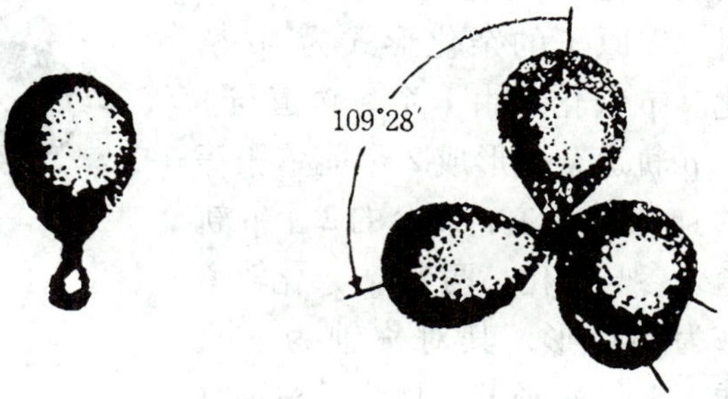

图 1-1 sp^3 杂化轨道

杂化是成键的必然结果，同时，杂化也更有利于原子间的成键。共价键的形成，其实质是原子轨道的相互重叠，原子轨道的重叠程度愈大，共价键也就愈牢固。杂化轨道的电子云分布是一头大一头小，这就增大了它与其它原子轨道重叠成键的能力，如果以 s 轨道的成键能力为 1.0 计，则 p 轨道的成键能力为 1.73，而 sp^3 杂化轨道的成键能力则为 2.0，如图 1-2 所示。此外，4 个 sp^3 杂化轨道呈正四面体排布，也在最大程度上降低了电子云之间的相互排斥。

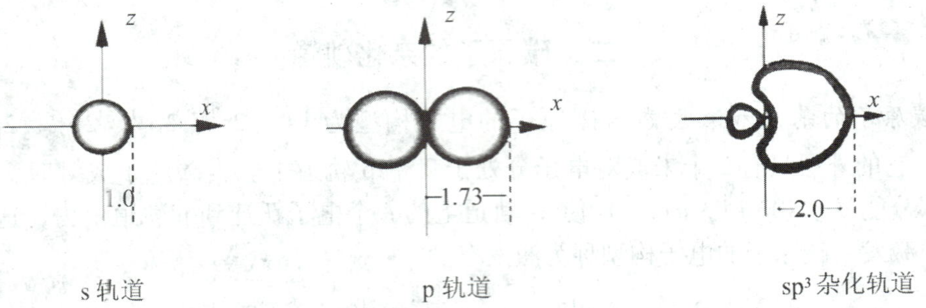

图 1-2 轨道的成键能力

（2）sp^2 杂化：当碳原子以 1 条双键 2 条单键与其它原子相键合时，碳原子的杂化形式为 sp^2 杂化，此外，碳的正离子、碳的游离基（自由基）及处于共轭状态下的碳负离子也都属于 sp^2 杂化。sp^2 杂化是由 1 个 s 轨道和 2 个 p 轨道共同杂化形成 3 个能量相等的 sp^2 杂化轨道，还剩余 1 个 p 轨道未参与杂化。

每一个 sp^2 杂化轨道也是葫芦形，3 个 sp^2 杂化轨道其对称轴共处于同一平面，彼此间的夹角为 120°，剩余的未参与杂化的 p 轨道垂直于杂化轨道的平面，如图 1-3 所示。

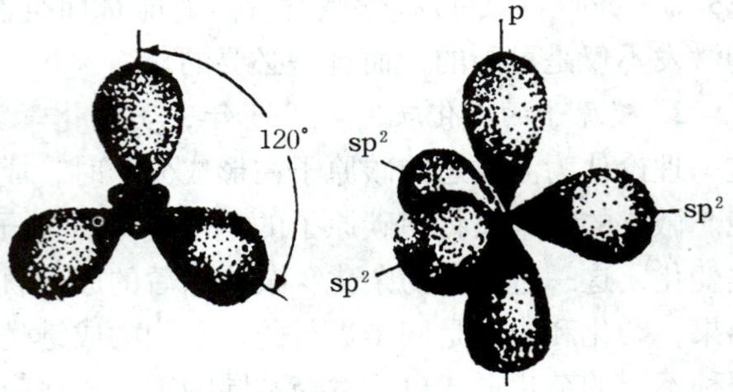

图 1-3 sp^2 杂化

（3）sp 杂化：当碳原子以 1 条单键和 1 条三键与其它原子键合或以两条双键与其它两个原子键合时，碳原子的杂化形式为 sp 杂化。sp 杂化是由 1 个 s 轨道与 1 个 p 轨道杂化形成 2 个能量相等的 sp 杂化轨道，剩余的 2 个 p 轨道未参与杂化。两个 sp 杂化轨道亦为葫芦形，其对称轴为一直线，夹角为 180°，且此对称轴垂直于剩余的 2 个 p 轨道所在的平面，如图 1-4 所示。

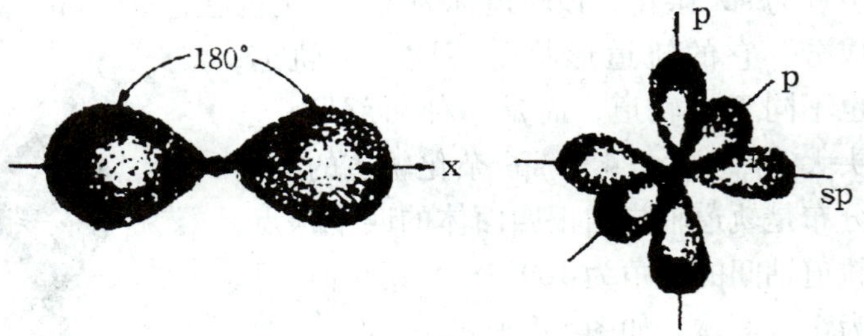

图 1-4 sp 杂化所示

三、共价键的键型

存在于有机化合物中的共价键的键型主要有两种，即 σ（希腊字母，读作 sigma）键和 π 键。

1. σ 键　原子轨道沿键轴方向互相重叠所形成的共价键称为 σ 键，所以 σ 键也是轴对称的。任何轨道之间相互重叠成键，只要成键电子云具有轴对称性，就属于 σ 键，σ 键的电子

称为 σ 电子。由于 σ 键电子云具有轴对称性，所以当成键的两个原子绕对称轴旋转时不会改变成键电子云的分布状态。所有的单键都属于 σ 键，所以单键通常是可以内旋转的。

由于 σ 键是原子轨道沿对称轴方向重叠，重叠程度较大，成键电子云密度集中于两个原子之间，因此 σ 键也是比较稳定的共价键。

2.π 键　由 p 轨道沿轨道轴侧面平行重叠所形成的共价键称为 π 键，π 键的电子称为 π 电子。π 键和 σ 键不同，它的电子云密度不是集中在核轴连线上，而是垂直对称地分布在成键原子核所在平面的上下两方，而原子核所在平面上 π 电子云的密度等于零，被称为节面。

由于 π 键是由 p 轨道侧面平行重叠而成，重叠程度比较小，所以 π 键不如 σ 键稳定。也正由于此，π 键不能独立存在，它只能和 σ 键一起组成重键。双键是由 1 个 σ 键和 1 个 π 键组成的，三键则是由 1 个 σ 键和 2 个 π 键组成的。

四、共价键的属性

共价键的属性，又称为共价键的键参数，参数就是描述物质性质的物理量，对键参数的了解是理解有机化合物结构和性质关系的重要依据。

1. 键长　成键原子核间的平衡距离称为键长，键长一般用纳米（nm）（$1nm = 10^{-7}cm = 10^{-9}m$）表示。键长不仅和成键原子有关，分子中的其它基团也会对它产生影响使键长有所变化，表 1-1 所给出的数据只是典型键长。

2. 键角　共价键具有方向性。如果某一原子能形成两条或两条以上的共价键，则一定会有夹角，称两条共价键键轴间的夹角为键角。

键角主要受原子的杂化方式决定，但其它基团也会使键角发生一定程度的变化。

3. 键能　键能是度量化学键牢固强度的物理量。当原子间相互键合形成共价键时，将要释放能量；同样，要断裂共价键，就必须吸收能量。在 101.325kPa、25℃ 时把 1mol 理想气态分子 A—B 拆开成为理想气体状态的原子或原子团所需要的能量定义为该键的离解能，单位是 $kJ \cdot mol^{-1}$。

双原子分子，键能就是离解能；多原子分子，键能是各步离解能的平均值。

表 1-1　一些化学键的键长和键能

化学键	键长（nm）	键能（$kJ \cdot mol^{-1}$）	化学键	键长（nm）	键能（$kJ \cdot mol^{-1}$）
C—H	0.109	414.41	C—N	0.147	305.58
O—H	0.096	464.65	C═N	0.130	615.34
N—H	0.100	389.30	C≡N	0.116	891.62
C—C	0.154	347.44	C—F	0.138	485.58
C═C	0.134	611.16	C—Cl	0.176	339.07
C≡C	0.120	837.2	C—Br	0.194	284.65
C—O	0.143	359.99	C—I	0.214	213.49
C═O	0.122	749.29（酮）	C—S	0.181	272.09

4. 键的极性　键的极性是度量成键电子云偏移度的物理量，键极性的大小一般用键的偶极矩（键矩）表示。偶极矩的国际单位是 C·m，它的数值等于电量和正负电荷重心距离的乘积，即“$\mu = d \cdot e$”，偶极矩是一个向量，其方向是从正电荷指向负电荷，如：

$$\overset{\delta+}{H}—\overset{\delta-}{Cl} \quad \mu = 3.44 \times 10^{-30} C \cdot m$$

键极性的大小，也可以粗略地用成键原子的电负性差值来估计，有机化合物分子中最常见元素的电负性数值如下：

C：2.5	H：2.1	O：3.5	F：4.0
Cl：3.2	Br：2.9	I：2.7	S：2.6

同种元素组成的双原子分子，由于它们的电负性相同，其正负电荷重心必然重合，这样的化学键称为非极性键，键矩等于零；不同元素原子间组成的化学键，由于元素的电负性不同，化学键的正电重心和负电重心不重合，使一端带部分正电荷，记为 δ^+，另一端则带有部分负电荷，记为 δ^-。这种正负电荷重心分离的化学键称为极性键，键矩不等于零（表 1-2）。显然，键的极性越大，它异裂形成离子的可能性也就越大。

表 1-2 一些化学键的键矩

化学键 δ^+ δ^-	偶极矩（C·m）	化学键 δ^+ δ^-	偶极矩（C·m）
H—C	1.33×10^{-30}	H—I	1.27×10^{-30}
H—N	4.37×10^{-30}	C—N	1.33×10^{-30}
H—O	5.10×10^{-30}	C—O	2.87×10^{-30}
H—S	2.27×10^{-30}	C—Cl	5.20×10^{-30}
H—Cl	3.44×10^{-30}	C—Br	4.94×10^{-30}
H—Br	2.60×10^{-30}	C—I	4.30×10^{-30}

5. 键的极化度　在外电场作用下，化学键的电子云分布状态将发生变化，称为极化，极化的结果将会产生诱导偶极。诱导偶极矩的大小与外电场强度（F）和键本身的性质有关，即 $\mu = \alpha F$，称 α 为键的极化度，它是度量化学键在外电场作用下极化难易程度的物理量。

不同的键型和组成化学键的原子结构都对化学键的极化度有影响。π 键由于其电子云分布在核平面的上、下两方，所以比起 σ 键来受核的束缚力较小，因此 π 键比 σ 键有更大的极化度。具有 18 电子层结构的原子组成的化学键比短周期元素原子组成的化学键有更大的极化度。

【思考题 1-1】

1. 什么是原子轨道、分子轨道、杂化轨道、成键轨道和反键轨道？
2. 碳原子成键时有几种杂化形式？它们各与由碳原子形成的化合物的什么结构相对应？
3. 什么叫 σ 键？什么叫 π 键？它们是怎样形成的？它们彼此间有什么异同点？

第三节　有机化合物的分类

有机化合物数量众多，结构复杂，所以需要对有机化合物有一个科学的分类方法。现在通用的分类方法有两种，一种是按碳胳的结构分类；另一种是按官能团分类。具体到某一化合物时，则需要把两种方法结合起来考虑。

一、按碳胳分类

1．开链化合物　这类化合物碳原子与碳原子连接成各类链状碳架。这类化合物最初发现于脂肪中，故又称脂肪族化合物。

开链化合物又有饱和的和不饱和的之分，如果碳原子间都以单键相键合，称为饱和开链化合物；如果碳原子间尚存在有重键（双键或三键）则为不饱和开链化合物。例如：

$CH_3—CH_2—CH_2—CH_2—CH_3$

正戊烷

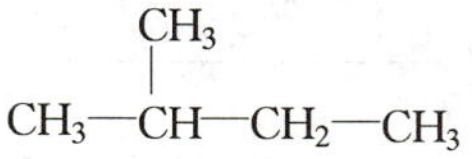

异戊烷

$CH_3—CH_2—CH_2—CH═CH_2$

1-戊烯

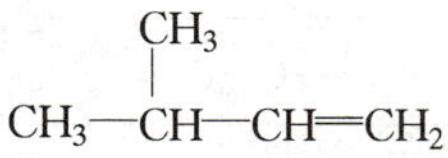

3-甲基-1-丁烯

2．碳环化合物　碳环化合物的特点是在结构中含有完全由碳原子组成的环状结构。碳环化合物又可分为两类：

（1）脂环族化合物：这类化合物的性质与相应的脂肪族化合物相似。例如：

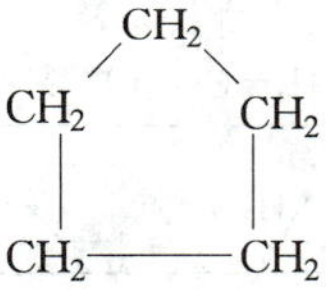

环戊烷

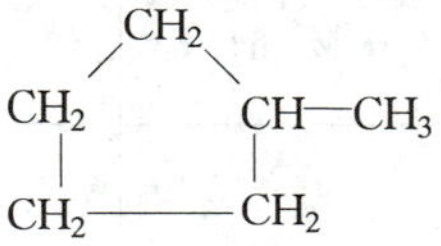

甲基环戊烷

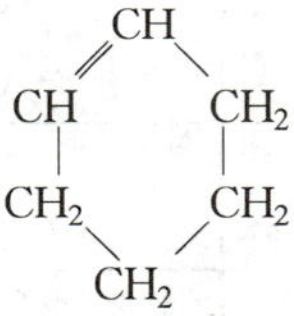

环己烯

（2）芳香族化合物：这类化合物的特点是环架具有芳香性，绝大多数芳香族化合物，其环架结构都是以苯环为结构基础的，例如：

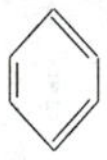

苯

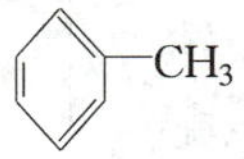

甲苯

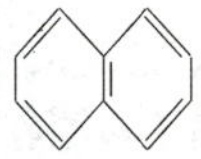

萘

3．杂环化合物　在环的结构中，如果除碳原子外，还有其他非碳原子（主要是氧、氮、硫原子，统称为杂原子）参与环的组成，这种环称为杂环，这类化合物称为杂环化合物。

杂环也可以分为脂杂环和芳杂环。芳杂环的环架具有一定的芳香性，它们是杂环化合物的主要类型，如：

噻吩

呋喃

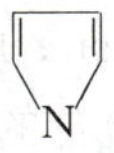

吡咯

吡啶

二、按官能团分类

官能团是指代表一类化合物主要结构特征并决定该类化合物主要化学性质的原子或原子团（在有机化学中，常把原子团称为基或基团）。按官能团把有机化合物分类，有利于将有机化合物系统化。

表 1-3 是常见的官能团及化合物的类型。

表 1-3　常见的官能团及化合物的类型

官能团名称	官能团结构	化合物类型	化合物举例
双　键	$>C=C<$	烯	$CH_2=CH_2$
三　键	$-C\equiv C-$	炔	$CH\equiv CH$
卤　素	$-X$	卤代烃	CH_3-CH_2-Cl，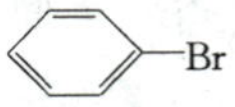
羟　基	$-OH$	醇 酚	CH_3-CH_2-OH 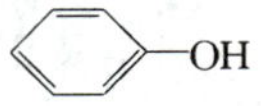
醚　键	$C-O-C$	醚	CH_3-O-CH_3
羰　基	$>C=O$	醛 酮	$CH_3-\overset{O}{\overset{\|}{C}}-H$ $CH_3-\underset{O}{\underset{\|}{C}}-CH_3$
羧　基	$-\overset{O}{\overset{\|}{C}}-OH$	羧　酸	$CH_3-\overset{O}{\overset{\|}{C}}-OH$
氨　基	$-NH_2$	胺	$CH_3-CH_2-NH_2$，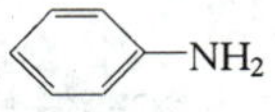
氰　基	$-C\equiv N$	腈	$CH_3-C\equiv N$
硝　基	$-NO_2$	硝基化合物	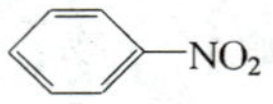
巯　基	$-SH$	硫　醇 硫　酚	CH_3-CH_2-SH 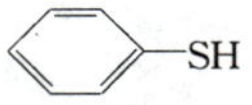
磺酸基	$-SO_3H$	磺　酸	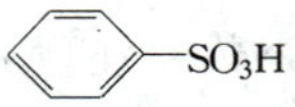

第四节　有机化合物的酸碱概念

根据布朗斯特（J. N. Bronsted）-劳莱（T. M. Lowry）定义：任何能释放质子的分子或离子均称为酸，凡能与质子结合的分子或离子均称为碱，例如：

$$\underset{\text{酸}}{HCl} \rightleftharpoons \underset{\text{共轭碱}}{Cl^-} + H^+ \qquad \underset{\text{碱}}{NH_3} + H^+ \rightleftharpoons \underset{\text{共轭酸}}{NH_4^+}$$

一种酸释放质子后产生的碱，即为这种酸的共轭碱。一种碱与质子结合后所形成的酸，即为这种碱的共轭酸。

酸碱反应是将酸中质子转移给碱，例如：

$$\underset{\text{酸}}{HCl} + \underset{\text{碱}}{NH_3} \rightleftharpoons \underset{\text{共轭酸}}{NH_4^+} + \underset{\text{共轭碱}}{Cl^-}$$

很多有机酸碱反应，按布朗斯特-劳莱的定义，将质子转移，进行反应：

酸　　碱　　共轭酸　　共轭碱

$$CH_3COOH + H_2O \rightleftharpoons H_3O^+ + CH_3COO^-$$

$$CH_3CH_2OH + OH^- \rightleftharpoons H_2O + CH_3CH_2O^-$$

$$H_2SO_4 + CH_3CH_2NH_2 \rightleftharpoons HSO_4^- + CH_3CH_2NH_3^+$$

根据路易斯定义，凡是能接受外来电子对的是酸，因为它是电子接受体，简称受体，凡是能给予电子对的是碱，因为它是电子给予体，简称给体。酸碱反应是酸从碱接受一对电子，形成配价键，得到一个加合物。例如三氟化硼中硼的外层有六个电子，可以接受电子，三氟化硼为酸；氨的氮上有一对孤电子能给予电子对，氨为碱：

$$H_3N\!: + BF_3 \rightleftharpoons H_3N{-}BF_3$$

碱　　酸　　加合物

实际上，路易斯酸是个亲电试剂，路易斯碱是个亲核试剂。

作为路易斯酸，通常有下列几种类型：分子中通常有缺少电子不能构成稳定的八隅体的原子，或者虽有八隅体的结构但还可以接受电子，如 BF_3、$AlCl_3$、$SnCl_4$、$ZnCl_2$、$FeCl_3$ 等；正离子如 Li^+、Ag^+、R^+、RCO^+、Br^+、$^+NO_2$ 等；分子中的极性基团，如 $>C{=}O$、$-C{\equiv}N$ 等。

作为路易斯碱主要有下列几种类型：具有未共享电子对（孤电子对）原子的化合物如：NH_3、RNH_2、ROH、ROR、RSH 等；负离子如 X^-、OH^-、RO^-、SH^-、R^- 等；烯或芳香化合物等。

路易斯碱与布朗斯特-劳莱碱二者没有多大区别。而路易斯酸却比布朗斯特-劳莱酸范围广泛，并把质子亦作为酸，按布朗斯特-劳莱酸的定义把产生质子的分子或离子（如 HCl、NH_4^+）称为酸，而按路易斯酸的定义却称它们为酸碱加合物。

【思考题 1-2】 什么叫共轭酸碱？指出 CH_3CH_2OH 的共轭酸碱。

第五节　研究有机化合物的一般程序和方法

有机化合物与人们的生活有着极为密切的关系，因此研究各种有机化合物的组成和结构并进一步用人工合成的方法合成出来，使之为人类服务就是研究有机化合物的主要目的。一般说来，研究一个天然有机化合物或新合成的有机化合物需要以下一些程序和方法：

1．*分离与提纯*　研究任何一种有机化合物，首先必须获得该化合物的单一纯净物质，而其来源不外两个途径，一是来源于天然产物；二是人工合成产物。天然产物一般是多种物质的混合物；人工合成的产物亦由于诸多副反应的存在而夹杂有许多副产品，所以研究一种有机化合物必然要进行分离和提纯。

分离提纯常用的方法有：蒸馏、萃取、重结晶、升华、层析、电泳、离子交换等。

分离和提纯以后的物质，需要检验纯度，一般可采用测定样品的物理常数（熔点、沸点、密度和折光度），也可以通过色谱、光谱的测定检验纯度。

2．*组成的测定*　进行元素的定性和定量测定，可以确定纯净物的元素组成和分子式。元素分析测定仪是常用的一种仪器，质谱仪的使用提供了仅用极少量（ng 级）的物质即可准确测定化合物分子量的手段。

3. 结构的测定 由于有机化合物广泛地存在着同分异构现象，所以结构的测定（包括构造、构型和构象的测定）是非常重要的。结构的测定有化学的和物理的两种方法。

化学方法是通过各种化学反应以确证化合物中的官能团以及其分解产物的结构，然后利用有机化学的知识来推断该化合物的可能结构。

近几十年来，红外光谱、核磁共振的迅速发展为有机化合物结构的测定提供了极大的方便，用这些物理方法与化学方法结合起来，已使有机化合物结构的测定比以往快速而准确得多，但尽管如此，有机化合物结构的测定仍旧是困难而复杂的。

4. 验证 在完成了上述各步程序以后，在必要的情况下，对于从天然产物中获得的有机化合物还需要通过有机合成进行验证，才算完成了整个研究程序。

【思考题 1－3】研究有机化合物的方法很多，目前你已掌握和使用过哪几种方法？

第六节 有机化学与农业科学的关系

有机化学不仅与人类生活和工农业生产有着密切的联系，而今已渗透到各个科学领域。随着人们生活水平的提高，农副产品的深加工和综合利用以及必需氨基酸在食品中的应用已很普遍。

农业科学的实质，归根结底就是探讨生命现象及其规律的科学。这就要求人们必须了解组成生物体的各种有机化合物的结构和性质，它们在生物体内的合成、分解和转化，各种肥料和饲料的营养价值及它们进入有机体前后的变化，各种药剂的结构、性质及其对有机体的影响等。而要认识这些过程的本质和规律，并通过各种途径能动地去运用和控制它们，就得掌握必要的有机化学知识和技能。

目前生物科学正从分子水平来认识生命现象的本质。分子生物学、遗传工程学等的诞生和飞速发展，将使生物科学和农业科学日新月异，呈现崭新的面貌。可以预料有机化学将会发挥它更大的作用。

由此可见，有机化学与农业科学和生物科学密切相关。高等农业院校把有机化学定为重点基础课程之一就是这个道理。对于一个未来的农业科学工作者应当明确，学好有机化学是学好农业科学和生物科学的必备条件。

农业（包括林、牧业）生产，从根本上来说，不外乎植物栽培和动物饲养两大方面。为了使动植物朝着人类所期望的方向发展，我们必须详细掌握动植物生长发育的规律，了解各种有机物质在动植物体内合成、转化和分解的过程。在这些过程里，包含着许多非常复杂的生理化学变化。只有在对有机化合物的一些典型结构、性质和变化规律有了认识之后，我们才可能深入研究这些生理变化的细节，掌握和控制动植物的生长发育动向，夺取农林牧业的优质高产。

在农业科学研究及农业生产和农副产品加工利用过程中，我们经常要对某种或某几种化学成分进行提取、分离和检测。如果我们能够事先知道这些化学成分的基本结构和性质，我们便能很好地理解和掌握分离检测技术，更能创造新的分离检测方法和发现某些农副产品的新用途。

分子生物学和遗传工程学的创立和发展，使生物科学和农业科学面临着一场新的突破和革命。农业科学技术的研究，正在从采用纯农学手段进入到采用生物学、物理学和化学的手段，从而使有机化学日益显示出它作为农业科学基础的重要性。

有机合成产品正越来越广泛地直接应用于农业生产。从 20 世纪 40 年代开始大规模使用 DDT 以来，有机氯、有机磷、有机氮和有机硫等农药新品种层出不穷，合成有机杀虫剂和杀菌剂几乎完全代替了过去的天然药物而担当起植物保护的重任。目前有机农药正向高效低毒广谱的方向发展。以控制生理过程（如保幼、不育等）来消灭害虫的新一代农药，也正在兴起。

植物生长调节剂是一类与植物内源激素相似的有机化合物。适当的植物生长调节剂在适当时机以适当浓度施用于适当植物的适当部位，有促进或者控制植物生长、发根、繁殖、休眠、开花、座果、衰老、脱落和抗性等功用。合成的植物生长调节剂在农业上已广泛应用于扦插、嫁接、催芽，疏花、疏果或防止落花落蕾、果实催熟或保鲜，无籽果实的培育、刺激汁液分泌、培植矮苗壮秧、杀除莠草等各个方面。在某些生产部门中，植物生长调节剂的重要性已不亚于杀虫剂和杀菌剂。

兽医用的药物和医疗器材及饲料中的特种营养添加剂，还有农业生产上广泛应用的塑料薄膜和塑料农具及燃料和滑润剂等，也多是天然或合成的有机化合物。

随着农业生产向现代化发展，有机合成产品的直接应用也越来越广泛。为了正确有效地使用这些有机化合物，我们必须知道这些化合物的组成、结构、理化性质和生理功能等。

因此，要学习农业科学知识和进行生物研究，必须掌握和熟悉一些有机化学的基本原理、操作技能和一些典型有机化合物的结构和性质。

习 题 一

1. 指出下列化合物官能团的名称和化合物所属的类别。

① $H_3C—C\equiv N$　② $CH_3—CH_2—\overset{O}{\overset{\|}{C}}—CH_3$　③ $CH_3—CH_2—\overset{O}{\overset{\|}{C}}—OH$

④ 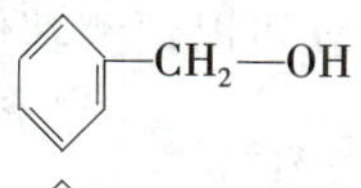　⑤ 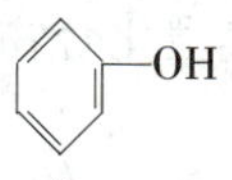　⑥ 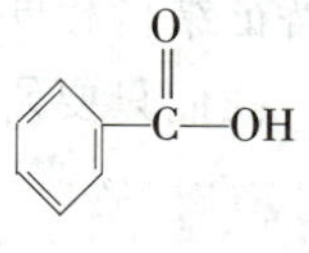

⑦ 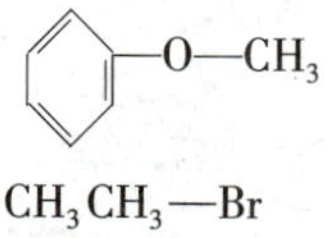　⑧ 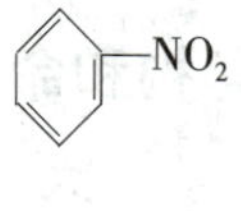　⑨ $CH_3CH_2CH_2CH_2—NH_2$

⑩ $CH_3CH_3—Br$

2. 指出下列各物质中，哪些含有极性键？哪些是极性分子？

HF　ICl　CH_4　$CHCl_3$　CH_3OH

3. 根据杂化轨道理论描述下列化合物中碳原子的原子轨道的杂化情况和相应的化学键。

CH_3OH　$CH_3—\overset{H}{\overset{|}{C}}=O$　$H_3C—C\equiv N$

4. 根据布朗斯特-劳莱的酸碱定义指出下列反应中哪些物质为酸、哪些物质为碱。

① $CH_3COOH + H_2SO_4 \rightleftharpoons CH_3COOH_2^+ + HSO_4^-$

② $ArOH + NaOH \rightleftharpoons ArO^-Na^+ + H_2O$

③ $CH_3COOH + H_2O \rightleftharpoons CH_3COO^- + H_3O^+$

④ $CH_3NH_2 + H_2O \rightleftharpoons CH_3NH_3^+ + HO^-$

第二章 饱 和 烃

仅由碳、氢两种元素组成的有机化合物称为碳氢化合物，简称为烃。其他的有机化合物都可以被看做是烃中的氢原子被其他原子或原子团取代后的衍生物。烃不仅是最简单的有机化合物，也常被看成是有机化合物的母体，所以学习有机化学总是从烃开始。

根据烃中碳原子的连接方式，可以把烃分为两大类，即链烃和环烃，在链烃中，碳原子连接成开放的链（可以有支链），而在环烃中，则有由碳原子组成的碳环存在。

链烃又称为脂肪烃，这是由于人们较早认识的脂肪具有开链结构的原因，根据碳链结构中是否存在有碳碳重键（双键或三键），又可把链烃分为饱和链烃（无碳碳重键）和不饱和链烃（有碳碳重键存在）。环烃又可分为脂环烃和芳香烃两大类，脂环烃的性质基本上和脂肪烃相似，而芳香烃则具有独特的结构和性质。本章主要介绍饱和烃。

第一节 烷 烃

烷烃的结构特征是分子组成中只含有碳、氢两种元素，碳和碳原子之间都以单键相键合，碳原子的其他化学键都和氢原子相键合。烷烃的通式为 C_nH_{2n+2}，各烷烃分子间其分子式相差整数倍的 CH_2。我们称具有共同的特征结构，分子式可以用同一通式表示的一系列化合物为同系列，各个化合物彼此间互称同系物，称 CH_2 为系差。

由于同系物的特征结构相同，所以它们的化学性质也基本相近，这就给有机化学的研究带来了极大的方便，我们只要研究同系列中一些典型化合物的性质，就可以预测其他同系物的性质。

一、烷烃的同分异构和命名

（一）烷烃的构造异构

在烷烃系列中，除甲烷、乙烷和丙烷外，其他的烷烃都可以形成化学结构不同的异构体，如含有四个碳原子的烷烃有两种不同的化学结构；含有五、六、七、八个碳原子的烷烃分别有 3 种、5 种、9 种和 18 种不同的化学结构，$C_{20}H_{42}$理论上可有 366319 种不同的化学结构。以五个碳原子的烷烃为例，可表示如下：

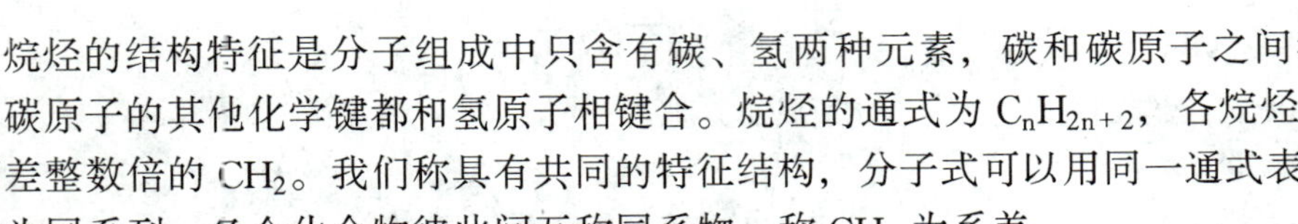

正戊烷　　　　异戊烷　　　　新戊烷

称分子组成相同，但由于结构不同而形成不同化合物的现象为同分异构现象，简称同分异构；各化合物之间互称为同分异构体，简称异构体。结构和同分异构都是极为广泛的概念，这种由于化学结构不同所造成的同分异构现象只是同分异构的一种表现形式，称为构造异构或结构异构。对于烷烃来讲，它的构造异构表现为碳胳形式不同，称为碳胳异构。

在碳胳中，每个碳原子所处的化学环境不尽相同，有的碳原子只和另外一个碳原子相键合，称这种碳原子为伯碳原子，也叫一级碳原子，记为1°C，伯碳原子上所连结的氢原子叫伯氢原子或一级氢原子，记为1°H；如异戊烷中编号为1号和4号的碳原子都是伯碳原子。和另外两个碳原子相键合的碳原子则称为仲碳原子，如异戊烷中编为3号的碳原子就是仲碳原子，也叫二级碳原子，它上面所连结的氢原子就是仲氢或二级氢，记为2°C和2°H；和另外三个碳原子相键合的碳原子称为叔碳原子或三级碳原子，如异戊烷中编号为2号的碳原子就是叔碳原子，叔碳原子连结的氢原子为叔氢或三级氢，记为3°C和3°H。同另外四个碳原子相键合的碳原子，如新戊烷中间的一个碳原子，叫做季碳原子或四级碳原子，记为4°C。

（二）烷烃的命名

1. *普通命名法* 普通命名法又称为习惯命名法，其基本原则是：

（1）根据碳原子总数命名为某烷，“某”代表碳原子数，碳原子数在十以内时，用天干表示，即甲、乙、丙、丁、戊、己、庚、辛、壬、癸；十以上时，用中国字码表示，如十一、十五、二十等。

（2）直链烷烃前面冠以“正”字；链端第二个碳原子上有一个甲基时，冠以“异”字；链端第二个碳原子有两个甲基时，冠以“新”字。

前面讲到的三个戊烷异构体就是用普通命名法命名的。可以看出，对于具有更多异构体的烷烃来讲，普通命名法很难以适用，但小分子的烷烃（C_5以下）则仍习惯于使用普通命名法命名。

2. *系统命名法* 系统命名法是在日内瓦命名法（1892）的基础上，经国际纯化学与应用化学联合会（International Union of Pure and Applied Chemistry）几次修订后制定出来的，称为IUPAC系统命名法。由于有机化合物广泛地存在着同分异构现象，结构和名称须统一，也就是说，知道结构，就可以写出化合物的名称，而知道名称，也可以顺利地写出化合物的结构式，系统命名法比较圆满地解决了这一问题。

我国现在所采用的系统命名法是根据IUPAC系统命名法的原则，参照我国文字的特点制定的，其要点如下：

（1）从结构式中选取一条最长的碳链作为主链（母体），支链被看做取代基，根据主链中的碳原子数命名为“某烷”。

主链碳原子数小于或等于十，用天干记数；大于十时，用中国字码记数。

如果能同时选择两条以上的等长的最长碳链时，应选择所含支链最多的一条作为主链。

（2）从靠近支链（侧链）的一端把主链的碳原子从链端开始，顺序编号，同时考虑使支链所在的碳原子号码总和最小。

（3）支链命名为基，写在主链名称的前面，同时用阿拉伯数字标出它在主链上的取代位置。如果主链上含有几个不同的取代基时，应把简单的取代基写在前面。

如果主链上含有几个相同的取代基时，用中国字码表示相同取代基的数目，同时用阿拉伯字码标出它们各自的取代位置。

（4）烷基的命名：烷烃的分子中去掉一个氢原子后，剩下的基团称为烷基，它们的命名原则是：

① 直链的烷基称为正某基或某基，如：

$CH_3—$	甲基
$CH_3—CH_2—$ （$C_2H_5—$）	乙基
$CH_3—CH_2—CH_2—$ （$C_3H_7—$）	丙基
$CH_3—CH_2—CH_2—CH_2—$ （$C_4H_9—$）	(正)丁基

②侧链烷基的命名：

具有 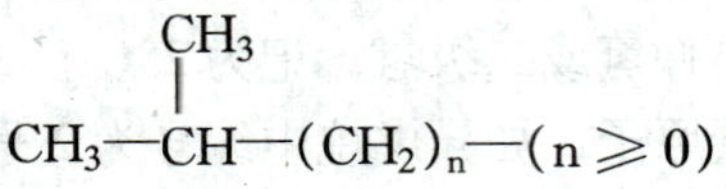 的烷基命名为“异某基”，“某”表示烷基中碳原子总数，如：

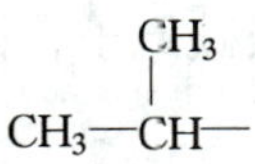
异丙基

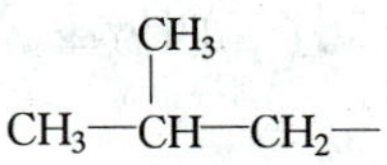
异丁基

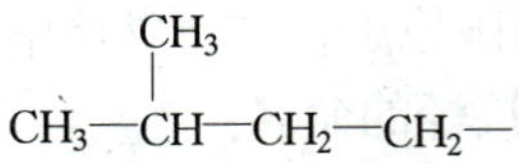
异戊基

具有 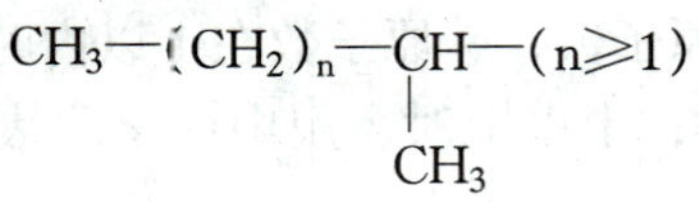 的烷基命名为“仲某基”，“某”表示烷基中碳原子总数，如：

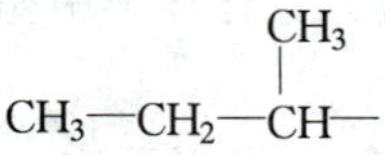
仲丁基

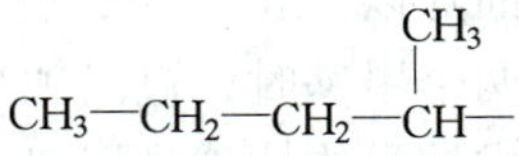
仲戊基

具有 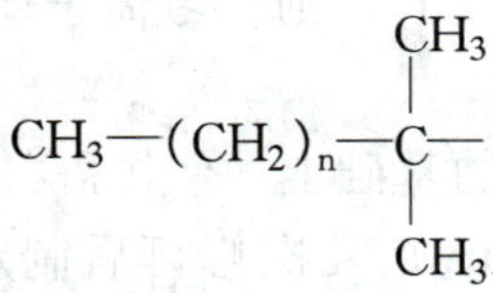 的烷基命名为“叔某基”，“某”表示烷基中碳原子总数，如：

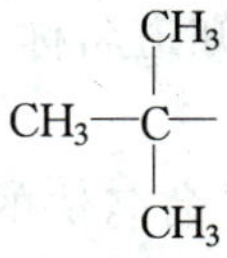
叔丁基

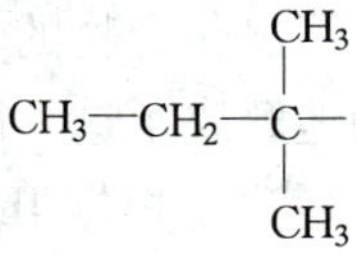
叔戊基

具有 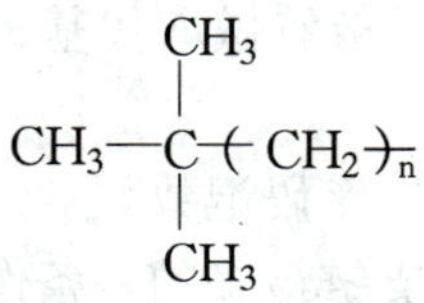 的烷基命名为“新某基”，“某”表示烷基中碳原子总数，如：

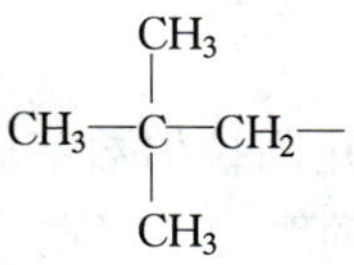
新戊基

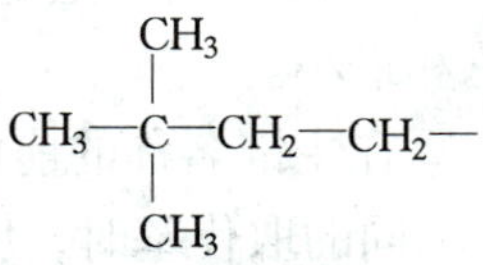
新己基

不符合上述能用异、仲、叔、新表示的其他烷基，参照烷烃的命名法命名，如：

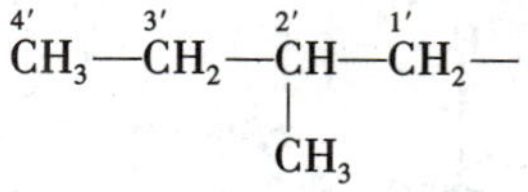

2′-甲基丁基

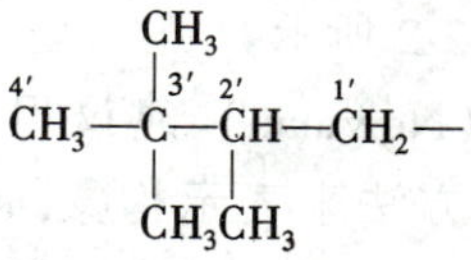

2′，3′，3′-三甲基丁基

（5）烷烃的系统命名法举例和说明：

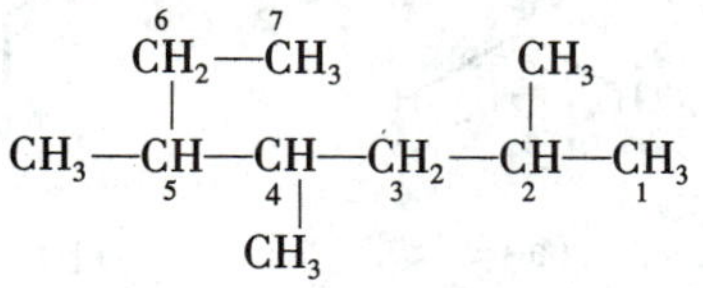

2，4，5-三甲基庚烷（选碳链最长的作主链）

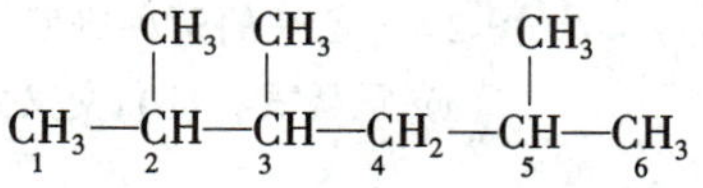

2，3，5-三甲基己烷（支链所在编号总和最小）

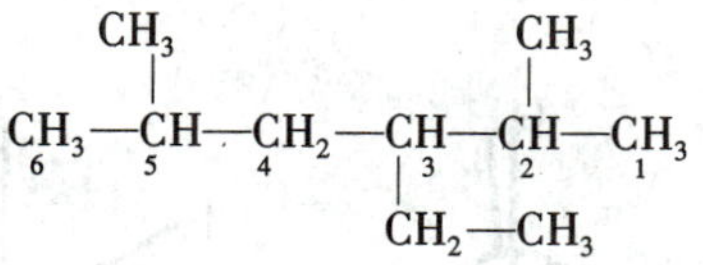

2，5-二甲基-3-乙基己烷（主链中支链最多）

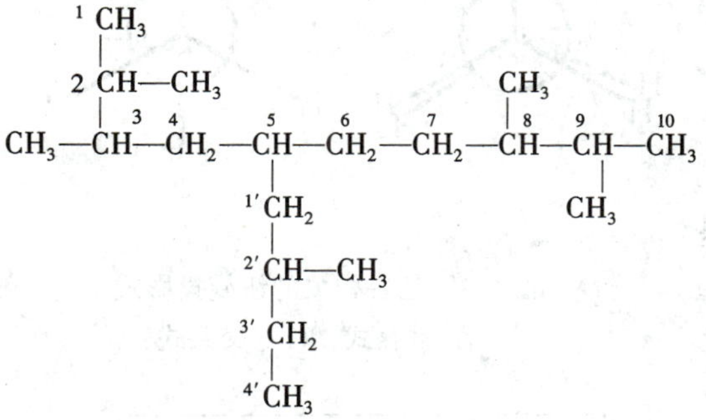

2，3，8，9-四甲基-5-（2′-甲基丁基）癸烷

（主链中支链最多）

（三）烷烃分子的空间结构和构象

烷烃分子中，每一个碳原子都处于 sp^3 杂化状态，碳原子和碳原子之间都以 σ 键相键合。以甲烷为例，它的空间结构可用图 2-1 表示。

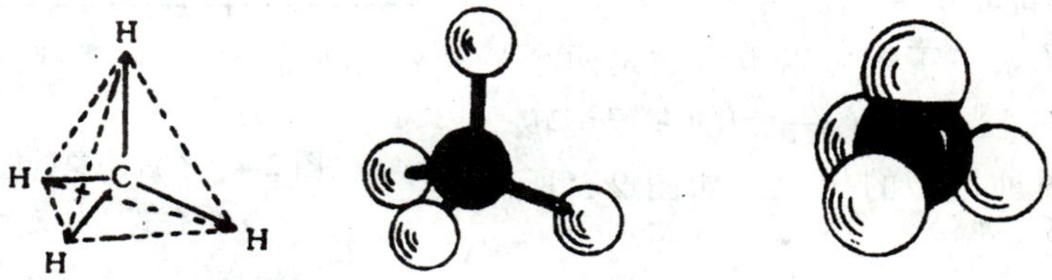

(a) 凯库勒模型　　(b) 斯陶特模型

图 2-1　甲烷的分子模型

对于乙烷和更高级的烷烃来讲，除了每个碳原子的四面体结构以外，还存在有由于 σ 键的内旋转所造成的分子中的原子或原子团的不同排列状况，这种由于单键的内旋转所导致的原子或原子团在空间的分布状况叫做构象，不同排列状况的各种分子之间则互称为构象异构体，这种异构现象称为构象异构。

1. 乙烷的构象　乙烷的 C—C 单键发生相对内旋转时，会产生构象异构体，从理论上讲，乙烷可以有无数个构象异构体，但典型的异构体只有两种，一种是重叠式构象，另一种是交叉式构象，如图 2-2 所示。

1955 年，纽曼（Newman）建议用另一种比较简单、清晰的方法来表示构象，称为纽曼投影式。其表示方法是：画一圆圈代表离眼睛较远的碳原子，在圆周上的三个短线表示较远碳原子上三个 C—H 键的方向。用圆心表示离眼睛较近的碳原子，用划分三等分圆周的延长线表示这个碳原子上三个 C—H 键的方向。乙烷的重叠式和交叉式构象，用纽曼投影式可表示如图 2-3。在乙烷的交叉式构象中，相邻两碳原子上的氢原子间相距最远，彼此间相互斥力最小，分子的内能也最低，因而是稳定构象，称为优势构象；在重叠式构象中，相邻两碳原子上的氢原子间相距最近，彼此间相互斥力最大，分子的内能也最高，因而是不稳定的构象。根据测定，两种构象能量差（能垒）约为 12.14kJ · mol^{-1}。在室温下，分子间的碰撞约能产生 83.72 kJ · mol^{-1}的能量，因此乙烷的两种典型构象之间可以顺利地互相转化，所以在室温下不可能把乙烷的两种典型构象异构体分离出来；但从统计角度来看，乙烷的主要存在形式是交叉式，即优势构象，x-射线衍射及有关光谱的研究也证明了乙烷的主要存在形式在室温下是交叉式。图 2-4 是乙烷分子各种构象之间的能量关系图。

2．丁烷的构象　丁烷可以被看做是两个甲基取代的乙烷，当它沿 C_2—C_3 的 σ 键旋转时，可以得到四种典型的构象，如图 2-5 所示。

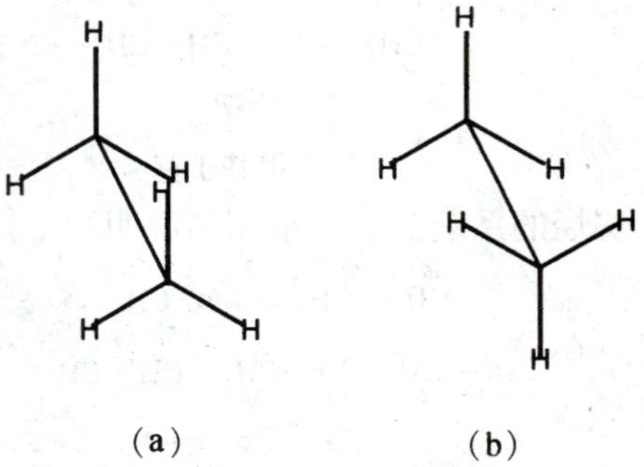

图 2-2　乙烷的两种典型构象

（a）重叠式；（b）交叉式

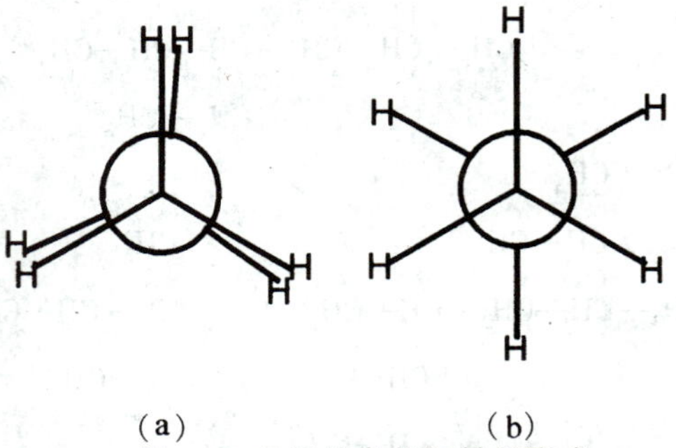

图 2-3　乙烷构象的纽曼投影式

（a）重叠式；（b）交叉式

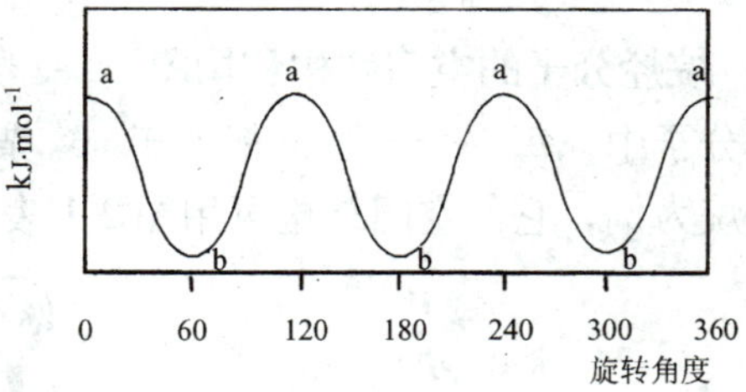

图 2-4　乙烷构象的能量曲线

a-重叠式；b-交叉式

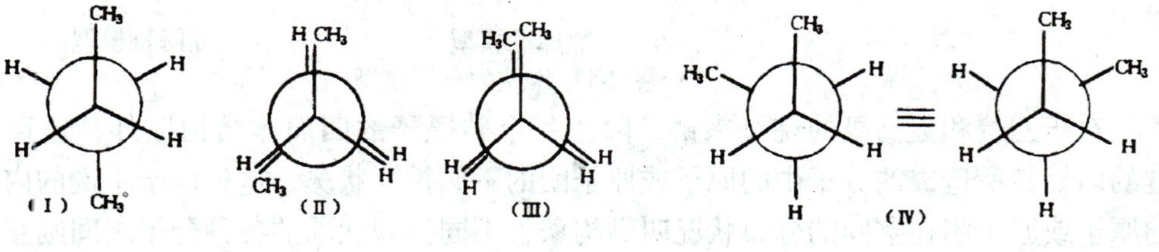

图 2-5　丁烷的几种构象

（Ⅰ）对位交叉式（Ⅱ）部分重叠式（Ⅲ）全重叠式（Ⅳ）邻位交叉式

丁烷的典型构象在能量上的关系如图 2-6 所示。

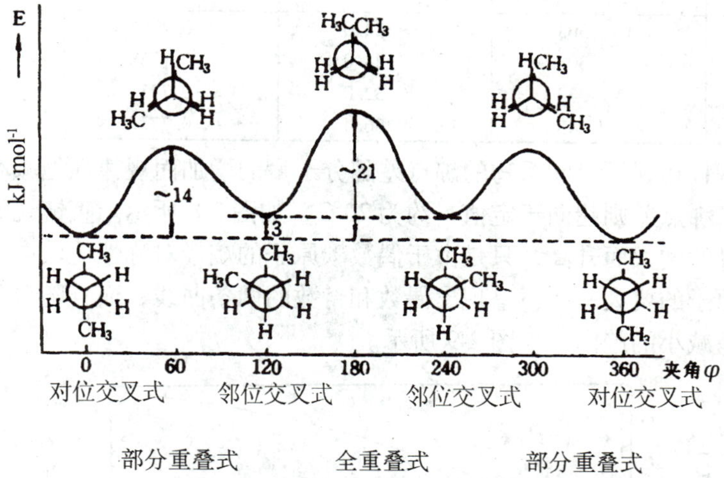

图 2-6 丁烷构象的能量曲线

从能量曲线中可看出，这四种构象的稳定性顺序是：对位交叉式＞邻位交叉式＞部分重叠式＞全重叠式；对位交叉式为优势构象。在室温时，对位交叉式约占 68%，邻位交叉式约占 32%，其他两种极少。和乙烷一样，丁烷的各种构象之间能量差不很大，各个构象异构体之间仍能迅速地互相转变，在室温下不能将它们进行分离。

3．高级烷烃的构象　和丁烷一样，高级烷烃也以对位交叉式为其稳定构象，所以高级烷烃的碳链形成锯齿形构象，相邻两个碳原子的 C—H 键处于交叉位置，如图 2-7 所示。

图 2-7 高级烷烃的构象

二、烷烃的物理性质

室温下含 1～4 个碳原子的烷烃是气体，5～16 个碳原子的烷烃是液体，17 个碳原子以上的烷烃是蜡状固体；烷烃不溶于水而易溶于有机溶剂，液体和固体烷烃的密度都小于 1，表 2-1 是部分直链烷烃的物理常数。从表中可以看出，直链烷烃的沸点都随原子量的升高而

表 2-1 烷烃的物理常数

名 称	沸 点 （℃）	熔 点 （℃）	密 度	物 态
甲 烷	－161.7	－182.6	0.4240	气体
乙 烷	－88.6	－172.0	0.5462	
丙 烷	－42.2	－187.1	0.5824	
丁 烷	－0.5	－135.0	0.5788	
戊 烷	36.1	－129.7	0.6264	液体
己 烷	68.7	－94.0	0.6594	
庚 烷	98.4	－90.5	0.6837	
辛 烷	125.6	－56.8	0.7028	
壬 烷	150.7	－53.7	0.7179	
癸 烷	174.0	－29.7	0.7298	
十六烷	280.0	18.1	0.7749	

（续）

名　称	沸　点　（℃）	熔　点　（℃）	密　度	物　态
十七烷	303	22.0	0.7767	固体
十八烷	308	28.0	0.7768	
十九烷	330	32.0	0.7776	
二十烷	343	36.4	0.7777	

呈规律性的升高，且相邻两个同系物的沸点差随分子量的增加而规律性地减小，当碳原子增加到十个以上时，沸点差则趋向于定值，约为20℃，如图2-8所示。直链烷烃的熔点从丁烷开始，也随分子量的增大而升高，只是由于偶数碳原子的烷烃对称性比较高，所以熔点升高的幅度比奇数碳原子的要大一些，呈现出偶数和奇数的两条曲线，而且随着分子量的进一步增大，这一差值呈减小的趋向，如图2-9所示。

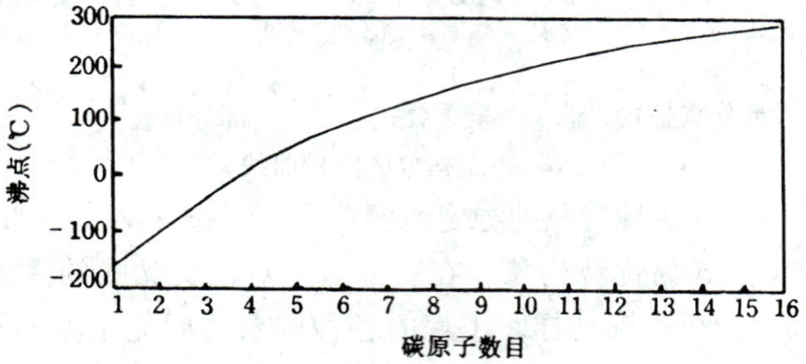

图2-8　直链烷烃沸点的变化规律

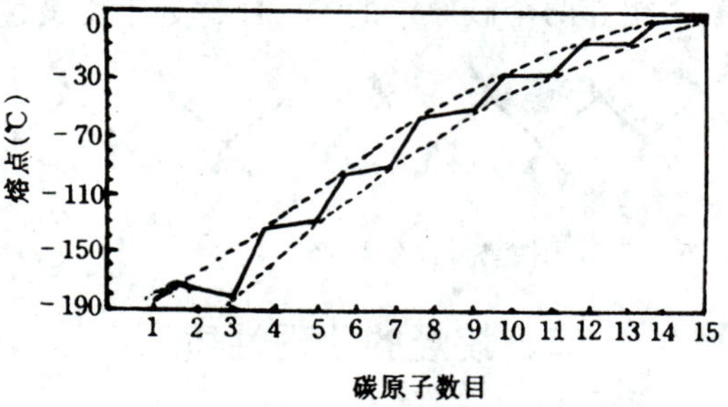

图2-9　正烷烃的熔点曲线

支链烷烃的沸点比相应的直链烷烃低，而且支链愈多，沸点愈低；支链烷烃熔点的变化则不甚规律。

表2-2　支链烷烃和直链烷烃熔沸点的比较

烷　烃	熔　点（℃）	沸　点（℃）	烷　烃	熔　点（℃）	沸　点（℃）
正戊烷	-130	36.1	正辛烷	-56.8	125.7
异戊烷	-160	25	2，2，3-三甲基戊烷	-112.3	109.8
新戊烷	-17	9.0	2，2，4-三甲基戊烷	-107.4	99.2

三、烷烃的化学性质

在烷烃中存在的化学键是碳碳单键和碳氢键，它们都是σ键且极性较小。σ键的稳定性和化学键的弱极性决定了烷烃是一类比较稳定的化合物，难与强酸、强碱、强氧化剂如高锰酸钾等发生反应。烷烃主要能发生的反应是卤代、燃烧和热裂反应。

1. *卤代反应* 有机化合物分子中，氢原子或取代基被其他原子或原子团代替的反应叫取代反应；被卤素原子取代的反应叫卤代反应。

卤代反应包括氟代、氯代、溴代反应，碘代反应比较难于进行。例如甲烷在散射光照射下和氯气起反应可以得到一系列的氯代产物：

$$CH_4 \xrightarrow[\text{光照}]{Cl_2} CH_3Cl \xrightarrow[\text{光照}]{Cl_2} CH_2Cl_2 \xrightarrow[\text{光照}]{Cl_2} CHCl_3 \xrightarrow[\text{光照}]{Cl_2} CCl_4$$

工业上控制一定的反应条件和原料的用量比，可以主要得到一氯甲烷和四氯化碳。卤代反应有如下一些特点：

① 反应需要起始于光的照射，如果经过光照以后，反应可以在黑暗中持续一段时间。

② 卤素的活泼性顺序是 $F > Cl > Br > I$。

③ 烷烃中不同类型氢原子的活泼性顺序为 $3°H > 2°H > 1°H >$ 甲烷上的氢原子。

2. *燃烧和氧化反应* 烷烃在空气中充分燃烧时，生成二氧化碳和水，同时放出大量的热（约 $50kJ \cdot g^{-1}$），这是石油产品作为能源的基础。烷烃不完全燃烧时将生成游离的碳，工业上利用这一反应生产炭黑。

烷烃在高温和锰盐的催化作用下可被氧气氧化，生成一系列的有机酸和其他的含氧化合物。

$$\underset{\text{高级烷烃}}{R—CH_2—CH_2—R'} \xrightarrow[120 \sim 150℃]{O_2\text{，锰盐}} \underset{\text{高级脂肪酸}}{R—COOH + R'COOH}$$

生成的高级脂肪酸可用于制造肥皂。

3. *烷烃的热裂* 气态形式下的烷烃，在有催化剂情况下于 400～500℃ 隔绝空气加热，烷烃的碳碳键、碳氢键将发生断裂，使高级烷烃转变为低级烷烃和烯烃。热裂反应是石油化工的基础，通过热裂反应，可以提高汽油的产量，也可以得到重要的化工原料乙烯。

热裂反应得到的产物也是一系列的混合物，如丁烷热裂时可得到下面一系列产物：

$$CH_3—CH_2—CH_2—CH_3 \xrightarrow{500℃} \begin{cases} CH_4 + C_3H_6 \\ C_2H_6 + C_2H_4 \\ C_4H_8 + H_2 \end{cases}$$

四、烷烃卤代反应的历程

烷烃的卤代反应需要光的引发，说明了它的反应历程是均裂的游离基型历程。共价键断裂时形成两个具有未配对电子（孤电子）的原子或原子团时，这种断裂方式称为均裂，具有未配对电子的原子或原子团称为游离基或自由基。一般情况下，游离基是相当不稳定的，具有较大的化学活泼性。

$$A:B \xrightarrow{\text{吸收能量引起均裂}} A\cdot + B\cdot \quad \text{游离基}$$

共价键在均裂时，需要吸收能量（大于或等于键能），一般说来，高温或辐射条件下的气相反应、非极性溶剂下的液相反应多属于均裂的游离基型反应。

以甲烷为例，其卤代反应的历程如下：

（1）卤素分子吸收一个光子，导致键的均裂，同时生成两个高能状态的卤素原子，这一步的特点是产生游离基，称为链的引发。

$$X:X \xrightarrow{h\upsilon} 2X\cdot$$

(2) 活泼的卤素原子与甲烷分子反应并夺取甲烷分子中的氢原子形成卤化氢，同时生成甲基游离基：

$$CH_4 + X\cdot \longrightarrow \cdot CH_3 + HX$$

甲基游离基也是非常活泼的，当它与卤素原子发生碰撞时，就会形成一卤甲烷同时又产生了活泼的卤素原子：

$$\cdot CH_3 + X_2 \longrightarrow CH_3X + X\cdot$$

活泼的卤原子当然还可以和甲烷分子碰撞，再产生一个甲基游离基，使反应链锁地进行下去，因此，把这一步反应称为链的增长。在链增长过程中，游离基的总数并没有减少，只是不断地从一种形式转化为另一种形式。

在链增长过程中，如果卤原子不是和甲烷分子发生碰撞而是和卤代甲烷发生碰撞，就可以形成卤代甲基游离基，卤代甲基游离基再和卤原子发生碰撞，就可以形成多卤代甲烷和卤原子，如果卤素比例足够大，反应将一直进行到甲烷上所有的氢原子都被卤原子取代为止。

$$X\cdot + CH_3X \longrightarrow \cdot CH_2X + HX$$

$$\cdot CH_2X + X_2 \longrightarrow CH_2X_2 + X\cdot$$

$$\cdot CX_3 + X_2 \longrightarrow CX_4 + X\cdot$$

(3) 在反应中如果游离基和游离基碰撞在一起，将会导致游离基的消失和游离基总数的减少，反应链也就不能再继续增长，称这一过程为链的终止过程，下面的一些反应都会导致链的终止：

$$X\cdot + \cdot CH_3 \longrightarrow CH_3X$$

$$X\cdot + X\cdot \longrightarrow X_2$$

$$\cdot CH_3 + \cdot CH_3 \longrightarrow CH_3—CH_3$$

综上所述可以看出，游离基型的链锁反应都要经过链的引发，链的增长和链的终止三个过程才能使反应趋于完成。

【思考题 2-1】 判断下列自由基的相对稳定性顺序：

$(CH_3)_3C\cdot$　　$(CH_3)_2HC\cdot$　　$(CH_3)H_2C\cdot$　　$H_3C\cdot$

五、天然烷烃

1. 甲烷与沼气　甲烷广泛存在于自然界，它是石油气、天然气和沼气的主要成分，也存在于焦炉气中。甲烷是无色、无味、无臭的气体，易溶于乙醇、乙醚等有机溶剂，微溶于水（20℃时 100ml 水中可溶解 5ml 甲烷）。甲烷性质稳定，但在一定条件下可发生一些化学反应，其产物是重要的化工原料和良好的有机溶剂。如在 1500℃ 下可控制氧化生成乙炔，是制备乙炔的方法之一。

$$CH_4 + O_2 \xrightarrow{1500℃} CH\equiv CH + CO + H_2 + H_2O$$

在 725℃ 和镍催化下，甲烷可与水反应生成氢气及一氧化碳，是合成氨、尿素、甲醇等物质的原料。甲烷还用于制备碳黑、硝基甲烷、卤仿、二硫化碳、四氯化碳等。

$$CH_4 + H_2O \xrightarrow[725℃]{Ni} CO + H_2$$

沼气是当代四大新能源（沼气、地热、太阳能、核能）之一，沼气是一种混合气体，含甲烷约50%～70%。它是由有机物质如人畜粪便、植物茎秆、杂草等富含纤维素的废弃物在一定湿度、温度、pH和隔绝空气条件下，经微生物发酵而成。在农村广泛实现沼气化，不但可以缓和或解决农村能源不足的问题，而且在保护环境、扩大肥源、促进农业生产的可持续发展方面都有很大好处。

2. *生物体中的烷烃*　生物体内也有少量烷烃，绝大多数含奇数碳原子。如苹果皮蜡中含二十七烷和二十九烷；菠菜叶蜡中含三十三烷、三十五烷和三十七烷；卷心菜叶蜡层中含二十九烷；烟叶的蜡质中含二十七烷和三十一烷；蜂蜡中含二十九烷和三十一烷。此外，某些昆虫的外激素也是烷烃。昆虫外激素是同种昆虫之间以传递信息而分泌的一种化学物质。如有一种蚁，它们通过分泌十一烷和十三烷这种有气味的物质来传递警戒信息。又如，雌虎蛾引诱雄虎蛾的性外激素是2-甲基十七烷。人工合成性引诱激素来诱杀昆虫，可使害虫断子绝孙。这是新兴的第三代农药，有着广阔的发展前景。

第二节　环　烷　烃

脂环烃是指性质上与脂肪烃相似而碳胳中有碳环结构的一类烃。脂环烃根据碳胳中碳环的数目可分为单环脂环烃、二环脂环烃和多环脂环烃。根据碳环是否存在有重键，脂环烃又可分为饱和脂环烃和不饱和脂环烃。饱和脂环烃又叫环烷烃，它是最简单也是一类最有代表性的脂环烃，因此在这一节里我们只讨论环烷烃。

一、环烷烃的同分异构

1. *环烷烃的构造异构和命名*　环烷烃的通式为C_nH_{2n}，它的构造异构主要表现为：①环系不同；②取代基的构造不同；③取代基在环上的相互位置不同。

简单环烷烃的命名是以环为主链，支链作取代基来命名的。下面列举出几个同分异构体和它们的名称：

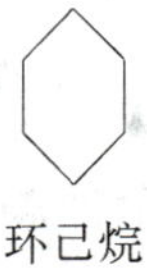

环己烷

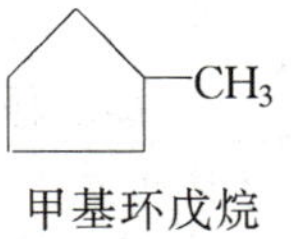

甲基环戊烷

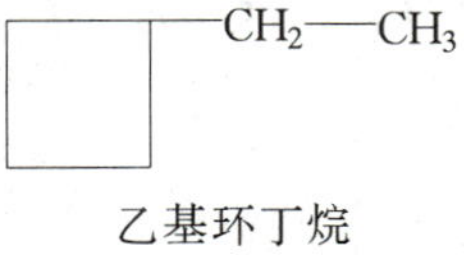

乙基环丁烷

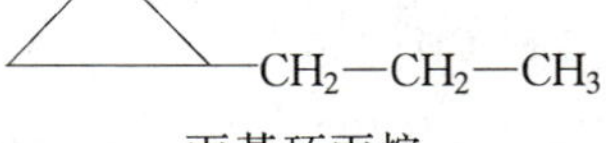

丙基环丙烷

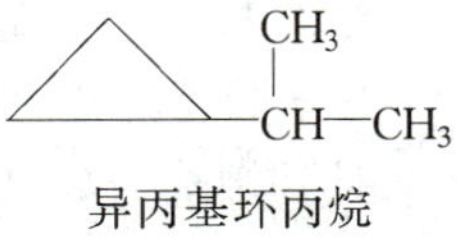

异丙基环丙烷

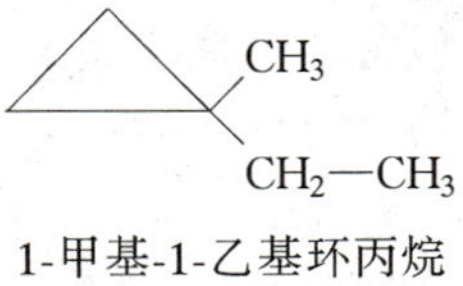

1-甲基-1-乙基环丙烷

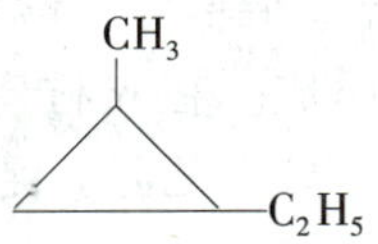

1-甲基-2-乙基环丙烷

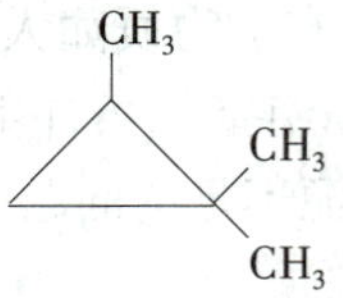

1，1，2-三甲基环丙烷

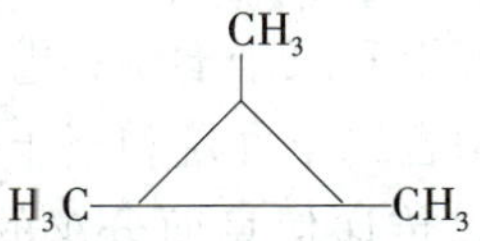

1，2，3-三甲基环丙烷

2. 取代环烷烃的构型异构　由于环的存在，碳环结构中的碳碳 σ 键的相对内旋转将受到一定程度的限制（称为限制内旋转），如果环上有两个或两个以上碳原子被取代，而且每个碳原子上所连接的原子或原子团又不相同时，就可以形成顺反异构体，例如：

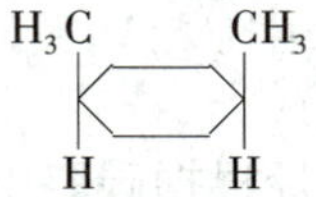

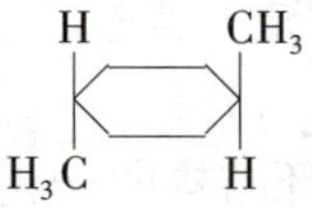

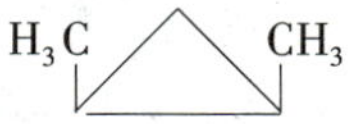

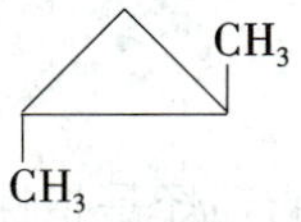

顺-1，4-二甲基环己烷　反-1，4-二甲基环己烷　顺-1，2-二甲基环丙烷　反-1，2-二甲基环丙烷
Z-1，4-二甲基环己烷　E-1，4-二甲基环己烷　Z-1，2-二甲基环丙烷　E-1，2-二甲基环丙烷

反式的 1，2-二甲基环丙烷由于分子的不对称，还会产生另一种构型异构，称为旋光异构，这一问题将在第九章中讨论。

3. 多环烷烃　含有两个或多个碳环的烷烃属于多环烷烃。多环体系按环的结构位置又有隔离多环、联环、螺环、桥环等几种类型。现以二环说明如下：

（1）两个环隔开一个或几个碳原子的，是隔离多环。隔离多环可将环作为取代基来命名，例如：

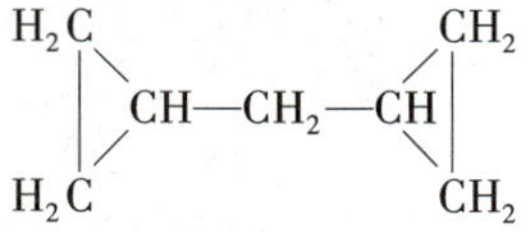

二环丙基甲烷

（2）两个环直接连接，但没有共用碳原子，称联环。联环可用两个环烷基加一个“联”字来命名，例如：

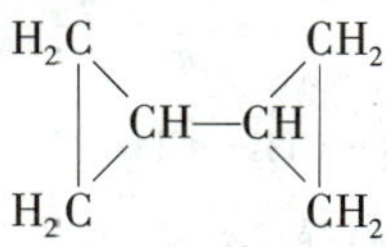

联二环丙烷

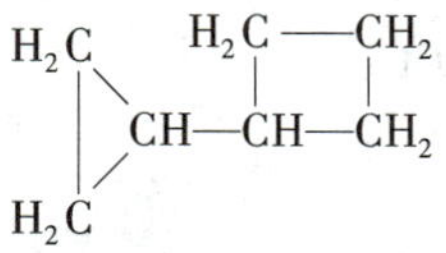

联环丙环丁烷

（3）两个环共用一个碳原子，称为螺环，共用的碳原子称为螺原子。螺环烷的命名原则是：① 按两个环的碳原子总数命名为螺某烷；② 在螺字后用方括弧注出两个环中除了共用碳原子以外的碳原子数目，小的数字排在前面；③有取代基时，螺环母体从小环与螺碳原子相邻的碳原子开始编序，通过螺碳原子而到大的碳环。例如：

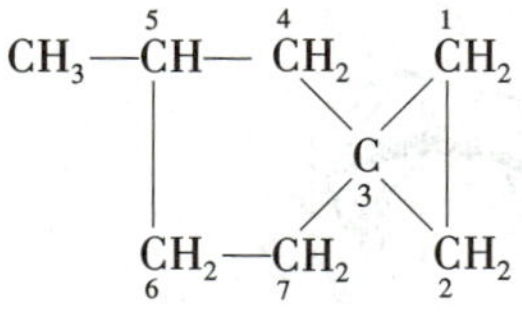

5-甲基螺［2.4］庚烷

（4）两个环共用两个或多个碳原子的脂环体系称为桥环。如：

二环［2.2.1］庚烷

在二环桥环体系中，有两个碳原子以三条价键维系着两个环，称这种碳原子为“桥头”碳原子，如上例中编号为1和4的两个叔碳原子即为桥头碳原子。由一个桥头碳原子到另一个桥头碳原子之间的碳链或价键，称为“桥”，在二环桥环中，有三个桥。

桥环烷烃的命名原则是：①桥环母体按母体碳原子总数命名为二环某烷；②在二环两字之后用方括号注出三道桥上的碳原子数字（桥头碳原子不计入内），大数在前；③编序时，以一个桥头碳原子为1，沿最长的桥到另一桥头碳原子，再沿次长的桥回到第一个桥头碳原子，最短的桥最后编号。例如：

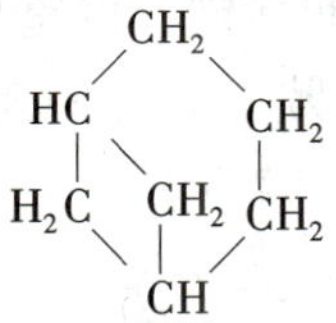

二环［3.1.1］庚烷

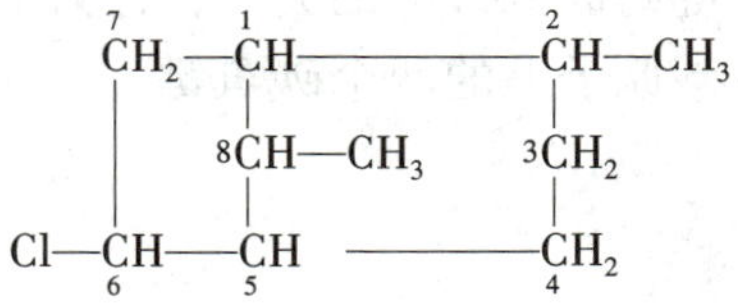

6-氯-2，8-二甲基二环［3.2.1］辛烷

共用两个碳原子的二环又称稠环。稠环除可按桥环命名原则命名外，还可看做是芳香烃的氢化物。例如：

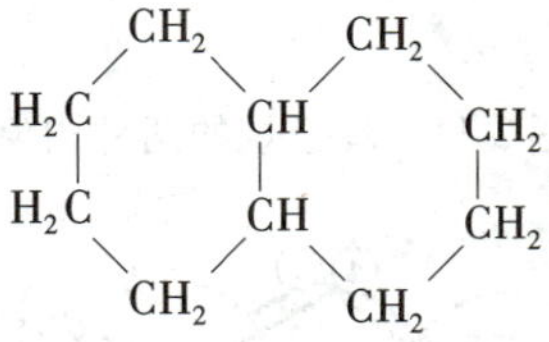

二环［4.4.0］癸烷或十氢萘

4. *环烷烃的构象异构

（1）碳环的构象：由于环烷烃中碳环上的碳原子都以 sp^3 的形式杂化，所以除环丙烷为平面结构以外，其他的碳环都在一定程度上偏离平面结构。光谱学的研究证明，环丁烷主要以蝶式存在，其中一个碳原子稍稍翘离其他三个碳原子所在的平面。热力学和光谱学都证明，从环戊烷以上，碳环都不是平面结构，环戊烷主要以信封式结构存在而环己烷主要以椅式结构存在。见图2-10。

但习惯上仍把环丁烷和环戊烷看做是平面环，这是由于它们的真实结构与平面近似而且

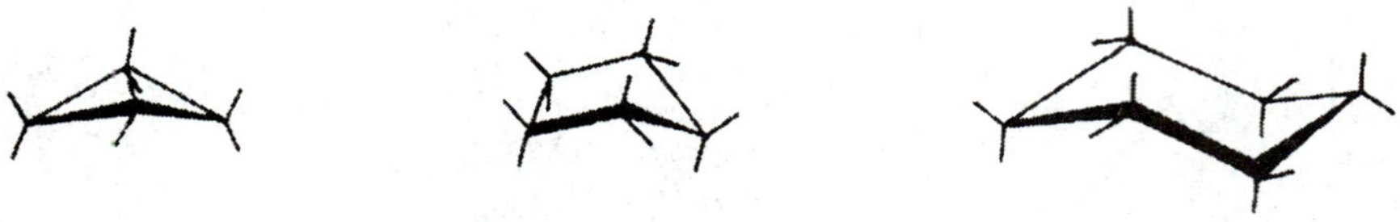

蝶式环丁烷　　信封式环戊烷　　椅式环己烷

图 2-10　碳环的构象

平面环的概念也能圆满地解释它们的物理化学性质。

（2）环己烷的构象异构：在保持碳碳键正常的 109°28′键角的前提下，环己烷可以形成两种构象，即椅式构象和船式构象，它们可以在不破坏碳碳键的前提下通过碳碳键的扭曲互相转变。

在椅式构象中，每两个相邻碳原子上的氢都处于交叉式，而在船式构象中，C_2—C_3，C_5—C_6 上的氢则处于重叠式。物理学的测定也证明船式构象的能级比椅式高 29.7 kJ · mol^{-1}。因此在室温下环己烷主要以稳定的椅式构象存在，船式构象所占比例不足千分之一。

若将环己烷的椅式和船式构象中（图 2-11）的 C_2—C_3，C_5—C_6 作纽曼投影式（图 2-12），便可明显地看出，在椅式的构象中，每两个相邻的碳原子上的氢，都处于交叉式的状态；而在船式构象中C_2—C_3和 C_5—C_6 上的氢原子都处于完全重叠式状态。

椅式构象中的十二个碳氢键，分别处于两种不同的情况。若在椅式构象中画一垂直轴，就可以看出有六个碳氢键是与该轴相平行，这种键称为直立键，或叫竖键，以符号 a 表示；另外六个碳氢键与直立键约成 109.5°的夹角，称为平伏键，或叫横键，以符号 e 表示。所以在环己烷分子中，同一碳原子上的两个碳氢键，一个为 a 键，另一个为 e 键。如图 2-13 所示。

椅式　　船式

图 2-11　环己烷的两种构象

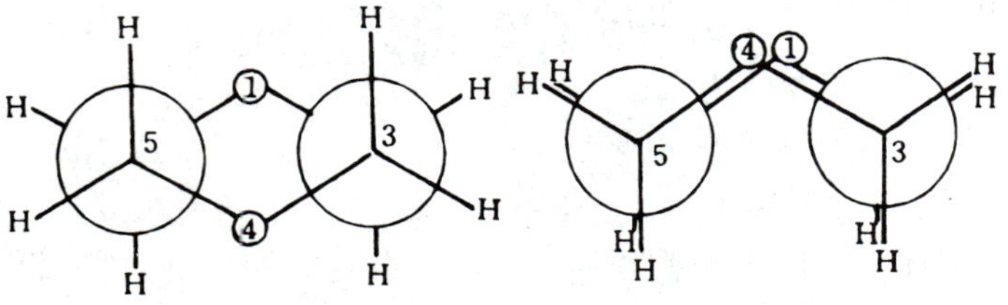

椅式　　船式

图 2-12　环己烷两种构象的纽曼投影式

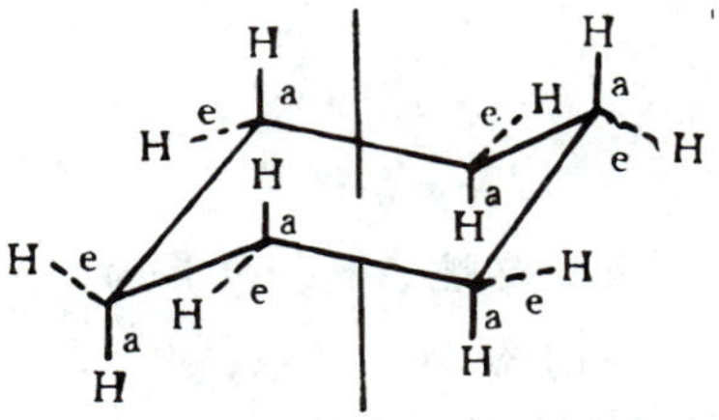

对称轴

图 2-13　环己烷构象中的 a 键和 e 键

环己烷的一种椅式构象也可以通过 C—C 键的扭曲，转变成另一种椅式构象（图 2-14），这种构象的互变叫做转环作用。这种作用可由分子的热运动而产生，不需要经过碳碳键的断裂。在转环过程中，每一个 a 键都变成了 e 键，同时每一个 e 键也都变成了 a 键。

图 2-14 两种椅式构象的相互转变

在环已烷的一元取代物中，取代基处于 e 键时内能较低，较为稳定；处于 a 键时，则内能较高也较不稳定，这是由于连在 a 键上的取代基与在环同侧 C_3、C_5 的两个处于 a 键的氢相距较近，斥力较大。例如，在甲基环己烷中，甲基处于 a 键时，其能量比处于 e 键高 7.49kJ/mol^{-1}。因此，在室温时，甲基处于 e 键的分子约占 95%，而处于 a 键的分子只占 5%。当取代基的体积增大时，平衡体系中 a 键取代物的含量减少。

如果环己烷有两个或多个取代基，则 e 键取代基最多的构象最稳定。环上有不同的取代基时，体积大的取代基连在 e 键上的构象是最稳定构象。

两个相邻碳原子上的两条 a 键互为反式，两条 e 键也互为反式，两个相邻碳原子的 a 键和 e 键之间则互为顺式。在转环过程中，虽然 a 键可以转化为 e 键，e 键也可转化为 a 键，但它们的顺反关系以及它们对于环平面的上下关系不会改变。

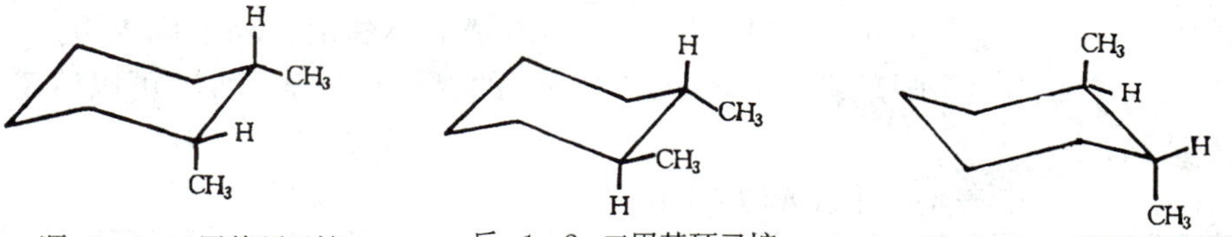

顺-1，2-二甲基环己烷 ae 型　　反-1，2-二甲基环己烷 ee 型　　反-1，2-二甲基环己烷 aa 型

图 2-15 1，2-二甲基环己烷的构象

1，2-二甲基环己烷有顺、反两种异构体（图 2-15），顺式异构体中，两个甲基只可能处在 ae 键或 ea 键的位置，而在反式异构体中，两个甲基可以都在 e 键或 a 键上。显然，在 1，2-二甲基环己烷的顺、反异构体中，以两个甲基都在 e 键上的构象为最稳定构象。

十氢萘是由二个环己烷稠合而成，已经发现并分离出二种异构体（图 2-16）：一种叫顺-十氢萘，另一种叫反-十氢萘。在顺式中，两个氢原子处于环的同一侧，在反式中则处于环的异侧。

在十氢萘分子中，一个环可以看做是另一个环的取代基。反式中两个取代基都是 e 型，而顺式中则一个是 e 型，一个是 a 型。因此，反式比较稳定。

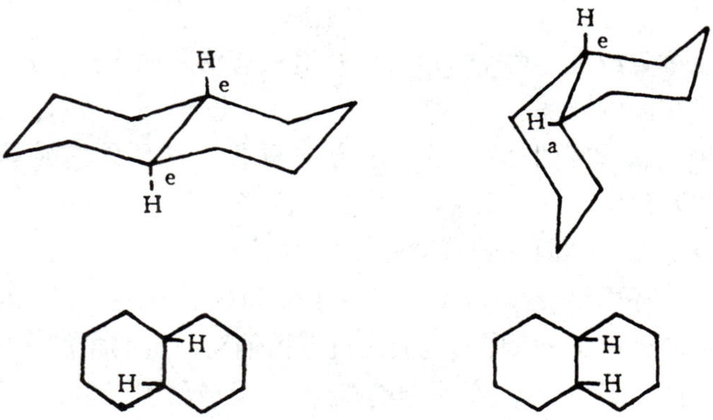

反式 b.p. 185.4℃　　顺式 b.p. 194.6℃

图 2-16 十氢萘构象

多环化合物的构象与十氢萘的构象相似，而且以 ee 键相稠合的多环化合物的构象稳定。依此规律，可以推测出多环化合物的构象特性。

二、环烷烃的物理性质

环烷烃的物理性质及其递变规律与烷烃基本相似。环丙烷和环丁烷在常温下为气体，环戊烷为液体，高级同系物为固体。环烷烃的沸点较相同碳原子的烷烃高，熔点也高。密度较相应的烷烃大。不溶于水，易溶于有机溶剂。环烷烃的物理常数见表 2-3。

表 2-3 部分环烷烃的物理常数

名 称	熔 点（℃）	沸 点（℃）	密 度
环丙烷	-127.6	-32.9	0.689（液态）
环丁烷	-50	12.0	0.703（0℃）
环戊烷	-93	49.3	0.745
环已烷	6.5	80.8	0.779
环庚烷	-12	118	0.810
环辛烷	11.5	148	0.836

三、环烷烃的化学性质

1. *环的稳定性 环烷烃环系的稳定性不相同，环丙烷最不稳定，环丁烷也不太稳定；环戊烷、环已烷以及更大的环系则是稳定的环。从环烷烃的燃烧热（表 2-4）可以清楚地看出这一规律性。

表 2-4 各类环烷烃燃烧热（$kJ \cdot mol^{-1}$）

燃烧热	环丙烷	环丁烷	环戊烷	环已烷	环庚烷
分子燃烧热△H	-2092.2	-2745.2	-3321.6	-3955.4	-4638.9
每摩尔 CH_2 燃烧热△H	-697.4	-686.3	-664.3	-659.2	-662.7

从表 2-4 中可以看出，环丙烷、环丁烷和环戊烷三环系中，环越小，每摩尔 CH_2 的燃烧热越高，说明了环越不稳定。从环已烷开始，每摩尔 CH_2 的燃烧热趋于定值，说明了环丙烷、环丁烷是不稳定的环系，从环戊烷开始，环系是稳定的环系。

在环烷烃中，碳环上的碳原子也都是 sp^3 杂化，所以环系中碳碳键也只能由 sp^3 杂化轨道重叠成键。两个 sp^3 杂化轨道只有沿着两个轨道的对称轴的方向，才能实现最大重叠，形成牢固的 σ 键。环丙烷三个碳原子位于同一平面，碳原子间的连线呈正三角形，夹角为 60°。如果仍旧保持沿键轴方向重叠，则环丙烷碳原子的 sp^3 杂化轨道必须将轴间夹角由 109.5°扭偏到 60°。但根据量子力学计算，sp^3 杂化轨道轴间的夹角不得小于 104°，实际测定证明，环丙烷碳碳键的夹角为 105.5°。

环丙烷 σ（C—C）键的形成和烷烃不同，它不可能沿键轴方向重叠形成 σ 键，而是在碳碳连线的外侧，sp^3 杂化轨道稍偏离一定的角度重叠形成“弯曲键”，其外形有些像香蕉，如图 2-17 所示。弯曲键的概念，得到现代物理实验结果的支持。

由于弯曲键的重叠不是发生在电子云密度最大的方向，重叠程度较小。同时，sp^3 杂化轨道的偏离所产生的角张力，使环丙烷分子内能升高，σ(C—C)键的稳定性较差，故易加成开环。这样的环叫“张力环”。不难理解，张力越大，意味着体系内能越高，结构就越不稳定。

在环丁烷分子中，碳碳 sp^3 杂化轨道也是偏离重叠形成弯曲键。但弯曲程度比环丙烷相应减小，环丁烷的环稳定性比环丙烷较大。

环戊烷、环己烷分子中的碳原子不在同一平面上，C—C 键夹角接近或保持 109.5°，几乎不存在角张力，都较稳定。所以在天然产物中的碳环骨架多为六碳环和五碳环，或者由它们组成的多环。

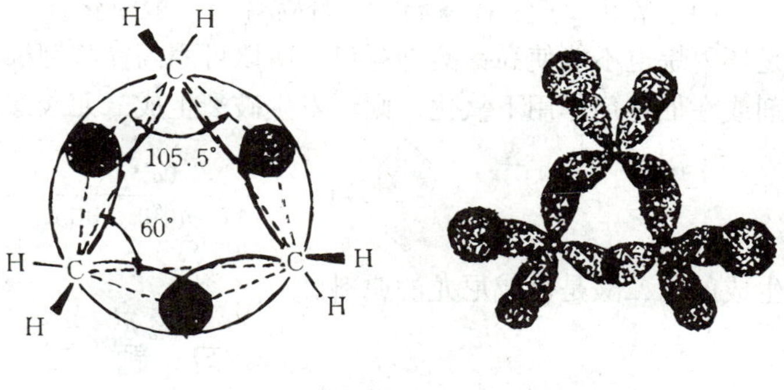

图 2-17 环丙烷碳碳之间成键示意图

由于环系稳定性的不同，表现在各类环系的反应情况也不同，一般说来，环丙烷、环丁烷容易与各类试剂发生开环加成反应而环戊烷和环己烷则可以发生取代反应。

2. 环烷烃的化学性质

(1) 催化加氢：在催化剂作用下，环丙烷、环丁烷加氢时发生环的破裂，生成相应的烷烃。环戊烷则较难反应，需在较强烈的条件下，才能进行加氢反应。

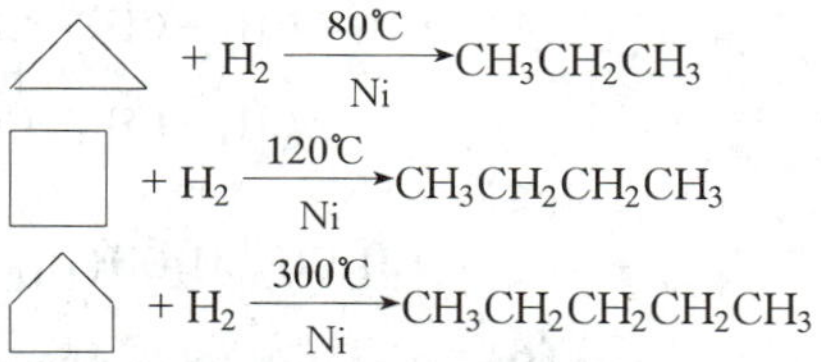

(2) 与溴作用：环丙烷在常温下就能和溴加成，而环丁烷必须在加热下才能与溴作用。

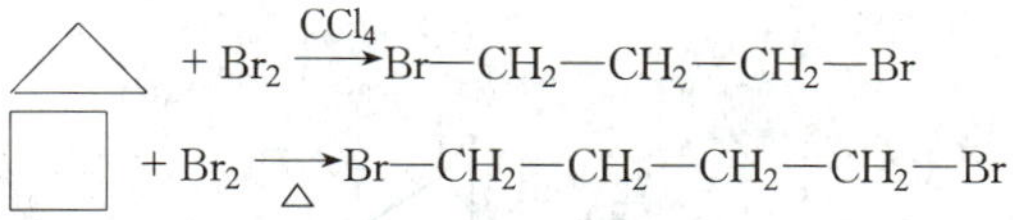

在光或热的作用下，环戊烷、环己烷等与溴作用，则发生取代反应。

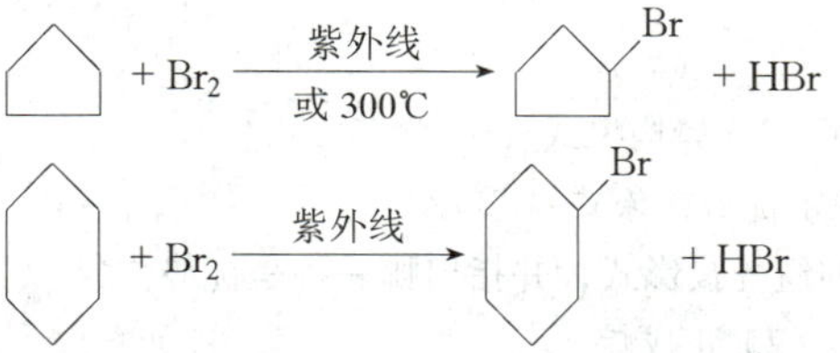

(3) 环丙烷与卤化氢、浓硫酸的开环反应：环丙烷也容易被 HX，H_2SO_4 等开环。环丙烷的烷基衍生物更易开环。当取代的环丙烷与卤化氢进行加成反应时，环的破裂是在连接氢原子最多和最少的两个碳原子之间发生，加成是符合马尔考夫尼考夫（见第三章）规律的。例如：

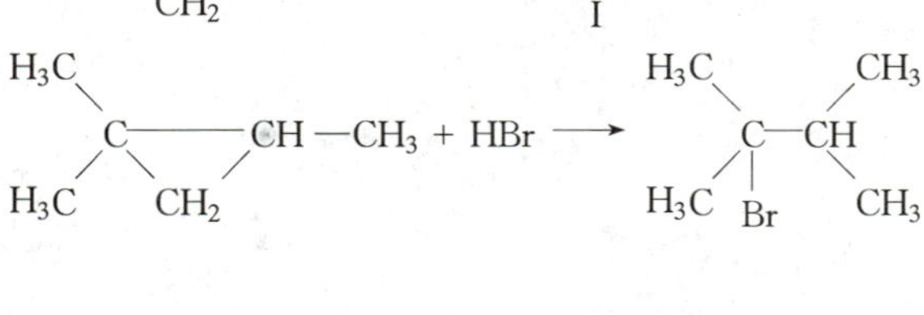

（4）氧化反应：在室温下，环烷烃与一般氧化剂（如高锰酸钾水溶液）不起作用，即使是环丙烷也不能使高锰酸钾褪色。所以可用高锰酸钾稀溶液鉴别环丙烷和烯烃。若用强氧化剂或在催化剂作用下氧化，则环发生破裂生成二元羧酸。

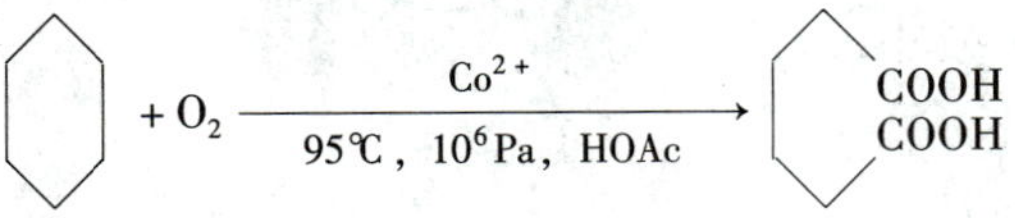

生成的己二酸是合成尼龙的原料。

习　题　二

1. 用系统命名法命名下列各化合物

（1）
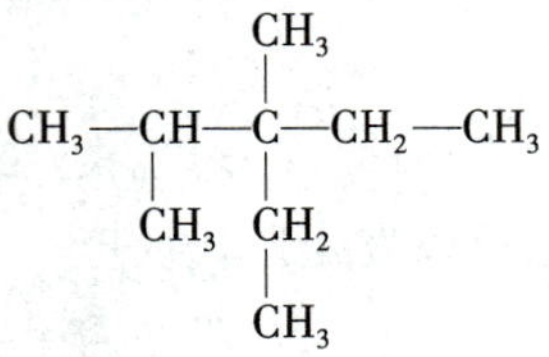

（2）
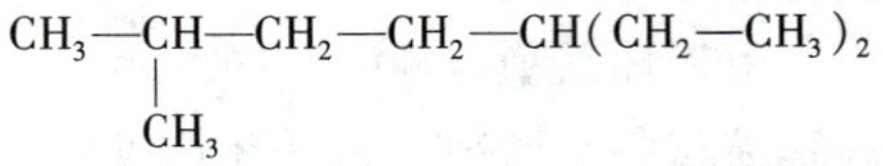

（3）
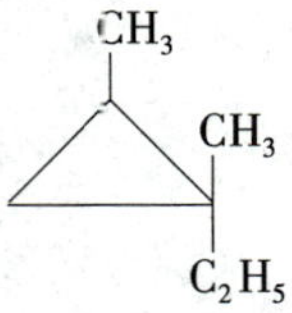

（4）
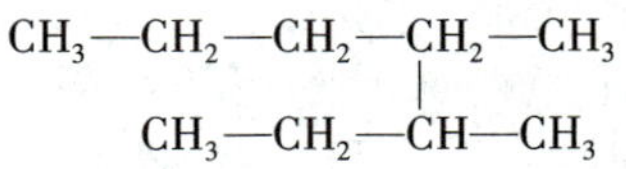

（5）
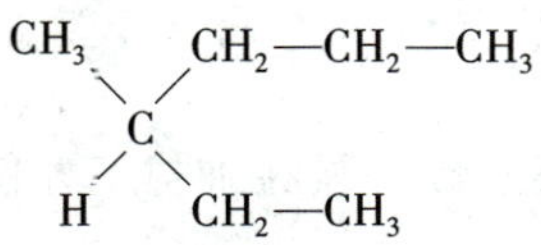

（6）
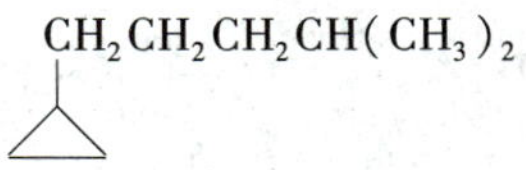

（7）
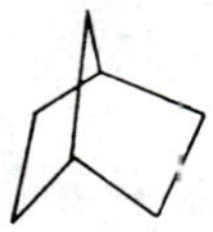

（8）
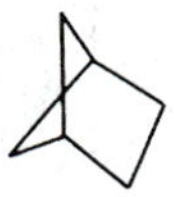

2. 写出反-1-甲基-2-乙基环己烷的稳定优势构象式。
3. 写出顺-3-溴-反-2-氯环己醇的稳定优势构象式。
4. 写出下列各化合物典型构象式的纽曼投影式，并指出哪一种是优势构象。
　（1）$CH_3CH_2CH_2Cl$　　　　（2）正戊烷
5. 完成下列反应，并注明反应条件。

（1）
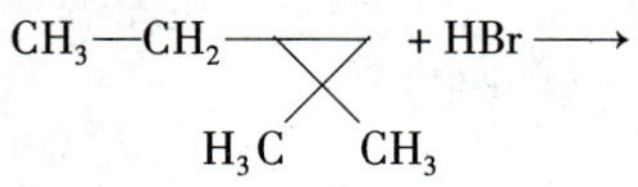

（2）
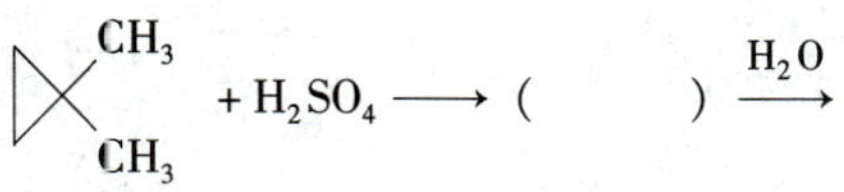

第三章　不饱和烃

烃的分子结构中，如果含有一个碳碳双键称为烯烃，通式为 C_nH_{2n}，如果含有一个碳碳三键，称为炔烃，通式为 C_nH_{2n-2}，烯烃和炔烃都是不饱和烃，碳碳双键和三键又都统称为碳碳重键。

第一节　烯烃和炔烃

一、烯烃和炔烃的同分异构现象及命名

1. *烯烃和炔烃的构造异构*　烯烃和炔烃的构造异构现象比烷烃更为复杂，除了碳胳异构以外，还存在有由于重键位置不同所造成的位置异构；炔烃分子中由于支链取代的碳原子限制了三键的存在，所以它的异构现象又比烯烃简单。下面以五个碳原子的烯、炔烃为例，它们的构造异构体如下：

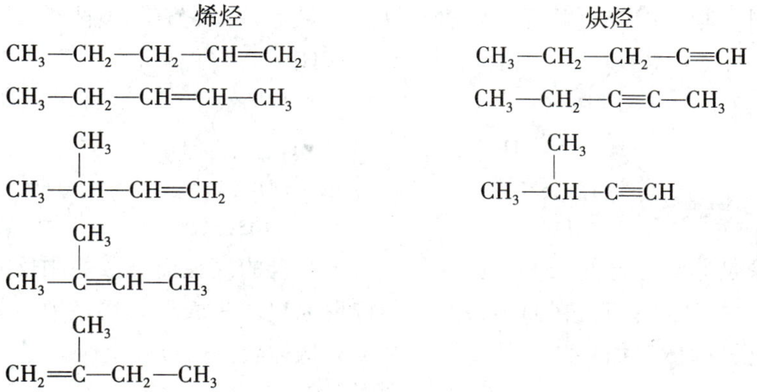

2. *烯烃和炔烃的系统命名法*　烯烃和炔烃的 IUPAC 系统命名法的规则如下：

（1）选取含有重键的最长碳链作为主链，并根据主链上的碳原子数命名为某烯（双键）或某炔（三键）。

（2）从靠近重键的一端把主链碳原子顺序编号，并把较小的以重键相键合的碳原子的编号写在主链名称的前面。

（3）支链命名为基，写在主链名称的前面，其书写规则与烷烃的命名规则相同。如：

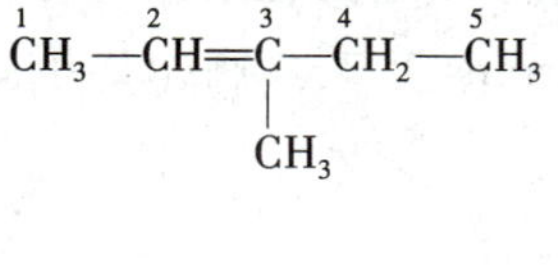

3-甲基-2-戊烯

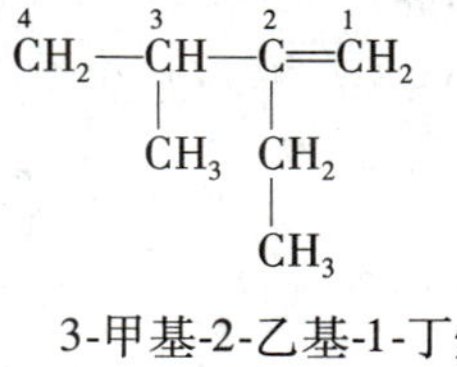

3-甲基-2-乙基-1-丁烯

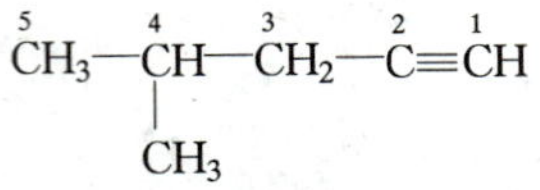

4-甲基-1-戊炔

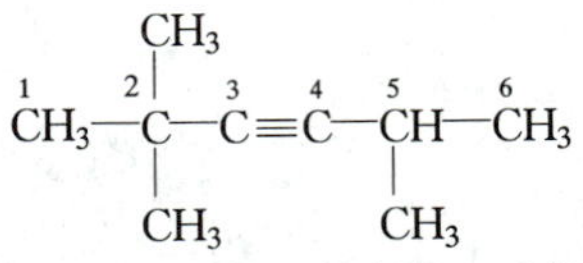

2，2，5-三甲基-3-己炔

(4) 烯基。烯烃的分子中去掉一个氢原子后，剩下的烃基称为烯基，常见的烯基有：

$CH_2{=}CH—$	乙烯基
$CH_3—CH{=}CH—$	1-丙烯基（丙烯基）
$CH_2{=}CH—CH_2—$	2-丙烯基（烯丙基）

3. *烯烃的顺反异构*　有机化合物的同分异构现象有两大类型，一类是由于化学结构不同所造成的同分异构现象，称为构造异构或结构异构；一类是由于分子中各基团在空间排列形式不同所造成的异构现象，称为立体异构。构型异构和构象异构都属于立体异构的范畴。构象异构是由于单键的内旋转所导致的异构现象，各个异构体之间可以通过单键的内旋转相互转化而不破坏化学键；构型异构与构象异构不同，各个异构体之间不可能不通过化学键的断裂相互转化，也就是说，构型异构体之间相互转化时必定伴有共价键的断裂。顺反异构是构型异构的一种表现形式，它是由于有限制内旋转的因素所造成的异构现象。烯烃分子中，以双键相键合的碳原子是 sp^2 杂化，因此以双键键合的两个原子以及与这两个原子直接键合的其他原子共处于同一平面。双键是由一个 σ 键和一个 π 键所组成，π 键是由 p 轨道平行重叠形成的化学键，π 键的存在限制了双键的旋转而使以双键键合的两个原子所连接的其他基团固定在一定的空间位置。如果烯烃中以双键相键合的两个碳原子的每一个碳原子所连接的两个基团互不相司，则可以产生顺反异构体。以 2-丁烯为例，它有如下两个异构体存在：

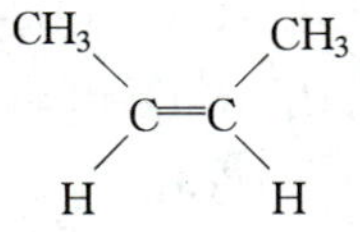

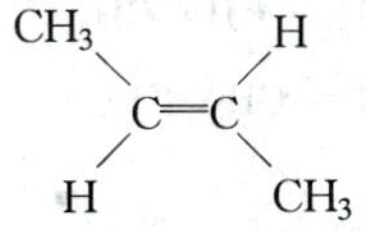

b.p.	3.5℃	0.9℃
m.p.	−139.3℃	−105.5℃

顺反异构现象是非常普遍的一种异构现象，由于双键的存在而导致的顺反异构只是其中的一种表现形式；由于双键的存在而导致顺反异构现象也不只表现在烯烃中，其他双键体系也同样存在有顺反异构体，如乙醛肟就有两个顺反异构体：

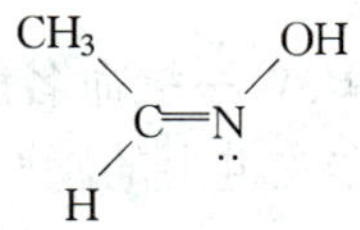

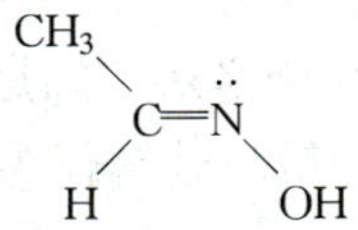

炔烃中以三键键合的碳原子是 sp 杂化，它是一种直线形结构，所以单纯的炔烃不存在有顺反异构现象。

4. *顺反异构体的命名*

(1) 顺反命名法：顺反命名法把两个相同或相似的原子或基团在限制内旋转因素（例如双键）同一侧的称为顺（cis-）式，在不同侧的称为反（trans-）式。例如 2-丁烯的两个异构体可作如下命名：

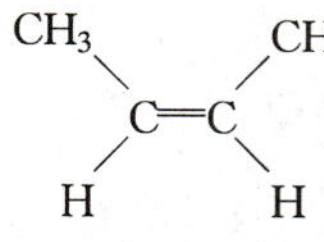
顺-2-丁烯

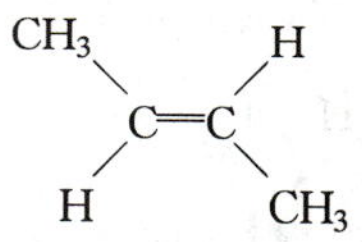
反-2-丁烯

顺反命名法比较简单通俗，但对于比较复杂的顺反异构体则难于准确地确定哪一个是顺式，哪一个是反式，例如下列化合物：

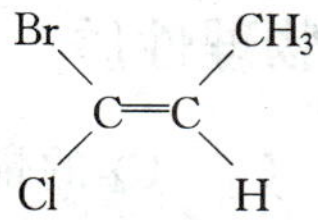

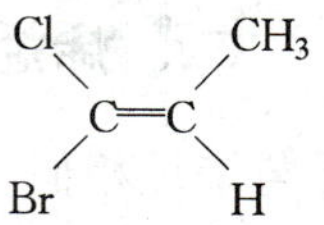

（2）Z，E 命名法：Z，E 命名法是根据英果尔（R. S. Ingold）—凯恩（R. S. Cahn）等化学家提出的原子和基团优先序位规则，两个优先的原子或基团在双键（或环）的同侧为 Z 型（Z 是德文 Zusammen 的第一个字母，其意义为同），在双键（或环）异侧为 E 型（E 是德文 Entgegen 的第一个字母，意思为相反）。

原子或基团的优先序位规则如下：

① 原子或基团按其原子序数的大小排列，原子序数大的排在序列的前面，孤电子对位于最后。例如：I＞Br＞Cl＞S＞F＞O＞N＞C＞H＞孤电子对。

② 如果第一个原子的原子序数相同时，再逐个比较其相连原子的原子序数，并依次类推。例如：

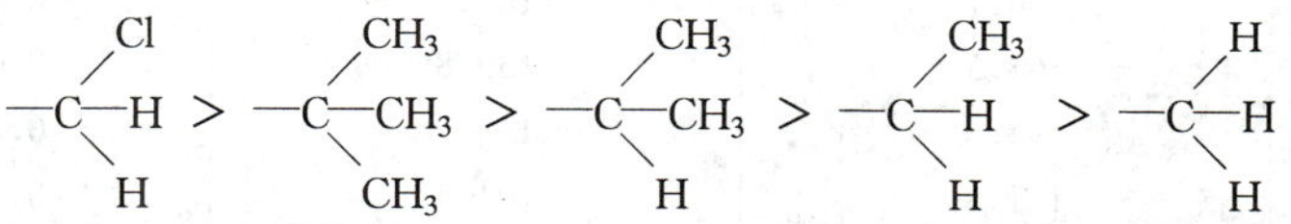

③ 如果基团中有双键或三键时，每一个双键或三键都当作连着两个或三个相同的基团。例如：

基团：
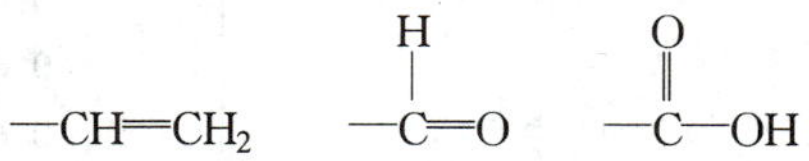

可分别看作：
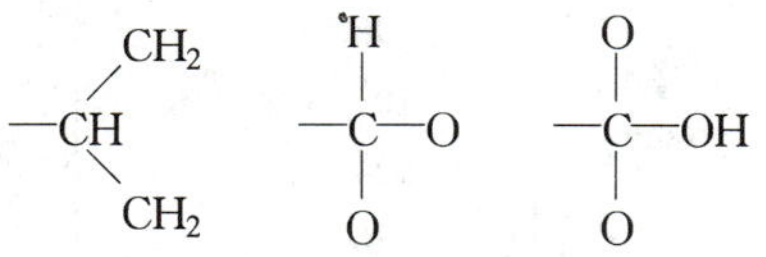

所以，—COOH ＞ —CHO ＞ —CH═CH_2

根据这个规则，上述化合物的构型便可决定：

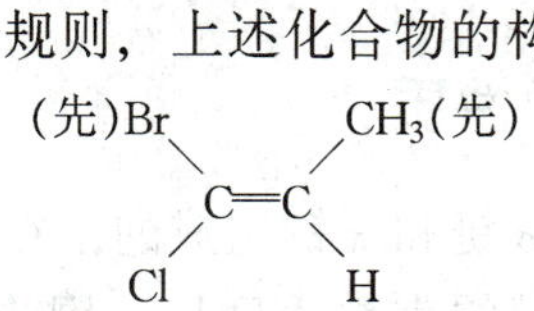
Z-1-氯-1-溴丙烯

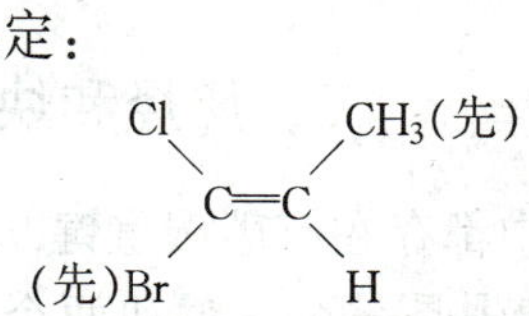
E-1-氯-1-溴丙烯

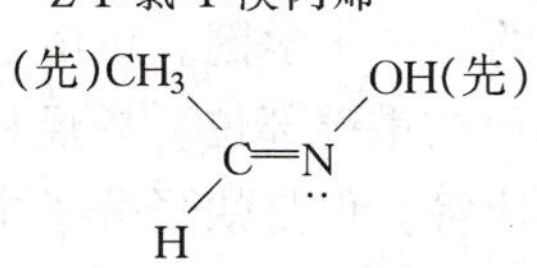
Z-乙醛肟

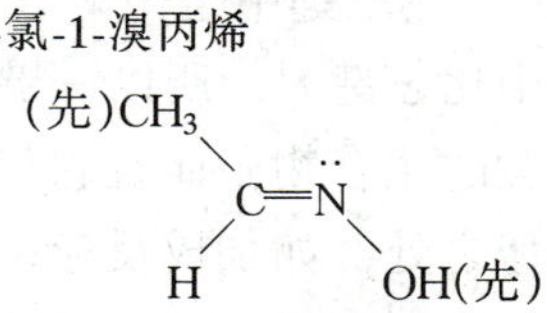
E-乙醛肟

顺反命名法与 Z，E 命名法的根据是不同的。有些化合物的顺式构型相当于 Z 型，有些化合物的顺式构型又相当于 E 构型，它们之间没有一定的关联。例如：

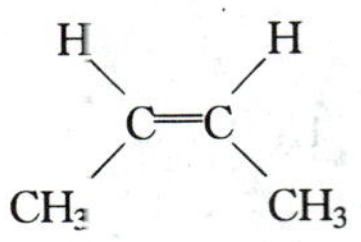

顺-2-丁烯

Z-2-丁烯

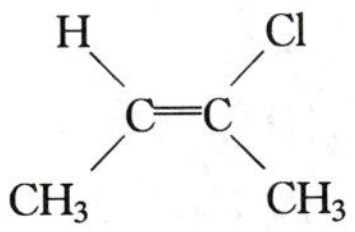

顺-2-氯-2-丁烯

E-2-氯-2-丁烯

二、烯烃和炔烃的物理性质

烯烃和炔烃的物理性质与烷烃相似。在常温下，C_2～C_4 的烯、炔烃为气体，C_5 以上的烯、炔烃为液体，高级的烯、炔烃是固体。它们都难溶于水而易溶于有机溶剂，其密度都小于 1（表 3-1）。

表 3-1 某些烯、炔烃的物理常数

名 称	沸 点 （℃）	熔 点 （℃）	密 度
乙 烯	-103.7	-169.5	0.5699*
丙 烯	-47.7	-185.1	0.5193*
1-丁烯	-6.5	-185.4	0.5951*
顺-2-丁烯	3.5	-139.3	0.6213
反-2-丁烯	0.9	-105.5	0.6042
异丁烯	-6.9	-140.8	0.5942
1-戊烯	30.1	-165.2	0.6405
1-己烯	63.5	-139.8	0.6731
1-庚烯	93.6	-119	0.6970
1-辛烯	121.3	-101.7	0.7149
1-十八烯	179	17.5	0.7891
乙 炔	-83.4	-81.8	0.618*
丙 炔	-23.3	-101.5	0.668*
1-丁炔	8.5	-122.5	0.678（0℃）
2-丁炔	27.0	-32.3	0.691
1-戊炔	39.7	-98	0.695
2-戊炔	55.5	-101	0.713（15℃）
1-己炔	71.4	-124	0.719
1-癸炔	182.2	-36	0.792（15℃）

注：* 为在沸点时测定。

三、烯烃和炔烃的化学性质

烯烃和炔烃的分子中都存在有碳碳重键，重键是由 σ 键和 π 键组成的，在双键中是一个 σ 键和一个 π 键，在三键中是一个 σ 键和两个 π 键。π 键的重叠程度比 σ 键小，稳定性比 σ 键小而极化度则比 σ 键大，所以 π 键是化学活泼性较大的一种化学键。正由于此，烯烃和炔烃都是比较活泼的化合物，而且它们的反应主要集中表现在重键部位。烯烃和炔烃的化学性质上有诸多相似之处，如加成反应、氧化反应和聚合反应等。但是炔烃分子中的碳碳三键是由两个 π 键和一个 σ 键形成的，它的键长要比双键更短（C≡C 的键长为 0.120nm，C═C 的键长为 0.134nm），π 键受核的束缚力变大，极化度比在双键中减小，这种结构上的差异也导致了炔烃和烯烃在化学性质上不尽相同。

1．烯烃和炔烃的亲电加成反应　重键中的π键断裂，由试剂裂解的两个一价原子或原子团分别加到以重键键合的两个原子上去的反应称为加成反应。烯烃、炔烃容易和卤素、卤化氢等试剂发生加成反应。

(1) 与卤素的加成反应：烯烃和炔烃容易与氯、溴发生加成反应，当把烯烃或炔烃通入到红棕色的溴的四氯化碳溶液中去或通入黄色的溴水中去时，溴的颜色很快褪去，生成无色的加成产物。这个反应现象明显，操作方便，因此常用这一反应检验化合物中碳碳重键的存在。

烯烃与卤素加成生成邻二卤代物：

$$CH_2{=}CH_2 + Br_2 \xrightarrow{CCl_4} Br{-}CH_2{-}CH_2{-}Br$$

炔烃首先生成二卤代烯，进一步生成四卤代烷：

$$CH{\equiv}CH + Cl_2 \longrightarrow Cl{-}CH{=}CH{-}Cl \xrightarrow{Cl_2} Cl_2{-}CH{-}CH{-}Cl_2$$

不同的卤素反应活泼性也不相同，氟与烯烃、炔烃剧烈反应，氯、溴的反应平稳且迅速，碘的加成反应一般比较困难，但氯化碘（ICl）和溴化碘（IBr）能与烯烃、炔烃迅速反应：

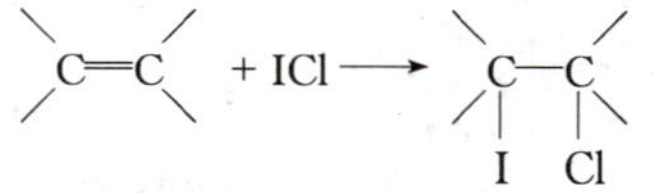

经常利用这一反应定量地测定化合物的不饱和度。

乙烯与溴的加成反应在聚乙烯塑料容器中很难发生，而在玻璃仪器中则反应顺利；乙烯与干燥的溴的四氯化碳溶液难于反应，而在其中加入极少量的水就会使反应迅速进行，所有这些都证明了烯、炔烃的加成反应要求极性环境。如果乙烯与溴的加成反应在溴的氯化钠溶液中进行，反应产物除 $Br{-}CH_2{-}CH_2{-}Br$ 以外，还有 $Br{-}CH_2{-}CH_2{-}Cl$ 生成，但没有 $Cl{-}CH_2{-}CH_2{-}Cl$ 生成；如果是在溴的硝酸钠溶液中进行，则产物中还有 $Br{-}CH_2{-}CH_2{-}ONO_2$ 生成。

上述的实验事实说明了如下几个问题：

① 烯烃和炔烃与卤素的加成反应是异裂的离子型反应。

② 加成反应是分两步进行的，第一步反应是溴的正离子首先与重键发生反应，第二步才是负离子再加上去。在离子型反应中，常常根据进攻试剂的性质而分为两类：一类试剂由于本身缺乏电子，在反应中它将进攻其他分子的高电子云密度中心，这种试剂具有亲电性能，所以叫做亲电试剂，由亲电试剂进攻而引起的反应，叫做亲电反应；另一类试剂本身具有较大电子云密度，在反应中它将进攻其他分子的低电子云密度中心，这种试剂具有亲核性能，所以叫做亲核试剂。由亲核试剂的进攻而引起的反应，叫做亲核反应。

烯烃与卤素的加成反应既然是带正电荷的溴首先向重键进攻，那么这种加成反应应属于亲电加成。烯烃、炔烃和卤化氢、浓硫酸等试剂发生的加成反应也都属于亲电加成反应。

以溴与烯烃的加成反应为例，亲电加成反应的历程为：

①反应起始于溴分子被极化成一端带正电荷、一端带负电荷的极性分子：

$$Br{-}Br \xrightarrow[\text{外电场}]{\text{极化}} \overset{\delta^+}{Br}{-}\overset{\delta^-}{Br}$$

②带正电荷的一端向重键进攻，首先形成π络合物，然后进一步转化成溴鎓离子（σ络

合物)：

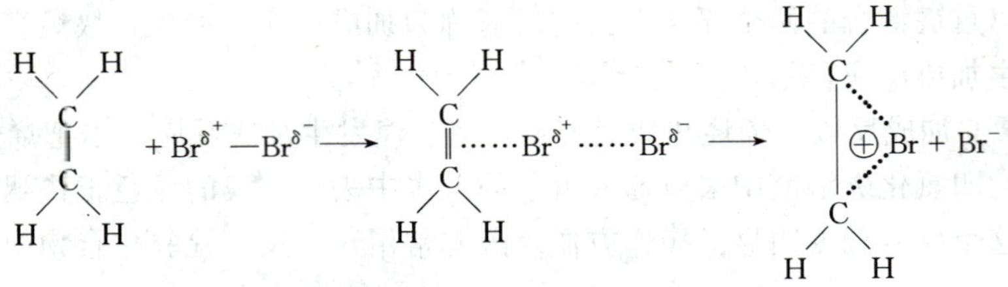

π络合物　　　　溴鎓离子

③溴负离子从溴鎓离子的反面（背后）向溴鎓离子进攻，完成整个加成过程：

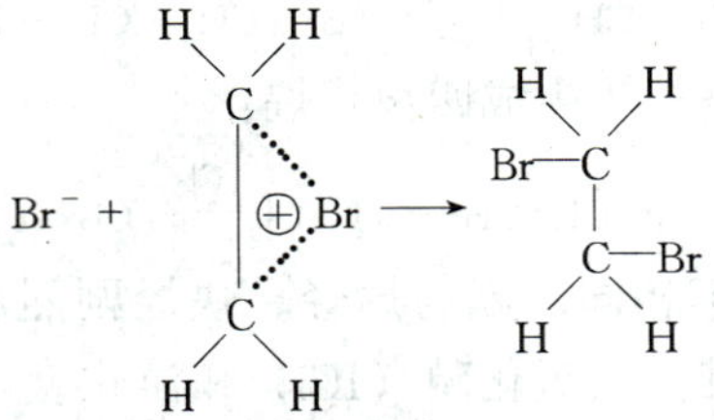

如果有其他负离子存在，当然也可以发生相似的反应，如：

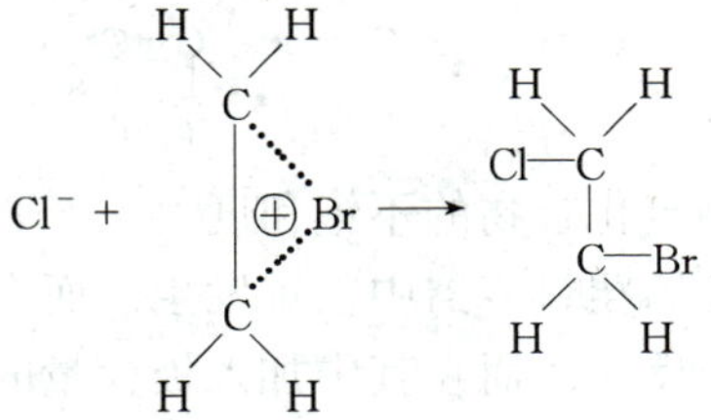

亲电加成反应对试剂的要求是带正电荷的部分更活泼（不稳定），对重键的要求则表现为：

①π键的极化度越大，越容易受到带正电荷试剂的极化，则重键越活泼。

②以重键键合的碳原子电子云密度越高则反应越活泼。

在炔烃中，由于碳碳三键的键长进一步变短，也由于 sp 杂化的碳原子有更强的电负性，所以三键中 π 键的极化度比在双键中小，因此炔烃亲电加成反应的活泼性比烯烃小。

(2) 加卤化氢：烯烃与卤化氢加成生成卤代烷。卤化氢反应活泼性是：HI＞HBr＞HCl

$$CH_2=CH_2+HI \longrightarrow CH_3CH_2I$$

卤化氢与丙烯发生加成反应时，丙烯的活泼性大于乙烯，从表面上看，丙烯与卤化氢发生加成反应，应该得到两种产物：

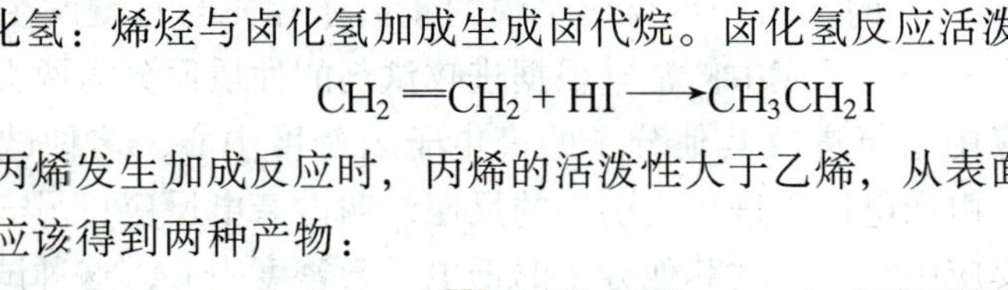

但实际上得到的主要产物是 2-卤代丙烷，即卤素加到含氢较少的双键碳原子上而氢加到含氢较多的双键碳原子上去所得到的化合物。马尔考夫尼考夫根据大量的实验结果，总结出不对称烯烃加卤化氢时，试剂中氢原子总是加到含氢较多的双键碳原子上，卤素原子加到含氢较少的双键碳原子上。这是一条经验规则，称为马尔考夫尼考夫（V. M.

Markovnikov）规则，简称马氏规则。许多情况下，按马氏规则的加成有时甚至是惟一产物。

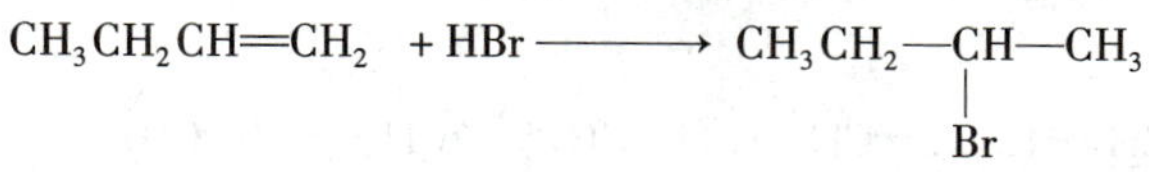

1-丁烯　　80%　2-溴丁烷

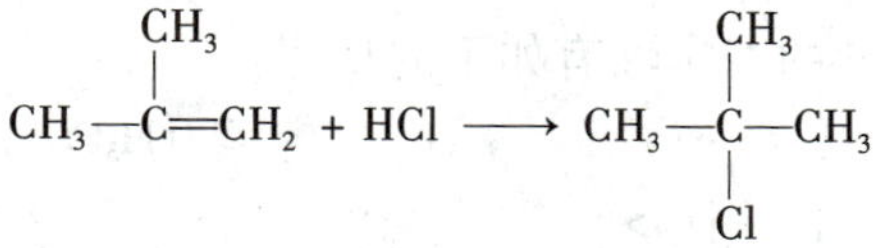

2-甲基丙烯　　100%　2-氯-2-甲基丙烷

炔烃与卤化氢加成时，也遵循马氏规则：

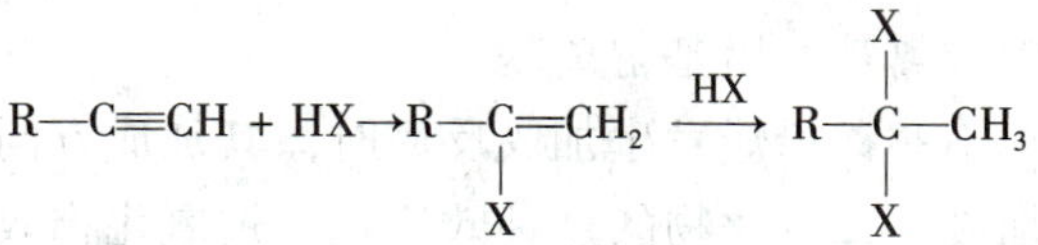

马氏规则说明了在分子中各基团之间存在着相互影响，当甲基取代了乙烯分子中的一个氢原子时，就形成丙烯，甲基和氢原子相比较，它只具有比氢原子更小的吸引电子的能力，所以称甲基为给（斥）电子基。甲基的这种斥电子作用还可以沿共价键向其他的原子转移，可表示为 $\underset{3}{CH_3}\rightarrow\underset{2}{C}H\overset{\frown}{=}\underset{1}{C}H_2$ 在甲基斥电子的作用下，双键体系的电子云密度要比在乙烯中略高，有利于亲电反应的进行；又由于重键体系中 π 键的较大极化度，结果使 C_1 的电子云密度比 C_2 更高。这种由于一个基代替了氢原子以后，它不仅影响到与它直接相连接的原子的电子云密度发生改变，而且这种影响还会沿共价键传递，进一步影响到不与它直接相连的其他原子的电子云密度也发生相应改变的效应称为诱导效应（Inductive effect），通常用符号 I 表示。诱导效应是有机化合物中普遍存在的一种电子效应。马氏规则实际上是诱导效应的一种具体体现：

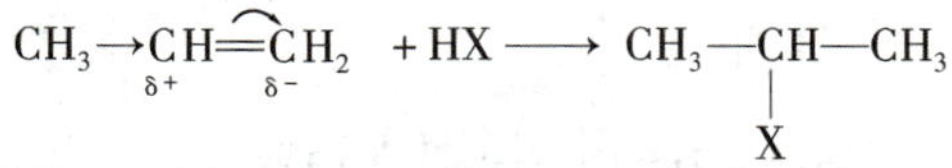

所有的烷基都是给电子基，其给电子能力的大小顺序为：

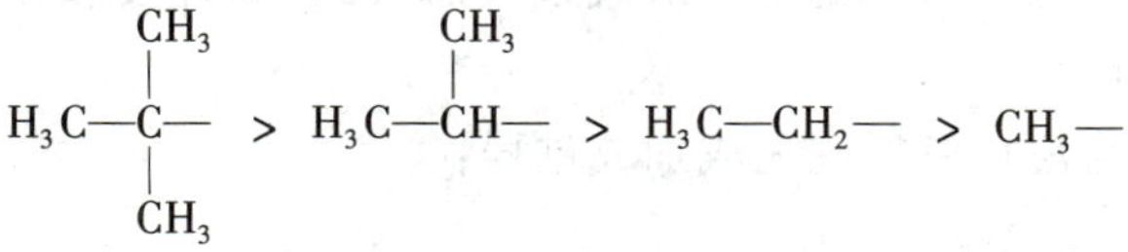

由于烷基的给电子作用，所以取代乙烯的亲电加成活泼性顺序为：

$$(CH_3)_2C=CH_2 > CH_3CH=CHCH_3 > CH_3CH_2CH=CH_2 > CH_3CH=CH_2$$

马氏规则也可以从反应过程中能量变化的角度加以解释。当不对称的烯烃与不对称的试剂发生加成反应时，可以形成两种过渡态：

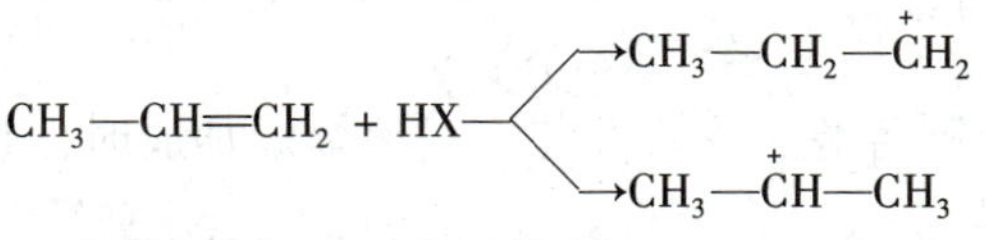

(1)

(2)

在（1）式中，只有一个乙基参与正碳离子正电荷的分散，而在(2)式中，则有两个甲基参与正电荷的分散，根据物理学上的规律，一个带电体系的稳定性取决于所带电荷的分散程度，电荷愈分散，体系愈稳定。因此过渡态(2)比过渡态（1）的能量较低，形成较低能级的过渡态，反应的活化能也随之降低，因此当不对称的烯烃与不对称的试剂进行亲电加成反应时，反应主要按下式进行：

$$CH_3-CH=CH_2+HX\longrightarrow CH_3-\overset{+}{C}H-CH_3\xrightarrow{X^-}CH_3-\underset{\large X}{\underset{|}{C}H}-CH_3$$

根据烷基的给电子能力，过渡态正离子的稳定性有如下的规律：

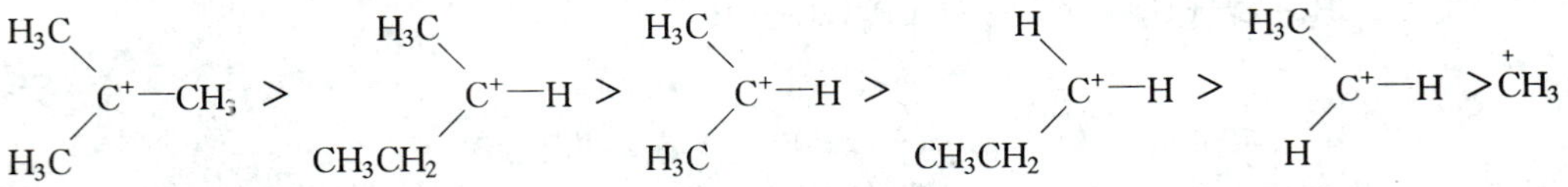

碳的游离基也有与碳正离子相同的稳定性顺序，即：

叔碳游离基＞仲碳游离基＞伯碳游离基＞甲基游离基。

溴化氢在有过氧化物存在下，与不对称烯烃发生加成反应时，其加成方向不遵循马氏规则，这种加成方向称为反马氏规则加成，过氧化物的这种效应称为过氧化物效应。

$$CH_3-CH=CH_2+HBr\xrightarrow{H_2O_2}CH_3CH_2CH_2Br$$

溴化氢在过氧化物存在下发生反马氏规则加成的原因是因为在有过氧化物存在时，溴化氢与烯烃的加成反应机理不是亲电加成而是游离基型的加成反应。可表示如下：

① 过氧化氢均裂产生游离基：

$$H_2O_2\longrightarrow 2HO\cdot$$

② 羟基游离基与溴化氢反应生成水和溴原子：

$$HO\cdot+HBr\longrightarrow H_2O+Br\cdot$$

③ 溴原子与重键发生反应，从表面上看应该有两种加成方向：

$$CH_3-CH=CH_2+Br\cdot\longrightarrow CH_3-\underset{\large Br}{\underset{|}{C}H}-\dot{C}H_2 \qquad (1)$$

$$CH_3-CH=CH_2+Br\cdot\longrightarrow CH_3-\dot{C}H-CH_2-Br \qquad (2)$$

但由于过渡态（2）要比过渡态（1）稳定，形成过渡态（2）只需要较小的活化能，因此这一步反应要按（2）式进行。

④过渡态的烃基游离基再与溴化氢反应完成加成过程：

$$CH_3-\dot{C}H-CH_2-Br+HBr\longrightarrow CH_3-CH_2-CH_2-Br+Br\cdot$$

(3) 加硫酸：烯烃可与浓硫酸作用生成硫酸氢酯。硫酸氢酯是无机酸酯的一种，它能水解生成醇。

$$CH_2=CH_2+HOSO_3H\longrightarrow \underset{\text{硫酸氢乙酯}}{CH_3CH_2OSO_3H}\xrightarrow[\triangle]{H_2O}CH_3CH_2OH+H_2SO_4$$

利用这一反应可以由烯烃制备醇。浓硫酸与不对称烯烃加成时，也遵循马氏规则。

$$CH_3-CH=CH_2+HOSO_3H\longrightarrow \underset{\text{硫酸氢异丙醇}}{\underset{\large OSO_3H}{\underset{|}{CH_3CHCH_3}}}\xrightarrow[\triangle]{H_2O}\underset{\text{异丙醇}}{\underset{\large OH}{\underset{|}{CH_3CHCH_3}}}+H_2SO_4$$

因为硫酸氢酯类可溶于浓硫酸，故利用烯烃与 H_2SO_4 的反应，可除去混在烷烃中少量的烯烃杂质。

（4）加次卤酸：烯烃与次卤酸发生加成反应生成卤代醇：

$$CH_2{=}CH_2 + HOCl \longrightarrow Cl{-}CH_2{-}CH_2{-}OH$$

（5）催化加氢：加氢也可以称为还原反应，烯烃和炔烃的加氢反应一般要在 Ni、Pt、Pd 等催化剂的作用下才能进行，催化剂的作用是把分子吸附在表面上，使烯烃、炔烃中的 π 键和氢分子中的 σ 键减弱，从而降低了反应的活化能。如：

$$CH_2{=}CH_2 + H_2 \xrightarrow{Ni} CH_3{-}CH_3$$

采用一些特殊的催化剂如被铅中毒的钯可以使炔烃的加氢停止在生成烯烃的一步：

$$CH{\equiv}CH + H_2 \xrightarrow{Pd-PbO} CH_2{=}CH_2$$

氢化反应是放热的，氢化反应的反应热特称氢化热。不同的烯烃氢化热也不一样。根据氢化热的不同，可以分析不同的烯烃的相对稳定性。一般氢化热愈小，则烯烃愈稳定。例如：

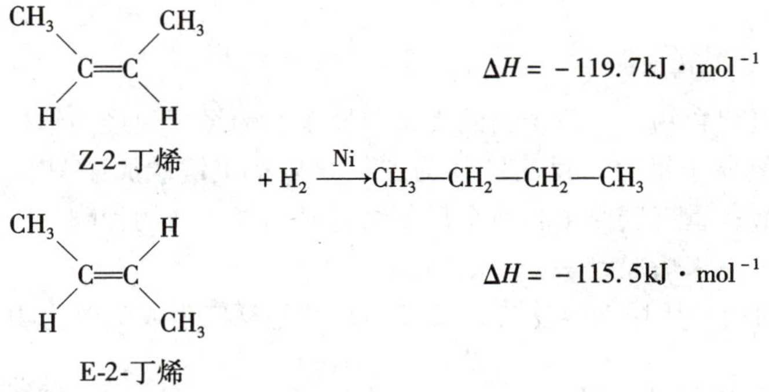

从反应热可以看到，E-2-丁烯的氢化热较小，也就是 E-2-丁烯比 Z-2-丁烯稳定。

2. 氧化反应和臭氧化反应　烯烃和炔烃都容易发生氧化反应，根据氧化剂的不同，可以得到各种不同的氧化产物。

（1）乙烯、丙烯与氧气的反应：乙烯、丙烯在银的催化作用下，可与空气中的氧气反应生成环氧乙烷和环氧丙烷：

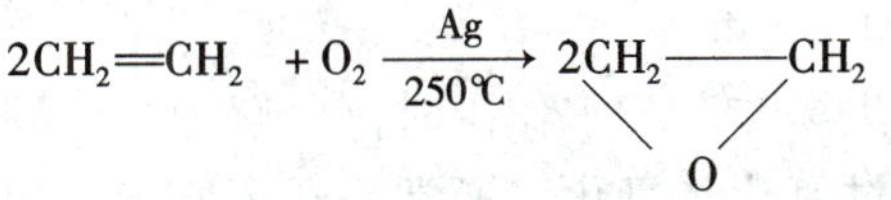

环氧乙烷（氧化乙烯）

（2）与有机过氧酸的反应：烯烃与有机过氧酸反应也可以得到环氧化合物：

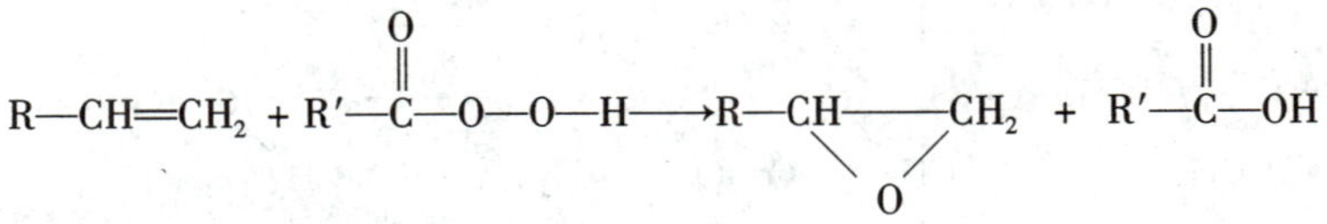

有机过氧酸

（3）烯烃、炔烃与高锰酸钾的反应：烯烃、炔烃和高锰酸钾（或重铬酸钾）发生氧化反应时，重键部位断裂同时高锰酸钾的颜色褪去，所以可以用这一反应检验碳碳重键的存在。

烯烃、炔烃与高锰酸钾反应时，反应起始于 π 键断裂被氧化形成二元醇。用稀的碱性或中性高锰酸钾溶液，在较低温度下氧化烯烃时，在双键处引入两个羟基，生成邻二醇。反应

过程中，高锰酸钾溶液的紫色褪去，并且生成棕褐色的二氧化锰沉淀，

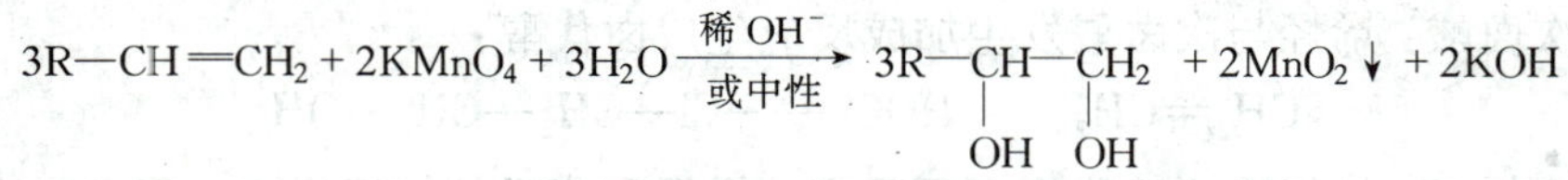

如果反应是在酸性高锰酸钾溶液条件下氧化烯烃，反应过程中先生成的二元醇迅速地再被氧化，双键上的氢原子被氧化成羟基，碳碳双键完全断裂，生成酮、羧酸、二氧化碳等产物：

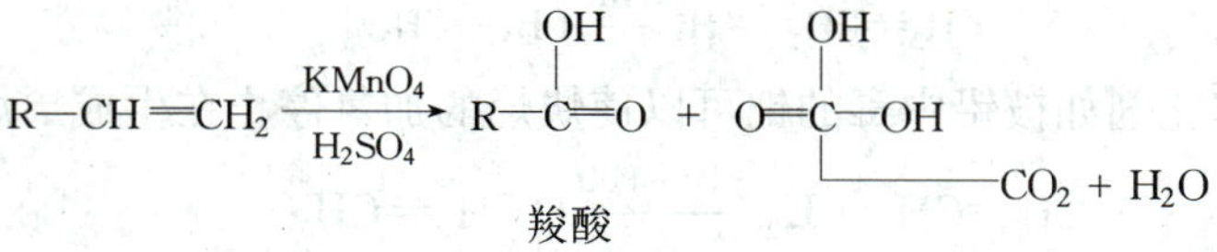

羧酸

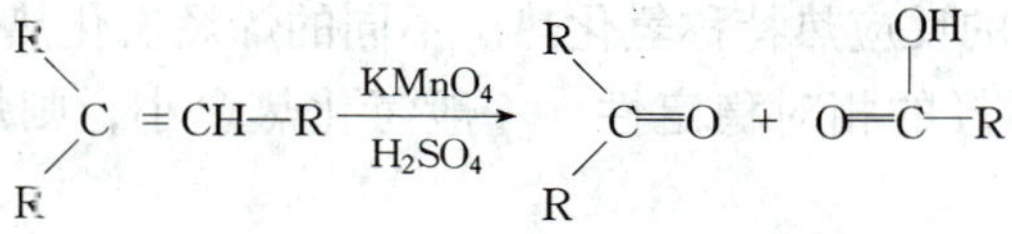

酮　　　　羧酸

$$R—C \equiv CH \xrightarrow{KMnO_4} R—COOH + CO_2$$

反应产物是碳的含氧化合物，反应产物的类型与原来的烯烃、炔烃的结构有关。如果以重键键合的碳原子只和氢原子键合，反应产物为二氧化碳；重键碳原子只和一个烃基相结合，反应产物为有机羧酸；重键碳原子和两个烃基结合时则氧化产物为酮。因此确定了反应产物以后，就可以推断出原来烯烃或炔烃的结构。

（4）臭氧化反应：烯烃和炔烃都容易与臭氧（O_3）发生反应生成臭氧化物：

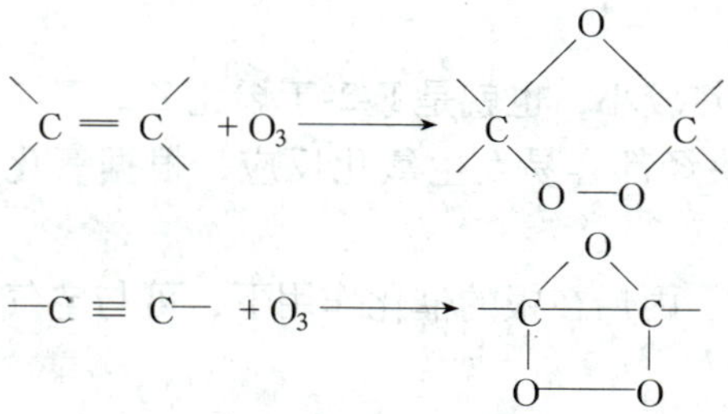

臭氧化物

臭氧化物在游离状态下不稳定，能发生爆炸，与水作用时，分解为醛或酮。由于醛易被氧化，为了避免醛被反应过程中所生成的过氧化氢氧化，通常是在还原剂（如锌粉）存在下水解。例如：

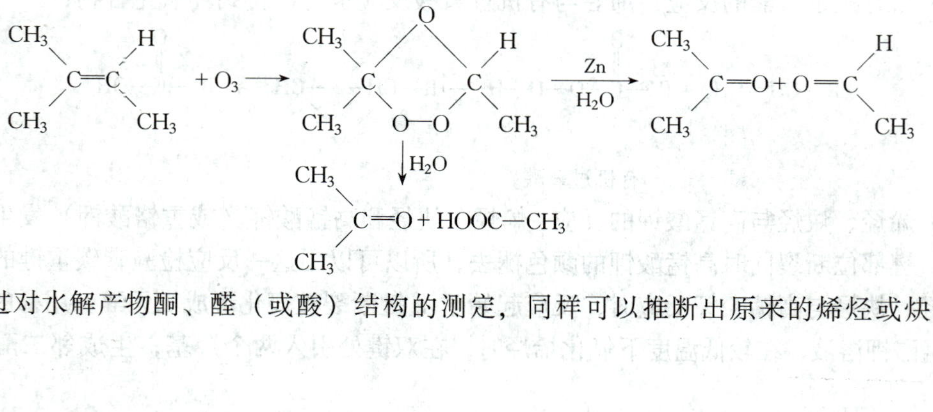

通过对水解产物酮、醛（或酸）结构的测定，同样可以推断出原来的烯烃或炔烃的结构。

【思考题 3-1】 完成下列反应：

(1) $CH_3CH_2CH{=}CHCH_3 + HBr \longrightarrow$

(2) $CH_3{-}CH{=}\underset{\displaystyle CH_3}{\underset{|}{C}}{-}CH_3 + HCl \longrightarrow$

(3) $F_3C{-}CH{=}CH_2 + HCl \longrightarrow$

(4) 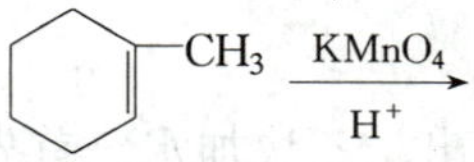

3．*聚合反应* 一些低级的烯烃，在一定条件下，可以彼此互相加成，成为分子量巨大的高分子化合物。例如，聚乙烯塑料制品——塑料杯、碗、壶和一些包装食品袋等日常用品，它的原料聚乙烯便是由乙烯聚合而成的：

$$nCH_2{=}CH_2 \xrightarrow[10^5\sim10^6Pa,\ 60\sim75℃]{\text{催化剂}} {-}\!\!\![CH_2{-}CH_2]\!\!\!{-}_n$$

聚乙烯

较小分子互相结合而成为较大分子的过程称为聚合。参加聚合的小分子叫单体，聚合后的大分子叫聚合物。烯烃或其他含双键、三键化合物的聚合是通过加成反应进行的，称为加聚。另外有些化合物则可通过缩合反应失去一些小分子化合物而聚合，称为缩聚，例如淀粉、纤维素、蛋白质都是天然的缩聚高分子化合物。

聚合反应是合成高分子工业如合成树脂、合成橡胶、合成纤维等的基础反应。

乙炔在适当条件下发生三分子聚合反应，生成环状化合物——苯，使肪脂烃变成了芳香烃，为研究苯的结构提供了有力的线索：

苯

乙炔在氯化亚铜和氯化铵的稀盐酸溶液中聚合可得到乙烯基乙炔：

$$CH{\equiv}CH + CH{\equiv}CH \xrightarrow[45\sim60℃]{CuCl\text{-}NH_4Cl\text{-}HCl} CH_2{=}CH{-}C{\equiv}CH$$

乙烯基乙炔

4．*炔烃的特殊反应* 炔烃的三键中虽然比烯烃的双键多一条 π 键，但由于键长进一步变短，π 键受核的束缚力增大，因此三键中的 π 键极化度要比双键中的 π 键小，又由于以三键键合的碳原子是 sp 杂化，sp 杂化的碳原子的电负性比 sp^2 杂化的碳原子电负性强。因此，电子与 sp 杂化的碳原子结合得更为紧密，也降低了 π 键的极化度。正由于此，炔烃在发生亲电加成反应时，不如烯烃活泼。同时炔烃中 sp 杂化碳原子的较强的电负性也决定了炔烃能发生一些烯烃所不能发生的其他类型的反应，如亲核加成反应、金属炔化物的生成等。

(1) 炔烃与氢氰酸的加成反应：乙炔与氢氰酸发生加成反应生成丙烯腈：

$$HC{\equiv}CH + HCN \longrightarrow CH_2{=}CH{-}CN$$

通过反应，使碳链由原来的两个碳原子增长为三个碳原子，所以这是一种增长碳链的反应。

形成的丙烯腈是塑料工业和合成纤维工业的重要原料，聚丙烯腈又称为腈纶，通过纺织后就是人造羊毛。

(2) 炔烃的加水反应：将乙炔通入含有硫酸汞的稀硫酸溶液中，能与水进行加成反应，生成乙醛：

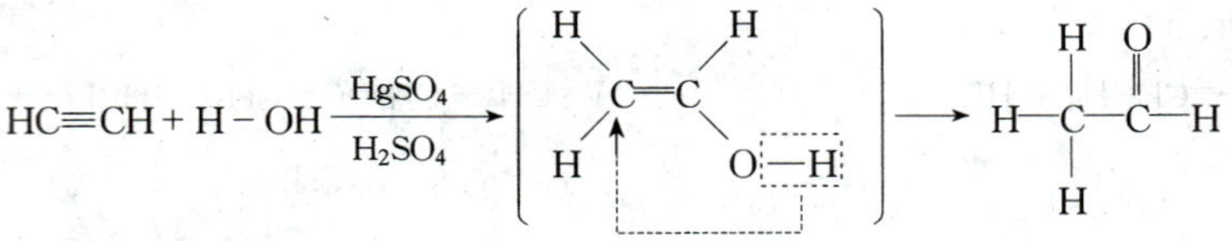

乙烯醇　　乙醛

反应过程可以看出，乙炔加水，首先生成一个羟基直接和双键碳原子相连的化合物，叫做乙烯醇，具有这种烯醇结构的化合物是很不稳定的，经分子重排转变为含有羰基(C═O)结构的乙醛。这和分子重排称为1，3-重排，H^+由O重排到C上，同时引起双键的移位：

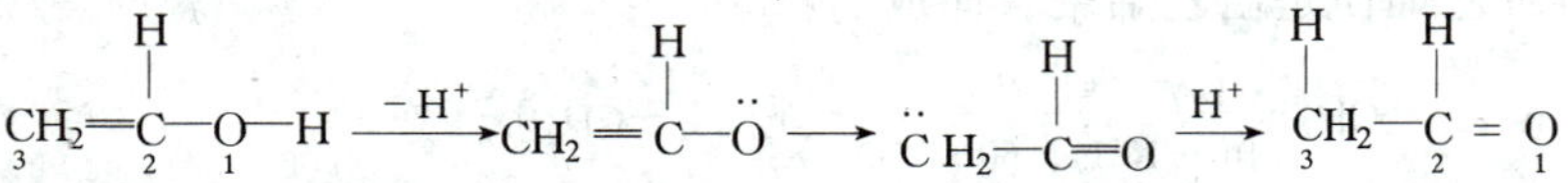

其他炔烃与水的加成遵循马氏规则，产物都是酮。例如：

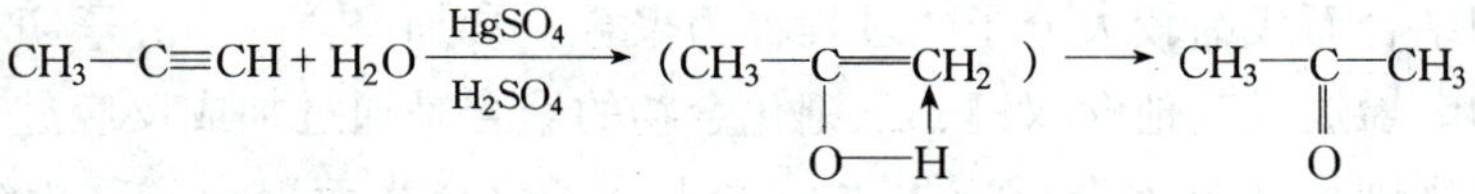

丙炔　　丙烯-2-醇　　丙酮

(3) 金属炔化物的生成：在炔烃分子中，直接与三键碳相连的氢原子具有较大的活泼性，与银氨溶液或亚铜氨溶液作用，可得白色或红棕色的金属炔化物沉淀。

$$CH\equiv CH + 2[Ag(NH_3)_2]^+ \longrightarrow AgC\equiv CAg\downarrow + 2NH_4^+ + 2NH_3$$

乙炔银，白色

$$CH_3-C\equiv CH + [Cu(NH_3)_2]^+ \longrightarrow CH_3-C\equiv C-Cu\downarrow + NH_4^+ + NH_3$$

丙炔亚铜，红棕色

金属炔化物生成的反应灵敏，现象明显，所以可利用此反应鉴别三键在链端的炔烃。

重金属的金属炔化合物极不稳定，干燥的情况下遇热或受到撞击都会发生猛烈的爆炸，因此实验生成的炔化物都必须立即用硝酸加热使之分解：

$$AgC\equiv CAg + 2HNO_3 \longrightarrow HC\equiv CH + 2AgNO_3$$

第二节　共轭二烯烃

一、概　　述

烃的分子中如果含有两个以上的重键，称为多烯（双键）或多炔（三键）烃，如果同时含有双键和三键，称为烯炔烃。

多烯、炔烃在命名时，应选择含有尽可能多个重键的最长碳链为主链，主链碳原子编号时应从最靠近重键的一端开始编起，如果双键和三键处于同样的位置，则应从双键开始，如下各例：

$\overset{1}{C}H_2=\overset{2}{C}H-\overset{3}{C}H=\overset{4}{C}H_2$　　1，3-丁二烯

$\overset{1}{C}H_2=\overset{2}{C}(CH_3)-\overset{3}{C}H=\overset{4}{C}H_2$　　2-甲基-1，3-丁二烯

$\overset{1}{C}H_2=\overset{2}{C}H-\overset{3}{C}H_2-\overset{4}{C}\equiv\overset{5}{C}-\overset{6}{C}H_3$　　1-己烯-4-炔

$\overset{1}{C}H_2=\overset{2}{C}H-\overset{3}{C}\equiv\overset{4}{C}H$　　1-丁烯-3-炔

二烯烃是最简单也最典型的多烯烃，二烯烃的分子通式为 C_nH_{2n-2}，与炔烃的通式一样，所以二烯烃是炔烃的同分异构体。

二烯烃根据两个双键的位置关系，可分为三类：

① 聚集二烯烃：两个双键连在同一个碳原子上，如：

$CH_2{=}C{=}CH_2$　　丙二烯

② 隔离二烯烃：两个双键被多个单键隔开，如：

$CH_2{=}CH{-}CH_2{-}CH{=}CH_2$　　1，4-戊二烯

③ 共轭二烯烃：两个双键被一个单键隔开，如：

$CH_2{=}CH{-}CH{=}CH_2$　　1，3-丁二烯

$CH_2{=}C(CH_3){-}CH{=}CH_2$　　2-甲基-1，3-丁二烯（异戊二烯）

聚集二烯烃为数甚少，隔离二烯烃的性质与一般烯烃基本一致，所以在这一节里只介绍共轭二烯烃。

二、共轭二烯烃的结构和共轭效应

仅被一条单键隔开的两个双键称为共轭双键，它是共轭结构（共轭体系）的一种表现形式。共轭二烯烃的结构和性质都表现出一系列的特性。1，3-丁二烯是最简单的共轭二烯烃，下面以它为例来说明共轭二烯烃的结构特点。

1．共轭二烯烃的离域大 π 键　价键理论认为，在 1，3-丁二烯分子中四个碳原子均为 sp^2杂化，所有的原子都在同一平面上。此外，每个碳原子还有一个未参与杂化的 p 轨道，这些 p 轨道都垂直于此平面且彼此间互相平行，从侧面相互重叠，其结果是：不仅 C_1 与 C_2 之间、C_3 与 C_4 之间的 p 轨道发生了侧面重叠，而且 C_2 与 C_3 的 p 轨道也发生了侧面重叠（但比 C_1 与 C_2 之间、C_3 与 C_4 之间的重叠要弱一些）形成了一个包含四个碳原子的四电子的大 π 键（如图 3-1）。

(a)　(b)　(c)

图 3-1　1，3-丁二烯的大 π 键

(a) p 轨道的重叠；(b) (a) 的俯视图；(c) 大 π 键

与乙烯不同的是，乙烯分子中的 π 电子是局限（或称定域）在两个成键的碳原子间运动，称为 π 电子定域，而在 1，3-丁二烯分子中，π 电子并不是“定域”在 C_1 与 C_2 之间、C_3 与 C_4 之间，而是扩展（或称离域）到整个共轭双键的四个碳原子周围，即发生了 π 电子的离域，所以该大 π 键又称为离域大 π 键。

按照分子轨道理论的概念，1，3-丁二烯的四个 p 轨道可以组成四个 π 电子的分子轨道，如图 3-2。

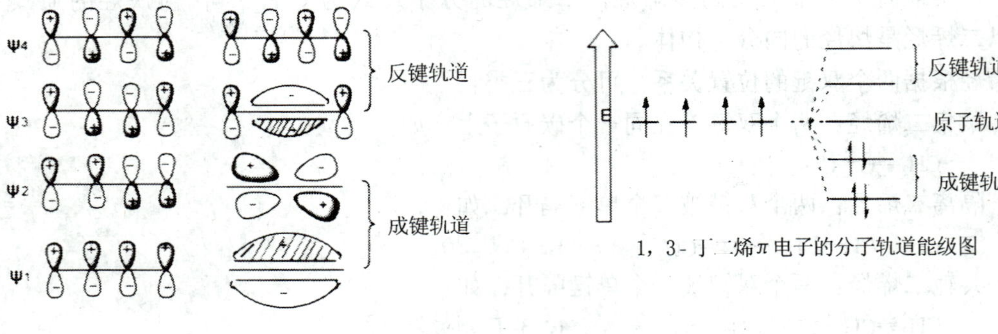

图 3-2 1，3-丁二烯的分子轨道

从图 3-2 的分子轨道图形可以看出，在 Ψ_1 轨道中 π 电子云的分布不是局限在 C_1—C_2、C_3—C_4 之间，而是分布在包括在四个碳原子的两个分子轨道中，这种分子轨道称为离域轨道，这样形成的键称为离域键。从 Ψ_2 分子轨道中看出，C_1—C_2、C_3—C_4 之间的键加强了，但 C_2—C_3 之间的键减弱，结果，所有的键虽然都具有 π 键的性质，但 C_2—C_3 键的 π 键的性质小些。所以，在 1，3-丁二烯分子中，四个 π 电子是分布在包含四个碳原子的分子轨道中，而不是分布在两个定域的 π 轨道中。

由于 π 电子的离域，使得共轭体系中单、双键的键长趋于均匀化。例如：物理学的测定证明，在 1，3-丁二烯分子中 C_1—C_2、C_3—C_4 的键长为 0.137nm，比正常的双键键长 0.134nm 略长；而 C_2—C_3 之间的键长为 0.148nm，比正常的单键键长 0.154nm 略短，显示了 C_2—C_3 键具有某些双键的性质。这就是共轭体系中键长的均匀化，这是共轭体系的特征。

2．共轭效应

（1）共轭体系：凡能发生电子离域的结构体系统称为共轭体系。形成共轭体系的必要条件是：

① 在分子结构中，含有三个或三个以上相邻且共平面的原子。

② 这些原子中每一个原子的一个轨道可与其相邻原子的一个相互平行的轨道之间侧面重叠连在一起。例如：

$\overset{1}{C}H_2=\overset{2}{C}H-\overset{3}{C}H=\overset{4}{C}H-\overset{5}{C}H_2-\overset{6}{C}H_3$ $C_1 \sim C_4$ 是共轭体系

$\overset{1}{C}H_2=\overset{2}{C}H-\overset{3}{C}H=\overset{4}{C}H-\overset{5}{C}H=\overset{6}{C}H_2$ $C_1 \sim C_6$ 是共轭体系

（2）共轭体系的结构特点：

① 共轭体系中键长趋于均匀化，单键双键的差别缩小，如果共轭体系的碳链越长，其单双键的差值越小。

②共轭体系能量的降低是共轭体系的另一个重要特点。由于 π 电子的离域，使共轭体系的能量显著降低，稳定性明显增加。这可以从氢化热的数据中看出。例如，1，3-戊二烯（共轭体系）和 1，4-戊二烯（非共轭体系）分别加氢时，它们的氢化热是明显不同的：

$$CH_2=CH-CH_2-CH=CH_2 + 2H_2 \longrightarrow CH_3CH_2CH_2CH_2CH_3$$

氢化热 254.5 $kJ \cdot mol^{-1}$

$$CH_3-CH=CH-CH=CH_2 + 2H_2 \longrightarrow CH_3CH_2CH_2CH_2CH_3$$

氢化热 226.5 $kJ \cdot mol^{-1}$

两个反应的产物相同，1，3-戊二烯的氢化热比 1，4-戊二烯的氢化热低 28 $kJ \cdot mol^{-1}$，这说明1，3-戊二烯（共轭体系）的能量比1，4-戊二烯（非共轭体系）的能量低。这种能量差值是由于共轭体系内电子的离域引起的，故称为离域能或共轭能。共轭体系越长，离域能越大，体系的能量越低，化合物越稳定。因此，在一组具有竞争性或选择性的化学反应中，凡是能形成共轭体系的中间体或产物的反应往往占有优势。

（3）共轭体系的类型：根据电子离域轨道的不同，共轭体系可分为以下几种：

① π－π 共轭：由两个或两个以上 π 轨道彼此从侧面重叠而发生电子离域的共轭体系叫 π－π 共轭体系。π－π 共轭体系的结构特征是：不饱和键、单键、不饱和键交替连接。组成该体系的不饱和键可以是双键，也可以是三键；组成该体系的原子也不是仅限于碳原子，还可以是氧、氮等其他原子。例如：1，3-丁二烯 $CH_2{=}CH{-}CH{=}CH_2$ 和1，3，5-己三烯 $CH_2{=}CH{-}CH{=}CH{-}CH{=}CH_2$ 都是 π－π 共轭体系。

② p－π 共轭：由 π 轨道和相邻原子的 p 轨道侧面重叠而发生电子离域的共轭体系叫 p－π共轭体系。p－π 共轭体系的结构特征是：与 π 键碳原子直接相连的原子上有 p 轨道，这个 p 轨道与 π 键的 p 轨道平行，从侧面重叠构成 p－π 共轭体系。例如：

$CH_2{=}CH{-}\ddot{Cl}$	$CH_2{=}CH{-}\overset{+}{C}H_2$	$CH_2{=}CH{-}\ddot{C}H_2^-$	$CH_2{=}CH{-}\dot{C}H_2$
氯乙烯	烯丙基正离子	烯丙基负离子	烯丙基自由基

p－π 共轭体系根据 p 轨道上的电子数又可分为多电子 p－π 共轭、缺电子 p－π 共轭和等电子 p－π 共轭。常见的有如下两种情况：

① 多电子 p－π 共轭：参与共轭的 p 轨道中有未共用的电子对。如氯乙烯分子中，氯原子的 p 轨道中含有未共用的电子对，当它与 sp^2 或 sp 杂化的碳原子相连时，其 p 轨道就会与碳碳双键的 π 轨道从侧面重叠而发生电子离域，形成 p－π共轭体系，见图3-3。

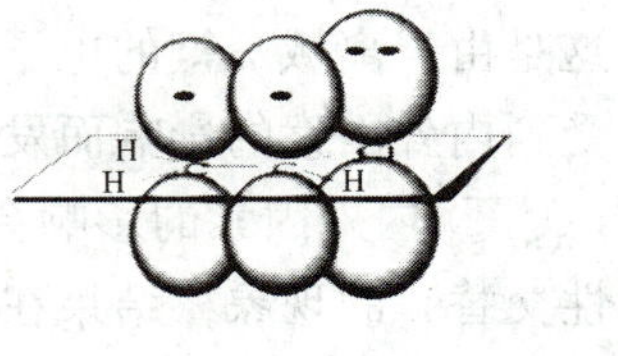

可表示为：$CH_2{=}CH{-}\ddot{Cl}$

图3-3　氯乙烯分子的 p－π 共轭

多电子 p－π 共轭的特点是构成离域 π 键的电子数多于组成该共轭体系的原子数，因此叫做多电子 p－π 共轭。由于 p 轨道中的电子云密度大于 π 轨道中的电子云密度，所以 p 轨道中的未共用的电子对总是向 π 轨道流动。氯原子上的弯箭头表示未共用的电子对的流动方向，双键上的弯箭头则表示 π 电子在氯原子未共用的电子对的流动影响下发生偏移的方向。除卤原子外，具有未共用的电子对的氧、氮、硫等原子也能与 π 轨道形成 p－π 共轭体系。

② 缺电子 p－π 共轭：参与共轭的 p 轨道中没有电子。如烯丙基正离子中，带正点荷的碳原子为 sp^2 杂化，它的空的 p 轨道与碳碳双键的 π 轨道从侧面重叠而发生电子离域，形成 p－π 共轭体系。见图3-4。

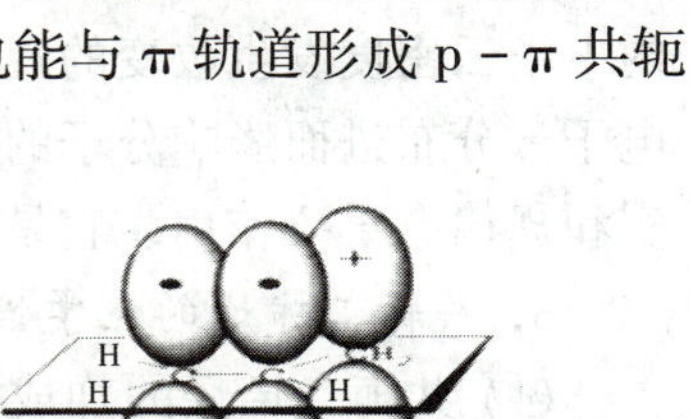

可表示为：$CH_2{=}CH{-}CH_2^+$

图3-4　烯丙基正离子的 p－π 共轭

缺电子 p－π 共轭的特点是构成离域 π 键的电子数少于组成该共轭体系的原子数，因此叫做缺电子 p－π 共轭。由于 p 轨道中没有电子，所以 π 轨道中的电子总是向带正点荷的碳原子空的 p 轨道流动，这样就会使正点荷得以分散，故烯丙基正离子稳定性比叔碳正离子还要大。

③ 超共轭（σ－π 共轭）：电子的离域不仅存在于 π－π 共轭体系和 p－π 共轭体系中，分子中的 σ（C—H）键也能与处于共轭位置的 π 键、p 轨道发生侧面重叠，产生类似的电子离域现象。例如 $CH_3—CH=CH_2$ 中甲基的 σ（C—H）键与—$CH=CH_2$ 中的 π 键，称为 σ－π 共轭，因重叠程度很小，最终使得 σ－π 共轭比π－π共轭和 p－π 共轭要弱得多，所以又称为 σ－π 超共轭。如图 3-5 所示。通过氢化热数据可以说明超共轭是存在的。

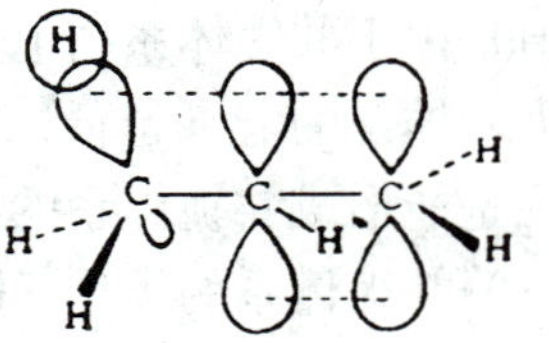

图 3-5　丙烯分子的 σ－π 超共轭

1-丁烯　$CH_3CH_2CH=CH_2 + H_2 \longrightarrow CH_3CH_2CH_2CH_3$　氢化热 126.8 $kJ \cdot mol^{-1}$

顺-2-丁烯　$CH_3CH=CHCH_3 + H_2 \longrightarrow CH_3CH_2CH_2CH_3$　氢化热 119.7 $kJ \cdot mol^{-1}$

2-甲基-2-丁烯　$(CH_3)_2C=CHCH_3 + H_2 \longrightarrow (CH_3)_2CHCH_2CH_3$　氢化热 112.5 $kJ \cdot mol^{-1}$

可见，与双键碳相连的 C—H 键越多其超共轭越明显。σ－π 超共轭体系的共同特点是：参与超共轭的 σ（C—H）键越多，超共轭效应越强，但比 π－π 共轭效应和 p－π 共轭效应要弱得多。

(4) 共轭效应及其特点：共轭体系分子中原子之间的相互影响或受进攻试剂的作用，使共轭体系分子中离域 π 键的电子云密度分布发生改变的效应叫做共轭效应（Conjugative effect）。共轭效应与诱导效应不同，它有以下特点：

① 共轭效应只存在于共轭体系中，沿共轭链传递，其强度不因共轭链的增长而减弱。这是由于离域 π 键的电子可以在整个共轭体系内流动，当共轭链中任一个原子的电子云密度受到内外因素的影响而发生变化时整个共轭体系中的各个原子的电子云密度必然随之变化。

② 内外因素的影响会使整个共轭链上的各个原子的电子云密度出现疏密交替（又称极性交替）的现象，结果在共轭链上产生电荷正负交替的现象，这是由于共轭体系内各原子还保留部分单双键的属性，π 电子在各原子之间并不是均匀流动造成的。例如：

甲基的斥的电子效应作用下（内因）　　电场或极性试剂作用下（外因）

共轭效应和诱导效应都是在内外因素影响下，分子中原子或基团间的相互作用，使分子内电子云密度发生改变的现象，它们统称为电子效应。它们常常同时存在，通过影响分子的电子云分布进而影响分子的化学性质，它对于预测化学反应的取向和结果，解释一些实验事实和规律有重要作用，它是有机化学重要的基础理论之一。

3. 共轭二烯烃的化学性质

(1) 共轭二烯烃的加成反应：共轭二烯烃也能与氢、卤素、卤化氢等发生亲电加成反应，它的加成反应可有两种，以卤素的加成为例：

$$CH_2=CH—CH=CH_2 + Br_2 \xrightarrow{低温} CH_2=CH—\underset{Br}{\underset{|}{CH}}—\underset{Br}{\underset{|}{CH_2}} \quad 1,2\ 加成$$

$$CH_2=CH—CH=CH_2 + Br_2 \xrightarrow{\triangle} \underset{Br}{\underset{|}{CH_2}}—CH=CH—\underset{Br}{\underset{|}{CH_2}} \quad 1,4\ 加成$$

一般情况在低温条件下以 1，2 加成产物为主，在高温或极性条件下则以 1，4 加成为主导形式。

共轭二烯烃为什么可以进行1，4加成反应，这可以从共轭体系的特殊结构得到解释。大π键学说认为，当带正电荷的试剂向π键进攻时C_1C_2处的π电子云将发生极化，π电子云向C_1处偏移，使C_1带有部分负电荷而C_2带有部分正电荷。由于共轭体系中的π键是整体的大π键，这种极化作用可以继续向C_3C_4处转移，结果使C_3C_4处的π电子云向C_2C_3处转移，并且使C_3带有部分负电荷，C_4带有部分正电荷，可表示如下：

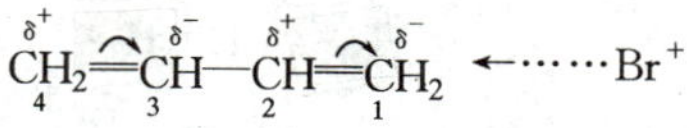

在外电场的极化作用下，大π键电子云偏移的结果使体系内电子云密度的分配产生了高低相间的情况，称为正负交替或极性交替（相间）。碳碳双键的共轭体系在受到极化时，共轭大π键的电子云密度呈现出的正负交替现象是极为普遍的，它在很大程度上决定了反应发生的部位。

1，3-丁二烯在受到亲电试剂的极化时，出现了两个正电部分，即C_2和C_4，所以它既可以发生1，2加成反应，也可以发生1，4加成反应。但共轭二烯烃在发生加成反应时主要产物要由反应条件来决定，如：

$$CH_3-CH=CH-CH=CH_2 + HX \xrightarrow[\triangle]{} CH_3-\underset{\displaystyle X}{\underset{|}{CH}}-CH=CH-CH_3$$

$$CH_2=\underset{\displaystyle CH_3}{\underset{|}{C}}-CH=CH_2 + HX \xrightarrow[\triangle]{} CH_3-\underset{\displaystyle CH_3}{\underset{|}{C}}=CH-CH_2-X$$

（2）双烯合成反应：共轭二烯烃与被吸电子基（$-NO_2$，$-CN$，$-COOR$，$-COR$，$-CHO$等）活化了的重键可发生关环反应，称为双烯合成反应，也叫狄耳斯-阿尔德（Diels-Alder）反应，如：

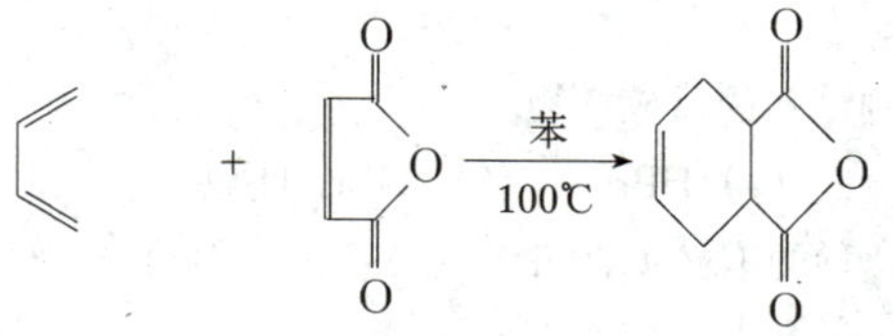

双烯合成反应是合成六元环状化合物的重要反应。

双烯合成在反应类型上属于协同反应。协同反应和游离基型反应、离子型反应，共同构成了有机化合物反应的三大类型。协同反应和游离基型反应、离子型反应不同的特点是在反应过程中，反应物化学键的断裂与反应产物新化学键的形成是同步发生的，中间不形成任何活性过渡态。协同反应要在光照或加热的条件下进行，一般不受溶剂的极性、催化剂、酸碱和游离基的引发剂抑制剂的影响。

1，3-丁二烯在光照下发生的关环反应也是协同反应的例子：

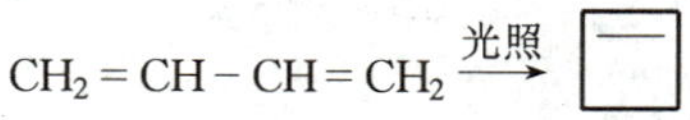

环丁烯

习　题　三

1. 用系统命名法命名下列各化合物（构型注明）。

(1) 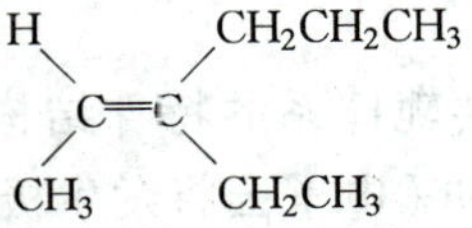 (2) 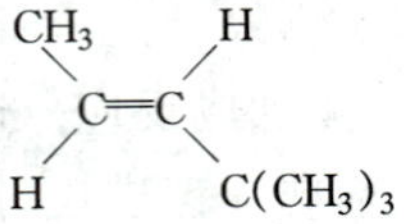 (3) 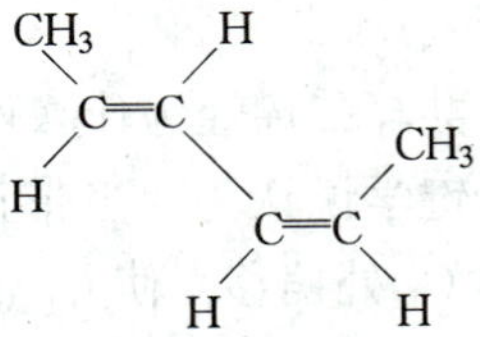

(4) 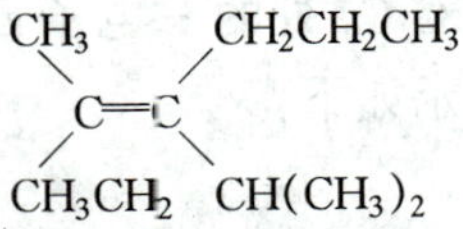 (5) 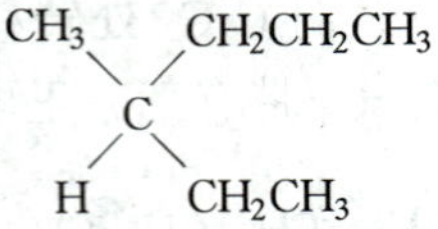

(6) $CH_3(CH_2)_6CH_2—CH=CH—CH=CH_2$ (7) $CH_3—CH(C_2H_5)—CH=CH—CH=CH_2$

(8) $CH_3—CH_2—C(C_2H_5)(CH_3)—C≡CH$ (9) $CH_2=CH—CH_2—C≡CH$

(10) $CH_3—CH=CH—C≡CH$ (11) $CH_3—CH(CH_3)—C(CH=CH_2)=CH—CH=CH_2$

2. 写出下列化合物的结构式。

(1) Z-3-甲基-2-戊烯 (2) E-5-氯-3-甲基-2-戊烯 (3) 4-乙烯基-4-庚烯-2-炔

(4) 3-甲基-3-戊烯-1-炔 (5) 异戊二烯 (6) 1-甲基环戊烯

3. 下列碳正离子哪个较稳定？为什么？

(1) $\overset{+}{C}H_3$ $CH_3\overset{+}{C}HCH_3$ $CH_2=CH—\overset{+}{C}H_2$ $CH_3CH_2\overset{+}{C}H_2$ $CH_3CH_2—\overset{+}{C}(CH_3)—CH_3$

(2) $CH_3CH_2—\overset{+}{C}H—CH=CH_2$ $\overset{+}{C}H_2—CH=CH—CH_2CH_3$ $(CH_3)_2\overset{+}{C}—CH=CH_2$

$(CH_3)_2\overset{+}{C}—CH_2—CH_2$

4. 写出2-甲基-2-丁烯与下列试剂的反应产物。

(1) H_2/Ni (2) Br_2 (3) HBr (4) HBr，H_2O_2 (5) H_2SO_4 (6) H_2O，H^+

(7) Br_2/H_2O (8) 冷、稀的 $KMnO_4/OH^-$ (9) 热的酸性 $KMnO_4$ (10) O_3，然后锌粉，H_2O

5. 完成下列反应，并注明反应条件。

(1) $CH_3—CH_2—C(CH_3)=CH_2 + H_2SO_4 \longrightarrow ? \xrightarrow{H_2O}$ (2) $CH_3—CH_2—C(CH_3)=CH—CH_3 + HBr$

(3) $(CH_3)_2C=CH—CH_3 + KMnO_4 \longrightarrow$ (4) $CH_2=CH—CH=CH_2 + CH_2=CH—CH_2Cl \xrightarrow{光照}$

(5) 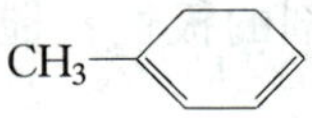 + HCl ⟶ (6) $(CH_3)_2C=CHCH_3 \xrightarrow{稀冷\ KMnO_4/OH^-}$

(7) $CH_3—CH=CH—C(CH_3)=CH_2 \xrightarrow[②Zn/H_2O]{①O_3}$ (8) $CH_3CH_2C≡CH + H_2O \xrightarrow[H_2SO_4]{HgSO_4}$

(9) $CH_3CH_2C≡CH + [Cu(NH_3)_2]^+ \longrightarrow$ (10) 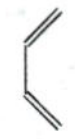 + 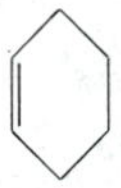 ⟶

(11)  + $CH_2=CH—CN \longrightarrow$

6. 用化学方法鉴别下列各组化合物。

(1) 2-甲基丁烷，3-甲基-1-丁烯，3-甲基-1-丁炔，环丁烷。

(2) 乙烯基乙炔，1，3-丁二烯，环丙烷。

(3) 环丙烷，甲基环己烷，3-甲基环己烯。

(4) 乙炔，2-丁炔，环丁烷，环己烷。

7. 根据给出的化学性质，推导化合物的结构，并用反应式写出推测理由。

(1) 某化合物 A，分子式为 C_6H_{10}，催化氢化时得到 2-甲基戊烷，与 $HgSO_4$ 的硫酸溶液反应时得到分子式为 $C_6H_{12}O$ 的化合物，A 不与银氨溶液反应。试推 A 的结构式。

(2) 化合物 A，分子式为 $C_{11}H_{20}$，催化氢化时能与两摩尔氢发生加成反应，经氧化反应后得到下面一系列的化合物。试推 A 的结构式。

$$CH_3-CH_2-\overset{\overset{\displaystyle O}{\|}}{C}-CH_3 \qquad CH_3CH_2COOH \qquad HOOCCH_2CH_2COOH$$

(3) 化合物 A 和 B 都含碳 88.82%，含氢 11.18%，两个化合物都能使溴的四氯化碳溶液褪色，A 与银氨溶液反应生成灰白色沉淀而 B 则不能。A 经氧化后得二氧化碳和丙酸，B 得二氧化碳和草酸（HOOC—COOH)。试推 A 的结构式。

(4) 化合物 A 和 B，经催化加氢后得到同一种烷烃，它们都只能与一摩尔溴发生加成反应，A 经高锰酸钾氧化得乙酸（CH_3-COOH）和 2-甲基丙酸（ $CH_3-\underset{\underset{\displaystyle CH_3}{|}}{CH}-COOH$ ），B 得丙酮（ $CH_3-\underset{\underset{\displaystyle CH_3}{|}}{C}=O$ ）和丙酸（CH_3-CH_2-COOH）。试推 A 和 B 的结构式。

(5) 某烃分子式为 C_6H_{10}，与臭氧反应后再在锌粉存在下水解得到己二醛，试推某烃结构式。

($O=CH-CH_2-CH_2-CH_2-CH_2-CH=O$)

第四章 芳 香 烃

芳香烃化合物，最初是指分子中含有苯环的化合物，即芳烃。这类化合物在芳烃的碳原子中都存在闭合的共轭体系。闭合共轭体系的热力学稳定性赋予了芳环特殊的性质，称为“芳香性”。所以芳香烃就是具有芳香性的烃。

芳烃主要来源于石油和煤焦油 。从煤焦油中制得的各种芳烃约占原煤的0.3%，由于苯、萘等在工业上的重要性，从煤焦油中提取的芳烃远不能满足工业生产的需要，近年来发展了通过石油的芳构化来获取芳烃。

最简单和最重要的芳烃是苯及其同系物甲苯、二甲苯、乙苯等，苯乙烯是一种重要的含有不饱和取代基的芳烃。这些化合物都只含有一个苯环，称为单环芳烃。有两个或两个以上苯环的称为多环芳烃，有些不具有苯环结构的芳烃称为非苯芳香烃。

第一节 单 环 芳 烃

一、单环芳烃的异构和命名

苯是最简单的单环芳烃，分子式为 C_6H_6。取代单环芳烃分为饱和取代基单环芳烃和不饱和基单环芳烃两类。具体包括苯、苯的同系物和苯基取代的不饱和烃。

单环芳烃的系统命名原则如下：

1. 烷基苯（苯的同系物）的命名

(1) 烷基结构比较简单的同系物，命名时以苯环作为母体，烷基作为取代基，称为某烷基苯，或简称为某苯。如甲苯、乙苯等。

苯的一元取代物没有位置异构，可以直接命名，如：

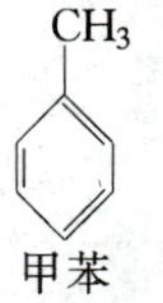

甲苯

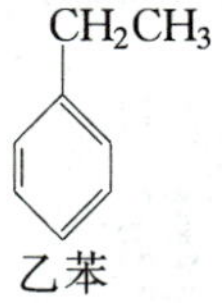

乙苯

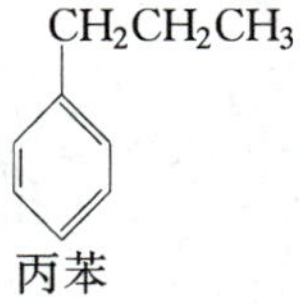

丙苯

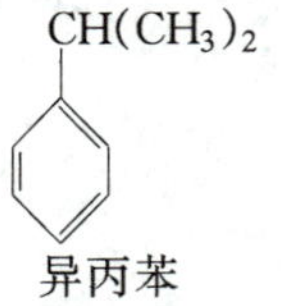

异丙苯

苯的同系物作为苯的烷基取代物命名。苯环上含有两个或多个取代基时，需根据取代基在苯环上的位置用阿拉伯数字或表示位置关系的字头标明取代基的位置(o，m，p 为 ortho-，meta-，para-的简缩，意为邻位、间位及对位)。例如：

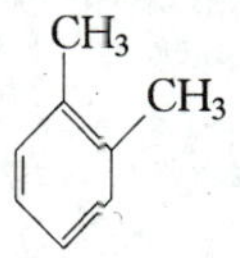

1，2-二甲苯
邻-二甲苯
o-二甲苯

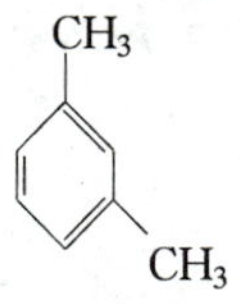

1，3-二甲苯
间-二甲苯
m-二甲苯

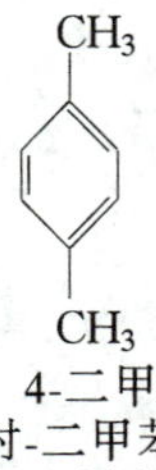

1，4-二甲苯
对-二甲苯
p-二甲苯

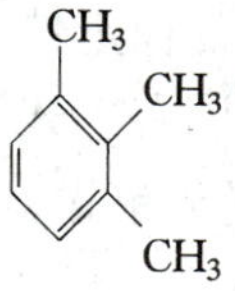

1，2，3-三甲苯
连-三甲苯

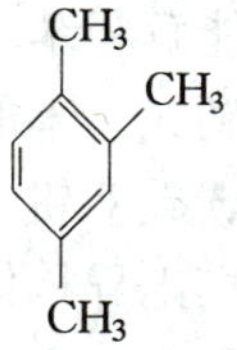

1，2，4-三甲苯
偏-三甲苯

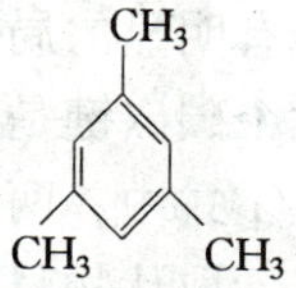

1，3，5-三甲苯
均-三甲苯

(2) 烷基结构复杂或含有多个苯环时，可将苯作为取代基，以烷烃的最长链为主链命名，如2-甲基-3-苯基戊烷等。

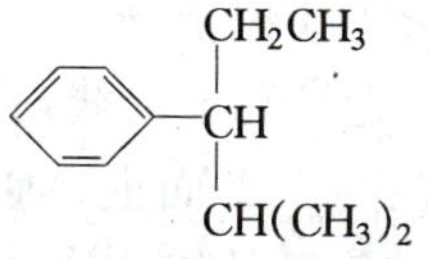

2-甲基-3-苯基戊烷

(3) 不饱和烃基（烯基或炔基）在苯环上取代时，以烯烃、炔烃为主链，苯环作为取代基命名，如苯乙烯、苯乙炔等。

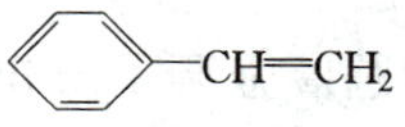

苯乙烯

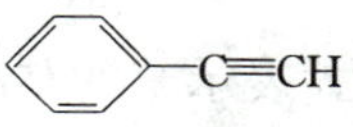

苯乙炔

2. 芳基　芳烃分子中去掉一个或多个氢原子后余下的基团称为芳香基，简称芳基，可用Ar-表示。例如：

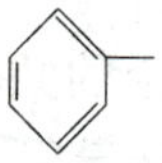

苯基（ph）

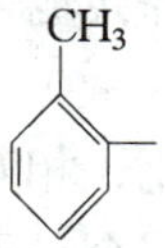

邻-甲苯基

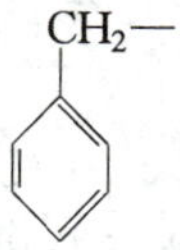

苯甲基（苄基）

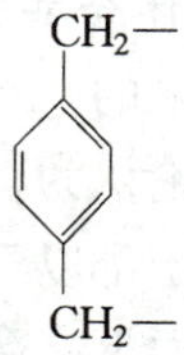

对-苯二甲基

二、苯的结构

苯是芳香族化合物中最重要和最有代表性的化合物，研究苯的结构对于了解芳香族化合物的性质具有重要的意义。

1. 凯库勒结构式　1865年凯库勒从苯的分子式C_6H_6出发，提出了苯的环状结构（见下式）。这种结构式较好地描述了苯分子中碳原子和氢原子的结合和排列方式，符合芳香族化合物的大部分性质。它解决了苯环结构的疑难，并对促进芳香族化合物系统化，推进有机化学的发展起了很大的作用。

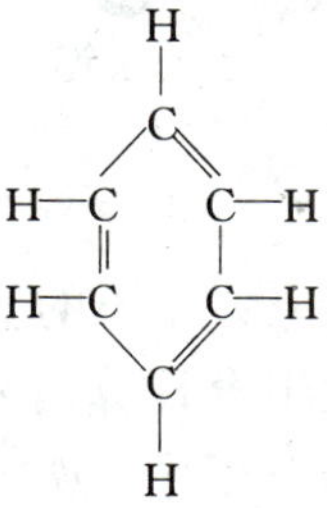

简写为

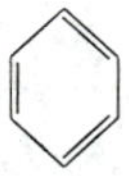

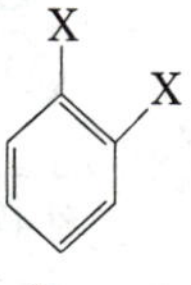

①

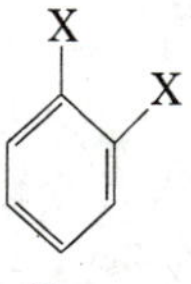

②

但它也有明显的局限性，凯库勒式不能解释苯环的完整对称性和异常稳定性，不能反映出苯环的六个碳碳键是等同的。根据凯库勒式，苯的邻位二元取代物应该有①式和②式两种异构体，在①式中，两个取代基间隔的是碳碳双键，而在②式中则是碳碳单键。但事实上，苯的邻位二元取代物只有一种，从未能分离出异构体。

又如在凯库勒结构式中，苯具有三条碳碳双键，因此应该具有类似于烯烃的性质，即能够发生亲电加成和氧化反应，但苯却较难发生加成反应而容易发生取代反应，另外苯环对氧化剂如高锰酸钾呈现出特殊的稳定性而不能使高锰酸钾溶液褪色。

这种具有特殊的稳定性，不易发生氧化和加成反应，容易发生亲电取代反应的性质统称为芳香性。芳香性是芳香族化合物与脂肪族化合物、脂环族化合物有别的重要特点。

根据近现代物理学通过对苯的红外光谱和 x 射线衍射谱研究证明，苯分子是一个平面六边形结构，苯分子的六个碳和六个氢在同一平面上，碳碳键的键角都是 120°，每个碳碳键的键长都是 0. 139 nm，进一步证明了在苯环的结构中并不存在单、双键的区别。

随着量子化学理论的发展，人们发现凯库勒式所遇到的这些问题只有根据近代的分子轨道理论才能得到满意地解决。有人曾建议用一个带有一个圆圈的正六边形表示苯的结构，即用“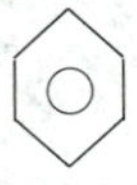”代替凯库勒结构式表示苯的结构。其中圆圈强调了 π 电子的离域作用和电子云的均匀分布，它很好地说明了碳碳键长的均等性和苯环的完全对称性，但目前仍多采用凯库勒式表示苯的结构式，

2. 苯的闭合共轭体系（闭合大 π 键） 苯的闭合共轭体系概念是在现代价键理论的基础上建立起来的。

价键理论认为，在苯分子中六个碳原子以 sp^2 杂化，相互重叠形成闭合的共轭体系。其中每个碳原子都以三个 sp^2 杂化轨道分别与两个碳和一个氢形成三个 σ 键。苯环上所有原子都在同一平面上，余下的六个 p 轨道的对称轴由于垂直于这个平面而相互平行。所有的 C—C 键的键角都是 120°。因此，p 轨道彼此侧面重叠形成一个闭合的大 π 键，这使得 π 电子云高度离域，达到完全平均化；分子的能量显著降低，苯的离域能(共轭能)为 151kJ · mol^{-1}；碳碳键的键长为 0. 139 nm，由此可见，苯分子中的六个 C—C 键长完全相等，没有单、双键的区别。苯环是正六边形，苯环形成了 π 电子云完全平均化的闭合共轭体系。苯的结构如图 4-1。

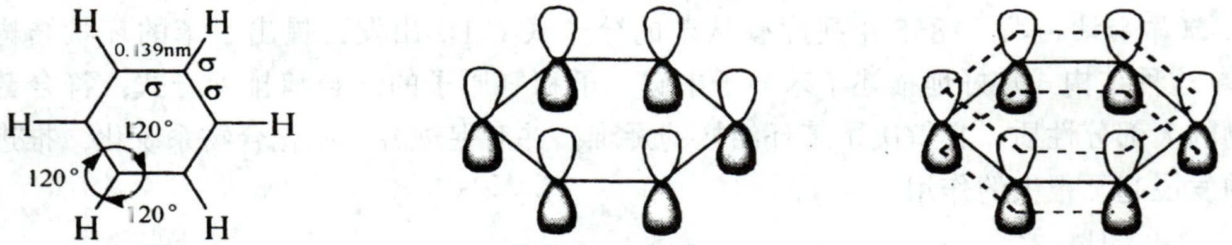

(a) 苯的σ键　(b) 苯的p轨道　(c) 苯的大 π 键

图 4-1 苯的结构

3. 分子轨道理论对苯的结构解释 分子轨道理论认为，苯环上六个碳原子的 p 轨道在成键时，形成了六个 π 分子轨道。分子轨道的能级和形状可以通过线性组合计算出来。根据计算结果，其轨道形状和能级顺序如图 4-2 所示。从图中可以看出，苯分子中，ψ_1，ψ_2，ψ_3

是能量较低的成键轨道，ψ_4，ψ_5，ψ_6 是能量较高的反键轨道。在三个成键轨道中，ψ_1 没有节面，能量最低，ψ_2，ψ_3 各有一个节面，它们的能量相等，但都比 ψ_1 高。分子轨道理论中将两个能相等的轨道称为简并轨道，ψ_2，ψ_3 是一对简并轨道。根据电子的填充规则，可知在基态时，苯环上的六个 π 电子分别占据三个成键轨道上，所以苯的 π 电子云是由三个成键轨道叠加而成的，叠加的结果是 π 电子云在苯环上下对称分布，又由于碳碳 σ 键也是均等的，所以碳碳键长完全相等，形成一个正六边形的碳架。

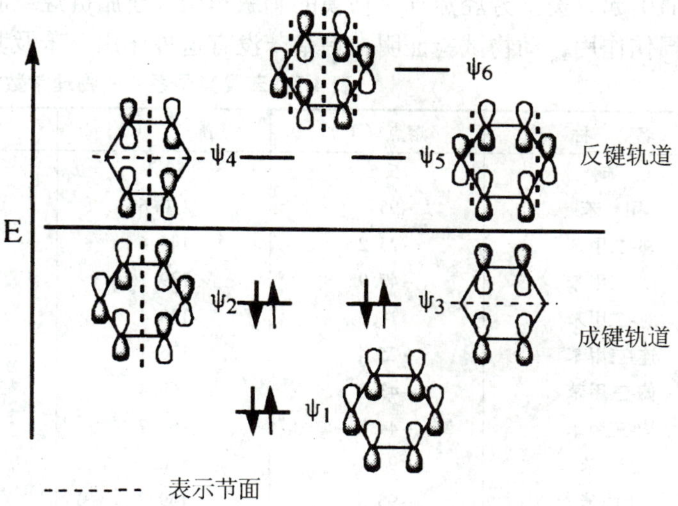

图 4-2　苯的分子轨道

由于闭合的电子云离域范围很广，所以苯分子非常稳定。加成反应会导致苯闭合共轭体系的破坏，所以难以发生。而取代反应不会破坏这种稳定结构，且由于环离域 π 电子的流动性大，能够向亲电试剂提供电子，因此苯易发生亲电取代反应。

从氢化热数据及环己二烯脱氢反应也可看出苯的稳定性。环已烯：$\Delta H = -119.7\ \mathrm{kJ \cdot mol^{-1}}$；苯：$\Delta H = -208.5\ \mathrm{kJ \cdot mol^{-1}}$。若苯环是三个独立的双键，其氢化热应为 $3 \times 119.7 = 359.1\ \mathrm{kJ \cdot mol^{-1}}$，而实际值比预计少 $150.6\ \mathrm{kJ \cdot mol^{-1}}$。氢化热为放热反应，如果发生脱氢形成双键，其反应为吸热反应，每脱掉两个氢原子形成一个双键约吸热 $119\ \mathrm{kJ \cdot mol^{-1}}$。但 1,3-环已二烯在发生脱氢反应时，不但不吸热，反而是一个放热反应，反应可以自发进行：

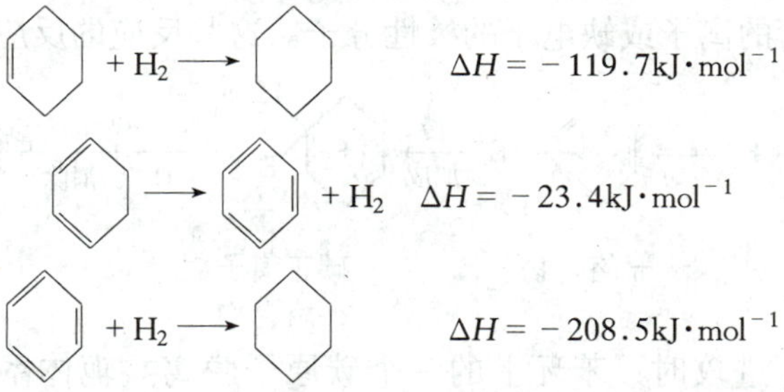

这充分说明苯环是个特殊稳定体系，苯环结构具有较低的内能是芳香性的物理化学基础。

三、苯及其同系物的物理性质

苯及其同系物一般是无色液体，不溶于水，但溶于有机溶剂，如乙醚、四氯化碳、石油醚等非极性溶剂。它们是许多有机化合物的良好溶剂。密度在 0.86～0.9；沸点随分子量增加而升高；熔点除与分子量有关外，还与结构有关，通常对位异构体由于分子对称，熔点较高，溶解度较小。它们具有特殊气味、有毒。液体芳烃同皮肤反复或长期接触，会因脱水和脱脂而引起皮炎。芳烃蒸气对粘膜的刺激作用大于脂链烃或脂环烃。苯蒸气对造血功能有特殊的损伤作用，动物试验证明，烷基苯没有这种作用。苯及其同系物的物理常数见表4-1。

表4-1 苯及其同系物的物理常数

名　称	熔点（℃）	沸点（℃）	密度	折射率 n_D^{20}
苯	5.5	80.1	0.8786	1.5001
甲　苯	-95	110.6	0.8669	1.4961
邻-二甲苯	-25.2	144.4	0.8820	1.5055
间-二甲苯	-47.9	139.1	0.8642	1.4972
对-二甲苯	13.3	138.4	0.8611	1.4958
连-三甲苯	-25.4	176.1	0.8944	1.5139
偏-三甲苯	-43.8	169.4	0.8758	1.5048
均-三甲苯	-44.7	164.7	0.8652	1.4994
乙　苯	-94.7	136.2	0.8670	1.4959
正丙苯	-95.5	159.2	0.8620	1.4920
异丙苯	-96	152.4	0.8618	1.4915
三苯甲烷	93	360		
苯乙烯	-31	146	0.9090	1.5463
苯乙炔	-45	142		

四、苯及其同系物的化学性质

苯及其同系物的化学性质主要表现为苯环上发生的亲电取代反应、苯环的加成以及苯环及其取代烷基的氧化。

1. *苯环的亲电取代反应*　亲电取代反应是苯及其同系物的主要化学反应，这也是苯的芳香性在化学性质上的重要表现形式，典型的亲电取代有苯环上的卤化、硝化、磺化、烷基化和酰基化。在反应中，缺电子的试剂正离子或强极性分子向苯环进攻，同时苯环上的氢以质子形式离去。苯环的亲电取代反应需要有催化剂的存在下才能顺利进行，催化剂的作用是使试剂转化为带正电荷的离子或缺电子的极性分子。这些反应的反应机理大体是相似的。

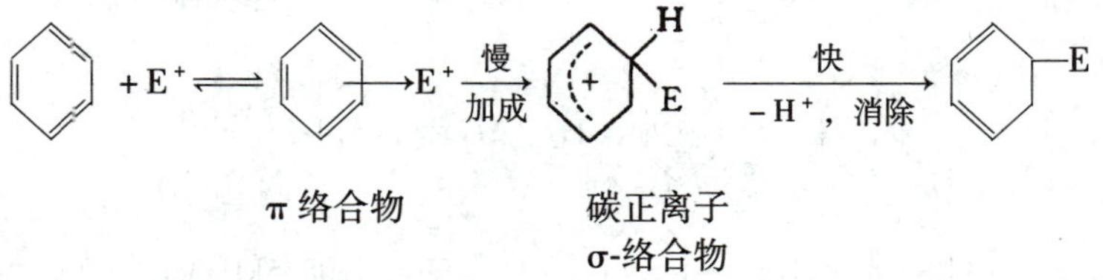

当亲电试剂向苯环进攻时，苯环上的一个碳原子脱离共轭体系，从 sp^2 杂化变为 sp^3，并从大π键取得两个电子与亲电试剂形成σ-络合物。这时苯环上的另外五个碳原子的非闭合式大π键剩下四个电子，带一个正电荷（分布在五个碳原子上），形成了一个半环状的正碳离子中间体。这一步反应的活化能很大，所以σ-络合物的形成是取代反应过程中最慢的一步，为决速步。σ-络合物是不稳定的中间体，形成后会很快进行下一步反应。σ-络合物脱去 H^+，苯环恢复为原来的稳定结构。H^+ 离去时，将一对共用电子留给苯环使苯环所有的碳原子重新变成 sp^2 杂化，并重新结合成闭合的共轭体系。

（1）卤代反应：卤代反应主要指氯代和溴代反应，氟代反应过于激烈而难于控制，碘一般难于和苯环直接发生取代反应。卤代反应需在铁或三卤化铁（也可用铝粉或三卤化铝）的催化作用下进行。具体反应如下：

$$Br_2 + Fe \longrightarrow FeBr_3$$

$$Br_2 + FeBr_3 \longrightarrow [FeBr_4]^- + Br^+$$

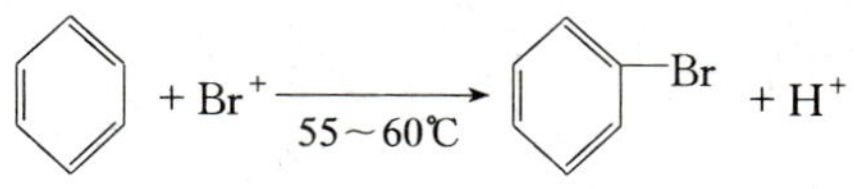

$$H^+ + [FeBr_4]^- \longrightarrow FeBr_3 + HBr\uparrow$$

甲苯在三卤化铁的催化作用下，比苯更容易发生卤化反应，反应产物主要是邻卤甲苯和对卤甲苯；卤代苯在继续卤化时反应比苯困难，反应产物主要是邻二卤苯和对二卤苯：

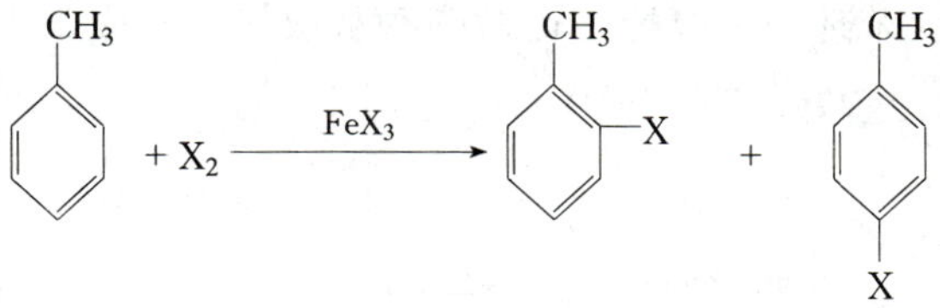

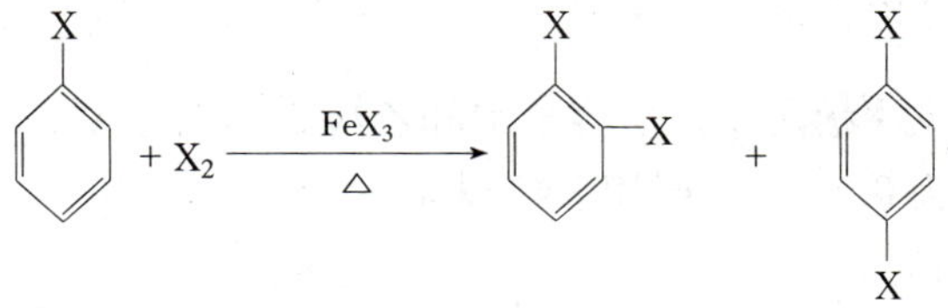

甲苯如果在光照条件下和氯、溴反应时，卤代将发生在甲基上，这是一种游离基反应。

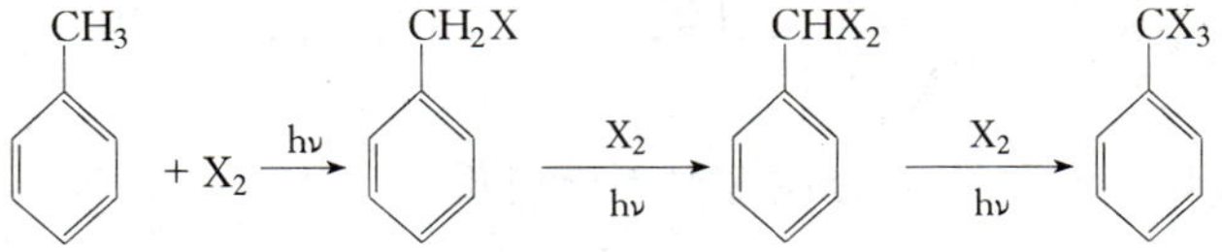

(2) 硝化反应：有机物分子中引入硝基（—NO_2）的反应称为硝化反应。苯与硝酸和浓硫酸混合后得到的混酸共热可发生硝化反应。其中硫酸的作用是与硝酸反应生成带正电的亲电试剂硝基正离子。

$$HNO_3 + H_2SO_4 \longrightarrow HSO_4^- + H_2O + \overset{+}{N}O_2$$

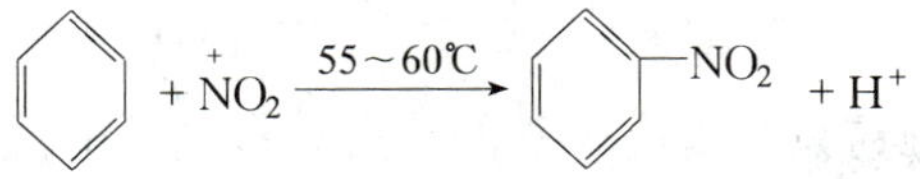

硝化反应是芳环的典型反应，由于生成的硝基取代物具有黄色、不溶于水且具有苦杏仁气味，所以常利用此反应鉴别苯环的存在。另外，芳香族化合物的硝化在工业中也具有重要的意义，可用来制备炸药和香料。

硝基苯是无色或淡黄色液体，有苦杏仁味，能以任何比例与乙醇、乙醚、苯混溶。在水中的溶解度为 0.199 g/100 g 水（20℃），能随水蒸气挥发。有毒。可用于制造染料中间体、农药杀虫剂等。

甲苯比苯容易消化，在较低温度下就可进行，主要生成邻位和对位取代产物。

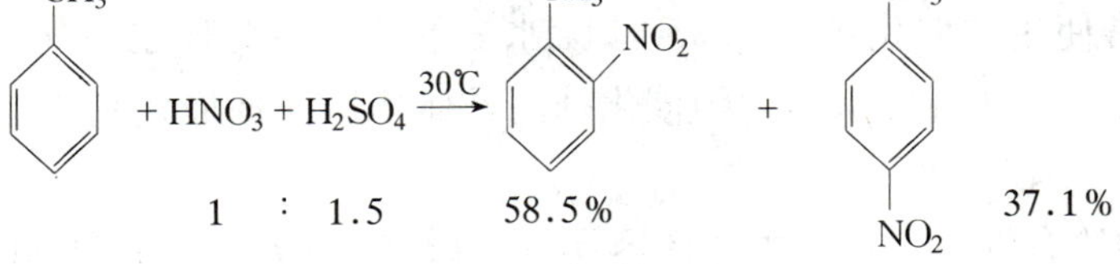

硝基苯不容易继续硝化，必须增加硝酸的浓度并提高反应温度，主要生成间二硝基苯。

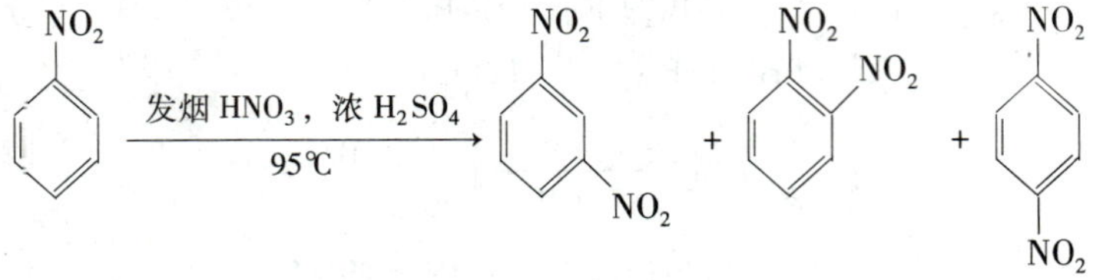

93%　　6%　　1%

(3) 磺化反应：有机分子中引入磺酸基（—SO_3H）的反应称为磺化。苯与浓硫酸共热，或用发烟硫酸与苯作用，苯环上的氢原子可被磺酸基取代，生成苯磺酸。对于芳香族化合物的磺化，现在一般认为，进攻试剂是 SO_3。

$$H_2SO_4 + H_2SO_4 \longrightarrow H_3O^+ + HSO_4^- + SO_3$$

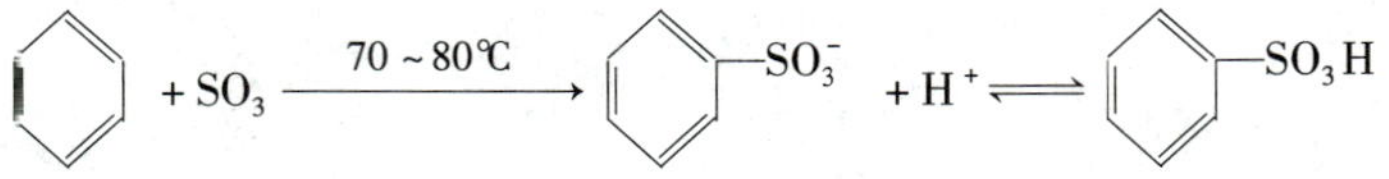

苯磺酸为无色针状或片状晶体，易溶于水和乙醇，微溶于苯，不溶于乙醚和二硫化碳，具有强酸性，其 pKa 值为 0.70。主要用于经碱熔制苯酚，也用于制间苯二酚等，在酯化和脱水反应中常用作催化剂。

反应机理表明，磺化反应是可逆的，苯磺酸在加热下与稀硫酸或盐酸反应，可失去磺酸基生成苯。因此制备苯磺酸时，常使用过量的苯，反应时需不断蒸出苯-水恒沸物，以利于反应的正向进行。

甲苯比苯容易磺化，它与浓硫酸在常温下就可反应，主要产物为邻甲苯磺酸和对甲苯磺酸。

苯磺酸继续磺化比苯难，只有提高硫酸的浓度并提高反应温度才能继续磺化，反应产物主要是间苯二磺酸。

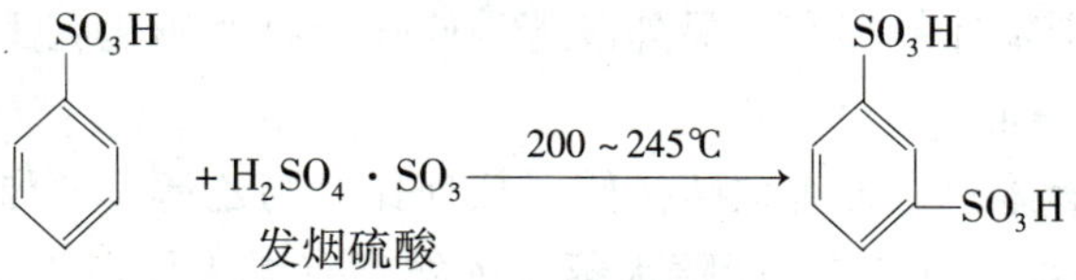

(4) 烷基化和酰基化反应（Friedel-Crafs 反应）：芳环上的氢原子被烷基取代的烷基化反应和被酰基取代的酰基化反应总称为 Friedel-Crafs 反应，简称为傅-克反应。许多单环、多环、稠环芳烃及其许多衍生物和某些杂环化合物都能发生这类反应。

傅-克反应经常使用的催化剂是 Lewis 酸无水三氯化铝，此外也可使用其他 Lewis 酸如 BF_3、$SbCl_5$、$FeCl_3$、$SnCl_4$ 和 $ZnCl_2$ 等为催化剂。具体使用何种催化剂取决于烷基化剂和芳环的活泼性。

苯及其同系物等有供电子基团的芳环容易发生傅-克反应，而带有吸电子基的芳环，如

苯环上具有硝基（$—NO_2$）、酰基（$—\overset{\overset{O}{\|}}{C}—R$）、氰基（—CN）等一般较难或不能进行傅-克反应。由于硝基苯不会发生傅-克反应且无水三氯化铝易溶于硝基苯，所以经常使用硝基苯作为傅-克反应的溶剂。

傅-克烷基化反应：(Friedel-Crafs Alkylation) 烷基化反应常用烷基化试剂为卤代烃。此外也经常用烯烃和醇作烷基化试剂。在反应中，首先在催化剂的作用下生成烷基正离子。其反应历程如下：

$$CH_3—CH_2—Cl + AlCl_3\text{（无水）} \longrightarrow CH_3—\overset{+}{C}H_2 + [AlCl_4]^-$$

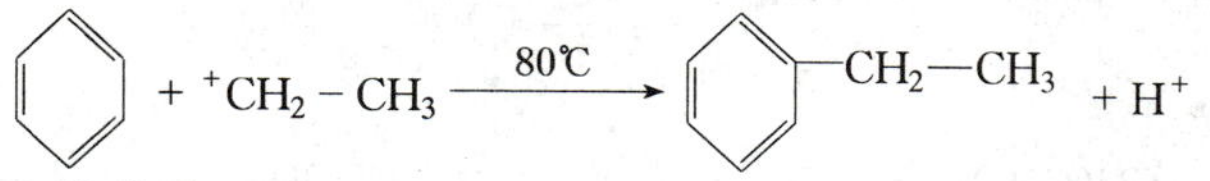

由于生成的烷基代苯比苯更活泼，所以反应经常继续进行生成多元取代物。为使一元取代成为主要产物，常使用大量的苯以减少副反应的发生。

由于在反应过程中生成了碳正离子，碳正离子稳定性的不同决定了三个碳原子以上的直链卤代烃发生烷基化反应时会发生碳正离子的异构化，生成带有支链的烷基苯。

$$CH_3—CH_2—CH_2—Cl \xrightarrow{\text{无水 } AlCl_3} CH_3—CH_2—CH_2^+ \xrightarrow{\text{异构化}} CH_3—\overset{+}{C}H—CH_3$$

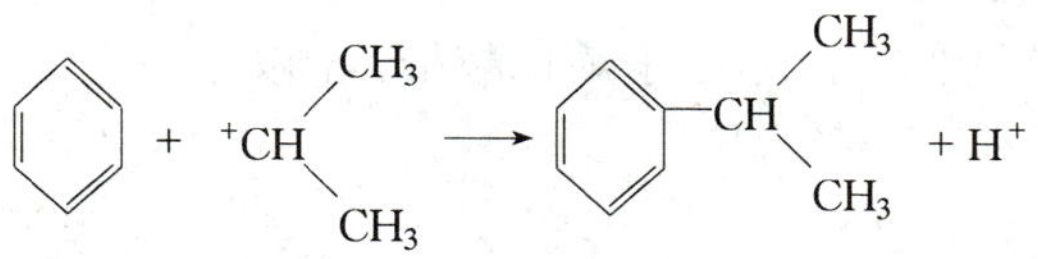

酰化反应：酰化试剂经常采用酰氯（$R—\overset{\overset{O}{\|}}{C}—Cl$）和酸酐（$R—\overset{\overset{O}{\|}}{C}—O—\overset{\overset{O}{\|}}{C}—R$）。

酰化反应同烷基化一样，同属于苯环的亲电取代反应，反应机理也类似。

$$R—\overset{\overset{O}{\|}}{C}—Cl + AlCl_3\text{（无水）} \longrightarrow R—\overset{\overset{O}{\|}}{C^+} + [AlCl_4]^-$$

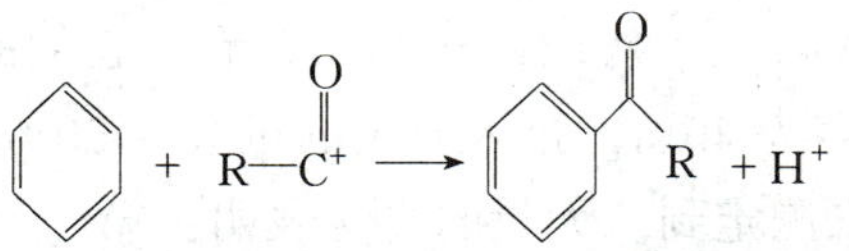

供电子基与吸电子基对苯反应的影响与烷基化情况相同。在芳环上引入一个酰基后，因芳环被钝化而不易进一步被酰基化生成多酰基化合物。

酰基化主要用于各种芳酮（单酮、二酮、环酮）的合成。

2. *苯的加成反应*　苯不易发生烯烃所具有的典型加成反应，只有在特殊条件下（高温、高压）才能起加成反应。如：

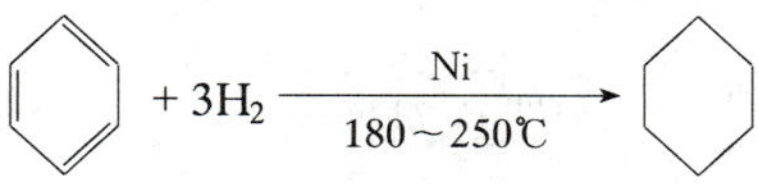

3. *苯的氧化反应*　苯环很稳定，不易氧化，但苯环侧链上α-氢容易被高锰酸钾、重铬酸钾的酸性溶液氧化。氧化时，不论侧链长短，最终都是把α-碳氧化成羧基，称为侧链氧化。

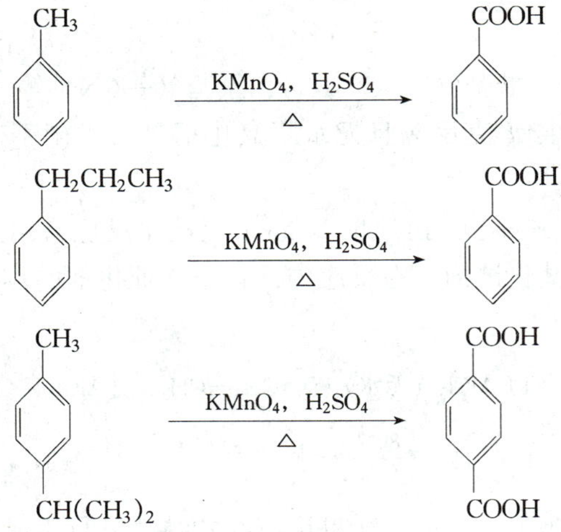

常用的氧化剂有：$K_2Cr_2O_7 + H_2SO_4$，$KMnO_4$，HNO_3，$CrO_3 + HOAc$ 等。

如果与苯环直接相连的 α-碳上没有 α-氢，则侧链不能被氧化。

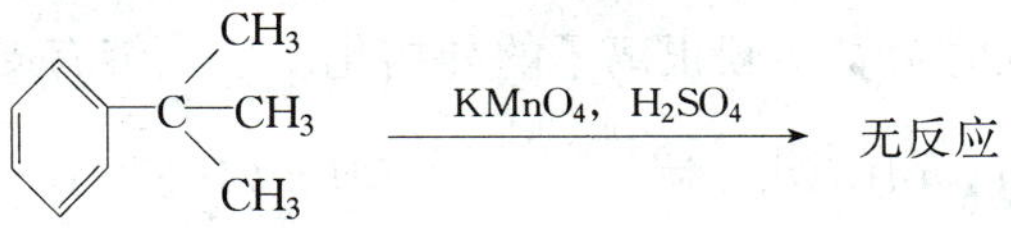

在剧烈条件下，苯环也能被氧化，生成顺-丁烯二酸酐，例如：

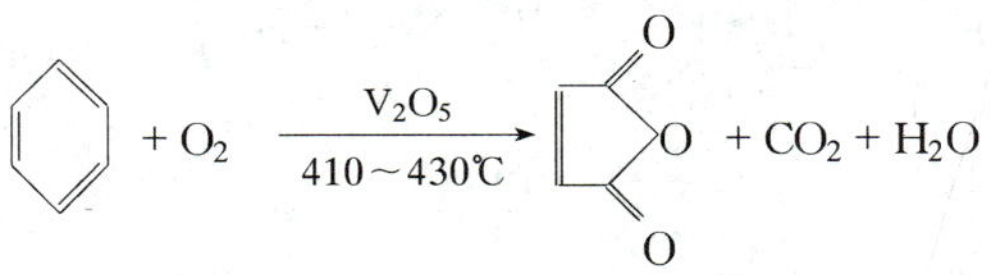

顺-丁二烯酸酐

五、苯环亲电取代反应的定位效应

1. *取代基的定位效应*　当苯环上已经连有一个基团时，若发生进一步的取代反应，那么第二个基团可能进入它的邻位、间位或对位。从统计学的角度看，它们的平均机会如下：进入邻位的机会为 40%，进入间位的机会为 40%，进入对位的机会为 20%。

但事实上，这样的二元取代反应从未测定到。大量的事实表明：第二个取代基进入苯环的位置取决于苯环上原有基团的性质。因此习惯上将原有的取代基称为定位基。这种效应叫做取代基的定位效应。一些取代苯继续硝化时的相对速度和异构体的分布见表 4-2。

表 4-2　一些取代苯继续硝化时的相对速度和异构体的分布

苯环上的取代基	相对反应速度（以苯＝1 为标准）	异构体分布（%）		
		邻位	对位	间位
—OH	很大	73	27	0
$—OCH_3$	2×10^5	74	11	15
$—CH_3$	24.5	58	38	4
—Cl	3.3×10^{-2}	29.6	69.5	0.9
—COOH	$<10^{-3}$	18.5	1.3	80.2
$—NO_2$	6×10^{-3}	6.4	0.3	93.3

根据大量的实验结果，对于一取代苯进行亲电取代反应时与苯相比的活性和第二个取代

基进入苯环的位置所总结出的规律，成为苯环上亲电取代反应的定位规则。

（1）邻对位定位基：一取代苯在进行亲电取代反应时，苯环上原有取代基指导第二个取代基主要进入其邻和对位者（邻和对位取代物之和＞60%）成为邻对位定位基，亦称为第一类定位基。例如—O^-、—N（CH_3）$_2$、—NH_2、—OH、—OCH_3、—$NHCOCH_3$、—$OCOCH_3$、—CH_3、—CH_2Cl、—Cl、—I、—Ph等。在邻对位定位基中，除卤素、氯甲基等少数外，一般使苯环活化，反应速度一般比苯快。这些定位基定位能力由强到弱大致顺序如上述次序。

（2）间位定位基：一取代苯在进行亲电取代反应时，苯环上原有取代基指导第二个取代基主要进入其间位者（间位取代物之和＞40%），称为间位定位基，亦称为第二类定位基。例如—$\overset{+}{N}$（CH_3）$_3$、—NO_2、—CN、—SO_3H、—CHO、—$COCH_3$、—COOH、—$COOCH_3$、—$CONH_2$、—$\overset{+}{N}H_3$等。间位定位都使苯环钝化，反应速度一般比苯慢。这些定位能力由强到弱大致顺序按上述次序。

从上述两类定位基我们可以看到o-、p-位定位基在结构上的特征是：定位基中直接与苯环相连的原子一般不含重键，带有负电荷或多数都有未共用电子对。而m-位定位基在结构上的特征是：定位基中与苯环直接相连的原子一般都有重键，或带有正电荷。

当多取代苯在进行亲电取代反应时，取代基进入苯环的位置，同样依赖于苯环上原有取代基的性质，但由于苯环上原有取代基的种类和在苯环上的位置不同，新进入的取代基进入苯环的位置将依以下三种情况而定（取代基进入苯环的位置如箭头所示）。

无论取代基的种类是否相同，当它们的定位效应一致时，新进入取代基进入它们指导的位置。

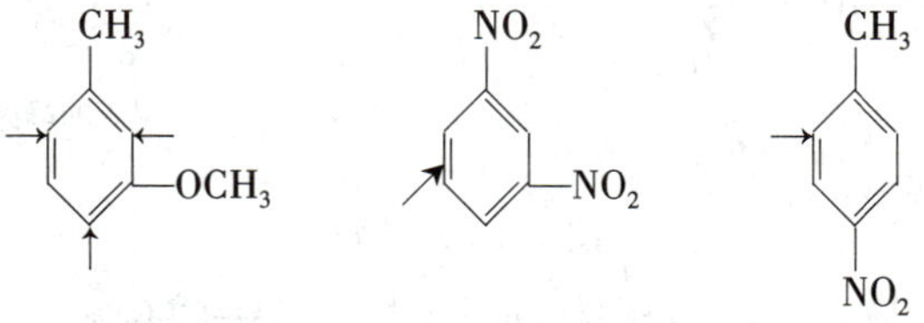

取代基的种类相同，但定位效应不同，新进入的取代基主要进入定位能力强的定位基所指导的位置。

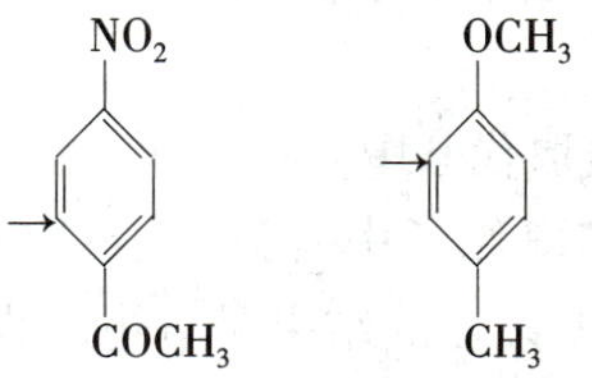

取代基的种类不同，定位效应不同，新进入的取代基主要进入邻对位定位基指导的位置。

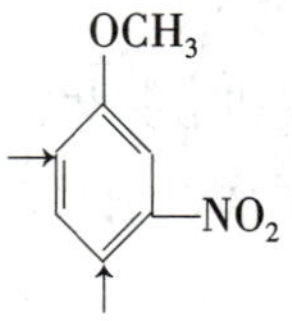

2. *定位效应的解释* 为什么第一类定位基是 o-、p-位定位基，且使苯环活化，而第二类定位基是间位定位基，且使苯环钝化呢？这里应该强调的是，苯环上的取代反应是亲电取代反应，因此苯环上电子云密度越大，取代反应越易进行，反之则不利于取代反应的进行。所以苯环取代的定位效应实际与取代基对苯环上电子云密度影响所产生的变化有关，换句话说，与苯环及取代基所表现出的共轭效应和诱导效应有关。

表 4-3 诱导效应和共轭效应

	内 容	特 点
诱导效应	因某一原子或原子团的极性而引起分子中 σ 键电子云分布发生变化，近而引起分子性质变化的效应	沿分子链传播，若沿 σ 键传递，将逐渐减弱；若沿 π 键，则不减弱
共轭效应	由于形成共轭 π 键而引起分子性质的改变的效应	导致体系能量降低，分子稳定；使电子云分布趋于均匀化
超共轭效应	C—H 键与邻近 π 键之间，氢原子因体积及对价键电子云屏蔽作用小，且其键角 109.5°，与 π 键近似平行而与 π 键发生的共轭效应	为弱共轭效应

(1) 甲基：从诱导效应考虑，甲基为斥电子基，甲基通过诱导效应向苯环排斥电子，使苯环上的电子云密度增加。另外，甲基上的氢原子可以通过 σ-π 共轭效应（也称为超共轭效应，图 4-3）与邻近的 π 键共轭，使电子云向 π 键转移，也是给电效应。

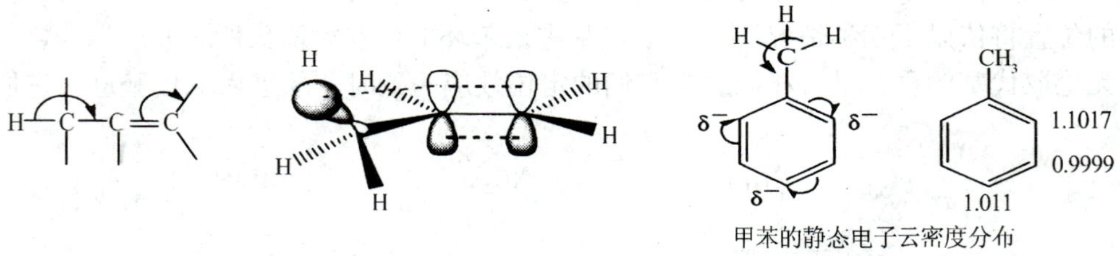

图 4-3 超共轭

其他烷基的超共轭效应，其给电子能力顺序如下：$—CH_3>—CH_2R>—CHR_2$。诱导效应和超共轭效应决定了烷基是一类邻对位定位基，为活化基团。

(2) 氨基、羟基：这一类取代基的共同特点是：同时具有吸电子诱导效应和 p-π 共轭效应。但共轭效应>诱导效应。

这是由于氨基、羟基等第一类取代基中，一方面，由于它们的电负性大于碳，所以有吸电子的诱导效应，另一方面，氮和氧原子中有孤电子对存在，这对 p 电子可与 π 电子形成 p-π共轭（又称为多电子共轭）。p-π 共轭的结果是 p 电子向 π 键转移，所以 p-π 共轭是给电子共轭。

因此，氨基和羟基等取代基对苯环的电子效应应是吸电子的诱导效应和给电子的 p-π 共轭共同作用的结果。一般情况下，共轭效应大于诱导效应，即表现为给电子。所以氨基和羟基为给电子效应，为活化基团。

(3) 卤素：同时具有吸电子诱导效应和 p-π 共轭效应。但共轭效应<诱导效应。卤素的电负性较强，且其 p 轨道有较大的伸展距离，使得二者的重叠程度减弱，因此综合效应为吸电子效应，卤素为钝化基团。

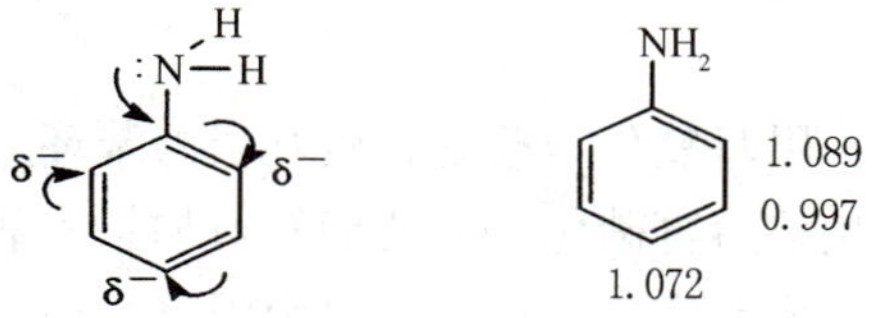

苯胺的静态电子云密度分布

氯苯的静态电子云密度电子分布

从甲苯的静态电子云密度分布图可以看出，甲基使得苯环的邻对位的电子云密度高于间位的电子云密度，而苯胺和氯苯的静态电子云密度分布图可以看出，p-π 共轭作用的结果使邻位的电子云密度比间位高，所以甲基、氨基、羟基和卤素虽然对苯环的影响不同，但都是邻、对位定位基。

取代基的定位效应还可以通过过渡态的稳定加以解释。当新的基团进入邻位对位或间位时，形成不同的过渡态。

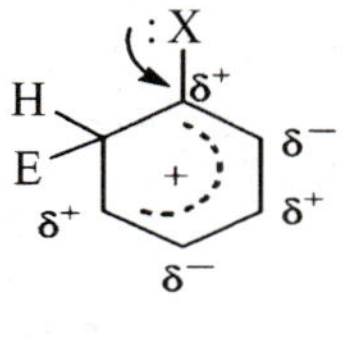

进入邻位

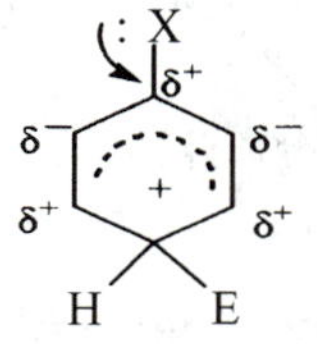

进入对位

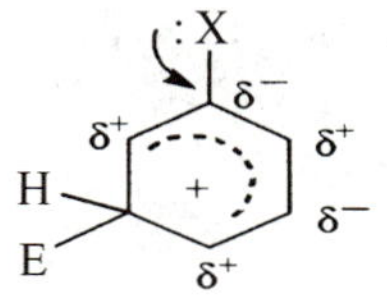

进入间位

当第二个取代基进攻 X 的邻对位时，X 上的 p 电子云参与正电荷的分散；而进攻间位时 X 上的 p 电子云则不参与正电荷的分散。所以第二个基团进攻邻对位时所形成的过渡态比较稳定，反应的活化能较低，反应主要发生在邻对位上。

（4）硝基、磺酸基、羧基：电负性强，本身存在 π 键，且可以和苯环形成 π-π 共轭（等电子共轭），为吸电子共轭；有强烈的吸电子诱导效应。

以硝基苯为例，在硝基苯分子中，由于组成硝基的 N 和 O 原子的电负性都比碳原子强，当与 C 相连时，表现出吸电子的性能，即硝基具有吸电子的诱导效应，使苯环的电子云密度降低。同时，硝基上的 π 轨道和苯环形成 π-π 共轭，这也使电子云离开苯环，向硝基方向移动，产生吸电子的共轭效应。所以在硝基苯分子中，由于诱导效应和共轭效应都使苯环电子云密度降低，其中邻对位降低更甚，因此硝基苯进行取代时不仅比苯难以进行，且主要得到间位取代产物。

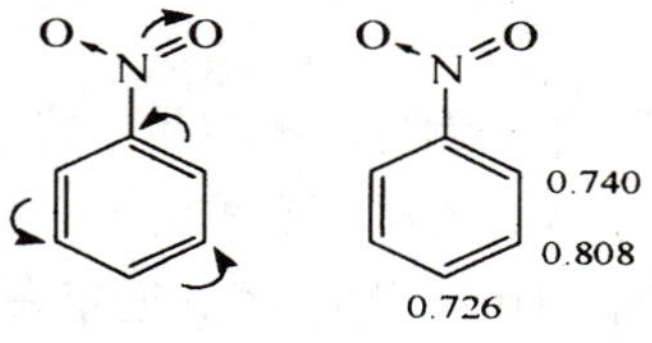

硝基苯的静态电子云密度分布

从硝基苯的静态电子云密度分布图可以看出，硝基使得苯环上间位的电子云密度大于邻位和对位的电子云密度，所以硝基为间位定位基。

从几类不同的定位基的静态电子云分布图中也可以看出，活化基团使发生亲电取代的苯环位置的电子云密度都大于 1，而钝化基团则使发生亲电取代的苯环位置的电子云密度小于 1。

3. *定位规律的应用* 苯环上取代反应的定位规律不仅可以解释某些现象，而且可以用来为科学研究和生产实践服务。其主要应用有两个方面：①预测芳香取代反应的主要产物。只要根据取代基的性质，就可以推断出所引入取代基的位置。②选择适当的合成路线。在合成一个特定的芳香族化合物时，在确定了引入特定取代基的方法后，还应该注意苯环上原有取代基的定位效应。

例如由甲苯合成对硝基苯甲酸：反应需要两步：甲基氧化为羧基和硝基引入苯环。合成路线有两种可能，即先硝化然后再氧化或者是先氧化然后再硝化。但我们知道如果先氧化然后再硝化，那么生成的羧基会产生钝化效应，使得硝化反应的条件变得更为困难，而且羧基的间位定位效应使得引入的硝基只能进入羧基的间位，生成间硝基苯甲酸，而不是所需的目标产物。反之，如果先硝化然后在氧化，就可以得到对硝基苯甲酸。

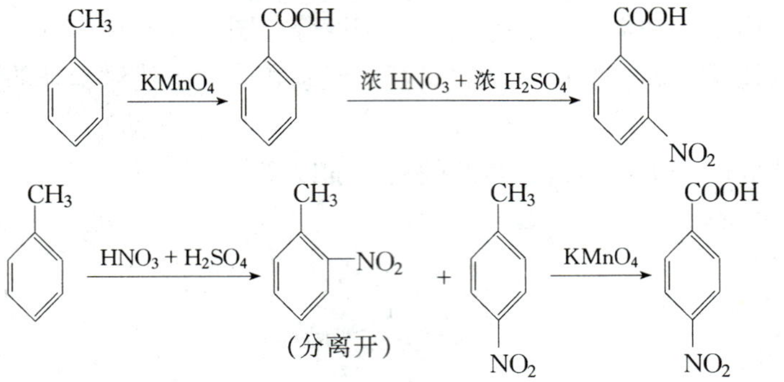

第二节 稠环芳烃

两个环之间共用两个碳原子所组成的多环体系称为稠环。稠环芳烃中比较重要的是萘、蒽、菲。它们是合成染料和药物的重要原料，也是一些天然产物的基本骨架。

稠环芳烃为平面结构，所有碳原子上的 p 轨道都平行重叠，形成环状共轭体系，由于 p 轨道的重叠程度不完全相同，因而电子云没有完全平均化，其各个碳碳键长不完全相等。

一、萘

萘是无色片状结晶，熔点 80℃，沸点 218℃，有特殊的气味，易升华，不溶于水，易溶于乙醇、乙醚等有机溶剂。萘是重要的化工原料，有特殊气味，具有驱虫防蛀作用，过去曾用于制作“卫生球”。近年来研究发现，萘可能有致癌作用，现使用樟脑取代萘制造“卫生球”。萘在工业上主要用于合成染料、农药等。萘的主要来源是煤焦油和石油。

1. *萘的结构和萘的衍生物的命名* 萘可认为是两个苯环稠合而成，分子式为 $C_{10}H_8$。两个苯环处于同一平面上。萘分子中每个碳原子均以 sp^2 杂化轨道与相邻的碳原子形成碳碳 σ 键，每个碳原子中未参与杂化的的 p 轨道互相平行侧面重叠形成一个闭合的共轭大 π 键，因此同苯一样具有芳香性。

稠环芳烃的环系都有固定的编号顺序，萘的编号如下图所示。其中 1，4，5，8 位是相同的，又称为 α 位，2，3，6，7 位是相同的，又称为 β 位。萘的衍生物的命名时，必须注明取代基的位置，如：

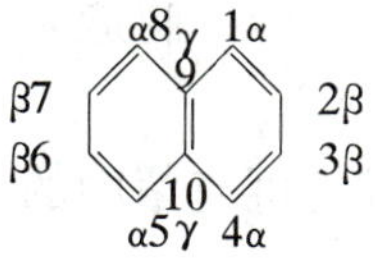

$C_{\alpha\beta}$：0.135nm

$C_{\alpha\gamma}$：0.142nm

$C_{\beta\beta}$：0.142nm

$C_{\gamma\gamma}$：0.141nm

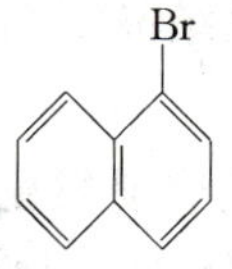

1-溴代萘

α-溴代萘

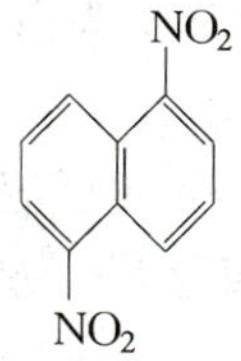

1，5-二硝基萘

从萘的结构可以看出，萘分子中十个碳原子所处的化学环境并不相同，其中由两个环共用的两个碳原子都与其他三个碳原子相键合而与其他的八个碳原子则只和另外两个碳原子相键合，而这八个碳原子中又有两种情况：1，4，5，8 号碳原子与两环共用的碳原子直接键合，而 2，3，6，7 号碳原子则不同。量子化学计算结果表明，各碳原子上的电子云密度是：α-位＞β-位＞γ-位，因此亲电取代一般在 α-位上。所以萘环共轭体系的均匀化程度不如苯高，萘的芳香性比苯差，因此萘比苯容易发生加成反应。

2．萘的化学性质

（1）亲电取代反应：萘比苯更容易发生亲电取代反应，且主要发生在 α 位。如萘的氯化主要生成 α-氯代萘。α-氯代萘为无色或浅黄色液体，有毒，不可与皮肤接触。溶于四氯化碳、苯、氯代苯。主要用于测定折射率。

硝化反应主要发生在 α 位，生成 α-硝基萘。其中 α-硝基萘为黄色无味结晶，不溶于水，易溶于二硫化碳，溶于乙醇、氯仿、乙醚，常用于合成硫化染料，α-萘胺。

磺化反应与温度有关，低温条件下 α 位；高温下 β 位，且 α 取代物加热可以向 β 取代物转化。

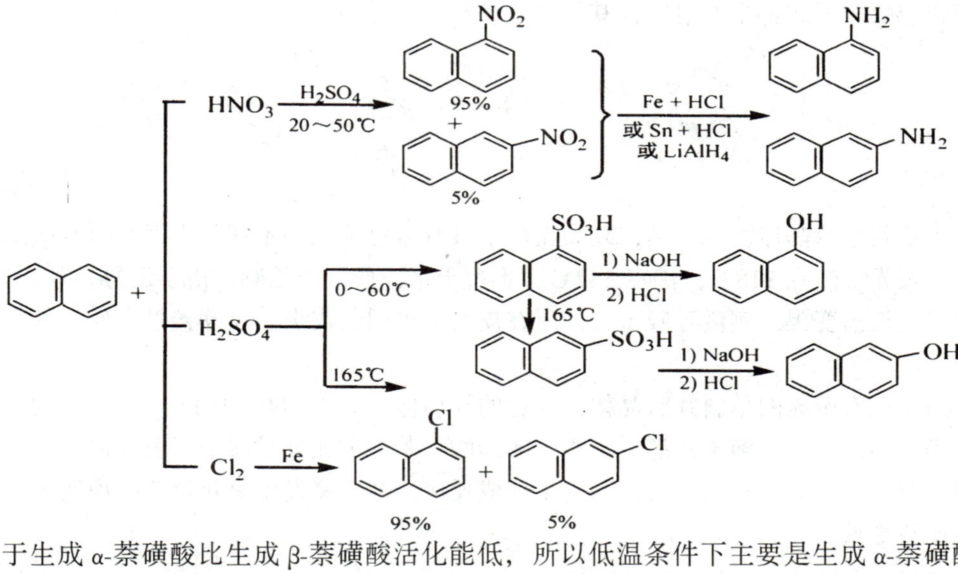

由于生成 α-萘磺酸比生成 β-萘磺酸活化能低，所以低温条件下主要是生成 α-萘磺酸。但磺化反应是可逆的，一方面 α-磺酸基与异环的 α-H 处于平行位置，位阻较大，不稳定，随着温度的升高，α-萘磺酸增多，平衡建立，α-磺化反应的逆向速率增加。另一方面，温度升高有利于提供 β-磺化所需的活化能，其反应速率也加大，β-磺酸基与邻近氢距离增大，稳定性好，其逆向反应速率很慢，所以 α-萘磺酸逐渐转变成 β-萘磺酸。简而言之，二者的转化主要是因为反应温度较高时，萘分子中异环 α 位上的氢对 α 位的磺酸基间的干扰较大，所以磺酸基由 α 位转移到较为稳定的 β 位。

β-萘磺酸为白色至浅棕色结晶，易溶于水、醇、醚，用于蛋白质检验、制造 α-萘酚及染料中间体。

（2）加成反应：萘比苯更容易发生加成反应，钠与乙醇产生的氢气可使萘中的一个环氢化生成四氢萘。如继续反应则比较困难，需在催化剂下才能反应。

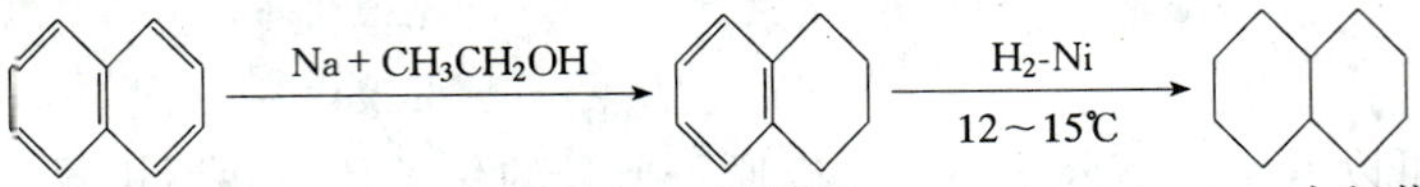

四氢萘　　十氢萘

（3）萘的氧化反应：萘容易和强氧化剂如高锰酸钾、重铬酸钾等发生反应，也可在空气中催化氧化。

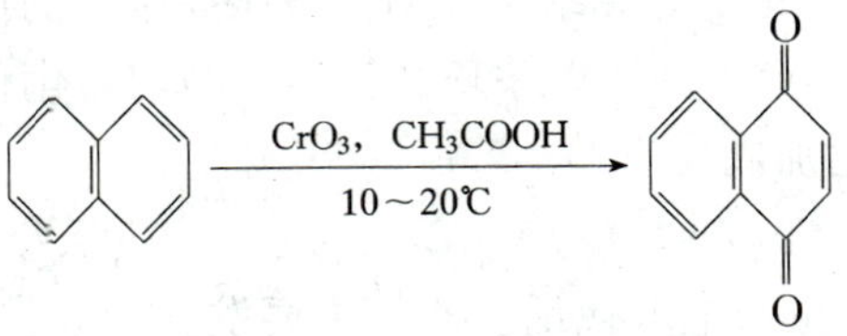

1，4-萘醌

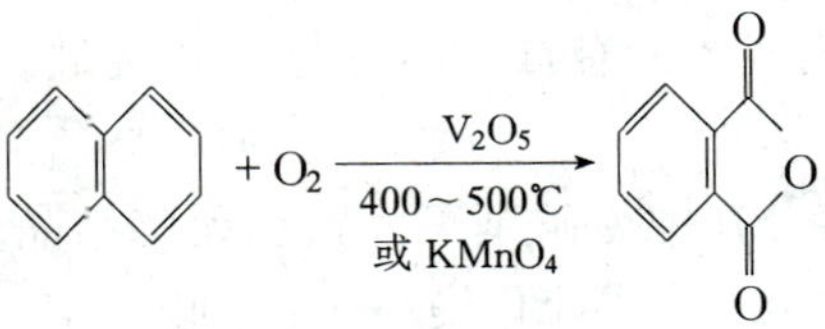

邻-苯二甲酸酐

二、蒽　和　菲

蒽和菲的分子式都是 $C_{14}H_{10}$，其结构式和环系编号为：

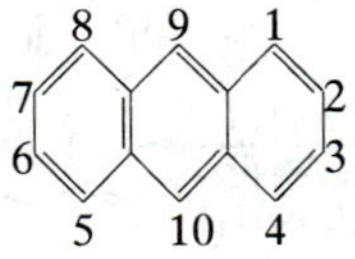

蒽

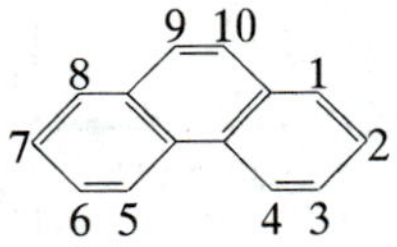

菲

蒽为单斜片状晶体，可升华，纯品无色，具有紫色荧光。不纯品中因含有并四苯，故呈现黄绿色荧光。熔点 218℃，沸点 342℃。不溶于水，微溶于乙醚，溶于乙醇、苯、氯仿等。在光照下会逐渐变黑，刺激呼吸系统，附在皮肤上可引起皮炎，长期接触会使面部、手部色素沉积。

菲为无色有荧光的单斜片状晶体，为蒽的异构体。熔点 100～101℃，沸点 340℃。真空中可升华。不溶于水，溶于乙醇、乙醚、冰醋酸、苯等，尤其易溶于芳香烃内。

蒽和菲的 9，10 位比较活泼，易发生加成反应，亦容易发生氧化反应，说明了蒽和菲的芳香性比萘更低。

1．加成反应

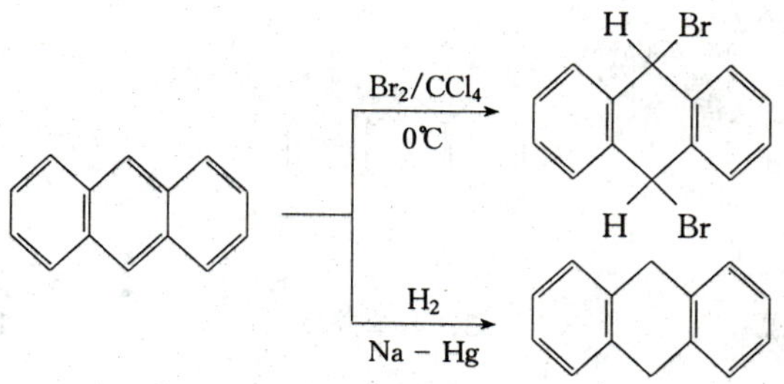

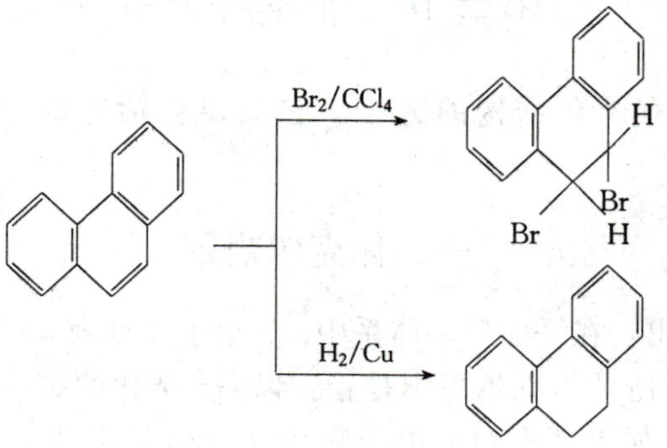

2．取代反应　蒽和菲可以发生取代反应。溴化反应易于在9位进行。

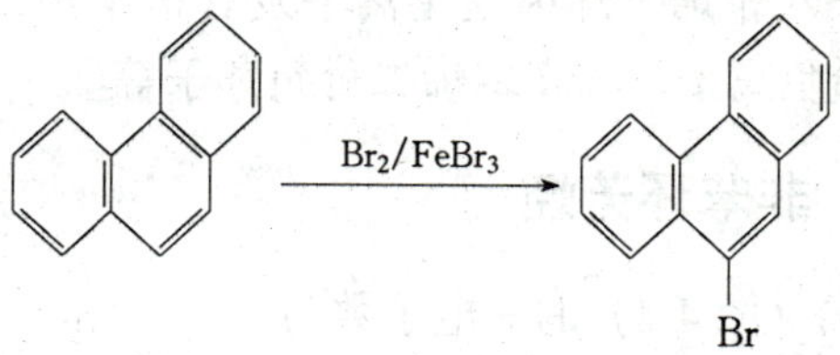

3．氧化反应　蒽和菲都容易被氧化，在9，10位反应生成醌。

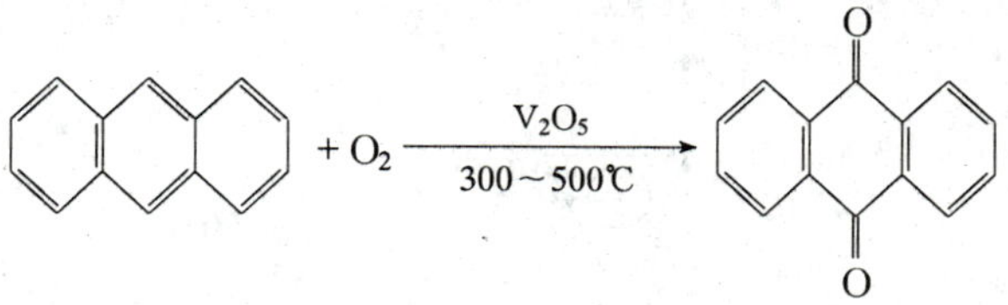

蒽　醌

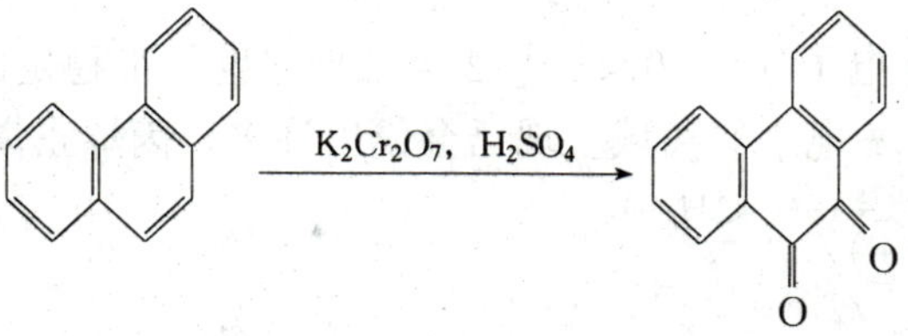

菲　醌

三、其他稠环芳烃

人们发现在煤焦油和烟草的烟雾中含有较强的致癌物质。经研究发现某些有四个或者四个以上苯环的的稠环烃有致癌性，对致癌的机理人们目前尚不清楚，仅获得一些经验规律，如1，2-苯并蒽的环系和C_{10}以上的取代基的存在是致癌的必要因素。现已发现在香烟的烟雾中，在汽车排放的废气、石油、煤等未完全燃烧的烟气中，以及柏油马路散发的蒸气往往含有 3，4-苯并吡等物质。

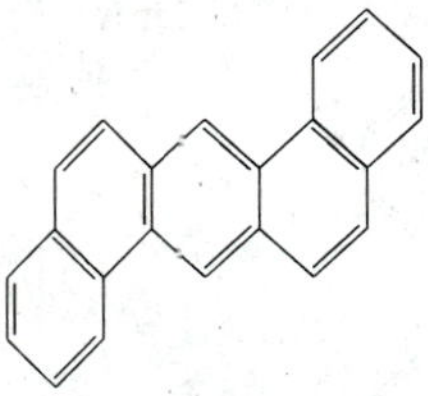

1，2，5，6-二苯并蒽

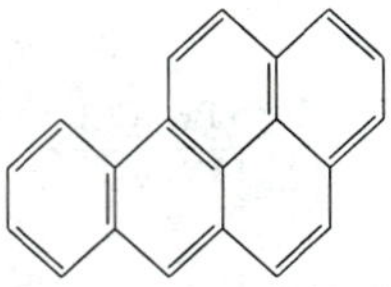

3，4-苯并吡

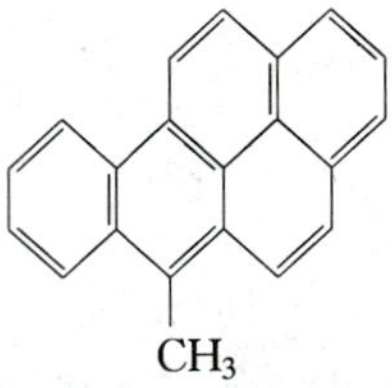

10-甲基-1，2-苯并蒽

第三节 非苯环芳烃

非苯环烃是指不具有苯环结构的芳烃。它主要包括轮烯、杂环等符合休克尔规则(Hückel rule) 的化合物。

一、休克尔规则

1931 年，Hückel 提出：在平面单环体系中，π 电子数目为 4n + 2 时，具有芳香性。其中 n = 0，1，2，…。所谓休克尔规则是指：以 sp^2 杂化的碳原子所组成的单环烃中，如果环中的 π 电子数符合“4n + 2”规则，则此环系具有芳香性。根据休克尔规则，可以方便地判断环系是否具有芳香性。如：十八轮烯、环丙基正离子及其衍生物、环庚三烯正离子、环戊二烯负离子、环辛四烯二价负离子等。

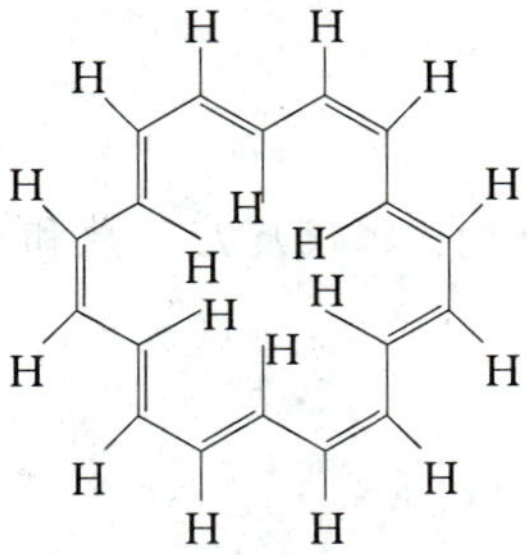

图 4-4

二、非苯环芳烃

1．十八轮烯　十八轮烯（图 4-4）的 π 电子数为 18 个（n = 4，4n + 2 = 18），所以它具有芳香性。十八轮烯已被合成，在化学性质上非常稳定，受热到 320℃ 仍不分解。

2．环丙烯正离子

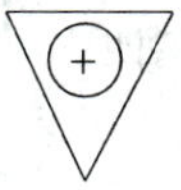

环丙烯正离子具有两个 π 电子(n = 0,4n + 2 = 2),它也是很稳定的化合物,三元环中的键长都是 0.140 nm,说明了 π 电子的离域。现已合成出许多环丙烯正离子的衍生物,如：

环丙烯正离子

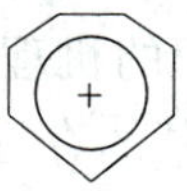

环庚三烯正离子

属于正离子型的非苯芳烃还有环庚三烯正离子（6 个 π 电子）。

3. 环戊二烯负离子（6 个 π 电子） 环戊二烯负离子可用环戊二烯与叔丁醇钾作用得到：

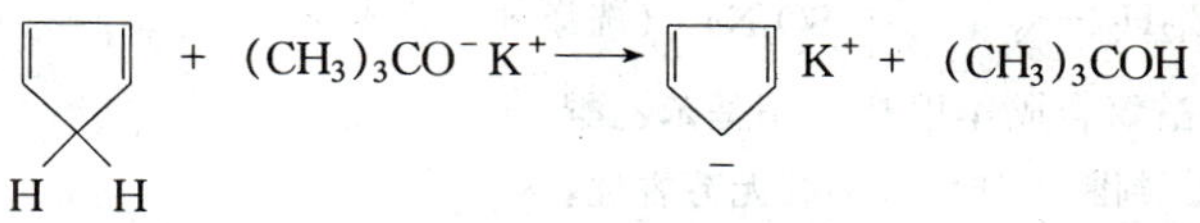

环戊二烯负离子

环辛四烯负二价离子的 π 电子数为 10，所以，它也具有芳香性。

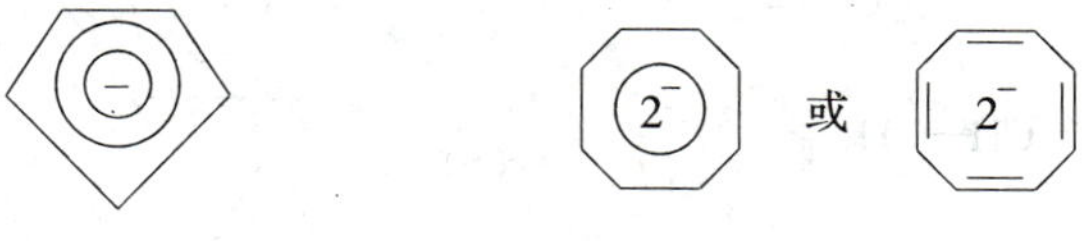

实验证明，环戊二烯负离子和环辛四烯的负二价离子都是平面环。

在稠环体系和非碳环体系中，只要它们是平面环且环周围的 π 电子数符合休克尔规则，即具有芳香性。例如萘（π = 10）、蒽、菲（π = 14）都是芳环。薁也是平面结构，它的 π 电子数为 10，所以，它也具有芳香性。薁的结构如下：

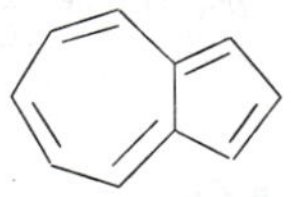

薁

非碳环体系的芳环称为芳杂环，将在后面讨论。

习 题 四

1. 写出下列化合物的结构是：

 (1) 对-氯苄氯 (2) 2-甲基-3-苯基戊烷 (3) 1，2-二苯基乙烷

2. 用简便方法鉴别下列各组化合物：

 (1) 乙烯、环丙烷、苯和甲苯

 (2) 3-氯环丙烯、乙炔、苯和萘

3. (1) 试判断下列化合物进行一元硝化反应时，硝基进入苯环的那个位置（用"→"表示）：

(A)

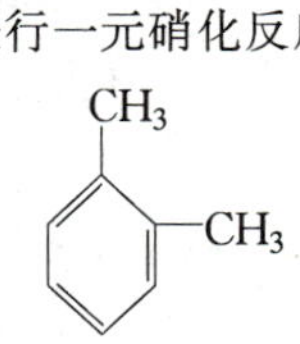

(B)

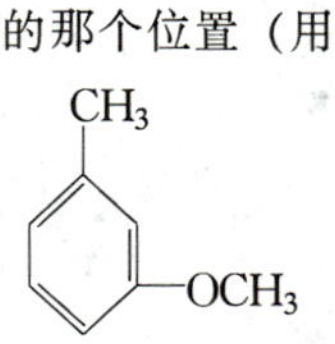

(C)

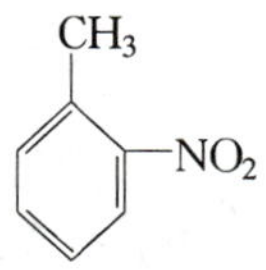

(D)

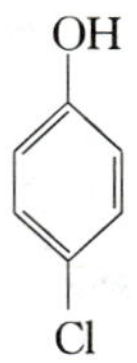

(2) 比较下列化合物硝化反应的反应顺序。

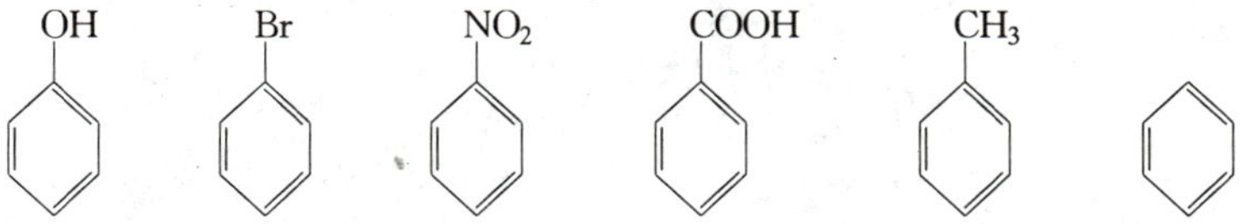

4．用指定的原料和必要的无机试剂合成下列化合物（需写出各步反应式，注明反应条件）：

（1）由甲苯合成间-氯苯甲酸

（2）由苯合成 （洗涤剂主要成分）

（3）由甲苯和乙酰氯合成 4-甲基-3-硝基苯乙酮

5．按照休克而规则，判断下列化合物有无芳香性：

（1） 
（2） 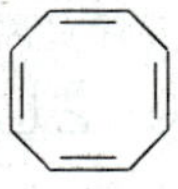
（3） 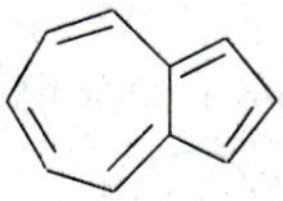

（4） 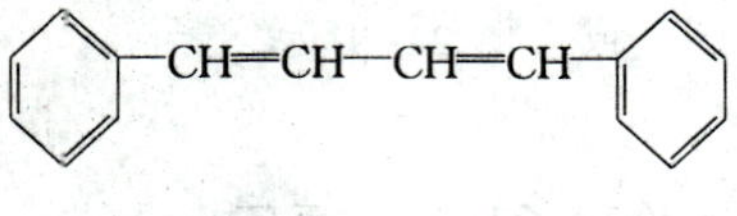

（5） 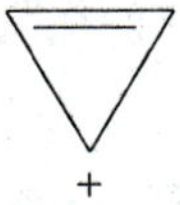

6．某芳烃分子式为 C_9H_{12}，用酸性高锰酸钾氧化后，得一种二元酸。将原来的烃进行硝化，得到的一元硝基化合物有两种，试推出该芳烃结构式。

7．A、B、C 三种芳烃互为异构体的化合物，其分子式为 C_9H_{12}。氧化后 A 的一元酸，B 的二元酸，C 的三元酸。进行硝化时，A 主要得到两种一硝基化合物，B 只得两种一硝基化合物，而 C 只得到一种一硝基化合物。试推测 A、B、C 的构造式。

8．完成下列反应式：

（1） 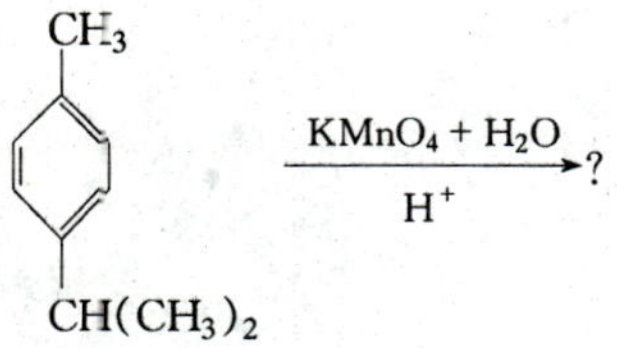

（2） 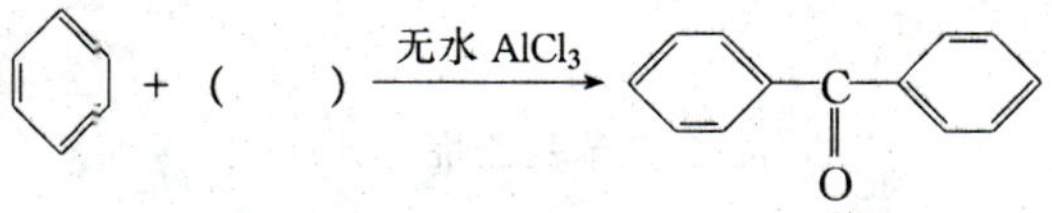

（3） 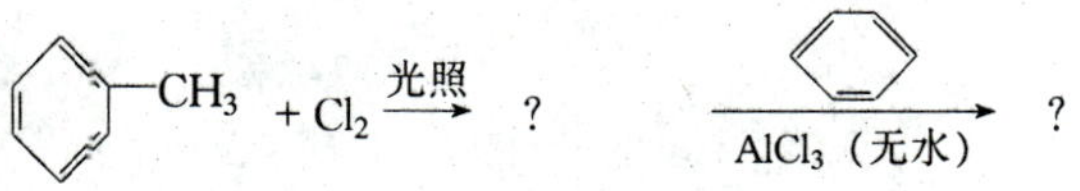

第五章　卤　代　烃

在前面两章中，我们讨论了有机化合物的母体——烃，重点学习了碳胳结构和化学性质之间的关系。烃分子中的氢原子被卤原子（或其他官能团）取代后得到烃的各种衍生物，这些衍生物的性质主要是由其中的官能团所决定，本章将讨论卤代烃。

一、卤代烃概述

烃类分子中一个或多个氢原子被卤原子取代而生成的衍生物称为卤代烃，卤原子是卤代烃的官能团。

1．卤代烃的分类　根据卤原子的种类，卤代烃分为氟代烃、氯代烃、溴代烃和碘代烃。一般情况下，卤代烃是指氯、溴、碘的取代物。根据卤原子的多少，卤代烃可分为一卤代烃和多卤代烃。

根据烃基的情况，可把卤代烃分为脂肪族卤代烃和芳香族卤代烃。脂肪族卤代烃又可分为饱和卤代烃（卤代烷烃）和不饱和卤代烃。芳香族卤代烃的卤原子可以在芳环上，也可以在侧链上。

$R-CH_2-X$　　脂肪族饱和卤代烃

$R-CH=CH_2-X$　　脂肪族不饱和卤代烃

卤代芳烃，卤原子取代在芳环上

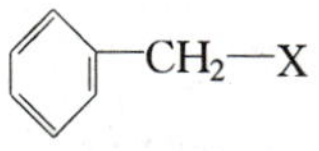
卤代芳烃，卤原子取代在侧链上

根据与卤原子直接相连的碳原子的类型，卤代烃可分为第一卤代烃（伯卤代烃）、第二（仲）卤代烃和第三（叔）卤代烃。

$R-CH_2-X$
第一（伯）卤代烃

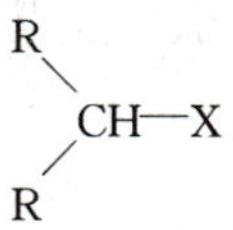
第二（仲）卤代烃

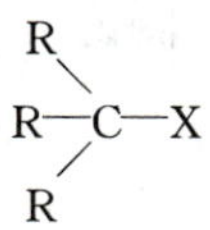
第三（叔）卤代烃

2．卤代烃的同分异构及命名　卤代烃的同分异构现象除因碳胳不同而造成的碳胳异构以外，还存在有卤原子取代位置不同而造成的位置异构，如：

$CH_3-CH_2-CH_2-CH_2-Cl$
1-氯丁烷

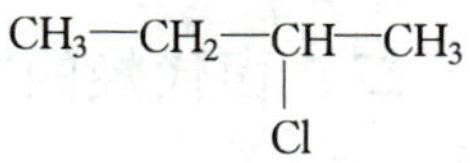
2-氯丁烷

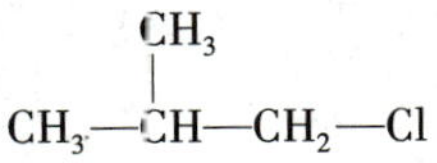

2-甲基-1-氯丙烷

和

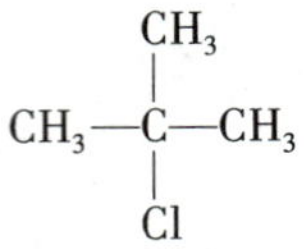

2-甲基-2-氯丙烷

卤代烃的命名原则如下：

结构比较简单的卤代烃可按相应的烃称为卤（代）某烃。例如：

C_2H_5—Br 溴乙烷

CH_2═CH—Cl 氯乙烯

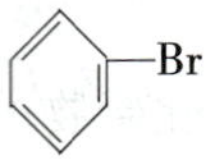

溴苯

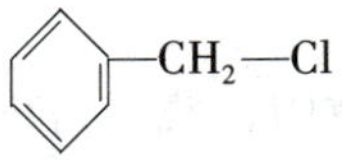

氯化苄

卤代烃的系统命名法，其原则基本和烷烃类似，并且把卤原子和支链同样作为取代基处理。

（1）卤代烷烃应选择含有卤原子的最长碳链作为主链，称为某烷，主链的编号应遵循取代基序号最小的原则。如：

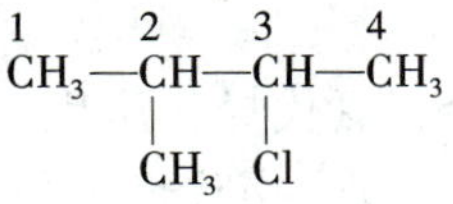

2-甲基-3-氯丁烷

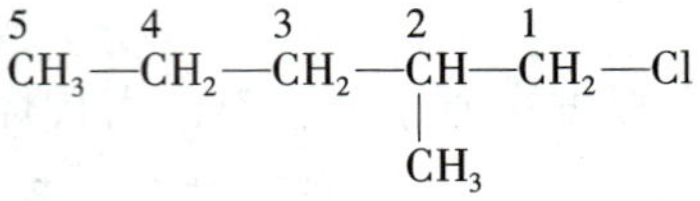

2-甲基-1-氯戊烷

（2）不饱和卤代烃应选取含有卤原子的最长不饱和碳链作为主链，并且从靠近重键的一端将主链编号。如：

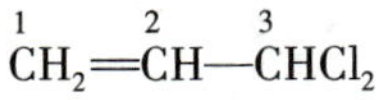

3，3-二氯-1-丙烯

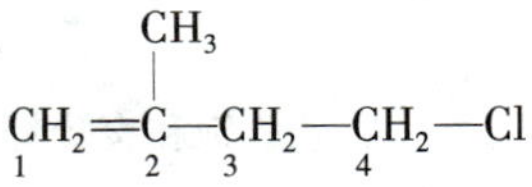

2-甲基-4-氯-1-丁烯

（3）卤原子取代在芳环上的卤代芳烃一般以芳烃为主链，并标明卤原子的取代位置。如：

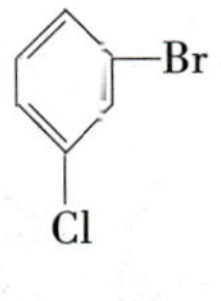

1-氯-3-溴苯

3-溴甲苯

（间-溴甲苯）

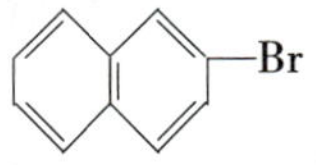

2-溴萘

（4）卤原子取代在侧链上的卤代芳烃一般以脂肪侧链为主链，芳环和卤原子都作为取代基。如：

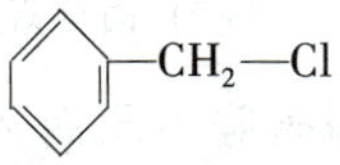

苯氯甲烷（氯化苄）

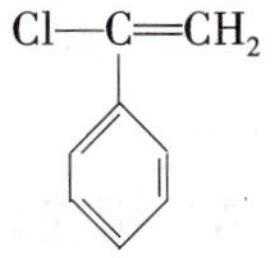

1-氯-1-苯基乙烯

二、卤代烃的物理性质

由于卤原子的原子量比较大，所以卤代烃的熔沸点高于相应的烃。烃基相同而卤原子不同时，其熔沸点的规律是碘代烃 > 溴代烃 > 氯代烃 > 氟代烃。

常温时，四个碳原子以下的氟代烷、两个碳原子以下的一氯代烷以及溴甲烷是气体，一般卤代烃是液体，高级卤代烃是固体。

卤原子不是亲水基团，所有的卤代烃都不溶于水而易溶于多数有机溶剂中。有些卤代烃如三氯甲烷（氯仿）、四氯化碳等，本身是良好的有机溶剂。

除一氟代烷、一氯代烷外，卤代烃的密度都大于1，并随分子中碳链的增长而减小。

分子中卤原子数目增多，熔沸点升高，密度加大。

卤代烃的一些物理常数见表5-1。

表5-1　一些卤代烃的物理常数

R—	沸点（℃）			密　度		
	R—Cl	R—Br	R—I	R—Cl	R—Br	R—I
CH_3—	-24.2	3.56	42.4	0.916	1.676	2.279
C_2H_5—	12.3	38.4	72.3	0.898	1.440	1.933
n-C_3H_7—	46.6	71	102.5	0.891	1.335	1.747
n-C_4H_9—	78.4	101.6	130.5	0.884	1.276	1.617
n-C_5H_{11}—	107.8	129.6	157	0.883	1.218	1.517
CH_2=CH—	-13.9	15.8	56.9	0.912	1.52	2.04
CH_2=CH—CH_2	45.7	70.0	102	0.938	1.40	1.84
C_6H_5—	132	155	189	1.107	1.499	1.832
C_6H_5—CH_2—	179	201		1.10	1.44	1.733
CH_2X—	40	99	180	1.336	2.49	3.33
CHX_2—	61	151	升华	1.489	2.89	4.01
CX_3—	77	189.5	升华	1.595	3.42	4.32

三、卤代烷烃的化学性质

卤素是卤代烃的官能团，官能团是集中代表一类化合物化学结构和化学性质的原子或原子团，所以卤代烃的化学性质主要表现在碳卤键的断裂。

由于作为官能团的卤原子的电负性比较大，所以，C—X键是极性共价键，可表示为：

$$\underset{\delta^+}{C}—\underset{\delta^-}{X} \quad 或 \quad \underset{+\!\!\longrightarrow}{C—X}$$

在进行化学反应时，C—X键还将受到溶剂和试剂的诱导极化。由于溴和碘都具有18电子层的结构，所以更容易受到极化而产生诱导偶极，诱导偶极的大小顺序是C—I＞C—Br＞C—Cl（表5-2）。

表5-2　C—X键的键矩

键型	C—Cl	C—Br	C—I
偶极矩D	1.56	1.48	1.29

碳卤键的极性和极化度共同决定了碳卤键容易异裂，通过异裂，卤素以负离子的形式离去，所以卤代烷烃是一类活泼的有机化合物，在烃基相同时，各种不同卤素的卤代烃活泼性顺序为RI＞RBr＞RCl。

1．卤代烷烃的取代反应　卤代烃中卤原子易被其他基团取代，反应时卤素以负离子的形式离去，试剂负离子与烃链结合起来，所以卤代烷烃的取代反应属于亲核取代反应。

（1）被羟基（—OH）取代：卤代烷与氢氧化钠或氢氧化钾的水溶液作用时，卤原子被羟基取代生成醇类：

$$R—X + NaOH \xrightarrow{H_2O} R—OH + HX$$

这个反应也叫做水解反应，氢氧化钠可以中和生成的氢卤酸使反应进行完全。

通过鉴定反应生成的卤素离子，还可用此反应对卤代烃进行鉴别。

卤代烃水解反应的反应速度以叔卤代烃最快，伯卤代烃次之，仲卤代烃最慢。

(2) 被氰基取代：卤代烃与氰化钠或氰化钾一起回流加热，卤原子将被氰基取代生成腈：

$$R—X + NaCN \xrightarrow[\triangle]{C_2H_5OH} R—CN + NaX$$

生成的腈比原来的卤代烃多了一个碳原子，这是有机合成中增长碳链的重要方法之一。

(3) 被烷氧基取代：卤代烃与醇钠一起加热，卤原子将被烷氧基取代生成醚和卤化钠，这是合成醚的重要方法，称为威廉穆森（A·W·Williamson）反应：

$$R—X + NaOR' \xrightarrow[\triangle]{} R—O—R' + NaX$$

(4) 被巯基（—SH）取代：卤代烷与硫氢化钠反应，卤原子可被巯基取代生成硫醇：

$$R—X + NaSH \longrightarrow R—SH + NaX$$

(5) 被氨基取代：卤代烷与氨反应生成胺：

$$R—X + NH_3 \xrightarrow{C_2H_5OH} \underset{胺}{R—NH_2} + HX$$

生成的胺具有碱性，它要进一步与卤化氢生成铵盐（$RN^+H_3X^-$），由于有机胺是一个弱碱，当有机铵盐与氢氧化钠反应时可释放出游离的胺。

(6) 卤代烷烃与硝酸银酒精溶液反应：卤代烷烃和硝酸银酒精溶液反应时，卤原子将被硝酸根负离子取代生成硝酸酯，同时产生卤化银沉淀：

$$R—X + AgONO_2 \xrightarrow{C_2H_5OH} \underset{硝酸酯}{R—ONO_2} + AgX\downarrow$$

上面反应的反应速度（生成卤化银沉淀的速度）为叔卤代烷＞仲卤代烷＞伯卤代烷。以氯代烷为例，叔氯代烷在室温下立即出现氯化银沉淀；仲氯代烷在室温下只能缓慢地起反应，只有在加热的条件下才能迅速反应；伯氯代烷则需要较长时间加热才能反应。所以可以用硝酸银的酒精溶液鉴别伯、仲、叔三种卤代烷烃。

2．*消除反应* 有机物分子脱去一些小分子如 H_2O、HX、NH_3 等同时形成重键的反应称为消除反应。卤代烷烃在碱的醇溶液中加热，即可脱去一分子卤化氢而生成烯烃：

$$R—\underset{H}{\underset{|}{\overset{\beta}{C}H}}—\underset{X}{\underset{|}{\overset{\alpha}{C}H_2}} + KOH \xrightarrow[\triangle]{C_2H_5OH} R—CH═CH_2 + KX + H_2O$$

从反应式可以看出，如果卤代烷烃的β-碳原子上没有氢原子，消除反应将不能发生。

伯卤代烷，通过消除反应只能得到一种烯烃，而仲、叔卤代烷就有可能生成两种不同的烯烃，如2-溴丁烷，与溴相连接的碳原子的两边一个是甲基，一个是乙基，在发生消除反应时则有可能生成两种烯烃。

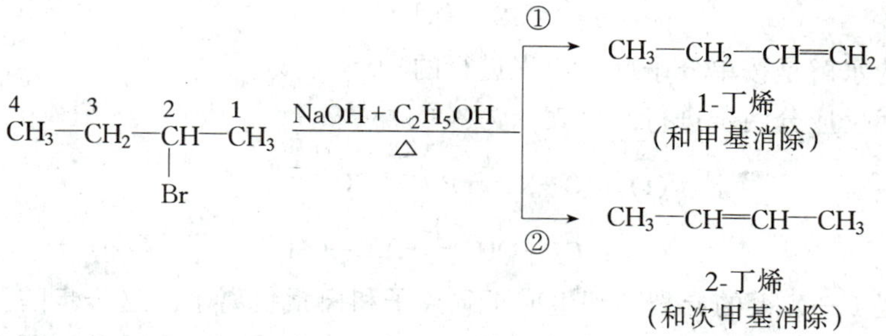

实验证明，主要产物是按②式进行得到 2-丁烯。

查依采夫（Saytzeff）规则说："在卤代烷的消除反应中，卤原子主要是和相邻的含氢较少的碳原子上的氢一道脱去"。查依采夫规则更普遍的说法是："消除反应的主要产物是生成双键碳原子上具有较多烃基的烯烃"。例如，在上面的反应中，如果形成 1-丁烯，则 C_1 上不连有烃基，C_2 上连有一个乙基。如果形成 2-丁烯，则 C_2 和 C_3 上各连有一个甲基，按照查依采夫规则，产物应以 2-丁烯为主。这是由于 2-丁烯比 1-丁烯有更多的 C—H 键与双键体系形成 σ-π 共轭（超共轭）体系，因而使 2-丁烯比 1-丁烯更为稳定，正是这种体系的稳定性，决定了消除反应的方向，这也是查依采夫规则的本质。

3．格林亚（Grignard）试剂的生成　在无水乙醚中，卤代烃（尤其是溴代与碘代烃）与金属镁形成烷（烃）基卤化镁，即格林亚试剂（简称格氏试剂）。

$$\text{R—X} + \text{Mg} \xrightarrow{\text{无水乙醚}} \underset{\text{格氏试剂}}{\text{R—MgX}}$$

格林亚试剂中的 C—Mg 键是很强的极性键，所以非常活泼，在有机合成反应中，有着广泛的应用价值。

格林亚试剂遇含有活泼氢的物质如水、醇、酸、氨（胺）等。将发生分解反应而生成相应的烃。例如：

$$\text{R—MgX} + \text{H—OH} \longrightarrow \text{R—H} + \text{Mg（OH）X}$$

因此，在应用格林亚试剂时，必须隔绝水气。

【思考题 5-1】

1．卤代烃的取代反应是属于亲电取代反应，还是亲核取代反应？

2．以共轭效应解释查依采夫规则？

四、亲核取代反应历程

卤代烷的取代反应有一个共同的特点，就是由富含电子的试剂——负离子如 OH^-，CN^- 或具有未共用电子对的中性分子如 NH_3 进攻电子云密度较低的与卤原子相连接的碳原子。通过反应，卤原子以负离子的形式从卤代烷中离去。取代试剂则以负离子的形式重新与碳原子结合。这样的取代反应被称为亲核取代反应，可用通式表示如下：

$$\text{R—X} + \text{Nu}^- \longrightarrow \text{R—Nu} + \text{X}^-$$

根据化学动力学的研究以及许多实验现象的总结，发现亲核取代反应可按两种历程进行反应。

1．单分子亲核取代反应（S_N1）　实验证明，叔卤代烷的水解反应速率只和叔卤代烷的浓度有关，而与碱的浓度无关，即：

$$v = k\ [R_3C—X]$$

说明叔卤代烷的水解是按单分子反应历程进行的。

单分子亲核取代反应分两步进行，可表示为：

$$(1)\ R_3C—X \xrightarrow{慢} R_3C^+ + X^-$$

$$(2)\ R_3C^+ + OH^- \xrightarrow{快} R_3C—OH$$

反应的第一步是C—X键的异裂离解生成正碳离子和卤素负离子，这一步的反应速度比较慢。由于正碳离子不够稳定，它一旦生成，便立即与溶液中的OH^-结合，所以第二步反应速度非常快。在多步反应中，总反应速度主要由反应速度最慢的一步决定，因此，第一步是决定整个反应速度的关键。这一步只决定于C—X键的异裂，与作用试剂无关，故称为单分子亲核取代反应，以S_N1表示。

2．*双分子亲核取代反应*（S_N2）　溴甲烷的碱性水解是典型的双分子亲核取代反应，反应速度决定于溴甲烷和碱两者的浓度，即：

$$v' = k'\ [CH_3Br]\ [OH^-]$$

双分子取代反应的特点是C—X键的断裂与C—O键的形成同时进行，可表示为：

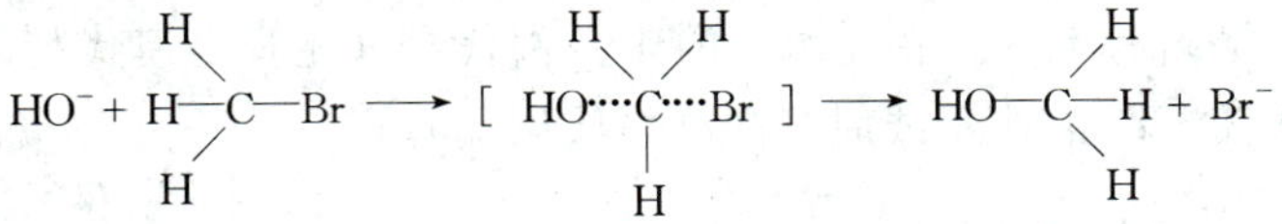

过渡态

当OH^-进攻溴甲烷分子中的碳原子时，由于OH^-带有负电荷，它将避开电子云密度较大的溴原子而从它背后向碳原子接近。此时，OH^-和Br之间的排斥力最小。当OH^-接近到碳原子一定程度以后，C—O键将部分形成，同时C—Br键则被拉长并减弱。整个反应经过一个过渡态。在过渡状态下，碳原子和三个氢原子在同一平面上，羟基和溴原子则在该平面的两边，并且碳、氧、溴三个原子处于同一直线上。当OH^-与中心碳原子进一步接近，并最终形成稳定C—O键时，C—Br键便彻底断裂，溴原子将带着一对共用电子以Br^-离子的形式离开有机分子。由于反应中过渡态配合物的形成需要溴甲烷和试剂两种反应物，而反应速度又决定于过渡态配合物的形成速度，所以这一历程叫做双分子亲核取代反应，常以S_N2表示。

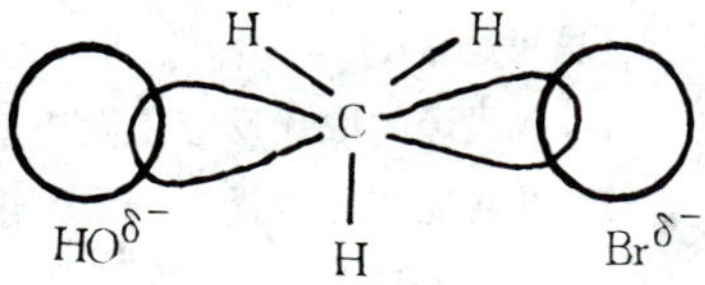

图5-1　S_N2反应的过渡态

从杂化轨道观点来看，在S_N2反应的过渡态中（图5-1），中心碳原子从原来的sp^3杂化转变为sp^2杂化，三个sp^2杂化轨道与三个氢原子形成三个σ键，键角为120°，未参与杂化的p轨道，一瓣与OH^-，一瓣与Br部分结合。当反应经过过渡态转化为最终产物时，中心碳原子又将恢复到sp^3杂化的电子构型。

3．*影响反应历程的诸因素*

(1) 烃基结构对反应历程的影响：在卤代烷中，由于烃基结构不同，对S_N1和S_N2历程的影响也不相同，烃基对亲核取代反应的影响主要涉及到空间阻碍效应和电子效应两个方面。

从电子效应考虑，烷基是斥电子基，其诱导效应可表示为+I。烷基结构不同，其斥电子能力也不一样，一般规律是：

$$(CH_3)_3C— > (CH_3)_2CH— > CH_3—CH_2— > CH_3—$$

随着斥电子能力的加大，加速了C—X键的离解，同时，由于σ-π超共轭效应也增大了过渡态正碳离子的稳定性，降低了反应的活化能，因此对S_N1反应有利。同时当α-碳原子上的氢原子逐步被烷基取代后，由于烷基的斥电作用，α-碳原子的正电荷密度逐渐减小，不利于亲核试剂的进攻，即α-碳原子上的氢被烷基取代后将对S_N2反应不利。

从空间阻碍考虑，显然，烷基要比氢原子占有更大的空间体积。α-氢被烷基取代的越多，α-碳原子周围的拥挤程度也越大，势将阻碍亲核试剂从卤原子背后的进攻，不利于过渡态配合物的形成，因此对S_N2反应不利。同时，鉴于卤原子的体积也比较大，α-碳原子周围拥挤程度的加大将有利于C—X键的断裂，因而能在一定程度上加速S_N1反应的进行。总之，无论从电子效应考虑还是从空间效应考虑，随着α-碳原子上的氢原子逐步被烷基取代，将有利于S_N1反应而不利于S_N2反应。因此有如下的规律性：

S_N1有利 →

$CH_3—X$	CH_3CH_2X	$(CH_3)_2CH—X$	$(CH_3)_3C—X$
	伯	仲	叔

← S_N2有利

图5-2是溴代烷烃按S_N1和S_N2反应时的速度曲线。

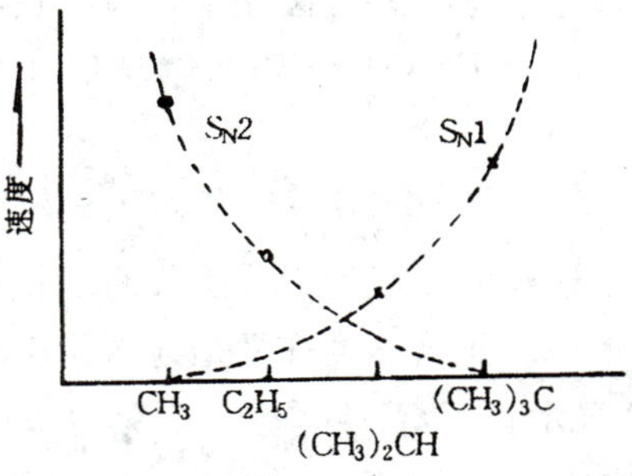

图5-2 溴代烷烃亲核取代反应

(2) 反应试剂的影响：各种反应试剂的亲核能力不尽相同，常见的亲核试剂其亲核能力顺序为：

$$CN^- \approx SH^- > OH^- >> NO_3^-$$

试剂的亲核能力越强，对S_N2反应越有利，反之，弱亲核试剂如NO_3^-则不利于进行S_N2反应。

由于S_N1反应起步于C—X键的异裂离解，所以它一般不受试剂亲核能力的影响。

(3) 试剂和烃基的综合影响：卤代烷烃在发生亲核取代反应时，总是按照反应最有利，即反应速度最快的方式进行。一般说来，当试剂的亲核能力较强时，卤代甲烷和伯卤代烷按S_N2反应历程进行，叔卤代烷按S_N1的历程发生反应，仲卤代烷则既可按S_N1历程，又可按S_N2历程进行。不过对仲卤代烷来讲，这两种历程的反应速度都比较慢，所以对卤代烷的碱性水解来讲，反应速度的顺序关系是叔>伯>仲，当试剂亲核能力很弱时，则无论是哪一种卤代烷，都只能按S_N1历程发生反应。

五、消除反应历程

和亲核取代反应一样，消除反应可以按两种不同的历程进行。

1. 单分子消除反应（E1） 单分子消除反应分两步进行。

(1) 卤代烷烃在极性溶剂中异裂为正碳离子，如下：

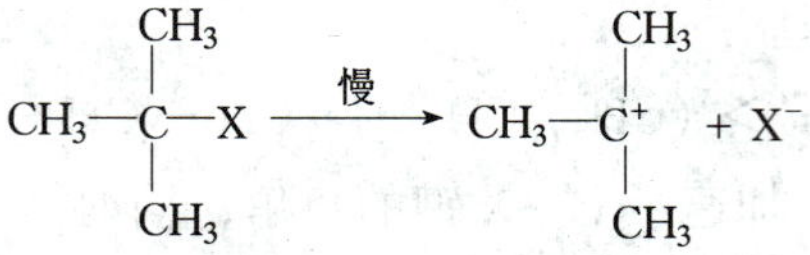

(2) 正碳离子在强碱作用下，在β-碳原子上脱去一个氢原子，与此同时，β-碳原子上的电子云也重新分配并转移到α、β-碳原子之间形成π键。如下：

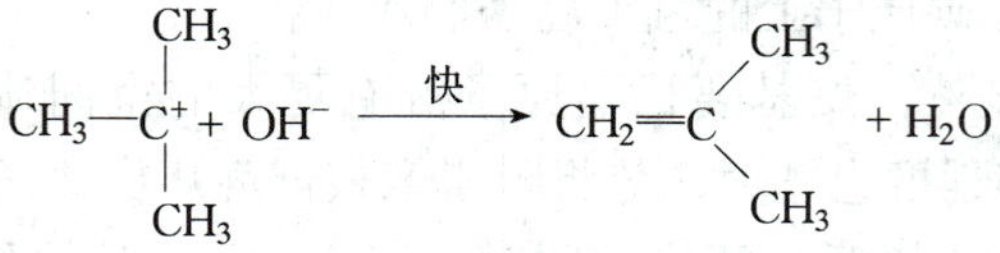

由于整个反应速度决定于较慢的第一步反应，第一步反应速度又只与卤代烷浓度正相关而与试剂浓度无关，因此，这种两步进行的反应历程为单分子消除反应历程，以E1表示。

2. *双分子消除反应*（E2） 双分子消除反应是一步历程，亲核试剂在双分子消除反应历程中不是进攻α-碳原子，而是进攻β-碳原子并部分成键，与此同时β-氢原子与β-碳原子之间的电子云向β-碳原子与α-碳原子之间转移，进一步影响到α-碳原子与卤原子之间电子云向卤原子转移而形成过渡态。随着OH^-与β-氢原子结合力的增强直至β-氢原子以正离子（H^+）的形式从β-碳原子上脱去并与OH^-结合为水的同时，β-氢原子与β-碳原子之间的电子云完全转移到β-碳原子与α-碳原子之间形成π键，α-碳原子与卤原子之间的电子云完全转移到卤原子上，并且卤原子以卤素负离子的形式离去而完成整个反应过程。可表示如下：

$$H—CH_2—CH_2—X + OH^- \rightarrow HO^- \cdots H \cdots H_2C—CH_2 \cdots X$$

过渡态

$$\downarrow$$

$$H_2O + H_2C{=}CH_2 + X^-$$

这样的反应是不分阶段的，新键的生成和旧键的断裂同时进行，反应速度取决于过渡态的形成，而这一过程又是与卤代烷和试剂两种浓度有关，所以称为双分子消除反应历程，以E2表示。

3. *消涂反应与取代反应的竞争* 统观卤代烃消除反应的E1及E2的历程，可知卤代烃失去卤化氢的反应属于β-消除反应。β-消除反应与亲核取代反应之间是相关的，因此也是相互竞争的。

例如，E1及S_N1反应，它们都具有两步历程，其第一步都是卤代烃的异裂形成卤素负离子和不稳定的高能的中间过渡态正碳离子，如果正碳离子（在碱性试剂作用下）在β-碳原子上消除掉一个H^+而生成烯烃即E1型消除反应。如果正碳离子与一个负离子结合，即S_N1型取代反应。如下式：

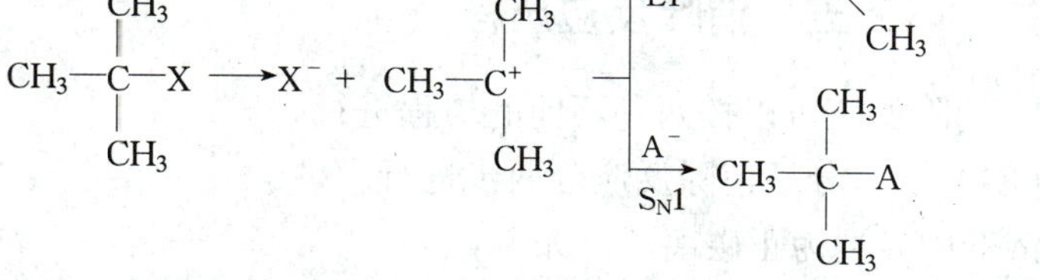

如果考虑到任何亲核试剂（富含电子的试剂）都具有碱性（与H^+结合的能力），而任何碱性试剂又必然具有一定的亲核能力，就不难理解消除反应与亲核取代反应必定是同时发

生和相互竞争的。

对于 S_N2 及 E2 也有类似的情况，如果亲核（碱性）试剂进攻 α-碳原子形成过渡态，将发生 S_N2 取代反应；如果试剂进攻 β-氢原子，则将发生 E2 消除反应：

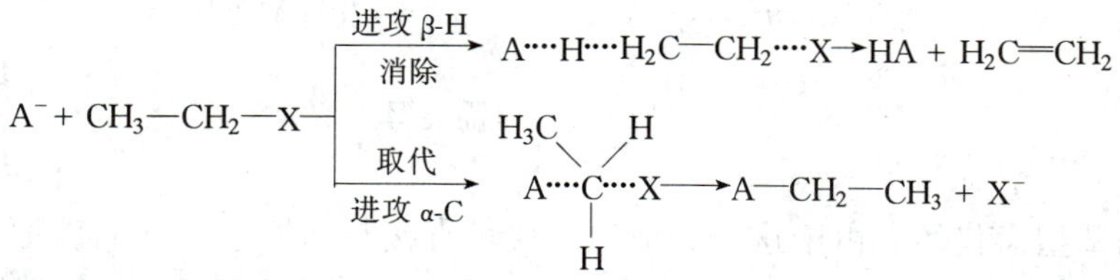

由于消除和亲核取代总是同时发生、相互竞争，因此，必需充分考虑如下一些因素以使反应向需要的方向进行：

1．烃基结构的影响　卤代烷和亲核试剂反应时，可能出现四种反应历程，即 E1、S_N1、E2 及 S_N2。

在反应按双分子历程进行时，试剂进攻 α-碳引起亲核取代，进攻 β-氢就引起消除反应。随着 α-碳原子上侧链的增加，空间位阻也随之增大，将不利于试剂进攻 α-碳原子，但对进攻 β-氢则影响不大。因此，α-碳原子上侧链增多，将不利于 S_N2 取代反应，相对来讲，则对 E2 型消除反应有利。不过当 α-碳原子上侧链增多时，C—X 键异裂形成离子的倾向也增大，反应按单分子历程（S_N1 及 E1）进行的速度将有所增加。

2．反应条件的影响

（1）试剂的影响：亲核性强的试剂有利于取代反应，亲核性弱的试剂对取代反应不利，碱性强的试剂有利于消除反应，碱性弱的试剂对消除反应不利。

（2）溶剂的影响：一般说来，溶剂的极性愈强，愈有利于进行取代反应；相反，溶剂的极性弱则对消除反应有利。所以，卤代烷和氢氧化钾（钠）发生反应时，水溶液对取代反应有利，醇溶液对消除反应有利。

（3）反应温度的影响：由于消除反应的活化过程中需要拉长 C—H 键，所需要的活化能较取代反应为大，因此升高温度对消除反应有利。

综合考虑上述各种因素，在有机合成上是很重要的，它能提供控制产物比例的依据。

【思考题 5-2】

试分析反应条件对亲核取代反应和消除反应的影响？

六、卤代烯烃和卤代芳烃

1．分类　依据卤代烯烃中卤原子与双键的相对位置，卤代烯烃可作如下分类：

（1）乙烯型卤代烃：它的结构特点是卤原子与以双键相键合的碳原子直接相连，可表示为：$-\overset{|}{C}=\overset{|}{C}-X$，如氯乙烯 $CH_2=CH-Cl$。

（2）烯丙型卤代烃：它的结构特点是卤原子与以双键相键合的碳原子之间隔一个碳原子，可表示为：$-\overset{|}{C}=C-\underset{|}{\overset{|}{C}}-X$。如 3-氯丙烯：$CH_2=CH-CH_2Cl$。

（3）隔离型卤代烯烃：它的卤原子与以双键相键合的碳原子之间至少相隔两个碳原子，可表示为：

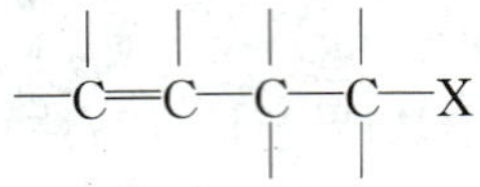

参照卤代烯烃，卤代芳烃也可以分为苯型、苄型和隔离型三种情况：

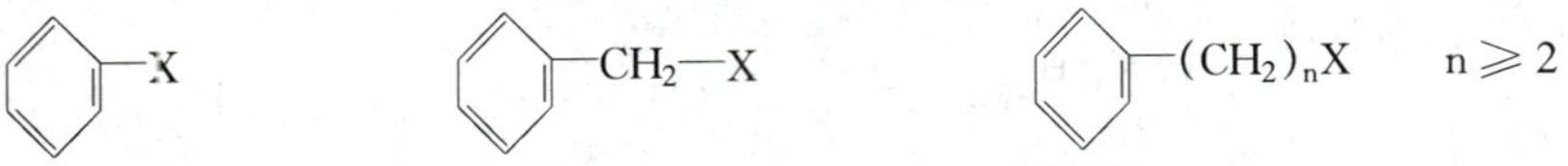

苯型　　　　苄型　　　　隔离型

2. 化学性质

(1) 乙烯型和苯型卤代烃。由于这一类型的卤代烃直接与卤原子相连的碳原子是 sp^2 杂化并以 π 键与其他碳原子相结合，所以，卤原子 p 轨道上的未共用电子对可与双键或苯环上的 π 电子云相互作用，形成 p-π 共轭体系。如图 5-3。

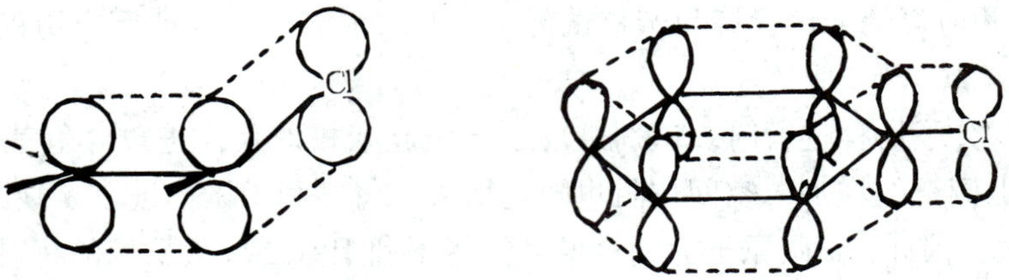

图 5-3 氯乙烯和氯苯的 p-π 共轭

由于 p-π 共轭效应的结果，使卤原子上的未共用电子对部分地向 C—X 键转移，卤原子的电子云密度有所降低，而 C—X 键的电子云密度却略有增高，同时因为卤原子的未共用电子对已不为卤原子所独占，而为整个共轭体系所共有，这就使 C—X 键的键长也有所缩短，键矩减小。换句话说，就是 C—X 键的极性降低，C—X 键也更加牢固，卤原子的反应活泼性显著减弱。在 p-π 共轭体系中，在卤原子未共用电子对离域的同时碳碳双键的 π 电子云也将离域扩展到整个共轭体系而不再局限于两个碳原子之间，因此将使碳碳双键变长。如下：

	乙烯	氯代乙烷	氯乙烯
C═C 键长	0.134nm		0.138nm
C—Cl 键长		0.177nm	0.169nm

所以无论是碳卤键的取代反应，还是碳碳重键的加成反应，氯代乙烯的活泼性都要降低。

氯苯具有完全类似的情况，其卤原子和芳环的活泼性都显著地减弱。

乙烯型和苯型卤代烃（尤其是氯代烃）在一般情况下不能和 NaOH、C_2H_5ONa、NaCN 等亲核试剂反应，其反应活泼性显著地低于卤代烷烃。

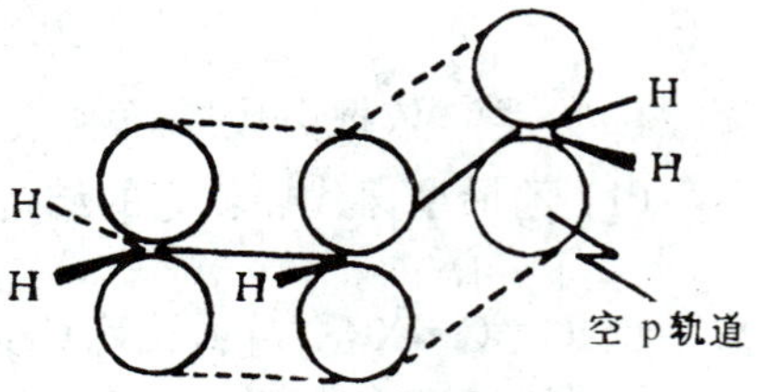

图 5-4 空 p 轨道共轭

(2) 烯丙型和苄型卤代烃。和乙烯型卤代烃相反，烯丙型和苄型卤代烃的反应活性要比卤代烷更大，这是因为当卤原子离解后所形成的正碳离子（正碳离子系 sp^2 杂化）缺电子的 p 轨道可以与双键中的 π 键形成空 p 轨道共轭（图 5-4）而使正电荷得以分散。可表示为：

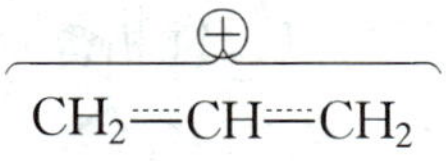

正电荷的分散或者说空 p 轨道共轭使反应的过渡态趋于稳定，因而降低了反应的活化能，决定了烯丙型和苄型卤代烃的活泼性，容易发生取代反应，反应活泼性大于相应的烷烃。

(3) 隔离型卤代烃。隔离型卤代烃中的卤原子与双键（芳环）相隔较远。彼此间影响较小，因而其卤素的活泼性与卤代烷近似。

总之，卤代烷、卤代烯烃和卤代芳烃中卤原子的活泼性顺序为：

烯丙型 苄　型	>	隔离型 卤代烷	>	乙烯型 苯　型

【思考题 5-3】

用共轭效应理论分析不同类型的卤代烃的反应活性次序。

七、重要的卤代烃

1．三氯甲烷（$CHCl_3$）　又称为氯仿，是一种无色而具有甜味的液体，沸点为 61.2℃，密度 1.489，不溶于水。它能溶解脂肪及许多其他有机化合物，所以在化学工业上被广泛地用作溶剂。

在医药上，氯仿可用作全身麻醉剂。

氯仿在光的作用下，易与空气中的氧作用生成毒性非常强烈的光气：

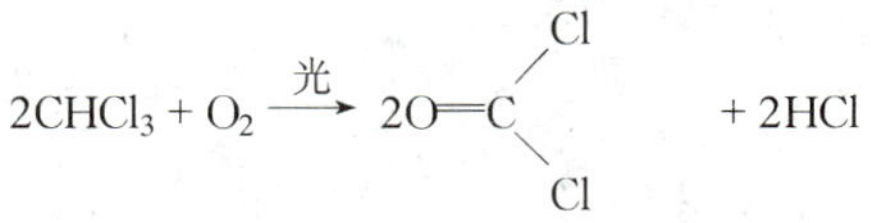

因此，氯仿必须保存于暗色瓶中，装满加以封闭以防止与空气接触，还要避光保存，药用氯仿需加 1% 的乙醇以分解可能生成的光气：

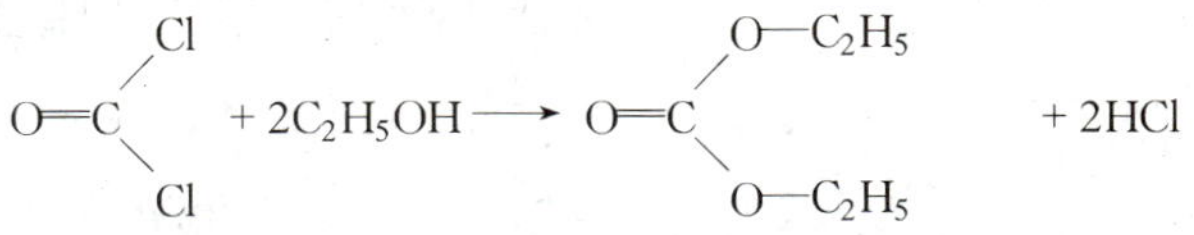

光气　　　　　　　　碳酸二乙酯

2．四氯化碳（CCl_4）　是一种无色液体，不溶于水。由于它的沸点较低（77℃），密度较大（1.595），本身又不能燃烧，所以是实验室和工业上常用的溶剂和萃取剂。可溶解脂肪、油漆、树脂、橡胶等物质。四氯化碳可用作灭火剂，但不能用于扑灭金属的着火。在农业上，四氯化碳可用作熏蒸杀虫剂。

3．三碘甲烷（CHI_3）　又称为碘仿，黄色晶体，不溶于水，具有碘的臭味，曾用作外科手术的消毒剂。

4．二氟二氯甲烷（CCl_2F_2）　是无色无臭的气体，沸点 −26.8℃。二氟二氯甲烷易压缩液化为液体，压力解除后则会立即气化，同时吸收大量的热，所以可用作致冷剂。它具有无毒、无腐蚀性、不燃烧、化学性质稳定等优点。

二氟二氯甲烷的商品名称为氟里昂。氟里昂是一种良好的致冷剂，但是在使用和制造时，逸入大气中的氟里昂能够破坏大气高层的臭氧层。导致大量的紫外线透射到地面，对人类的生存产生极大的威胁，已引起全世界的高度关注，目前急需其他的代用品。

5．氯化苦（Cl_3CNO_2）　学名为三氯硝基甲烷，是挥发性极强的液体，剧毒，是一种有警戒性的薰蒸剂，可以用来杀虫、杀菌、灭鼠，还可用作仓库粮食的薰蒸剂。

由于氯化苦的蒸气有强烈的刺激和催泪作用，毒性又强，因此使用时要特别注意。

6. 溴甲烷（CH_3Br）　在室温下是无色气体，性极毒，是累积性毒剂，具有强烈的神经毒性，可作薰杀仓库、种子、温室及土壤中的害虫。一般将它加压液化后贮存在耐压容器中，由于它对人畜剧毒，应妥善使用。

7. 氯乙烯（$CH_2{=}CH{-}Cl$）　氯乙烯是无色气体，在 $-13℃$ 时可凝结为液态，它的主要用途是用于制备聚氯乙烯，聚氯乙烯是重要的塑料。

石油工业的发展可以方便地获得乙烯和乙炔，工业上利用这两种原料以制取廉价的氯乙烯，各步反应可表示如下：

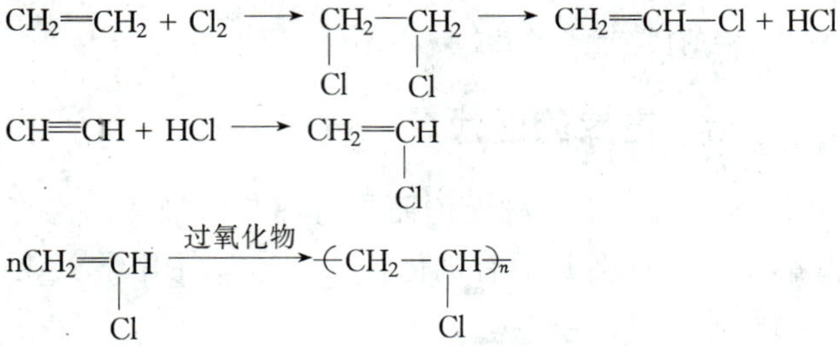

习　题　五

1. 用系统命名法命名下列化合物。

（1） 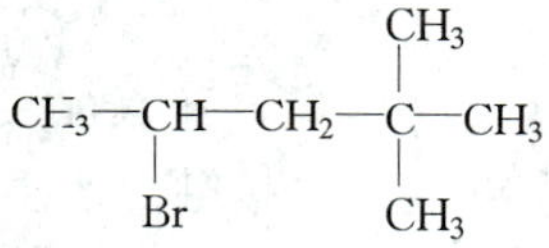　　（2） 

（3） 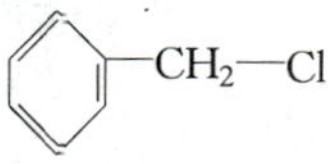　　（4） 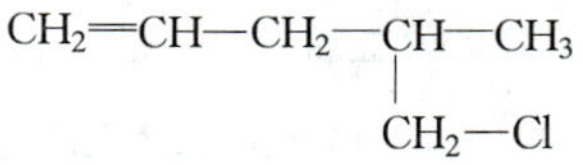

（5） 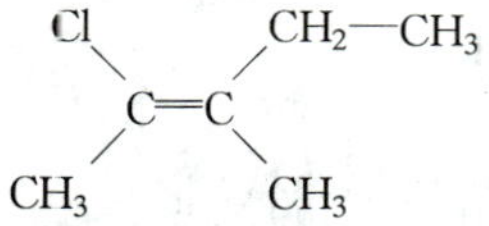

2. 完成下列反应。

（1） $CH_3{-}CH_2{-}CH_2{-}CH_2{-}Br \xrightarrow[C_2H_5OH]{KOH} \xrightarrow{HBr} \xrightarrow[C_2H_5OH]{KOH}$

（2） 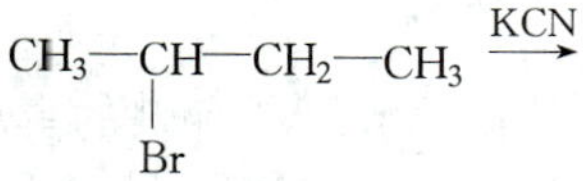

3. 按 S_N1 和 S_N2 反应将下列化合物的反应活泼性顺序排列。

（1） $CH_3{-}CH_2{-}CH_2{-}CH_2{-}CH_2{-}Br$　　（2） $CH_3{-}Br$

（3） 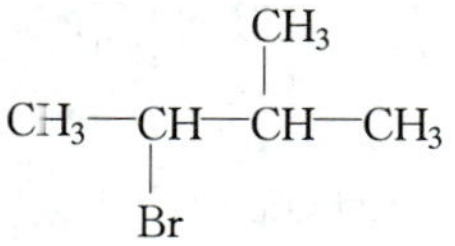　　（4） 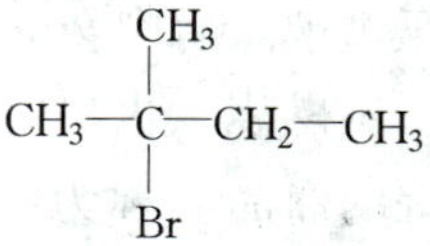

（5） 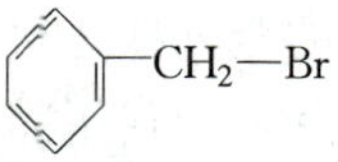　　（6） 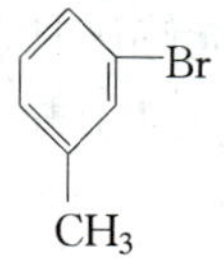

4. 用简便的化学方法鉴别下列各组化合物。

（1） 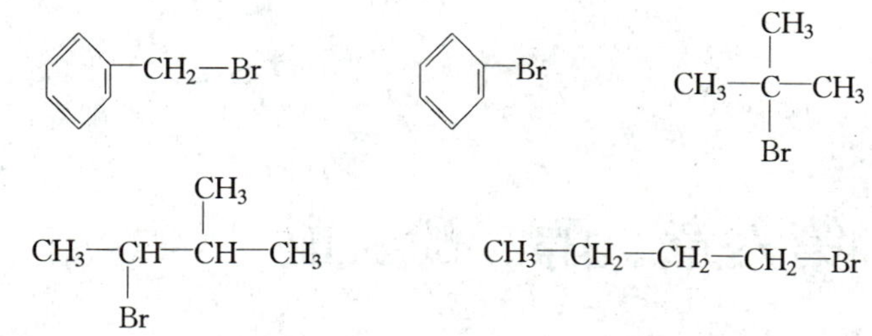

（2） 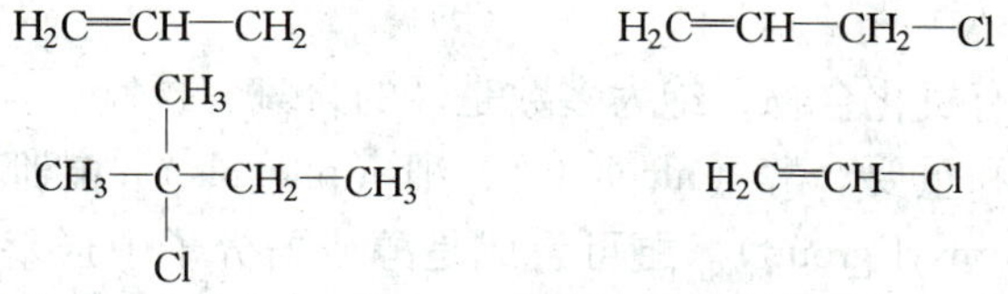

5. 某化合物 C_3H_7Br（A），与 KOH 的醇溶液反应生成 C_3H_6（B），（B）氧化分解后得到一分子乙酸和一分子 CO_2，（B）与溴化氢作用得（C），（C）为（A）的同分异构体。试写出（A）、（B）、（C）的结构式，并用反应式表示推导过程。

6. 某化合物 C_3H_6（A），与 Br_2 加成后得（B），（B）与 KOH-C_2H_5OH 共热得（C），（C）能与硝酸银的氨溶液生成灰白色沉淀。试用反应式表示（A）→（B）→（C）的各步反应。

第六章　醇、酚、醚

生物体内存在并起重要作用的有机化合物，绝大多数是烃的含氧、含氮、含硫、含磷衍生物。其中以含氧衍生物最为普遍和重要。醇（alcohols）、酚（phenols）、醚都是含氧衍生物。醇和酚分子中都含有羟基（hydroxyl group）。醚可看成是醇或酚分子中羟基上的氢原子被烃基取代后的产物。醚也是醇或酚的同分异构体。

第一节　醇

一、概　　述

羟基（—OH）与脂肪烃基或脂环烃基相连的化合物称为醇。醇的官能团是羟基，它决定着醇类的主要特性。从结构上讲，醇分子中的羟基一般直接和 sp^3 杂化的碳原子相连接。在某些烯醇分子中羟基虽然连在 sp^2 杂化的碳原子上，但因该烯醇不稳定，单独存在的几率很小。

1. 醇的分类　醇可简写为 R—OH，按烃基结构的不同，可把醇分为脂肪醇、脂环醇和芳香醇等；脂肪醇又可分为饱和醇和不饱和醇。例如：

$CH_3—CH_2—OH$

乙醇（饱和脂肪醇）

$CH_2═CH—CH_2—OH$

烯丙醇（不饱和脂肪醇）

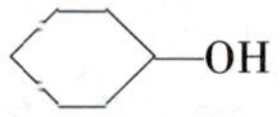

环己醇（饱和脂环醇）

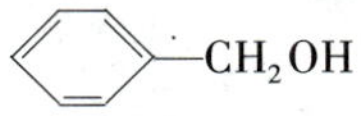

苯甲醇（芳香醇）

根据醇分子中含羟基数目的多少，可分为一元醇、二元醇和多元醇。例如：

$CH_3—CH_2—CH_2—OH$

丙醇（一元醇）

$CH_2—OH$
|
$CH_2—OH$

乙二醇（二元醇）

$CH_2—OH$
|
$CH—OH$
|
$CH_2—OH$

丙三醇（甘油）
（多元醇）

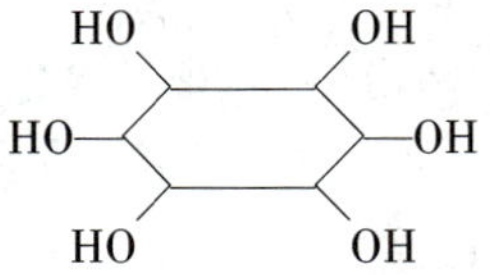

环己六醇（肌醇）
（多元醇）

多元醇分子中，羟基一般在不同的碳原子上，两个或三个羟基在同一碳原子上的化合物不稳定，容易失水生成醛、酮或羧酸。

根据醇分子中羟基所连碳原子的类型不同，可分为伯醇（一级醇）、仲醇（二级醇）、叔醇（三级醇）。伯、仲、叔醇在性质上有差异。

羟基与伯碳原子相连的醇叫伯醇；羟基与仲碳原子相连的醇叫仲醇；羟基与叔碳原子相

连的醇叫叔醇；例如：

$CH_3—CH_2—CH_2—CH_2—OH$

正丁醇（伯醇）

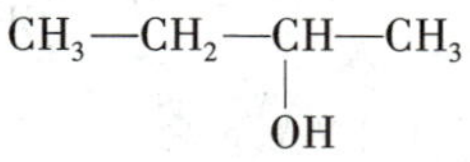

仲丁醇（仲醇）

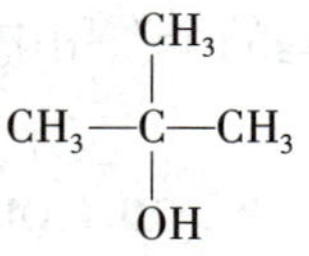

叔丁醇（叔醇）

醇类除因碳胳结构不同形成碳胳异构外，还可因官能团的位置不同而形成位置异构。如丙醇的两个异构体：

$CH_3—CH_2—CH_2—OH$

（正）丙醇

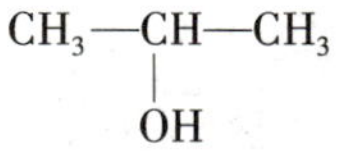

异丙醇

就属于位置异构。

2. 醇的命名　醇类的命名，有普通命名法和系统命名法。

（1）普通命名法：普通命名法常用于简单的一元醇，其命名原则与烃类相似，根据醇分子中所含碳原子数目称其为某醇。对三个碳原子以上存在异构体的醇，命名时按醇的结构将“正”、“异”等字加在名称前面。例如：

$CH_3—OH$

甲醇

$CH_3—CH_2—OH$

乙醇

$CH_3—CH_2—CH_2—OH$

丙醇

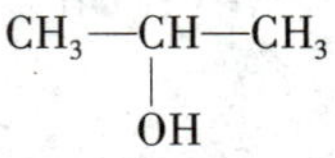

异丙醇

$CH_3—CH_2—CH_2—CH_2—OH$

正丁醇

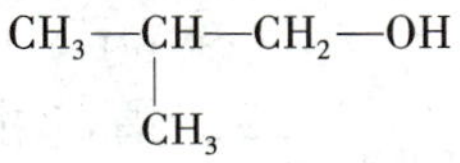

异丁醇

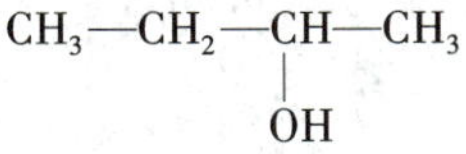

仲丁醇

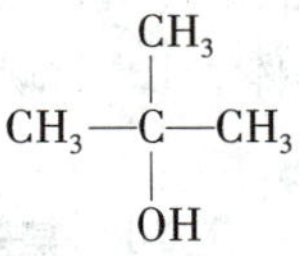

叔丁醇

（2）系统命名法：对于结构比较复杂的醇类化合物，要用系统命名法命名。

饱和一元醇的命名原则为：

①选择包括连接羟基碳原子的最长碳链为主链，按主链碳原子数目称其为某醇。

②从靠近羟基的一端将主链编号。

③在命名时把取代基的位次、名称及羟基的位次写在主链名称的前面。例如：

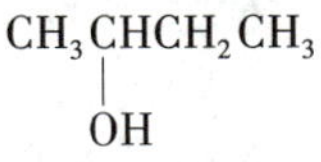

2-丁醇

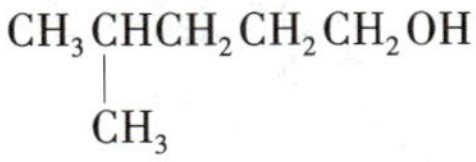

4-甲基-1-戊醇

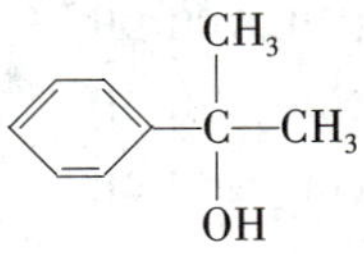

2-苯基-2-丙醇

不饱和醇命名时选择既含羟基又含重键的碳链为主链，编号时应使羟基位次最小，根据主链碳原子数目称为某烯醇或某炔醇。例如：

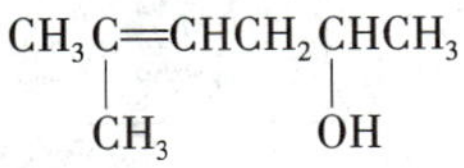

5-甲基-4-己烯-2-醇

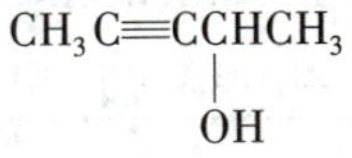

3-戊炔-2-醇

多元醇命名时要选择含有尽可能多的羟基的碳链为主链，羟基的位次用阿拉伯数字标明，羟基的个数用中国数码标出，例如：

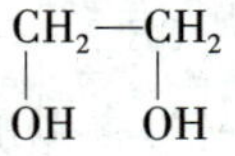

乙二醇

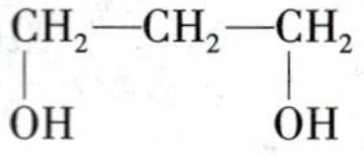

1,3-丙二醇

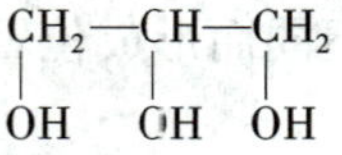

丙三醇

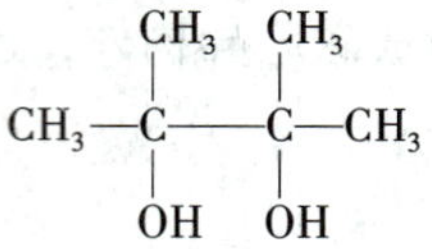

2,3-二甲基-2,3-丁二醇

羟基直接连在碳环上的醇，在选择主链时，应以包含羟基的碳环为主链，其他侧链作为取代基，羟基连在侧链上的环醇，应以含有羟基的侧链为主链，环作为取代基。例如：

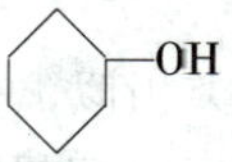

环己醇

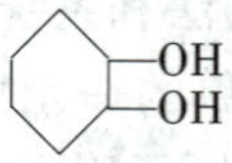

1,2-环己二醇

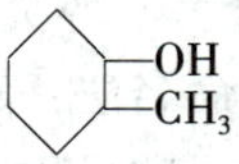

2-甲基环己醇

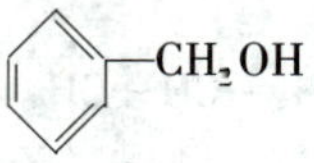

苯甲醇

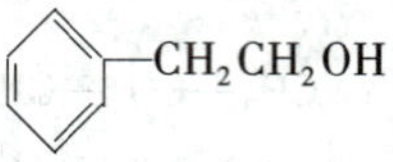

2-苯基乙醇

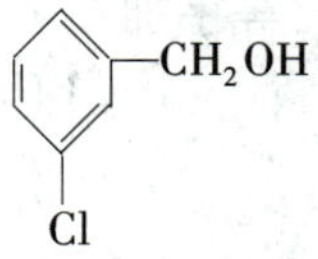

间-氯苯甲醇

二、醇的物理性质

常温下，4 个碳原子以下的饱和一元醇是无色有酒香的液体，5～11 个碳原子的饱和一元醇是具有不愉快气味的油状液体，12 个碳原子以上则是无臭无味的蜡状固体。某些醇的物理常数见表 6-1。

表 6-1 某些醇的物理常数

名称	结构式	熔点(℃)	沸点(℃)	密度(g/ml)	溶解度(g/100g 水)
甲醇	CH_3OH	-93.9	64.96	0.792	∞
乙醇	CH_3CH_2OH	-115	78.4	0.789	∞
正丙醇	$CH_3CH_2CH_2OH$	-126	97.2	0.804	∞
正丁醇	$CH_3(CH_2)_2CH_2OH$	-90	117.8	0.810	7.9
正戊醇	$CH_3(CH_2)_3CH_2OH$	-79	138.0	0.817	2.7
正己醇	$CH_3(CH_2)_4CH_2OH$	-52	155.8	0.820	0.6
正庚醇	$CH_3(CH_2)_5CH_2OH$	-34	176	0.822	0.2
正辛醇	$CH_3(CH_2)_6CH_2OH$	-15	195	0.827	0.05
异丙醇	$(CH_3)_2CHOH$	-88.5	82.3	0.786	∞
异丁醇	$(CH_3)_2CHCH_2OH$	-108	107.9	0.802	10.0
异戊醇	$(CH_3)_2CHCH_2CH_2OH$	-117	131.5	0.812	2
仲丁醇	$CH_3CH_2CHOHCH_3$	-114	99.5	0.808	12.5

（续）

名 称	结 构 式	熔点（℃）	沸点（℃）	密度（g/ml）	溶解度（g/100g 水）
叔丁醇	$(CH_3)_3COH$	26	82.5	0.789	∞
环己醇	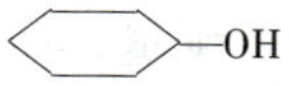	25	161.5	0.962	3.6
苄 醇	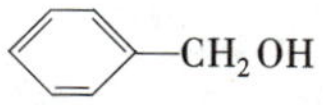	-15	205	1.040	4
乙二醇	CH_2OHCH_2OH	-16	197	1.113	∞
丙三醇	$CH_2OHCHOHCH_2OH$	18	290	1.260	∞

从表6-1可以看出，饱和直链一元醇的相对密度小于1，多元醇和芳香醇的相对密度大于1。在各类醇的同系列中，沸点随碳原子数目的增加而有规律地升高。在醇的异构体中，支链愈多，沸点愈低。

醇的沸点比相应分子量的烷烃和卤代烃高很多，这是因为液态的醇和水一样，分子间能形成氢键而发生缔合的缘故。

由于氧原子的电负性远远大于氢原子，在醇分子中的氧氢键是强极性键，因此羟基中的氧氢键的电子云密度偏向于氧原子一方，羟基上带有部分正电荷的氢原子就可以和另一分子中带部分负电荷的氧原子相互吸引而形成氢键。所以，液体状态下的醇分子实际上是以缔合体存在的。

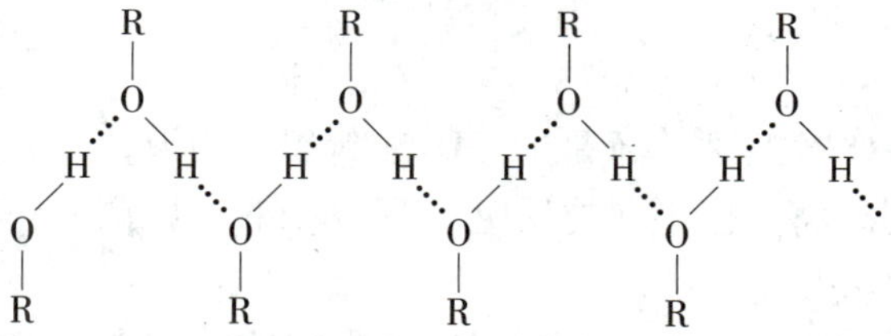

要使醇由液态变为气态，不仅要破坏分子间的范德华引力，还要供给足够的能量来破坏氢键（氢键键能为25kJ·mol^{-1}），这就是醇的沸点比分子量相近的非极性有机物以及没有缔合作用的极性有机物沸点要高的原因。见表6-2。

表6-2 某些烷烃和醇的分子量及沸点比较

化 合 物	分 子 量	沸 点（℃）
$CH_3—CH_3$	30	-88.6
$CH_3—OH$	32	+64.7
$CH_3—CH_2—CH_3$	44	-42.2
$CH_3—CH_2—OH$	46	+78.3
$CH_3—Cl$	50.5	-24.2
$CH_3—CH_2—CH_3—CH_3$	58	-0.5
$CH_3—CH_2—CH_2—OH$	60	+97.2
$CH_3—CH_2—Cl$	64.5	+12.3

烃基的存在对缔合有阻碍作用，这是因为它能遮住羟基，使别的分子不容易接近。这种阻碍作用与烃基的大小及形状有关，烃基愈大，阻碍作用也愈大。因此，直链伯醇的沸点随着分子量的增加与相应的烷烃愈来愈接近。

含三个碳原子以下的烷醇和叔丁醇在25℃下可以与水混溶。这是因为低级醇和水分子的结构相近，醇分子可以与水分子借氢键缔合。

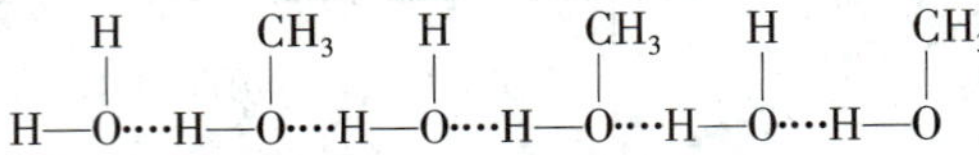

醇的水溶性大小与羟基在整个分子中所占比例有关，羟基所占比例大者则易溶于水，羟基所占比例小者则较难溶于水。所以高级醇和烷烃相似，不溶于水，而易溶于烃，醚等有机溶剂中。

在有机化合物中，凡能导致水溶性的基团叫亲水基，如：羟基、羰基、氨基、磺酸基；凡能导致脂溶性的基团叫亲脂基或疏水基（憎水基），如：烃基、卤原子等。

某有机化合物能否溶于水及其溶解度大小，可根据其是否含有亲水基及亲水基在分子中所占比例大小粗略地估计出来。

另外还要明确指出，分子中的离子键是亲水的，一个化合物形成盐类之后，往往能提高它在水中的溶解度。

三、醇的化学性质

醇的化学性质主要由其官能团羟基（—OH）所决定，同时也受烃基的一定影响。从化学键来看，醇分子中的C—O键和O—H键都是极性键，这是醇易于发生反应的两个部位。

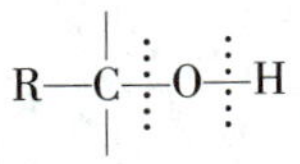

在反应中究竟是C—O键断裂，还是O—H键断裂，则取决于烃基的结构以及反应条件。醇的烃基结构不同时，将产生不同的反应活性。另外，由于诱导效应，使与羟基键合的碳原子上的氢也会参与某些反应。

1. *羟基中氢的反应* 醇和水相似，都有羟基，也都能与活泼金属如钾、钠、镁等反应，羟基上的氢被活泼金属取代放出氢气，并生成醇金属。例如：

$$HOH + Na \longrightarrow NaOH + \frac{1}{2}H_2 \qquad \text{剧烈}$$

$$C_2H_5OH + Na \longrightarrow C_2H_5ONa + \frac{1}{2}H_2 \qquad \text{缓和}$$

醇和钠反应与水和钠反应同样属于置换反应。

由于醇羟基氧受到斥电子烃基的影响，使醇羟基中的氢原子不如水分子中的氢原子那样活泼，所以醇与钠反应不如水与钠反应那样剧烈。虽然低级醇与金属钠的作用仍相当激烈，但放出的热量不足以使氢气自燃和爆炸。因此，可以利用乙醇与金属钠的反应，销毁残余的金属钠而不致发生燃烧和爆炸。随醇分子中烃基的增大，反应速度逐渐减慢。伯、仲、叔三类醇与钠的反应速度为：$HOH > CH_3OH > 1°$醇$> 2°$醇$> 3°$醇。

甲醇钠、乙醇钠等低级醇钠（钾）具有强碱性，是有机合成和有机分析中的重要碱性试剂。

甲醇钠、乙醇钠（钾）易溶于水，并可发生水解，反应是可逆的。

$$R\text{—}ONa + HOH \rightleftharpoons R\text{—}OH + NaOH$$

2. *羟基被卤原子取代* 醇分子中的羟基被卤原子取代，生成卤代烃。

（1）与氢卤酸的反应：醇与氢卤酸反应，醇分子中的羟基被卤原子取代生成卤代烃。在此反应中，羟基以负离子的形式离去，所以此反应是亲核取代反应。

$$ROH + HX \rightleftharpoons R—X + H_2O$$

醇与 HX 反应速率与 HX 的类型及醇的结构有关。

HX 的反应活性次序为：HI ＞ HBr ＞ HCl

醇的活性顺序为：

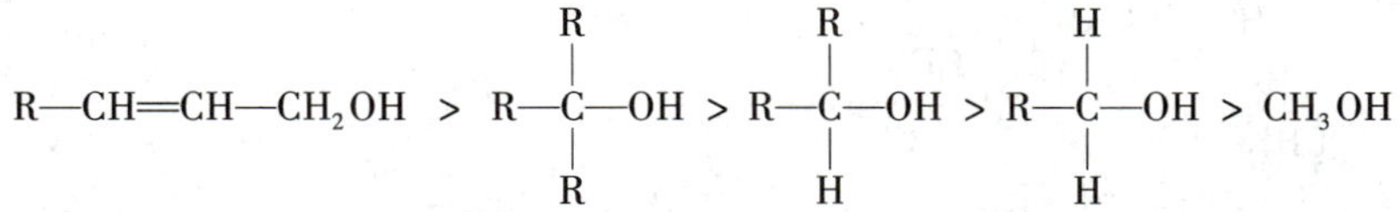

一般情况下，HI 和 HBr 能顺利地与醇反应。而 HCl 与伯醇、仲醇的反应则需要使用无水氯化锌作催化剂。所用试剂为无水氯化锌和浓盐酸配成的溶液，称为卢卡斯（H. J. Lucas）试剂。低级（6 个碳以下）的醇可以溶解于卢卡斯试剂中，而生成的卤代烃则不溶解。溶液混浊或分层，便表示有卤代烃生成。可以从出现混浊的快慢来区别伯、仲、叔醇。

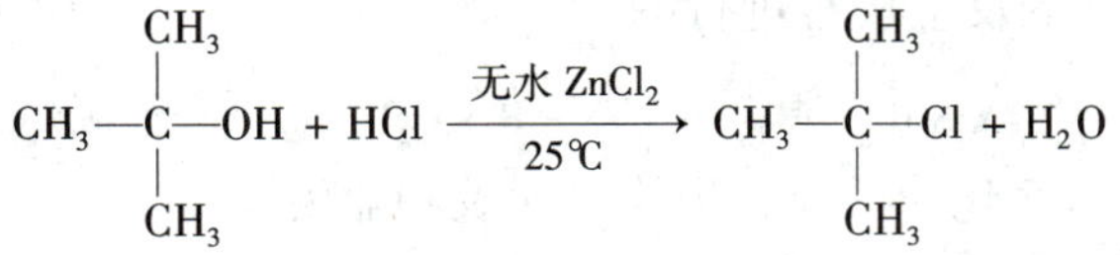

（立即混浊）

叔醇

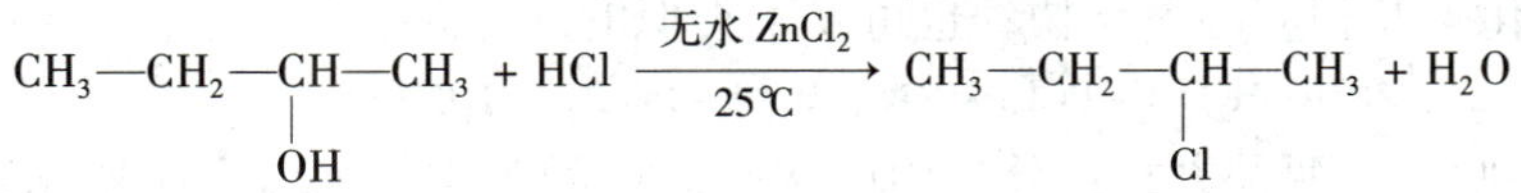

（5 分钟混浊）

仲醇

$$CH_3—CH_2—CH_2—CH_2—OH + HCl \xrightarrow[25℃]{\text{无水 } ZnCl_2}$$ （保持清亮）

伯醇

为什么在醇羟基上的氢被置换的反应中，伯醇比较活泼，而醇羟基被氯取代的反应又是叔醇比较活泼呢？这是因为在醇的结构中，由于氧原子的电负性很强，分子中碳氧键和氧氢键都是极性键，醇分子的烃基是斥电子的基团，所产生的诱导效应对两个键的极性都有影响。在饱和一元醇的通式中，如果用实线箭头表示醇分子中氧原子吸引电子的方向，用虚线箭头表示烃基斥电子而引起电子云密度偏移的方向，如下图表示：

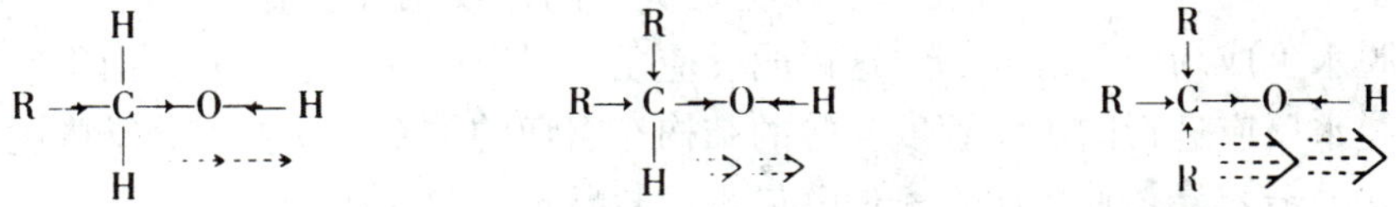

伯醇　　　　仲醇　　　　叔醇

很显然，虚线箭头与实线箭头方向一致就意味着极性增强，方向相反则意味着极性削弱。氧氢键极性是随着烃基诱导效应的增强而削弱，伯醇的氧氢键削弱得最少，故伯醇分子中氧氢键的活泼性比仲醇大，仲醇又比叔醇大。碳氧键的极性是随烃基诱导效应的加强而加强，叔醇分子中碳氧键的极性加强得最多，故叔醇分子中碳氧键的活泼性比仲醇大，仲醇比伯醇大。因此醇与活泼金属的反应，其活泼性顺序是伯醇＞仲醇＞ 叔醇；而与氢卤酸的反应，其活泼性顺序一般是叔醇＞仲醇＞ 伯醇。

醇与氢卤酸的反应是酸催化的亲核取代反应，一般认为叔醇、仲醇可能是按 S_N1 的反应历程进行的。例如：

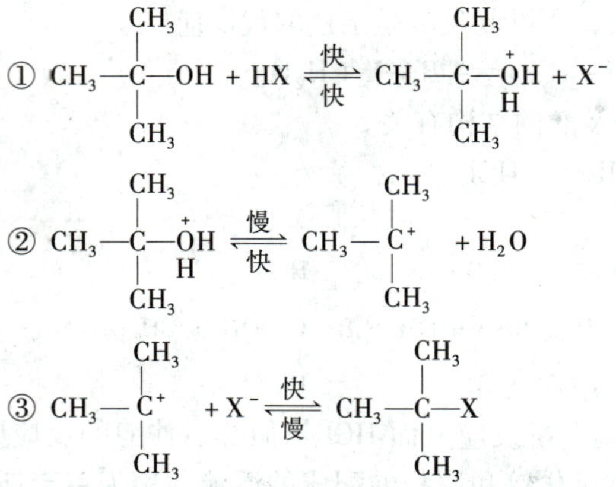

反应时，醇和酸先作用，由醇羟基上的氧原子接受一个质子形成锌盐（质子化醇），而后失去一分子水产生正碳离子，最后正碳离子很快和卤素离子结合生成卤代烷烃。

伯醇与氢卤酸的反应可能是按 S_N2 的反应历程进行的。

$$X^- + R-\overset{+}{O}H_2 \longrightarrow [\overset{\delta-}{X}\cdots R\cdots \overset{\delta+}{O}H_2] \longrightarrow X-R + H_2O$$

（2）与卤化磷的反应：醇也可以与卤化磷反应，生成卤代烷和亚磷酸：

$$3CH_3CH_2OH + PI_3 \longrightarrow 3CH_3CH_2I + H_3PO_3$$

五氯化磷、三氯化磷及相应的溴化物，也可发生类似的反应。

$$2CH_3CH_2OH + PCl_5 \longrightarrow 2C_2H_5Cl + POCl_3 + H_2O$$

3. *脱水反应* 醇脱水有两种方式：分子内脱水和分子间脱水。醇能发生脱水反应，这是由醇羟基决定的，但究竟按哪一种方式进行脱水，则决定于醇的结构和反应条件。催化剂可以促进醇的脱水反应，常用的催化剂有硫酸、磷酸、三氧化二铝等。如乙醇脱水：

$$CH_3CH_2-OH \xrightarrow[\text{或 } Al_2O_3,\ 360℃]{\text{浓 } H_2SO_4,\ 170℃} CH_2{=}CH_2 + H_2O$$

$$CH_3CH_2-OH + HO-CH_2CH_3 \xrightarrow[\text{或 } Al_2O_3,\ 260℃]{\text{浓 } H_2SO_4,\ 140℃} CH_3CH_2-O-CH_2CH_3 + H_2O$$

乙醇可进行分子内脱水，发生消除反应生成乙烯；也可以分子间脱水，发生取代反应（一个醇分子的羟基被另一个醇分子的烷氧基取代）生成醚。一般情况下，较高温度有利于醇分子内脱水生成烯烃，分子间脱水生成醚是次要的；较低温度有利于醇分子间脱水生成醚，分子内脱水生成烯烃是次要的，这说明反应条件对有机反应进行的方向很有影响。醇脱水方式以及脱水反应进行的难易程度与醇的结构有密切的关系。在发生分子内脱水生成烯烃的反应中，叔醇最容易，仲醇次之，伯醇最难。叔醇难以脱水成醚。

仲醇或叔醇发生分子内脱水时与卤代烃脱 HX 相似，也遵循查依采夫规则，即形成双键碳原子连有较多烃基的烯烃。例如：

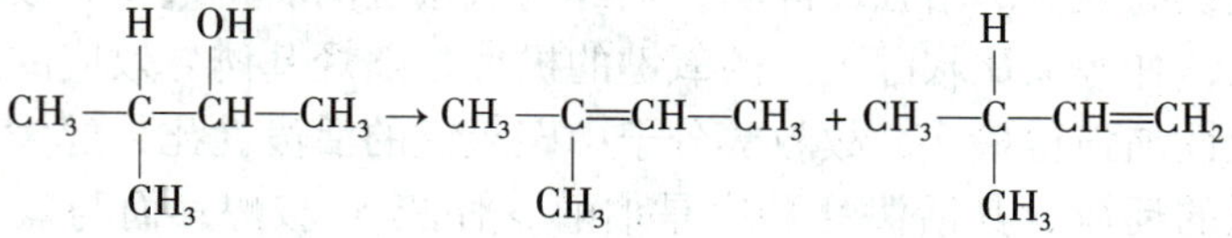

（主） （次）

醇在强酸作用下，发生脱水反应的历程，可以乙醇为例表示：

（1）分子内脱水：

①形成锌盐　$CH_3CH_2—OH + H_2SO_4 \underset{\text{快}}{\overset{\text{快}}{\rightleftharpoons}} CH_3CH_2—\overset{+}{O}H_2 + HSO_4^-$

②形成正碳离子　$CH_3CH_2—\overset{+}{O}H_2 \underset{\text{快}}{\overset{\text{慢}}{\rightleftharpoons}} CH_3\overset{+}{C}H_2 + H_2O$

③形成烯烃　$H—CH_2—\overset{+}{C}H_2 \xrightarrow{\text{快}} CH_2{=}CH_2 + H^+$

（2）分子间脱水：

①形成锌盐　$CH_3CH_2—OH + H^+ \rightleftharpoons CH_3CH_2—\overset{+}{O}H_2$

②取代　$CH_3CH_2—\overset{+}{O}H_2 + CH_3CH_2—OH \rightleftharpoons CH_3CH_2—\underset{H}{\overset{+}{O}}—CH_2CH_3 + H_2O$

③形成醚　$CH_3CH_2—\underset{H}{\overset{+}{O}}—CH_2CH_3 \rightleftharpoons CH_3CH_2—O—CH_2CH_3 + H^+$

4. *和有机酸成酯*　醇与酸作用生成酯和水的反应称为酯化反应。酯化反应是可逆的。

醇和有机酸作用时，分子间脱水生成有机酸酯：

$$R'—\overset{O}{\overset{\|}{C}}—OH + HO—R \overset{H^+}{\rightleftharpoons} R'—\overset{O}{\overset{\|}{C}}—OR + H_2O$$

这个反应是可逆的，要想提高酯的产率必须采取：第一，增加一种反应物的用量；第二，从反应体系中除去一种生成物，以达到反应平衡向右移动，提高酯的产率。

用同位素的方法已经证明，酯化反应生成的水是醇羟基中的氢与羧酸羧基中的羟基结合而成的。如用同位素 O^{18} 的醇酯化，测其产物，O^{18} 含在酯分子中而不是在水分子中。

$$CH_3—\overset{O}{\overset{\|}{C}}—OH + H—O^{18}—CH_2CH_3 \longrightarrow CH_3—\overset{O}{\overset{\|}{C}}—O^{18}—CH_2CH_3 + H_2O$$

就醇而言，酯化和醇与活泼金属作用一样，均属于醇羟基的氧氢键断裂。

关于醇和有机酸的酯化反应详细历程将在第八章中介绍。

5. *和无机含氧酸成酯*　醇与某些无机含氧酸作用生成无机酸酯。例如醇与硫酸作用生成硫酸氢酯：

$$CH_3—OH + HO—\underset{\underset{O}{\downarrow}}{\overset{\overset{O}{\uparrow}}{S}}—OH \longrightarrow CH_3OSO_2OH + H_2O$$

硫酸氢甲酯

硫酸氢酯具有强酸性，可以和碱成盐：

$$R—O—SO_2OH + NaCO_3 \longrightarrow R—O—SO_3^-Na^+ + CO_2\uparrow$$

十二烷基硫酸钠（$CH_3—(CH_2)_{10}—CH_2—O—SO_3^-Na^+$）就是硫酸氢酯的钠盐，它具有强的亲水基和强的疏水基，是一个性能优良的乳化剂。

中性硫酸酯中最重要的是硫酸二甲酯和硫酸二乙酯，它们是由相应的硫酸氢酯经减压蒸馏制得的：

$$CH_3—O—SO_2OH + HOSO_2—OCH_3 \xrightarrow{\text{减压蒸馏}} CH_3—O—SO_2—O—CH_3 + H_2SO_4$$

硫酸二甲酯和硫酸二乙酯是具刺激性气味的高沸点液体，沸点分别为188.5℃和210℃，硫酸二甲酯有剧毒。

硫酸二甲酯和硫酸二乙酯是性能优良的烷基化试剂，能取代 O—H、N—H 键上的氢原子生成相应的烷基化产物，如：

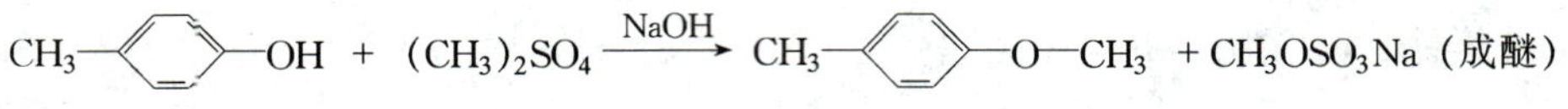

对-甲基苯甲醚

醇与亚硝酸作用生成亚硝酸酯。例如：

$$CH_3-CH(CH_3)-CH_2-CH_2OH + HONO \longrightarrow CH_3-CH(CH_3)-CH_2-CH_2ONO$$

异戊醇　　　　亚硝酸异戊酯

醇与硝酸作用生成硝酸酯。例如：

$$CH_3CH_2OH + HONO_2 \rightleftharpoons CH_3CH_2ONO_2 + H_2O$$

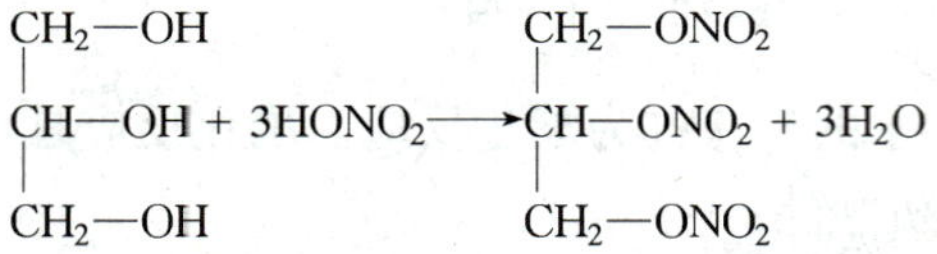

甘油　　　　三硝酸甘油酯

亚硝酸异戊酯及三硝酸甘油酯在医学上用作治疗心绞痛的药物。三硝酸甘油酯是烈性炸药，受振动即猛烈爆炸。若把它吸附在黏土、硅藻土等多孔物质里，即变为较稳定的物质，经过这样处理以后，不用起爆剂就不会爆炸。

在生物体内的生理生化变化中起重要作用的是磷酸酯。磷酸是个三元酸，自然界存在最多的是一元磷酸酯。例如：

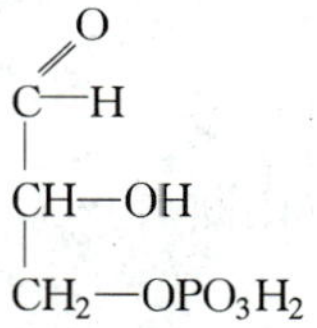

3-磷酸甘油醛

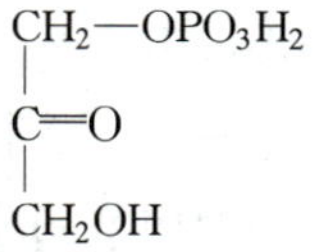

磷酸二羟丙酮

6. 氧化和脱氢　伯醇或仲醇分子中，与羟基直接相连的碳原子上含有氢原子，由于受羟基的影响变得比较活泼，容易被氧化。常用的氧化剂为高锰酸钾或重铬酸钾。伯醇首先氧化成醛，醛比醇更容易氧化，继续氧化生成羧酸。仲醇氧化生成酮。

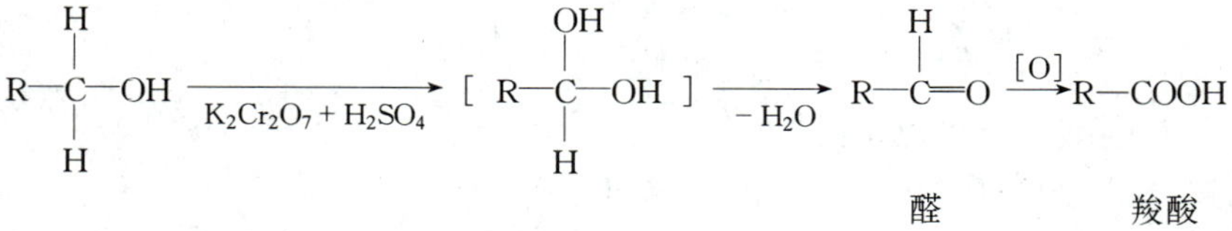

醛　　　　羧酸

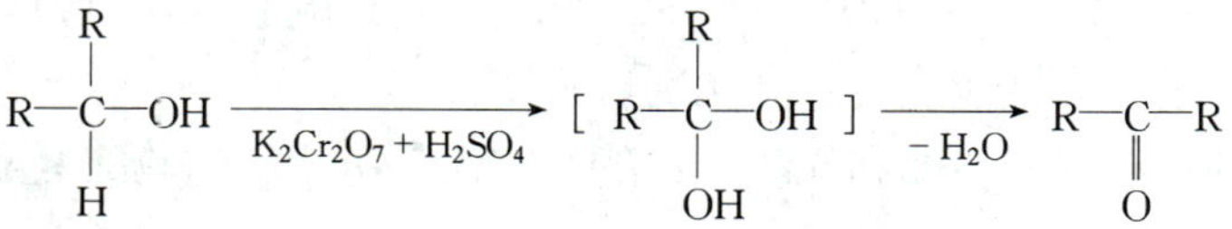

如：

$$CH_3-CH_2-OH + K_2Cr_2O_7 + H_2SO_4 \rightarrow CH_3COOH + Cr_2(SO_4)_3 + K_2SO_4 + H_2O$$

橘红色　　　　绿色

检查司机是否酒后驾车的呼吸分析仪就是应用乙醇氧化反应中，铬由6价被还原为3价铬离子，颜色由橘红色变为绿色作依据的。在100ml血液中如含量超过80mg乙醇（最大允许量），呼出的气体所含乙醇量即可使呼吸分析仪显出正反应。

叔醇分子中与羟基相连的碳原子上没有氢原子，所以在上述条件下不易被氧化。只有在剧烈的条件下，则碳链断裂。如在高锰酸钾或重铬酸钾的硫酸溶液中将叔醇一起加热回流，则得到含碳原子数较少的小分子氧化产物，如：

$$\mathrm{(CH_3)_3C{-}OH} \xrightarrow[K_2Cr_2O_7+H_2SO_4]{-H_2O\ \triangle} \mathrm{CH_3{-}C(CH_3){=}CH_2} \xrightarrow[\triangle]{[O]} \mathrm{CH_3{-}\underset{\underset{O}{\|}}{C}{-}CH_3} + CO_2 + H_2O$$

伯醇和仲醇在脱氢剂存在下生成醛或酮。如将伯醇或仲醇的蒸气在300～350℃下通过铜、铜铬或铜镍等催化剂，可脱氢生成醛或酮。

$$\mathrm{R{-}CH_2{-}OH} \underset{325℃}{\overset{Cu}{\rightleftharpoons}} \mathrm{R{-}\overset{\overset{H}{|}}{C}{=}O} + H_2$$

$$\mathrm{R{-}\overset{\overset{R}{|}}{C}H{-}OH} \underset{325℃}{\overset{Cu}{\rightleftharpoons}} \mathrm{R{-}\overset{\overset{R}{|}}{C}{=}O} + H_2$$

上述反应是可逆的，如在脱氢反应中通入氧气将氢氧化成水，则反应可进行到底。例如：

$$\mathrm{CH_3{-}CH_2{-}OH} + \frac{1}{2}O_2 \xrightarrow[325℃]{Cu} \mathrm{CH_3{-}\overset{\overset{H}{|}}{C}{=}O} + H_2O$$

四、重要代表物

1. *甲醇* 甲醇最初从木柴干馏中得到，所以也叫木精。我国目前制备甲醇是用一氧化碳和氢气在加热、加压和催化剂存在下直接合成：

$$CO + 2H_2 \xrightarrow[2\times10^7\,Pa,\ 300℃]{ZuO\text{-}Cr_2O_3\text{-}CuO} CH_3{-}OH$$

若严格控制条件产量可达100%，纯度达到99%。

如将甲烷和氧气混合，在200℃、10^7Pa下通过铜管也可得到甲醇：

$$CH_4 + \frac{1}{2}O_2 \xrightarrow{Cu} CH_3{-}OH$$

甲醇是无色易燃液体，沸点65℃，易溶于水，剧毒，误饮时轻则双目失明重则致命。甲醇主要用作制备甲醛的原料或其它化学制品。甲醇加入汽油中用做汽油的掺配剂以增加汽油的辛烷值（注：辛烷值是用以表示汽油优劣的指标），也可单独作汽车飞机的燃料。

2. *乙醇* 乙醇俗名酒精，是应用最广的一种醇。与水互溶，沸点78.4℃，密度0.789，毒性小。

乙醇与水形成恒沸混合物，沸点78.15℃，含乙醇95.6%，水4.4%。用蒸馏法不能将乙醇中的水完全除去。商品的工业酒精浓度大致在95%左右。含99.5%以上的乙醇称为无水乙醇。通常将95.6%乙醇加入生石灰，经过回流、蒸馏而制得无水乙醇。无水乙醇极易吸水。

目前工业上用乙烯为原料大量生产乙醇。另外，用糖类、淀粉以及含淀粉丰富的原料（如甘薯、谷物等）在酶的作用下逐步而得到乙醇，水果初期腐烂和种子长时间浸泡在水中，会产生酒味，就是在酶作下逐步分解出乙醇的缘故。

糖类发酵制作乙醇，是一个复杂的通过微生物行的生物化学过程。大致步骤可概括如下：

$$\underset{\text{淀粉}}{(C_6H_{12}O_5)_n} \xrightarrow{\text{糖化酶}} \underset{\text{麦芽糖}}{C_{12}H_{22}O_{11}} \xrightarrow{\text{麦芽糖酶}} \underset{\text{葡萄糖}}{C_6H_{12}O_6} \xrightarrow{\text{酒化酶}} C_2H_5OH + CO_2$$

发酵液中含乙醇 10% ~15%，经精馏后得到 98.6%（重量）乙醇和 4.4% 水的恒沸混合物。

为了防止用工业用的廉价乙醇制饮料，常在乙醇中加入变性剂（为有毒性、有臭味或有颜色的物质，如甲醇、吡啶、染料等），这种酒精叫变性酒精，不能饮用。

乙醇是重要的有机溶剂和有机合成上的重要原料，含 70% ~75% 的乙醇杀菌能力强，可作防腐、消毒剂。

乙醇易燃，蒸气爆炸极限为 3.28% ~18.95%，燃点为 14℃，使用时需注意安全。

3. 乙二醇　乙二醇俗名甘醇。目前工业上采用环氧乙烷水合成法或乙烯与氯水加成法制取：

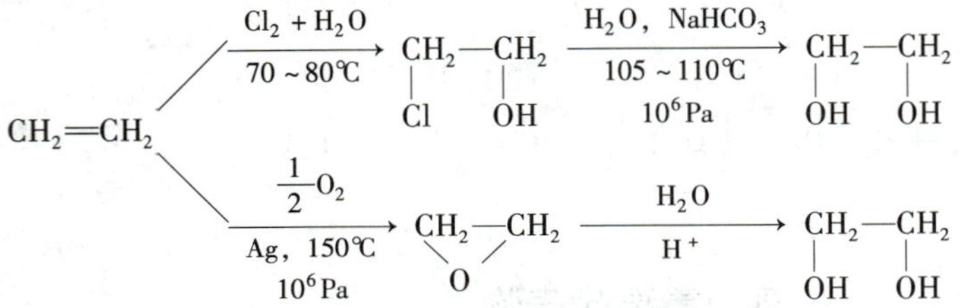

乙二醇是黏稠带有甜味的液体，沸点 197℃，熔点 -16℃。因为它分子中含有两个以上可以缔合的羟基，因此沸点远远高于乙醇。乙二醇与水混溶，但不溶于乙醚。含 60%（体积）乙二醇的水溶液，其冰点约为 -40℃，因此乙二醇常用作汽车、拖拉机里的抗冻剂。

乙二醇是最简单而又重要的一个二元醇，它的羟基具有一般醇羟基的反应性能。

4. 丙三醇　丙三醇俗名甘油。它是无色、无臭、有甜味的黏稠液体，熔点 18℃，沸点 290℃，密度 1.26。与水混溶，有吸湿性。不溶于乙醚、氯仿等有机溶剂。

现代工业上以石油热裂气中的丙烯为原料，用丙烯氯化法和丙烯氧化法来制备。

甘油在生物体内可氧化生成甘油醛和二羟基丙酮。

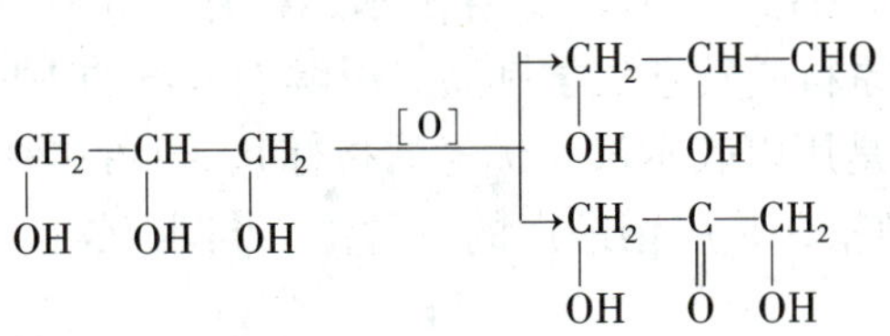

它们是生物体内代谢过程中的重要中间产物。

甘油是个三元醇，以酯的形式广泛存在于自然界中。如油脂就是甘油的高级脂肪酸酯。甘油也是有机合成的重要原料，可用以合成树脂和硝化甘油、农药等。同时也是印刷、化妆品、皮革、烟草、食品及纺织等工业的润湿剂。

某些昆虫体内含有甘油。甘油可降低昆虫体内水的冰点，这样可防止当昆虫暴露在低温情况下体内水分结冰造成细胞机体组织的破坏。

5. 环己六醇　环己六醇又名肌醇。它是白色晶体形物质。熔点225℃，密度1.75。有甜味。易溶于水，不溶于无水乙醇和乙醚中。

环己六醇应该有多种顺反异构体，自然界存在的主要构型式如下：

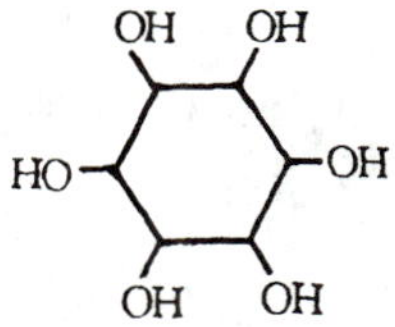

肌醇简式

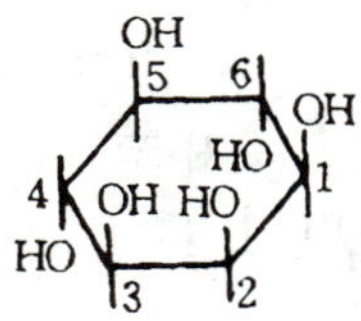

透视式
顺顺反反反反

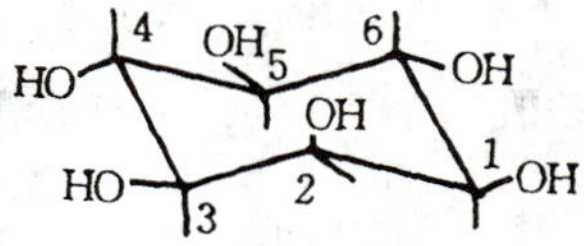

肌醇构象式
羟基分布为 eaeeee

肌醇六磷酸酯是某些动物及微生物生长的必要物质，广泛存在于植物体，称为植物精，也称植酸。它常以钙镁盐的形式存在于植物体内，在种子、谷类种皮、胚中含量较多。在种子萌发时，它在酶的作用下分解，为幼芽生长提供必要的磷酸。

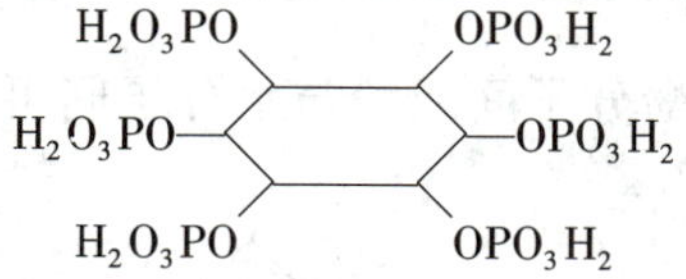

（植酸）

肌醇可治疗肝硬化、肝炎、脂肪肝以及胆固醇过高等症。

6. 苯甲醇　苯甲醇又叫苄醇，是最简单而又重要的芳香醇，它以酯或醇的形式存在于某些植物的精油中。苯甲醇为无色油状液体，密度为1.04，沸点205℃，微溶于水，易溶于乙醚。它的酯有很好的香味，常用作香料工业的原料。它具有微弱的麻醉作用，在制取某些针剂时，可加入少量本品以减轻疼痛，在医学上使用的青霉素稀释液就有2%的苯甲醇溶液。

【思考题6-1】比较下列化合物与活泼金属反应的活性顺序：

3-丁烯-2-醇，3-丁烯-1-醇，2-甲基-2-丙醇，水

第二节　酚

一、概　　述

羟基直接与芳香环连接的化合物，叫做酚。酚的通式为 Ar—OH。

酚和醇虽然有相同的官能团，但烃基结构的不同，即赋予了酚有别于醇的一些特性。

根据芳环不同可分为苯酚、萘酚、蒽酚等；根据羟基数目的不同又分为一元酚、二元酚和三元酚等。

酚类的命名一般是在酚字前面加上芳环的名称作为母体，其它取代基的名称和位次放在母体前面。芳环上若有其他比羟基优先作母体的基团如醛基（—CHO）、羧基（—COOH）、磺酸基（$—SO_3H$）等时，则把羟基看作取代基。例如：

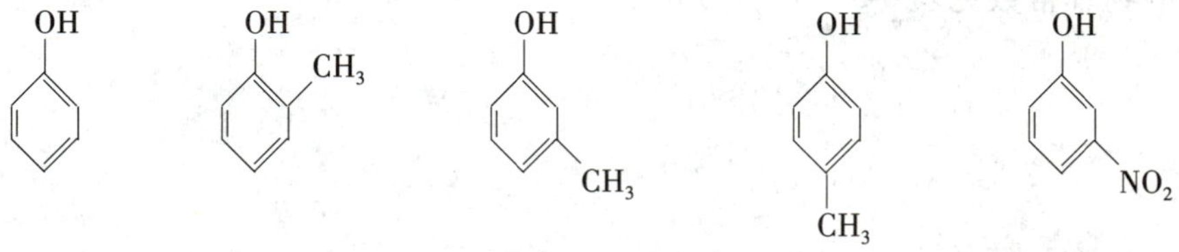

苯酚　　邻-甲苯酚　　间-甲苯酚　　对-甲苯酚　　间-硝基苯酚

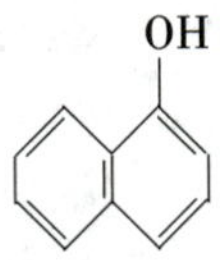

α-萘酚

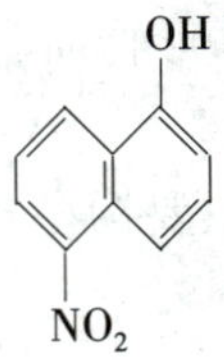

5-硝基-1-萘酚

对-苯二酚

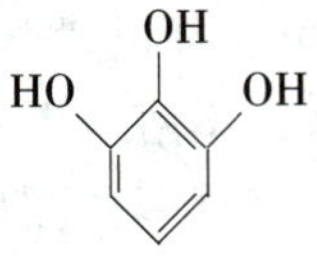

1，2，3-苯三酚

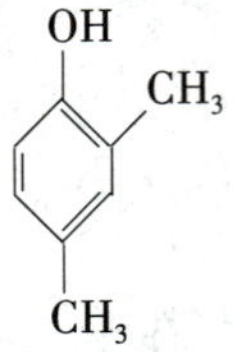

2，4-二甲基苯酚

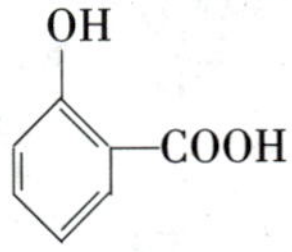

邻-羟基苯甲酸

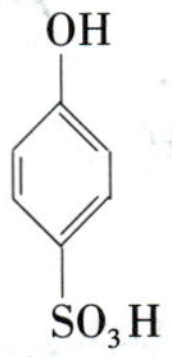

对-羟基苯磺酸

二、酚的物理性质

大多数酚在室温下是液体。因为酚分子间或酚与水分子间可以形成氢键，所以酚的沸点、熔点都很高。

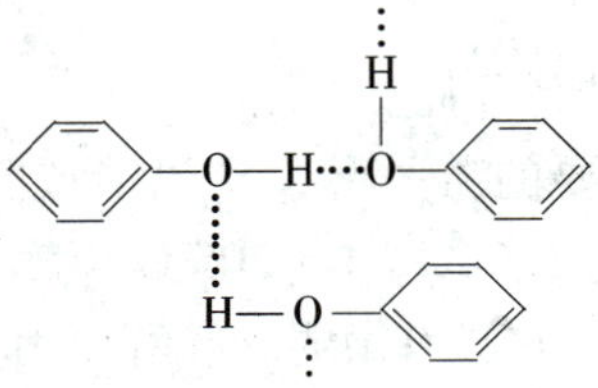

酚分子间的氢键

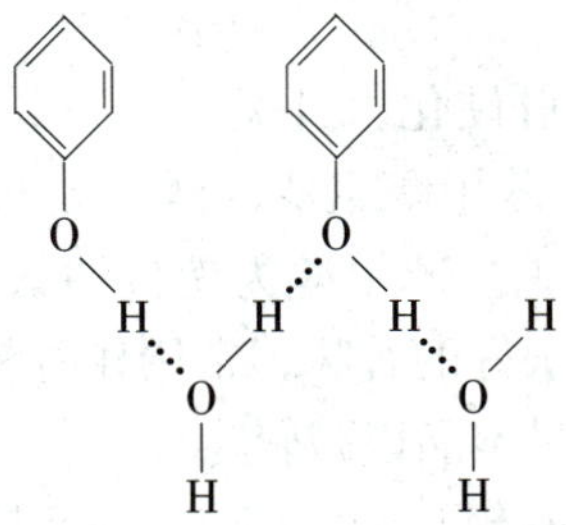

酚与水分子之间的氢键

如果酚的羟基邻位上有氯或硝基时，由于可以形成分子内氢键而降低了分子间的缔合程度，因此它们的沸点比间位和对位异构体都低。

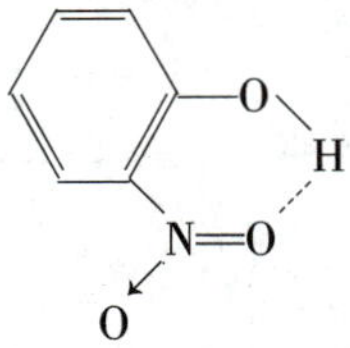

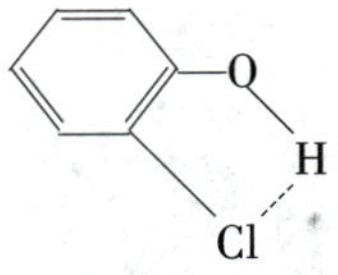

纯净的酚无色，由于酚易被空气中的氧氧化而产生有色杂质，所以酚一般带有红色至褐色。

酚能溶于乙醇、乙醚、苯等有机溶剂中。

酚在水中也有一定的溶解度，溶解度大小决定于羟基数目的多少。羟基数目增多，溶解度加大。

常见酚的物理常数见表6-3。

表 6-3　酚的物理性质

名　称	结构式	熔点（℃）	沸点（℃）	溶解度（g/100g 水）	pKa
苯　酚	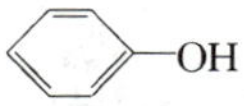	43	181.8	8	9.95
邻-甲苯酚	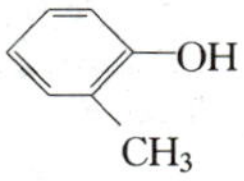	30.9	191	2.5	10.2
间-甲苯酚	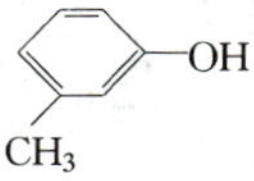	11.5	202.2	2.6	10.01
对-甲苯酚		34.8	201.9	2.3	10.17
邻-苯二酚	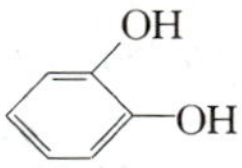	105	245	45	9.4
间-苯二酚	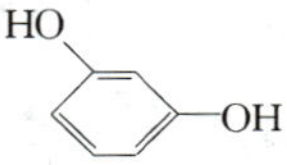	110	281	229	9.4
对-苯二酚		173	281	8	10.0
1,2,3-苯三酚	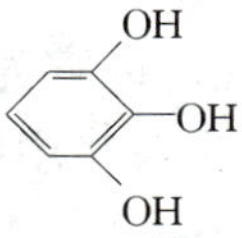	133	309	62	7.0
1,3,5-苯三酚	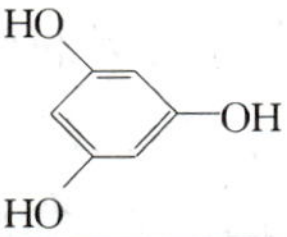	218	升华	1	7.0
1,2,4-苯三酚	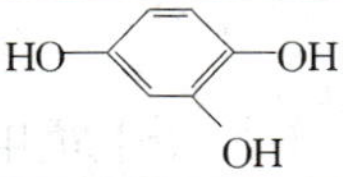	141	—	易溶	7.0
α-萘酚	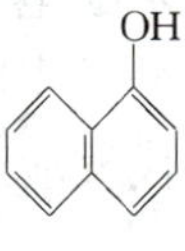	94	280	不溶	9.3
β-萘酚	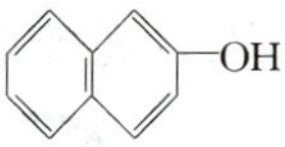	123	295	0.07	9.5
邻-氯苯酚	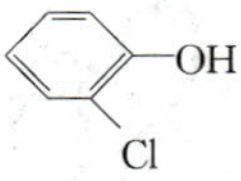	9	175	2.8	8.11

（续）

名　称	结构式	熔点（℃）	沸点（℃）	溶解度（g100g 水）	pKa
间-氯苯酚	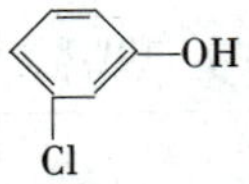	33	214	2. 6	8. 80
对-氯苯酚		43	217	2. 7	9. 20
邻-硝基苯酚	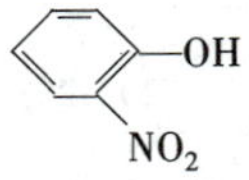	45. 3	216	0. 2	7. 17
对-硝基苯酚		115	299（分解）	1. 6	7. 15
间-硝基苯酚	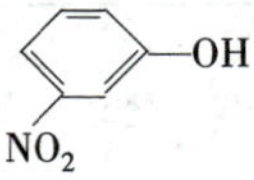	97	194（70mmHg）	1. 4	8. 28
2,4,6-三硝基苯酚	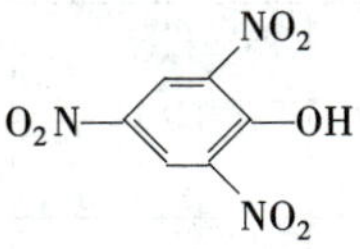	122	—	1. 2	0. 38

三、酚的化学性质

苯酚是酚中最重要的化合物，它的化学反应有代表性，以它为例进行讨论。

苯酚分子中羟基直接与苯环相连接，羟基中氧原子的未共用电子对所在的 P 轨道与苯环大 π 键的 π 电子轨道相互重叠形成 ρ-π 共轭体系（图 6-1）。氧原子的未共用电子对分散到整个共轭体系中，降低了氧原子上电子云密度，导致氧氢键的成键电子云更偏向于氧原子，有利于氢原子电离成氢离子。

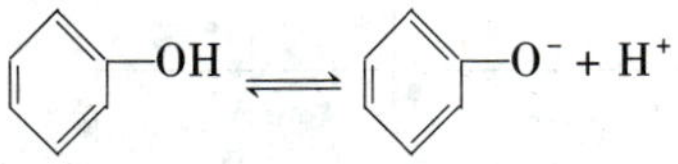

电离后形成的苯氧负离子，由于共轭效应的结果，氧原子上负电荷分散到整个共轭体系中，使苯氧负离子稳定，这就有利于平衡向右移动，所以苯酚呈弱酸性。

由于 ρ-π 共轭效应的影响，使酚羟基中的碳氧键比醇分子中的碳氧键牢固，酚羟基比醇羟基难以被取代。因此，酚羟基很难像醇那样进行亲核取代反应或消除反应。

1. *酚羟基的反应*

（1）酸性：酚羟基上的氢不仅能被活泼金属取代，而且还能与强碱溶液作用成盐。可见酚的酸性不但比醇强，而且也比水强，但比碳酸弱。

$C_6H_5OH \rightleftharpoons C_6H_5O^- + H^+ \quad pKa = 9.95$

$H_2CO_3 \rightleftharpoons HCO_3^- + H^+ \quad pKa = 6.34$

$C_6H_5OH + Na \longrightarrow C_6H_5ONa + H_2$

$C_6H_5OH + NaOH \longrightarrow C_6H_5ONa + H_2O$

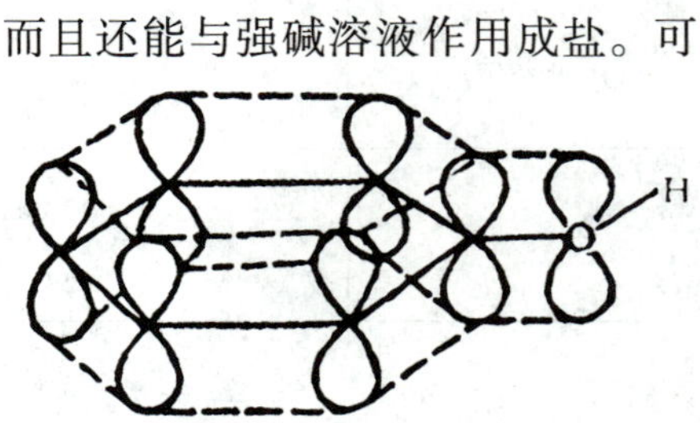

图 6-1　酚的 p-π 共轭体系

酚盐具有离子键结构，易溶于水。

因为酚的酸性很弱，不能使蓝色石蕊变红（石蕊变色范围 pH5～8）；它也不能使碳酸盐分解；相反，将 CO_2 通入酚钠溶液中，酚就重新析出来。

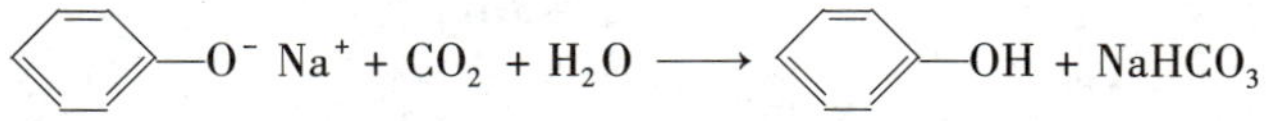

酚的酸性因芳环上连接了吸电子基团而增强，连接了斥电子基团而减弱。如，对-硝基苯酚的酸性比苯酚的酸性强600倍。若是引进三个硝基，如2，4，6-三硝基苯酚（苦味酸）的酸性则相当于无机强酸。

（2）与三氯化铁的显色反应：大多数酚与三氯化铁反应都能生成有色物质，这是由于溶液中生成了酚铁络合物的缘故。

$$6C_6H_5OH + FeCl_3 \longrightarrow [Fe(OC_6H_5)_6]^{3-} + 6H^+ + 3Cl^-$$

不同的酚可产生不同的颜色（见表6-4）可用此反应检验酚的存在。应当注意的是，与三氯化铁产生颜色反应的并不限于酚类，凡是含有烯醇型结构的化合物都能发生此反应。

表6-4　一些酚和三氯化铁产生的颜色

名　称	颜　色
苯　酚	蓝紫色
邻-苯二酚	深绿色
间-苯二酚	蓝紫色
对-苯二酚	蓝绿色，静置后析出暗绿色结晶
对-甲苯酚	蓝色

（3）酚醚的生成：酚与醇相似，也可以生成醚。但因酚羟基的碳氧键比较牢固，一般不能通过分子间脱水制备。通常用酚钠与烷基化试剂（碘甲烷、硫酸二甲酯等）在弱碱溶液中作用制得。

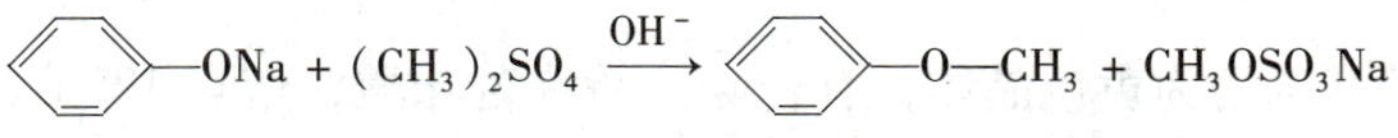

苯甲醚（大茴香醚）

二苯醚需在铜催化下由酚钠与溴苯作用制备。

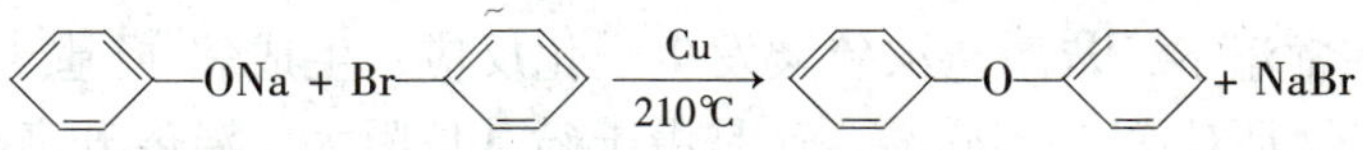

（4）酯的生成：醇易与羧酸生成酯，酚直接与羧酸生成酯则比较困难，一般酚和酸酐或酰卤作用才能生成酯。

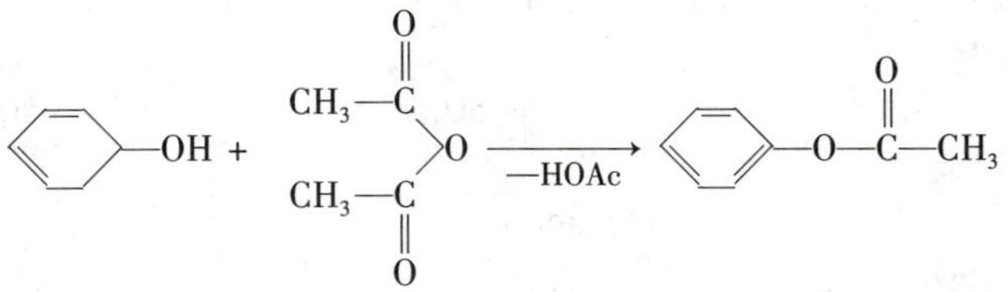

2. 芳环上的取代反应　酚分子的芳环由于羟基的影响，使芳环上电子云密度增加，特别是邻、对位增加的更多。因此芳环上容易发生取代反应，取代基主要进入羟基的邻、对位。

（1）卤代：苯酚在常温下与溴水作用，立刻产生白色的2，4，6-三溴苯酚沉淀。这个反应现象明显，作用完全，可用于苯酚的定性和定量测定。

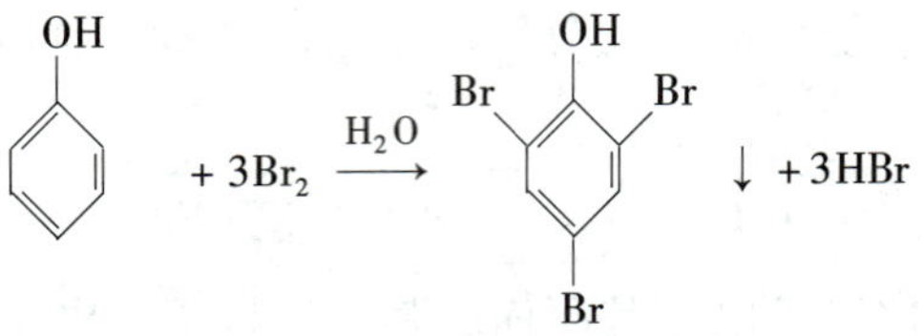

2，4，6－三溴苯酚

在 $FeCl_3$ 的催化作用下，氯气和苯酚作用可得到五氯苯酚：

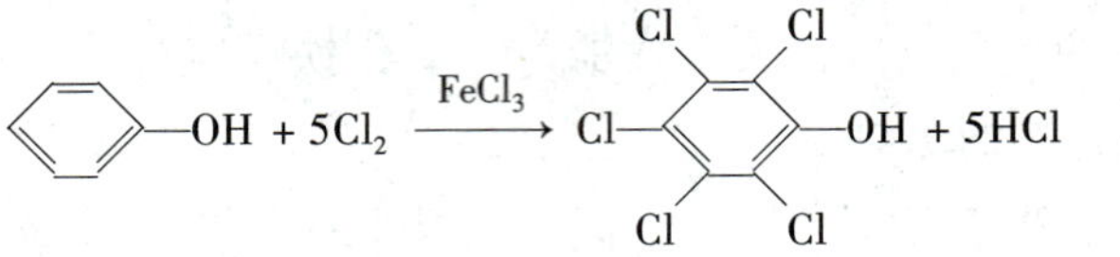

五氯苯酚是无色粉末或晶体，熔点 190～191℃，几乎不溶于水，而溶于稀碱液、乙醇、乙醚、丙酮、苯等，微溶于烃类。五氯苯酚酸性很强，具有杀菌、杀虫、除草等作用，常用于稻田除稗草，用作木材防腐剂，并能防治藻类和黏菌生长。其钠盐可用于防除杂草、消灭血吸虫的中间寄主——钉螺等。

（2）硝化：在低温下，苯酚与稀硝酸作用，可得到邻、对位硝基苯酚的混合物。

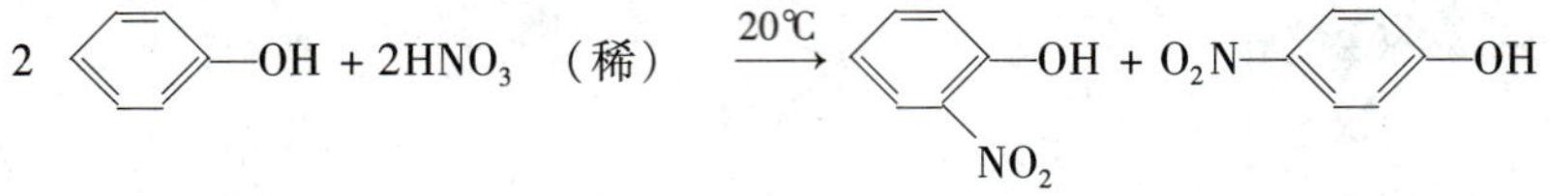

如果用混酸（浓硝酸和浓硫酸）与苯酚作用，则生成2，4，6-三硝基苯酚。如：

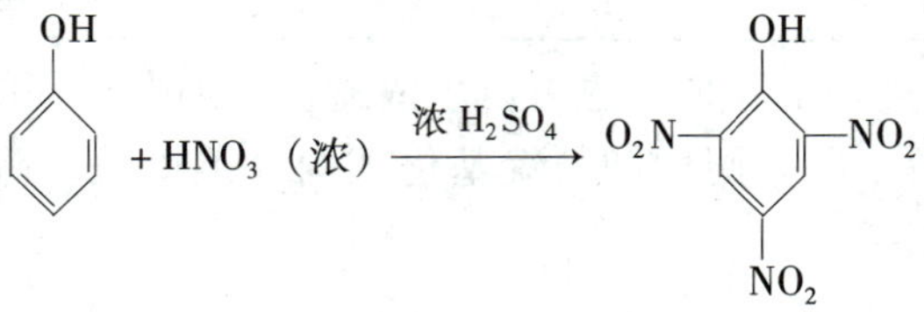

2，4，6-三硝基苯酚为黄色晶体，有苦味，俗称苦味酸，熔点 122℃，可溶于乙醇、乙醚和热水中，水溶液酸性很强（pKa = 0.38）。苦味酸及它的盐类都易爆炸，可以用作炸药。此外，它可用来作为黄色染料。

（3）磺化：在常温下，苯酚与浓硫酸发生磺化反应，生成邻-羟基苯磺酸；在 100℃进行磺化，则主要产物是对-羟基苯磺酸。这是由于磺基位阻大，温度升高时，邻位的位阻效应显著，所以取代反应主要在对位上进行。进一步用发烟硫酸继续磺化可得到苯酚的二磺酸。如：

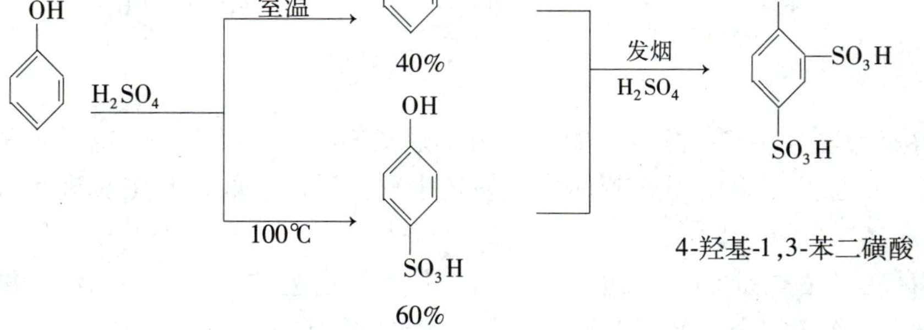

4-羟基-1,3-苯二磺酸

3. 氧化反应　酚易被氧化，空气中的氧即可将酚氧化，生成红色至褐色的化合物。食品、石油、橡胶和塑料工业中常利用某些酚的自动氧化性质，加进少量酚产品作抗氧化剂。氧化过程和氧化产物很复杂，现在尚未研究清楚，一般认为先由羟基脱氢，形成苯氧游离基，然后再经过复杂的化学变化生成有色物质。用强氧化剂作用，则生成对-苯醌。

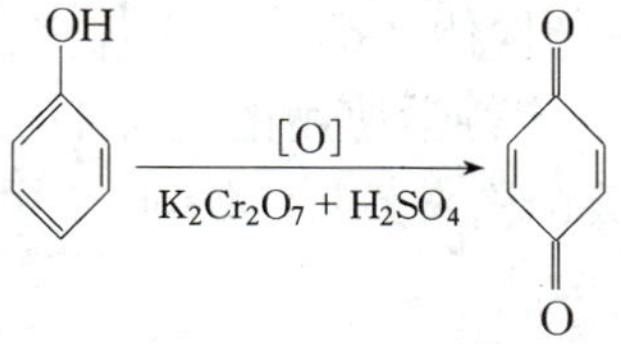

（对-苯醌，黄色）

多元酚更易氧化。邻-苯二酚及对-苯二酚可被弱氧化剂（氧化银、溴化银）氧化，氧化后生成邻-苯醌及对-苯醌。

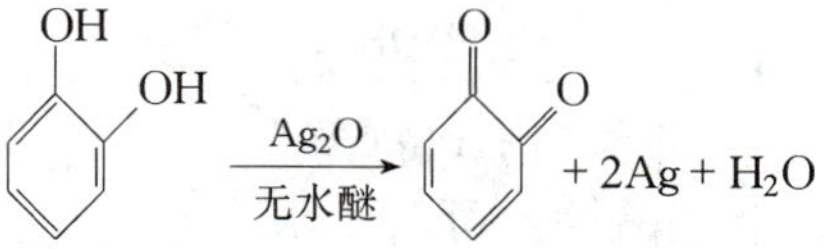

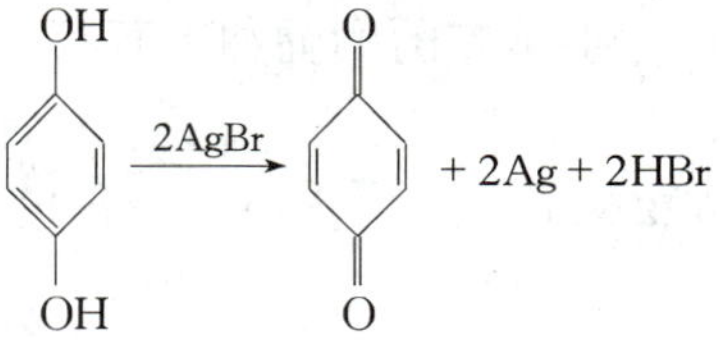

利用此性质，对-苯二酚可用作照相中的显影剂，将感光后的溴化银还原为金属银。

茶叶、新鲜蔬菜、去皮的水果、荔枝等放置后变褐的现象，也是由于其中所含的多元酚被空气氧化的结果。

四、重要化合物

酚及其衍生物在自然界分布很广。有杀菌、杀虫和防腐作用；有些用于医药及配制香精，有些也可作香料。

1. 苯酚　苯酚俗称石炭酸，是煤焦油分馏产物之一。纯净的苯酚是有刺激性气味的无色针状结晶，有毒，熔点43℃，见光及空气则逐渐氧化而变成微红色。常温下苯酚在水中的溶解度不大，65℃以上可与水混溶，易溶于乙醇、乙醚、苯等有机溶剂。

苯酚是有机合成的重要原料，用于制造塑料、染料、药物、农药、炸药等。苯酚能凝固蛋白质，因而具有杀菌能力，对皮肤有腐蚀性，常用作消毒剂和防腐剂。

2. 萘酚　萘酚有α-萘酚和β-萘酚二种异构体。以β-萘酚较为重要。它们是合成染料的重要原料。β-萘酚可作抗氧化剂。

工业制法都是用相应的萘磺酸钠经碱熔融而得。

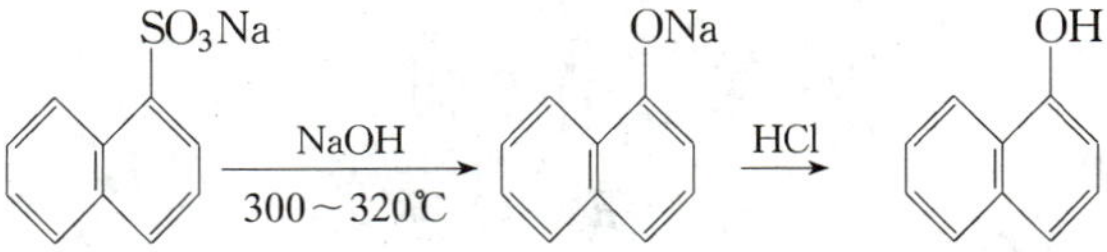

α-萘酚，针状结晶

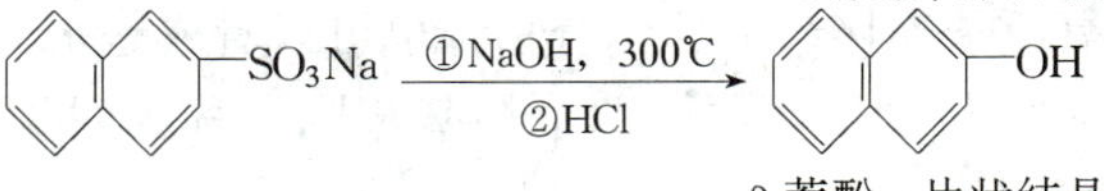

β-萘酚，片状结晶

两种萘酚皆溶于醇、醚等有机溶剂，其化学性质与苯酚相似，都呈弱酸性，α-萘酚与三氯化铁反应呈紫色絮状沉淀，β-萘酚不显色。

萘酚易发生硝化、磺化反应，并可生成醚和酯。萘酚广泛用于制备偶氮染料，是重要的染料中间体。

3. 甲苯酚　甲苯酚有邻、间、对三种异构体，都存在于煤焦油中，间-甲苯酚为液体，其它两种为固体。其杀菌能力比苯酚强，目前科学使用的消毒剂“煤酚皂溶液”就是含有47% ~50%三种甲苯酚的肥皂水溶液，此液也称来苏儿（lysol）。甲苯酚是制备染料、炸药、农药、电木的原料。

4. 苯二酚　苯二酚有邻、间、对三种异构体。

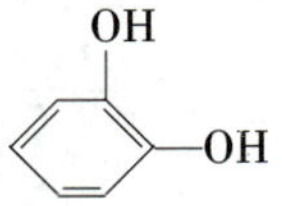

邻-苯二酚（儿茶酚）

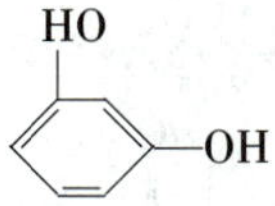

间-苯二酚（树脂酚）

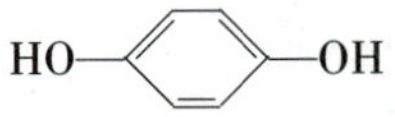

对-苯二酚（几奴尼）

它们都是无色结晶固体，有弱酸性，可溶于水、乙醇和乙醚中。邻-苯二酚常以游离态或与其它物质结合存在于植物中，对-苯二酚的葡萄糖苷存在于植物中，间-苯二酚不存在于自然界。

此外，某些天然氨基酸、植物中的单宁、木质素、花色素、漆汁酚等，都是结构复杂的酚类，如：

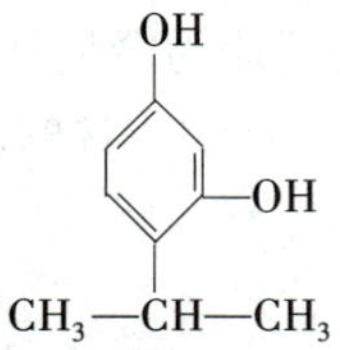

麝香草酚

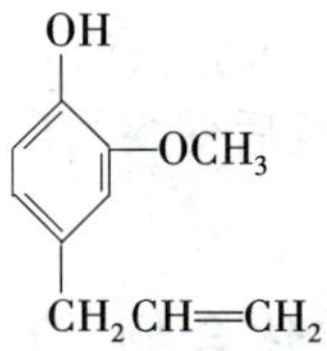

丁香酚

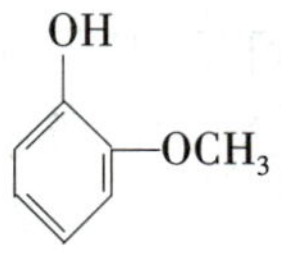

愈创木酚

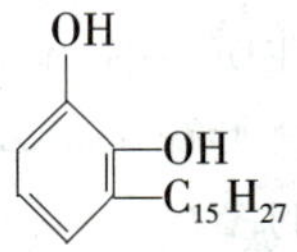

漆汁酚

5. 苯三酚　苯三酚也有三种异构体，常见的有：

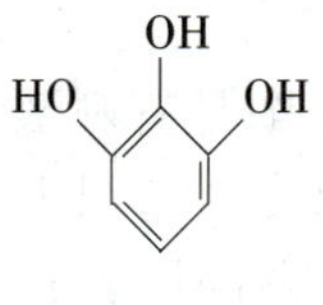

1，2，3-苯三酚

焦性没食子酸（顺苯三酚）

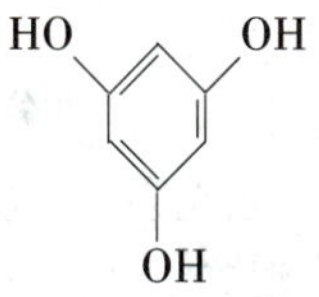

1，3，5-苯三酚

根皮酚（均苯三酚）

焦性没食子酸是白色结晶体，因有强还原性，所以常被氧化呈棕色。它可做摄影的显影剂。它易吸收空气中的氧气，常用于混合气体中氧气的定量分析。此外，它也是合成药物和染料的原料。

第三节　醚

一、概　　述

醚是两个烃基通过氧原子连接起来的化合物，也可以看成是水分子中两个氢原子被两个烃基（脂肪或芳香烃基）取代的衍生物。两个烃基相同者称为对称醚或简单醚，两个烃基不同者称为混合醚。

结构比较简单的醚，按它的烃基命名，在烃基名称之后加一个“醚”字。如：

$CH_3—O—CH_3$　　二甲醚（简称甲醚）

$CH_3—CH_2—O—CH_2—CH_3$　　二乙醚（简称乙醚）

$CH_3—O—CH_2—CH_3$　　甲乙醚

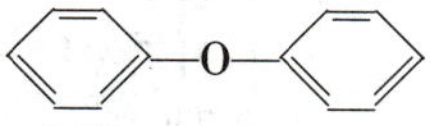
二苯醚

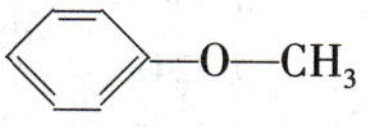
苯甲醚

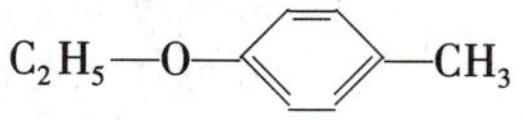
对-甲基苯乙醚

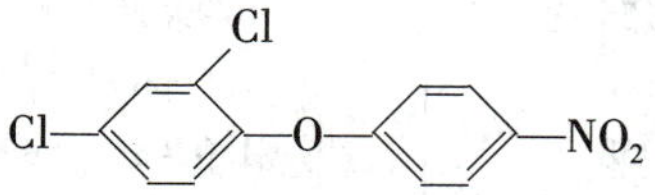
2，4-二氯-4′-硝基二苯醚

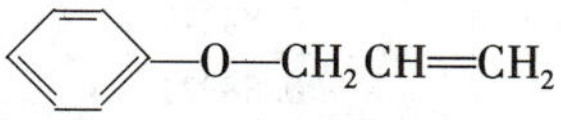
苯烯丙醚

简单醚分子中烃基为烷基时，往往把“二”字省去。在混合醚的名称中将小的烷基放在前面；有芳基和烷基时，芳基放在前面。

结构比较复杂的醚可当烃的烃氧基衍生物来命名，将较大的烃基当作主链，剩下的—OR部分（烃氧基）当作取代基。如：

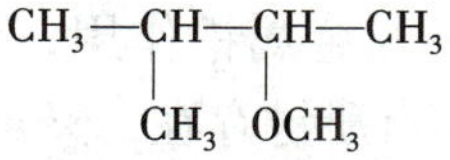
2-甲氧基-3-甲基丁烷

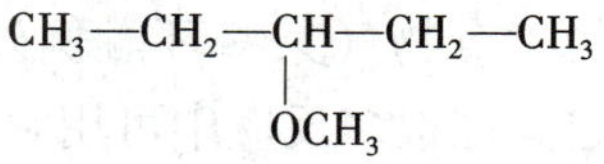
3-甲氧基戊烷

$CH_3—O—CH_2CH═CH_2$

3-甲氧基-1-丙烯

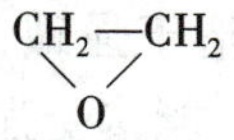
环氧乙烷（属环醚）

醚的官能团为醚键“—O—”，一定是氧原子的两个价键都与烃基相连接的才叫醚键。

二、醚的物理性质

常温下除甲醚、甲乙醚为气体外，大多数醚为无色、有香味、易燃烧的液体。醚的沸点与分子量相近的烷烃很相近，而比分子量相近的醇、酚低得多，这主要是醚分子间不能形成氢键缔合之故。

醚不是线型分子，因为醚中的氧原子以不等性 sp^3 杂化方式与烃基成键。C—O—C 键角接近 109.5°，两个 C—O 键的偶极矩不能相互抵消，分子具有一定偶极矩，所以醚是弱极性化合物。而且醚的氧原子可以和水中氢原子形成氢键。因此，醚在水分子中的溶解度比烷烃大，低级醚在水中的溶解度与分子量相近的醇接近。

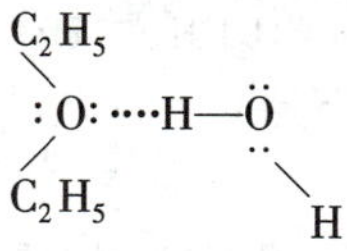

一般有机化合物分子中醚键增多，则水溶性增加。醚是良好的有机溶剂，常用来提取有机物或作为有机反应的溶剂。醚的物理常数见表 6-5。

表 6-5　醚的物理常数

名　称	熔点（℃）	沸点（℃）	密　度
甲　醚	-138.5	-24.9	0.661
甲乙醚	—	-10.8	0.7252
乙　醚	-116.2	34.5	0.7137
丙　醚	-112	90.5	0.7360
异丙醚	-85.89	68	0.7241
正丁醚	-95.3	142	0.7689
正戊醚	-69	190	0.7833
苯甲醚	-37.5	155	0.9961
苯乙醚	-29.5	170	0.9666
二苯醚	27	258	1.0748
环氧乙烷	-111	13.5	0.8824
四氢呋喃	—	67	0.8892
1，4-二氧六环	12	101	1.0337

三、醚的化学性质

醚分子中氧分子在成键时以不等性 sp^3 杂化状态与两个烃基相连，碳氧键具有一定的极性。醚是一类相当不活泼的化合物（某些环醚例外），在常温下不与金属钠作用，对于碱、氧化剂、还原剂都十分稳定。在很多反应中可用它作溶剂。但由于有醚键存在，又可发生一些特有的反应，主要表现为 C—O 键的断裂。

1. **锌盐的生成**　醚在常温下溶于强碱（如硫酸、盐酸等）生成锌盐。这主要是因醚分子中的氧原子具有未共用电子对，能接受强无机酸中氢离子之故。

$$CH_3—\ddot{O}—CH_3 + HCl \longrightarrow [CH_3—\overset{H}{\underset{..}{O}}—CH_3]^+Cl^-$$

$$R—O—R' + HCl \longrightarrow [R—\overset{H}{\underset{..}{O}}—R']^+Cl^-$$

生成的锌盐是强酸弱减的盐，不稳定，遇水或稍高温度很快分解出原来的醚。利用这个性质可以将醚从烷烃或卤代烃中分离出来。如：戊烷和乙醚沸点相近，它们的混合物不能利用分馏法分开，但乙醚溶于冷硫酸中而戊烷不能，利用此性质可达到分离的目的。

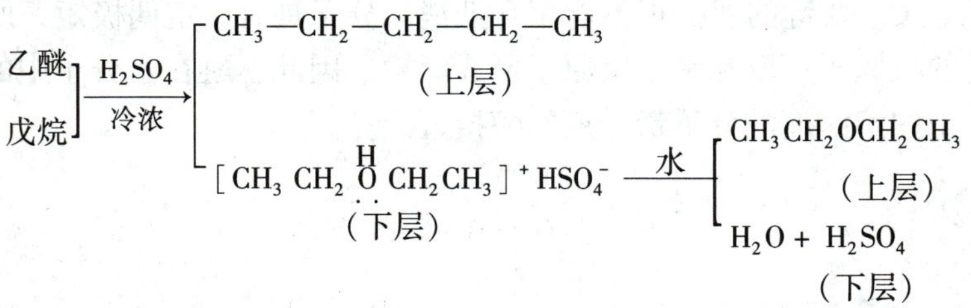

2. **醚键断裂**　当醚与强无机酸（常用 HI）共热，则醚键发生断裂，反应过程首先形成锌盐，加热则醚键断裂，生成碘代烷和醇（或酚），如果有足量的酸存在，开始形成的醇也可变成碘代烷。但如果用酚则不能继续作用。

$$R—O—R' + 2HI \xrightarrow{\triangle} RI + R'I + H_2O$$

$$CH_3-O-C_2H_5+HI \rightleftharpoons \left[CH_3-\overset{\overset{\displaystyle H}{|}}{\ddot{O}}-C_2H_5\right]^+I^- \xrightarrow[\triangle]{} C_2H_5OH+CH_3I$$

$$C_2H_5OH \xrightarrow{HI} CH_3CH_2I+H_2O$$

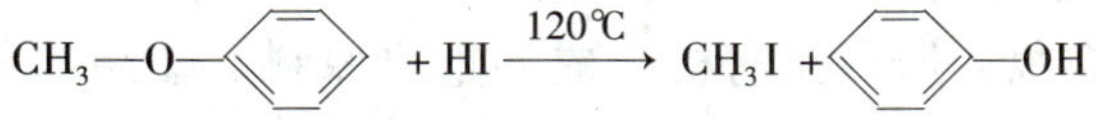

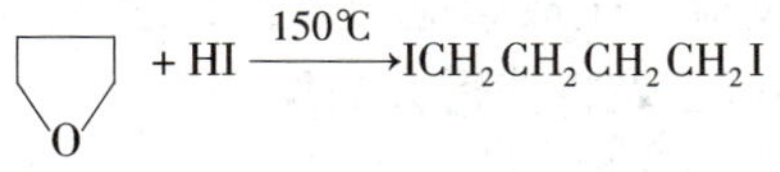

四氢呋喃　　　　　　1，4-二碘丁烷

醚键断裂主要是因为强酸和醚分子中氧原子形成锌盐后，使醚分子中碳氧键变弱，在酸性试剂作用下，引起醚键断裂的。

如果是芳基烷基醚与氢碘酸作用，总是生成碘代烷和酚。这是因为芳环和氧原子形成p-π共轭结合的牢固之故。若是二苯酚与 HI 作用，因为二个芳环和氧原子形成 p-π 共轭体系，使 C—O 键较为牢固，所以醚键不易断裂。

3. **过氧化物的生成**　低级醚在贮存过程中与空气长期接触，会逐渐形成过氧化物。过氧化物为一混合物，如乙醚在空气中久置可能生成过氧化物为：

$$CH_3-CH_2-O-\underset{\underset{\displaystyle O-O-H}{|}}{CH}-CH_3 \qquad CH_3-\underset{\underset{\displaystyle OH}{|}}{CH}-O-O-\underset{\underset{\displaystyle OH}{|}}{CH}-CH_3$$

氧化常发生在α-碳氢键上。过氧化物不易挥发，遇热易爆炸，所以切记在蒸馏醚时一定不要蒸干，以免发生危险。醚中是否含有过氧化物，可用淀粉－碘化钾试纸检验，试纸显蓝色，证明有过氧化物存在，可加入还原剂如硫酸亚铁处理，以除去醚中的过氧化物。

四、重要代表物

1. **二乙醚**　二乙醚简称乙醚。由于它的化学稳定性和沸点较次、低，容易回收，所以是一种常用的有机溶剂。乙醚微溶于水，100g 水中可溶解乙醚 7.5～8g，水亦微溶于乙醚，100g 乙醚中可溶于 1～1.5g。为了取得完全干燥的“绝对乙醚”，可用无水氯化钙处理后再用金属钠脱水。

乙醚挥发性强，容易燃烧，燃点很低（约 200℃），即使灼热的铁丝也可使其着火。乙醚的蒸汽密度比空气大，与空气混合后遇火会发生爆炸。因此使用时要特别注意安全，必须远离火种，绝对不可用直接火加热。

吸入乙醚蒸汽会导致失去知觉，纯净的乙醚可作全身麻醉剂。大牲畜进行外科手术，亦可用乙醚麻醉。

乙醚与空气长时间接触，会慢慢氧化成过氧化物。

过氧化物受热或受到摩擦会引起猛烈爆炸。蒸馏乙醚至干后再继续加热，便有发生这种危险的可能。因此乙醚在使用前特别在蒸馏前，必须检验其是否含有过氧化物，如有，要设法除去。检验的方法可用碘化钾淀粉溶液（或试纸）或硫酸亚铁和硫氰化钾混合溶液。

$$过氧化物+I^- \longrightarrow I_2 \xrightarrow{淀粉} 深蓝色$$

$$过氧化物+Fe^{2+} \longrightarrow Fe^{3+} \xrightarrow{SCN^-} [Fe(SCN)_6]^{3-} \quad 红色$$

如果发现有过氧化物，则可用硫酸亚铁或亚硫酸钠等还原剂处理除去。

贮存乙醚必须用深色瓶,放在暗冷处,并在其中加入少许铁屑铁丝以防止过氧化物的生成。

2. 环氧乙烷 环氧乙烷是最简单的环醚。它是无色气体，可溶于水、乙醇和乙醚。沸点 13.5℃。

环氧乙烷的化学性质非常活泼，容易发生开环反应，与含活泼氢的试剂及格氏试剂等均能反应，生成一系列化合物，所以是有机合成的重要原料。在酸催化下它可与水、醇、酚、羧酸、胺（R—NH_2）等发生反应，生成相应的产物，这些产物是良好的溶剂、原油破乳剂等。随着石油工业的发展，环氧乙烷将获得大的发展。

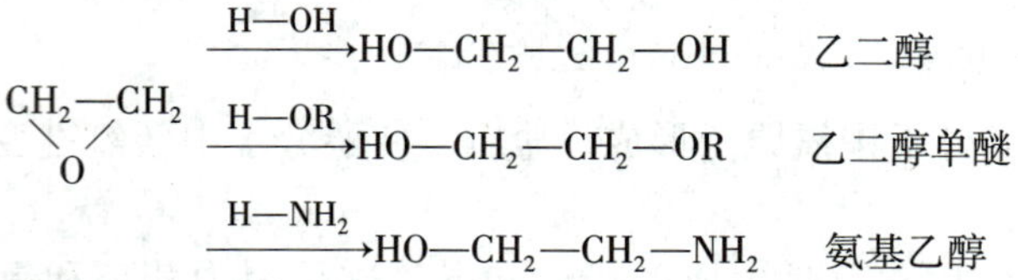

上述反应的实质与醚键破裂相似，第一步生成鲜离子，从而有利于亲核试剂进攻电子云密度较低的碳原子。

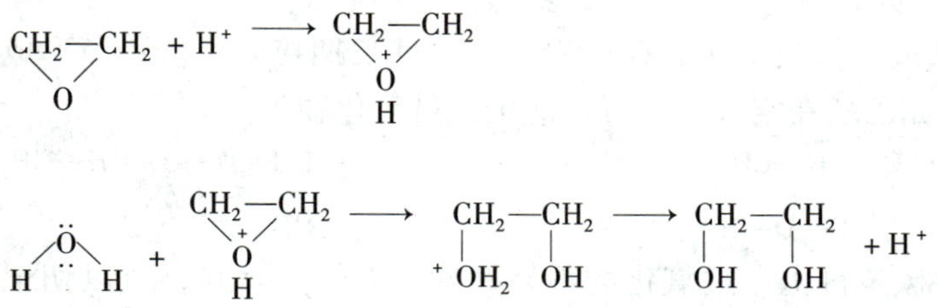

环氧乙烷和格氏试剂反应得一元伯醇：

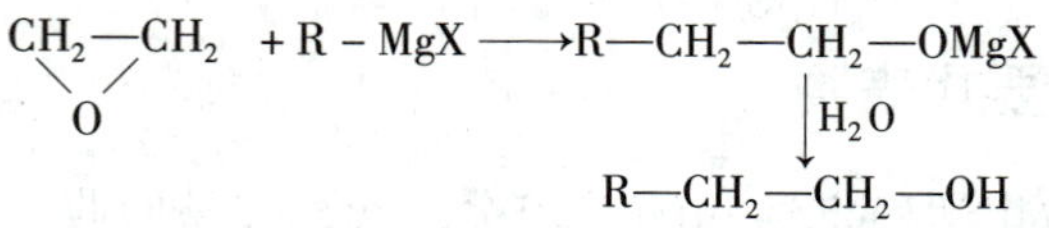

3. 冠醚 冠醚是含有多个氧原子的一类具有环状结构的醚类，由于它的形状似皇冠，故称为冠醚（crown ethers）。冠醚是 1967 年由 C. J. Pedersen 在实验室中无意发现的，其结构特征是具有—OCH_2CH_2—重复单位的大环多醚化合物。

冠醚特有简化的命名法，用 X-冠-Y 表示。X 表示环上的原子总数，Y 表示氧原子总数，环上的烃基名称和数目作为词头。例如：

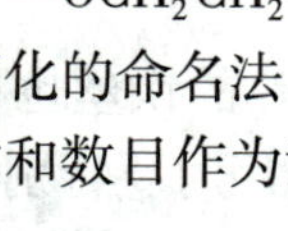
12- 冠 -4

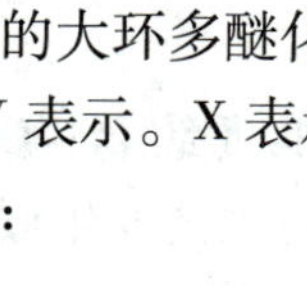
15- 冠 -5

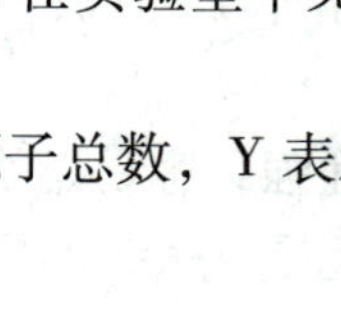
18- 冠 -6

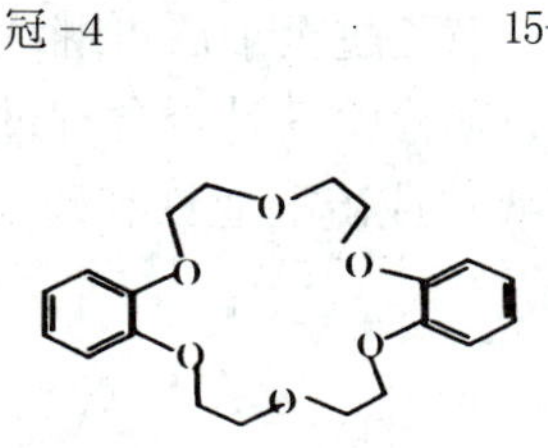
二苯并 -18- 冠 -6

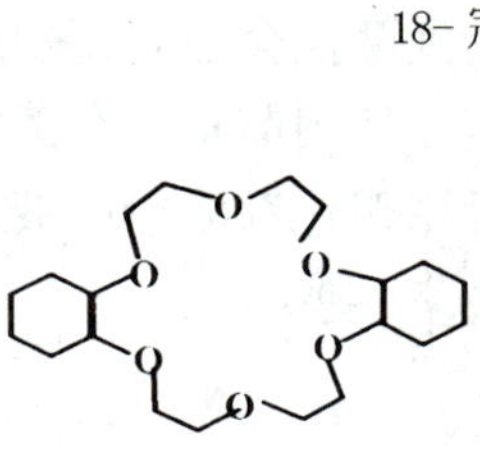
二环已基并 -18- 冠 -6

冠醚重要的特点是具有特殊的配合能力。特别是对金属离子具有较高的配合选择性。这是因为冠醚的大环结构有空穴，同时氧原子上具有未共用电子对，因此可与金属离子形成配离子。它随环的大小而与半径适当的金属离子配合。如 12-冠-4 可与锂离子配合；18-冠-6 可与钾离子配合。因此可利用冠醚分离金属离子的混合物。

冠醚的另一个特点是可与许多有机溶剂混溶。由于它既能溶解有机物，又能与金属离子配合，故可用作“相转移催化剂”。例如：

$$RBr + KCN \xrightarrow[\text{冠醚}]{\text{有机溶剂}} RCN + KBr$$

由于固体 KCN 难溶于有机物，因此 RBr 与 KCN 的反应不易发生。若加入 18-冠-6，反应则迅速进行，这是由于该醚与 K^+ 配合，使 KCN 以配合物形式溶于有机物，故能促进反应的进行。

冠醚形成配合物的选择性和相转移的特性，使它在有机合成和理论研究上有一定的意义，如用于元素有机化合物的制备、反应历程的研究、外消旋氨基酸的拆分以及不对称合成等。冠醚的应用已引人注目，但由于其毒性大，合成难度大，价格高，限制了它的应用范围。

4. 除草醚　除草醚的学名为 2，4-二氯-4′-硝基二苯醚。结构式如下：

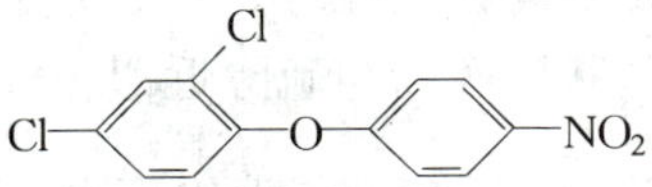

除草醚是浅黄色针状晶体，熔点 70～71℃，难溶于水，易溶于乙醇等有机溶剂。它在空气中稳定，对金属无腐蚀性，对人、畜安全。它对刚萌芽的稗草、鸭舌草、牛毛草等有触杀毒性，是一种常用的稻田除草剂，并适用各种土质和气温。

第四节　硫醇、硫酚及硫醚

一、概　　述

在周期表中，氧与硫位于同一主族，最外层价电子构型相同（ns^2np^4），因此硫原子在用外层 3s 和 3p 轨道杂化形成 sp^3 杂化轨道以及与其他原子成键方面，与氧原子大体相同。如果把含氧有机化合物看作水的烃基衍生物，则对应的含硫有机物可看作是硫化氢的衍生物。例如：

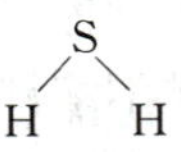

硫化氢

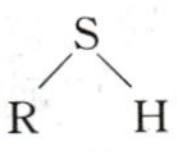

硫醇

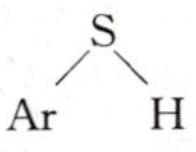

硫酚

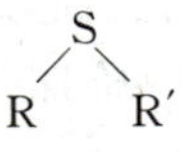

硫醚

硫醇、硫酚、硫醚命名时只需在相应氧化物的类名前加上“硫”字即可。例如：

CH_3CH_2SH　乙硫醇

CH_3SCH_3　甲硫醚

$CH_3SCH(CH_3)_2$　甲基异丙基硫醚

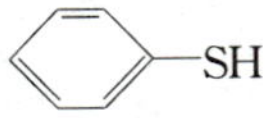

硫酚

$CH_3—S—S—CH_3$　二甲基二硫

在复杂有机硫化物中—SH，—SR 可作为取代基命名，分别称为巯基和烃硫基。例如：

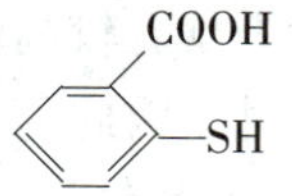

2-巯基苯甲酸

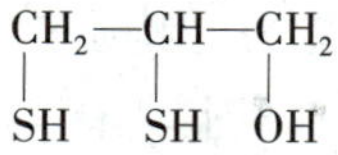

2，3-二巯基-1-丙醇

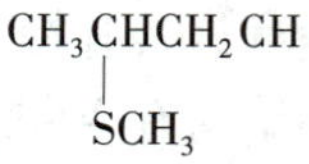

2-甲硫基丁烷

二、硫醇与硫酚物理性质

硫醇与硫酚中的硫原子采取 sp^3 杂化，硫上的两对孤对电子分别占据一个 sp^3 杂化轨道，剩下的两个 sp^3 杂化轨道分别与碳、氢形成 σ 键。甲硫醇中的碳硫键键长为 0.182nm，硫氢键键长为 0.134nm，键角∠CSH 为 96°。

硫的电负性比氧小，又由于外层电子距核较远，受核的束缚力小，所以硫醇的巯基之间相互作用弱，难以形成氢键，故其沸点比相应的醇低；同样，硫酚的沸点也比相应的酚低。例如，甲硫醇沸点 6℃，甲醇 65℃；硫酚的沸点 168℃，苯酚的沸点 181.4℃。巯基与水也难以形成氢键，所以硫醇在水中的溶解度比相应的醇小，乙醇能与水以任何比例混溶，而乙硫醇在 100g 水中的溶解度仅为 1.5g。

低级硫醇有毒，且有极难闻的臭味，例如乙硫醇在空气中的浓度达到 $10^{-11}g \cdot L^{-1}$ 时，即可闻到臭味，黄鼠狼的臭气就是含有正丁硫醇，随着分子量的加大，臭味减弱，九个碳原子以上的硫醇则具有令人愉快的气味。硫酚与硫醇近似，气味也很难闻。

三、硫醇和硫酚化学性质

1. *酸性和成盐反应*　硫醇和硫酚都具有酸性，硫醇的酸性小于硫化氢但大于醇，与酚相近，例如：

	CH_3CH_2SH	CH_3CH_2OH	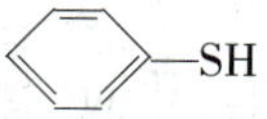	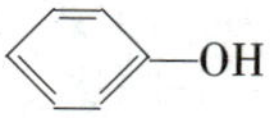
pKa	10.6	15.9	7.8	9.95

硫醇的酸性比硫酚弱，只能与强碱反应。

$$RSH + NaOH \longrightarrow RSNa + H_2O$$

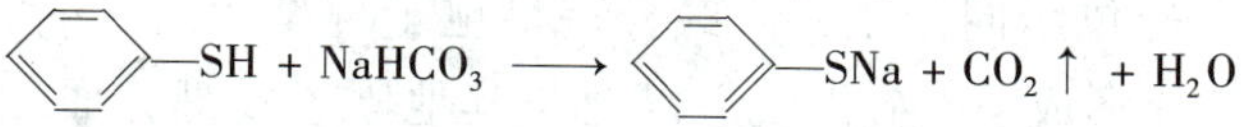

硫醇和硫酚都能和重金属离子形成不溶性的盐，如：

$$2RSH + HgO \longrightarrow (RS)_2Hg \downarrow + H_2O$$

许多重金属盐能引起人畜中毒，其原因是这些重金属离子与生物体内酶的巯基结合，使酶失去活性引起的。临床上利用硫醇能与重金属离子形成配合物或不溶性盐的性质，将其用作解毒剂，例如，2，3-二巯基-1-丙醇就是一种解毒剂（俗名称巴尔 BAL），它可以与重金属离子形成稳定的配合物，从尿中排出，从而消除了重金属离子对酶的破坏作用。例如：

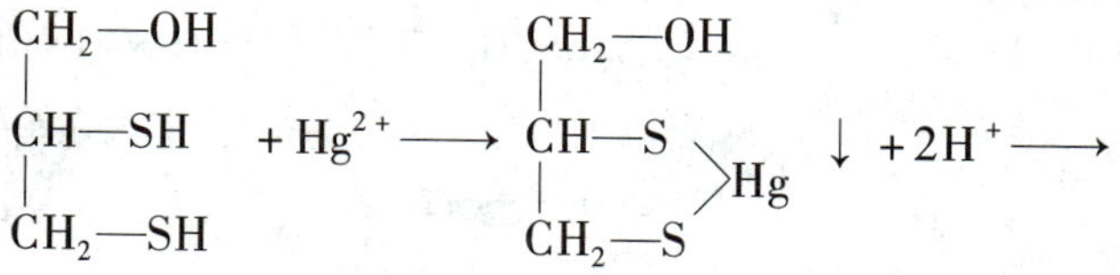

2. *氧化反应*　由于硫原子对其最外层电子吸引力小，因此很容易给出电子，甚至在弱氧化剂的作用下就能给出电子而被氧化。一些弱氧化剂，如碘、过氧化氢，甚至空气中的氧

都能将硫醇氧化成二硫化物。

$$2RSH + I_2 \xrightarrow[25℃]{CH_3CH_2OH,\ H_2O} RSSR + 2HI$$

如果采用标准碘溶液，上述反应可用来测定硫醇的含量。生成的二硫化物用还原剂（如锌粉和酸）可将其还原成硫醇。硫醇与二硫化物之间的氧化还原反应是生物体内十分重要的转化过程。例如，蛋白质中的胱氨酸与半胱氨酸之间就存在着这种转化：

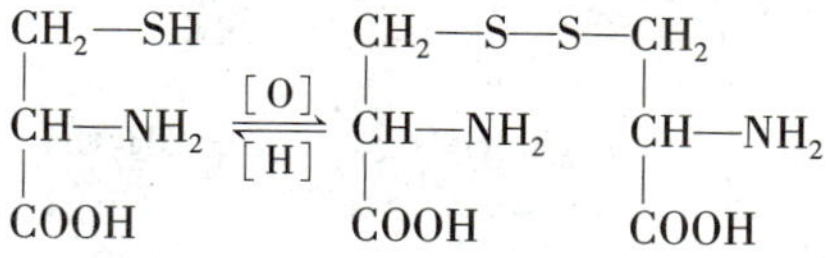

半胱氨酸　　　　　　胱氨酸

强氧化剂如高锰酸钾、硝酸等可将硫醇、硫酚氧化成磺酸。例如：

$$C_2H_5SH \xrightarrow{KMnO_4} C_2H_5SO_3H$$

乙磺酸

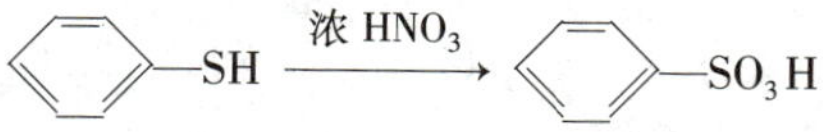

四、硫　　醚

低级硫醚是无色液体，有臭味，但不如硫醇那样强烈。硫醚的沸点比相应的醚高。硫醚不溶于水，可溶于醇和醚中。

由于硫的原子半径比较大，原子核对外层价电子的束缚力比醚中的氧原子小，因此硫醚的给电子能力比醚强，即硫醚的亲核性比醚强。例如硫醚可与 $HgCl_2$、$PtCl_4$ 等金属盐形成不溶性的配合物，而乙醚则需与强的 Lewis 酸如 BF_3、RMgX 等才能形成配合物。硫醚与叔胺相似，可与卤代烷形成相当稳定的盐，称为锍盐（$R_3S^+X^-$）。例如，甲硫醚与碘甲烷反应，生成碘化三甲锍，可分离出来，而与其相应的锌盐（$R_3O^+I^-$）则分离不出来。

$$CH_3—S—CH_3 + CH_3I \longrightarrow (CH_3)_3S^+I^-$$

碘化三甲锍

硫醚也可以被氧化为高价含硫化合物。例如，在等摩尔的过氧化氢作用下，硫醚被氧化成亚砜，如用过量的过氧化氢则进一步氧化成砜。

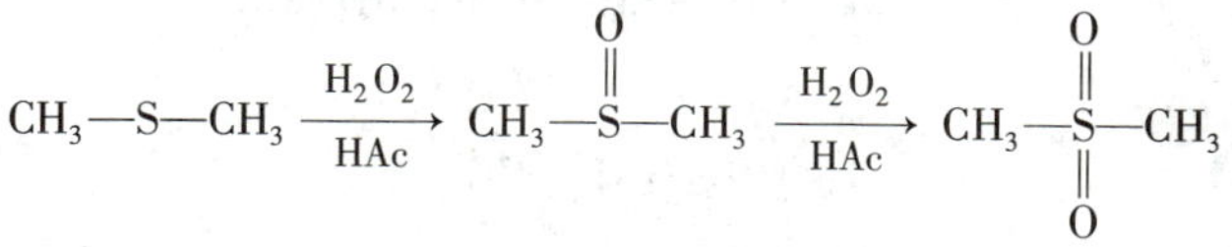

二甲基亚砜　　　　二甲砜

二甲基亚砜（DMSO）是透明的无色液体，沸点 189℃，熔点 18.5℃，130℃以上可发生分解。二甲基亚砜是一种优良的强极性非质子溶剂，在其它溶剂中不溶或难溶的化合物，在二甲基亚砜中能迅速溶解，二甲基亚砜能以氧负的一端与金属络合，因此也能溶解无机盐。

习　题　六

1. 用系统命名法命名下列化合物，并将其分类（如指出伯、仲、叔醇）。

① 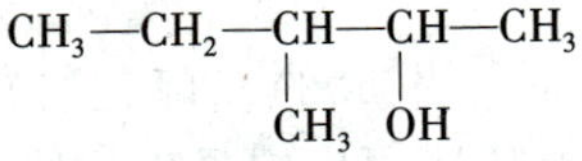

② 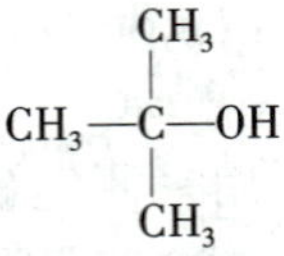

③ 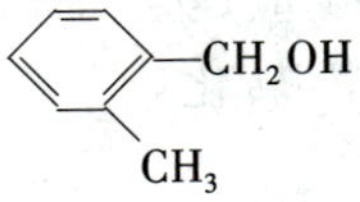

④ 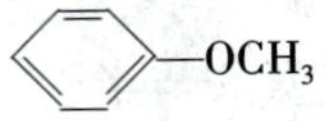

⑤ 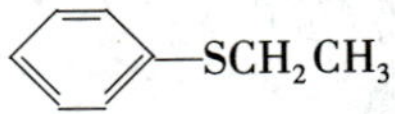

⑥ 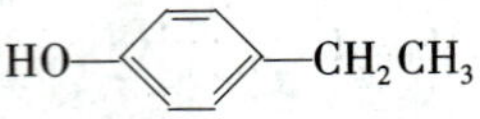

⑦ 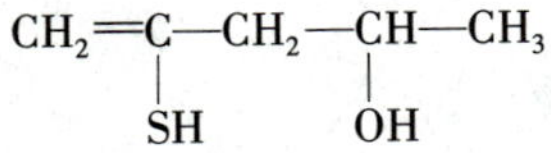

2. 用简便的化学方法区别下列各组化合物。

① CH_3CH_2OH CH_3CH_2Cl

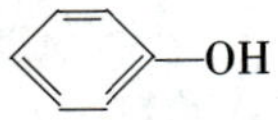 $CH_3CH_2—O—CH_2CH_3$

② 戊烷 正丙醇 1-丁炔 1-丁烯

3. 比较下列各组化合物的活性顺序。

①按酸性强弱次序排列下列化合物

a. 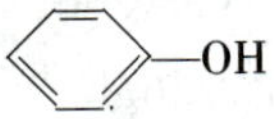 b. 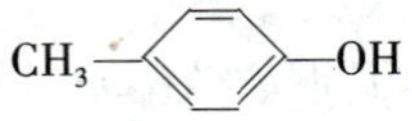

c. 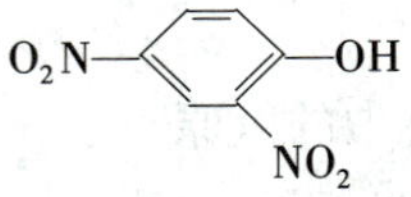 d. 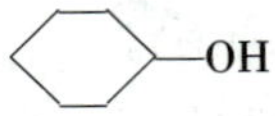

②与卢卡斯试剂反应活性次序

a. $CH_3—CH_2—OH$ b. 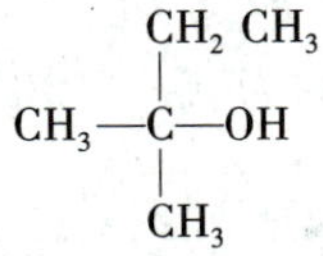

c. 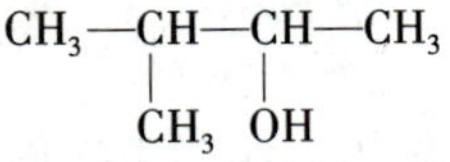 d. $CH_2=CH—CH_2—OH$

③按在水中溶解度大小次序排列下列化合物

a. $CH_3—O—CH_2—CH_3$ b. 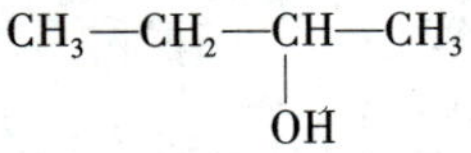

c. 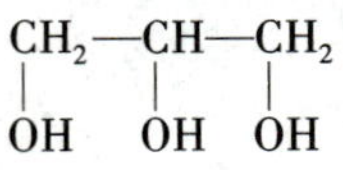 d. 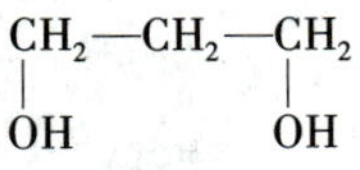

4. 指定原料合成化合物。

①由正丁醇合成：

a. 1，2-二溴丁烷 b. 2-丁酮

②由丙烯合成异丙醇。

5. 推导结构式。

①化合物A、B、C的分子式皆为$C_5H_{12}O$，三者都可与金属钠作用放出氢气；三者在适当条件下脱水得到分子式为C_5H_{10}（D），（D）在H_2/Pt条件下反应还原得到2-甲基丁烷。B、C分别与卢卡斯试剂反应，A几小时也不出现混浊；B十分钟后出现混浊；C立即出现混浊。试推出A、B、C的结构式。

②一芳香族化合物（A）分子式为 C_7H_8O，（A）与钠不发生反应，与 HI 反应生成两个化合物（B）和（C），（B）能溶于 NaOH，并与 $FeCl_3$ 作用呈紫色。（C）与硝酸银的醇溶液作用生成黄色碘化银。试推 A、B、C 的结构式。

6．写出 2-丁醇与下列试剂作用的反应式。

①H_2SO_4 ②Na ③$K_2Cr_2O_7+H_2SO_4$ ④H_2SO_4，170℃或 Al_2O_3，320℃

7．写出对甲苯酚与下列试剂的反应式。

①$FeCl_3$ ②溴水 ③NaOH

④稀 HNO_3 ⑤ $CH_3-\overset{\overset{\displaystyle O}{\|}}{C}-Cl$ ⑥浓 H_2SO_4

8．完成下列反应方程式。

① $CH_3CH_2SH+NaOH \longrightarrow$

② 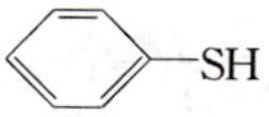 $+\ NaHCO_3 \longrightarrow$

③ 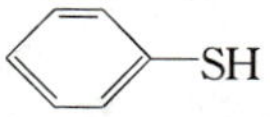 $+\ H_2O_2 \longrightarrow$

④ $CH_3SCH_3+CH_3I \longrightarrow$

⑤ $\begin{array}{l} SCH_2CH(NH_2)COOH \\ | \\ SCH_2CH(NH_2)COOH \end{array} \xrightarrow{Zn,\ HCl}$

第七章　醛、酮、醌

醛、酮、醌都是分子中含有羰基（ >C=O ）的化合物。羰基碳上至少连接一个氢原子的化合物属于醛类；连接两个烃基的化合物属于酮类。醌是一类特殊的不饱和环状共轭二酮。

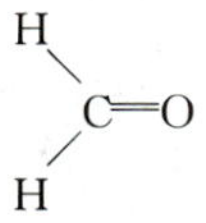
甲醛

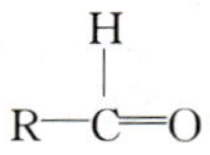
醛

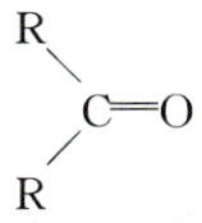
酮

对苯醌

醛、酮、醌广泛存在于自然界，并在生物体的代谢过程中起着重要的作用。某些醛、酮、醌是重要的化工原料、溶剂和药物等。本章以脂肪族饱和一元醛、酮为代表，讨论其结构和性质。醌类化合物仅作简要介绍。

第一节　醛　和　酮

一、概　　述

醛、酮的官能团是羰基。羰基与一个氢原子相连接则称为醛基（ —C(H)=O ，简写为—CHO)。在酮分子中的羰基又称为酮基。与酮基相连的烃基其中一个（或两个）为甲基时称为甲基酮。酮分子中两个烃基相同者称为简单酮；两个烃基不同者称为混合酮。

根据羰基连接的烃基不同，醛、酮可分为脂肪族醛、酮和芳香族醛、酮。根据烃基的结构又可分为饱和醛、酮与不饱和醛、酮。例如：

CH_3CHO
脂肪醛（饱和醛）

$CH_2{=}CH{-}CHO$
脂肪醛（不饱和醛）

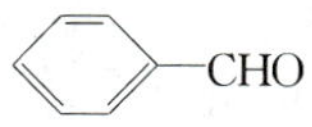
芳香醛

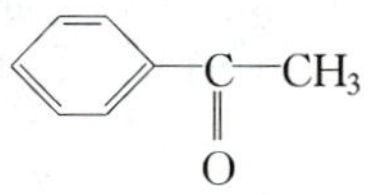
芳香酮

根据分子中含有的羰基的数目，醛、酮又可分为一元醛、酮和二元醛、酮等。例如：

$H{-}C(=O){-}CH_2{-}CH_2{-}C(=O){-}H$
二元醛

$CH_3{-}C(=O){-}CH_2{-}CH_2{-}C(=O){-}CH_3$
二元酮

醛和酮的命名方法有普通命名法和系统命名法。

1. *普通命名法*　醛的普通命名法与烷烃相似。例如：

$CH_3CH(CH_3)CH_3$
异丁烷

$CH_3CH(CH_3)CHO$
异丁醛

酮的普通命名法是把羰基所连的两个烃基的名称后面加上“酮”字。例如：

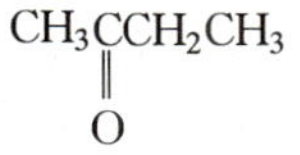
甲乙酮

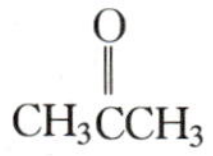
二甲酮

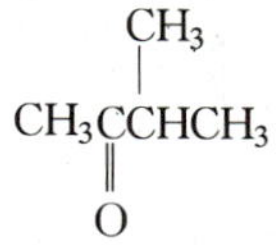
甲基异丙基酮

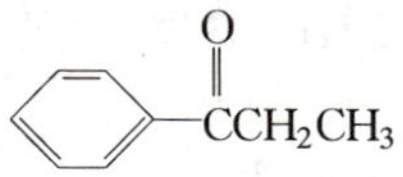
苯基乙基酮

2．*醛、酮的系统命名*　醛、酮的系统命名法与醇的命名法相似，首先选择包含羰基的最长碳链为主链，依主链碳原子数称其为某醛和某酮。从离羰基最近的一端开始将主链碳原子编号（在环酮中羰基的编号为1）。醛基总是位于链端，不必用数字标明其位次。酮的羰基位于碳链中间，应标明其位次。芳香族醛、酮常将芳香基作为取代基来命名。对醛类化合物，烃基碳原子的位置有时也用希腊字母表示，与醛基相连的碳原子为α，依次为β、γ、…。例如：

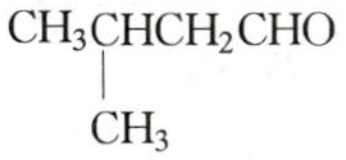
3-甲基丁醛，β-甲基丁醛

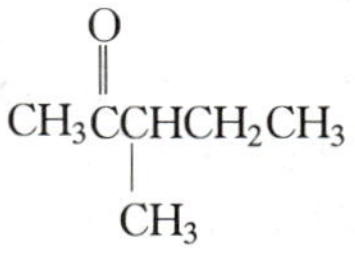
3-甲基-2-戊酮

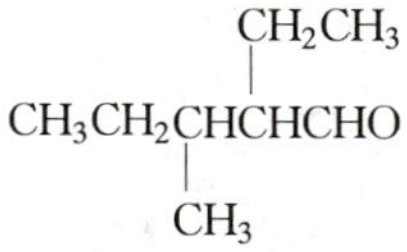
3-甲基-2-乙基戊醛

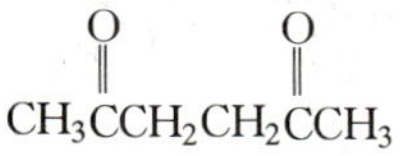
2，5-己二酮

$OHCCH_2CH_2CHO$

丁二醛

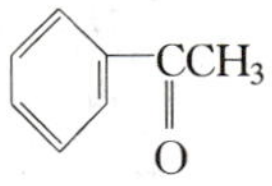
苯乙酮

在实际工作中有些醛还常用俗名表示。下面的例子中括号内就是其俗名。例如：

$CH_3CH{=}CHCHO$

2-丁烯醛（巴豆醛）

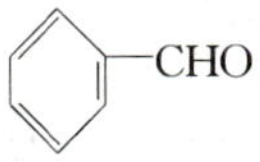
苯甲醛（苦杏仁油）

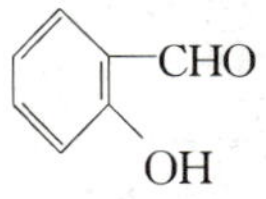
邻羟基苯甲醛（水杨醛）

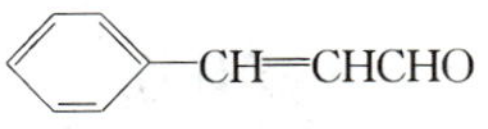
3-苯基丙烯醛（肉桂醛）

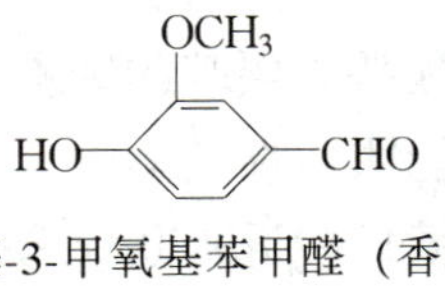
4-羟基-3-甲氧基苯甲醛（香草醛）

二、醛、酮的物理性质

常温下，甲醛为气体，低级醛、酮为液体，高级醛、酮为固体。

醛、酮分子中由于羰基极性不饱和键的存在，它们的沸点比分子量相近的烃的沸点高。但随着分子量的增加，极性官能团的比例越来越小，沸点越接近于分子量近似的烃类，如：甲醛（分子量30）沸点－21℃，乙烷（分子量30）沸点－89℃，相差68℃。但正丁醛（分子量72）沸点76℃，丁酮（分子量76）沸点86℃，正戊烷（分子量72）沸点36℃。醛、酮分子之间不能形成氢键，因而沸点比相应的醇低。和其它同系列一样，醛、酮的沸点也是随分子量的增加而逐渐升高。

醛、酮羰基的氧原子可以与水分子形成氢键。所以低级醛、酮如乙醛、丙酮可与水混溶，五个碳原子以上的醛、酮则溶解度减小、稍溶或不溶于水；醛、酮都溶于一般的有机溶剂。一些简单醛、酮的物理常数列于表7-1中。

在醛、酮分子中，由于存在有极性的羰基，所以醛、酮分子都属于极性分子，例如甲醛的偶极矩为2.27D，丙酮的偶极矩为2.85D。

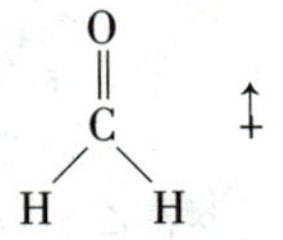

2.27D

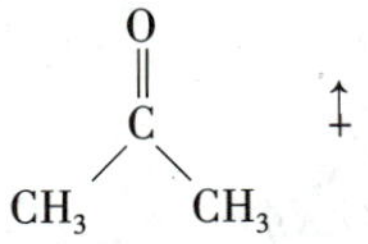

2.85D

表7-1 醛、酮的物理常数

名称	熔点（℃）	沸点（℃）	溶解度（g/100g水）	密度（g/ml）
甲醛	-92	-21	55	0.815（-20℃）
乙醛	-121	20.8	混溶	0.7834
丙醛	-81	48.8	20	0.8058
正丁醛	-99	75.7	4	0.8170
正戊醛	-92	103	微溶	0.8095
苯甲醛	-56	179	0.33	1.046
丙酮	-95.4	56.2	混溶	0.7899
丁酮	-86.4	79.6	35.3	0.8054
2-戊酮	-77.8	102	几乎不溶	0.8089
3-戊酮	-40	102	4.7	0.8138
丁二酮	-2.4	88	25	0.9808
2，4-戊二酮	-23	202	溶	0.9721
苯乙酮	19.7	138	微溶	1.026
环己酮	-45	156	微溶	0.9478
二苯甲酮	48（α）	306	—	1.146（α）

三、醛、酮的化学性质

醛、酮都含有羰基，羰基的结构决定了醛、酮的许多性质。羰基是由碳原子和氧原子以双键结合而成的官能团。羰基的碳原子以 sp^2 杂化，三个 sp^2 杂化轨道形成三个σ键，它们在同一个平面上，键角接近120°，碳原子未杂化的p轨道与氧原子的一个p轨道相互重叠形成π键，π键垂直于σ键所在的平面。由于氧原子的电负性比碳原子强，所以碳氧之间成键电子云，特别是容易流动的π电子云，偏向于氧原子，使碳原子上的电子云密度较低，带一定的正电荷，氧原子上的电子云密度较高，带有一定的负电荷，所以羰基就具有永久偶极，其键矩为2.5D。

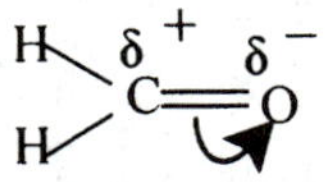

或

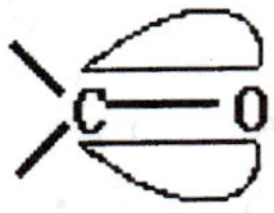

由于醛、酮分子具有相同的官能团羰基，所以它们具有许多相似的化学性质。也由于它们在结构上的差异，因此醛、酮在反应活泼性上也表现出许多不同之处。概括来讲，醛、酮的化学性质主要表现为：①羰基的加成反应；②烃基上α-氢的反应；③醛基上氢原子的氧化反应等。可描述如下：

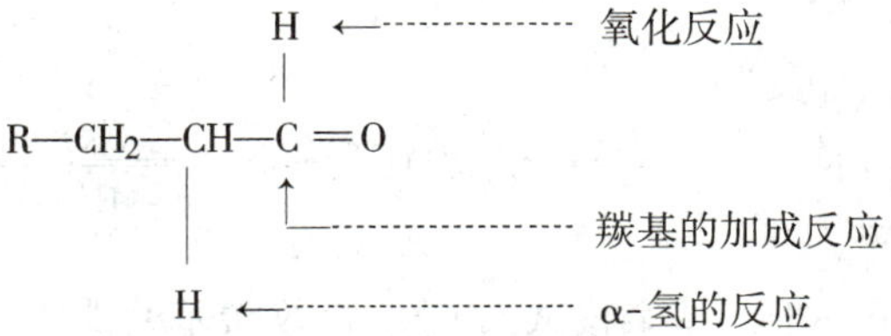

1．*羰基的加成反应*　正如前面所讨论的，羰基存在有极性的不饱和双键，在羰基中，碳原子带有部分正电荷而氧原子带有部分负电荷，由于带正电荷的碳原子比带负电荷的氧原子更不稳定，所以羰基在发生加成反应时，往往是试剂中的负离子首先加到碳氧双键的碳原子上，然后试剂中的正离子再加到氧原子上。因此，羰基化合物的加成属于亲核加成。

羰基化合物与亲核试剂发生的加成反应可表示如下：

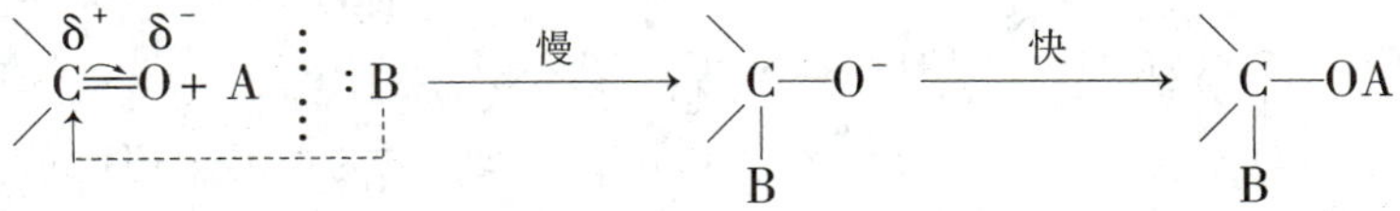

决定反应速度的是第一步（慢）反应。可见加成反应的难易与羰基碳原子正电荷的多少有密切关系。任何能提高羰基碳原子正电荷密度的基团则会增大羰基加成反应的活泼性。也可以说，羰基与供电子基相连接时，羰基加成反应的活泼性降低，而和吸电子基相连接时，将使羰基的活泼性变大。由于烃基的斥电子效应，使羰基碳原子的正电荷减少，不利于亲核试剂的进攻，所以酮的活泼性比醛小。当羰基与芳环直接相连时，由于羰基与芳环产生共轭效应，羰基碳的正电荷将产生离域现象而分散在芳环中，也不利于亲核试剂的进攻，所以芳醛的活泼性小于脂肪醛。

从空间阻碍效应考虑，由于酮的羰基碳原子上连有两个烃基，使加成试剂不易靠近羰基，加成反应就难以进行。醛的羰基上至少连有一个体积小的氢原子，则较酮容易反应。综合电子效应和空间效应，醛、酮进行加成反应难易程度，按顺序排列如下：

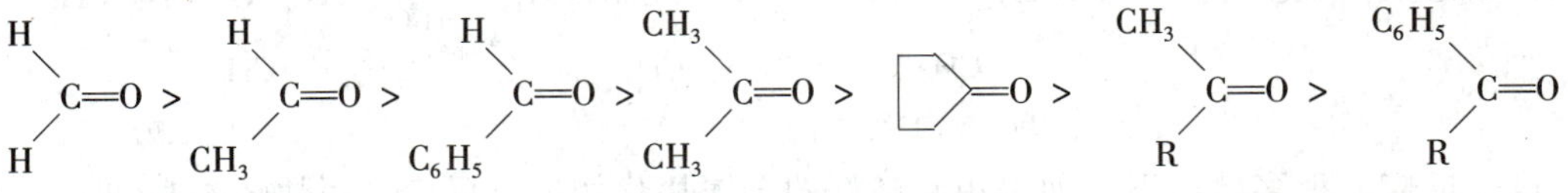

甲醛　乙醛　苯甲醛　丙酮　环酮　甲基酮　芳酮

（1）与氢氰酸加成：

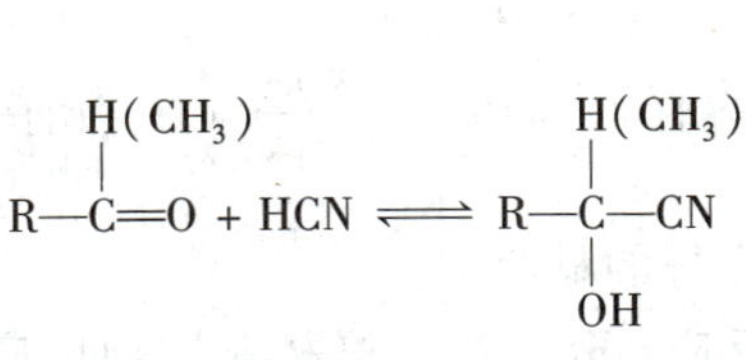

α-羟基腈

碱对醛或酮加氢氰酸的反应有极大影响。实验证明，如果在反应体系中加入少量碱可以大大加速反应的进行。若加入酸则反应速度减慢。由于氢氰酸是弱酸，它存在有如下的电离平衡：

$$HCN \rightleftharpoons H^+ + CN^-$$

在体系中加入少量 OH^-，可以使反应向右进行，促使氢氰酸电离，增加 CN^- 浓度。增程可表示如下：

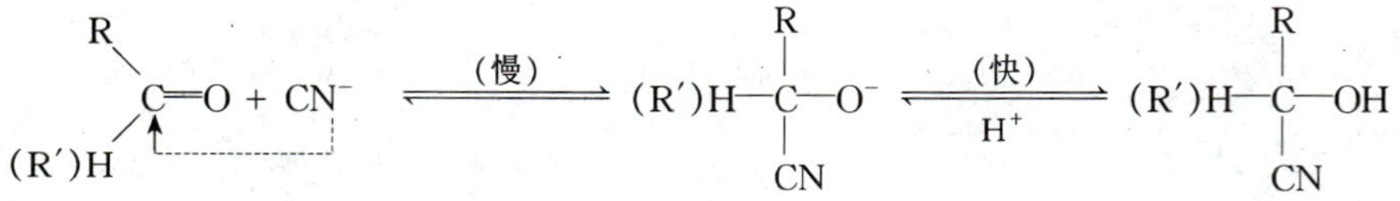

决定反应速度的是第一步，是亲核试剂 CN^- 进攻羰基的碳原子。

能与 HCN 进行加成反应的有醛、脂肪族甲基酮以及八个碳以下的环酮。羰基化合物与氢氰酸的加成可以增长碳链。加成产物 α-羟基腈水解可以得到 α-羟基酸。加成产物在浓 H_2SO_4 存在下脱水可以得到不饱和酸。

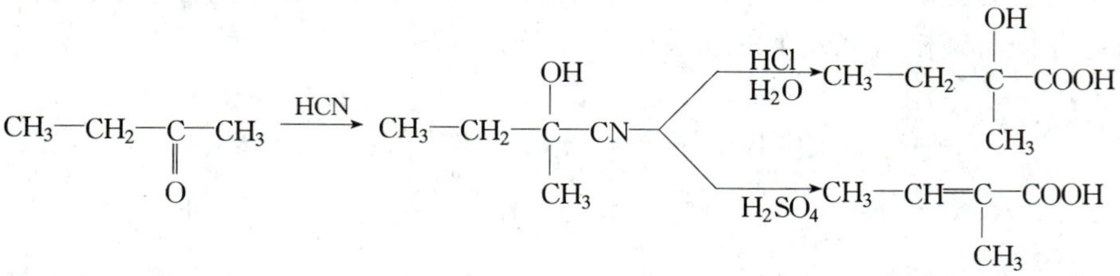

氢氰酸挥发性大，剧毒。实验室操作时必须在通风厨内进行，应先把醛、酮与氰化钾或氰化钠混合，然后慢慢加入无机酸，这样可使产生的氢氰酸立即与醛、酮反应。

(2) 与炔的加成反应：金属炔化物如炔化钠、炔化钾、炔化锂等，可以形成炔负碳离子，它是很强的亲核试剂，可与醛、酮发生加成反应，如：

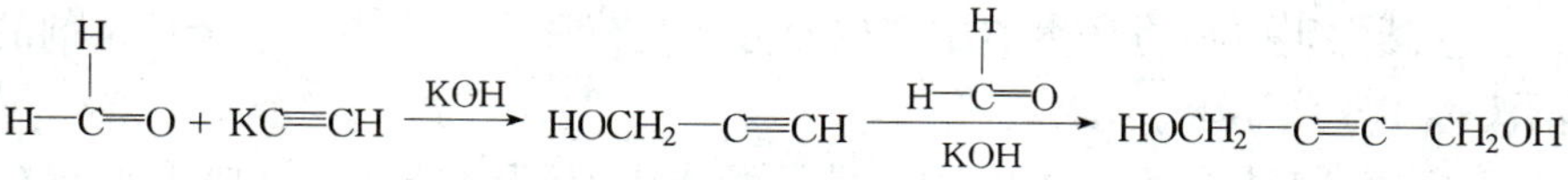

炔丙醇 2-丁炔-1，4-二醇

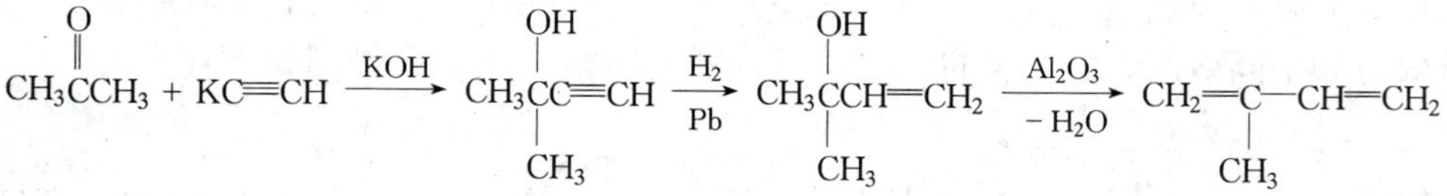

2-甲基-3-丁炔-2-醇 异戊二烯

这一反应，很多情况下，勿需用制备好的金属炔化物进行反应，用炔烃本身和一个强碱的催化剂即可发生反应。例如：

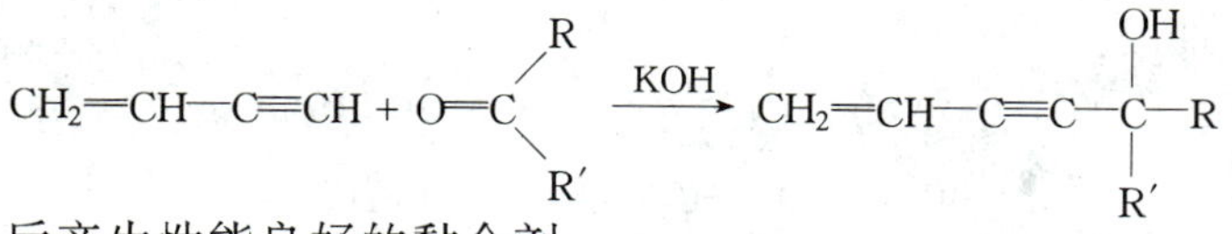

这类双烯醇经聚合后产生性能良好的黏合剂。

(3) 与格林亚试剂的加成反应：醛、酮与格林亚试剂反应，形成的加成产物与水作用，即水解而成醇，这是合成复杂醇类的一个重要方法。

醛、酮分子中羰基的双键与格氏试剂（RMgX）发生加成反应时，烃基加在羰基碳原子上，而—MgX 部分则加到羰基氧原子上，加成物经水解后得到醇。

不同的羰基化合物和格氏试剂反应，如下式所示的可分别得到伯、仲、叔醇。

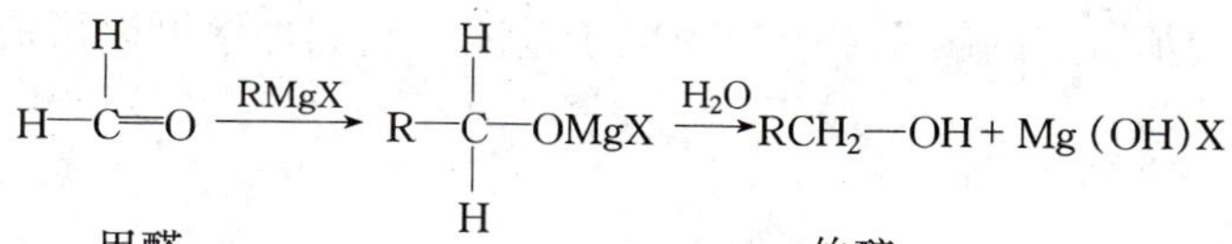

甲醛　伯醇

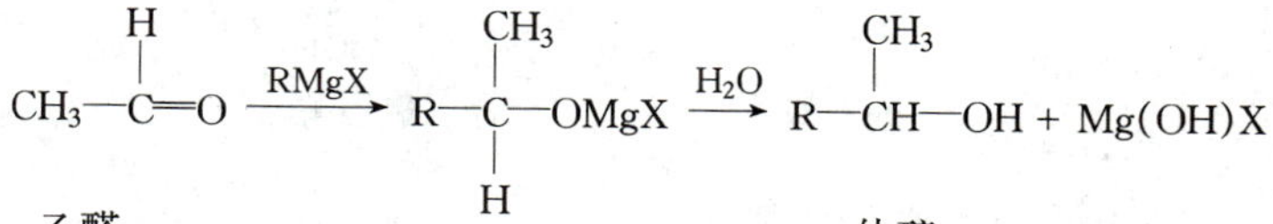

乙醛　仲醇

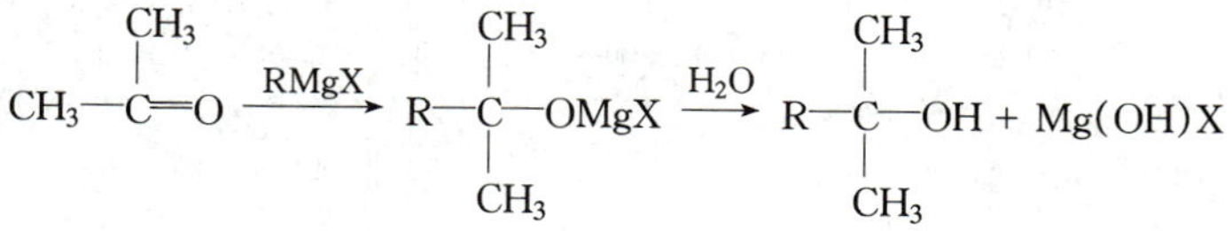

丙酮　叔醇

醛、酮与格氏试剂的反应在合成上有着广泛的应用，例如要从乙炔合成2-丁醇可通过下面的步骤完成：

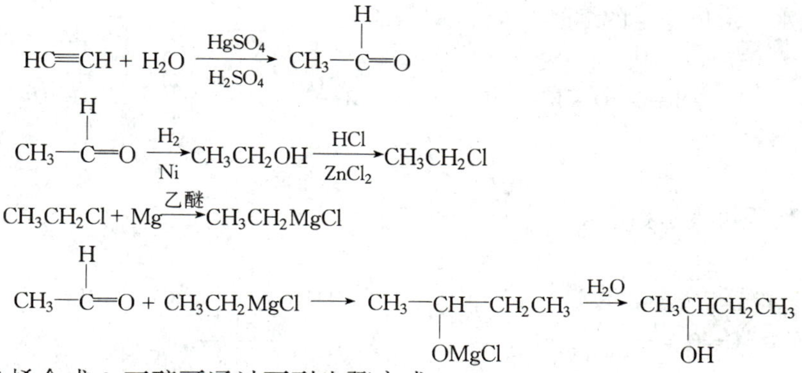

又例如：从乙烯合成2-丁醇可通过下列步骤完成：

$$CH_2{=}CH_2 + HCl \longrightarrow CH_2CH_3Cl$$

$$CH_3CH_2Cl + Mg \xrightarrow{\text{乙醚}} CH_3CH_2MgCl$$

$$CH_3CH_2Cl + NaOH \xrightarrow{\text{水}} CH_3CH_2OH$$

$$CH_3CH_2OH \xrightarrow[320℃]{Cu} CH_3CHO$$

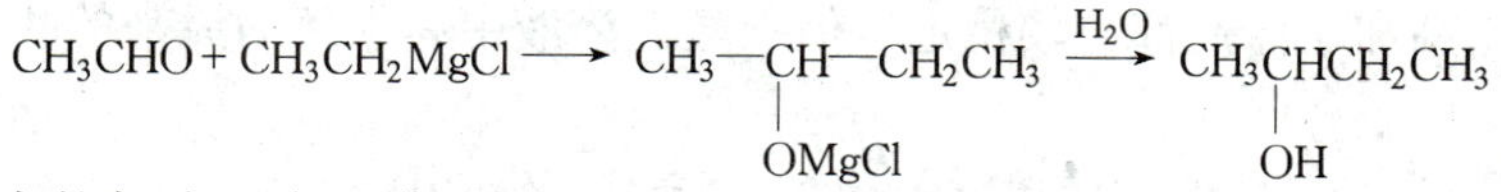

(4) 与水的加成反应：醛、酮在一定条件下与水加成形成双二醇（同一个碳原子上连接两个羟基的醇）：

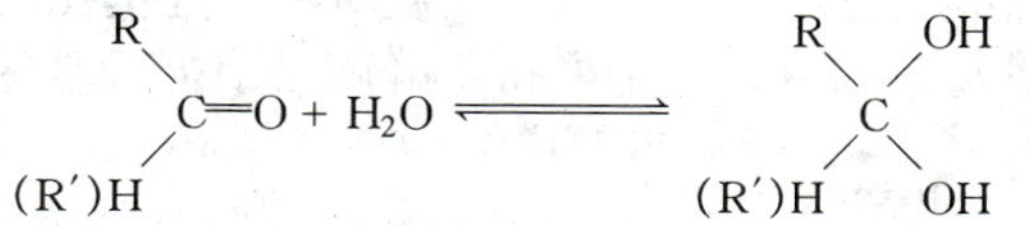

双二醇

双二醇很不稳定，易脱水变为原来的醛或酮。这说明上述反应的正反应产物是很少的。然而，由于甲醛的化学活性较大，在水中主要以双二醇形式存在，但不能将它们分离出来。

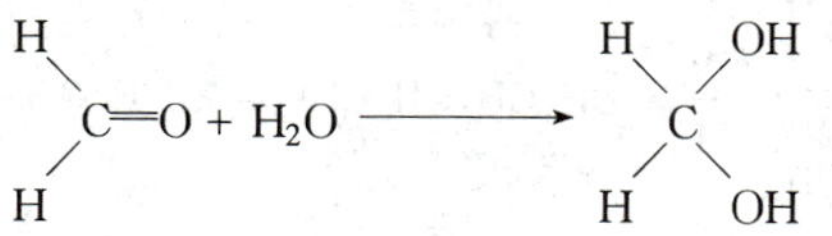

水合甲醛

如果醛、酮的羰基所连的碳原子上有吸电子基团，它们加水可以形成稳定的双二醇，即其水合物。如：

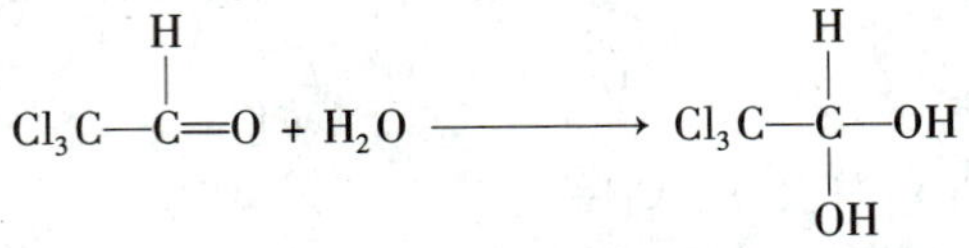

三氯乙醛　　　　　　水合三氯乙醛

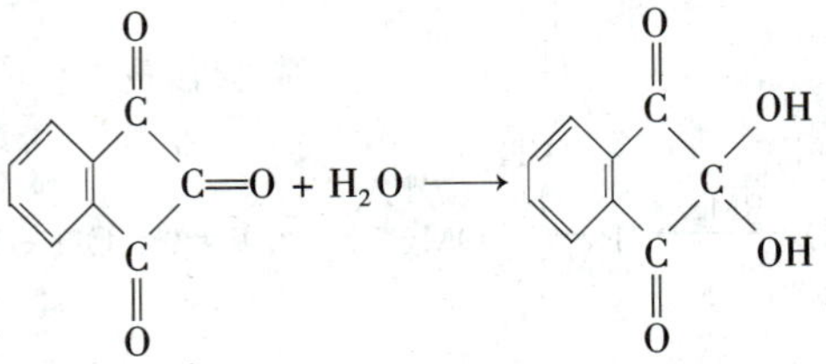

茚三酮　　　　　　水合茚三酮

（5）与醇的加成反应：在酸的催化作用下，醛与醇起加成反应，生成半缩醛。半缩醛很不稳定，容易分解成原来的醛和醇。但在干燥的氯化氢作用下，半缩醛可进一步与过量的醇分子间脱水，形成稳定的缩醛。

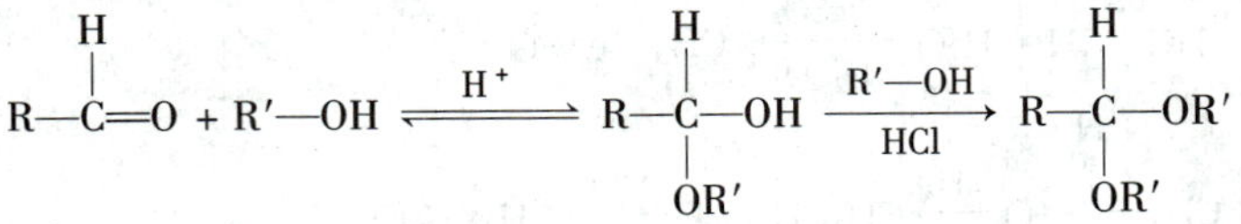

醛　　　醇　　　　半缩醛　　　　缩醛

反应历程可表示如下：

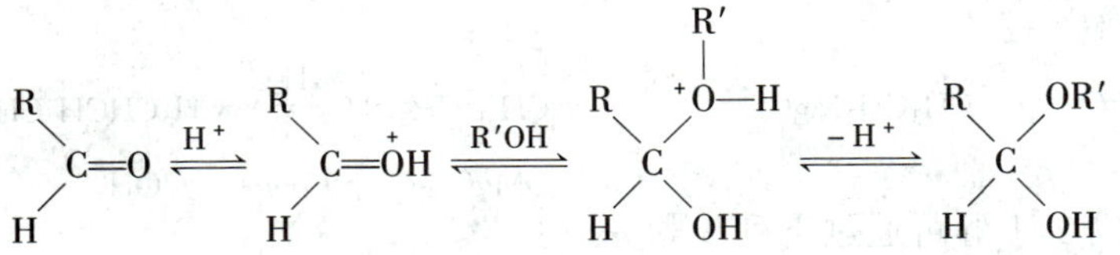

半缩醛

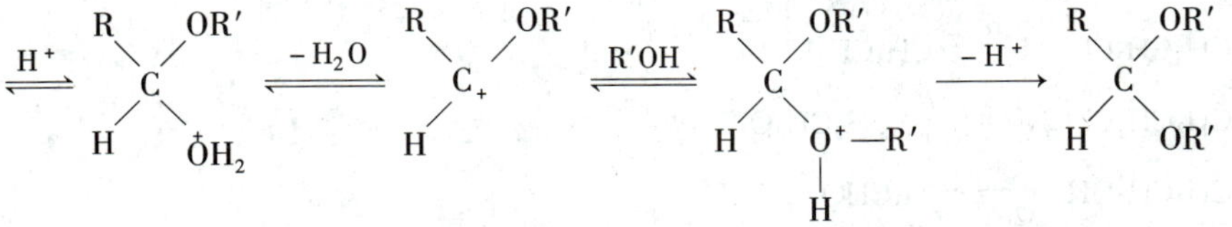

缩醛

缩醛对碱、氧化剂和还原剂都比较稳定，但在酸性溶液中易水解为原来的醛和醇。

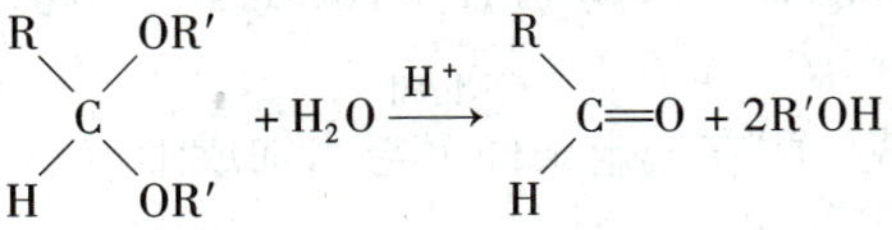

在有机合成中常用生成缩醛的方法来保护醛基，使活泼的醛基在反应中不被破坏，一旦反应完成后再水解成原来的醛基。如由3-丁烯醛得丁醛就必须把醛基保护起来。

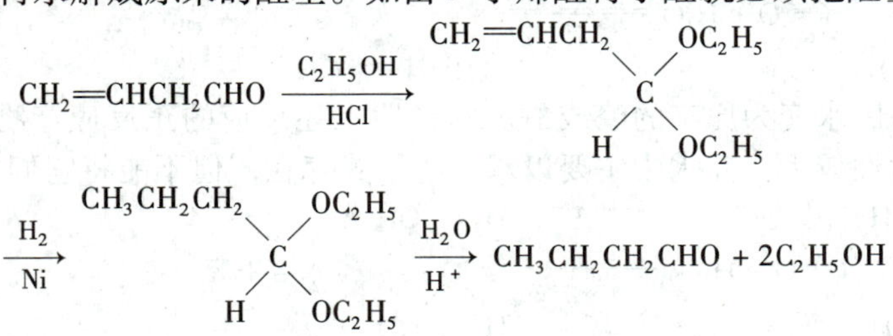

在同样条件下，酮一般不和一元醇加成，但在酸催化下酮能与乙二醇等二元醇反应生成环状缩酮。

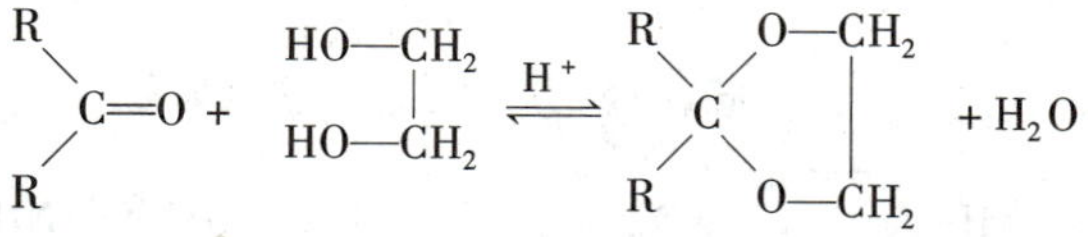

及时去掉反应体系中的水，可使平衡向右移动，在有机合成上常用此法保护酮基。

如果同一分子内既有羰基又有羟基，其间隔的距离又适当的话，可以在分子内进行醛醇的加成形成环状半缩醛。

（6）与亚硫酸氢钠的加成反应：醛、脂肪族甲基酮及八个碳以下的环酮与过量的饱和亚硫酸氢钠溶液（40%）发生加成反应，生成白色的α-羟基磺酸钠。

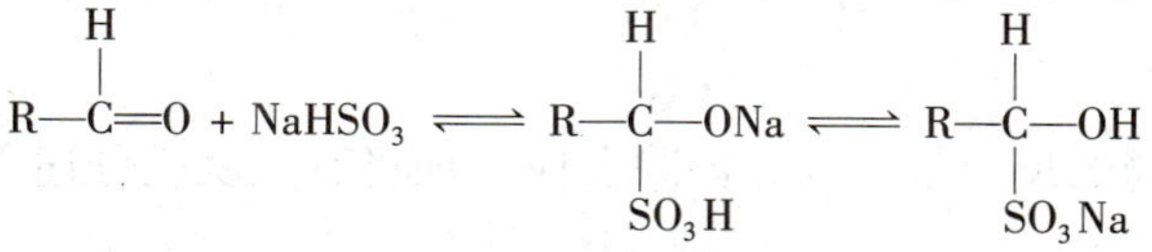

反应是可逆的，产物α-羟基磺酸钠易溶于水，但不溶于亚硫酸氢钠的饱和溶液中，使用过量的亚硫酸氢钠饱和溶液可促使平衡向右移动，并使产物呈结晶析出。产物容易提纯，α-羟基磺酸钠与稀盐酸共热后，又分解为原来的醛和酮。因此利用这一反应，还可从混合物中分离出醛和甲基酮。

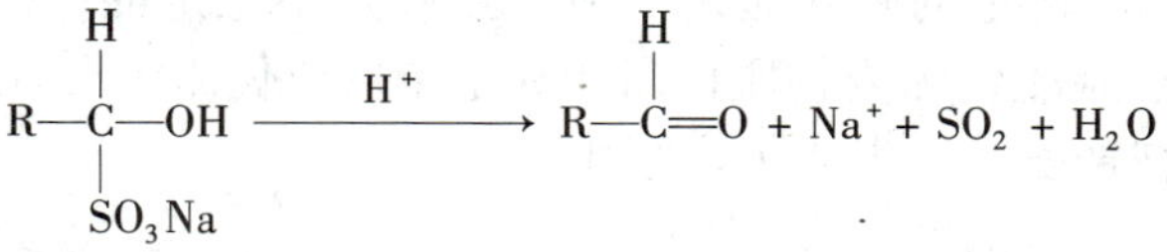

（7）与品红亚硫酸溶液的作用：品红是一种红色有机染料。在品红水溶液中通入二氧化硫，生成亚硫酸与品红结合而成的无色物质，这种无色溶液叫希夫（Schiff）试剂，它与醛作用可生成紫红色的加成物质，而酮则没有这个反应（唯有丙酮可缓慢作用产生很淡的颜色）。因此，利用希夫试剂可以方便地区别醛和酮。品红亚硫酸与醛生成的紫红色溶液中加入稀硫酸（60%）后，除甲醛生成的紫红色不褪色外，其他醛所生成的颜色都将褪色，所以又可用此反应鉴别甲醛和其它醛。

希夫试剂的结构为：

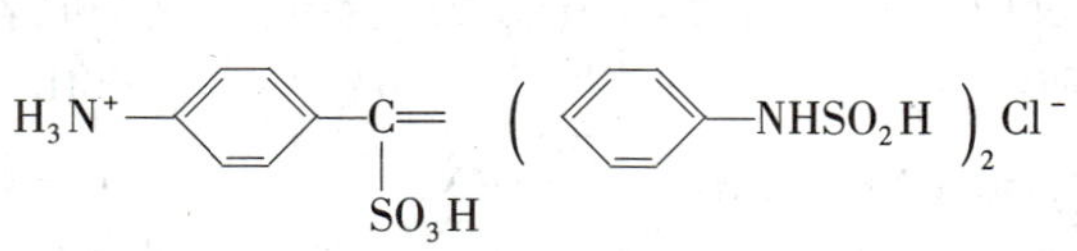

希夫试剂与醛作用和亚硫酸氢钠与醛作用相仿，反应式可以下式表示：

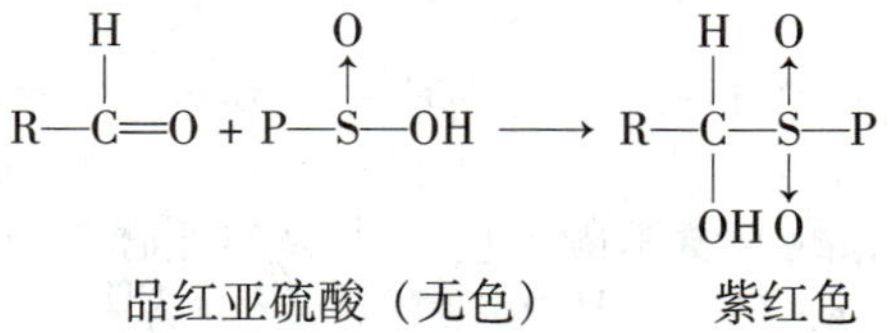

品红亚硫酸（无色）　　紫红色

（8）与氨的衍生物加成缩合反应：氨分子中的一个氢原子被其他基团取代后的产物，称为氨的衍生物，包括伯胺、羟氨（胲）、联氨（肼）、苯肼、2，4-二硝基苯肼、氨基脲等。它们都能与羰基化合物发生反应。在反应过程中，先生成不稳定的加成产物，然后脱去一分子水形成含有碳氮双键的化合物。羟氨、苯肼，特别是2，4-二硝基苯肼等都是检验羰基化合物（醛和酮）的常用试剂，称它们为羰基试剂。

氨的衍生物的结构式为：

$H_2N \vdots H$ 氨　　$H_2N \vdots R(Ar)$ 伯胺　　$H_2N \vdots OH$ 胲（羟氨）　　$H_2N \vdots NH_2$ 肼（联氨）

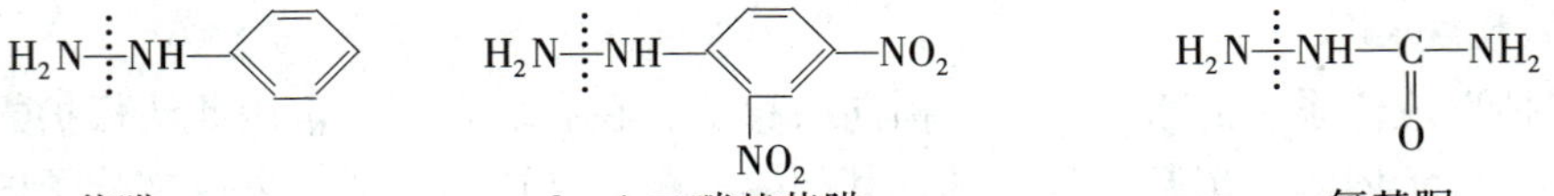

苯肼　　2，4-二硝基苯肼　　氨基脲

这些衍生物可用 $H_2N—B$ 代表，它与醛、酮的反应为：

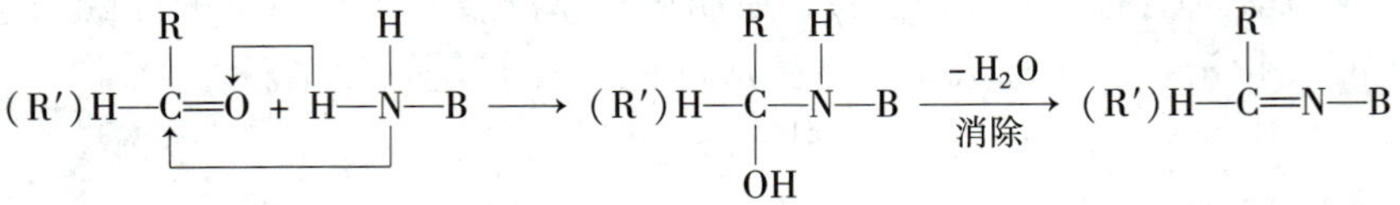

实际上醛、酮与氨的衍生物的反应是加成－消除反应。现将有关反应分述于后。为了方便，各反应一般只写最终产物。

① 与伯胺的反应：醛、酮与伯胺反应，生成物叫醛亚胺或称希夫碱（Schiff base）。

$$(R')H—\overset{\displaystyle R}{\overset{|}{C}}=O + H_2NR'' \rightleftharpoons (R')H—\overset{\displaystyle R}{\overset{|}{C}}=N—R'' \quad \text{醛亚胺（希夫碱）}$$

只有 R 为芳基的醛、酮能形成稳定的醛亚胺，一般醛亚胺是不稳定的，极易变回原来的醛、酮。醛亚胺的形成和转化,在生物体内物质代谢特别是蛋白质代谢中有着重要的意义。

② 与羟氨的反应：醛、酮与羟氨反应生成肟。例如：

$$CH_3—\overset{\displaystyle H}{\overset{|}{C}}=O + H_2N—OH \xrightarrow{\text{微热}} CH_3—CH=N—OH \quad \text{乙醛肟}$$

$$CH_3—\overset{\displaystyle CH_3}{\overset{|}{C}}=O + H_2N—OH \xrightarrow{\text{微热}} CH_3—\overset{\displaystyle CH_3}{\overset{|}{C}}=N—OH \quad \text{丙酮肟}$$

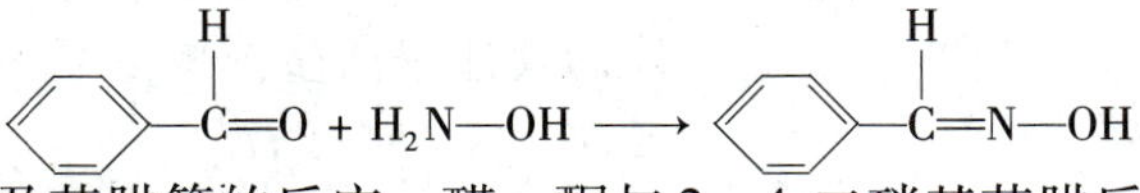

苯甲醛肟

③ 与肼及苯肼等的反应：醛、酮与2，4-二硝基苯肼反应生成2，4-二硝基苯腙。

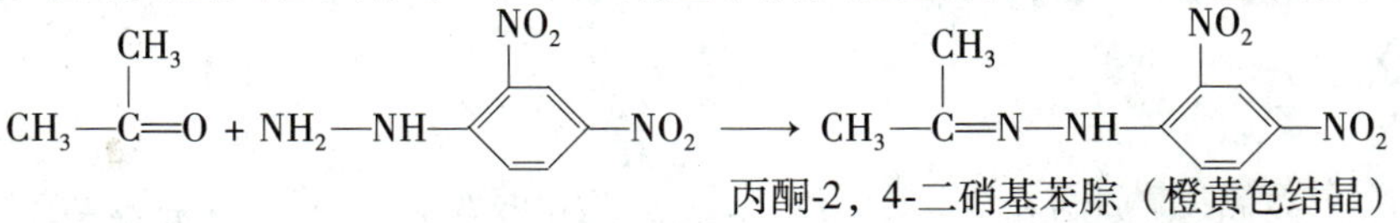

丙酮-2，4-二硝基苯腙（橙黄色结晶）

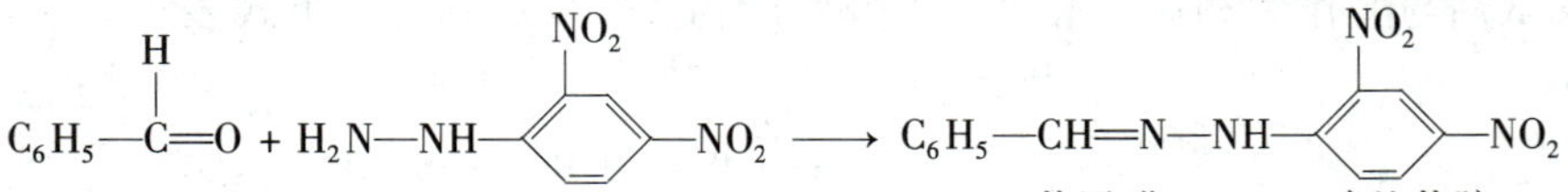

苯甲醛-2，4-二硝基苯腙

④与氨基脲的反应：醛、酮与氨基脲反应，生成缩氨脲。例如：

$$CH_3—\overset{\displaystyle CH_3}{\overset{|}{C}}=O + H_2N—NH—\overset{\displaystyle O}{\overset{\|}{C}}—NH_2 \longrightarrow CH_3—\overset{\displaystyle CH_3}{\overset{|}{C}}=N—NH—\overset{\displaystyle O}{\overset{\|}{C}}—NH_2$$

丙酮缩氨脲

$$C_6H_5—\overset{\displaystyle H}{\overset{|}{C}}=O + H_2N—NH—\overset{\displaystyle O}{\overset{\|}{C}}—NH_2 \longrightarrow C_6H_5—CH=N—NH—\overset{\displaystyle O}{\overset{\|}{C}}—NH_2$$

苯甲醛缩氨脲

肟、苯腙及缩氨脲大多数是固体，有固定的熔点，产率高，易于提纯，所以这些反应常用来鉴别醛、酮。对于易溶于的低级醛、酮，由于其衍生物熔点较低，不易测准，用2，4-二硝基苯肼更为合适，因为大多数醛、酮都能生成黄色或橙色的不溶于水的2，4-二硝基苯腙晶体。

肟、苯腙、2，4-二硝基苯腙及缩氨脲经分离提纯后，用酸处理可以水解成原来的醛、酮，因此这些反应亦可用来从混合物中分离提纯醛、酮。

具有 $\gt C{=}N$ 结构的化合物也可以产生顺反异构，如苯甲醛肟的顺反异构体为：

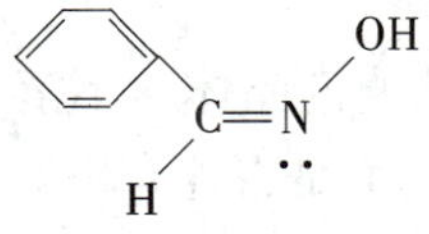

Z-苯甲醛肟
（熔点：71.4℃）

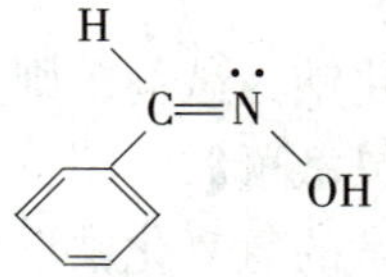

E-苯甲醛肟
（熔点：68℃）

【思考题 7-1】 氨基脲（$NH_2CONHNH_2$）分子中有两个伯氨基，为什么只有一个氨基与羰基反应？

2. *α-氢的反应*　醛、酮分子中与羰基相连的碳原子称为α-碳原子，α-碳原子上的氢原子，称为α-氢原子。α-氢原子由于羰基的诱导效应和σ-π超共轭效应的影响，变得比较活泼。在碱的催化下，具有α-氢的醛、酮可以形成活泼的负碳离子：

$$(R)H-\overset{\overset{\displaystyle O}{\|}}{C}-CH_3 + OH^- \rightleftharpoons {}^-CH_2-\overset{\overset{\displaystyle O}{\|}}{C}-H(R) + H_2O$$

负碳离子很不稳定，它被亲电试剂卤素进攻时，引起α-氢的卤代反应；它作为亲核试剂向另一分子醛、酮的羰基碳原子进攻时，则引起羟醛缩合反应。

（1）卤代反应：醛、酮分子中的α-氢原子易被卤素取代，形成α-卤代醛、酮。

$$CH_3-\underset{\underset{\displaystyle O}{\|}}{C}-CH_3 + Br_2 \xrightarrow{\triangle} CH_3-\underset{\underset{\displaystyle O}{\|}}{C}-CH_2Br$$

α-溴代丙酮

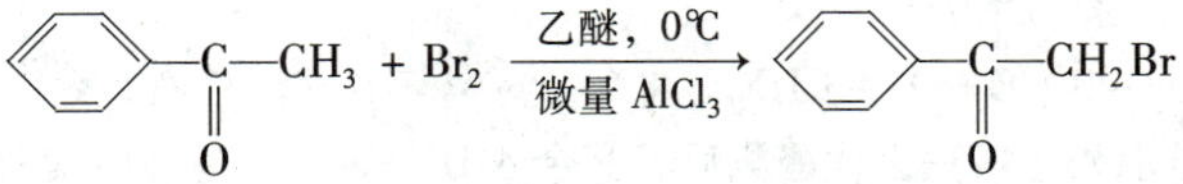

α-溴代苯乙酮（有很强的催泪作用）

特别在碱溶液中，反应更容易发生，例如：

$$CH_3-CH_2-CHO \xrightarrow[X_2]{OH^-} CH_3-\underset{\underset{\displaystyle X}{|}}{CH}-CHO$$

α-卤代丙醛

一个α-氢原子被卤代后，同一α-碳上其余的氢原子更容易被卤代，因此卤代反应的结果常常是得到二卤代醛（酮）。

$$CH_3-\underset{\underset{\displaystyle X}{|}}{CH}-CHO \xrightarrow[X_2]{OH^-} CH_3-\overset{\overset{\displaystyle X}{|}}{\underset{\underset{\displaystyle X}{|}}{C}}-CHO$$

α，α-二卤代丙醛

同样情况下，β-氢一般不易卤代。

（2）卤仿反应：在次卤酸钠或卤素的碱溶液作用下，乙醛、甲基酮的甲基上的三个 α-氢原子都可被卤代生成三卤衍生物，然后，在碱的作用下进一步分解为三卤甲烷（卤仿），这个反应叫卤仿反应。

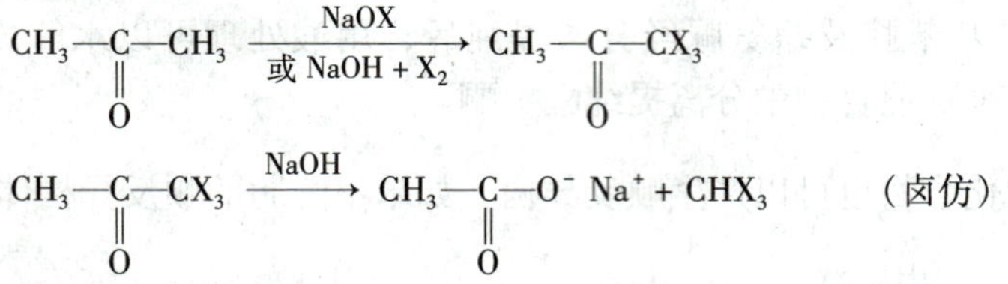

若以碘和氢氧化钠为试剂，则生成碘仿（CHI_3）。碘仿是黄色晶体，不溶于水，有特殊的气味。这个反应灵敏可靠，特称碘仿反应。可用来鉴别羰基上是否连有甲基。

次卤酸钠或卤素的氢氧化钠溶液都是氧化剂，它们可以将乙醇及含有甲基的仲醇氧化成乙醛及甲基酮，再进一步发生卤仿反应，因此碘仿反应也可以用来鉴别乙醇和具有

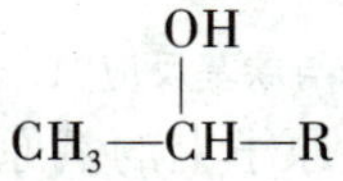 结构的仲醇。

卤仿的反应历程可表示如下：

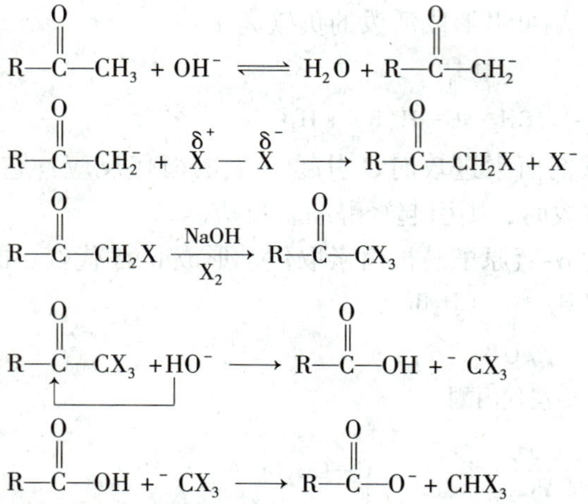

【思考题 7-2】醛、酮 α-H 被卤素取代生成一卤代醛酮后，其余 α-H 是否更容易被卤素所取代？试说明其理由。如用酸作催化剂呢？

（3）羟醛缩合反应：含有 α-氢的醛或酮在稀碱作用下，两分子醛、酮结合形成一分子 β-羟基醛或羟基酮，这个反应称羟醛缩合反应。以乙醛为例，其反应历程为：

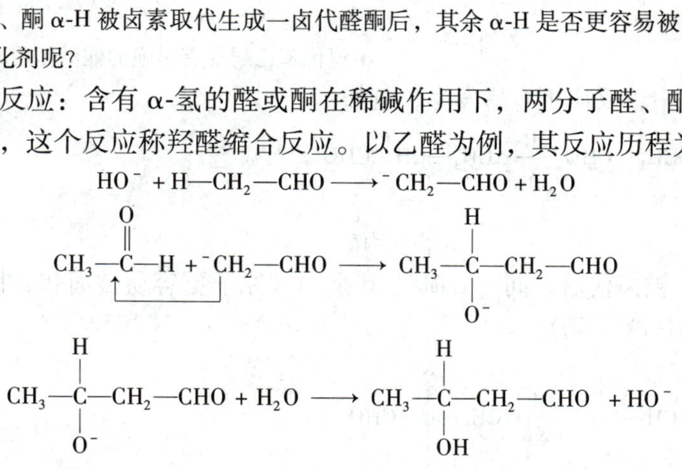

反应是可逆的，醛的反应比较顺利；酮则需要特殊的实验条件才能达到较高的产率。

β-羟基醛（酮）分子中还有α-氢，该α-氢同时受羰基和羟基影响而更为活泼，在稍微受热的情况下，便可与β-羟基消除一分子水，变成α，β-不饱和的醛或酮。

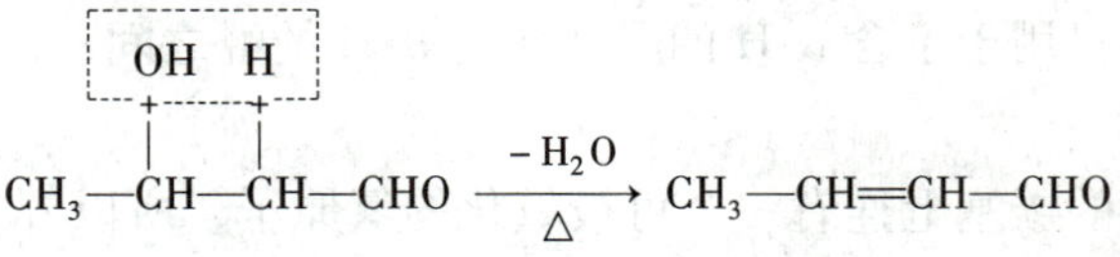

2-丁烯醛

羟醛缩合反应实际上是羰基的加成反应。在两种不同的醛和酮之间也可以交叉缩合，生成相应的产物。没有α-氢的醛如甲醛、苯甲醛等，虽然不能自相进行羟醛缩合反应，但它们可以作为负碳离子的受体而与别的有α-氢的醛、酮进行交叉羟醛缩合反应。

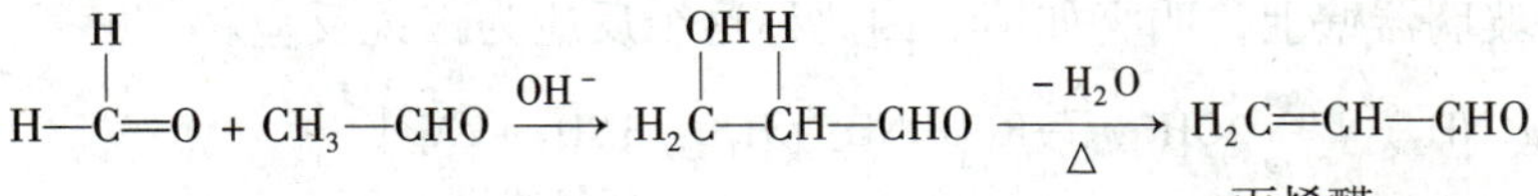

丙烯醛

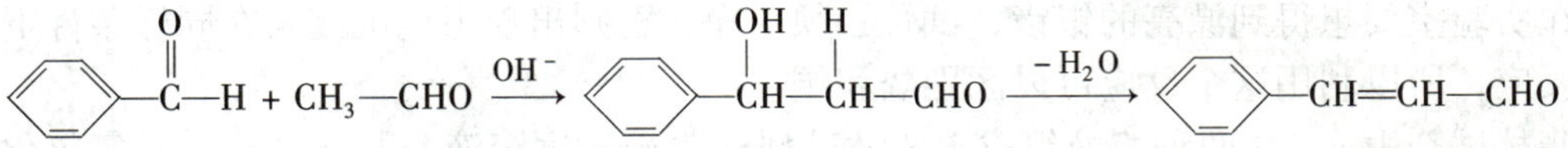

3-苯基-2-丙烯醛（肉桂醛）

羟醛缩合反应在有机合成上有着重要的意义，通过两分子醛的缩合，可以得到比原来碳原子数增多一倍的醛、醇、酸等一系列化合物，如：

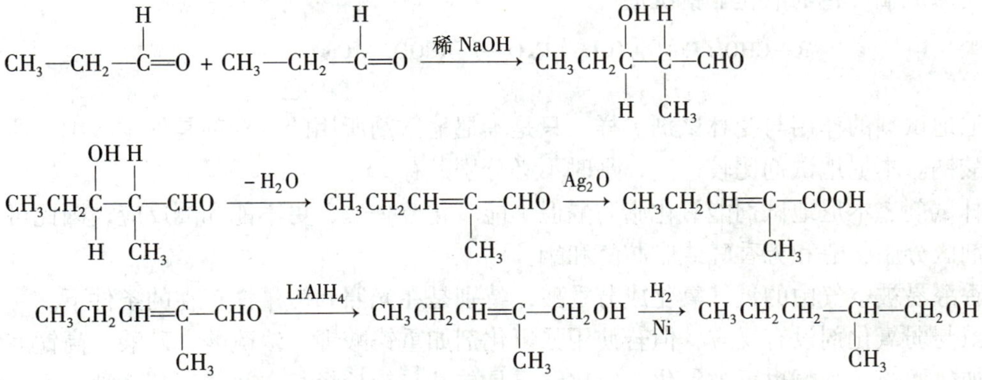

在生物体内的物质代谢过程中，也存在交叉羟醛缩合反应，如二羟丙酮和甘油醛通过交叉羟醛缩合，形成果糖。

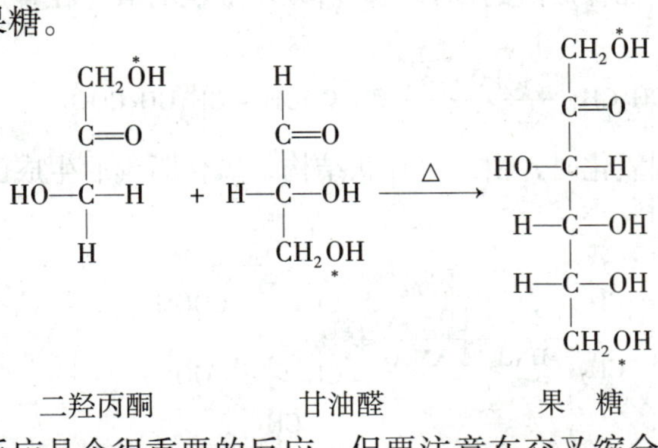

（生物体内，＊表示磷酸酯）

二羟丙酮　　甘油醛　　果　糖

羟醛缩合反应是个很重要的反应，但要注意在交叉缩合反应时，两种含α-H的醛交叉缩合时可产生四种产物，不易分离，所以无实际意义；一个含有α-H的醛与一个不含α-H的醛反应时，在保证不含α-H的醛过量的前提下，产物以一种为主，而且产率较高，这种情况常用于有机合成中。两分子酮或一分子酮和一分子醛进行缩合时，由于电子效应和空间效应的影响，反应不像醛那样顺利，在同样条件下，产率很低，实际意义也不大。因此在实验室中，交叉缩合反应只用于不含 α-H 的醛和含有 α-H 的醛之间。

3. 氧化还原反应

（1）氧化反应：醛的羰基上连有一个可被氧化的氢原子，所以容易被氧化，可以被许多弱氧化剂氧化生成相应的羧酸。而酮则难以被氧化。

实验室常用的弱氧化剂有：多伦（Tollen）试剂、斐林（Fehling）试剂和本尼地（Benediet）试剂。

多伦试剂是硝酸银的氨溶液，它与醛反应时，醛被氧化成羧酸，银离子还原成金属银。金属银附着在洁净的玻璃器壁上，明亮如镜。因此称这个反应为银镜反应。

$$R—CHO + 2[Ag(NH_3)_2]^+ + 2OH^- \xrightarrow{\triangle} RCOONH_4 + H_2O + 3NH_3 + \underset{\text{银镜或黑色沉淀}}{2Ag\downarrow}$$

在实验室要想得到漂亮的银镜，试管必须干净，否则出现黑色沉淀。在同样条件下酮不发生反应，所以利用这个反应可以区别醛和酮。

斐林试剂由 A、B 两种溶液组成：斐林试剂 A 是硫酸铜溶液，斐林试剂 B 是氢氧化钠和络合剂酒石酸钾钠溶液。A、B 分别贮存，应用时将 A、B 等量混合。它是个弱氧化剂，在这个试剂中，作为氧化剂起作用的是二价铜离子。它与脂肪醛反应时，醛氧化成羧酸，二价铜离子还原成橘红色的氧化亚铜沉淀。

$$R—CHO + Cu^{2+} + OH^- + H_2O \xrightarrow{\triangle} RCOO^- + \underset{\text{橘红色}}{Cu_2O\downarrow} + 4H^+$$

本尼地试剂的作用与斐林试剂一样，只是本尼地试剂所用的络合剂是柠檬酸钠，所用的碱是碳酸钠。本尼地试剂比较稳定，平时不必分别贮存。

斐林试剂、本尼地试剂能氧化脂肪醛但不能氧化芳香醛，更不能和酮反应，因此可以用斐林试剂区分脂肪醛和芳香醛或脂肪醛和酮。

芳香醛易被空气中的氧气氧化成芳香酸，特别是在光照和微量铁存在的条件下。

酮虽与弱氧化剂没有反应，但若使用强氧化剂如重铬酸钾、浓硫酸、硝酸、高锰酸钾等长时间加热回流，则酮也可被氧化。氧化结果是羰基与较长烃基之间的碳链断裂，形成含碳原子数较少的羧酸。产物往往是几种羧酸的混合物，所以一般酮的氧化在合成上没有意义。

$$CH_3—\overset{\overset{\large O}{\|}}{C}—CH_2CH_2CH_3 \xrightarrow[\triangle]{[O]} CH_3COOH + CH_3CH_2COOH$$

环酮，如环己酮被强氧化剂氧化时，由于是环状结构，氧化断键后生成己二酸：

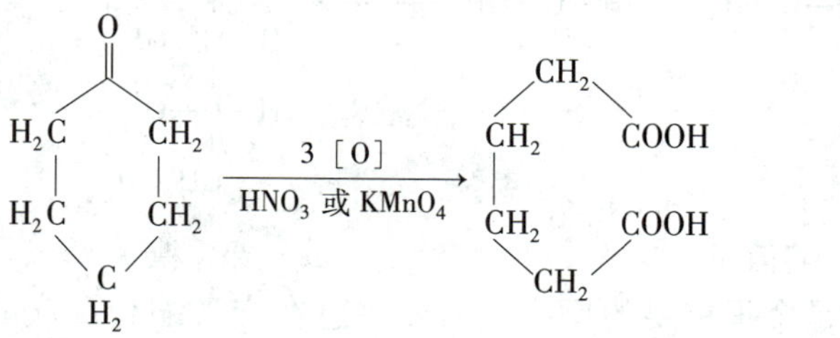

己二酸是生产合成纤维尼龙 66 的原料。

（2）还原反应：羰基可被催化氢化，醛被还原成伯醇，酮被还原成仲醇。常用的催化剂有铂、钯、镍等。

$$\mathrm{R{-}\overset{\overset{\displaystyle H}{|}}{C}{=}O \xrightarrow[Ni]{H_2} R{-}CH_2{-}OH} \qquad \text{(伯醇)}$$

$$\mathrm{R{-}\overset{\overset{\displaystyle O}{\|}}{C}{-}R' \xrightarrow[Ni]{H_2} R{-}\underset{\underset{\displaystyle OH}{|}}{\overset{\overset{\displaystyle H}{|}}{C}}{-}R'} \qquad \text{(仲醇)}$$

如果醛、酮的烃基上有碳碳双键，在还原时一并被还原。例如：

$$\underset{\substack{\text{2-丁烯醛}\\\text{(巴豆醛)}}}{\mathrm{CH_3{-}CH{=}CH{-}CHO}} \xrightarrow[Ni]{H_2} \underset{\text{1-丁醇}}{\mathrm{CH_3{-}CH_2{-}CH_2{-}CH_2{-}OH}}$$

若仅让羰基还原而保留碳碳双键，就必须使用选择性较高、还原效果好的还原剂，如硼氢化钠（$NaBH_4$）、异丙醇铝/异丙醇［（$(CH_3)_2CHO)_3Al$/（$CH_3)_2CHOH$］及氢化铝锂（$LiAlH_4$）等。这些还原剂的还原历程类似，都是提供负氢离子作为亲核试剂，对醛、酮的羰基进行亲核加成。它们可以还原醛、酮，而对脂肪族的碳碳重键如碳碳双键、碳碳三键不发生作用，这种还原反应产率高、副反应少。例如：

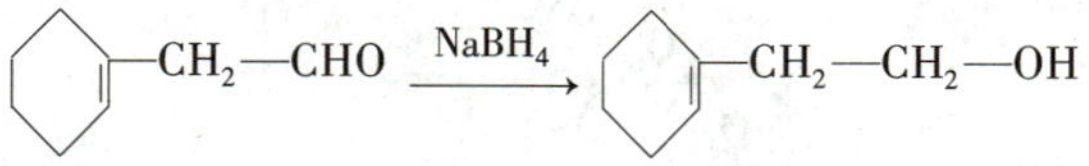

$$\mathrm{CH_3CH{=}CH{-}CHO \xrightarrow{LiAlH_4} CH_3CH{=}CH{-}CH_2OH}$$

在生物体中，羰基被还原成羟基是在酶的催化下进行的。

另外，醛、酮的羰基在锌汞齐与浓盐酸作用下，可以还原成亚甲基。如：

$$\mathrm{CH_3{-}CH_2{-}CHO \xrightarrow[HCl]{Zn\text{-}Hg} CH_3{-}CH_2{-}CH_3}$$

$$\mathrm{R{-}\overset{\overset{\displaystyle O}{\|}}{C}{-}R' \xrightarrow[HCl]{Zn\text{-}Hg} R{-}CH_2{-}R'}$$

这个反应叫克莱门森（Clemmenson）还原反应。此反应在浓盐酸介质中进行，分子中不能带有对酸敏感的基团，如醇羟基、碳碳双键等。

4. *歧化反应* 没有α-氢的醛，如甲醛、苯甲醛、乙二醛等在碱性溶液中不起羟醛缩合反应，但能起自身氧化还原反应，即与强碱共热时，其一分子作为氢的给予体，另一分子作为氢的接受体，前者被氧化，后者被还原，发生了分子间的氧化还原反应，生成等量的醇和酸。如：

$$\mathrm{H{-}\overset{\overset{\displaystyle H}{|}}{C}{=}O + H{-}\overset{\overset{\displaystyle H}{|}}{C}{=}O \xrightarrow[\triangle]{NaOH} H{-}\overset{\overset{\displaystyle O}{\|}}{C}{-}O^- \; Na^+ + CH_3{-}OH}$$

$$\begin{array}{c}\mathrm{CHO}\\|\\\mathrm{CHO}\end{array} + \mathrm{NaOH} \longrightarrow \underset{\text{羟基乙酸钠}}{\begin{array}{l}\mathrm{COO^-\ Na^+}\\|\\\mathrm{CH_2OH}\end{array}}$$

这种同种分子间进行着两种性质相反的反应，称为歧化反应，这个反应是1853年康尼查罗（S. Cannizzaro）发现的，故叫做康尼查罗反应。

两种醛进行交叉歧化反应的产物复杂，不易分离，因此无实用意义。但是如果用甲醛和另一种没有 α-氢的醛进行歧化反应时，甲醛总是被氧化成甲酸，而另一种醛被还原成醇。

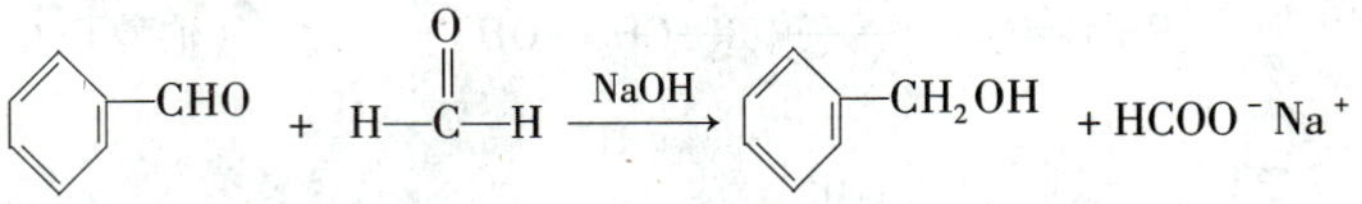

【思考题 7-3】 以甲醛和乙醛为原料可以制备具有工业价值的季戊四醇［$C(CH_2OH)_4$］，其中使用了交叉羟醛缩合和交叉歧化反应，请写出有关反应式和反应条件。

四、醛、酮重要代表物

1. **甲醛**　甲醛又叫蚁醛。常温下是气体，沸点 -21℃，易溶于水，一般是以水溶液保存。37%～40% 的甲醛水溶液（常含有 8%～10% 的甲醇）是医药和农业上常用的消毒剂，俗称为福尔马林（formalin）。工业上，甲醛大量用于制造酚醛树脂、脲醛树脂、合成纤维等。

甲醛的羰基与两个氢原子相连接，结构特殊，比其他醛有更大的活泼性。

甲醛容易发生聚合反应，在不同的条件下，能生成不同的聚合产物。甲醛气体在常温下可以自动聚合成三聚甲醛。三聚甲醛经加热还可以分解为甲醛。

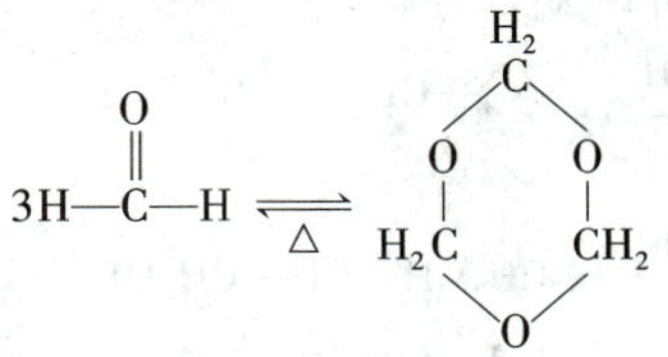

三聚甲醛（白色晶体）

三聚甲醛具有环状结构，是白色结晶粉末，熔点 62℃，无还原性。

在甲醛水溶液中，甲醛与它的水合物成平衡状态存在，在很大程度上是以水合物的形式存在，加热蒸发甲醛水溶液，甲醛水合物分子间脱水形成为白色固体的多聚甲醛。甲醛水溶液放久了也容易析出多聚甲醛。

$$HOCH_2OH + nHOCH_2OH + HOCH_2OH \longrightarrow HOCH_2(OCH_2)_nOCH_2OH + (n-1)H_2O$$

多聚甲醛分子中的 n 一般为 8～100，加热至 180～200℃，重新分解出甲醛。

甲醛与氨作用生成一个环状化合物，叫环六亚甲基四胺，商品名叫优洛托品（Urotropine）。环六亚甲基四胺为白色结晶粉末，易溶于水，熔点 263℃。在医药上用于抗流感、抗风湿、利尿剂及尿道消毒剂。

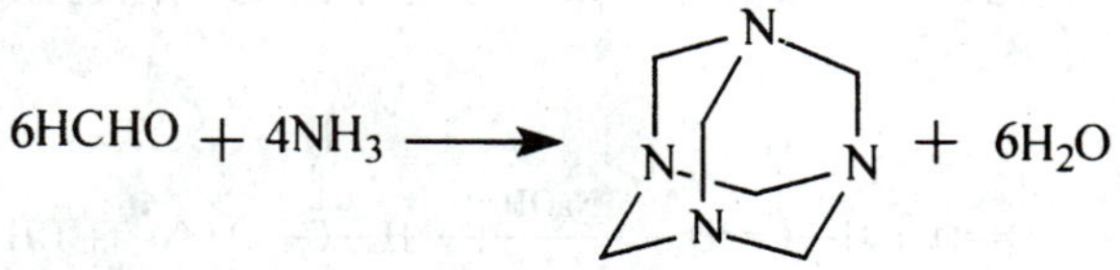

甲醛与铵盐作用，除生成环六亚甲基四胺外，同时放出与 NH_4^+ 等量的 H^+，可用标准碱液滴定，用于铵盐的定量分析，此方法常被称为“甲醛滴定”法。

$$6HCHO + 4NH_4^+ \longrightarrow 2(CH_2)_6N_4 + 6H_2O + 4H^+$$

甲醛分子中没有 α-氢，可以发生歧化反应。在甲醛与其他没有 α-氢原子的醛发生交叉歧化反应时，由于甲醛的特殊结构，总是甲醛被氧化。

甲醛能使蛋白质凝固，所以常用作消毒剂，如用于仓库、蚕室、接种室等场所的熏蒸消毒；小麦、棉花等种子的浸种杀菌，生物标本的防腐等。

2. 乙醛　乙醛是无色易挥发的液体，沸点20.8℃，熔点－123℃，可溶于乙醇、乙醚和水中，乙醛具有醛的各种典型性质，易聚合。在少量矿酸存在下聚合成三聚乙醛。乙醛是有机合成的重要原料。

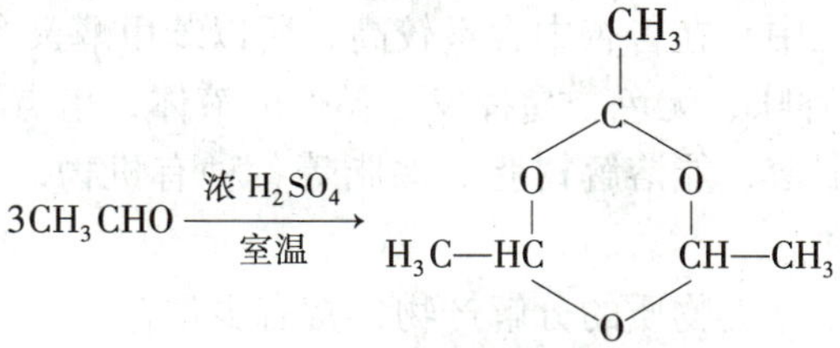

三聚乙醛

三聚乙醛是有香味的液体，沸点124℃，不易挥发，不具醛的性质，比较稳定。三聚乙醛加稀硫酸蒸馏可得乙醛。工业上常以三聚乙醛的形式来贮存乙醛。

3. 三氯乙醛　三氯乙醛是具有刺激性气味的无色油状液体，沸点98℃。三氯乙醛遇水后即形成水合三氯乙醛，这是因为三个氯原子的吸电子诱导效应使羰基碳原子的电子密度显著降低，从而提高了羰基碳原子接受亲核试剂进攻的能力，使三氯乙醛可以与水形成稳定的加成产物。

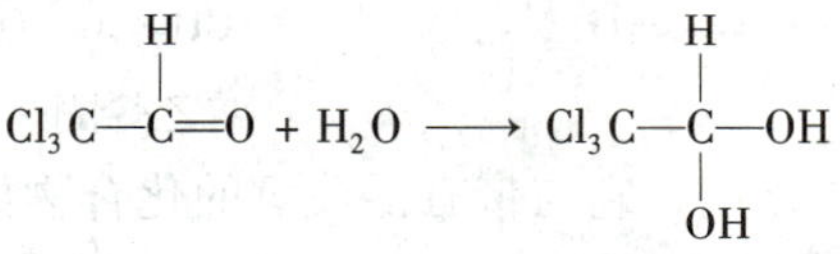
水合三氯乙醛

水合三氯乙醛商品名叫水合氯醛，它是无色透明晶体，熔点57℃，有刺激性气味，易溶于水和有机溶剂，可用作催眠镇静剂和兽医用麻醉剂。

在工业上，三氯乙醛是制备药物和农药的原料。

4. 苯甲醛　苯甲醛是无色有苦杏仁味的液体，熔点－55℃，沸点179℃，微溶于水，溶于乙醇、乙醚、苯及氯仿等有机溶剂。

苯甲醛性质活泼，有一般醛的性质，具有不含α-氢原子的醛的性质，是芳香醛的典型代表，具有芳香醛的特性。

苯甲醛在醋酸钠存在下与醋酸酐一起加热失水生成肉桂酸，这个反应称为普尔金（Perkin）反应。

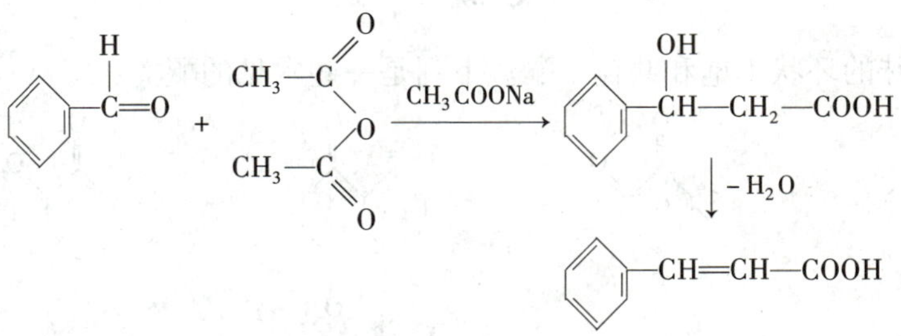

肉桂酸

其他的芳香醛和酸酐也可以发生普尔金反应，这是制备α，β-不饱和芳香酸的方法。

苯甲醛在氰离子的催化下可以发生双分子缩合反应生成二苯羟乙酮（又名安息香），这个反应又叫安息香缩合。

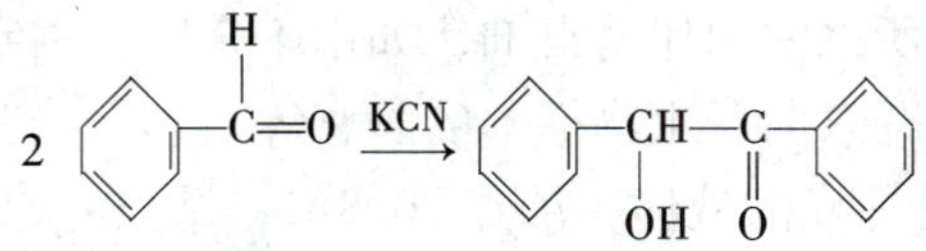

苯甲醛是合成染料和香料的原料。在自然界，苯甲醛常与葡萄糖、氢氰酸等结合成糖苷的形式存在于杏、桃、李等种仁中，在苦杏中含量较高，所以苯甲醛又名苦杏仁油。

5. 丙酮　丙酮是具有愉快香味、无色、易挥发、易燃的液体，熔点 -95℃，沸点 56℃，能与水、乙醇、乙醚、氯仿等混溶，能溶解树脂、油脂等各种有机物，是常用的有机溶剂，也是重要的有机合成原料。

在生理生化变化中，丙酮是糖类物质的分解产物，常有少量存在于尿中；糖尿病患者尿中的丙酮含量比正常人高。

在工业上，丙酮是制备氯仿、碘仿以及某些合成有机玻璃的原料。

6. 乙烯酮　乙烯酮是最简单的不饱和酮，常温下是无色气体，沸点为 -56℃，有毒。具有特殊结构，在羰基和α-碳之间有一个碳碳双键，因而表现出非常活泼的性质，它很容易聚合，通常以二聚体的形式存在。

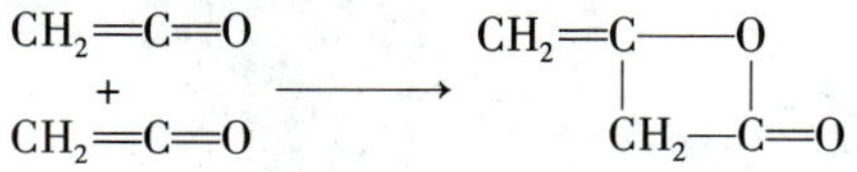

二乙烯酮

乙烯酮是一个良好的乙酰化剂，它与带有活泼氢的化合物如水、醇、氨、酸等发生加成反应，在分子中引入乙酰基。

$CH_2{=}C{=}O$ + {

$H\cdots OH \longrightarrow CH_3COOH$　乙　酸

$H\cdots O{-}C_2H_5 \longrightarrow CH_3COOC_2H_5$　乙酸乙酯

$H\cdots OOC{-}CH_3 \longrightarrow (CH_3CO)_2O$　乙酸酐

$H\cdots Cl \longrightarrow CH_3COCl$　乙酰氯

$H\cdots NH_2 \longrightarrow CH_3CONH_2$　乙酰胺

乙烯酮广泛用于有机合成。工业上用乙烯酮大量生产乙酸酐,实验室常用它作乙酰化剂。

第二节　醌

一、概　　述

醌是一类特殊的环状不饱和共轭二酮。下列是一些常见的醌类：

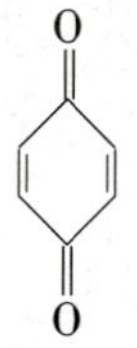

对苯醌
1,4-苯醌
（黄色结晶）

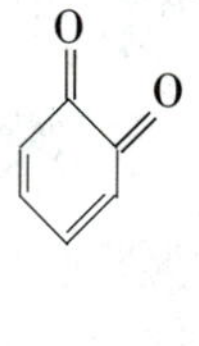

邻苯醌
1,2-苯醌
（红色结晶）

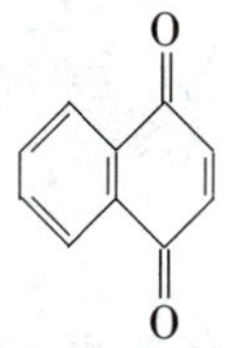

α-萘醌
1,4-萘醌
（橙黄色结晶）

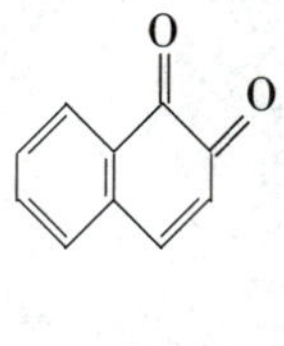

β-萘醌
1,2-萘醌
（黄色结晶）

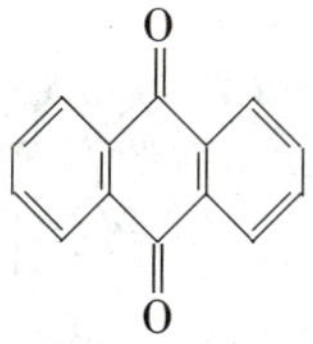

蒽　醌
（淡黄色结晶）

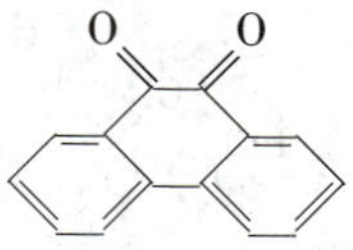

菲　醌
（橙黄色结晶）

从上述所列醌类化合物中可以看出，醌型结构的结构特征为 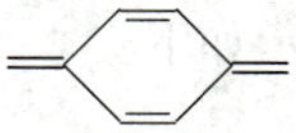 （对醌型）或 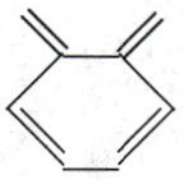 （邻醌型）。

二、醌 的 性 质

醌型结构是个发色团，具有醌型结构的化合物都有颜色，对醌结构一般呈黄色，邻醌结构一般呈红色或橙色。

在醌分子中存在着碳碳双键与碳氧双键间的 π－π 共轭体系。其分子的环中碳碳单键的键长是 0.149nm，碳碳双键的键长是 0.132nm，具有明显的单双键区别。因此，虽然醌容易从相应的芳香化合物变成，醌环很像芳香环，我们也用芳环的名称来命名醌，但是醌的环不是芳香环，醌不是芳香族化合物，它们的性质与不饱和酮相似。

1. *羰基的加成*　醌中的羰基能与羰基试剂加成。如：

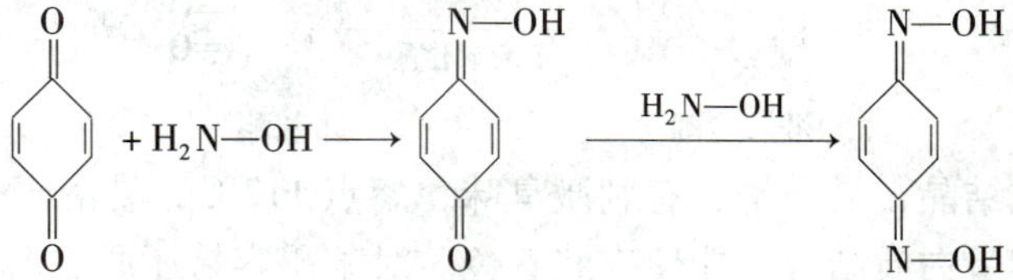

对苯醌肟　　对苯醌二肟

2. *碳碳双键的加成*　醌中的碳碳双键可以与卤素、卤化氢等亲电试剂发生加成反应。

对苯醌与溴、氯加成，可生成环状的卤代二酮。

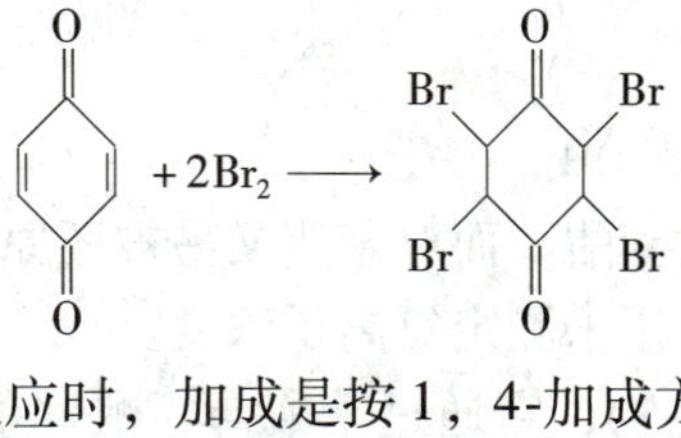

对苯醌与氯化氢发生加成反应时，加成是按 1，4-加成方式进行。

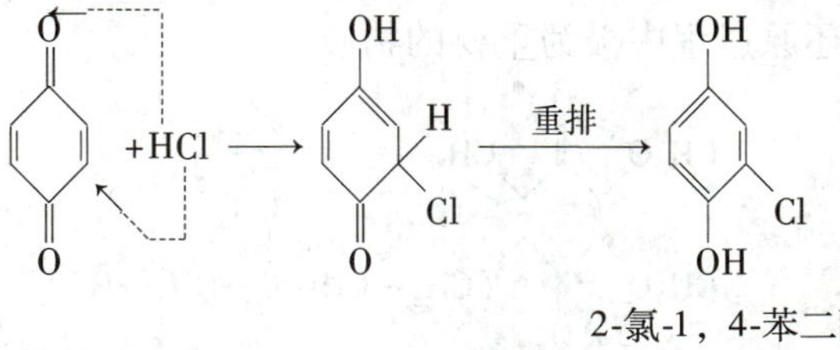

2-氯-1，4-苯二酚

对苯醌与 HCl 加成的产物氧化成醌后，再加一分子 HCl，可得二氯苯二酚；再氧化，再加成……最后可得四氯对苯醌。四氯对苯醌是一种农用杀菌剂。

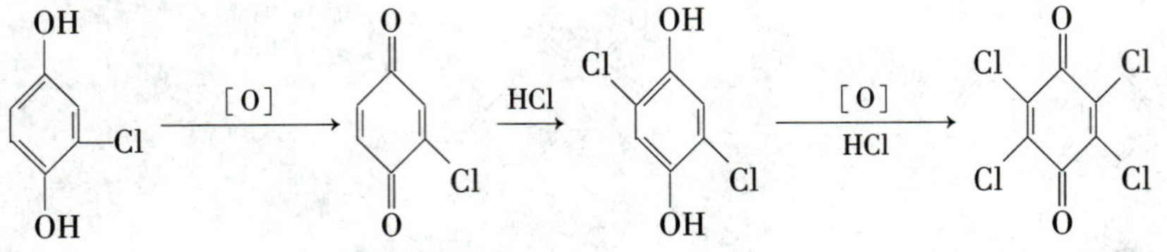

四氯对苯醌

3. *还原反应*　醌类可以还原成酚类，而酚类又可被氧化成醌类。醌与酚之间的氧化还原关系可表示如下：

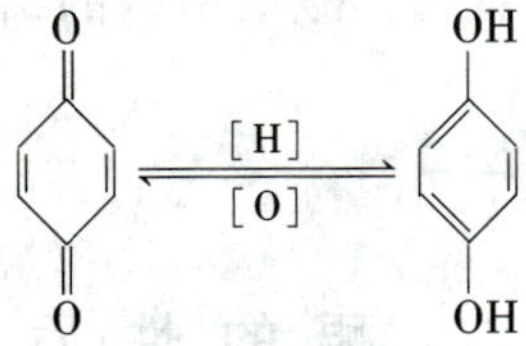

醌与酚之间的氧化还原反应是可逆的，并受着环境中 pH 值的制约。这种醌酚氧化还原体系在生理生化过程中有重要意义，在植物呼吸过程中起着相当重要的作用，是在呼吸时所发生的各种有机化合物的氧化中间环节。

三、个别代表物

1. **苯醌**　苯醌有邻苯醌和对苯醌两种，邻苯醌是红色结晶固体，很不稳定。无一定熔点，在 60～80℃分解。在植物体内，多酚氧化酶可以氧化邻苯二酚，生成邻苯醌。

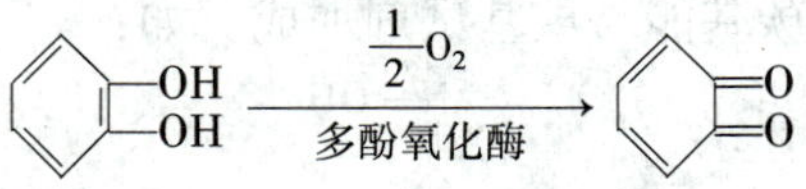

邻苯二酚　　　　　　　邻苯醌

对苯醌为金黄色结晶，易升华，有刺激臭味，熔点 117℃，易溶于热水，溶于乙醇和乙醚中。对苯醌很易与蛋白质结合，能使皮肤着色。对苯醌容易还原成对苯二酚，因此对苯二酚又可叫氢醌。对苯醌与对苯二酚能形成深绿色的分子化合物，称为醌氢醌：

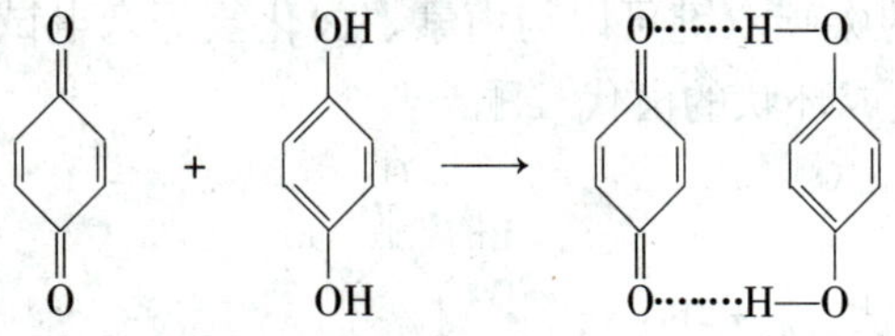

醌氢醌

由于对苯二酚易被氧化为对苯醌，而对苯醌又易被还原为对苯二酚，利用两者之间的氧化还原性质可以制成氢醌电极，用来测定氢离子浓度。

同样辅酶 Q 作为苯醌的衍生物，它通过苯醌与氢醌间的氧化还原过程在生物体内转移电子，是生物体内氧化还原过程中极为重要的物质。

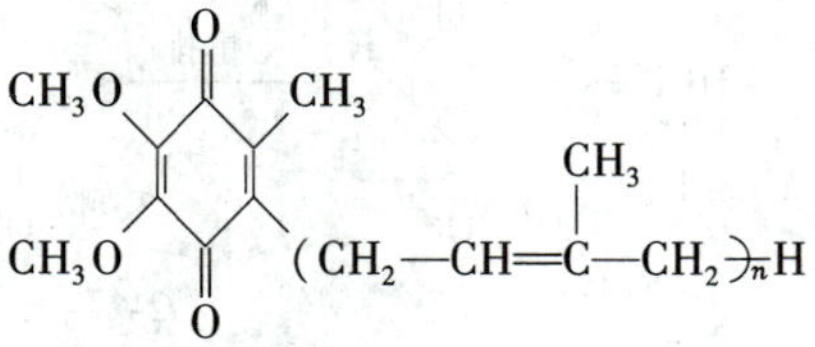

辅酶 Q

辅酶 Q 分子中的一个长的侧链是由异戊二烯单位组成的，在不同的生物体中其异戊二烯单位的数目不同。

一种俗称放屁虫的甲虫，利用苯醌作为防御武器。因为苯醌对黏膜有刺激性。在这种甲虫体内某一个腺体里存有对苯二酚及过氧化氢，而在体内前庭室里存有一种可以催化过氧化氢氧化对苯二酚的酶。当甲虫遇到敌人袭击时，它就将对苯二酚及过氧化氢注入前庭室中，在酶的作用下，立刻开始猛烈的氧化反应，同时将对苯二酚氧化产物——对苯醌由下腹部喷出，在这种有刺激性的苯醌烟雾的掩护下，甲虫就可以逃跑了。

2. 1，4-萘醌（α-萘醌） α-萘醌是黄色挥发性固体。萘醌的衍生物是对生物体有重要生理作用的物质。如含于多种绿叶蔬菜、蛋黄、动物肝脏中的维生素 K_1、K_2 等，具有促进凝血酶元生成的作用。

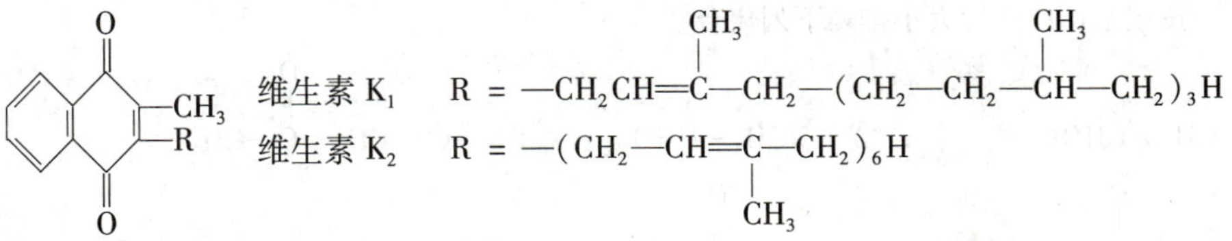

K_1 和 K_2 的侧链（—R）都是由若干异戊二烯单位组成的长链。

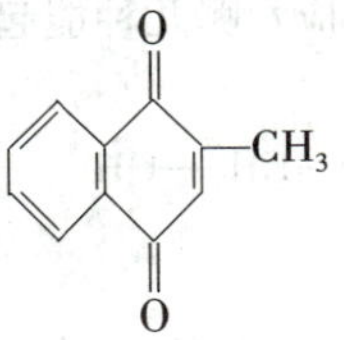

维生素 K_3

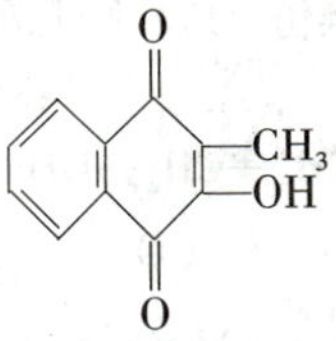

痨菌色素

3. 蒽醌 蒽醌的衍生物在自然界中也含有很多，如含在茜草中茜素和含于大黄中的大黄素等，都有蒽醌的结构。茜素是最早被使用的天然染料之一。大黄素是广泛分布于霉菌、真菌、地衣、昆虫及花中的色素。

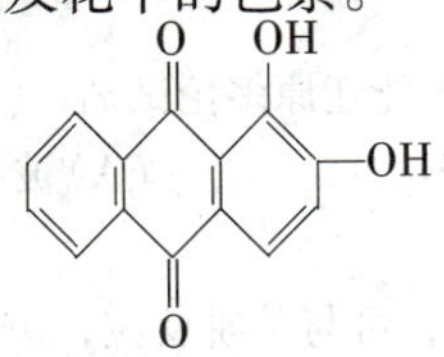

茜 素

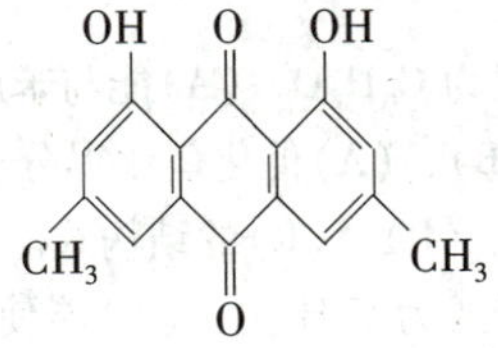

大黄素

习 题 七

1. 命名与写结构式：

（1）用系统命名法命名下列化合物：

① $CH_3—CH(C_2H_5)—CH_2—CHO$

② $(CH_3)_2CH—\overset{O}{\overset{\|}{C}}—CH_2—CH_3$

③ 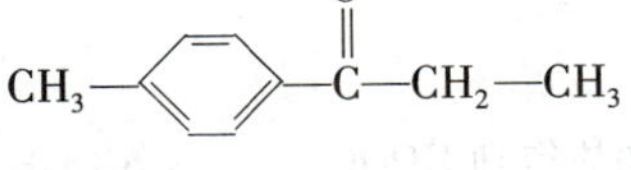

④ $CH_3—\overset{O}{\overset{\|}{C}}—CH_2—\overset{O}{\overset{\|}{C}}—CH_3$

⑤ 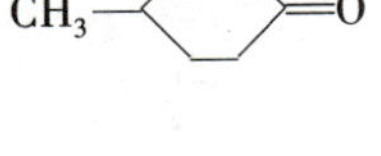

⑥ $CH_2{=}CH—CH_2—\overset{O}{\overset{\|}{C}}—CH_3$

（2）写出下列化合物的结构式：

① 1，3-环己二酮 ② 丙酮苯腙 ③ 乙酰丙酮

2. 用简便化学方法区别下列各组化合物：

（1）1-丙炔、1-丙醇、丙醛、丙酮 （2）苯酚、苯乙酮、苯甲醛、苯

3. 写出苯甲醛与下列试剂反应的主要产物：

（1）浓 NaOH （2）甲醇/无水 HCl （3）C_6H_5MgBr 然后酸水解

（4）甲醛/浓 NaOH （5）HCN （6） 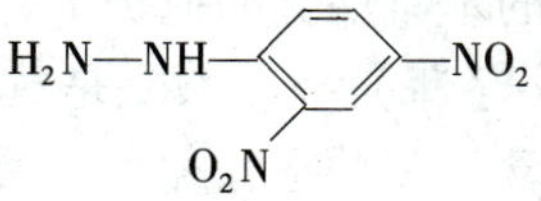

4. 依要求完成下列各题：

（1）按羰基加成活性大小排列下列化合物：

① $CH_3—CHO$ ② $ClCH_2—CHO$ ③ $CH_3—\overset{O}{\overset{\|}{C}}—CH_3$

④ $CH_3—\overset{O}{\overset{\|}{C}}—C_6H_5$ ⑤ $CH_3—\overset{O}{\overset{\|}{C}}—CH_2—CH_3$

（2）下列化合物中，哪几种能起碘仿反应？哪几种能起歧化反应？哪几种能起银镜反应？哪些能起羟醛缩合反应？

① $CH_3—CHO$ ② $CH_3—CH_2—OH$ ③ $C_6H_5—CH_2—OH$

④ 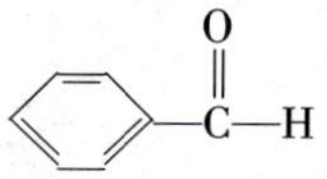 ⑤ 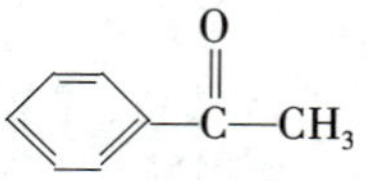 ⑥ $CH_3—\overset{O}{\overset{\|}{C}}—CH_2—CH_3$

5. 由乙炔合成下列化合物（无机试剂任选）：

（1） $CH_3CH_2CH_2CH_2OH$ （2） $CH_3CH{=}CHCH_2OH$ （3） 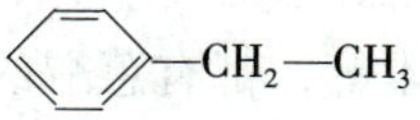

6. 推导结构式：

（1）化合物（A）的分子式为 C_6H_8O，（A）能与苯肼反应但不能还原多伦试剂，（A）溴的四氯化碳溶液反应得分子式为 $C_6H_8Br_2O$ 的（B），（A）催化氢化得分子式为 $C_6H_{12}O$ 的（C），（A）被 $KMnO_4$ 的碱性溶液氧化得 β-羰基己二酸。试推（A）、（B）、（C）的结构式。

（2）有一化合物（A）分子式为 $C_8H_{14}O$，（A）能使溴水褪色，可与苯肼反应，（A）被 $KMnO_4$ 氧化生成一分子丙酮及另一分子化合物（B）；（B）具有酸性，与氯气在碱性溶液中（与 NaOCl）反应，生成一分子氯仿和一分子丁二酸。试写出（A）的结构式。

（3）某化合物（A）的分子式为 $C_{10}H_{12}O_2$，不溶于 NaOH 溶液中，可与羟氨和苯肼反应，但不与多伦试剂作用。（A）经 $LiAlH_4$ 还原得（B），（B）的分子式 $C_{10}H_{14}O_2$，（A）与（B）都能起碘仿反应。（A）与 HI 作用生成（C），（C）分子式为 $C_9H_{10}O_2$，能溶于 NaOH 溶液中，（C）经克莱门森还原生成（D），（D）的分子式为 $C_9H_{12}O$，（A）经酸性 $KMnO_4$ 氧化生成对甲氧基苯甲酸。写出（A）、（B）、（C）、（D）的结构式及各步反应。

（4）灵猫酮 A 是由香猫的臭腺中分离出的香气成分，是一种珍贵的香原料，其分子式为 $C_{17}H_{30}O$。A 能与羟胺等氨的衍生物作用，但不发生银镜反应。A 能使溴的四氯化碳溶液退色生成分子式为 $C_{17}H_{30}Br_2O$ 的 B。将 A 与高锰酸钾水溶液一起加热得到氧化产物 C，分子式为 $C_{17}H_{30}O_5$。但如以硝酸与 A 一起加热，则得到如下的两个二元羧酸：

$$HOOC(CH_2)_7COOH \qquad HOOC(CH_2)_6COOH$$

将 A 于室温催化氢化得分子式为 $C_{17}H_{34}O$ 的 D，D 与硝酸加热得到 HOOC（CH_2）$_{15}$COOH。写出灵猫酮 A 以及 B、C、D 的结构式，并写出各步反应式。

第八章　羧酸及取代羧酸

羧酸是一类含羧基（—COOH）官能团的化合物，一元饱和脂肪酸的通式为 $C_nH_{2n}O$。羧酸烃链上的氢原子被其他原子或原子团取代后的衍生物被称为取代羧酸。

许多羧酸和取代羧酸是重要的天然产物，常以盐或酯的形式广泛地存在于自然界。它们中许多是生物体新陈代谢的中间产物；有些是脂肪和蛋白质的组成成分。

第一节　羧　　酸

一、概　　述

根据羧基分子中烃基结构的不同，可把羧酸分为脂肪族羧酸（包括饱和的和不饱和的羧酸）、芳香族羧酸。根据羧酸分子中羧基的数目，又可分为一元、二元和多元羧酸等。例如：

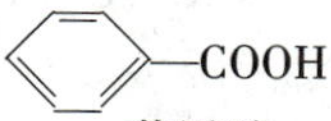

苯甲酸
（芳香酸）

$CH_3—CH_2—COOH$

丙　酸
（脂肪酸）

$CH_3—CH═CH—COOH$

2-丁烯酸
（不饱和酸）

COOH
|
COOH

乙二酸

COOH
|
CH_2
|
COOH

丙二酸

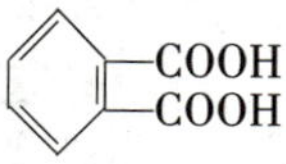

邻苯二甲酸

羧酸的命名有俗名和系统命名法两种：俗名是根据羧酸的最初来源命名，在生物学科中，经常使用羧酸的俗名，在下面的名称介绍中，括号中的名称即为羧酸的俗名。

脂肪族一元羧酸的系统命名法与醛类基本相似，即首先选择含有羧基的最长碳链作为主链并根据其碳原子数命名为某酸，主链的编号要从羧基一端开始，取代基的位置、名称写在主链名称之前。如：

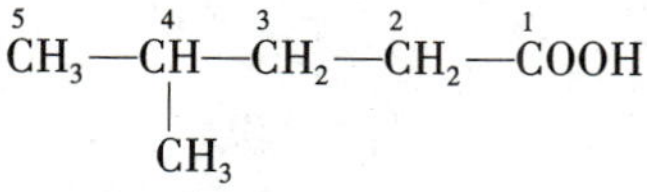

4-甲基戊酸

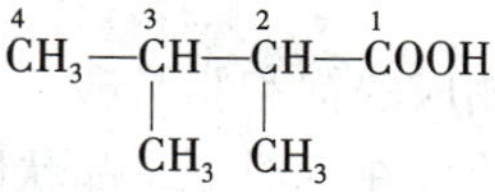

2，3-二甲基丁酸

某些情况下，也常用α、β、γ…等希腊字母标记取代基的位置。

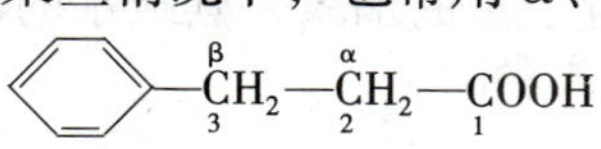

3-苯基丙酸（β-苯基丙酸）

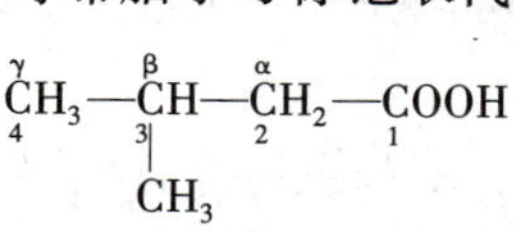

3-甲基丁酸（β-甲基丁酸）

用α、β、γ…等希腊字母标记取代基位置的方法在取代羧酸中经常用到。

不饱和羧酸命名时，选择含有羧基的最长不饱和碳链作为主链，称某烯酸或某炔酸，编号仍从羧基开始。如：

$\overset{4}{C}H_3-\overset{3}{C}H=\overset{2}{C}H-\overset{1}{C}OOH$

2-丁烯酸（巴豆酸）

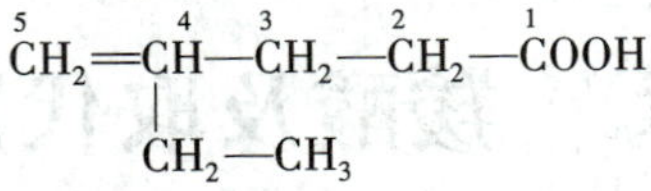

4-乙基-4-戊烯酸

二元酸命名时应选取含有两个羧基的最长碳链作为主链，根据碳原子数称为某二酸。如：

$HOOC-COOH$　　$HOOC-CH_2-COOH$　　$HOOC-CH_2-CH_2-COOH$

乙二酸（草酸）　　丙二酸　　丁二酸（琥珀酸）

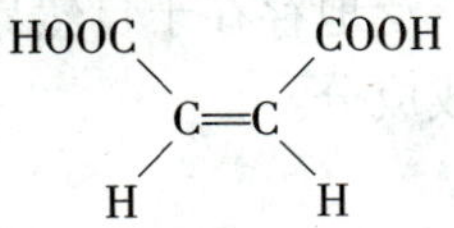

顺-丁烯二酸（马来酸、失水苹果酸）

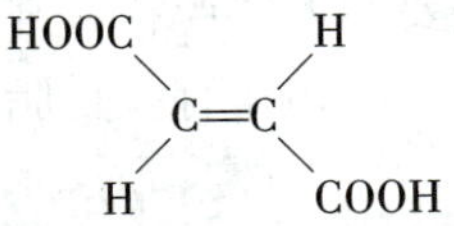

反-丁烯二酸（延胡索酸）

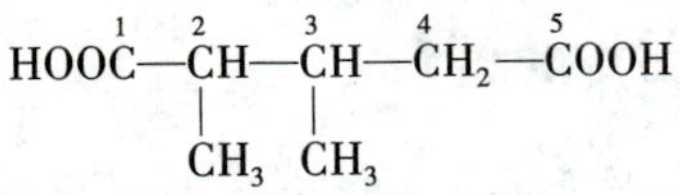

2，3-二甲基戊二酸

芳香族羧酸把芳环当做取代基。如：

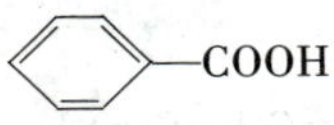

苯甲酸（安息香酸）

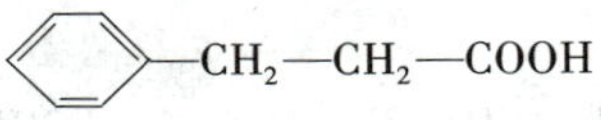

3-苯丙酸

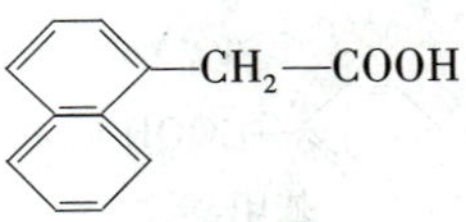

α-萘乙酸

二、羧酸的物理性质

由于羧酸分子中羧基是强极性基，而且有比醇羟基更强的彼此间以氢键缔合的能力，实验证明，低级的羧酸即使在气态下也是以双分子缔合体的形式存在。如：

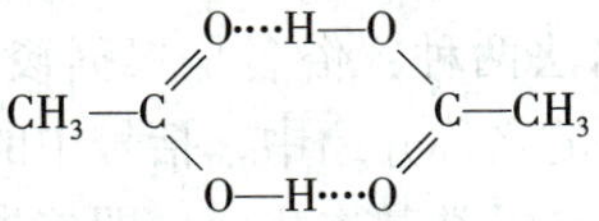

所以，羧酸比相应的醇具有更高的熔点和沸点。在室温下饱和一元脂肪酸中甲酸、乙酸、丙酸是具有刺激性臭味的液体，$C_4 \sim C_9$ 的酸是具有腥臭气味的液体，更高级的羧酸是无气味的蜡状固体。

不饱和高级脂肪酸其熔点低于相应的饱和脂肪酸。

脂肪族饱和二元羧酸和芳香族羧酸在室温下是晶状固体。

羧基是亲水基，而且羧基与水分子间的氢链缔合也比醇要强，所以羧酸的水溶度比相应的醇大。甲酸、乙酸、丙酸和丁酸可以完全与水混溶。随羧酸分子量的加大，其疏水的烃链比例加大，水溶度迅速降低。

一元羧酸都易溶于乙醇、乙醚、苯和氯仿等有机溶剂中。

物质的熔点不但与化合物的分子量、极性有关，而且与晶体中分子的排列情况有关，分子的对称性越大，物质的熔点也就越高。偶数碳原子的碳链的对称性比奇数碳原子的高，因此，就应有较高的熔点。从表 8-1 和表 8-2 可以看到含偶数碳原子羧酸的熔点比其他相邻的两个奇数碳原子羧酸的熔点要高就是这一规律的表现形式。

表 8-1 一元羧酸的物理常数

名 称（括号内是俗名）	沸 点（℃）	熔 点（℃）	密 度（g/ml）	溶解度（g/100g 水）	pKa（25℃）
甲酸（蚁酸）	100.5	8.4	1.020	∞	3.77
乙酸（醋酸）	118	16.4	1.049	∞	4.76
丙酸（初油酸）	141	-22	0.992	∞	4.88
丁酸（酪酸）	162.5	-4.7	0.959	∞	4.82
正戊酸（缬草酸）	187	-34.5	0.939	3.7	4.81
正己酸（羊油酸）	205	-1.5	0.929	0.4	4.85
正庚酸（毒水芹酸）	223.5	-11		0.24	4.89
正辛酸（羊脂酸）	237	16.5	0.919	0.25	4.89
正壬酸（天竺葵酸）	254	12.5			4.96
正癸酸（羊蜡酸）	268	31.5			
十六碳烷酸（软脂酸）		62.9			
十八碳烷酸（硬脂酸）		69.9			
丙烯酸	141	13			4.26
2-丁烯酸（巴豆油酸）		15.5			
3-丁烯酸	163	-39	1.013		4.35
9-十八碳烯酸（油酸）		13			
9，12-十八碳二烯酸（亚油酸）		-5			
9，12，15-十八碳三烯酸（亚麻酸）		-11			
苯甲酸（安息香酸）	249	121.7		2.7	4.17
苯乙酸	265	78		1.66	4.31
α-萘乙酸		131		0.04	

表 8-2 某些二元羧酸的物理常数

名 称	熔点（℃）	溶解度（g/100g 水）	电离常数（25℃）	
			pKa_1	pKa_2
乙二酸（草酸）	189	8.6	1.27	4.27
丙二酸（缩苹果酸）	136	73.5	2.85	5.70
丁二酸（琥珀酸）	185	5.8	4.21	5.64
戊二酸（胶酸）	98	63.9	4.34	5.41
己二酸（肥酸）	151	1.5	4.43	5.41
庚二酸（蒲桃酸）	106	2.5	4.47	5.52
辛二酸（软木酸）	144	0.14	4.52	5.52
癸二酸（杜鹃花酸）	106.5	0.2	4.54	5.52
壬二酸（皮脂酸）	134	0.1	4.55	5.52
顺-丁烯二酸（马来酸）	169	78.8	1.92	6.22
反-丁烯二酸（延胡索酸）	302	0.7	2.95	4.39
邻-苯二甲酸	213	0.7	2.95	5.41
间-苯二甲酸	348	0.01	3.62	4.60

三、酸的化学性质

羧酸的官能团是羧基，羧基是个极性基团，由羰基和羟基组成，但羧基的性质决不是羰基和羟基性质的简单加合。

在羧酸分子中，羰基碳原子以 sp^2 杂化形式成键，羧基中的羰基和羟基氧原子上的未共用电子对形成了 p-π 共轭体系，如下所示：

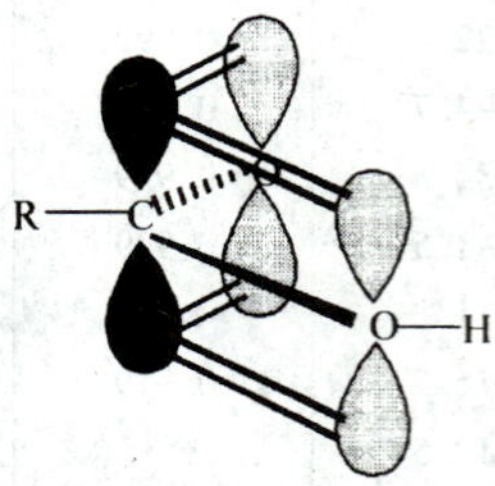

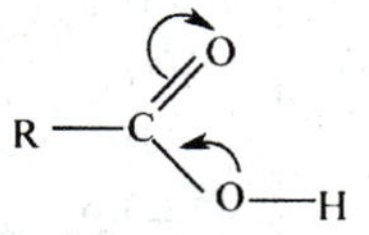

由于 p-π 共轭体系的存在，使 C═O 和 C—O 的键长有均匀化的趋向。X 光衍射测定证明了这一点。在甲酸分子中，C═O 和 C—O 的键长情况为：

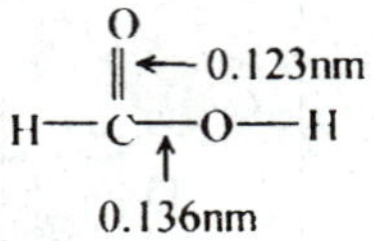

与醛、酮分子中 C═O（键长为 0.12nm），醇分子中 C—O（键长为 0.143nm）相比，羧基中的碳氧双键长了些，碳氧单键短了些，这是共轭的结果。由于共轭体系中电子的离域，使羟基中氧原子的电子云密度降低，氧原子强烈的吸引氧氢键上的共用电子对使氧氢键极性增强，有利于 H^+ 的离解；羟基中氧原子未共用电子对的偏移使羧基碳原子上的电子云密度比醛、酮中增高，不利于发生亲核加成反应，所以羧酸的羧基没有醛、酮的典型亲核加成反应。

1. **羧酸的酸性**　羧酸具有酸性，在溶液中能电离出 H^+。

$$R-\overset{\overset{\displaystyle O}{\|}}{C}-OH \longrightarrow R-\overset{\overset{\displaystyle O}{\|}}{C}-O^- + H^+$$

由于羧酸电离出 H^+ 以后，形成羧酸根负离子，氧原子上负电荷将产生强烈的 p-π 共轭作用，形成更稳定的 p-π 共轭体系。

用 x 衍射测定甲酸根负离子中两个 C—O 键的键长，结果都是 0.127nm，不再能分出单键和双键。所以羧酸根负离子也可表示为：

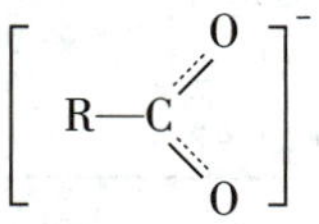

因此羧酸的酸性比其他含羟基的有机化合物如酚、醇的酸性强得多。

	CH_3COOH	C_6H_5OH	C_2H_5OH
pKa	4.76	9.95	17

羧酸可以和碱作用生成盐和水，也可和活泼的金属作用放出氢气。

$$R—COOH + NaOH \rightarrow R—COONa + H_2O$$

$$R—COOH + Mg \rightarrow (RCOO)_2Mg + H_2\uparrow$$

羧酸的酸性比碳酸的酸性强，所以羧酸可以和碳酸钠、碳酸氢钠反应生成羧酸盐，同时放出 CO_2，用此反应可鉴定羧酸。

$$R—COOH + NaHCO_3 \rightarrow R—COONa + CO_2 + H_2O$$

在羧酸盐中加入无机酸，羧酸将重新析出，这一反应经常用于羧酸的分离提纯。

$$R—COONa + HCl \rightarrow R—COOH + NaCl$$

羧酸的酸性强弱有如下规律：

（1）饱和一元脂肪酸除甲酸是中等强度酸外，其他的饱和一元脂肪酸由于烃链的斥电子作用，它们都属于弱酸的范畴，而随斥电子基团的增多，酸性减弱。如：

	H—COOH	CH_3COOH	CH_3CH_2COOH	$(CH_3)_3C—COOH$	H_2CO_3
pKa	3.77	4.76	4.88	5.05	6.38

（2）饱和一元脂肪酸烃链上有吸电子取代基时，酸性增强。吸电子基越多，酸性越强。如：

	CH_3COOH	$ClCH_2COOH$	$Cl_2CHCOOH$	Cl_3CCOOH
pKa	4.76	2.86	1.36	0.63

由于吸电子基是通过诱导效应影响羧酸酸性的，所以吸电子基距离羧基越远，这种影响也就越小，如：

	$CH_3—CH_2—CH_2—COOH$	$CH_3—CH_2—CH(Cl)—COOH$
pKa	4.82	3.80
	$CH_3—CH(Cl)—CH_2—COOH$	$CH_2(Cl)—CH_2—CH_2—COOH$
pKa	4.06	4.52

由于卤素中各原子的电负性强弱不同，所以对羧酸酸性的影响也不同，强弱次序一般为：F > Cl > Br > I。如：

	FCH_2COOH	$ClCH_2COOH$	$BrCH_2COOH$	ICH_2COOH
pKa	2.66	2.86	2.90	3.12

（3）不饱和脂肪酸和芳香酸的酸性略强于相应的饱和脂肪酸。如：

	CH_3CH_2COOH	$CH_2=CH—COOH$	C_6H_5COOH
pKa	4.88	4.26	4.20

（4）二元羧酸的酸性，由于两个羧基的相互影响，其一级电离常数比一元饱和酸大，尤其表现在乙二酸和丙二酸上。随着两个羧基距离的加大，如丁二酸以上，这种影响就明显减少。二元羧酸的二级电离常数比一级电离常数要小。如：

COOH—COOH	COOH—CH_2—COOH	CH_2—COOH CH_2—COOH	CH_2(—CH_2—COOH)—CH_2—COOH

pKa_1	1.27	2.85	4.21	4.34
pKa_2	4.27	5.70	5.64	5.41

（5）芳环上有取代基的其它芳香酸的酸性的变化比较复杂，一般说来，但取代基吸电子时，酸性增强；当取代基给电子时，酸性减弱。如：

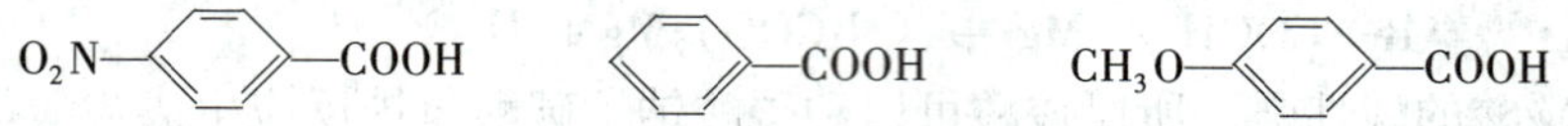

pKa　　3.40　　　　　4.20　　　　　4.47

2. *羧酸衍生物的生成*　羧基中羟基被其他原子或基团取代后形成的产物称为羧酸的衍生物，如果羟基被卤素（—X）、酰氧基（ $-O-\overset{O}{\overset{\|}{C}}-R$ ）、烃氧基（—OR′）、氨基（$-NH_2$）取代，分别生成酰卤、酸酐、酯、酰胺，这些都是羧酸的重要衍生物。

（1）酰卤的生成：羧酸与 PX_5、PX_3、$SOCl_2$ 等反应，羧基中羟基被卤素取代，生产酰卤，最主要的酰卤为酰氯。如：

$$R-\overset{O}{\overset{\|}{C}}-OH + PCl_5 \xrightarrow{\triangle} \underset{\text{酰氯}}{R-\overset{O}{\overset{\|}{C}}-Cl} + \underset{\text{三氯氧化磷}}{POCl_3} + HCl$$

$$3R-\overset{O}{\overset{\|}{C}}-OH + PCl_3 \xrightarrow{\triangle} 3R-\overset{O}{\overset{\|}{C}}-Cl + \underset{\text{亚磷酸}}{H_3PO_3}$$

$$R-\overset{O}{\overset{\|}{C}}-OH + SOCl_2 \xrightarrow{\triangle} R-\overset{O}{\overset{\|}{C}}-Cl + SO_2\uparrow + HCl$$

用 $SOCl_2$ 作卤化剂时，副产物都是气体，容易与产品分离。

（2）酸酐的生成：两分子羧酸在脱水剂存在下受热后脱去一分子水生成的产物为酸酐。常用羧酸与脱水剂五氧化二磷（P_2O_5）共热制得酸酐。

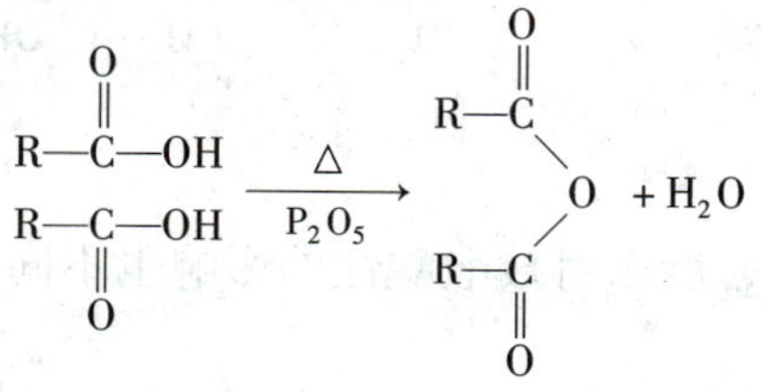

酸酐

一些二元羧酸分子内脱水生成环状酸酐。如：

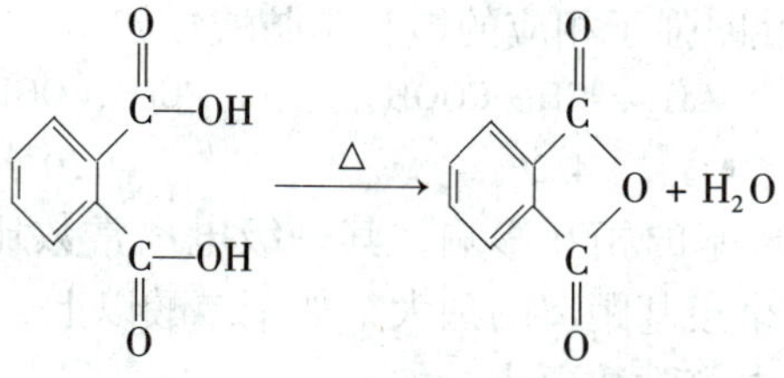

邻苯二甲酸酐

（3）酯的生成：酸和醇在无机酸的催化作用下共热，失去一分子水形成酯。

$$R-\overset{O}{\overset{\|}{C}}-OH + HO-R' \overset{H^+}{\rightleftharpoons} \underset{\text{酯}}{R-\overset{O}{\overset{\|}{C}}-O-R'} + H_2O$$

生成酯的反应，称酯化反应。酯化反应进行得慢，常需无机酸催化。酯化反应是一可逆反应，为提高产率，应设法分离出反应产物——酯或水。

（4）酰胺的生成：羧酸中通入氨气或与碳酸铵反应，生成羧酸的铵盐晶体，铵盐受强热或在脱水剂 P_2O_5 作用下加热，可分子内失去一分子水形成酰胺。

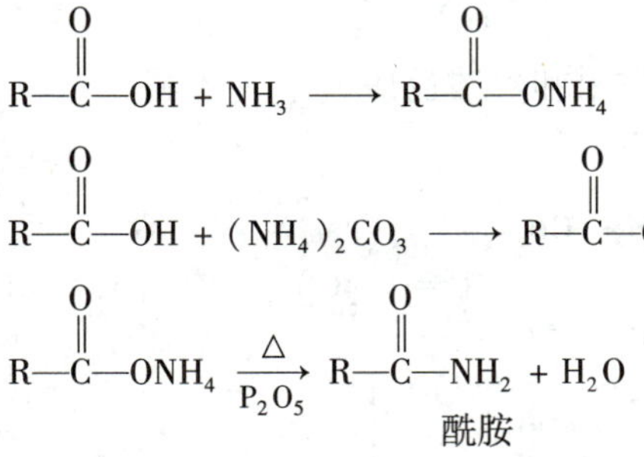

酰卤、酸酐、酯、酰胺分子中都含有一个共同的原子团“ 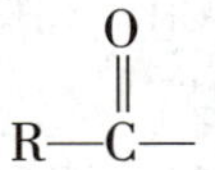 ”，称为酰基，所以羧酸的这些重要衍生物又被称为酰基化合物。

3. *脱羧反应* 在通常情况下，羧酸的羧基是比较稳定的，但在一些特殊的条件下羧基可以二氧化碳的形式脱去，称为脱羧反应。

（1）一元羧酸的脱酸反应：一元羧酸的钠盐与强碱共熔可失去羧基生成比原来羧酸少一个碳原子的烃。如：无水醋酸钠和碱石灰混合后加热即发生脱羧反应生产甲烷。

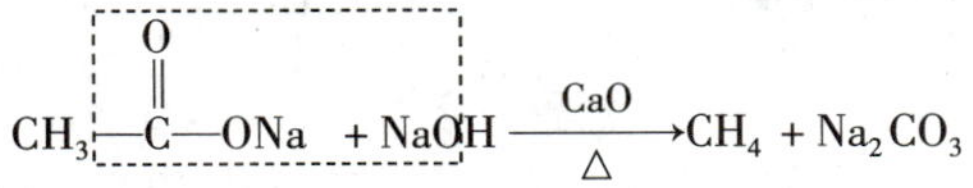

这是实验室制备甲烷的方法。

一元羧酸的钙、钡、钍、锰等盐受热后发生脱羧反应生成酮。

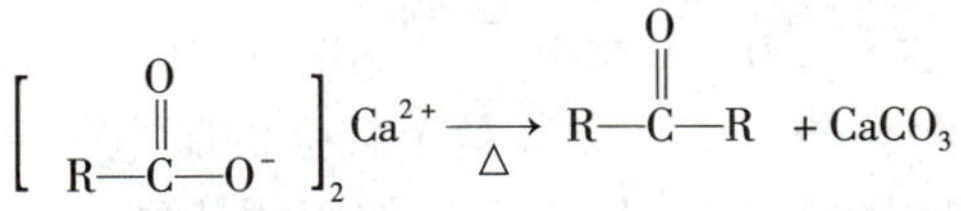

（2）二元羧酸的脱羧反应：有些低级二元酸，由于两个羧基的位置不同，在受热后发生不同的作用，有的失水，有的失羧，有的同时失水失羧。

乙二酸和丙二酸在加热条件下，易发生失羧反应。

$$HOOC—COOH \xrightarrow{160\sim180℃} H—COOH + CO_2\uparrow$$

$$HOOC—CH_2—COOH \xrightarrow{160\sim180℃} CH_3—COOH + CO_2\uparrow$$

丁二酸和戊二酸在加热条件下，发生失水反应生成环状酸酐。

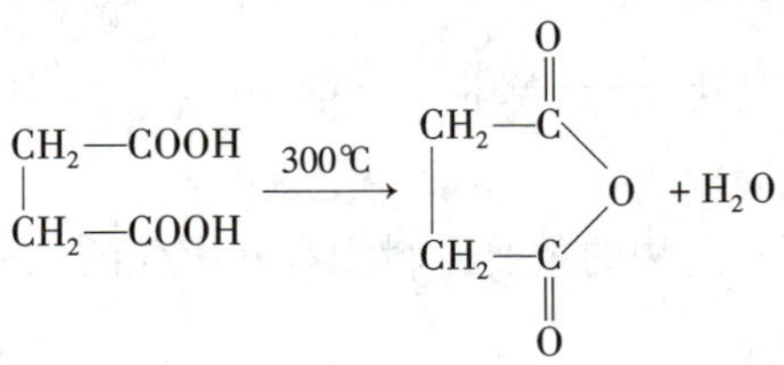

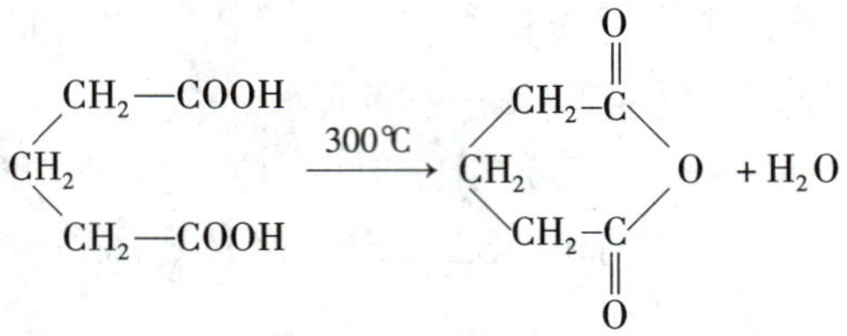

己二酸和庚二酸在加热条件下，同时发生失水和失羧反应，生成环酮。

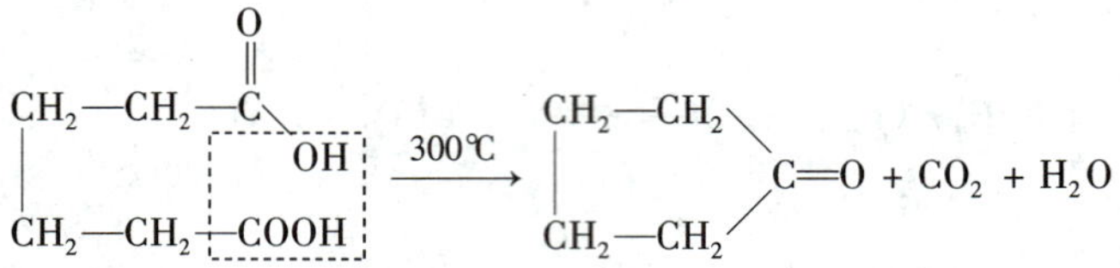

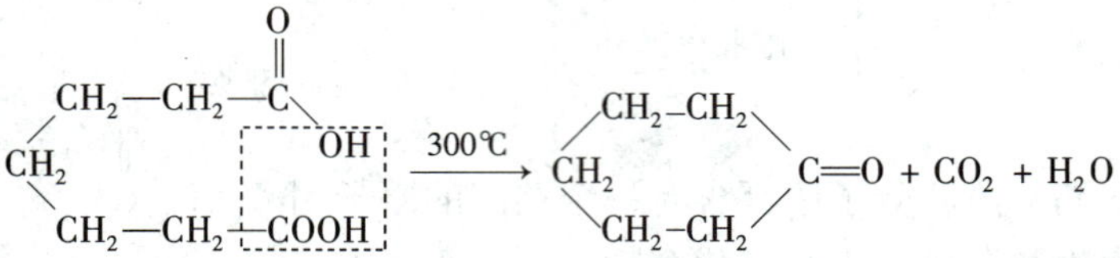

庚二酸以上的二元酸，在高温时发生分子间的失水作用，形成高分子的酸酐，而不形成大于六元环的环酮。此外芳香二元酸也可以进行上述反应。

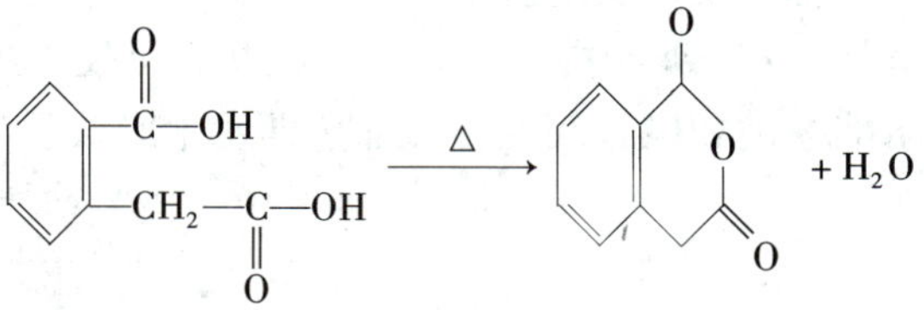

脱羧反应是生物化学变化的重要反应，呼吸作用所生成的 CO_2 就是羧酸脱羧的结果。生物体内脱羧是在脱酸酶催化作用下完成的。如：

$$CH_3—COOH \xrightarrow{\text{脱酸酶}} CH_4 + CO_2$$

4. *α-氢的反应*　在羧酸分子中由于羧基是个较强的吸电子基，它可以通过诱导效应和σ-π共轭效应使α-氢活化。但羧基对α-氢的致活作用要比羰基小，所以羧酸的α-氢被卤素取代的反应比醛、酮困难，反应需在光照或碘、红磷、硫的催化作用下进行。如：

$$CH_3—COOH + Cl_2 \xrightarrow{P} \underset{\text{Cl}}{\underset{|}{CH_2}}—COOH + HCl$$

一氯乙酸

控制反应条件，可使反应停留在一元取代阶段。

卤代反应可以连续进行，直到α-氢全部被卤原子取代。

$$\underset{\text{一氯乙酸}}{ClCH_2—COOH} \xrightarrow[P]{Cl_2} \underset{\text{二氯乙酸}}{Cl_2CH—COOH} \xrightarrow[P]{Cl_2} \underset{\text{三氯乙酸}}{Cl_3C—COOH}$$

卤代酸是合成多种农药和药物的重要原料。有些卤代酸如α，α-二氯丙酸或α，α-二氯丁酸都是有效的除草剂。

5. *羧酸的氧化还原*　脂肪族饱和一元和二元羧酸不能被一般的氧化剂如高锰酸钾所氧化，而甲酸和草酸例外。

甲酸（H—COOH）由于氢原子直接和羧基相连，所以是一个较强的还原剂，能被多伦试剂所氧化。

$$H—COOH + 2[Ag(NH_3)_2]^+ + 2OH^- \longrightarrow CO_2 + 4NH_3 + 2Ag\downarrow + 2H_2O$$

草酸可被高锰酸钾所氧化，这是分析化学中标定高锰酸钾的基础。

$$5\begin{array}{c}COOH\\|\\COOH\end{array} + 2KMnO_4 + 3H_2SO_4 \longrightarrow K_2SO_4 + 2MnSO_4 + 10CO_2 + 8H_2O$$

羧基中羰基由于 p-π 共轭作用的结果，失去了典型羰基的特性，所以羧基不能被一般的还原剂所还原，只有特殊的还原剂 $LiAlH_4$ 能将其还原成一元醇。

$$R—COOH \xrightarrow{LiAlH_4} R—CH_2OH$$

因 $LiAlH_4$ 不还原碳碳重键，所以可把不饱和酸还原成不饱和醇。如：

$$CH_2═CH—COOH \xrightarrow{LiAlH_4} CH_2═CH—CH_2OH$$

四、重要代表物

1. 甲酸　甲酸存在于荨麻及蚂蚁等昆虫体中，故俗称蚁酸。甲酸是无色液体。沸点 100.5℃，具有强烈的腐蚀性和刺激性。蜂蛰后皮肤的肿痛，就是由甲酸引起的。

甲酸还具有还原性，能被多伦试剂氧化。

甲酸与浓硫酸共热时，可失去一分子水生成一氧化碳，实验室中可用此法制备纯净的一氧化碳。

$$H—COOH \xrightarrow[60\sim80℃]{浓 H_2SO_4} CO\uparrow + H_2O$$

甲酸可用于染料工业和橡胶工业，也可用作还原剂和防腐剂。

2. 乙酸　乙酸是食醋的主要组分，故俗称醋酸。普通食醋中约含醋酸 4% ~8%。纯乙酸为无色有刺激性气味、有腐蚀性的液体。沸点 118℃，熔点 16℃，当室温低于 16℃时，易凝结成冰状固体，故纯乙酸（含量在 98% 以上）又称冰乙（醋）酸。

乙酸广泛地存在于自然界中，它常以盐或酯的形式存在于植物的果实和汁液内，乙酸并以乙酰辅酶 A（ $CH_3—\overset{\overset{\large O}{\|}}{C}\sim SCoA$ ）的形式参与糖和脂肪的代谢。

糖通过醋酸发酵可产生醋酸，这一发酵法目前仍应用于食醋和醋酸的生产，现代工业大规模生产是用乙炔、乙烯为原料，用合成法生产乙酸。

乙酸是染料、香料、制药、塑料工业中不可缺少的原料。

3. 过氧乙酸　过氧乙酸又称过醋酸，是无色透明液体，有辛辣味，易挥发，能溶于水、醇、醚和酸中，在中性稀的水溶液中稳定，过氧乙酸是一种杀菌剂，它具有使用浓度低、消毒时间短、无残留毒性、低温（ -20 ~ -40℃）下也能有效杀菌等优点。主要用于对香蕉、柑橘、樱桃以及其他果实、蔬菜等采收后处理和农产品的容器消毒，可防止真菌和细菌性腐烂，也可作为鸡蛋消毒用。工业上用它做各种纤维的漂白剂、高分子聚合的氧化剂以及制备环氧化合物的原料。

4. 乙二酸　乙二酸常以盐的形式存在于许多草本植物和藻类中，故俗称草酸。草酸在室温下为无色晶体，常带有两个结晶水，若加热到 105℃，可失去结晶水而得到无水草酸，熔点 189℃，易溶于水而不溶于乙醚等有机溶剂。

草酸是二元酸中酸性最强的一个，它的钾、钠、铵盐易溶于水，但钙盐溶解度极小（$Ksp=2.6\times10^{-9}$），这一性质可用于 Ca^{2+} 的分析测定。

草酸也可与许多金属离子形成络合物，如：

$$Fe^{3+}+3C_2O_4^{2-}\longrightarrow[Fe(C_2O_4)_3]^{3-}$$

草酸受热后可发生脱羧反应。在浓硫酸存在下加热可同时发生脱羧、脱水反应。

$$\begin{array}{l}COOH\\ |\\ COOH\end{array}\xrightarrow[90℃]{浓\ H_2SO_4}CO_2+CO+H_2O$$

草酸可以还原高锰酸钾，由于这一反应是定量进行的，草酸又极易精制提纯，所以草酸被用作标定高锰酸钾的基准物质。

在工业上，草酸可用作媒染剂和漂白剂。

5. 丁烯二酸　丁烯二酸有顺-丁烯二酸（马来酸）和反-丁烯二酸（延胡索酸）两种顺反异构体：

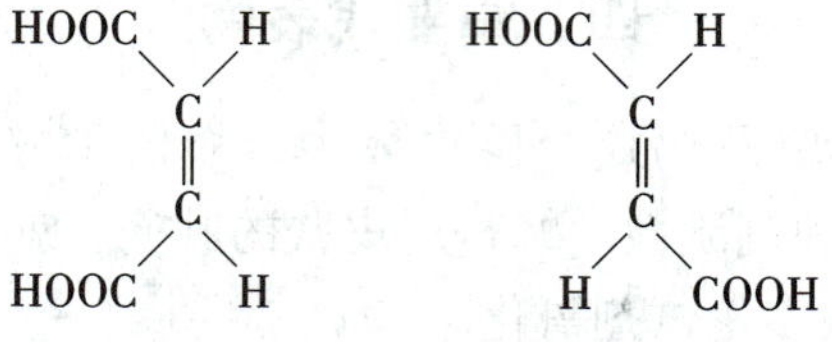

顺-丁烯二酸　　反-丁烯二酸

顺-丁烯二酸不存在于自然界中，熔点 139～140℃，密度 1.590，易溶于水。反-丁烯二酸是糖代谢的重要中间产物，广泛分布在植物界中，也分布在温血动物的肌肉中，熔点 139～140℃，难溶于水。

顺-丁烯二酸和反-丁烯二酸两个羧基的位置不同，顺－丁烯二酸（马来酸）和反-丁烯二酸的化学性质也不尽相同，主要表现在：

（1）顺-丁烯二酸两个羧基在双键的同侧，空间距离比较近，相互之间的影响也就比较大；反-丁烯二酸两个羧基在双键的两侧，空间距离比较远，相互间的影响较小。所以顺-丁烯二酸的一级电离常数（$pKa_1=1.9$）较反-丁烯二酸的一级电离常数（$pKa_1=3.0$）要大。同样道理，顺-丁烯二酸的二级电离常数（$pKa_2=6.5$）较反-丁烯二酸的二级电离常数（$pKa_1=4.5$）要小。这种通过空间电场传导的诱导效应称为场效应，它是诱导效应的另一种传导方式。

（2）顺-丁烯二酸受热后容易失水形成酸酐，反-丁烯二酸则不能形成分子内的酸酐，但反-丁烯二酸受到强热（>300℃）后，它首先转化为顺-丁烯二酸，然后才能生成顺-丁烯二酸酐。

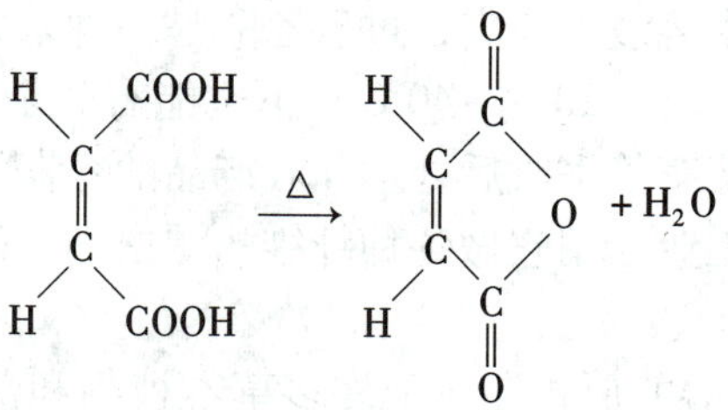

顺-丁烯二酸酐

6．苯甲酸　苯甲酸俗名安息香酸，它与苄醇形成酯后存在于安息香胶及一些树脂内。

苯甲酸是白色晶体，熔点122℃，难溶于水，易溶于沸水、乙醇、氯仿、乙醚中。

苯甲酸有抑制霉菌的作用，它的钠盐常用作防腐剂。

7．α-萘乙酸　α-萘乙酸简称NAA（Naphthyl Acetic Acid），是白色结晶，熔点134℃，难溶于水。

NAA是一种常用的植物生长调节剂，低浓度时可以刺激植物生长，防止落花落果，并可广泛地应用于大田作物的浸种处理。高浓度时则抑制植物生长，可用于杀除莠草和防止马铃薯贮存期间的发芽。

NAA一般以钠盐或钾盐的形式应用。

8．2，4-二氯苯氧乙酸　2，4-二氯苯氧乙酸简称2，4-D，为白色晶体，难溶于水，故常以钠盐或钾盐的形式应用。

2，4-D是常用的除草剂，可有效地杀除双子叶杂草。

9．丙烯酸　丙烯酸是简单的不饱和酸，它易发生氧化和聚合反应，放久后本身自动聚合成固体物质。

丙烯酸是非常重要的新型化工原料。这类化工产品在人们的衣、食、住、行等方面都有广泛的应用。用丙烯酸树脂生产的高级油漆色泽鲜艳、经久耐用，可用作汽车、缝纫机、电冰箱、洗衣机及医疗器械的涂饰，也可作建筑物内外及门窗的涂料。另外。丙烯酸系列产品还对食品有保鲜作用，可使水果、鸡蛋保鲜期大大延长而对人体无害。

丙烯酸可由丙烯腈水解得到：

$$CH_2{=}CH{-}CN \xrightarrow{H_2O-HCl} CH_2{=}CH{-}COOH + NH_4Cl$$

第二节　羧酸的衍生物

羧酸分子中羧基上的羟基被其他原子或原子团取代后的产物叫羧酸的衍生物。羧酸衍生物都含有酰基“R—C═O”的化合物。在这一节里将讨论酰氯、酸酐、酯和酰胺的性质。

一、羧酸衍生物的命名

（1）酰卤是根据酰基和卤原子结合起来命名为“某酰卤”。如：

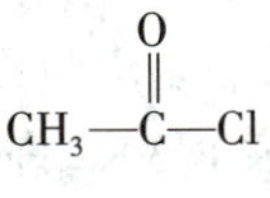

乙酰氯

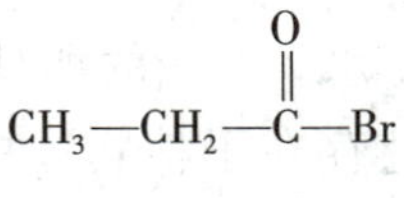

丙酰溴

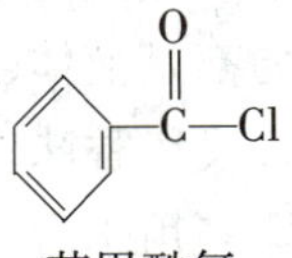

苯甲酰氯

（2）酸酐根据相应的酸命名，两个相同的酸所形成的酸酐为简单酸酐，命名为“某酸酐”，简称“某酐”。如：

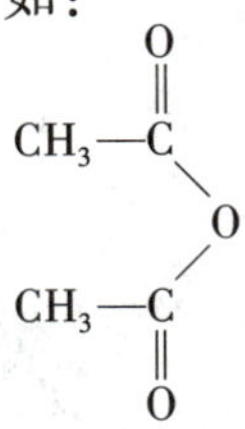

乙（酸）酐

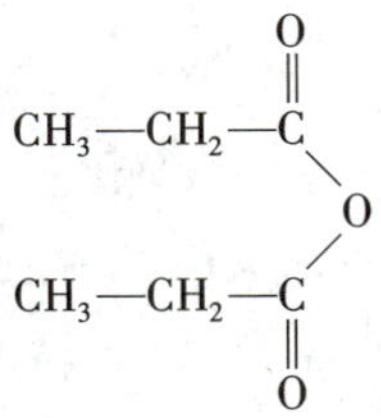

丙（酸）酐

两个不相同的酸形成的酸酐称为混合酸酐，命名时需标出两个酸酐的名称。

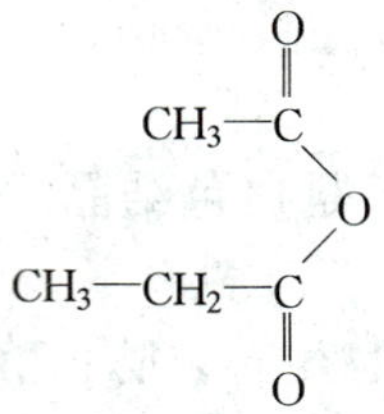

乙丙酸酐

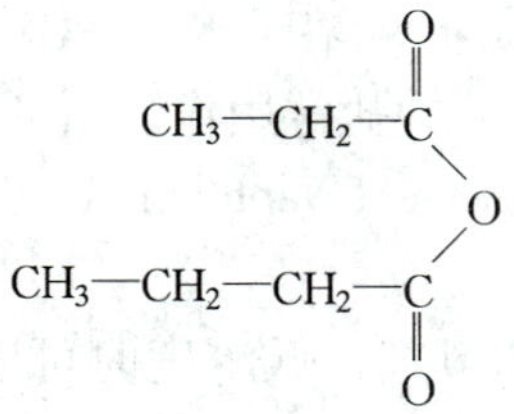

丙丁酸酐

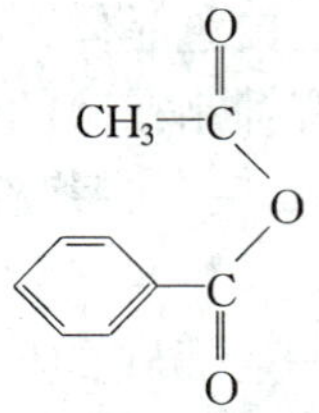

乙苯甲酸酐

二元羧酸分子内两个羧基相互间失去一分子水所形成的酸酐，称内酐，命名为“某二酸酐”。如：

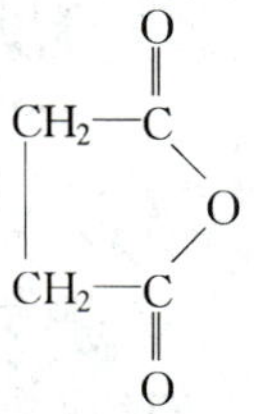

丁二酸酐

（琥珀酸酐）

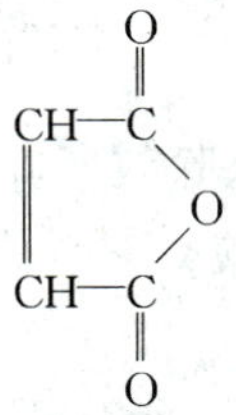

顺-丁烯二酸酐

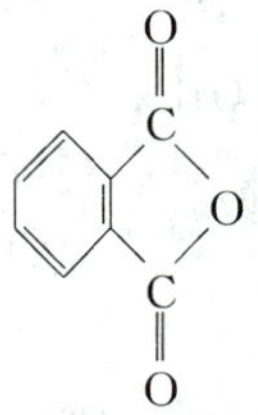

邻苯二甲酸酐

（3）酯是根据形成它的酸和醇来命名的，称为某酸某酯，如：

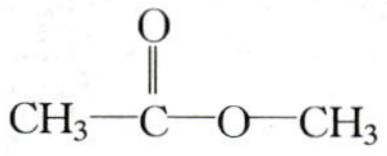

乙酸甲酯

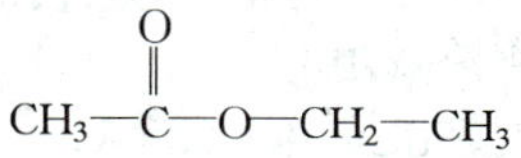

乙酸乙酯

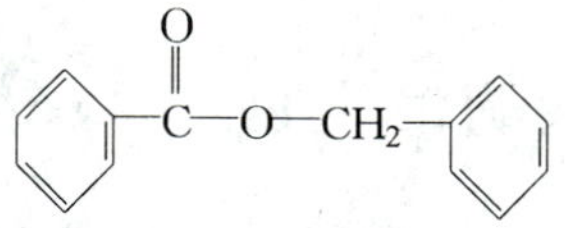

苯甲酸苯甲酯

（苯甲酸苄酯）

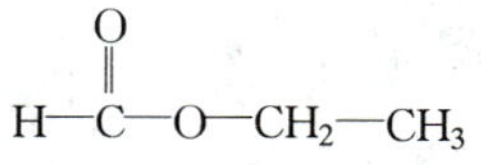

甲酸乙酯

二、羧酸衍生物的物理性质

低级的酰氯和酸酐都是无色有刺激性气味的液体，高级的是白色固体，内酐也是固体。酰氯和酸酐不溶于水，低级的遇水分解。

大多数常见的酯都是液体，难溶于水。低级的酯具有花果香味，如乙酸异戊酯有香蕉香味，甲酸苯乙酯有野玫瑰香味。酯广泛存在于植物体中（见表 8-3），许多花和水果的香味都与酯有关，因此酯多用于香料工业。

由于酰卤和酯分子中不存在 O—H 键，不能在分子间形成氢键缔合，因此它们的沸点比相同（或相近）分子量的酸要低。而酸酐与酰胺的沸点比相应的羧酸高。它们的物理常数见表 8-4。

表 8-3 植物花及果实中低级酯

酯	香味及存在	酯	香味及存在
乙酸异戊酯	香 蕉	丁酸甲酯	菠 萝
乙酸辛酯	橙 子	丁酸戊酯	杏
乙酸丁酯	梨	异戊酸异戊酯	苹 果
丙酸苄酯	素馨花	甲酸苯乙酯	野玫瑰

表 8-4 某些羧酸衍生物的物理常数

化 合 物	沸点（℃）	熔点（℃）	密 度（g/ml）
乙酰氯	50.9	-112	1.104
苯甲酰氯	197	-1	1.212
乙酸酐	139.6	-73	1.082
丙酸酐	169	-45	1.012
丁二酸酐	261	119.6	1.104
顺-丁烯二酸酐	202	53	0.934
邻苯二甲酸酐	284.5	132	1.527
甲酸乙酯	54	-80	0.923
乙酸甲酯	57	-98	0.924
乙酸乙酯	77	-83.5	0.901
乙酸异戊酯	142	-78	0.876
苯甲酸乙酯	213	-34	1.051
苯甲酸苄酯	324	21	1.114

三、羧酸衍生物的化学性质

分析羧酸衍生物的电子效应，可用通式表示如下：

$$\mathrm{R{-}\overset{\overset{\displaystyle O}{\|}}{C}{-}\ddot{A}}$$

由于酰氯、酸酐、酯不可能离解成 A^- 离子，酰胺通常也难于离解，所以在羧酸衍生物中，基团 A 给电子的能力要比氧负离子小得多，其顺序为：

$$\mathrm{{-}Cl < {-}O{-}\overset{\overset{\displaystyle O}{\|}}{C}{-}R < {-}OR < {-}NH_2 < O^-}$$

因此酰基碳原子的电子云密度也比羧酸要小，其顺序为：

酰氯＜酸酐＜酯＜酰胺＜羧酸负离子

所以，一般来说，属于酰—A 键（ $\mathrm{R{-}\overset{\overset{\displaystyle O}{\|}}{C}{-}A}$ ）断裂的反应活泼性顺序应为：

$$\mathrm{R{-}\overset{\overset{\displaystyle O}{\|}}{C}{-}Cl > R{-}\overset{\overset{\displaystyle O}{\|}}{C}{-}O{-}\overset{\overset{\displaystyle O}{\|}}{C}{-}R' > R{-}\overset{\overset{\displaystyle O}{\|}}{C}{-}OR \geqslant R{-}\overset{\overset{\displaystyle O}{\|}}{C}{-}NH_2}$$

1. *水解* 比较四种羧酸的衍生物水解情况是：酰氯遇水迅速反应；酸酐在冷水中缓慢反应，在热水中迅速水解；酯在没有催化剂情况下水解进行缓慢，只有在酸（或碱）催化下水解才能顺利进行，而且酸催化下酯的水解反应是可逆的；酰胺在酸或碱的催化作用下也要长时间加热回流才能进行水解反应。由实验事实说明羧酸衍生物水解反应的活泼性顺序为：酰氯＞酸酐＞酯≥酰胺。

$$R-\overset{O}{\overset{\|}{C}}-Cl + H_2O \longrightarrow R-\overset{O}{\overset{\|}{C}}-OH + HCl$$

$$R-\overset{O}{\overset{\|}{C}}-O-\overset{O}{\overset{\|}{C}}-R' + H_2O \longrightarrow R-\overset{O}{\overset{\|}{C}}-OH + R'-\overset{O}{\overset{\|}{C}}-OH$$

$$R-\overset{O}{\overset{\|}{C}}-OR' + H_2O \xrightleftharpoons{H^+或OH^-} R-\overset{O}{\overset{\|}{C}}-OH + R'-OH$$

$$R-\overset{O}{\overset{\|}{C}}-NH_2 + H_2O \xrightleftharpoons{H^+或OH^-} R-\overset{O}{\overset{\|}{C}}-OH + NH_3$$

2．*醇解* 羧酸衍生物通过醇解反应生成酯。酯醇解的结果是原来组成酯的醇被游离的醇所置换，故酯的醇解又称为酯交换反应，酯交换反应是一个可逆反应。

$$R-\overset{O}{\overset{\|}{C}}-Cl + R'-OH \longrightarrow R-\overset{O}{\overset{\|}{C}}-OR' + HCl$$

$$R-\overset{O}{\overset{\|}{C}}-O-\overset{O}{\overset{\|}{C}}-R + R'-OH \longrightarrow R-\overset{O}{\overset{\|}{C}}-OR' + R-\overset{O}{\overset{\|}{C}}-OH$$

$$R-\overset{O}{\overset{\|}{C}}-OR' + R''-OH \xrightleftharpoons{H^+或OH^-} R-\overset{O}{\overset{\|}{C}}-OR'' + R'-OH$$

$$R-\overset{O}{\overset{\|}{C}}-NH_2 + R'-OH(过量) \xrightarrow{\triangle} R-\overset{O}{\overset{\|}{C}}-OR' + NH_3$$

3．*氨解* 羧酸衍生物和胺反应生成酰胺。

$$R-\overset{O}{\overset{\|}{C}}-Cl + NH_3 \longrightarrow R-\overset{O}{\overset{\|}{C}}-NH_2 + HCl$$

$$R-\overset{O}{\overset{\|}{C}}-O-\overset{O}{\overset{\|}{C}}-R + NH_3 \longrightarrow R-\overset{O}{\overset{\|}{C}}-NH_2 + R-\overset{O}{\overset{\|}{C}}-OH$$

$$R-\overset{C}{\overset{\|}{C}}-OR' + NH_3 \longrightarrow R-\overset{O}{\overset{\|}{C}}-NH_2 + R'-OH$$

羧酸衍生物的水解、醇解、氨解反应实际上是它们和含活泼氢（H—O—，H—N＜）的物质之间的相互反应，可用通式表示如下：

$$R-\overset{O}{\overset{\|}{C}}-A + H-B \longrightarrow R-\overset{O}{\overset{\|}{C}}-B + HA$$

通过反应，酰基取代了活泼氢而和 B 结合，所以这些反应又称为酰基化反应。羧酸及其衍生物都是优良的酰基化试剂，其酰化能力的顺序为：酰氯＞酸酐＞酯≥酰胺≈羧酸

4．*与格林亚试剂的反应* 酰氯、酸酐和酯都可以和格林亚试剂反应：

$$R-\overset{O}{\overset{\|}{C}}-A + R'MgX \longrightarrow R-\underset{R'}{\underset{|}{\overset{OMgX}{\overset{|}{C}}}}-A \xrightarrow{H_2O} R-\overset{O}{\overset{\|}{C}}-R' + MgAX$$

由于生成的酮（醛）羰基具有更大的活泼性，在有过量的格氏试剂存在下，将进一步发生反应生成醇：

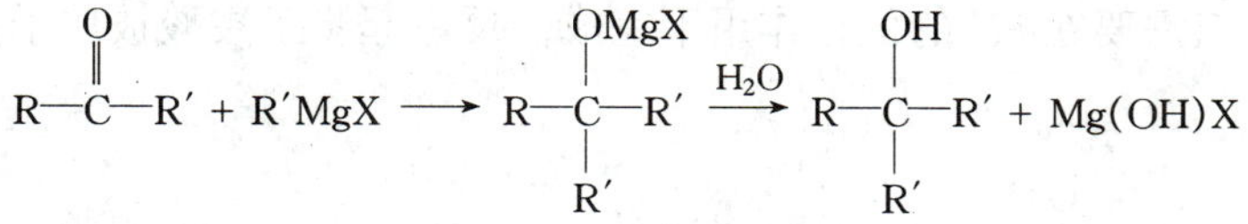

5．*酯的还原反应*　羧酸很难直接被还原，但将羧酸形成酯后，由于酯羰基的活泼性比羧酸大，所以较易被还原。用金属钠和乙醇作还原剂，可以把羧酸酯还原成醇。这是实验室中还原羧酸的主要方法。

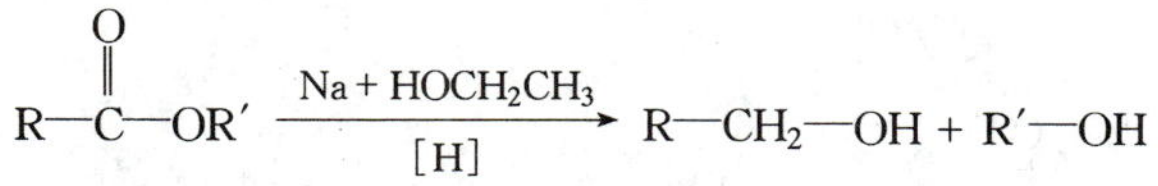

6．*酯缩合反应*　在酯分子中由于酯羰基的影响使α-碳上的氢变得较为活泼，当酯和强碱性试剂反应时很容易失去α-氢质子而使α-碳成为负碳离子，负碳离子可作为亲核试剂对另一分子酯羰基进行亲核加成，再失去一个烷氧基负离子形成β-羰基酸酯。如：

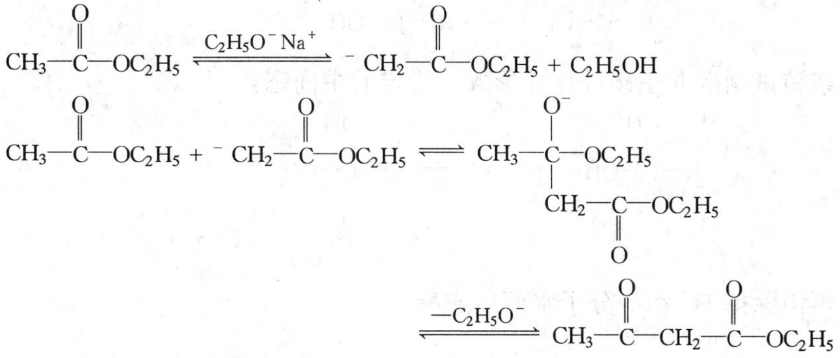

上面的反应可简单表示如下：

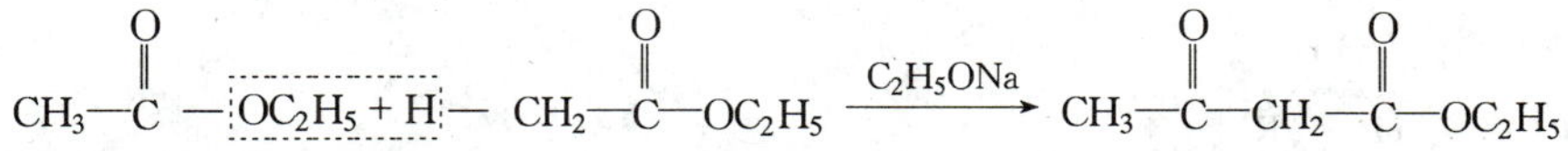

乙酰乙酸乙酯

在反应中两分子酯之间脱去一分子醇而缩合，因此，这种类型的反应称做酯缩合反应。

如用酮失去α-氢后形成的负碳离子做亲核试剂，与酯也能发生类似反应，生成β-二酮。反应可写成：

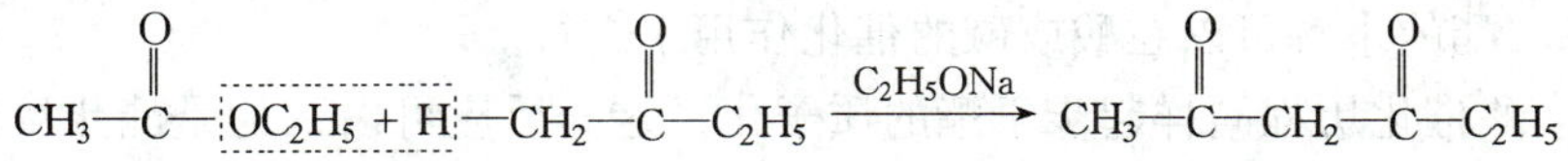

这种酯与酯和酮与酯之间的缩合反应又称为克莱森（Claisen）缩合反应。

四、酯化和皂化的反应历程

羧酸和醇缩合失水生成酯的反应称为酯化反应，酯的水解习惯上称为皂化反应。用同位素研究证明，酯化和皂化反应的断裂方式一般都属于酰氧键断裂。

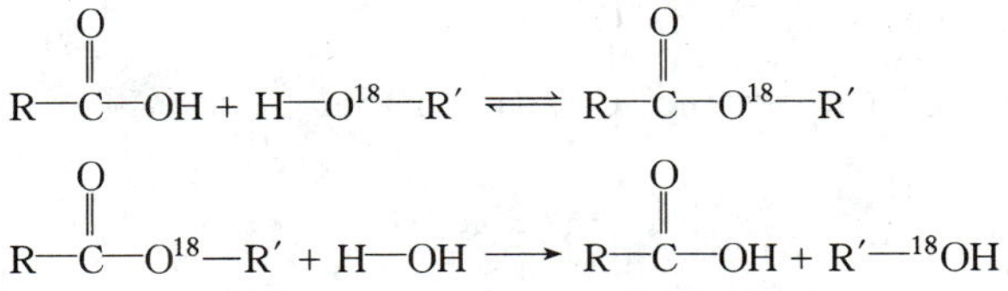

1．*酯化反应历程*　酯化反应需要在 H^+ 的催化作用下完成，反应起步于羧酸被质子化形成它的共轭酸。

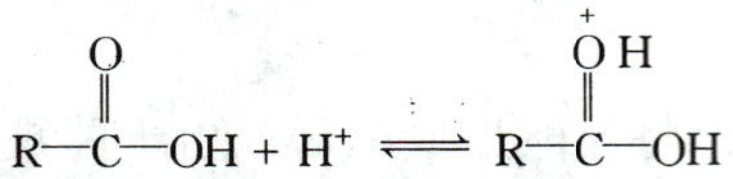

由于羧酸本身接受 H^+ 的能力很低，所以只有强酸（一般使用浓硫酸）才有可能使羧酸接受 H^+。但质子化以后，碳氧间的 π 电子云将强烈地向氧原子转移而使碳原子带有较强的正电荷。如下：

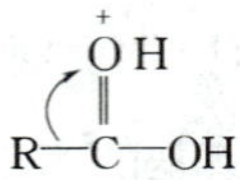

也可以用共振式表示为：

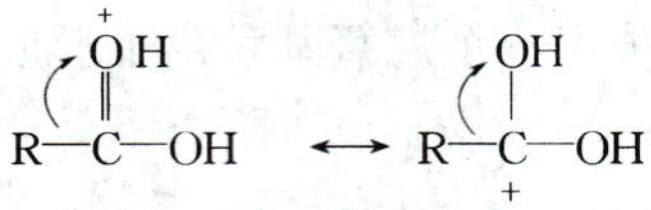

反应第二步是亲核试剂醇向正碳进攻并形成不稳定的中间态：

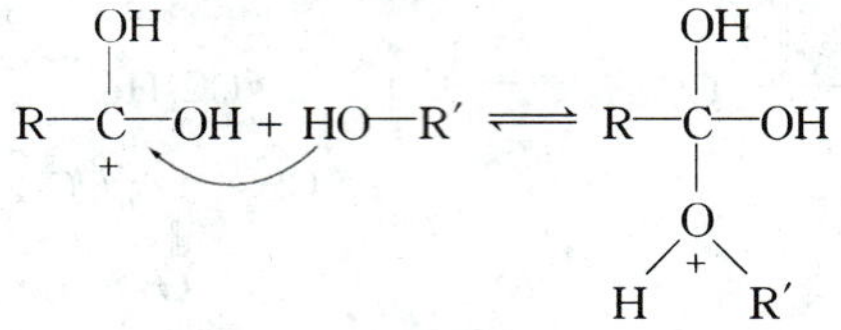

然后，中间态再消除掉 H^+ 和一分子水而生成酯：

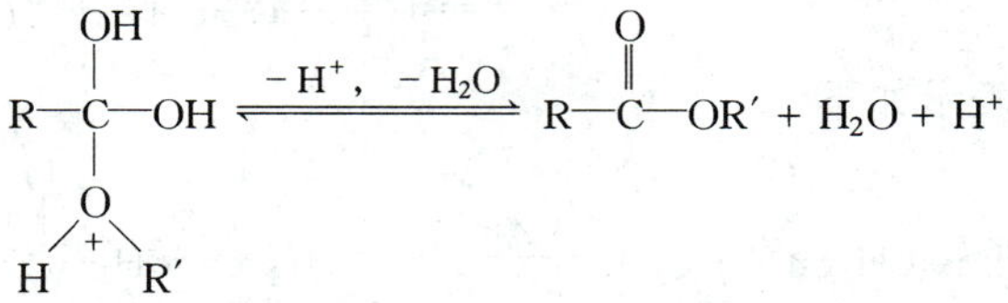

综上所述，可知酯化反应是在酸催化作用下的加成消除历程，而不是简单的亲核取代历程。

由于诱导和空间效应的影响，不同的酸其酯化速度也不相同，对于同一种醇来讲，酸的 α-碳原子取代的烃基越多，酯化速度越慢。

2．*皂化反应历程*　酯的水解可以在酸或碱的催化作用下进行。

（1）酸催化历程：酸催化历程同样起步于酯的质子化，这一反应可以认为是酯化反应的逆反应，而且是可逆的。

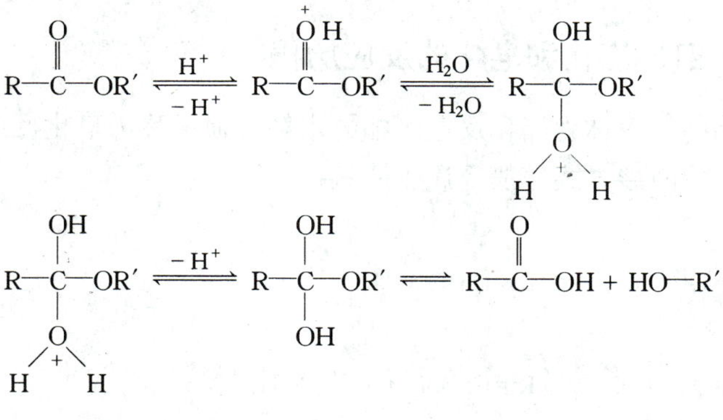

(2) 碱催化历程：酯水解的碱催化历程首先是 OH^- 向带部分正电荷的碳原子进攻，由于碱能中和反应生成的酸，所以可使皂化反应进行到底。

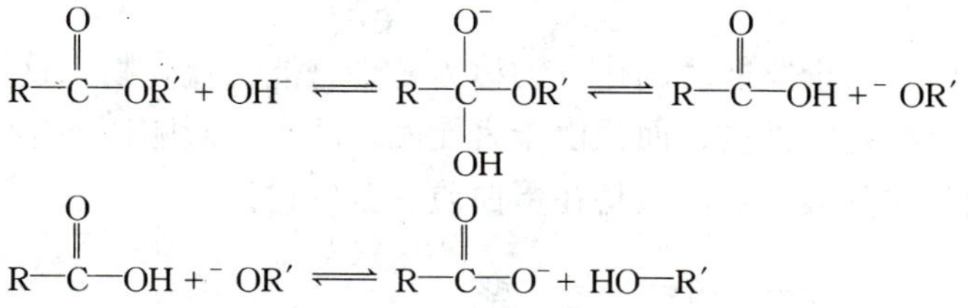

五、重要化合物

1. 乙酸酐　乙酸酐简称乙酐，是无色稍有刺激性气味的液体，沸点 140℃，溶于水并可水解成乙酸。可溶于有机溶剂，乙酐本身也是一种良好的有机溶剂。工业上乙酸酐除用做酰基化试剂外，还用于制备染料、药物和醋酸纤维等。

2. 拟除虫菊酯　除虫菊酯是存在于除虫菊花中有杀虫效力的成分，其结构为：

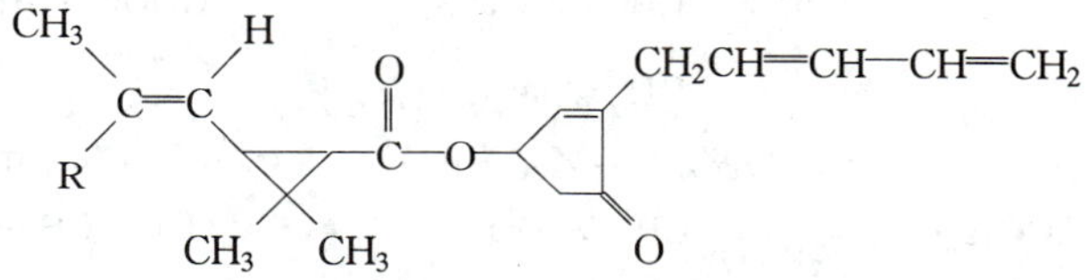

R = CH_3除虫菊酯Ⅰ，R = $COOCH_3$除虫菊酯Ⅱ

除虫菊酯由于对光不稳定，在自然条件下易分解失效，极大地限制了它作为农药的应用。

拟除虫菊酯仿照天然除虫菊酯，是经结构上的改变而人工合成的一类仿生农药。拟除虫菊酯作为农药有许多优点，如杀虫作用强、用药量少、杀虫广谱、残效适中和对环境污染轻微等。

拟除虫菊酯的研制开发，重要是为了克服已有菊酯使用上存在的缺点，以寻求更有效的化合物结构类型。目前，人工合成已商品化的农用拟除虫菊酯有很多种类。

第三节　取代羧酸

羧酸分子中烃基上的氢原子被其它原子或原子团取代以后所形成的衍生物称为取代羧酸。常见的取代羧酸类型为：

$R-\underset{\underset{X}{|}}{CH}-COOH$　　如：$ClCH_2-COOH$　　$Cl_3C-COOH$

卤代酸　　2-氯代乙酸　　三氯乙酸

$R-\underset{\underset{OH}{|}}{CH}-COOH$　　如：$CH_3-\underset{\underset{OH}{|}}{CH}-COOH$　　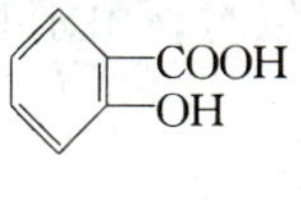

羟基酸　　α-羟基丙酸　　邻羟基苯甲酸

$R-\underset{\underset{O}{\|}}{C}-COOH$　　如：$H-\underset{\underset{O}{\|}}{C}-COOH$　　$CH_3-\underset{\underset{O}{\|}}{C}-COOH$

羰基酸　　乙醛酸　　α-羰基丙酸

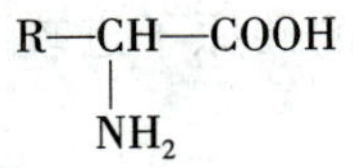

如：$H_2N—CH—COOH$

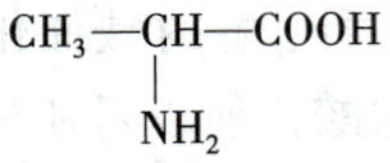

氨基酸　　α-胺基乙酸　　α-胺基丙酸

显然，取代羧酸都具有两种以上官能团的化合物称为复合官能团化合物。这类化合物在性质上不但表现出官能团各自的化学性质，而且由于官能团之间相互影响还产生一些独特的性质。本章重点讨论羟基酸和羰基酸，氨基酸将在蛋白质一章中讨论。

一、羟 基 酸

1. *羟基酸的分类和命名*　羧酸烃基上的氢原子被羟基取代后生成的衍生物称羟基酸。羟基酸可分为醇酸和酚酸两类。羟基取代脂肪烃链上氢原子后产物称醇酸，羟基直接连在芳环上则称酚酸。

在醇酸分子中，根据羟基和羧基的相对位置，又可分为α-、β-、γ-醇酸等。羟基酸的命名在生物学科中以俗名为主，并辅以系统命名。如：

$HO—CH_2—COOH$

乙醇酸（α-羟基乙酸）

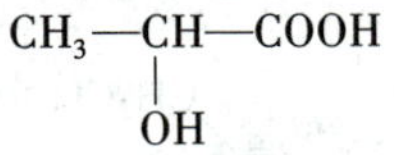

乳酸（α-羟基丙酸）

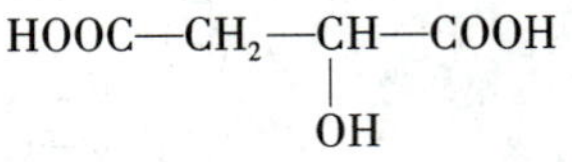

苹果酸（α-羟基丁二酸）

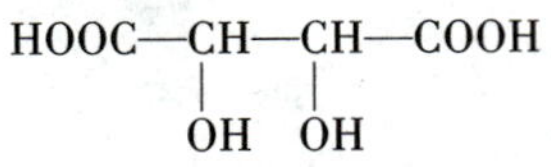

酒石酸（2，3-二羟基丁二酸）

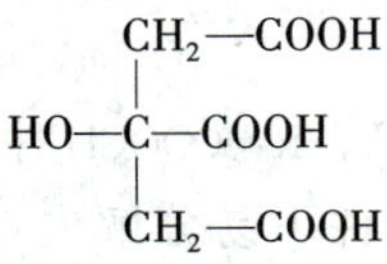

柠檬酸（3-羟基-3-羧基戊二酸）

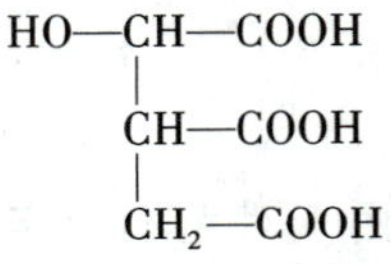

异柠檬酸（2-羟基-3-羧基戊二酸）

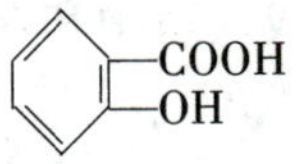

水杨酸（邻羟基苯甲酸）

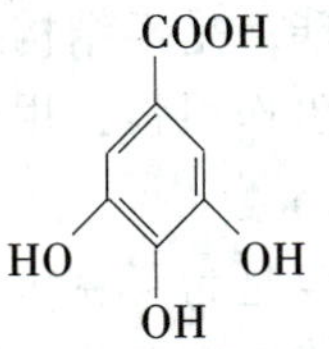

没食子酸（3，4，5-三羟基苯甲酸）

2. *羟基酸的化学性质*　在羟基酸中，羟基和羧基各有其典型反应，这里我们主要讨论由于两个官能团的相互影响所表现的特殊性质，显然，这种相互影响与官能团的相对位置有关。

（1）酸性：醇酸由于羟基的吸电子诱导效应将使其酸性增强，其诱导强度将随两个官能团之间距离的加大而减小。

酚酸的羟基有两种电子效应——吸电子的诱导效应和给电子的 p-π 共轭效应，而羟基的共轭强于诱导效应。

当羟基在羧基的对应位时，由于共轭的结果，使羧基电子云密度加大，因而酸性有所减弱。

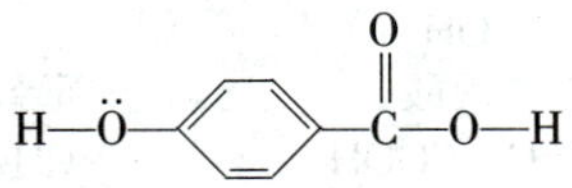

当羟基在羧基的间位时，由于羟基不能和羧基形成共轭体系，羟基对羧基的作用主要表现为吸电子的诱导效应，因此酸性略有增强。

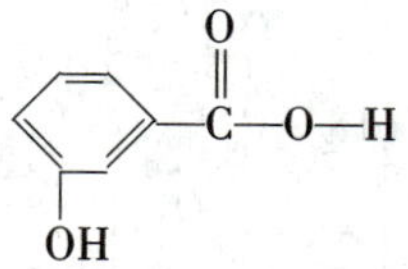

当羟基在羧基的邻位时，由于羟基能和羧基以及羧基负离子以氢键缔合，则大大增强了羧基的电离程度以及羧基负离子的稳定性，因而使酸性明显增强（表 8-5）。

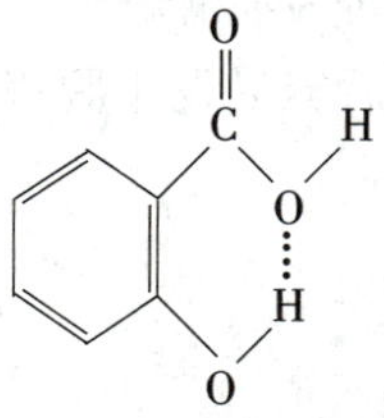

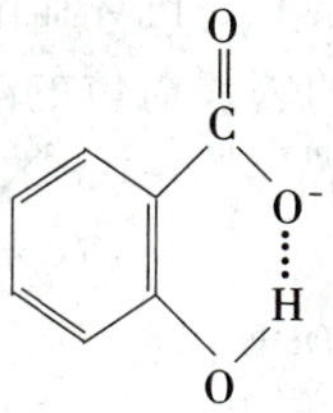

表 8-5　羟基酸的酸性

酸	pKa	酸	pKa
乙酸	4.76	苯甲酸	4.20
α-羟基乙酸	3.83	水杨酸（邻-羟基苯甲酸）	2.98
丙酸	4.88	间-羟基苯甲酸	4.08
α-羟基丙酸	3.88	对-羟基苯甲酸	4.57
β-羟基丙酸	4.51		

（2）羟基酸受热的变化：

①醇酸：醇酸容易脱水，羟基位置不同时，受热后表现出不同的脱水方式。

α-醇酸受热后，两分子 α-醇酸发生分子间脱水反应，一个分子中的羟基与另一个分子中的羧基脱水形成环状交酯。

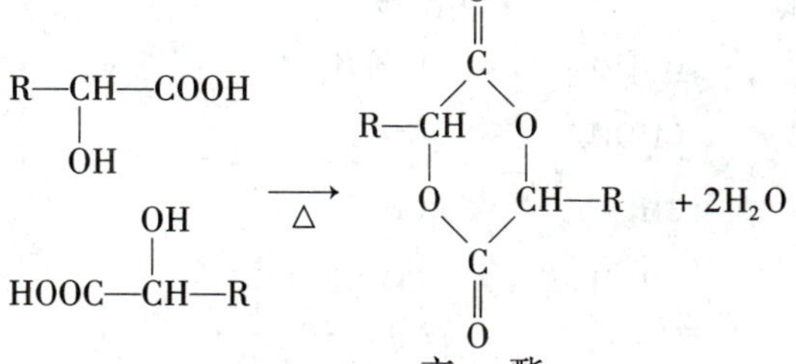

交　酯

β-醇酸受热后，发生分子内脱水反应形成 α，β-不饱和羧酸。

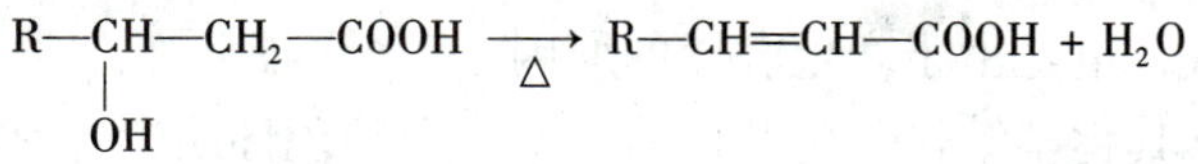

苹果酸　　　　　　　　　　延胡索酸

γ-醇酸更易脱水，常温下分子内的羟基和羧基之间就可以脱水形成内酯。

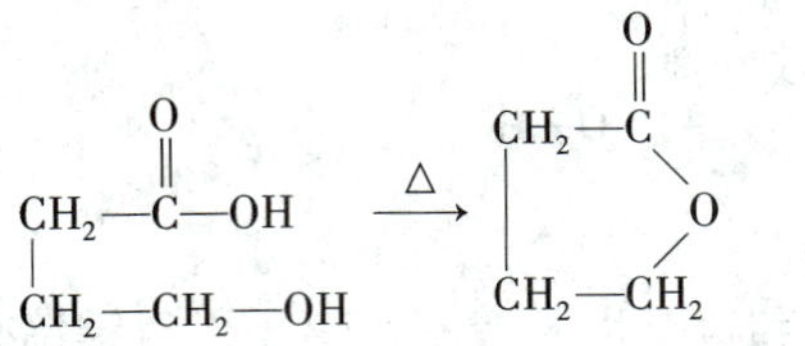

γ-羟基丁酸　　γ-丁内酯

许多天然产物如维生素 C（抗坏血酸）就是这种 γ-内酯。

②酚酸：羟基在羧基的邻、对位的酚酸在受热后容易发生脱羧反应而生成酚。如：

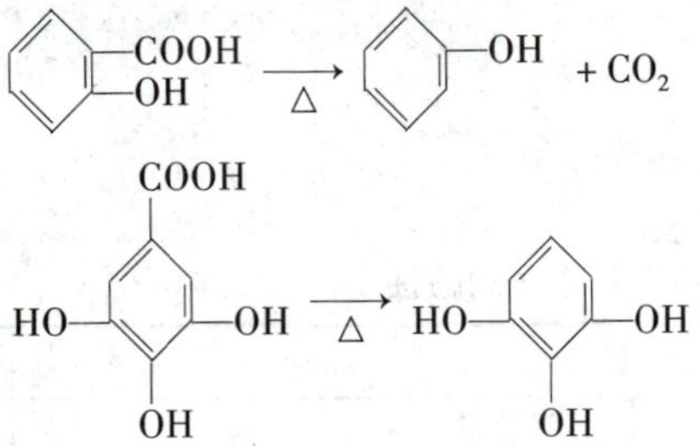

（3）醇酸的氧化反应：醇酸在氧化剂作用下可将羟基氧化为羰基生成相应的羰基酸，这一反应是生物体代谢反应的重要步骤。如：

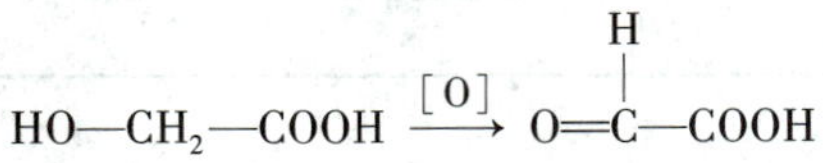

乙醇酸　　乙醛酸

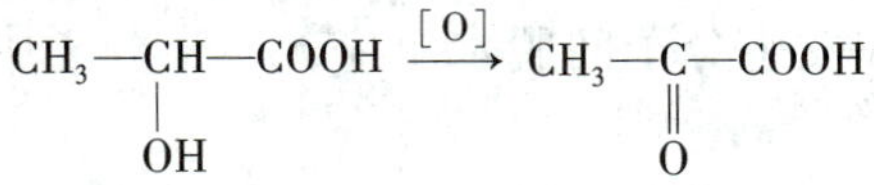

乳酸　　丙酮酸

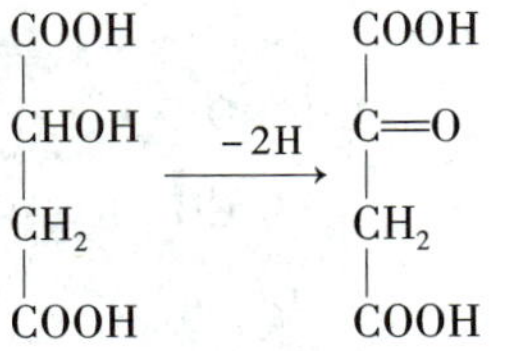

苹果酸　　草酰乙酸

3. 自然界中重要的羟基酸

（1）乳酸：乳酸广泛分布于自然界中，变酸的牛奶、青贮饲料和泡菜中都有乳酸存在。经剧烈运动后，肌肉酸胀，也是由于产生乳酸的原因。

不同来源的乳酸虽然其化学结构和化学性质相同，但物理性质上却有所区别。如从酸牛乳中得到的乳酸是无色的粘稠液体，熔点 18℃，从肌肉运动时糖代谢产生的乳酸则为白色固体，熔点 26℃。这是一种新的异构现象，将在第八章中讨论。

乳酸钙不溶于水，是重要的药物，可用于补充动物体内钙质的不足。

（2）苹果酸：苹果酸最初取于品苹果中，因而得名。它在植物界分布很广，存在于许多未成熟的浆果中，是植物中最重要的有机酸之一。

苹果酸是无色晶体，自然界中的苹果酸熔点为 100℃，易溶于水，难溶于乙醚。

苹果酸是糖代谢的重要中间物，在相应的酶催化作用下，它可以脱水形成延胡索酸，也可以氧化为草酰乙酸。

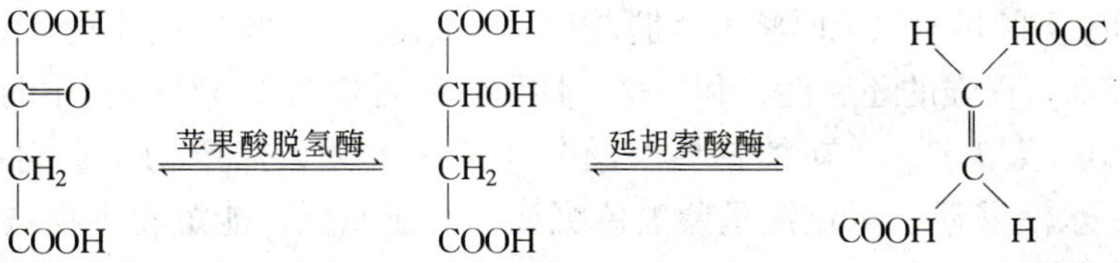

草酰乙酸　　苹果酸　　延胡索酸

苹果酸在工业上可用于制药和调味品。

(3) 酒石酸：酒石酸常以游离态或盐的形式存在与植物中，尤以葡萄果汁中含量最多。葡萄发酵制酒后析出的沉淀“酒石”就是酒石酸氢钾。

酒石酸是无色半透明结晶或粉末，无臭，味酸，易溶于水而难溶于有机溶剂。

酒石酸钾是斐林试剂的重要组分。酒石酸锑钾称吐酒石，可用作催吐剂和治疗血吸虫病。

(4) 柠檬酸：柠檬酸又称枸橼酸，为无色晶体，通常含有一分子结晶水，在100℃熔化，130℃时失去结晶水，无水柠檬酸熔点153℃。

柠檬酸广泛存在于各种果实中，未成熟的柠檬中含量可达6%；此外，烟草中含有大量柠檬酸，是提取柠檬酸的重要原材料。

柠檬酸受热后可分子内脱水生成顺乌头酸，顺乌头酸加水又可以得到柠檬酸和异柠檬酸。

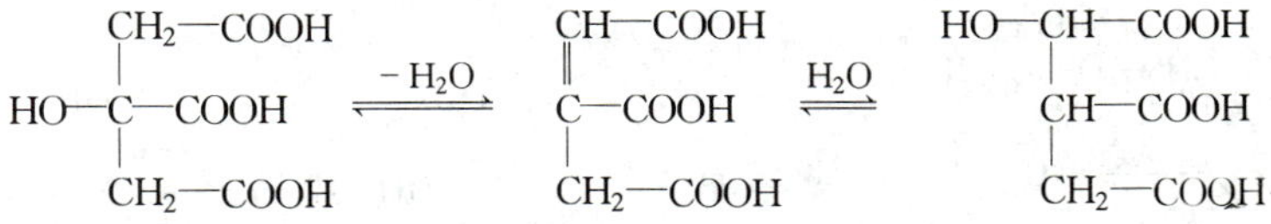

柠檬酸　　顺乌头酸　　异柠檬酸

柠檬酸是生物体内重要的代谢环节三羧酸循环的起始物质，它在顺乌头酸酶的催化作用下转为顺乌头酸并进一步转化为异柠檬酸。

柠檬酸的酸味爽口，它主要用于饮料食品工业。在医药上也有多种用处，如钠盐可用作抗凝剂，镁盐用作缓泻剂，柠檬酸铁剂用作补血剂。

(5) 水杨酸：水杨酸又名柳酸，以柳树皮中含量最丰。水杨酸是无色针状结晶，易升华，熔点159℃，难溶于冷水，能溶于乙醇及乙醚中。

水杨酸与$FeCl_3$溶液呈紫红色，加热到熔点以上时可脱羧形成苯酚。

水杨酸及其衍生物是重要的抗风湿药和解热镇痛药，常用的有阿司匹林、水杨酸钠。

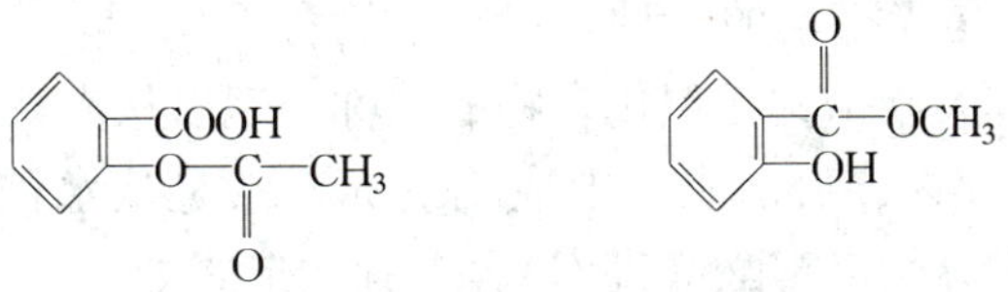

阿司匹林（Aspirin），即乙酰水杨酸　　冬青油，即水杨酸甲酯

(6) 没食子酸和鞣质：没食子酸又称五倍子酸，系统名称是3，4，5-三羟基苯甲酸，它是植物中分布最广泛的一种酚酸，常以游离状态或结合成鞣质而存在于五倍子、茶叶、其它植物的皮或叶片中。没食子酸一般通过水解五倍子鞣质获得。

纯没食子酸为白色粉末，熔点253℃（分解），能溶于水、乙醇和乙醚，但不溶于苯和氯仿。

没食子酸的水溶液与三氯化铁反应生成蓝黑色的沉淀。

没食子酸加热到210℃以上时将发生脱羧反应生成连-苯三酚（焦性没食子酸）。没食子酸和焦性没食子酸都有很强的还原性，利用这一性质，后者常用于气体分析中的氧气吸收剂。

鞣质又称鞣酸或单宁，是在植物界广泛分布的一大类天然产物。它们都有涩味和收敛性，能溶于水，水溶液遇三氯化铁呈蓝黑色沉淀，有还原性，能沉淀生物碱和蛋白质。鞣质在医药上被用作收敛止血剂，在工业上可用于鞣质皮革和媒染剂。

鞣质可分为两大类：①水解型鞣质，这一鞣质在酸（或酶）的催化作用下可水解成较简单的小分子；②缩合型鞣质，这一类鞣质遇酸可缩聚成更大的复杂分子。

中国单宁是典型的水解型鞣质，在五倍子中含量可高达58% ~77%，五倍子是盐肤木五倍子虫瘿，盛产于我国西南各省。它的结构是没食子酸或没食子酰没食子酸与葡萄糖以苷键和酯键的缩聚产物。彻底水解中国单宁可得到葡萄糖和没食子酸。

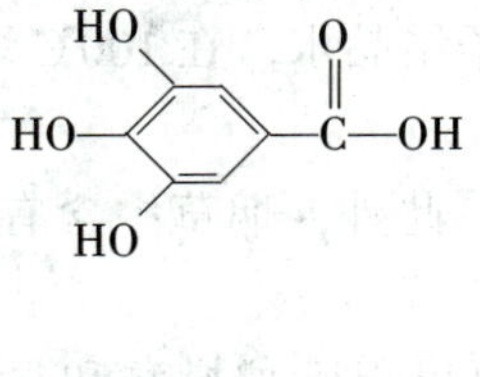

没食子酸

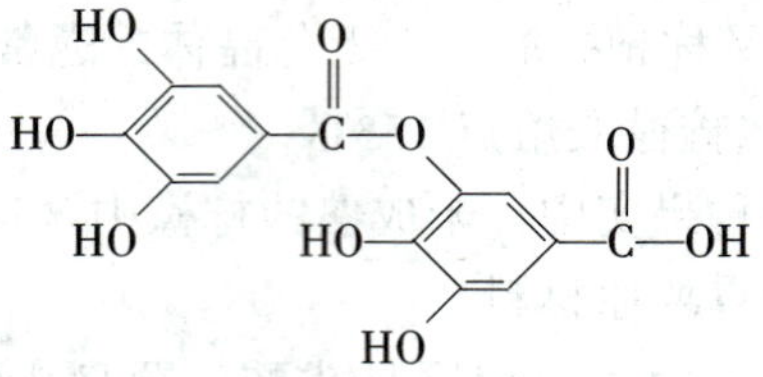

没食子酰没食子酸

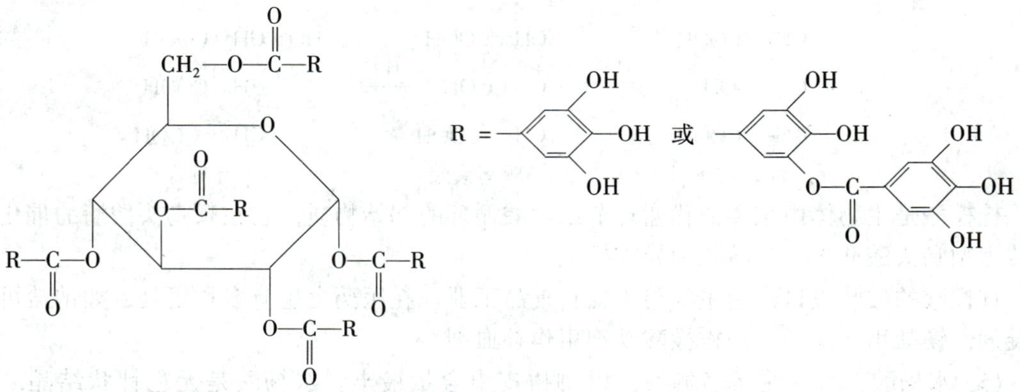

中国单宁

茶叶中的鞣质是缩合型鞣质，它的结构尚不清楚，已知它含有12%左右的没食子酸和78%左右的儿茶素。

（7）赤霉酸：赤霉酸是赤霉素的一种。赤霉素简称GA，是一类植物内源激素，具有多种生理功能。赤霉素是一大族结构相似化合物的总称，现以从赤霉素的培养液和高等植物中分离和鉴定出70多种化合物。目前农业上应用的赤霉素是从水稻恶苗菌培养发酵提取的，这种产品中的主要活性成分是赤霉酸（即GA_3），其构造式如下：

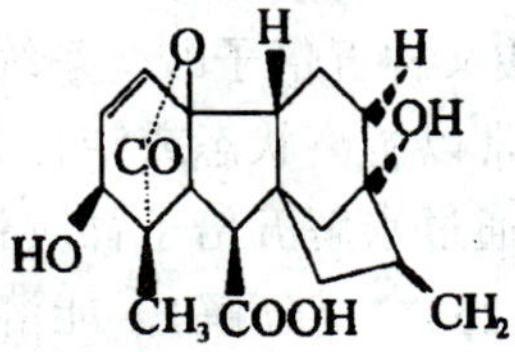

赤霉酸（GA_3）

赤霉酸为白色结晶粉末，熔点 233 ~ 235℃（分解）。易溶于乙醇、甲醇、异丙醇和丙酮；可溶于乙酸乙酯、石油醚；难溶于水，不溶于苯。分子中具有羧基、醇羟基、碳碳双键，因此具有相应官能团的性质。赤霉酸有一个内酯键在酸性或碱性溶液中也会缓慢水解失效，加热时失效更快。所以赤霉酸要低温贮藏，随配随用，不应加热，也不能与氨水、石灰硫磺合剂等碱性农药混用。

赤霉酸在农业生产上的应用广泛，效果明显。它能刺激作物生长，打破休眠，促进种子和块茎发芽；诱导番茄、葡萄等单性结实，产生无籽果实；防止水稻早衰和棉花落铃等。它是一种广泛应用的农用植物生长调节剂。此外在家禽、家畜的饲养上也收到明显的效果。

二、羰　基　酸

1. *羰基酸的分类和命名*　羰基酸是分子中同时含有羰基和羧基的一类化合物。根据羰基的结构，羰基酸又可分为醛酸和酮酸，其中酮酸较为重要。

按照羰基和羧基的相对位置，酮酸可分为 α-酮酸和 β-酮酸等。

羰基酸命名要首先选择含有羰基和羧基的最长碳链作为主链命名为某酮（醛）酸，如系酮酸，要用阿拉伯字码或希腊字母标记出酮基的位置（习惯上多用希腊字母）。

羰基酸的命名也可以用酰基取代法命名。或者称为氧代酸，并标出羰基的位置。

羰基酸是生物体内重要代谢产物，下面介绍几种生物体内的重要羰基酸。

$H-\underset{\underset{O}{\|}}{C}-COOH$　乙醛酸（氧代乙酸、甲酰甲酸）

$CH_3-\underset{\underset{O}{\|}}{C}-COOH$　丙酮酸（α-氧代丙酸、乙酰甲酸）

$CH_3-\underset{\underset{O}{\|}}{C}-CH_2-COOH$　乙酰乙酸（β-氧代丁酸、β-酮丁酸）

$HOOC-CH_2-\underset{\underset{O}{\|}}{C}-COOH$　草酰乙酸（α-酮丁二酸、2-氧代丁二酸）

$HOOC-CH_2-CH_2-\underset{\underset{O}{\|}}{C}-COOH$　草酰丙酸（α-酮戊二酸、2-氧代戊二酸）

2. *羰基酸的化学性质*

（1）酸性：由于羰基的吸电子作用，所以羰基酸的酸性大于相应的羧酸和醇酸。如：丙酮酸（pKa = 2.25）的酸性比丙酸（pKa = 4.88）要强的多。这是 α-位羰基氧吸电子的电子效应使羧基的氧氢键极性增强的结果。

$$CH_3-\overset{\overset{O}{\|}}{C}\leftarrow\overset{\overset{O}{\|}}{C}\leftarrow O\leftarrow H$$

酮酸和醇酸、羧酸的性质见表 8-6。

表 8-6　酮酸和醇酸、羧酸的性质

酸	pKa	酸	pKa
乙醛酸	3.30	丙酮酸	2.25
乙醇酸	3.83	乳　酸	3.88
乙　酸	4.76	丙　酸	4.88

（2）脱羧反应：α-酮酸与稀硫酸共热时发生脱羧反应生成醛。

$$CH_3-\overset{\overset{O}{\|}}{C}-COOH \xrightarrow[\triangle]{\text{稀 } H_2SO_4} CH_3-\overset{\overset{O}{\|}}{C}-H + CO_2\uparrow$$

生物体内的丙酮酸缺氧时，则发生脱羧反应生成乙醛。水果开始腐烂或在制作发酵饲料时，常有酒味产生，就是在酶的催化作用下进行的这个反应。

β-酮酸比 α-酮酸更容易脱酸，如乙酰乙酸在室温下放置就能慢慢发生脱羧反应。

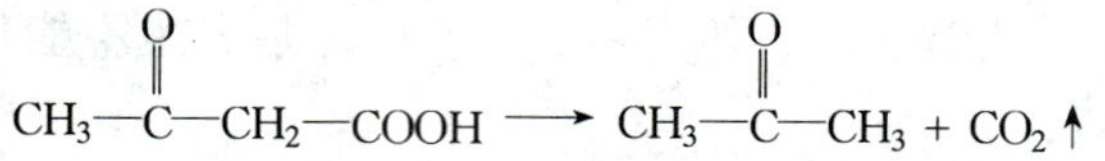

β-酮丁酸存在于糖尿病患者的血液和尿中，由于 β-酮丁酸的脱羧，所以可以在这些患者的尿液中检查出丙酮。

酮酸在生物体内，是在脱羧酶的催化作用下发生脱羧反应的。不过更主要的形式是在脱羧的同时伴随有氧化作用，称为氧化脱羧，这是在氧化脱羧酶作用下完成的。

（3）羰基酸的氧化还原反应：醇酸能氧化为相应的羰基酸，羰基酸也能还原为相应的醇酸。

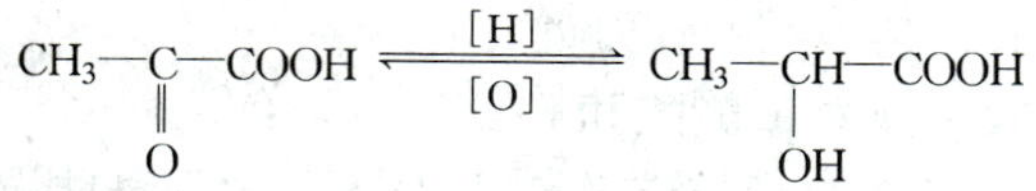

醛酸可被氧化成为相应的二元酸。

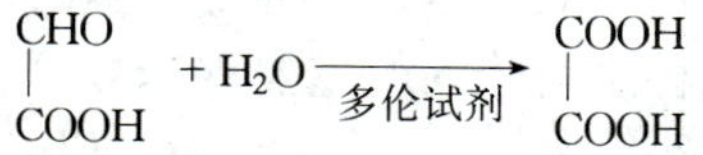

酮基和羧基都难以被氧化。β、γ-酮酸都不与氧化剂作用，而

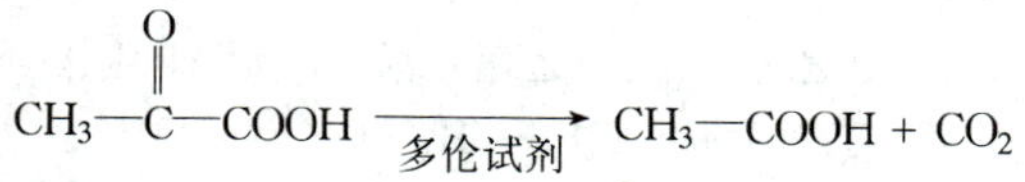

3．重要的羰基酸

（1）乙醛酸：乙醛酸是最简单和比较重要的醛酸，存在于未成熟的水果和动物组织中，是无色糖浆状液体。由于羧基的吸电子诱导效应，乙醛酸中的羰基能与一分子水结合生成水合乙醛酸。水合乙醛酸为无色结晶固体。乙醛酸除有醛和羧酸的性质外，还能发生康尼查罗反应。

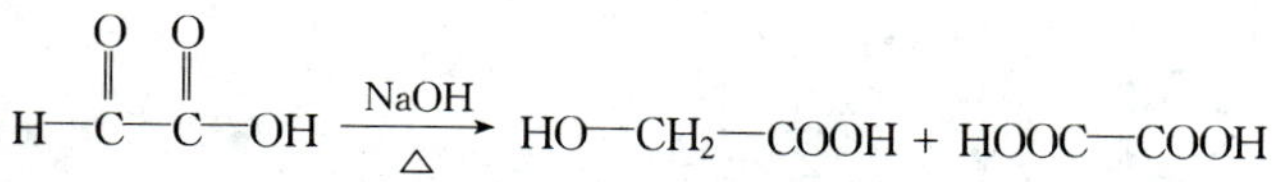

乙醇酸　　　　草酸

（2）丙酮酸：丙酮酸是最简单的酮酸，广泛分布于自然界，是无色有刺激性气味的液体，沸点 165℃（分解），易溶于水。除有酮和羧酸的一般性质外，还有 α-酮酸的特有性质。丙酮酸是生物体内糖代谢过程中的重要中间产物，在缺氧时还原成乳酸积累于细胞中；在有氧时，可进一步氧化分解；也可以经过一系列转化形成油脂、蛋白质等。由此可见，丙酮酸是联系多种代谢的枢纽。

（3）乙酰乙酸乙酯：乙酰乙酸乙酯又叫 β-酮丁酸乙酯。它是个重要的化合物，特别是分子中含有一个活泼的次甲基，因此在理论上和合成上都有重要的意义。

乙酰乙酸乙酯的互变异构：

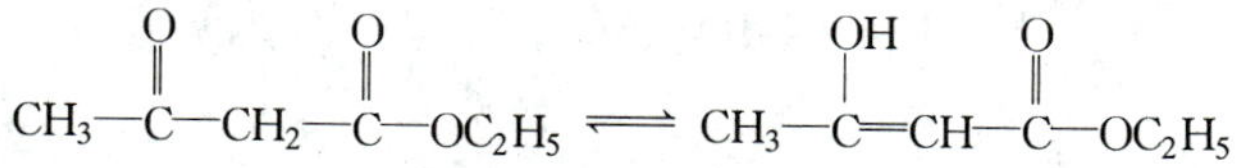

酮式（92.5%）　　　　　烯醇式（7.5%）

在乙酰乙酸乙酯的酮式结构中，α-亚甲基上的氢原子由于受羰基和酯基两个吸电子基的影响，变得更加活泼，因此有可能自发地脱离碳原子并以质子的形式加到羰基氧原子上而转化为烯醇式结构。另一方面，烯醇式的氧原子，由于 p－π 共轭作用，使羟基上氢原子更加活泼，也可使碳原子上带部分负电荷，因此，氢原子又有可能脱离氧原子以质子的形式加到碳原子上去，这样烯醇式就转化为酮式。如下所示：

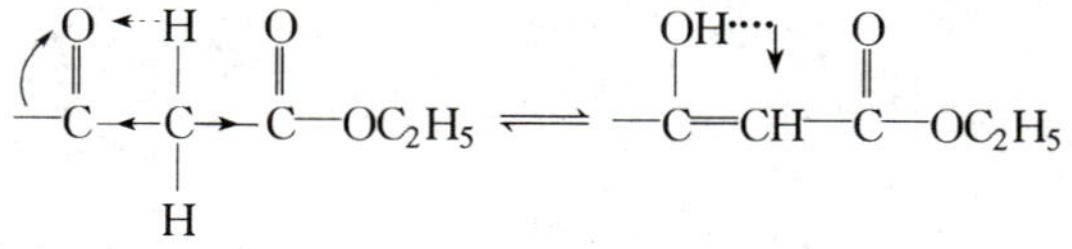

两种异构体能够互相转化并建立起动态平衡的现象称为互变异构现象，这些异构体之间互称互变异构体。

进一步研究证明，乙酰乙酸乙酯在室温下实际上是按一定比例形成的酮式和烯醇式动态平衡体系。由于建立平衡的速度在室稳下非常迅速，所以不能将二者分离。

这种动态平衡的建立，决定了乙酰乙酸乙酯有酮和烯醇的双重反应性能。

乙酰乙酸乙酯有下列特殊性质：

①能和亲核试剂如 HCN、$NaHSO_3$、苯肼、2，4-二硝基苯肼等发生亲核加成以及加成缩合反应，这是羰基（酮基）的典型反应。

②能和溴水发生加成反应使溴水褪色，这是碳碳重键的典型反应。

③能和金属钠反应放出氢气，能和 $FeCl_3$ 发生显色反应。说明乙酰乙酸乙酯的结构中有烯醇式结构存在。

乙酰乙酸乙酯是一个典型的互变异构的实例，有机化合物具有下列结构时，有可能产生互变异构现象。

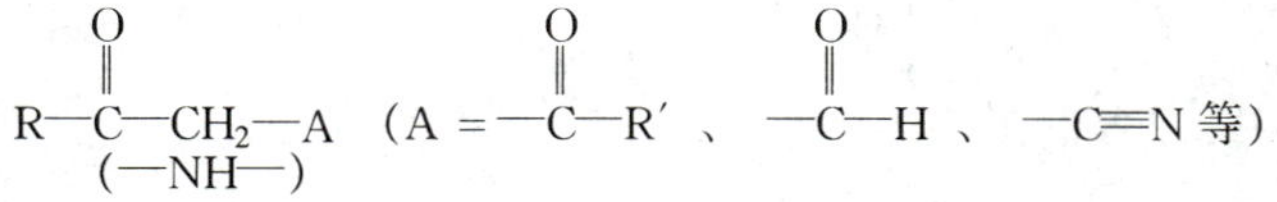

如：

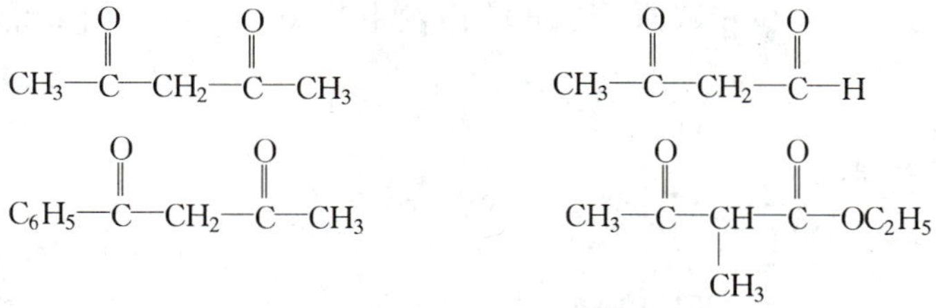

这些互变异构属于酮—烯醇型互变异构，吸电子基的存在使酮的 α-氢变得更加活泼是造成这种互变异构的必要条件。

简单的醛、酮由于其 α-氢原子活泼性不够大，而且它的烯醇式也不够稳定，尽管它们也有形成烯醇式结构的倾向，但由于烯醇式结构含量甚微，难于用一般化学方法检出，所以一般不认为它们有互变异构现象存在。

具有 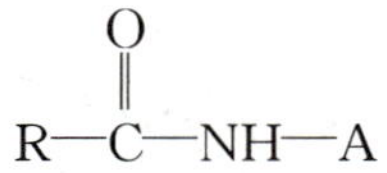 结构互变异构类型为酰胺—亚胺醇型。这是由于氮原子上的活泼

氢原子向相邻的羰基上转移造成的。

酰胺—亚胺醇型互变异构常常混称为酮式—烯醇式互变异构。组成核酸的含氮碱就可发生这一类型的互变异构，并进一步影响基因型变异。

如：

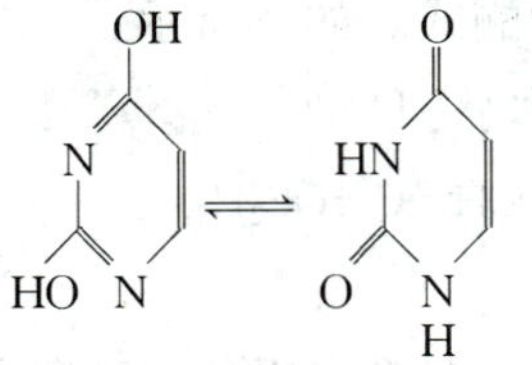

脲嘧啶（烯醇式） 酮 式

在生物体内物质代谢过程中，酮—烯醇型互变异构现象普遍存在，有些过程是以烯醇型参与反应的。

如：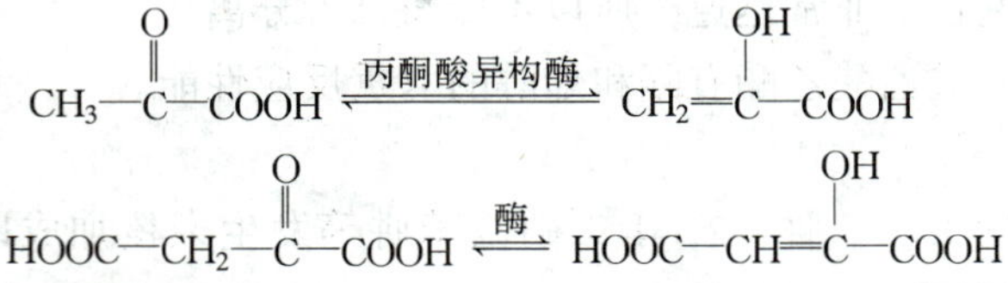

酮式草酰乙酸　　烯醇式草酰乙酸

(1) 乙酰乙酸乙酯在合成上的应用：

① 酮式分解和酸式分解：乙酰乙酸乙酯在稀碱存在下发生酯的水解反应，生成乙酰乙酸。乙酰乙酸是β-羰基酸，很不稳定，加热即发生脱羧反应生产酮。这种过程叫酮式分解。

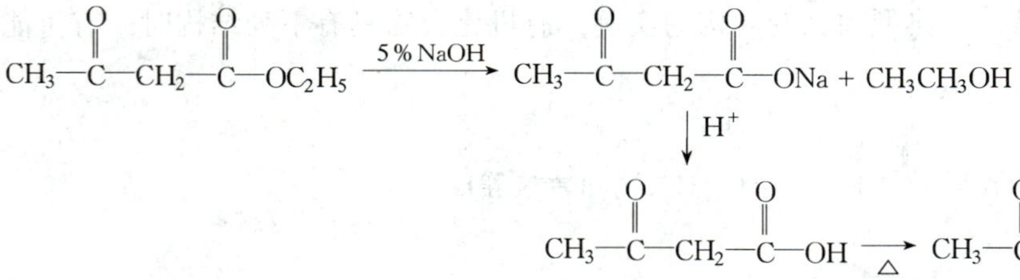

乙酰乙酸乙酯在浓碱作用下加热，α和β-碳原子之间的键发生断裂形成羧酸盐，经酸化后得到羧酸。这种过程叫酸式分解。

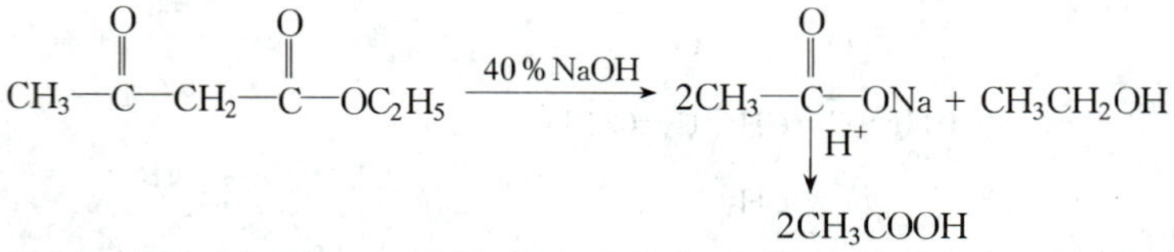

上述反应常用于有机合成中。除乙酰乙酸乙酯外，其他β-酮酸酯也都能进行上述反应。油脂代谢和酸败中产生的小分子酮和酸就是由上述分解反应而来。

② 甲基酮和一元羧酸的合成：乙酰乙酸乙酯分子中亚甲基上的氢原子是很活泼的，容易以质子形式离去，在乙醇钠作用下可以被钠取代生成钠盐，这个盐可与卤代烃、酰卤等作用生成烷基、酰基等取代的乙酰乙酸乙酯，然后再通过酮式和酸式分解制备甲基酮和一元羧酸。如：

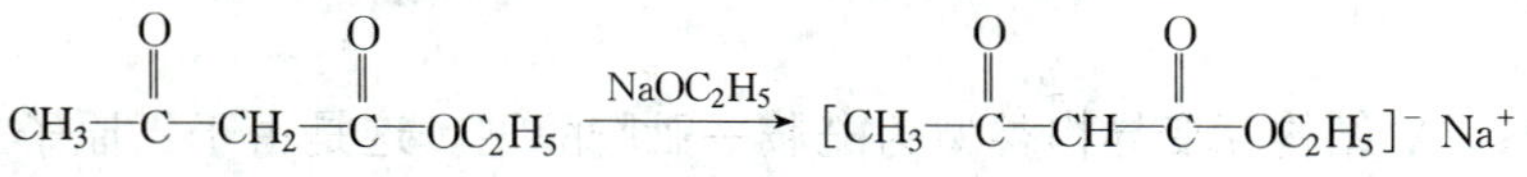

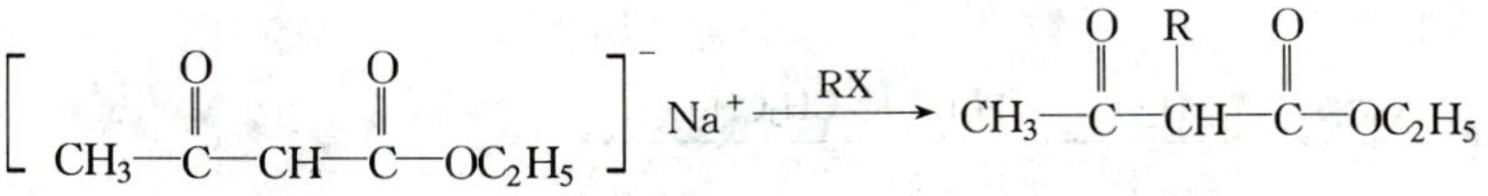

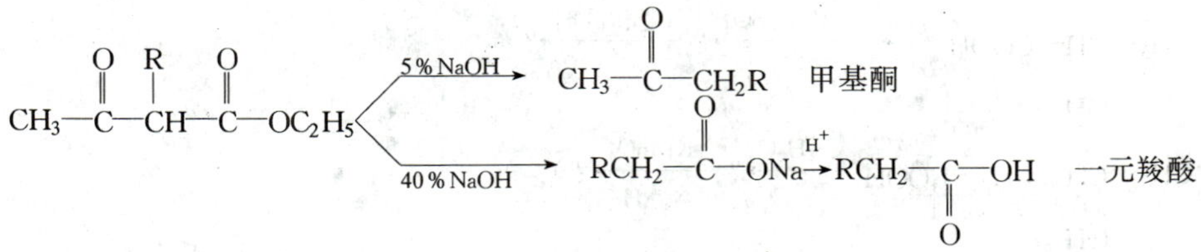

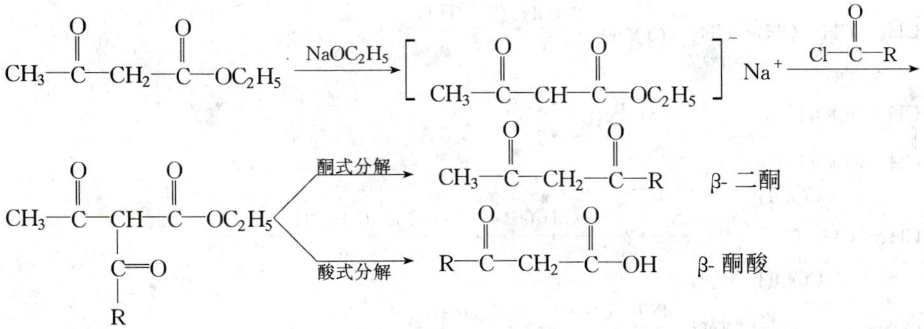

习 题 八

1. 命名下列化合物或写出结构式：

（1） 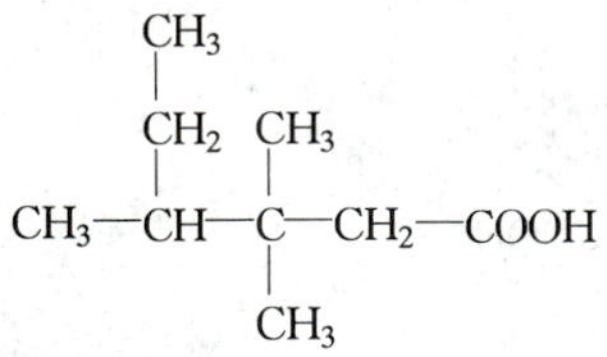

（2） 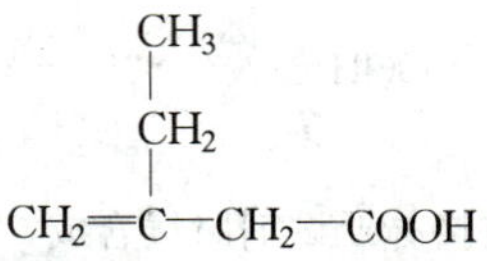

（3） 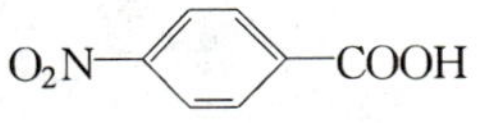

（4） 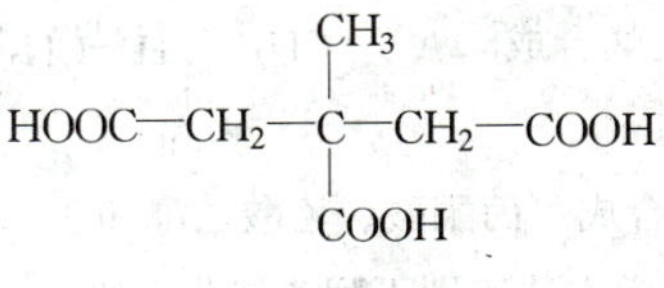

（5） 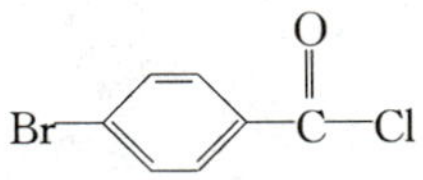

（6） 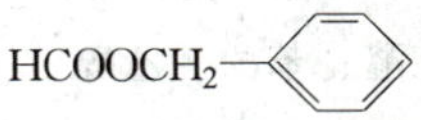

（7）2-甲基丁烯二酸 （8）β-萘乙酸 （9）2，4-二氯苯氧乙酸

（10）乙基丙烯酸甲酯 （11）2-羟基丁二酸 （12）草酰乙酸

2. 不要查表，排出下列化合物的酸性由强到弱的顺序：

（1）$CH_3—CH_2—COOH$ 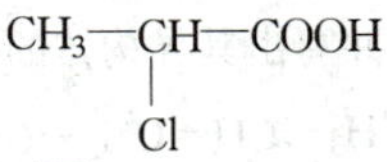 $ClCH_2—CH_2—OH$

$CH_3—CH_2—CH_2—OH$ 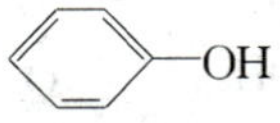 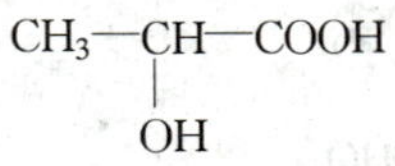

（2）H—COOH HOOC—COOH HOOC—CH_2—CH_2—COOH

（3） 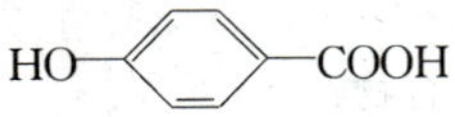 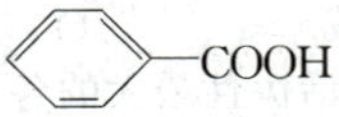 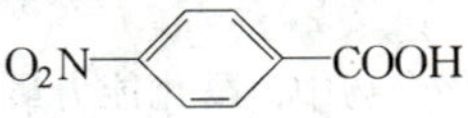

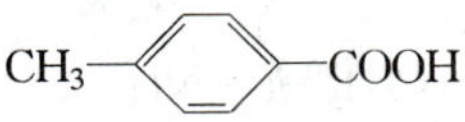

3. 完成下列反应：

（1）$CH_2{=}CH_2 \xrightarrow{HBr} ? \xrightarrow{NaCN} ? \xrightarrow[\triangle,\ H^+]{H_2O} ? \xrightarrow{PCl_5} ? \xrightarrow{CH_3CH_2OH} ?$

（2）$CH_3-CH(OH)-COOH \xrightarrow{[O]} ? \xrightarrow{\text{稀}H_2SO_4} ? \xrightarrow{\text{斐林试剂}} ?$

（3）$CH_3-CH(OH)-CH_2-COOH \xrightarrow{-H_2O} ? \xrightarrow[\triangle,\ H^+]{KMnO_4} ?$

（4）$CH_3-CH(Cl)-CH_2-CH_2-COOH \xrightarrow[H_2O]{NaOH} ? \xrightarrow{-H_2O} ?$

（5）$HOOC-CH{=}CH-COOH \xrightarrow{\triangle} ? \xrightarrow{NH_3} ?$

（6）$CH_3-CH(COOH)_2 \xrightarrow{\triangle} ? \xrightarrow{C_2H_5OH} ? \xrightarrow{Na+C_2H_5OH} ?$

（7）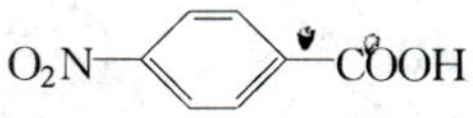 $\xrightarrow{PCl_5\text{或}SOCl_2} ? \xrightarrow{C_2H_5OH} ? \xrightarrow{NH_3} ?$

（8）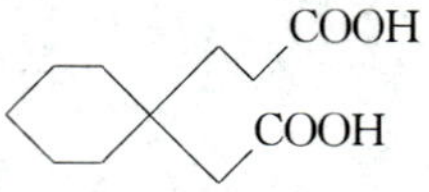 $\xrightarrow{\triangle} ? \xrightarrow{C_2H_5MgBr} ? \xrightarrow{H_2O} ?$

（9）$HOOC(CH_2)_6COOH \xrightarrow{\triangle} ? \xrightarrow{C_2H_5OH} ?$

4. 完成下列合成：

（1）由正丙醇通过格林亚试剂路线合成 $CH_3-CH(CH_3)-COOH$

（2）由乙炔合成 $CH_3-CH(OH)-CH_2-C(=O)-OC_2H_5$

（3）由乙烯合成 丙酮酸、乙酸乙酯和丁二酸二乙酯

5. 用简便化学方法鉴别下列各组化合物：

（1）甲酸、乙酸、乙醛、苯酚、乙醇

（2）乙酸、乙烯、丙烷、乙酰氯、丙酮

6. 分离提纯苯甲酸、对甲基苯酚和正己醇，写出各步反应式。

7. 根据要求完成下列各题：

（1）下列化合物中，那些能产生互变异构并写出其异构体的结构式

$CH_3-C(OH){=}CH-C(=O)-CH_3$　　$CH_3-CH(OH)-CH_2-C(=O)-OC_2H_5$

CH_3-CH_2-CHO　　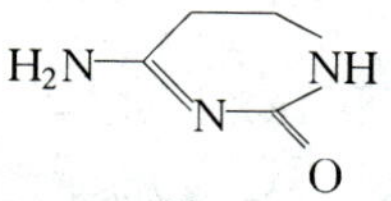

（2）下列化合物中，酰化能力最强的和羰基活泼性最大的各是那个化合物？

$CH_3-CH_2-C(=O)-H$　　$CH_3-C(=O)-CH_3$　　$CH_3-C(=O)-Cl$　　$CH_3-C(=O)-NH_2$

$$CH_3-\overset{\overset{\displaystyle O}{\|}}{C}-OC_2H_5 \qquad\qquad ClCH_2-CH_2-\overset{\overset{\displaystyle O}{\|}}{C}-H$$

8．推导结构式：

（1）化合物A、B、C为同分异构体，分子式为$C_3H_6O_2$，其中A可与$NaHCO_3$反应放出CO_2，而B和C不可，B和C可在NaOH的水溶液中水解，B的水解产物之一可发生碘仿反应。推测A、B、C的结构式。

（2）化合物A，分子式为$C_6H_8O_2$，能和2，4-二硝基苯肼反应，能使溴的四氯化碳溶液褪色，但A不能和$NaHCO_3$反应。A与碘的NaOH溶液反应后形成B，B的分子式$C_4H_4O_4$，B受热后可分子内失水生成分子式为$C_4H_2O_3$的酸酐C。试写出A、B的构型式和C的结构式。

（3）某化合物分子式为$C_5H_{12}O$的A，氧化后得分子式为$C_5H_{10}O$的B，B能和苯肼反应，能发生碘仿反应。A与浓硫酸共热得分子式C_5H_{10}的C，C经氧化后得丙酮和乙酸。推断A的结构式。

（4）酯A（$C_5H_{10}O_2$）用乙醇钠的乙醇溶液处理，转变为可使溴水褪色，同时可与$FeCl_3$溶液显色的酯（$C_8H_{14}O_3$），B用乙醇钠的乙醇溶液处理后，与碘乙烷反应转变为对溴水和$FeCl_3$溶液都无反应的酯C（$C_{10}H_{18}O_3$）。C用稀碱水解，然后酸化加热，生成不能发生碘仿反应的酮D（$C_7H_{14}O$），D用Zn-Hg/HCl还原生成3-甲基己烷。试写出A、B、C、D的结构式。

第九章　含氮和含磷有机化合物

含氮和含磷有机化合物广泛存在于自然界，无论是在工农业生产上，还是在生物体的生命活动中都具有十分重要的意义。虽然它们并不属于同一类化合物，鉴于本书篇幅的限制，因此同放在本章中讨论。

含氮有机化合物的概念非常广泛，凡是分子中含有氮元素的有机化合物都可被认为是含氮有机化合物。此类有机化合物种类很多，主要有胺类、酰胺类、硝基化合物、腈类、重氮化合物、偶氮化合物、含氮杂环化合物和生物碱等。此外，许多用于临床治疗的磺胺类药物也是含氮有机化合物。含氮有机化合物是本章讨论的重点内容，其中含氮杂环化合物和生物碱将放在第十一章中讨论，本章将分别讨论其他类型的含氮有机化合物。

含磷有机化合物是生物体内核酸、磷脂、能源物质 ATP 等的重要组成成分，在生物体能量转换、代谢、遗传等过程中起着十分重要的作用，是动植物维持生命活动和生物体遗传不可缺少的物质。此外，还有一些含磷有机化合物是农业上广泛使用的农药，可作为杀虫剂、杀菌剂、植物生长调节剂等。本章将简要介绍含磷有机化合物。

第一节　胺

一、概　　述

胺可以看作是氨（NH_3）分子中的氢原子被烃基取代后的衍生物。胺是重要的有机碱。

1. 胺的分类　氨分子中有三个氢原子，可以分别被烃基取代，氨分子中的一个、两个或三个氢原子被烃基取代生成的化合物分别称为伯胺、仲胺和叔胺：

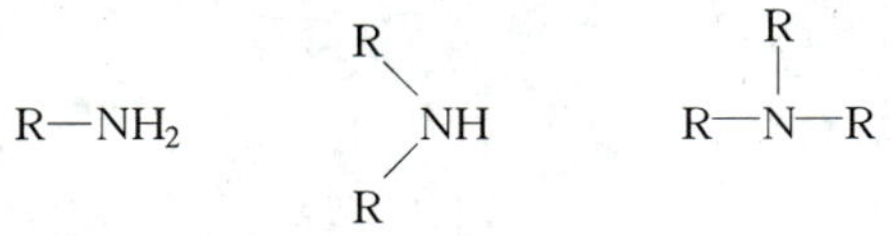

伯胺　　仲胺　　叔胺

伯胺、仲胺和叔胺的官能团分别为氨基（$—NH_2$）、亚氨基（$>NH$）和次氮基（$—\overset{|}{N}—$）。

应该注意：伯、仲、叔胺的含义与伯、仲、叔醇（或卤代烃）的含义是不同的，二者分类依据不同。伯、仲、叔醇（或卤代烃）是依据醇（或卤代烃）分子中羟基（或卤原子）所连接的碳原子类型分类；而伯、仲、叔胺是依据氨分子中氮上的氢被烃基取代的数目确定。例如：

仲醇　　伯胺

根据胺分子中所含烃基的不同，可把胺分为脂肪胺和芳香胺。氮原子直接与脂烃基相连接的胺称为脂肪胺，氮原子直接与芳环相连接的胺称为芳香胺。例如：

$CH_3CH_2NH_2$

乙胺（脂肪胺）

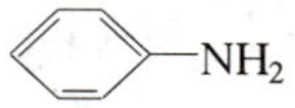

苯胺（芳香胺）

根据胺分子中所含氨基的数目，又可把胺分为一元胺、二元胺和多元胺。

铵离子（NH_4^+）有四个氢原子，如果这四个氢原子都被烃基取代则生成季铵离子。季铵离子可以季铵盐和季铵碱的形式存在：

R_4N^+	$R_4N^+X^-$	$R_4N^+OH^-$
季铵离子	季铵盐	季铵碱

2. *胺的命名*　胺的命名原则如下：

(1) 烃基结构简单的伯胺命名为某烃基胺；相同结构烃基组成的简单仲胺和叔胺命名为二烃基胺和三烃基胺。例如：

CH_3NH_2　甲胺

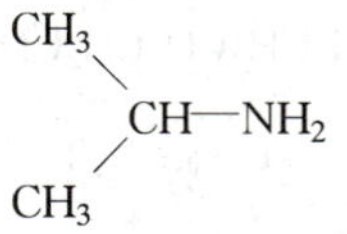

异丙胺

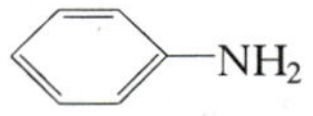

苯胺

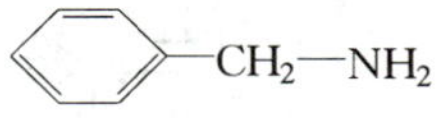

苄胺（苯甲胺）

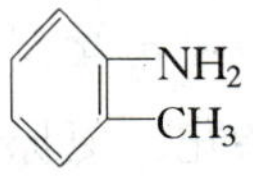

邻甲基苯胺

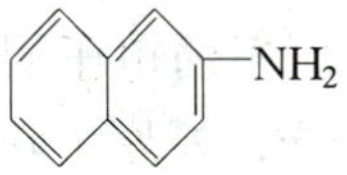

β-萘胺（2-萘胺）

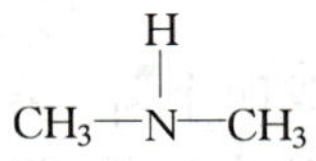

二甲胺

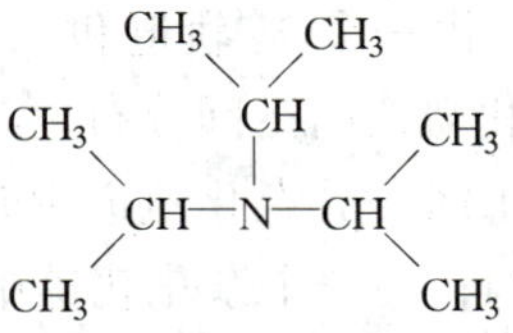

三异丙胺

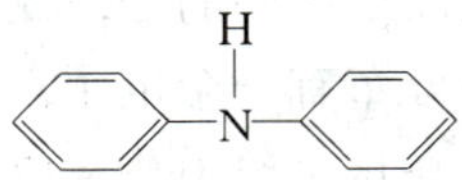

二苯胺

(2) 某些由不同烃基组成的简单脂肪族仲胺和叔胺也可以沿用上述的命名原则，称为烃基胺，烃基按次序规则列出，较优基团的名称放在后面。或者也可以作为伯胺的N-取代产物命名，命名时选择最大的取代基作为母体伯胺。例如：

$CH_3—NH—C_2H_5$

甲基乙基胺
N-甲基乙胺

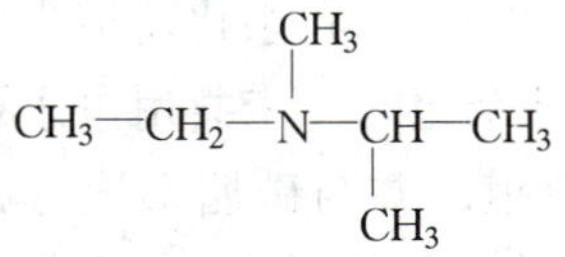

甲基乙基异丙基胺
N-甲基-N-乙基异丙胺

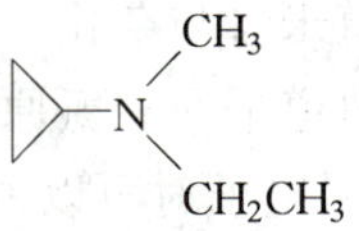

甲基乙基环丙基胺
N-甲基-N-乙基环丙胺

(3) 当氮原子上同时连有芳环和脂肪烃基时，以芳胺作为母体命名，并用“N-”标明脂肪烃基所在的位置，以区别于脂肪烃基连接在芳环上的异构体。例如：

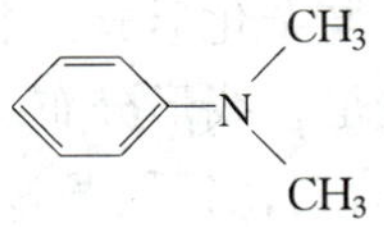

N，N-二甲基苯胺

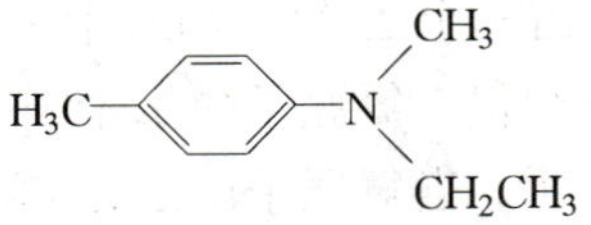

N-甲基-N-乙基对甲苯胺

(4) 烃基结构复杂的胺，不能用上述方法命名时，以氨基作为取代基命名，例如：

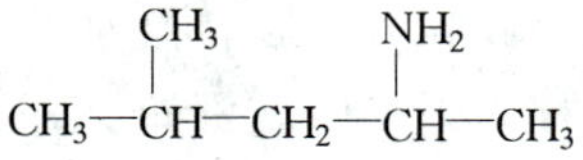
2-甲基-4-氨基戊烷

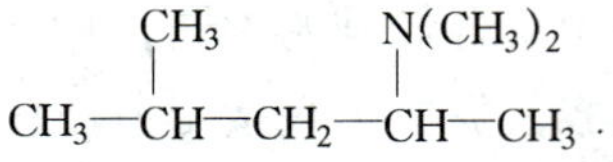
2-甲基-4-（N，N-二甲氨基）基戊烷

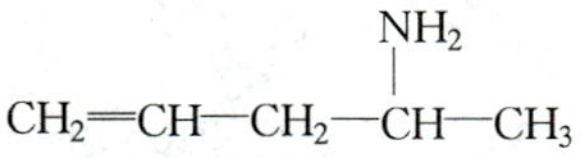
4-氨基-1-戊烯

$H_2N—CH_2—CH_2—CH_2—OH$
3-氨基-1-丙醇

（5）季铵化合物按盐或碱的方法命名，例如：

$(CH_3)_4N^+Br^-$	$C_6H_5CH_2N^+(CH_3)_3Cl^-$	$(CH_3)_4N^+OH^-$
溴化四甲铵	氯化三甲基苄铵	氢氧化四甲铵

（6）二元胺按烃基命名为某二胺，例如：

$N_2NCH_2CH_2NH_2$	$H_2NCH_2CH_2CH_2CH_2NH_2$	$N_2NCH_2CH_2CH_2CH_2CH_2NH_2$
乙二胺	丁二胺（腐肉胺）	戊二胺（尸胺）

$H_2NCH_2CH_2CH_2CH_2CH_2CH_2NH_2$
己二胺

对苯二胺

二、胺的结构

1. *氮原子的杂化轨道* 氮原子的电子层结构为 $1s^22s^22p^3$，它有三个未配对电子，分处于三个 2p 轨道中。和碳原子一样，氮原子在形成共价键时，轨道也要进行杂化，氮原子的杂化有下列三种形式：

（1）不等性 sp^3 杂化：由一个 2s 轨道和三个 2p 轨道共同参与杂化形成四个 sp^3 杂化轨道。氮原子的四个 sp^3 杂化轨道的空间分布也是四面体结构，但与碳原子不同的是，氮原子价层有五个电子，分布在四个 sp^3 杂化轨道中时，其中三个轨道中各分布有一个电子，这三个轨道的 s 成分略小于 1/4；另一个杂化轨道中则分布有两个电子，在这个轨道中 s 成分略大于 1/4，因此氮原子的 sp^3 杂化称为不等性杂化。NH_3、脂肪胺、NH_4^+、季铵离子中的氮原子都是 sp^3 杂化。

（2）sp^2 杂化：由一个 2s 轨道和二个 2p 轨道共同参与杂化形成三个 sp^2 杂化轨道，还剩余一个 p 轨道未参与杂化。氮原子的三个 sp^2 杂化轨道也是平面结构，未参与杂化的 p 轨道垂直于杂化轨道平面。氮原子以 sp^2 杂化时，未共用电子对的分布有两种情况：

① 未共用电子对可以占据 p 轨道，并与碳胳形成 p-π 共轭体系，如酰胺、吡咯中的氮原子，未共用电子即占据 p 轨道，并与碳胳形成 p-π 共轭体系。

② 未共用电子对也可以占据 sp^2 杂化轨道：当氮原子以双键与其他原子键合时，氮原子按 sp^2 形式杂化，未共用电子对占据 sp^2 杂化轨道，如吡啶、偶氮化合物中的氮原子，未共用电子对都占据 sp^2 杂化轨道。

（3）sp 杂化：由一个 2s 轨道和一个 2p 轨道共同参与杂化形成二个 sp 杂化轨道，还剩余二个 p 轨道未参与杂化。氮原子的二个 sp 杂化轨道也呈直线形分布，对称轴垂直于剩下的二个 p 轨道所在平面。当氮原子以三键和其它原子键合时，氮原子按 sp 形式杂化，未共用电子对一般占据 sp 杂化轨道，如氰基（—C≡N）中的氮原子就是 sp 杂化。

2. *胺的分子结构* 在氨和脂肪胺中，氮原子以 sp^3 方式杂化，其中三个 sp^3 杂化轨道上各分布有一个未成对电子，分别与氢的 1s 轨道或碳的杂化轨道重叠形成三个 σ 键，整个分子呈棱锥形结构，氮原子处于棱锥的顶端，烃基或氢原子处于棱锥的底部。此外，氮上还有一对孤电子，占据另一个 sp^3 杂化轨道，处于整个棱锥体的顶端。例如三甲胺的结构如图 9-1 所示，由于未共用电子对的静电斥力，使氮上的三个 σ 键键角略小于 109.5°。

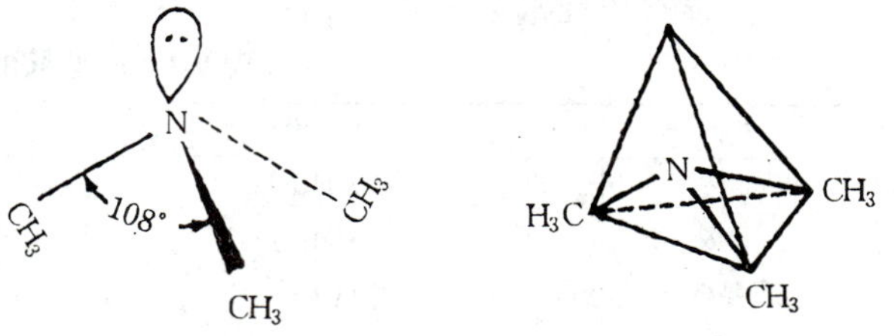

图 9-1　三甲胺的结构

如果把未共用电子对也看作一个“基团”，脂肪胺的空间结构则近似于碳的四面体结构，氮处于四面体的中心，如果氮上所连接的三个基团互不相同，则分子没有对称因素，是有手性的，理论上应该存在一对对映异构体。但这样的胺对映体并未分离出来，原因是胺中氮上的未共用电子对的 sp^3 杂化轨道实际上起不到四面体构型中的一个“基团”的作用，不能使分子的构型固定。胺对映体之间的能垒很低，通常为 25～37.6kJ·mol^{-1}，在室温就可以很快地互相转化，因此胺是无旋光性的。

季铵盐或季铵碱分子是四面体结构，氮上的四个 sp^3 杂化轨道都用于成键，如果氮上的四个基团互不相同时，可以产生旋光异构现象，其对映异构体可以分离出来。例如：

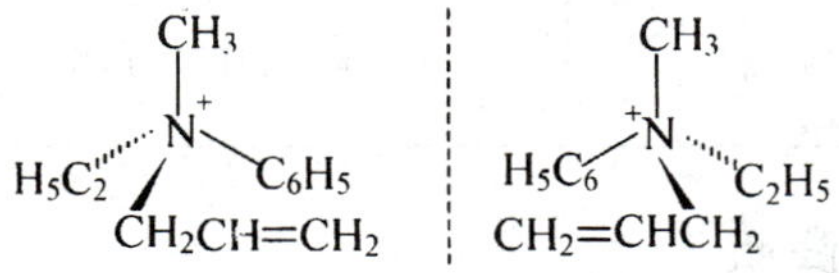

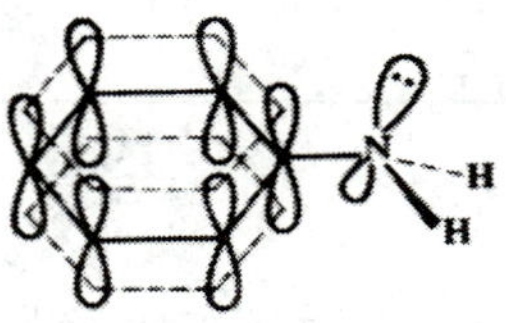

图 9-2　苯胺结构

苯胺分子中氮原子上的未共用电子对可以与苯环中 π 电子轨道重叠，C—N 键具有部分双键的性质，因此，苯胺中 C—N键的键长比甲胺中的 C—N 键短。芳胺分子结构如图9-2所示。

三、胺的物理性质

和其它有机化合物一样，胺的物理性质也随相对分子质量的增大而有规律地变化：

甲胺、乙胺、丙胺是具有氨味的气体或液体，四个碳以上的低级伯胺、二甲胺、三甲胺等是具有鱼腥味的气体或液体，高级胺由于挥发性甚小，所以没有气味。

低级的脂肪胺可与水以氢键缔合，所以低级的伯、仲、叔胺在水中有一定的溶解度，但随着相对分子质量的增大，烃链疏水作用增强，其溶解度迅速降低。

脂肪族的伯胺和仲胺能够产生分子间的氢键 N—H…N 缔合，沸点要比相应相对分子质量的烃、卤代烃高，但由于氮的电负性比氧弱，胺分子间的 N—H…N 氢键比醇分子间的 O—H…O氢键弱，所以胺的沸点又比相应的相对分子质量的醇低。脂肪族叔胺中的氮原子上没有氢原子，不能形成分子间氢键，所以在相对分子质量相同的胺中，叔胺的沸点低于伯胺和仲胺。

芳香胺是高沸点的液体或低熔点的固体，难溶于水而易溶于各种有机溶剂，芳胺的毒性很强，可通过消化道、呼吸道或经皮肤吸收而引起中毒，联苯胺、萘胺等具有致癌作用，使用时应特别小心。

一些胺的物理常数见表 9-1。

表 9-1　一些胺的物理常数

化合物	结构式	熔点（℃）	沸点（℃）	pKb（25℃）
甲　胺	CH_3NH_2	−92.5	−6.5	3.38
二甲胺	$(CH_3)_2NH$	−96	−7.4	3.23
三甲胺	$(CH_3)_3N$	−124	3.5	4.20
乙　胺	$C_2H_5NH_2$	−80.6	16.6	3.37
二乙胺	$(C_2H_5)_2NH$	−50	55.5	3.07
三乙胺	$(C_2H_5)_3N$	−115	89.7	3.28
正丙胺	$CH_3CH_2CH_2NH_2$	−83	48.7	3.33
乙二胺	$H_2NCH_2CH_2NH_2$	11	117	4.07
苯　胺	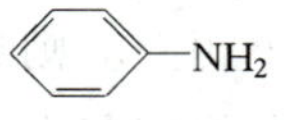	−6	184	9.38
苯甲胺	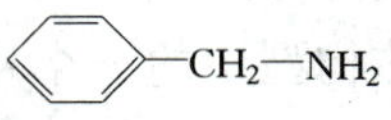	10	185	9.33
N-甲苯胺	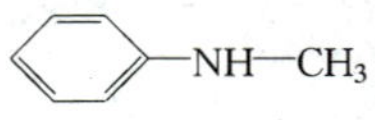	−27	194	9.15
二苯胺	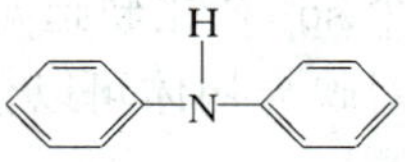	34	304	13.1
对硝基苯胺		148	332	13.0

四、胺的化学性质

胺的化学反应主要表现为氮原子上未共用电子对的反应、氮氢键的反应以及芳胺中芳环的取代反应。

1. 胺的碱性　与氨相似，胺分子中氮原子上的未共用电子对能接受质子形成铵离子，因此胺具有碱性，是重要的有机碱。

$$R—\ddot{N}H_2 + H^+ \longrightarrow R—\overset{+}{N}H_3$$

能溶于水的胺，在水中按下式电离：

$$R—NH_2 + H_2O \rightleftharpoons R—\underset{H}{\overset{H}{N}}\!:\cdots H\cdots OH \rightleftharpoons R—\overset{+}{N}H_3\cdots OH^- \rightleftharpoons R—\overset{+}{N}H_3 + OH^-$$

胺的碱性强度可用它们在水中的离解常数 K_b 或 pKb（$pKb = -\lg K_b$）表示，K_b 值越大或 pKb 值越小，胺的碱性越强。一些胺的 pKb 值见表 9-1。

由表 9-1 可看出，脂肪胺的碱性比氨强，芳香胺的碱性比氨弱。这是由于在脂肪胺中，烷基是给电子基团，烷基的给电子的诱导效应使氮原子上的电子云密度增加，未共用电子对结合质子的能力增强，所以脂肪胺的碱性大于氨；而芳胺中氮原子上的未共用电子对与苯环中的 π 电子共轭，使部分电子云向苯环方向移动，氮原子上的电子云密度降低，未共用电子对结合质子的能力显著降低，所以芳胺的碱性远小于氨，即：

$$脂肪胺碱性 > NH_3 > 芳胺$$

$$pK_b = 3 \sim 4 \quad pK_b = 4.75 \quad pK_b > 9$$

脂肪胺中的伯、仲、叔胺的碱性也各不相同，主要从电子效应、空间效应、胺的共轭酸——铵离子的稳定性三方面考虑：

(1) 一般来说，使胺中氮原子上的电子云密度增加的电子效应，能增强未共用电子对结合质子的能力，从而使胺的碱性增强，反之，则使胺的碱性降低。叔胺中有三个烃基的给电子作用使氮原子上的电子云密度增高，碱性增强，而伯胺则只有一个烃基起作用。因此从电子效应考虑，伯、仲、叔胺的碱性强弱顺序应为叔胺＞仲胺＞伯胺。

(2) 从空间效应考虑，烃基的取代将防碍氮原子与质子的缔合而使胺碱性降低。氮原子上连接的烃基越多，占据的空间体积越大，越不利于质子与氮原子接近，使碱性越弱。显然，从空间阻挡效应考虑三种胺的碱性大小应是伯胺＞仲胺＞叔胺。

(3) 胺的共轭酸——铵离子的稳定性也决定了胺碱性的大小，共轭酸越稳定，胺的碱性就越强。伯铵离子中有三个 N—H 键可以与水分子缔合，所以稳定性最强，叔铵离子中只有一个 N—H 键与水分子缔合，稳定性最小，铵离子的稳定性顺序为伯铵离子＞仲铵离子＞叔铵离子，则从这方面考虑胺的碱性顺序应为伯胺＞仲胺＞叔胺。

综合上述三方面的因素，脂肪族伯、仲、叔胺的碱性强弱顺序为仲胺＞伯胺和叔胺＞NH_3。

芳胺中芳环的共轭效应和空间效应都会降低胺的碱性，所以不同芳胺的碱性顺序为 NH_3＞芳伯胺＞二芳环仲胺＞三芳环叔胺。实际上，三芳环叔胺如三苯胺已经是一个中性化合物。

季铵碱中氢氧根负离子与季铵正离子间以离子键相结合，在水溶液中，氢氧根离子是完全电离的，所以季铵碱是一个强碱，其碱性与氢氧化钠、氢氧化钾类似。

由于胺具有碱性，所以胺可与酸反应生成铵盐，低级的脂肪胺如甲胺、乙胺、三甲胺等还能使酸碱指示剂变色。

$$R—NH_2 + HCl \longrightarrow R\overset{+}{N}H_3Cl^-$$

铵盐是结晶状固体，易溶于水和乙醇而难溶于乙醚等非极性有机溶剂，铵盐遇强碱可以重新析出胺：

$$R\overset{+}{N}H_3Cl^- + NaOH \longrightarrow R—NH_2 + NaCl + H_2O$$

2. *烃基化反应*　氨和胺都可以和卤代烃发生反应，反应的实质是富含电子的氮原子作为亲核试剂的中心进攻卤代烃，发生亲核取代反应，当卤代烃是伯卤代烃时，反应是按 S_N2 历程进行的。

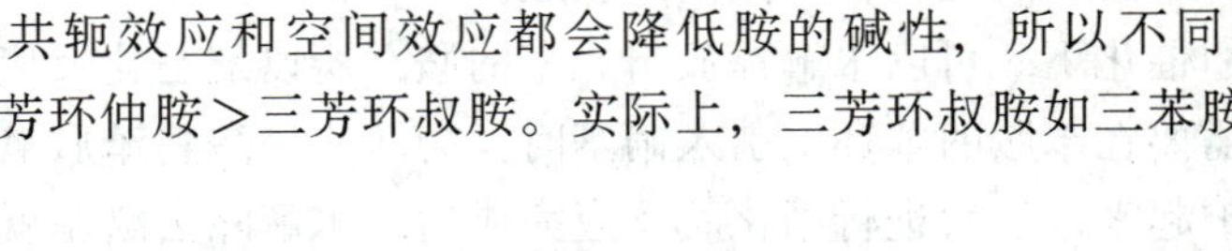

反应的结果是烃基取代了胺中氮原子上的氢原子，所以这一反应被称为烃基化反应。

$$NH_3 + C_2H_5—X \longrightarrow C_2H_5\overset{+}{N}H_3X^- \xrightarrow{NaOH} C_2H_5NH_2 \quad \text{伯胺}$$

$$C_2H_5NH_2 + C_2H_5X \xrightarrow[\triangle]{} (C_2H_5)_2\overset{+}{N}H_2X^- \xrightarrow{NaOH} (C_2H_5)_2NH \quad \text{仲胺}$$

$$(C_2H_5)_2NH + C_2H_5X \xrightarrow[\triangle]{} (C_2H_5)_3\overset{+}{N}HX^- \xrightarrow{NaOH} (C_2H_5)_3N \quad \text{叔胺}$$

$$(C_2H_5)_3N + C_2H_5X \xrightarrow{\triangle} (C_2H_5)_4N^+X^- \quad \text{季铵盐}$$

季铵盐不能与 NaOH、KOH 反应生成季铵碱，而必须和 AgOH 反应。

$$(C_2H_5)_4N^+X^- + AgOH \longrightarrow (C_2H_5)_4\overset{+}{N}OH^- + AgX\downarrow$$

3. 酰基化反应　伯胺、仲胺和羧酸、酰氯、酰酐等酰基化试剂反应时，氮原子上连接的氢原子被酰基取代，生成取代酰胺的反应称为胺的酰基化反应。叔胺氮原子上没有氢原子，不发生酰基化反应。

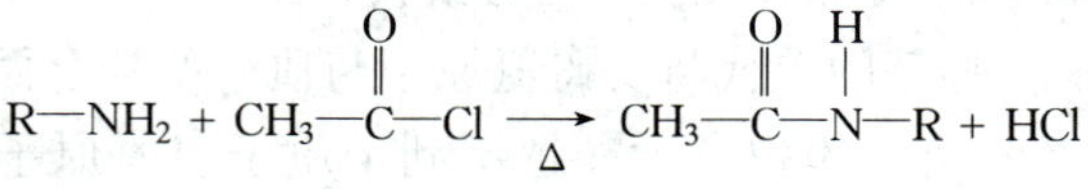

N-取代酰胺

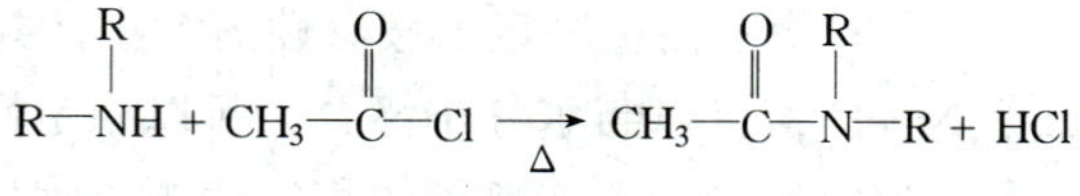

N，N-二取代酰胺

酰胺是结晶固体，具有一定熔点。通过酰基化反应，然后测定生成的酰胺的熔点，可以定性鉴定出原来伯胺和仲胺。胺经酰化后生成的取代酰胺呈中性，不能与酸作用生成盐，可以利用这一反应，从三类胺的混合物中分离出叔胺。

酰胺在酸或碱的催化下，可以水解释放出原来的胺，所以酰基化反应在有机合成中常用来保护氨基。例如需要在苯胺的苯环上引入硝基时，为防止硝酸将苯胺氧化，常利用酰基化反应，先把氨基保护起来，然后进行硝化。反应完成后，水解除去酰基就得到硝基苯胺。

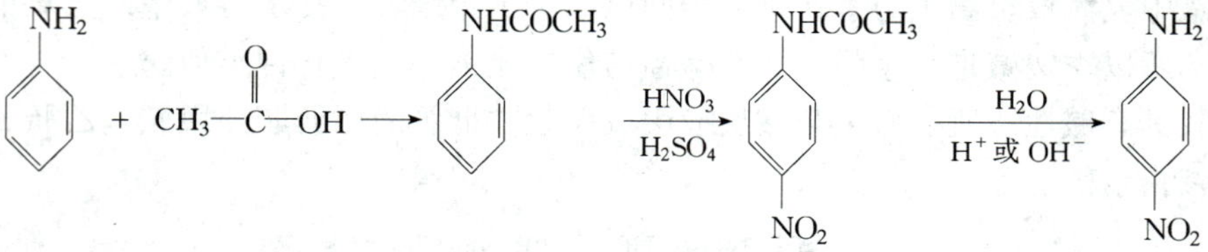

4. 磺酰化　用苯磺酰氯或甲苯磺酰氯作为磺酰化试剂，在氢氧化钠或氢氧化钾溶液存在下，伯胺或仲胺氮原子上的氢可被磺酰基取代，生成相应的磺酰胺，这一反应称为胺的磺酰化反应，磺酰化反应又称为兴斯堡（Hinshberg）反应。叔胺氮原子上没有氢，不发生反应。

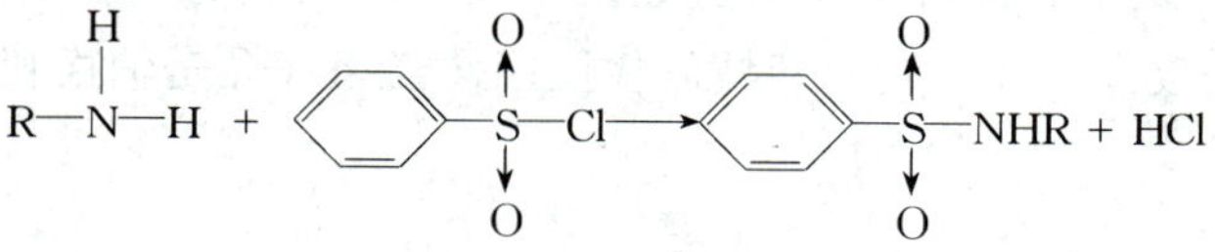

N-烃基苯磺酰胺

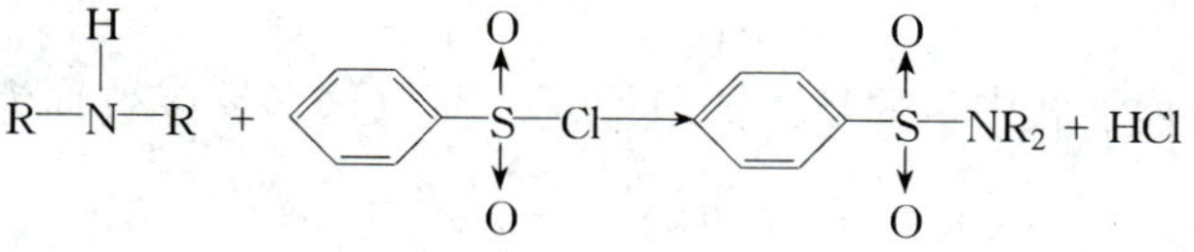

N，N-二烃基苯磺酰胺

苯磺酰基是较强的吸电子基，由伯胺生成的 N- 烃基苯磺酰胺受它的影响，氮原子上的氢具有一定的酸性，能与氢氧化钠作用生成盐而溶于碱的水溶液中。

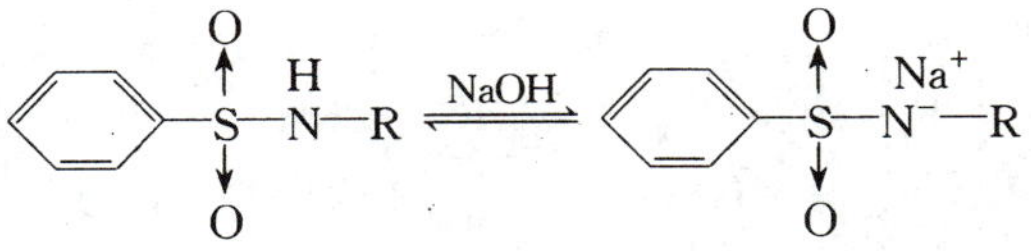

N-烃基苯磺酰胺钠（一个水溶性盐）

仲胺生成的 N，N-二烃基苯磺酰胺，氮原子上已没有氢原子，不具有酸性，不能与碱作用成盐，也就不能溶于碱溶液中，利用这一性质可分离液态的伯、仲、叔胺。如可在碱溶液中，将三种胺的混合物与苯磺酰氯反应，由于叔胺不发生磺酰化反应，呈油状物与碱溶液分层，蒸馏即可分离得到；将剩下的溶液过滤，所得固体为仲胺的磺酰胺，加酸水解即得仲胺；滤液酸化后加热水解，得到伯胺。

【思考题 9-1】如何用化学方法分离乙胺、二乙胺、三乙胺的混合物？

5．*与亚硝酸的反应*　伯、仲、叔胺和亚硝酸的反应情况各不相同。

(1) 脂肪族伯胺和亚硝酸反应首先生成重氮酸，脂肪族重氮酸极不稳定，立即分解并定量地放出氮气。

$$R—NH_2 + HNO_2 \longrightarrow [R—N=N—OH] \longrightarrow R—OH + N_2\uparrow$$

重氮酸首先分解形成正碳离子、氢氧根负离子和氮气：

$$[R—N=N—OH] \longrightarrow R^+ + N_2\uparrow + OH^-$$

如果碳正离子为甲基或乙基正离子时，它们将和 OH^- 结合形成甲醇或乙醇而无其它副反应，但如果是三个以上碳原子所组成的碳链，则还有许多副反应发生，以正丙胺为例：

$$CH_3—CH_2—CH_2—NH_2 + HNO_2 \longrightarrow CH_3—CH_2—CH_2—N=N—OH$$
$$\downarrow$$
$$CH_3—CH_2—\overset{+}{C}H_2 + N_2\uparrow + OH^-$$

正丙基正离子可以发生下述的一系列反应：

$$CH_3—CH_2—\overset{+}{C}H_2 + OH^- \longrightarrow CH_3—CH_2—CH_2—OH \quad \text{（直接与 } OH^- \text{ 键合）}$$

$$CH_3—CH_2—\overset{+}{C}H_2 \xrightarrow{\text{重排}} CH_3—\overset{+}{C}H—CH_3 \xrightarrow{OH^-} CH_3—\underset{\displaystyle OH}{\underset{|}{C}H}—CH_3 \quad \text{（异构化）}$$

$$CH_3—CH_2—\overset{+}{C}H_2 \longrightarrow CH_3—CH=CH_2 + H^+ \quad \text{（消除）}$$

所以伯胺与亚硝酸的反应在有机合成中没有实际意义。

其它一些含有氨基的化合物如酰胺、氨基酸和尿素都可以和亚硝酸反应并定量地放出氮气，通过对氮气体积的测量，可以对上述化合物作定量测定。

(2) 芳香族伯胺在强酸性环境中，于低温下（<5℃）与亚硝酸作用生成重氮盐：

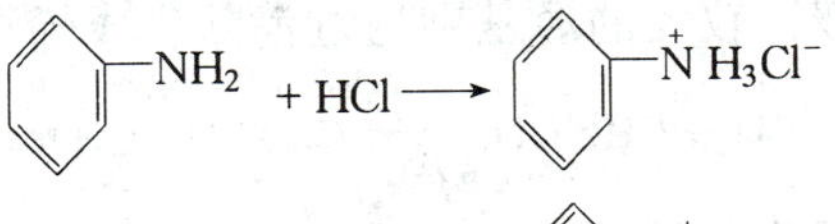

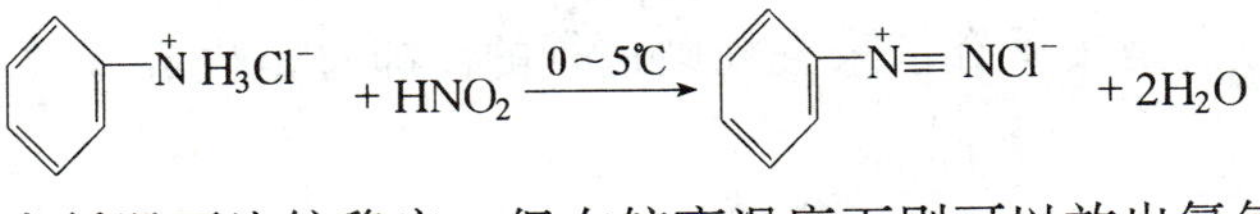

芳香族的重氮盐在低温下比较稳定，但在较高温度下则可以放出氮气，同时生成酚。

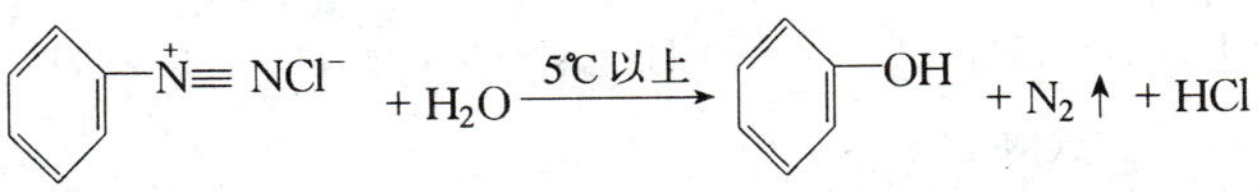

(3) 仲胺（包括脂肪族仲胺和芳香族仲胺）与亚硝酸反应生成 N-亚硝基胺，它是一种

黄色的不溶于水的物质：

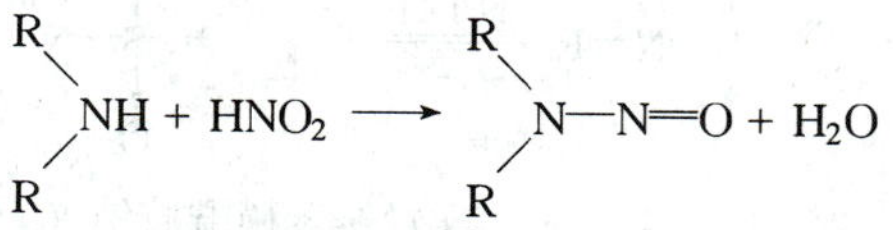

N-亚硝基胺可与稀酸共热发生水解反应生成原来的仲胺，因此这一反应可用于仲胺的分离提纯。

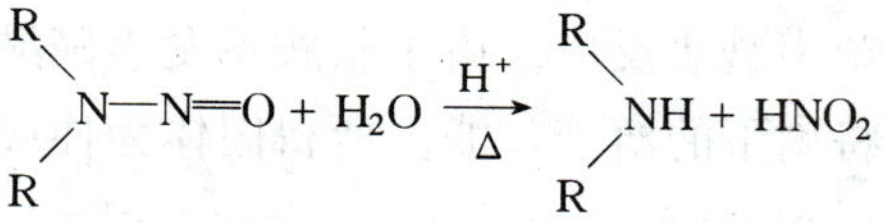

N-亚硝基胺是一类致癌物质，近年来认为亚硝酸盐的致癌作用，可能就是由于亚硝酸盐在胃酸作用下转变为亚硝酸，然后再与肌体内具有仲胺结构的化合物产生亚硝基胺所致。

(4) 脂肪族叔胺的氮原子上没有氢原子，与亚硝酸没有特殊的反应，只能和亚硝酸生成不稳定的亚硝酸盐。亚硝酸盐溶于水，易分解为游离胺。

芳香族叔胺与亚硝酸作用时，作为叔胺，它不发生特征反应，但亚硝基可在芳环上发生取代反应，例如：

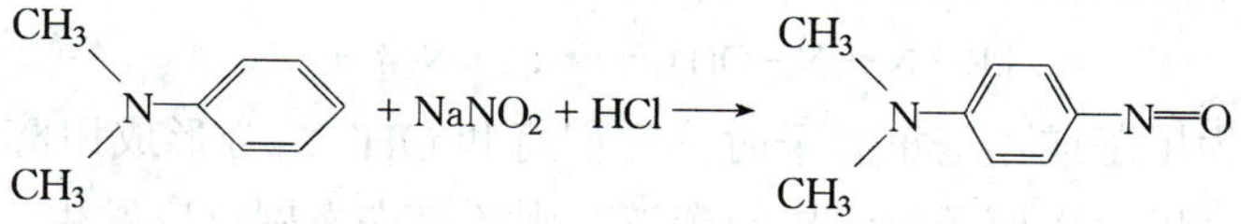

N，N-二甲基苯胺　　　　对亚硝基-N，N-二甲基苯胺

对亚硝基-N，N-二甲基苯胺是一个翠绿色的化合物，由于反应是在强酸性条件下进行，所得产物实际上是它的盐，它的盐呈橘黄色。

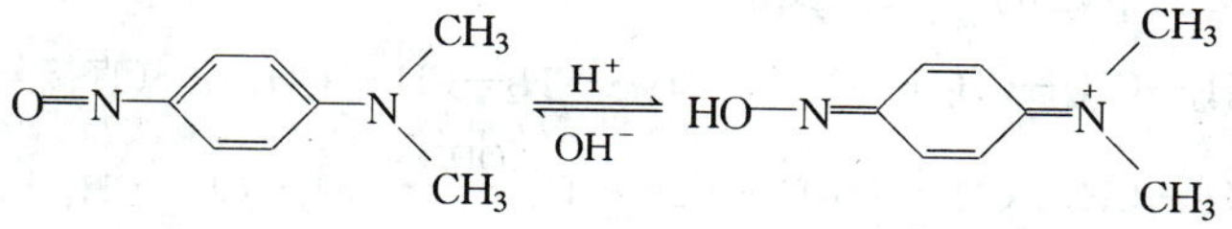

翠绿色　　　　橘黄色

伯、仲、叔胺和亚硝酸的反应各不相同，所以可用亚硝酸鉴别三种胺。

亚硝酸不稳定，在反应时一般由亚硝酸钠（$NaNO_2$）与盐酸或硫酸作用得到。

【思考题 9-2】用化学方法鉴别下列化合物：

① 苯胺 ② N-甲基苯胺 ③ N，N-二甲基苯胺

6．季铵碱的热裂解反应　季铵碱在受热时，分解为叔胺和烯烃，在反应中，总是由小分子的烃基与氮原子形成叔胺，较大的烃基则通过消除生成烯烃。如：

$$[(CH_3)_3\overset{+}{N}-CH_2-CH_3]OH^- \xrightarrow{\triangle} (CH_3)_3N + CH_2=CH_2 + H_2O$$

季铵碱的消除方向是按反查依采夫规则进行的，即总是生成双键碳原子最少取代的烯烃，如：

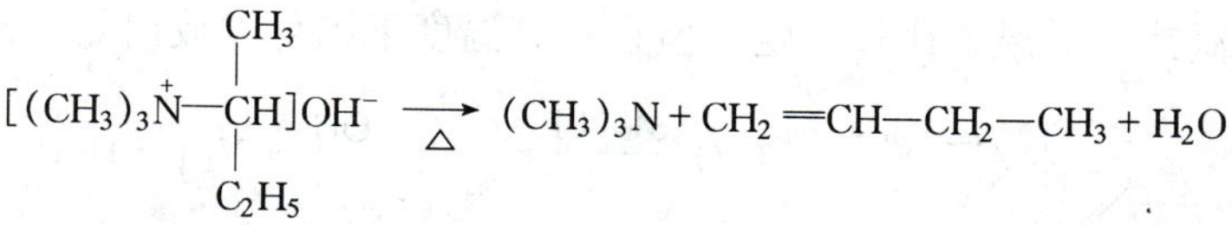

季铵碱的这一反应在测定含氮杂环，尤其是生物碱的结构中有重要的意义。

7．*芳胺中芳环的取代反应*　氨基是较强的第一类定位基，使芳环活化，所以芳胺的芳环容易发生亲电取代反应，例如：

（1）苯胺的水溶液和溴水发生反应时，可以得到2，4，6-三溴苯胺的白色沉淀：

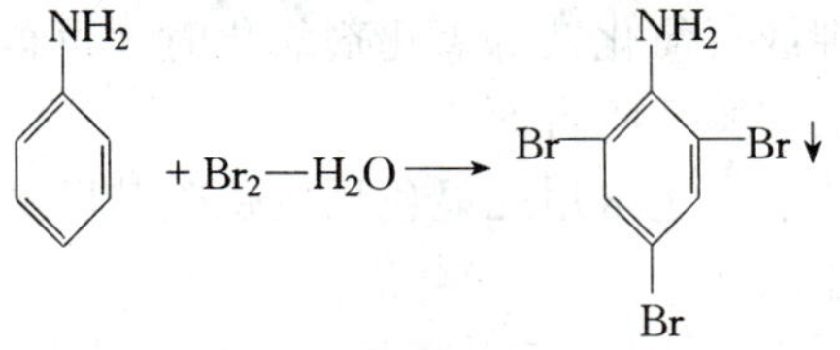

2，4，6-三溴苯胺（白色）

反应是定量进行的，因此利用这个反应可以对苯胺进行定性鉴定和定量分析。

如果只需在苯环上引入一个溴原子，可先将苯胺转化为乙酰苯胺以降低氨基的致活作用，再进行溴代，然后水解除去酰基。

（2）苯胺和不活泼的卤素碘可以发生反应生成4-碘苯胺：

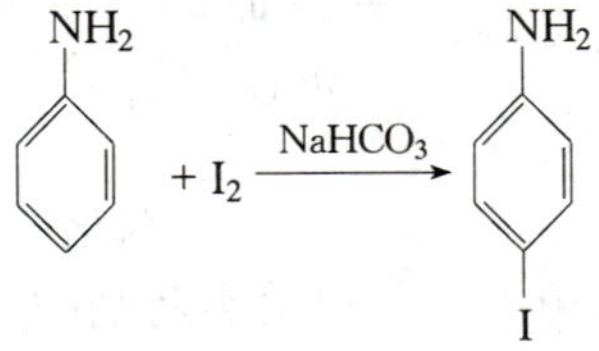

五、重要化合物

1．*苯胺*　苯胺是无色油状液体，沸点184．4℃。苯胺微溶于水，易溶于乙醇、乙醚等有机溶剂中。在空气中，苯胺很快被氧化而呈现黄色至棕红色。

苯胺是最简单也是最重要的芳胺，是染料工业的重要原材料，可通过硝基苯的还原制备。硝基苯用铁粉和盐酸还原时，经过一系列的中间产物，最后得到苯胺：

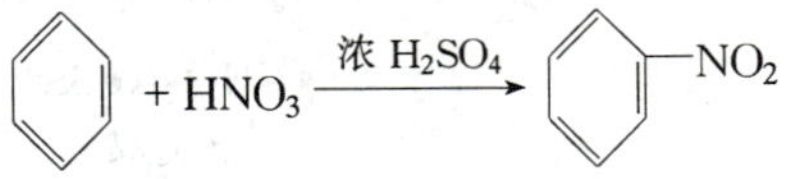

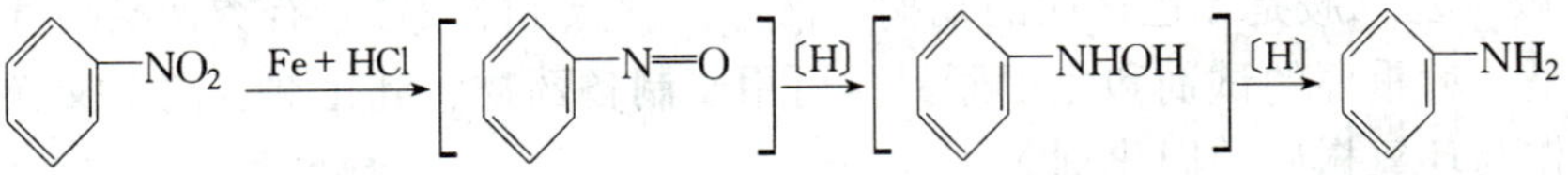

亚硝基苯　　羟基苯胺　　苯胺

苯胺可被氧化生成对苯醌：

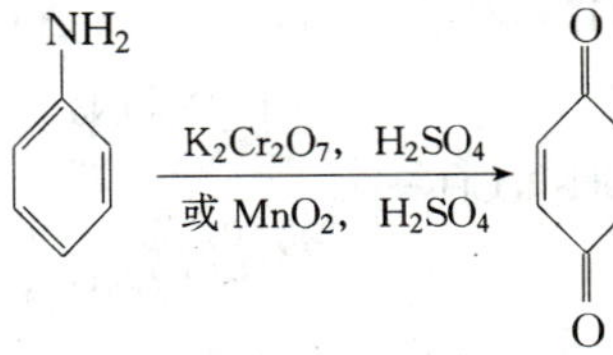

苯胺是制造合成染料、农药、医药等化工产品的重要原料。农用杀菌剂敌锈钠、除草剂邻酰胺、苯胺灵（IPC）和氯苯胺灵（CIPC）就是由苯胺及其衍生物为原料合成的。例如：

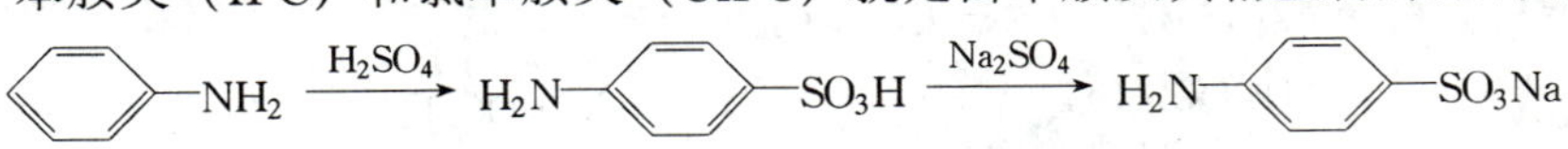

敌锈钠

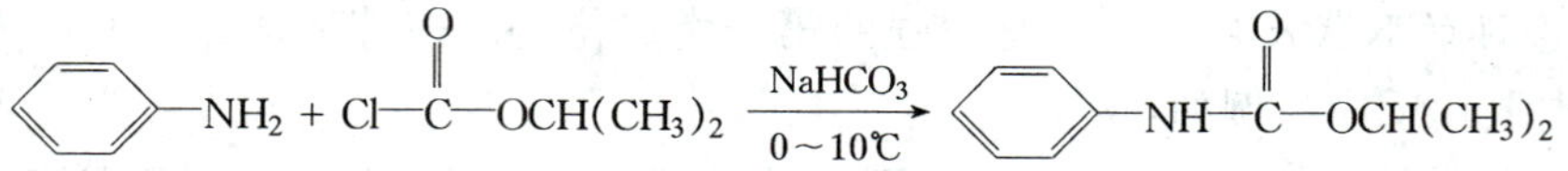

苯氨基甲酸异丙酯（IPC）

苯胺的盐酸盐用重铬酸钾或三氯化铁等氧化剂氧化时，可得到苯胺黑染料，它是一种耐酸碱腐蚀的染料，常用于涂刷实验桌的台面。

苯胺遇漂白粉溶液变成紫色，也常用此显色反应检验苯胺。

苯胺有毒，使用时必须注意。

2. 甲胺、二甲胺和三甲胺　甲胺、二甲胺和三甲胺在常温下都是易溶于水的气体，一般都使用它们的水溶液或盐酸盐，是重要的有机合成原料。三甲胺用于制取植物生长调节剂——氯化三甲基-2-氯乙基铵（商品名称叫做矮壮素，简称C. C. C）。矮壮素能抑制植物细胞伸长，使植株变矮，茎秆变粗，节间缩短，叶变宽阔，是防止小麦倒伏和棉花徒长、使枝叶粗壮和减少蕾铃脱落的重要生长调节剂。

$$(CH_3)_3N + Cl-CH_2CH_2-Cl \xrightarrow[4.5\times10^6Pa]{119℃,\ 10h} [Cl-CH_2CH_2-N(CH_3)_3]^+\ Cl^-$$

氯化三甲基-2-氯乙基铵

二甲胺是制造农业上保护性杀菌剂——福美类药剂的原料（如用于预防果树病害的福美锌和福美双）。二甲胺与二硫化碳和NaOH反应即生成福美钠，再与硫酸锌作用生成福美锌。福美钠与双氧水（或亚硝酸钠）在硫酸介质中氧化，即生成福美双。

$$(CH_3)_2NH + CS_2 + NaOH \longrightarrow (CH_3)_2NCSSNa + H_2O$$

福美钠

$$2\ (CH_3)_2NCSSNa + ZnSO_4 \longrightarrow [\ (CH_3)_2NCSS]_2Zn + Na_2SO_4$$

福美锌

$$2\ (CH_3)_2NCSSNa + H_2O_2 + H_2SO_4 \longrightarrow \begin{array}{c}(CH_3)_2NCSS\\ |\\ (CH_3)_2NCSS\end{array} + Na_2SO_4 + 2H_2O$$

福美双

3. 乙二胺　乙二胺是无色透明的黏稠状液体，沸点117.2℃，有类似氨的气味，能溶于水和乙醇，是一种重要的试剂和化工原料，可用于制备药物、乳化剂、离子交换树脂和杀虫剂等，也可作为环氧树脂的固化剂。

乙二胺与氯乙酸钠在碳酸钠溶液中作用，生成乙二胺四乙酸钠，经酸化后即得乙二胺四乙酸，又称为EDTA（Ethylena diamine tetraacetic acid）。

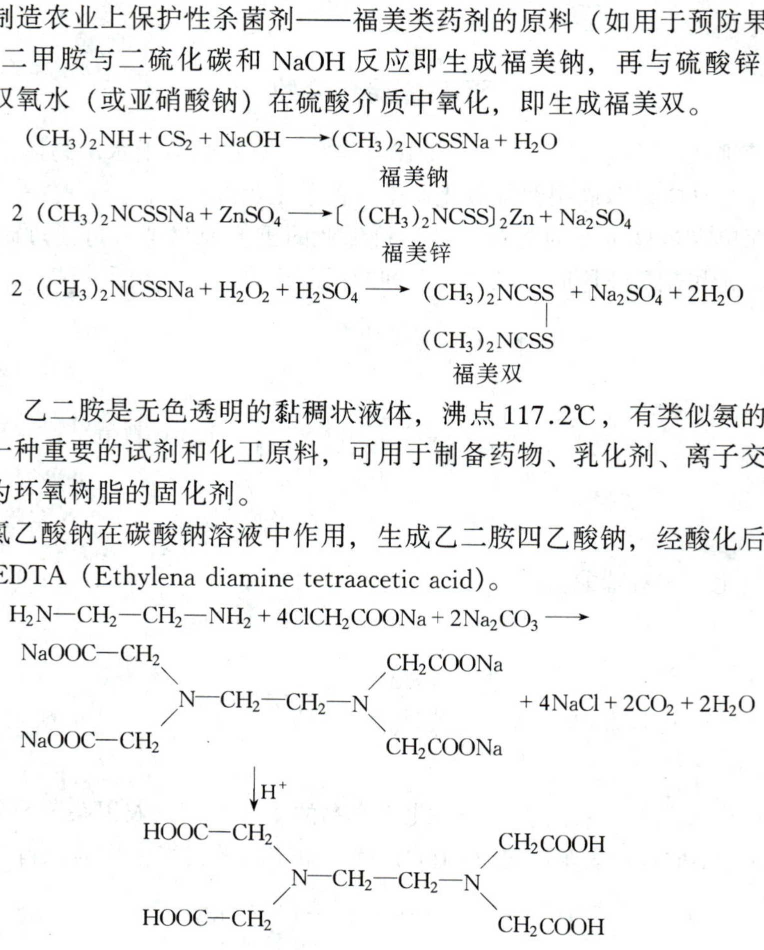

EDTA

EDTA 与碱土金属和重金属可以形成稳定的五元环，是很强的络合剂，是化学分析上常用的分析试剂。在医药上也作药物使用。

4. *胆胺和胆碱*　胆胺是一种氨基醇，胆碱则是一种季铵碱，它们都以结合状态存在于动植物体内。磷脂类化合物中就含有胆胺或胆碱。

$$HO{-}CH_2{-}CH_2{-}NH_2$$

2-氨基乙醇（胆胺，乙醇胺）

$$[HO{-}CH_2{-}CH_2{-}\overset{+}{N}(CH_3)_3]\ OH^-$$

氢氧化三甲基羟乙铵（胆碱）

胆胺是无色有粘滞性的液体，是脑磷脂水解产物之一。

胆碱最初是从动物的胆汁中发现的，大量存在于动物的卵和脑髓中，可以影响动物体脂肪的输送和调节脂肪的代谢。也存在于大豆饼、花生饼、谷类等植物中。

在生物体内胆碱还以乙酰胆碱的形式存在。

动物体内有一种胆碱酯酶，能催化胆碱与乙酸作用生成乙酰胆碱，也可催化其逆反应即乙酰胆碱水解为胆碱和乙酸。

$$\underset{\text{乙酰胆碱}}{[CH_3{-}\overset{\overset{\displaystyle O}{\|}}{C}{-}O{-}CH_2{-}CH_2{-}\overset{+}{N}(CH_3)_3]OH^-} + H_2O$$

$$\Big\Updownarrow \text{胆碱酯酶}$$

$$[HO{-}CH_2{-}CH_2{-}\overset{+}{N}(CH_3)_3]\ OH^- + CH_3COOH$$

这个反应在动物传递神经冲动的生理过程中起着重要作用。许多有机磷农药能强烈地抑制胆碱酯酶的作用，从而破坏了神经的正常功能，最后窒息死亡。因此使用这类农药时必须注意人畜的安全防护。

5. *新洁尔灭*　新洁尔灭的化学名称为溴化十二烷基二甲基苄铵，结构式为：

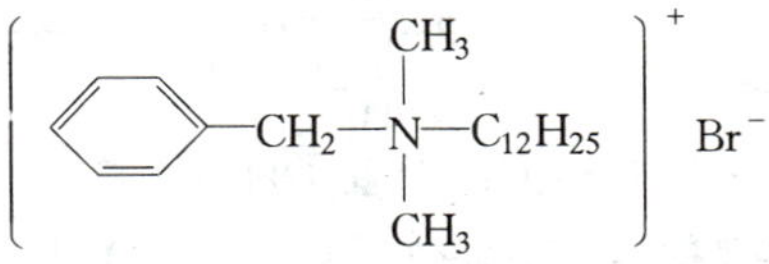

常温下新洁尔灭是淡黄色胶体，吸湿性极强，易溶于水及醇，水溶液呈中性。

新洁尔灭有强的亲水基季铵离子，又有长碳链作为疏水基，所以是一个好的表面活性剂，它不但能作去污清洁剂，又由于它无刺激性，所以还常用于皮肤、粘膜和疮口的消毒，它还可以渗入细菌内部引起细菌溶解破裂。所以它成为手术前的重要消毒剂。

第二节　重氮和偶氮化合物

重氮和偶氮化合物都含有—N_2—基团，如果—N_2—基团只和一个烃基相结合，称为重氮化合物；如果—N_2—基团两端都和烃基相结合时则称为偶氮化合物，偶氮化合物的结构可用 R—N＝N—R′表示。重氮和偶氮化合物都不存在于自然界中，它们是人工合成的产物，尤以芳香族重氮和偶氮化合物更为重要。

一、重氮化合物*

重氮化合物中最重要的是重氮甲烷和芳香重氮盐，下面分别讨论这两类化合物。

1. *重氮甲烷*　重氮甲烷是最简单也是最重要的脂肪族重氮化合物，分子式为 CH_2N_2。

重氮甲烷是黄色有毒的气体，沸点 −24℃，在纯粹状态下容易爆炸，在制备及使用时应特别注意安全。重氮甲烷能溶于乙醚，并且在乙醚稀溶液中比较稳定，因此通常在乙醚溶液中使用。重氮甲烷非常活泼，能够发生多种类型反应，在有机合成上是一个重要的试剂，下面讨论它的一些重要反应。

(1) 与酸的反应：重氮甲烷是一个很重要的甲基化试剂，可以与羧酸作用形成羧酸甲酯：

$$RCOOH \xrightarrow{CH_2N_2} RCOOCH_3 + N_2$$

反应操作简便，产率可达 100%，且副产物为气体，是将贵重羧酸转变为甲酯的好方法。

(2) 与碳碳双键的加成：重氮甲烷与碳碳双键加成可得到环丙烷类化合物：

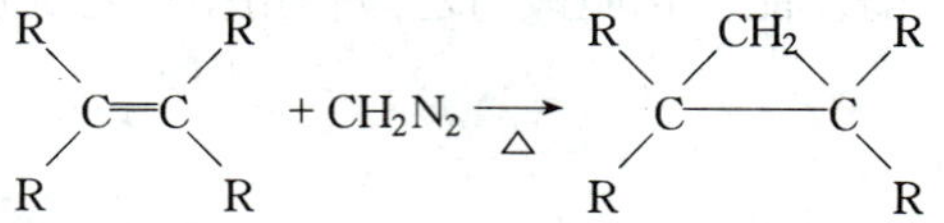

(3) 与醛、酮的反应：重氮甲烷与醛、酮反应能得到比原醛酮多一个碳原子的酮：

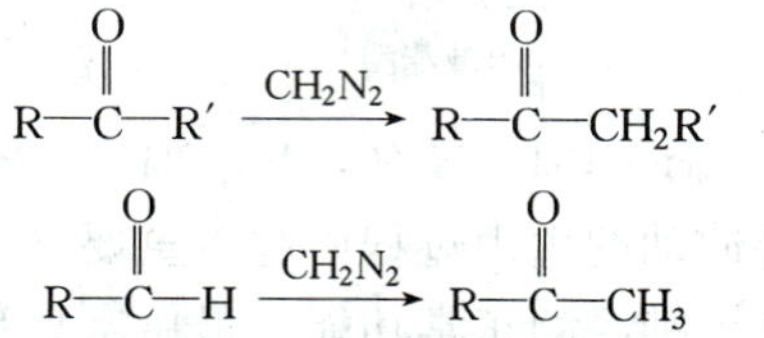

反应过程是重氮甲烷首先与羰基发生亲核加成，然后发生基团转移：

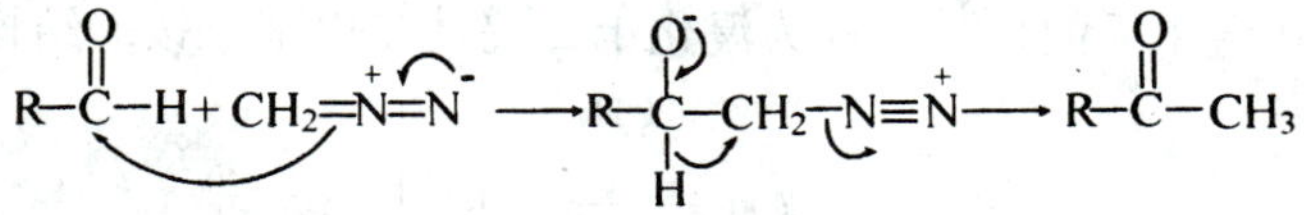

不同基团转移顺序为：$H > CH_3 > RCH_2 > R_2CH > R_3C$

2. 芳香重氮盐　芳香族伯胺在强酸性介质中，于 5℃ 以下可与亚硝酸可发生重氮化反应，生成重氮盐：

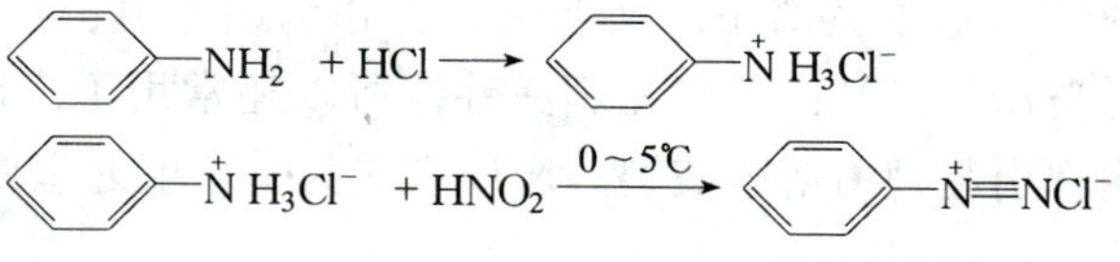

氯化重氮苯

反应可以用通式表示如下：

$$Ar{-}NH_2 \xrightarrow[5°以下]{HCl,\ HNO_2} Ar{-}\overset{+}{N}{\equiv}NCl^-$$

重氮盐是无色晶体，易溶于水，在高温时容易分解。干燥的重氮盐极不稳定，遇热或受到撞击时会发生爆炸，在水溶液及低温下比较稳定，因此重氮盐的制备一般在水溶液中进行，且得到的重氮盐不从溶液中分离出来，而是直接进行下一步反应。

在重氮基的邻、对位如有较强的吸电子基时，重氮盐的稳定性加大，所以对硝基苯胺、对氨基苯磺酸可在常温下发生重氮化反应而重氮盐不致分解。

(1) 重氮基的取代反应：重氮盐的重氮基可以被许多亲核试剂所取代，因此重氮盐在有机合成中有着重要的用途。可用反应式表示如下：

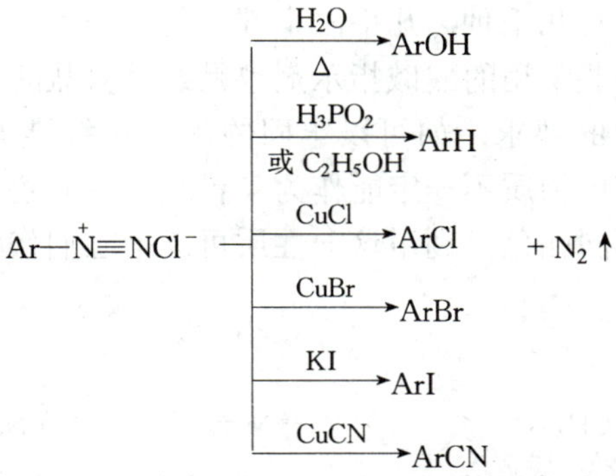

上述的取代反应，只需把试剂和重氮盐溶液混合，并温和加热，即可完成取代反应，同时放出氮气。

(2) 偶合反应：重氮盐和芳胺或酚可以发生偶合反应，生成偶氮化合物。在这个反应中，重氮盐是作为亲电试剂在酚或胺的芳环上发生亲电取代反应。和苯胺、苯酚反应时，反应一般发生在对位，如对位被占据，则反应发生在邻位，如下例：

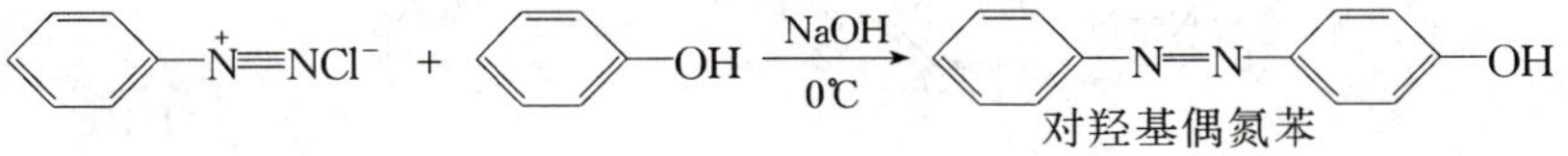

对羟基偶氮苯

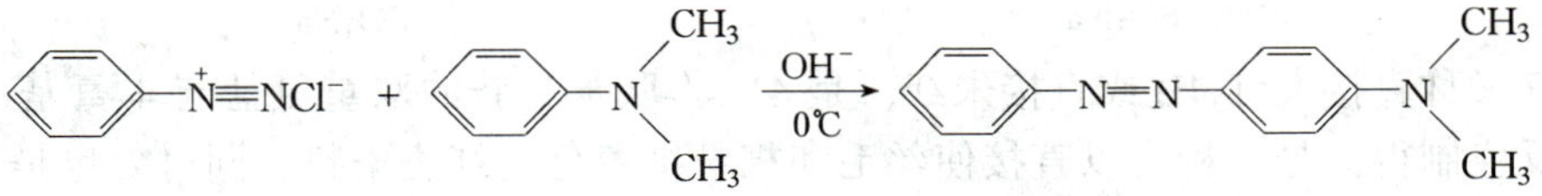

对二甲氨基偶氮苯

重氮盐与萘酚、萘胺发生偶合反应时，如果是和 α-萘酚、α-萘胺反应，取代发生在 4 位，如 4 位被占据，则发生在 2 位；在和 β-萘酚、萘胺反应时，反应发生在 1 位，如 1 位被占据则偶合反应不能发生，如：

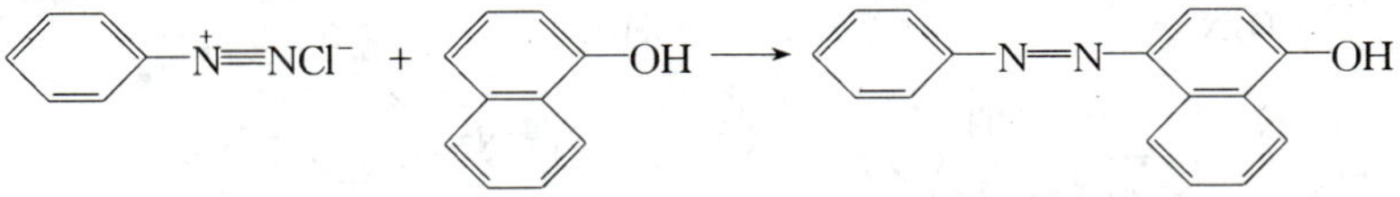

4-羟基萘-1-偶氮苯

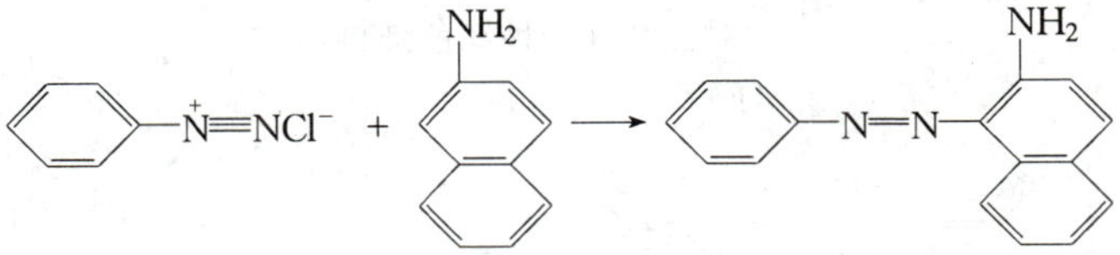

2-氨基萘-1-偶氮苯

(3) 还原反应：重氮盐用盐酸-氯化亚锡或亚硫酸钠还原时可得到苯肼：

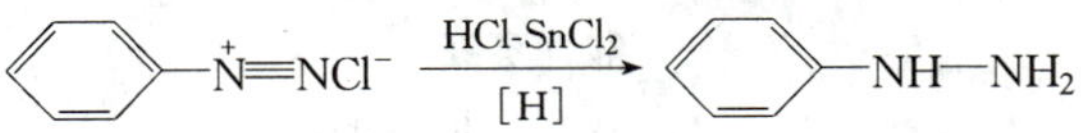

苯肼

苯肼为无色极毒的液体，是检验醛、酮和碳水化合物等的重要试剂，也是合成药物和染料的重要原料。

二、偶氮化合物

偶氮化合物具有高度的热稳定性，都有颜色，可用作指示剂或染料。其中偶氮染料是最大的一类合成染料，品种约有几千种，几乎占全部染料的一半。偶合反应是合成偶氮染料的基本反应。此外，实验室一些常用的酸碱指示剂也是经重氮盐的偶合反应合成的。

染料必须符合染料工业的要求，如可以牢固的附着在纤维上、耐洗、耐晒、不易变色等。染料是有色物质，但有色物质不一定能作为染料，有些有色物质在不同 pH 条件下，结构会发生改变，从而呈现不同颜色，利用这一性质可以把它们作为酸碱指示剂。下面介绍几种偶氮指示剂和偶氮染料。

1．甲基橙

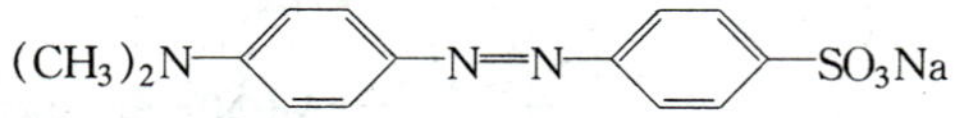

甲基橙是对氨基苯磺酸的重氮盐与 N，N-二甲基苯胺发生偶合反应制得，它是一种酸碱指示剂，变色范围 pH 为 3.1～4.4。在 pH<3.1 的溶液中显红色，在 pH=3.1～4.4 范围内的溶液中显橙色，在 pH>4.4 的溶液中显黄色。

2．刚果红

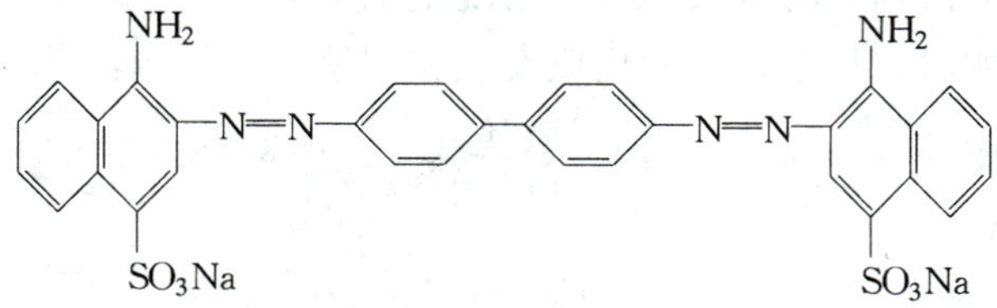

刚果红又称直接大红 4B 或直接朱红，是 4，4′-联苯二胺的双重氮盐与 4-氨基-1-萘磺酸发生偶合反应制得，是一种可以直接使丝毛和棉纤维着色的红色染料。同时，也是一种酸碱指示剂，变色范围 pH 为 3．0～5．0。在 pH<3．0 的溶液中显蓝紫色，在 pH>5．0 的溶液中显红色。

3．偶氮染料　偶氮染料品种很多，它们在结构上的共同特点是分子中含有一个或几个偶氮基，例如：

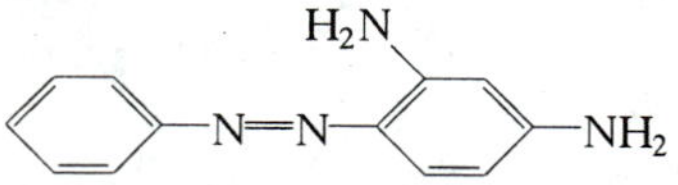

碱性菊橙

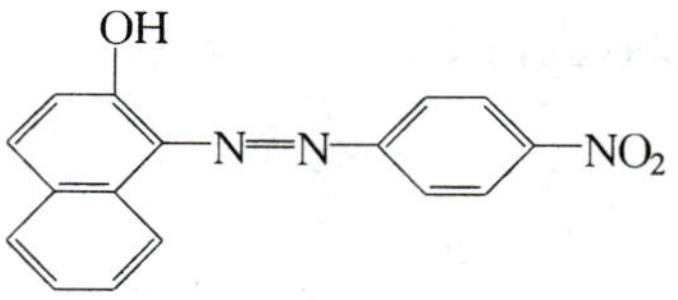

对位红（一种红色染料）

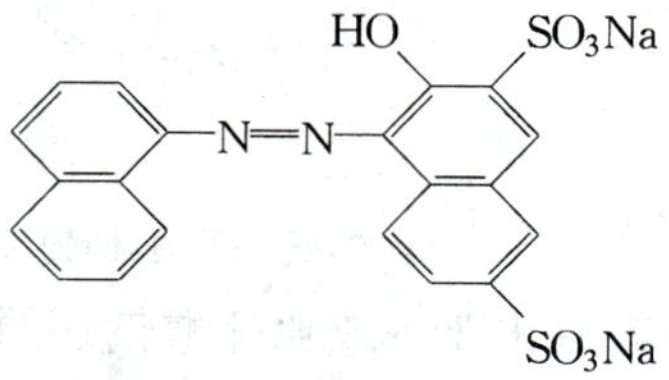

酸性枣红

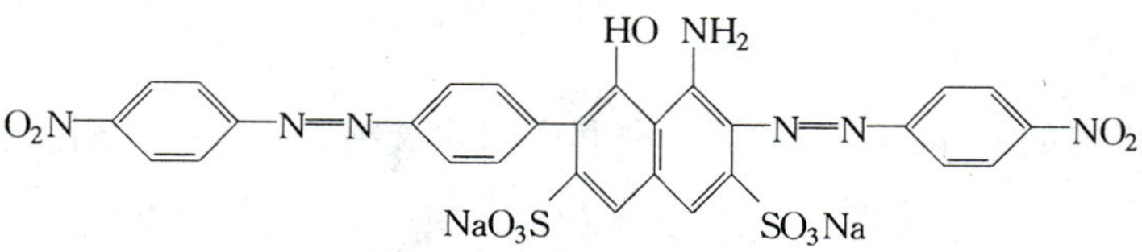

萘酚蓝黑（或称酸性蓝黑）

三、颜色与分子结构的关系

光是一种电磁波，自然光是由不同波长的光所组成。人眼所能感受到的是波长在400～800nm之间的光，称为可见光。波长小于400nm的属于紫外光，波长大于800nm的称为红外光。紫外和红外光都是肉眼看不到的。在可见光区内，不同波长的光显示不同的颜色。

不同物质可吸收不同波长的光，如果物质吸收的是波长在可见光区以外的光，则这种物质是无色的；如果物质吸收的是波长在可见光区以内的光，则这种物质就是有色的，它所显现的是被吸收光的颜色的互补色，即未被吸收的光波的颜色。物质所吸收的光波范围越窄，物质的颜色越鲜艳，反之，吸收的光波范围越宽，则物质的颜色越深暗，如果物质能吸收400～800nm的全部可见光，则物质呈黑色。

表9-2列出了物质的颜色与吸收光颜色的关系。

表9-2　物质的颜色与吸收光颜色的关系

吸收的光		物质的颜色
波长（nm）	颜色	
400～450	紫	黄绿
450～480	蓝	黄
480～490	绿蓝	橙
490～500	蓝绿	红
500～560	绿	紫红
560～580	黄绿	紫
580～600	黄	蓝
600～650	橙	绿蓝
650～750	红	蓝绿

有机化合物的价电子可以选择吸收一定波长的光量子产生跃迁，这种跃迁对光波的吸收是量子化的，一种跃迁形式只能和一定的波长相关。如果电子跃迁吸收的是可见光区的光量子，则物质是有色的。有些有机化合物有颜色就是由于它在可见光区有选择地吸收了一定波长的光所致。

有机化合物能否吸收可见光，与它的分子结构有密切的关系。有机化合物的分子结构与吸收光波及颜色有如下关系：

(1) 分子中只有σ键的有机化合物如饱和烃，由于σ电子结合较为牢固，使其跃迁需要较高的能量，因此，其吸收光波段应在波长较短的远紫外区。由于不能吸收可见光，所以不显颜色。

(2) 含有共轭体系的有机化合物，其共轭体系中的π电子跃迁所需能量比较低，能够吸收近紫外光或可见光。随着共轭体系的增长，π电子跃迁所需能量逐步降低，吸收向长波方向移动。但并不是所有含有共轭体系的有机化合物都有颜色，只有当共轭体系达到一定长度时，物质才呈现颜色，并且随着共轭链的增长，颜色加深。如联苯胺是无色的，当氧化成醌型结构时，共轭体系增长呈现蓝色：

无色　　蓝色

(3) 在有机化合物中，有些基团可以造成有机物分子在近紫外或可见光区（200～

800nm）内有光吸收，这些基团被称为生色基团。生色基团都是含有不饱和键的基团，主要的生色基团有：

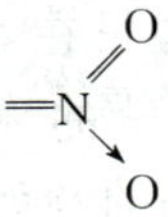

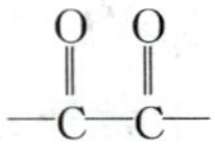
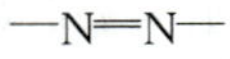
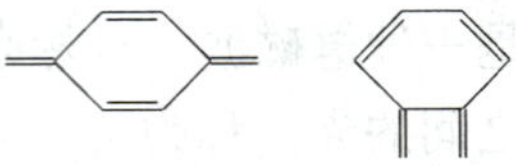

硝基　　亚硝基　　1，2-二酮基　　偶氮基　　醌式结构

同样，并不是所有含有生色基团的有机化合物都有颜色，一些含有生色基团的物质，吸收波段在200～400nm，仍然是无色的。

还有一些基团如—OH、—OR、$—NH_2$、—NHR、$—NR_2$、—Cl、—Br等，本身不能吸收可见光，但由于含有未共用电子对，当它们被引入共轭体系时，这些基团上的未共用电子对参与共轭，提高了整个π电子的流动性，可使有机化合物分子对光的吸收向长波方向移动，化合物颜色加深，因此这些基团称为助色团。

在有机化合物共轭体系中引入生色基团或助色基团，能使有机化合物显色或颜色加深。如苯是无色的，但在苯环上引入硝基时，硝基苯呈杏黄色：

苯（无色）

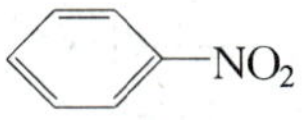

硝基苯（杏黄色）

又如蒽醌是浅黄色的，当它的分子中引入$—NH_2$后，颜色加深呈红色：

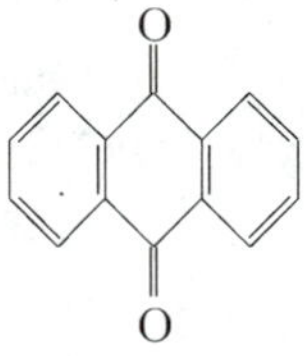

蒽醌（浅黄色）

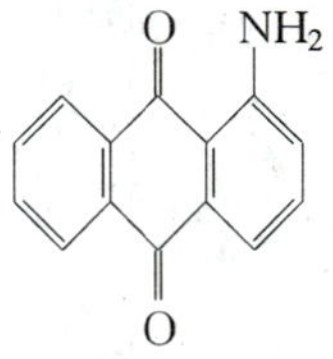

1-氨基蒽醌（红色）

此外，有些有机物的分子结构可因pH值的变化而改变，并呈现出不同的颜色，可以用作酸碱指示剂，例如甲基橙在pH＜3.4的溶液中以醌式结构存在，呈红色；在pH＞4.4的溶液中以偶氮结构存在，呈黄色。

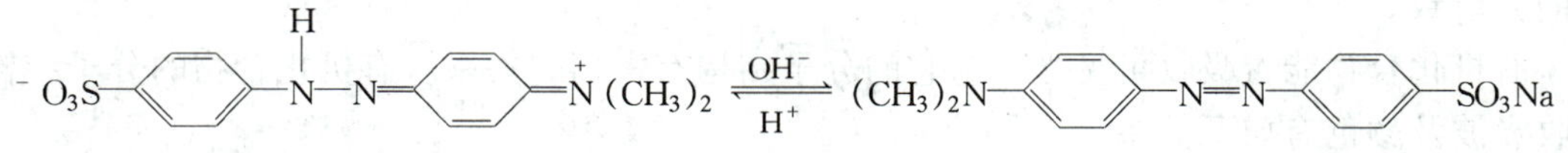

pH＜3.4 红色　　pH＞4.4 黄色

第三节　酰　　胺

一、酰胺的结构与命名

羧酸分子中羧基中的羟基被氨基（$—NH_2$，—NHR，—NR′R″）所取代生成的衍生物称为酰胺或N-取代酰胺、N，N-二取代酰胺，它们也可认为是氨、伯胺或仲胺分子中氮原子上所连接的氢原子被酰基取代的衍生物，如下式所示：

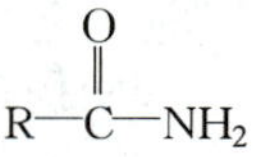

酰胺

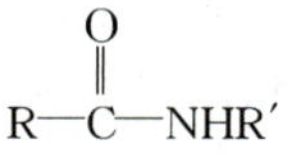

N-取代酰胺

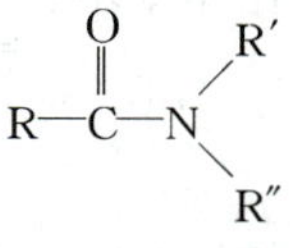

N，N-二取代酰胺

酰胺、N-取代酰胺、N，N-二取代酰胺的氮原子都是 sp^2 杂化，未共用电子对处于 p 轨道并和酰基形成 p-π 共轭体系：

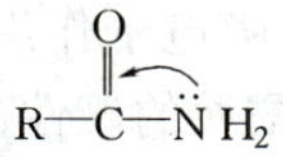

在这一节里，我们重点介绍酰胺。

在酰胺中，C—N 键键长为 0.132nm（正常 C－N 键键长为 0.147nm），C ═O 键长为 0.124nm（正常值为 0.122nm）。共轭的结果不但使酰胺分子中的电子云密度和键长趋向于均匀化，也使 C—N 单键的内旋转受到阻碍，这一结构特点在很大程度上影响着酰胺的理化性质和蛋白质的空间结构（详见第十五章）。

酰胺的命名一般根据酰基和胺命名，如：

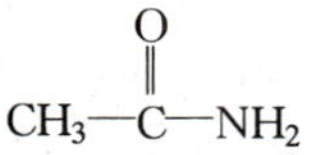
乙酰胺

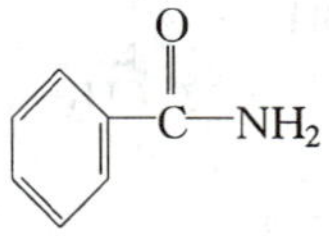
苯甲酰胺

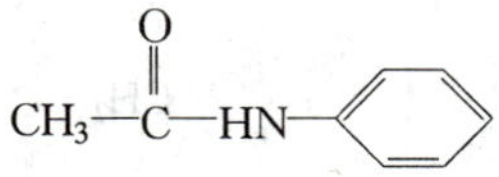
乙酰苯胺

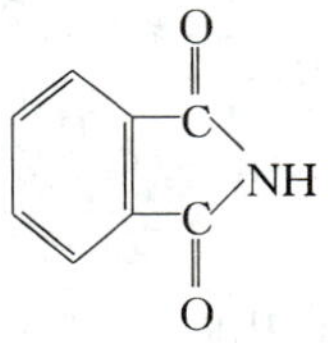
邻-苯二甲酰亚胺

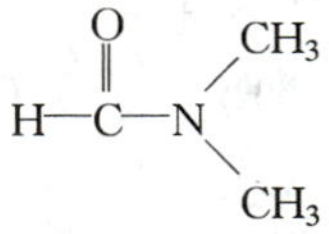
N，N-二甲基甲酰胺（DMF）

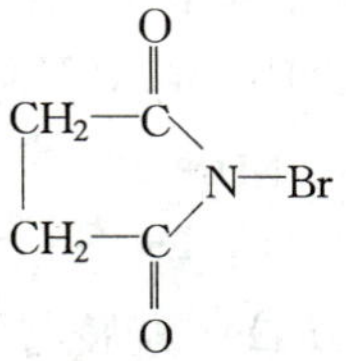
N-溴代丁二酰亚胺（NBS）

二、酰胺的物理性质

除甲酰胺外，具有 $R-\overset{\overset{O}{\|}}{C}-NH_2$ 结构的酰胺都是熔点、沸点较高的晶体，它们的熔沸点都高于相应的羧酸。酰胺在水中比相应相对分子质量的醇有更高的溶解度，如丁酰胺（分子量为 87）在水中的溶解度为 16.3g，而正戊醇（分子量为 88）则只为 2.7g，随相对分子质量的加大，酰胺的水溶度减小。一些酰胺的物理性质列于表 9-3。

表 9-3 某些酰胺的物理性质

化合物名称	熔点（℃）	沸点（℃）	密 度
甲酰胺	2	192	1.139
乙酰胺	82	222	1.159
丙酰胺	80	213	1.042
丁酰胺	116	216	1.032
戊酰胺	106		1.023
己酰胺	101	255	0.999
苯甲酰胺	130	290	1.341
丁二酰亚胺	124～126	288	
乙酰苯胺	114	305	1.21

三、酰胺的化学性质

1．*酰胺的酸碱性* 由于酰基较强的吸电子作用和 p-π 共轭效应，降低了氮原子的电子云密度和未共用电子对的自由度，所以酰胺的碱性极弱。

由于酰基和 p-π 共轭作用的结果，也使氮原子上的氢原子质子化程度增大，但是酰胺也不表现出酸性。所以，可认为酰胺是中性化合物，它不能使石蕊变色。

由二元酸所形成的酰亚胺，由于受两个酰基的影响，能表现出明显的酸性，能与强碱生成稳定的盐，如：

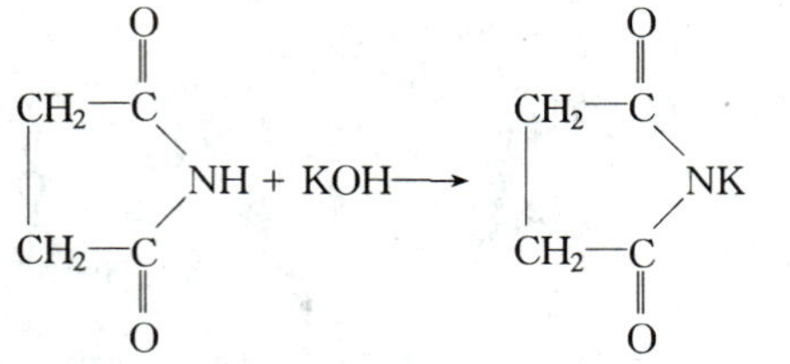

丁二酰亚胺　　　　丁二酰亚胺钾

【思考题 9-3】将下列化合物按碱性由强到弱的顺序排列：

①$CH_3CH_2NH_2$　②$(CH_3CH_2)_2NH$　③$(CH_3)_4N^+OH^-$　④NH_3

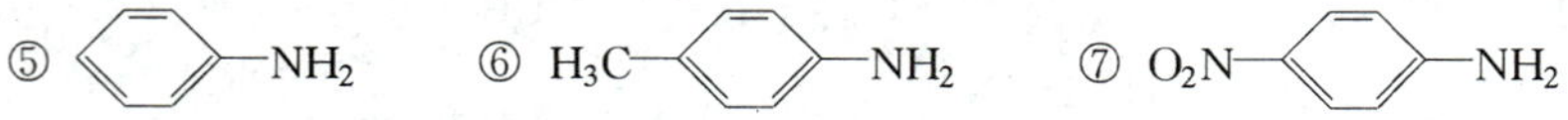

2．*脱水反应* 酰胺与强脱水剂如五氧化二磷、氯化亚硫酰共热时，可分子内脱水生成腈：

$$R-\overset{O}{\overset{\|}{C}}-NH_2 + P_2O_5 \xrightarrow[\triangle]{} R-C\equiv N + HPO_3$$

不用脱水剂，酰胺在高温下也可发生相同的反应。

3．*霍夫曼酰胺递降反应* 酰胺在次溴酸钠（或次氯酸钠）的碱性溶液作用下，将失去羰基，生成比原来酰胺少一个碳原子的伯胺，这一反应称为霍夫曼（Hofmann）酰胺递降反应。

$$R-\overset{O}{\overset{\|}{C}}-NH_2 + NaOBr \xrightarrow{NaOH} R-NH_2 + CO_2 + NaBr$$

霍夫曼酰胺递降反应的历程首先是酰胺与次溴酸钠反应生成 N-溴代酰胺：

$$R-\overset{O}{\overset{\|}{C}}-N\begin{matrix}H\\H\end{matrix} + NaOBr \longrightarrow R-\overset{O}{\overset{\|}{C}}-N\begin{matrix}H\\Br\end{matrix} + NaOH$$

N-溴代酰胺在碱的作用下失去溴化氢生成极不稳定的氮烯：

$$R-\overset{O}{\overset{\|}{C}}-N\begin{matrix}H\\Br\end{matrix} + NaOH \longrightarrow R-\overset{O}{\overset{\|}{C}}-\ddot{N}: + NaBr + H_2O$$

氮烯立即发生重排反应生成异腈酸酯：

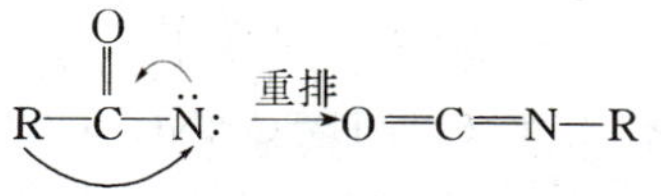

异腈酸酯发生水解反应生成伯胺和二氧化碳：

$$R—N=C=O+H_2O \longrightarrow R—NH_2+CO_2$$

四、碳酸酰胺

碳酸的结构中含有两个羟基，它也可以形成酰胺，当碳酸中的一个羟基被氨基置换形成的碳酸单酰胺称为氨基甲酸，碳酸的二酰胺就是尿素：

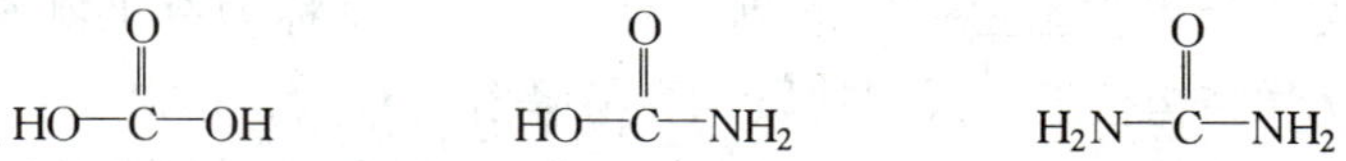

碳酸　　氨基甲酸　　尿素

1. *尿素*　尿素又称为脲，是碳酸的二酰胺，是人和许多动物蛋白质代谢的最终产物，成人每日排出的尿中约含 30 克尿素。尿素是白色晶体，熔点 132℃，易溶于水，是重要的化肥，它含氮量高，且不会使土壤板结，尿素可经水解后，也可以被植物直接吸收利用，故可用于根外追肥。

工业上采用氨和二氧化碳在高压下反应生产尿素。

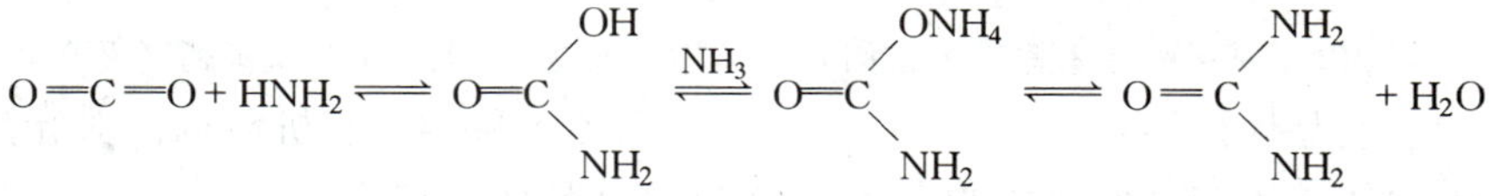

氨基甲酸　　氨基甲酸铵　　尿素

尿素的主要化学性质如下：

(1) 碱性：尿素分子中含有两个氨基，具有极弱的碱性，其电离常数 $K_b=1.5\times10^{-14}$。在尿素的浓溶液中，加入浓硝酸，可以沉淀出尿素的硝酸盐。

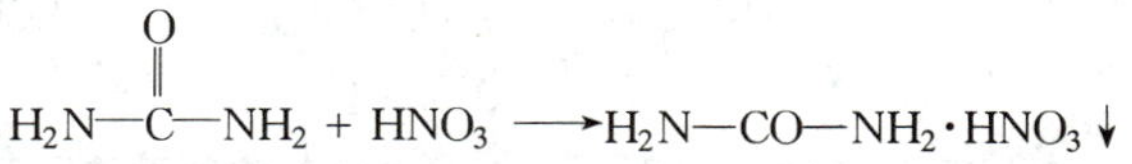

(2) 水解：尿素易受酸、碱或脲酶的催化水解。在碱性溶液中，水解产物是氨和碳酸盐。在酸性溶液中，水解产物是二氧化碳和铵盐，脲酶催化水解时得二氧化碳和氨。如下：

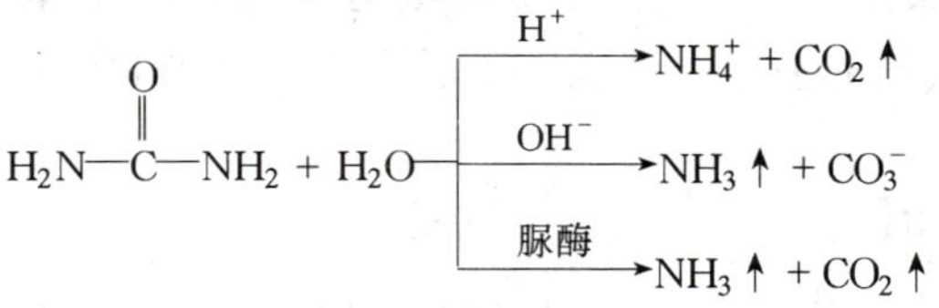

(3) 醇解：尿素可以发生醇解反应生成氨基甲酸酯，如：

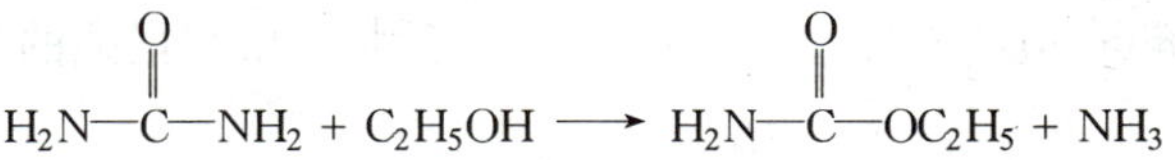

氨基甲酸乙酯

氨基甲酸乙酯俗名乌拉坦（Urethan），在医药上用于治疗慢性白血病。

(4) 缩二脲反应：将尿素晶体缓慢加热时，发生分子之间的缩合反应，放出氨气并生成缩二脲。

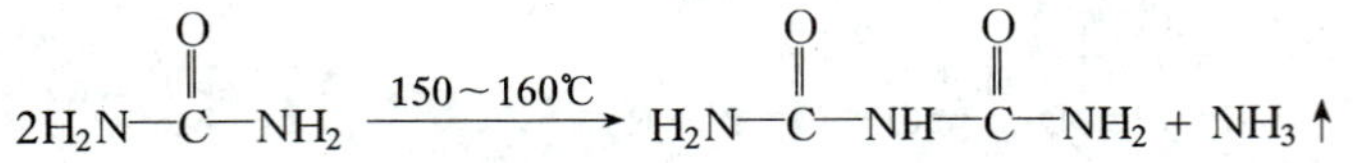

缩二脲

在缩二脲的碱性溶液中，加入稀硫酸铜溶液，能产生紫红色络合物。这个显色反应叫做缩二脲反应。缩二脲反应用于鉴定蛋白质及多肽分子内具有与缩二脲类似的结构部分。

2. 氨基甲酸及其酯　氨基甲酸本身极不稳定，在普通条件下即分解成 CO_2 和 NH_3，但氨基甲酸的盐和酯却是稳定的化合物。

最重要的氨基甲酸酯是氨基上连接有烷基或芳香基的化合物，许多这一类型的氨基甲酸酯类化合物在农业上用作杀虫剂、杀菌剂和除草剂，总称为有机氮农药。该类农药的特点是：药效高，化学结构接近于天然物质，容易降解，对人、畜毒性低，不易在人体内积累，安全性较有机氯和有机磷农药高，因而在植物化学保护方面获得广泛应用。如：

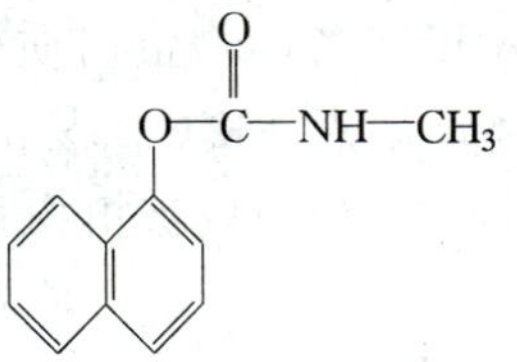

N-甲基氨基甲酸-1-萘酯（西维因）

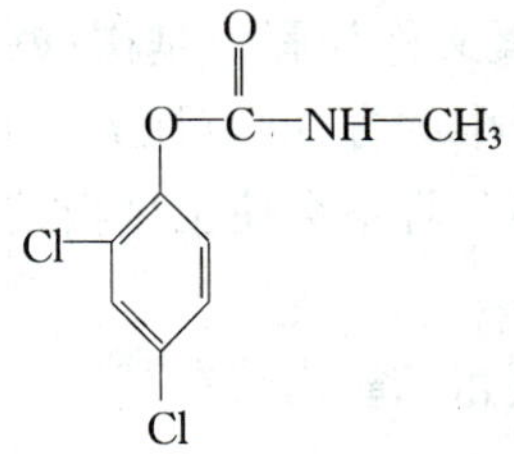

N-甲基氨基甲酸-2，4-二氯苯酯（灭草灵）

西维因为白色晶体，熔点 142℃，难溶于水和乙醇，易溶于有机溶剂，对光热酸都较稳定，高效低毒，能杀灭多种农业害虫。灭草灵为白色晶体，熔点 112～114℃，是一种广谱性除草剂。

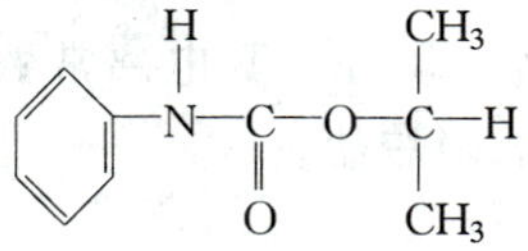

苯胺基甲酸异丙酯

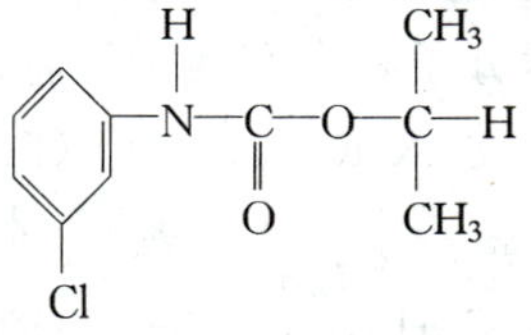

3-氯苯胺基甲酸异丙酯

苯胺基甲酸异丙酯和 3-氯苯胺基甲酸异丙酯都是单子叶除莠剂。

3. 胍　胍可看做是脲分子中的氧原子被亚氨基（═N—H）取代而成的化合物，故又叫做亚氨基脲。胍分子中氨基上去掉一个氢原子后剩下的基团叫做胍基，除去一个氨基后，剩下的基团叫做脒基。

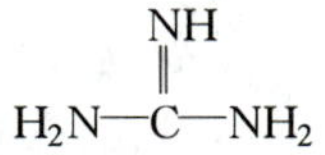

胍

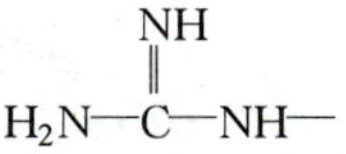

胍基

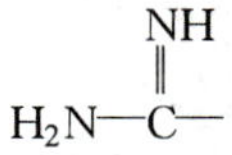

脒基

胍为白色结晶，熔点 50℃，吸湿性很强，易溶于水。胍有很强的碱性，能和 H^+ 结合形成稳定的盐。

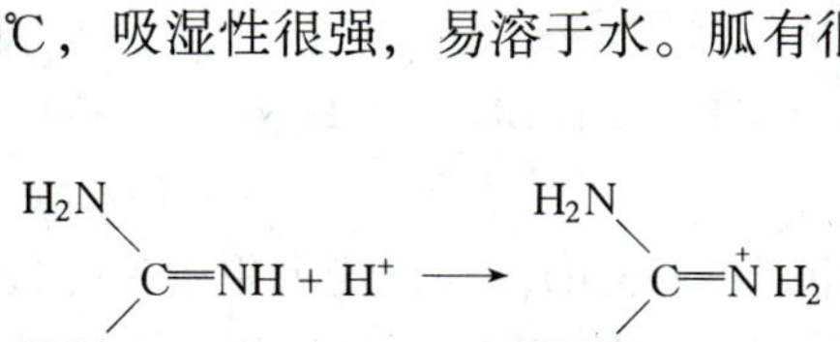

根据 x-射线研究，胍正离子中三个氮原子是对称地分布在碳原子的周围，每个碳氮键

的键长都是0.118nm，比一般的C—N键（0.147nm）或C═N键（0.128nm）都要短，这说明胍正离子存在着共轭效应，正电荷并不集中在一个氮原子上，而是完全均等地分配在三个氮原子上的。这样的结构十分稳定，所以胍易于接受H^+形成稳定结构而表现出很强的碱性。

胍也能吸收空气中的二氧化碳生成碳酸盐。

$$2H_2N-\overset{\overset{\displaystyle NH}{\|}}{C}-NH_2 + H_2O + CO_2 \longrightarrow (H_2N-\overset{\overset{\displaystyle NH}{\|}}{C}-NH_2)_2 \cdot H_2CO_3$$

豆类、甜菜、人和动物的血液中都含有微量的胍，许多胍的衍生物如胍基乙酸在动植物代谢中有重要意义。

$$H_2N-\overset{\overset{\displaystyle NH}{\|}}{C}-NH-CH_2-COOH$$

胍基乙酸

五、磺胺类药物

磺胺类药物是一类重要的抗菌消炎药，在临床上有广泛用途。磺胺是磺酸的衍生物，因此在介绍磺胺类药物之前，有必要先讨论磺酸。

1. 磺酸概述　烃分子中的氢原子被磺酸基—SO_3H取代的衍生物称为磺酸，磺酸基为磺酸的官能团。磺酸中比较重要的是芳香族磺酸。

磺酸在命名时应以磺酸作为母体，芳环上有其他取代基时命名为取代磺酸，如：

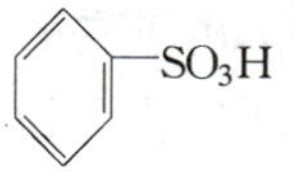

苯磺酸

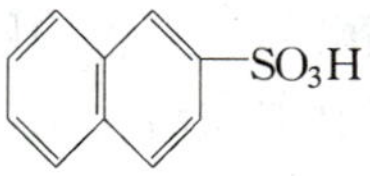

β-萘磺酸

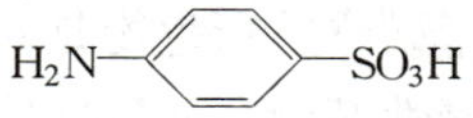

对氨基苯磺酸

苯环上如同时连有羧基时，则应以羧酸作为母体命名，如：

对磺酸基苯甲酸

2. 磺酸的物理性质　磺酸是强酸性固体，极易溶于水，吸湿性很强，不容易结晶析出。其钠盐和钙盐在饱和食盐水中的溶解度较低，因此，通常以其盐的形式分离纯化。磺酸在工业上应用相当广泛，如烷基苯磺酸钠是合成洗涤剂的主要成分，烷基苯磺酸钙是重要的农药乳化剂。

3. 磺酸的化学性质

(1) 磺酸基的取代反应：芳香族磺酸的磺酸基在适当条件下可被其它的基团所取代，在有机合成上有着重要的用途，反应式如下：

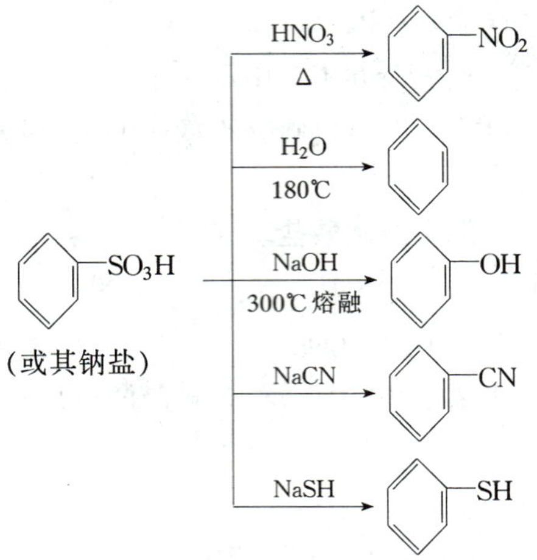

(2) 磺酰胺的生成：羧酸分子羧基中的羟基可被氨基取代生成酰胺，磺酸分子中磺酸基的羟基也可被氨基取代，生成的衍生物称为磺酰胺。磺酸与五氯化磷作用生成磺酰氯，磺酰氯与氨作用即得磺酰胺。例如：

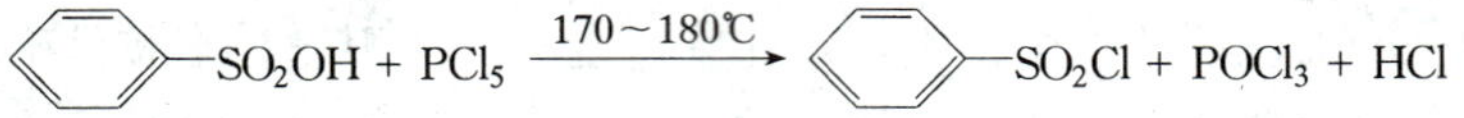

苯磺酰氯

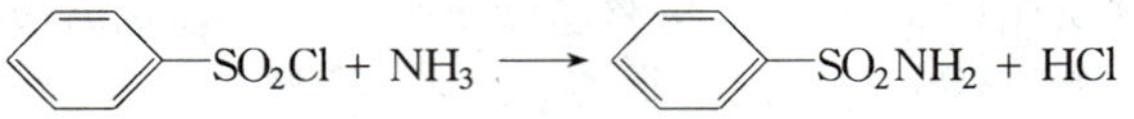

苯磺酰胺

最重要的苯磺酰胺衍生物是对氨基苯磺酰胺（简称磺胺或 SN），由于它的分子中既有酸性基团，又有碱性基团，所以即能与碱作用又能与酸作用，是一个两性化合物。

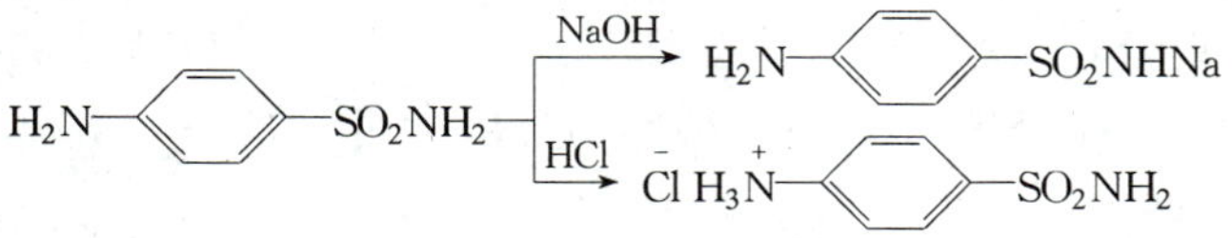

对氨基苯磺酰胺

4. *磺胺类药物*　磺胺类药物是指对氨基苯磺酰胺及其衍生物。对氨基苯磺酰胺为白色晶体，对葡萄球菌及链球菌等多种病菌有较强的杀灭抑制作用，多用于外伤消毒，俗称消炎粉。继磺胺之后，又合成出许多杀菌功能更好的内服磺胺衍生物，通称磺胺类药物，是一类重要的抗菌消炎药，其基本结构为：

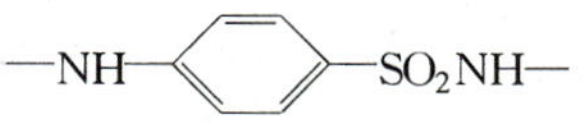

磺胺类药物本身并不能直接杀死细菌，而是抑制细菌的生长和繁殖。对氨基苯磺酰胺在结构上与细菌生活中所必需的生长因子对氨基苯甲酸有相似之处，可被细菌吸收进入体内，但却不能起对氨基苯甲酸的作用，使细菌不能正常代谢，最后因饥饿和衰弱而死亡。使用磺胺类药物时应保持体内有效的浓度，服用量过少或断断续续服药反而会造成细菌的抗药性，服用量过大则会引起毒性反应。

磺胺类药物的种类很多，但疗效好，副作用较小的只有少数。随着各种抗菌素药物的问世，磺胺类药物的产量相继减少。目前常用的磺胺类药物主要有：

(1) 磺胺嘧啶（SD）：

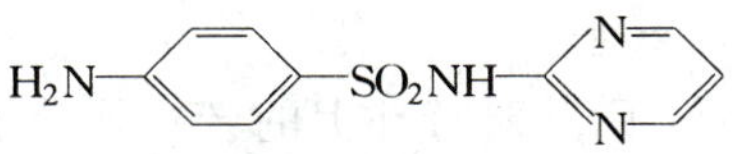

为白色结晶状粉末，熔点 252～258℃，不溶于水，微溶于乙醇、丙酮中，可溶于稀盐酸、氢氧化钠及氨水中，用于治疗脑膜炎、肺炎。

磺胺嘧啶的银盐是一种外用消炎药，磺胺嘧啶的钠盐可用作注射剂。

(2) 磺胺甲基异恶唑（SMZ，新诺明）：

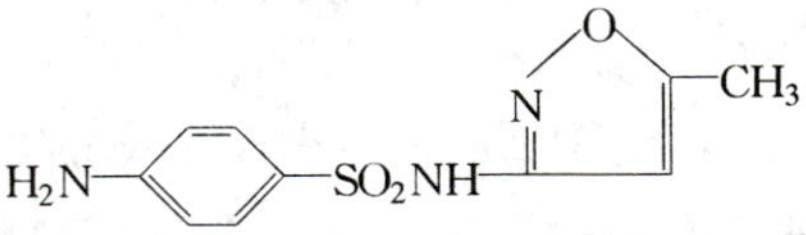

磺胺甲基异恶唑是白色结晶状粉末，熔点为 168～172℃，不溶于水，易溶于稀酸、氢氧化钠和氨水中，用于治疗各种炎症。

(3) 磺胺胍（SG）：

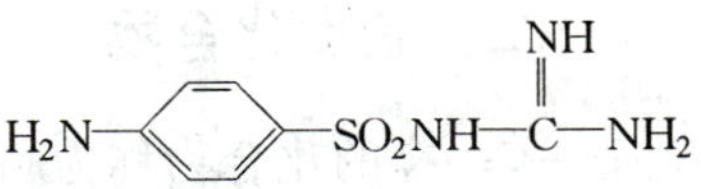

磺胺胍是白色结晶状粉末，用于治疗肠炎、细菌性痢疾。

第四节　其他含氮化合物

一、硝基化合物

1. **概述**　硝基化合物可以看作是烃分子中的氢原子被硝基—NO_2 取代后的衍生物，硝基为硝基化合物的官能团。

根据烃基结构的不同，可把硝基化合物分为脂肪族硝基化合物和芳香族硝基化合物。硝基与脂烃基直接连接称为脂肪族硝基化合物，硝基与芳环直接连接称为芳香族族硝基化合物。

硝基化合物的命名与卤代烃相似，即以硝基作为取代基，烃基作为母体。例如：

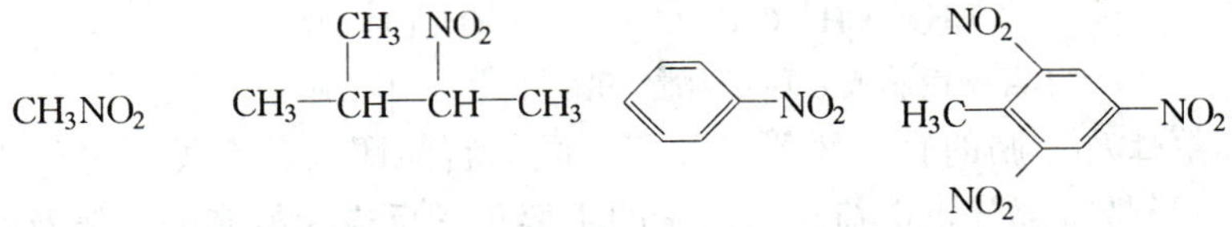

硝基甲烷　　2-甲基-4-硝基丁烷　　硝基苯　2，4，6-三硝基甲苯（TNT）

2. **硝基化合物的物理性质**　脂肪族硝基化合物是无色高沸点液体，不溶于水，易溶于醇、醚等有机溶剂。芳香族硝基化合物是无色或淡黄色高沸点液体或低熔点固体，相对密度比水大，有苦杏仁味。芳香族硝基化合物有毒，较多吸入其蒸气或长期与皮肤接触，均能使肌体血红蛋白变性而引起中毒。芳香族多硝基化合物具有爆炸性，如三硝基甲苯（TNT）、三硝基苯酚等都是爆炸性极强的烈性炸药。

3. **硝基化合物的化学性质**　硝基化合物中，以芳香族硝基化合物在合成上应用较多，也较为重要。其重要性在于能还原成芳胺，而芳胺可以转变为多各种类型的有机化合物。

(1) 还原：硝基化合物在酸性溶液中，用铁、锡等还原，产物为伯胺。如：

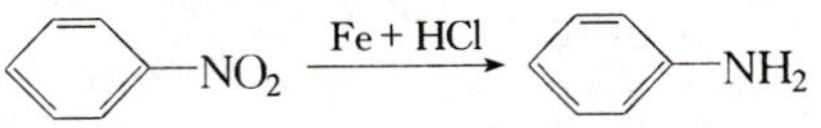

催化氢化也能将硝基还原为氨基。

(2) 芳环上的亲核取代反应：硝基对芳环上的亲核取代有活化作用。如氯苯中的氯原子是不活泼的，不易被水解为羟基，由氯苯制取苯酚时，需要在高温、高压及催化剂作用下才能实现，但2，4-二硝基氯苯的水解很容易进行，只需与碳酸氢钠水溶液煮沸即可水解：

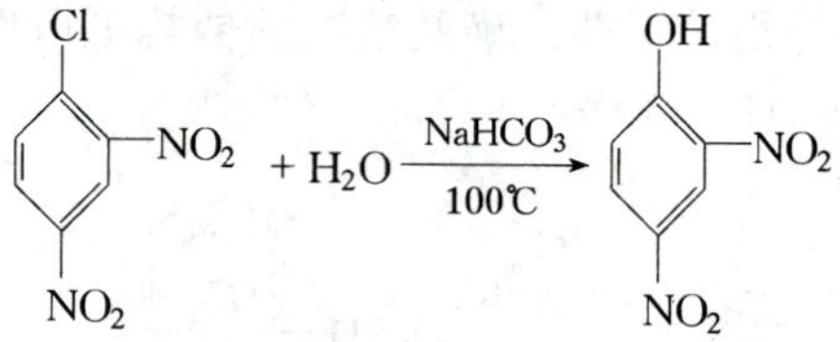

2，4-二硝基氯苯　　　2，4-二硝基苯酚

这是由于硝基是强的吸电子基，连在芳环上使环上的电子云密度降低，硝基邻位或对位的氯原子所连的碳容易受到亲核试剂 OH^- 的进攻而发生亲核取代反应。

二、腈类化合物

1．概述　分子结构中含有氰基—C≡N 的化合物称为腈，氰基是腈的官能团。腈的碳链上有其它取代基时，称为取代腈，其中以羟基腈最为重要。

腈可从卤代烃制得，当卤代烃和氰化钾或氰化钠反应时可得到腈：

$$RX + KCN \xrightarrow{C_2H_5OH} R—CN$$

腈大多为无色的液体，极纯的腈具有香味，毒性也较小。但一般情况下，腈中总掺杂有少量的异腈，异腈有恶臭且毒性很大，所以一般的腈制品都有臭味且有毒。

腈的命名可参照醛或酸的命名法命名。如：

$CH_3—CN$　乙腈

$CH_2═CH—CN$　丙烯腈

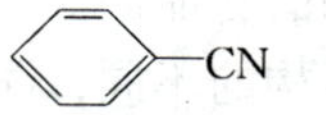

苯甲腈

$CH_3—CH(OH)—CN$　2-羟基丙腈或 α-羟基丙腈

$NCCH_2CH_2CN$　丁二腈

2．腈的化学性质　腈的官能团氰基和醛、酮的官能团羰基有类似之处，具有极性的不饱和重键，碳原子带有部分正电荷，所以腈的主要化学反应为氰基的还原及亲核加成反应。

(1) 还原：腈用金属钠和无水乙醇还原可以得到伯胺，在有过量氨气存在下催化加氢也可以得到伯胺：

$$R—C≡N + 2H_2 \xrightarrow{Ni} R—CH_2—NH_2$$

(2) 水解：在较高温度、酸或碱催化下，腈容易发生水解反应，最终得到羧酸，这是制备羧酸的一种常用方法。

$$R—C≡N + HOH \longrightarrow [R—C(OH)═NH] \longrightarrow R—C(═O)—NH_2 \xrightarrow{H_2O} R—COOH$$

腈在一般情况下水解，反应不容易停在生成酰胺的一步，但如用过氧化氢和氢氧化钠溶液处理腈，反应则可停在酰胺的一步，而且产率较高，如：

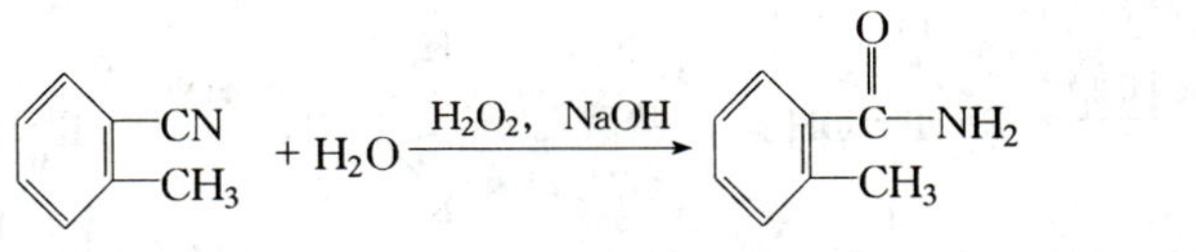

邻-甲基苯甲腈　　　　　　　　邻-甲基苯甲酰胺（92%）

（3）加醇：腈加醇可以得到酯：

$$R{-}C{\equiv}N + HO{-}C_2H_5 \longrightarrow R{-}\overset{\overset{O}{\|}}{C}{-}OC_2H_5 + NH_3$$

（过量）

（4）与格林亚试剂的加成反应：腈与格林亚试剂发生加成反应，经水解后可以得到酮：

$$R{-}C{\equiv}N + C_2H_5MgX \longrightarrow R{-}\underset{\underset{C_2H_5}{|}}{C}{=}NMgX \xrightarrow{H_2O} R{-}\underset{\underset{O}{\|}}{C}{-}C_2H_5 + NH_3 + Mg(OH)X$$

3．重要化合物

（1）己二腈：$NC{-}CH_2{-}CH_2{-}CH_2{-}CH_2{-}CN$

己二腈是无色油状液体，沸点295℃，易溶于乙醇、苯、氯仿等有机溶剂，微溶于水。

己二腈是合成尼龙-66的重要原料，因为它水解可得到己二酸，还原可得到己二胺。己二酸和己二胺通过缩聚反应可得到尼龙-66（见第十六章）。

己二腈可由丁二烯制备。

（2）丙烯腈：$CH_2{=}CH{-}CN$

丙烯腈是无色液体，沸点78℃，丙烯腈是合成纤维腈纶的重要单体，丙烯腈与丁二烯发生共聚反应还可制得丁腈橡胶。

丙烯腈也是重要的化工原料，可制得丙烯酸、丙烯酰胺和丙烯酸乙酯等。丙烯腈可由乙炔与氢氰酸反应制得：

$$HC{\equiv}CH + HCN \longrightarrow CH_2{=}CH{-}CN$$

第五节　含磷有机化合物

一、概　　述

磷和氮在元素周期表中同属于第Ⅴ主族，它们的价电子排布相同，所以能形成类似化合物。含磷有机化合物的主要类型有：

1．膦　磷化氢（PH_3）中的氢原子被烃基取代后的产物称为膦，和胺一样，膦也有伯、仲、叔膦。

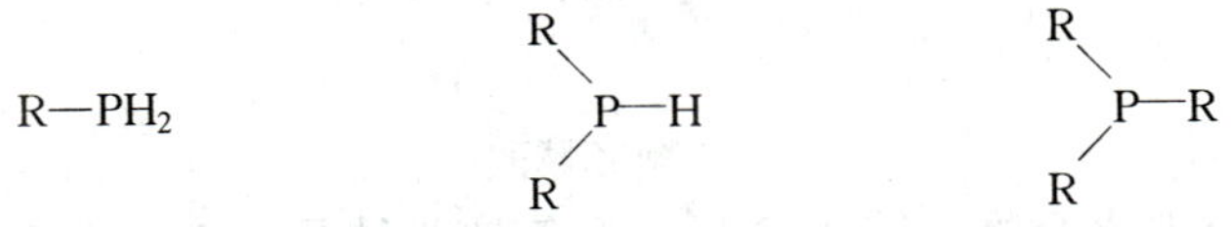

伯膦　　　　　　仲膦　　　　　　叔膦

2．膦酸　膦不具有碱性，伯膦和仲膦易被氧化，用空气或硝酸氧化时伯膦被氧化成膦酸，仲膦被氧化成次膦酸。叔膦磷原子上没有氢，不能被氧化。

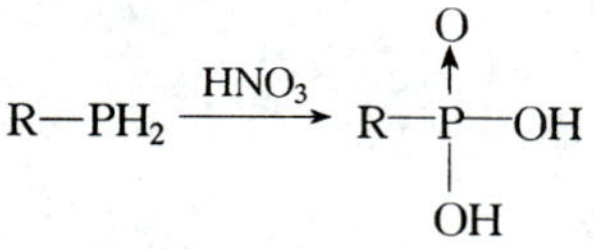

膦酸

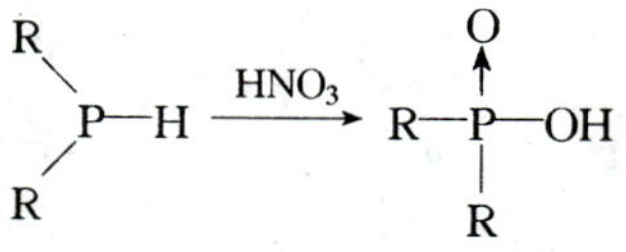

次膦酸

膦酸也可以看作是磷酸分子中的羟基被烃基取代的衍生物。

3．磷酸酯与膦酸酯　磷酸及膦酸都有其相应的酯。

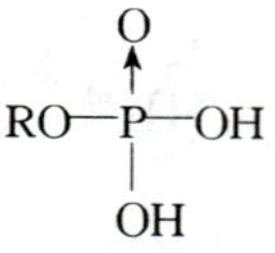

磷酸烃基酯

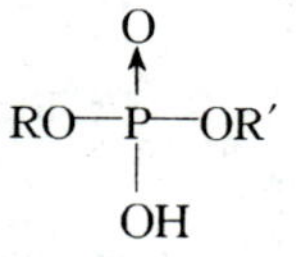

磷酸二烃基酯

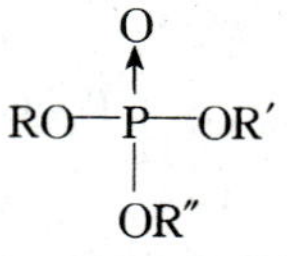

磷酸三烃基酯

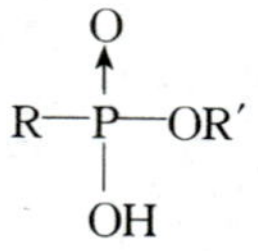

膦酸烃基酯

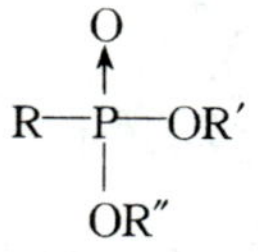

膦酸二烃基酯

磷酸酯和膦酸酯在构造上的根本区别在于：后者含 C—P 键，而前者不含 C—P 键，磷原子只与氧原子直接相连，这与磷酸和膦酸的区别一致。

4．硫代磷酸及其酯

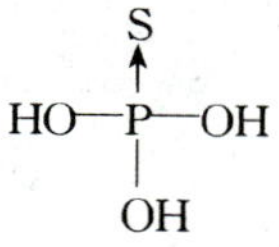

硫代磷酸

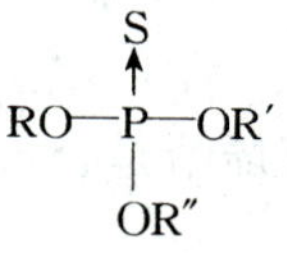

硫代磷酸酯

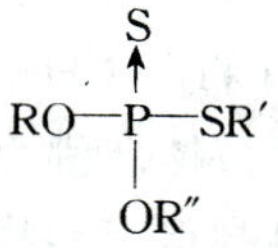

二硫代磷酸酯

磷酸酯是最重要的含磷有机化合物，许多磷酸酯类如葡萄糖、果糖的磷酸酯，磷脂类化合物等都与生物体的代谢有密切的联系。可以说，与能量代谢有关的许多生化反应都起步于生成磷酸酯。许多膦酸酯和磷酸酯还是重要的杀虫剂。

二、有机磷农药

有机磷农药品种很多，主要用作杀虫剂，也有些属于生长调节剂、除草剂和杀菌剂。

有机磷农药杀虫力强，易被生物体代谢分解，因而残留量低，其缺点是对人畜毒性较大，容易造成中毒事故。略举数例如下：

1．乙烯利

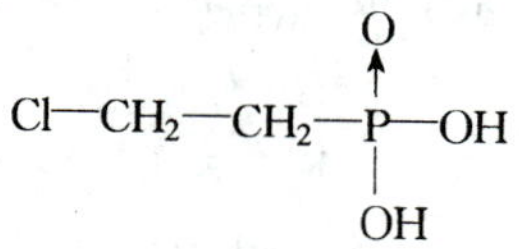

2-氯乙膦酸

乙烯利属于膦酸类化合物，纯乙烯利为无色针状结晶，熔点 75℃，易溶于水及乙醇，它在 pH 值<3 时比较稳定，在 pH 值>4 时会逐渐分解产生乙烯，能调节植物的生长发育，促进成熟和脱叶。

2. 敌百虫

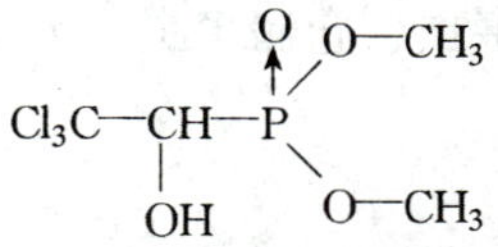

O，O-二甲基-（2，2，2-三氯-1-羟基乙基）膦酸酯

敌百虫为白色结晶，熔点81℃，易溶于水，在中性及酸性环境中稳定，在碱性环境中可发生消除重排反应生成敌敌畏。敌百虫是一种高效低毒杀虫剂，对昆虫有胃杀和触杀作用，对人畜毒性低，残留期短，常用作家畜体内外寄生虫防治。

3. 敌敌畏

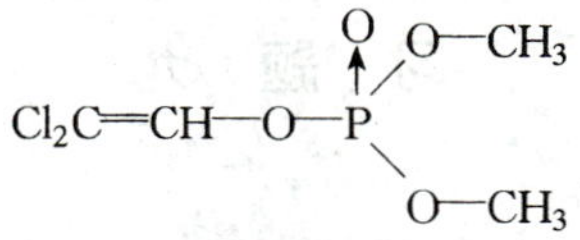

O，O-二甲基-O-（2，2-二氯乙烯基）磷酸酯（敌敌畏）

敌敌畏为无色或淡黄色油状液体，易挥发，微溶于水，有胃杀、触杀及熏蒸作用，主要用于环境卫生农作物、园艺、粮仓等处害虫的防治。敌敌畏较敌百虫的杀虫的效果好，但对人畜毒性也较大。

4. 乐果与氧化乐果

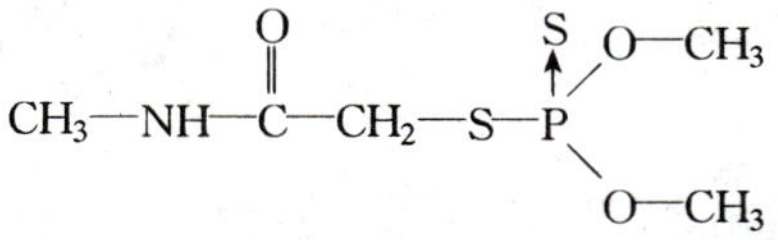

O，O-二甲基-S-（甲氨基甲酰甲基）二硫代磷酸酯

乐果

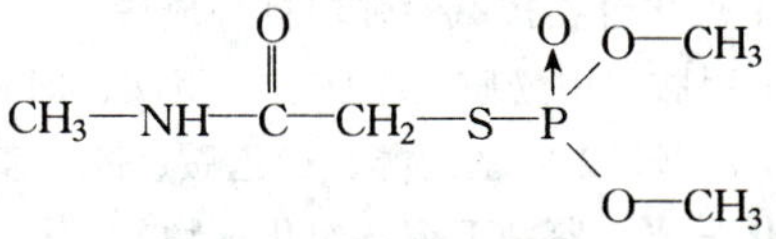

O，O-二甲基-S-（甲氨基甲酰甲基）硫代磷酸酯

氧化乐果

乐果为白色结晶，熔点51℃，有恶臭，可溶于水和多种有机溶剂，是一种高效低毒杀虫剂，主要用于农作物的病虫害防治。

氧化乐果与乐果相比，杀虫效果更好。

5. 马拉硫磷（马拉松）

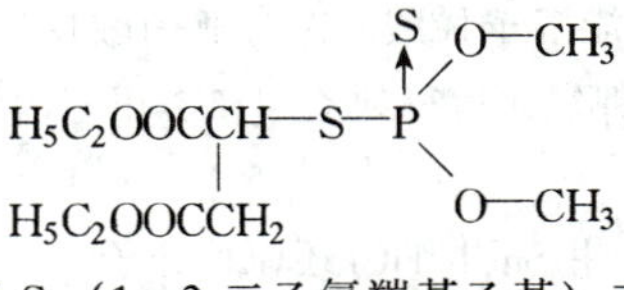

O，O-二甲基-S-（1，2-二乙氧羰基乙基）二硫代磷酸酯

马拉硫磷为无色油状液体，微溶于水，易溶于多种有机溶剂，遇酸或碱均易分解。它具有胃杀和触杀作用，用于防治咀嚼和刺吸口器害虫，药效高，杀虫范围广，对人畜毒性很低。

6. 辛硫磷

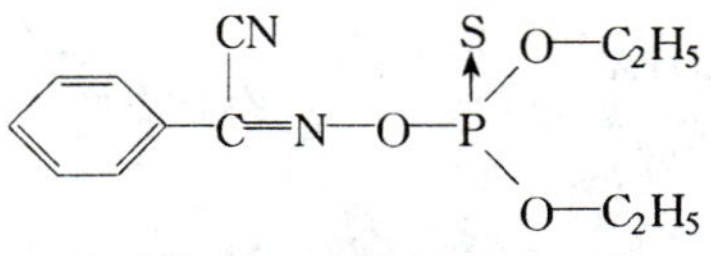

O，O-二乙基-O-（α-氰基苯叉胺基）硫代磷酸酯

为浅黄色油状液体，熔点5～6℃，微溶于水而易溶于有机溶剂。在中性或酸性介质中稳定，在碱性介质中易分解。对光敏感，在阳光下很快分解失效。

辛硫磷为一广谱有机磷杀虫剂，具有胃杀和触杀作用。对人畜毒性低，对鳞翅目害虫有特效，可用于防治地下害虫、食叶害虫、仓储害虫、卫生害虫及动物体内外的寄生虫等。

7．稻瘟净

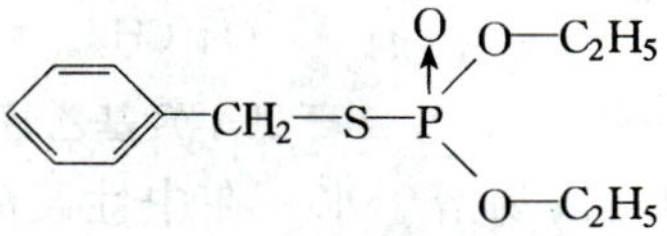

O，O-二乙基-S-苄基硫代磷酸酯

纯稻瘟净为无色透明液体，难溶于水，易溶于多种有机溶剂，对光、酸较稳定，遇碱、高温易分解，主要用于防治稻瘟病。

习　题　九

1．写出下列化合物的结构式：

① 丙酰苯胺　② N，N-二甲基苯胺　③ 对苯二胺　④ 苯甲酰胺

⑤ 甲酰苯胺　⑥ 氯化重氮对甲苯　⑦ 2-甲基-3-硝基己烷

2．命名下列化合物：

① 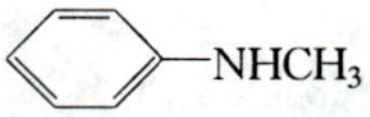

② 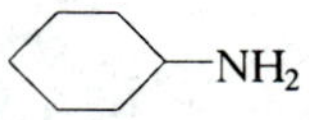

③ $(CH_3)_3N^+(C_2H_5)\ OH^-$　④ $(HOCH_2CH_2)_3N$

3．将下列化合物按碱性强弱排列成序：

(1) 甲胺、甲酰胺、苯胺、二甲胺、间硝基苯胺

(2) 乙胺、2-氨基乙醇、二乙胺、四甲基氢氧化铵、氨

4．用化学方法鉴别下列各组化合物：

(1) 乙醇、乙醛、乙酸、乙胺

(2) 甲酰胺、正丁胺、二乙胺、三甲胺

(3) 苯胺、环已胺、苯酚、苯甲醛

5．化合物A，分子式为$C_7H_7O_2N$，它在酸中和碱中均不溶解。A与高锰酸钾作用得分子式为$C_7H_5O_4N$的B，B可溶于碱，B被氯化亚锡的盐酸溶液还原得C，C经重氮化反应再与氰化钾反应得D，D与水作用得E，E受热后得到邻苯二甲酸酐。写出A、B、C、D、E的结构式，并用反应式表示各步反应过程。

6．化合物A，分子式为$C_6H_{15}N$，能溶于稀酸，A与亚硝酸反应放出氮气并得到B，B能进行碘仿反应。B与浓硫酸共热得C，C经高锰酸钾氧化后得到乙酸和2-甲基丙酸。写出A、B、C的结构式并用反应式证明推导过程。

7．化合物A分子式为$C_5H_{11}NO_2$，用$SnCl_2$-HCl还原得分子式为$C_5H_{13}N$的B，B用过量的碘代甲烷处理后，再用AgOH处理得C，C的分子式为$C_8H_{21}NO$，C加热分解得到2-甲基-1-丁烯和三甲胺。试推断A的结构式并用反应式说明推断过程。

8．由$CH_2{=}CH_2$合成：

① $CH_3CH_2\overset{O}{\overset{\|}{C}}OCH_3$　② EDTA

9．由$CH{\equiv}CH$合成：

① 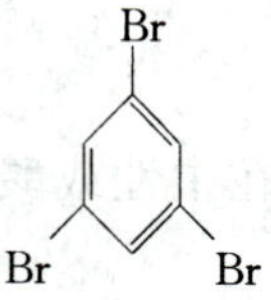

② 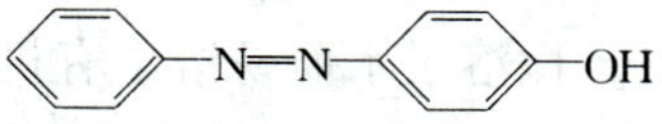

第十章 旋光异构

具有相同的分子式而结构和性质不同的化合物叫做同分异构体。这种现象叫做同分异构现象。而同分异构现象在有机化学反应中极为普遍，这也是有机化合物数目众多的主要原因之一。

同分异构现象可以分为结构异构和立体异构两大类。而结构异构和立体异构又可以分为若干种。

结构异构体又叫做构造异构体，它是指分子式相同的分子，由于构造不同而产生的异构体。构造异构体可分为碳架异构体、位置异构体、官能团异构体和互变异构体四类。

立体异构体是指分子式相同，只是原子在空间的排列方式不同而产生的异构体。它包括构型异构体和构象异构体。

有关构造异构中的各种异构现象和立体异构中的构象异构，已在前面有关章节作过介绍，本章只讨论立体异构中的旋光异构。

旋转异构属于立体化学的范畴。立体化学的研究对象是有机分子和无机分子。其中立体化学的观点和方法适用于研究有机化合物的分子结构和反应性能，而且旋光异构在天然产物化学 、生物化学 、药物化学、高分子化学中发挥重要的作用。在探索生命奥秘方面，特别是在对生物大分子，包括蛋白质、酶和核酸分子的认识和人工合成方面，立体化学理论尤为重要。

一、物质的旋光性

许多有机化合物具有旋光性这一重要现象的发现是立体化学的开始，而且旋光性的观测至今仍是研究立体化学不可缺少的重要手段，因此要学习旋光异构必须首先了解旋光性的几个概念。

1. *平面偏振光和旋光性* 由于光波属于电磁波，它以每秒 30 万 km 的速度向前传播。光波的电波和磁波的振动平面彼此互相垂直，并且与光前进的方向也互相垂直。

但是普通光的光波并不是都在同一平面内或相互平行的平面内振动，而是在许多相互交错的平面内振动（图 10-1)。

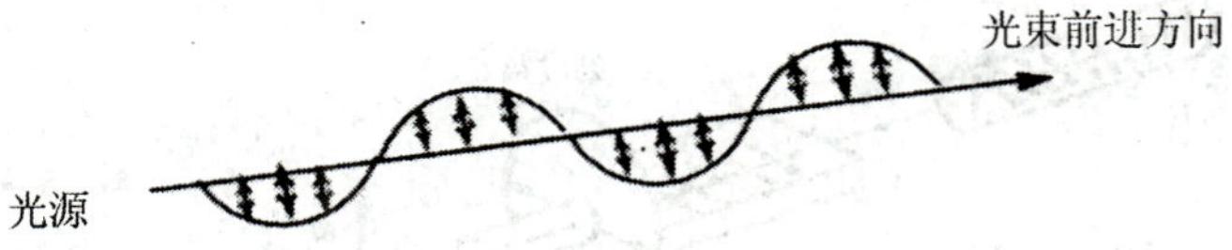

(1) 光的前进方向与振动方向

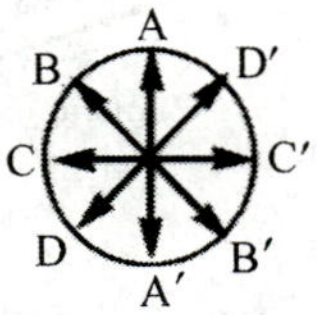

(2) 普通光的振动平面

图 10-1 光的传播

如果将一束普通光沿着合适的方向通过某些特制的镜体，如 Nicol 棱镜等，则透射出来的光线的光波将只在一个平面内或相互平行的平面内振动，这种光即所谓的“平面偏振光”(图 10-2)。

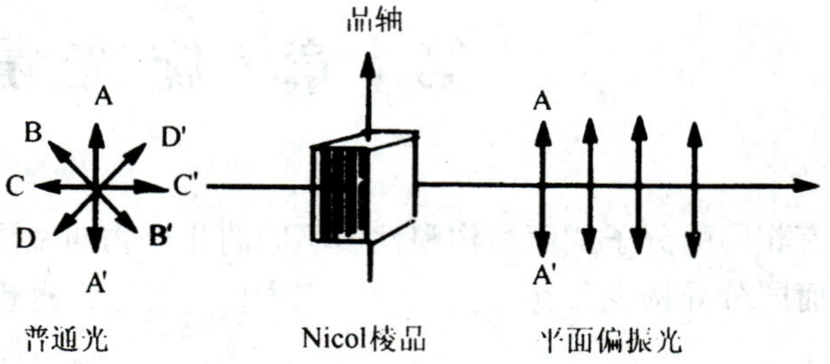

图 10-2 光的偏振

当一束平面偏振光透射过含有非对称因素的物质的晶体或液体时，平面偏振光的偏振平面将从原来的相位旋转一定的角度而呈一新的相位，并按这个新的相位继续向前传播。由于旋转的角度随透射进程的长度的增大而增大，所以在物质晶体或溶液中，光线呈旋转前进的方式。这种现象即被称为“偏振光偏振平面的旋转”。而能导致这一现象发生的性质即为该物质所具有的旋光性或光学活性。旋光性通常使用“旋光仪”进行测定的。例如从自然界中得到的葡萄糖，能使偏振光振动平面向右旋转，所以此类葡萄糖具有旋光性或光学活性。

当一个观测者通过一个旋光仪观测时，某旋光性物质能使透射光透过它的平面偏振光的偏振平面顺时针旋转，此物质即为具有“右旋光性”，而反时针旋转的则具有“左旋光性。在立体化学中，分别用 *d* 或（+）表示右旋光性化合物的旋光方向，而 *l* 和（-）则表示左旋光性的旋光方向。*d* 和 *l* 分别是拉丁文 dextro 和 laveo 的首字母，为“向右转”和“向左转”的意思。例如，“*d*-酒石酸”和“（+）-酒石酸”的意思都是“右旋光性的酒石酸”，而“l-丝氨酸”和“（-）丝氨酸”的意思都是“左旋光的丝氨酸”。

2. 旋光仪、旋光度和比旋光度

(1) 旋光仪：测定物质的旋光度，可用旋光仪。旋光仪是相当简单的仪器，它基本上是由一个单色光源和两个 Nicol 棱镜组装而成。在有机化学中，由于经常测定的是旋光性的有机化合物的溶液或液体，所以必须将其置于一个两端透光的容器内测试，这种容器称为“旋光管”。

旋光仪的组成可用图 10-3 表示。旋光仪中有两个 Nicol 棱镜，一个是起偏振器，它是固定不动的，作用是把光源发出的自然光变为平面偏振光；另一个是检偏振器，它与回转刻度盘相连，是可转动的 Nicol 棱镜，通过转动，用以测定振动平面的旋转角度。在两个棱镜之间放有旋光管，用以盛放具有旋光性的化合物溶液。眼睛通过目镜观测偏振光。

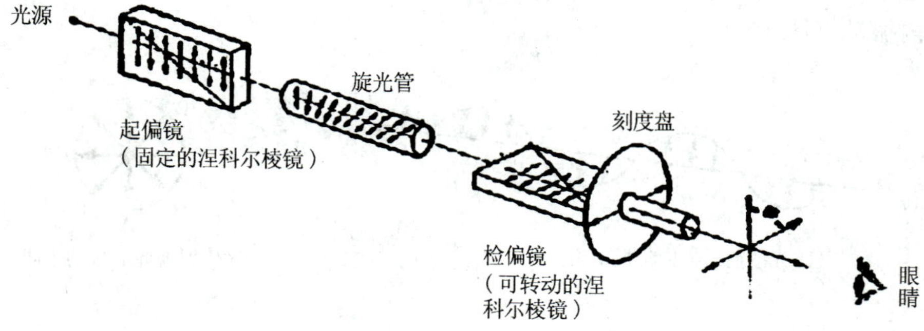

图 10-3 旋光仪的组成

刻度盘为零时，起偏镜和检偏镜的长轴是平行的。当经过起偏振镜出来的偏振光通过盛液管并射在检偏镜上时，如果管中未放液体试样，则只有当检偏振器棱镜的晶轴和起偏振器棱镜的晶轴相互平行时偏振光才能通过，此时目镜处视野明亮；如果两个棱镜晶轴相互垂直，偏振光则完全不能通过，此时目镜处视野黑暗。

测定时，首先将两个棱镜的晶轴平行，刻度盘为零，然后将被测液放进旋光管中，若被测液是非旋光性物质，偏振光经过溶液后，可以完全通过检偏镜；当旋光管内盛有旋光性物质的溶液时，偏振光的振动平面就要向顺时针或逆时针方向旋转一定的角度，从而使偏振光不能完全通过检偏器，这时只有把检偏器棱镜向顺时针方向或逆时针方向旋转同样角度，才能使光完全通过。因此从回转刻度盘上读出的读数就是该物质的旋光度。旋光度用 α 表示。

因为旋光性化合物对不同波长的平面偏振光的旋转能力不同，所以必须采用单色光源，在实际中，一般采用钠焰的 D 线黄色光（$\lambda = 589$ nm），也常用汞灯的绿色光（$\lambda = 546$ nm），它们的差别是汞灯的绿色光波长较短，通常测得的旋光读数 α 的绝对值略大一些，但人的眼睛对黄色光比较敏感，测试的准确度却比较高，可达 ±0.005°。所以在测定旋光度的同时必须标明所用的光源。

（2）比旋光度：旋光性物质溶液的旋光度 α 值，与很多因素有关，如旋光性物质的本质、温度、偏振光的波长、旋光管的长度、溶液的浓度和溶剂的性质等。这些因素都会影响旋光度的数值，甚至会改变旋光的方向。因此物质的旋光性通常用比旋光度表示。

1 mL 中含有 1g 溶质的溶液放在 1 dm 长的盛液管中所测得的旋光度，称为比旋光度，亦称为比旋光率。可用下式表示：

$$[\alpha]_{\lambda}^{t} = \frac{\alpha}{c \times l}$$

式中［α］代表比旋光度；t 是测定时的温度；λ 是所用光源的波长；α 是旋光仪上测定的旋光度数；c 是溶液的浓度（单位为 g/ml）；l 是盛液管的长度（用 dm 表示）。

比旋光度是旋光性物质的一种常数，例如在 20℃时，用钠光（$\lambda = 589$ nm，可用 D 表示）作光源，测定天然葡萄糖水溶液，它使偏振光右旋，其比旋光度为 52.5°，可表示为：

$$[\alpha]_{D}^{20} = +25.5°$$

比旋光度不受测定时所用旋光管的长度和溶液浓度的影响，因此被用作旋光物质的物理常数之一，以表示旋光物质的旋光性。

所以根据所测未知物的旋光度，再按上述公式算出比旋光度，就可以推测出未知物可能是什么化合物。

例如：有一个化合物的水溶液，浓度 c = 5 g/100 ml，在 25℃时用长度为 1 dm 的旋光管，在钠光灯下测定旋光度为 −4.64°，则其比旋光度为：

$$[\alpha]_{0}^{20} = \frac{-4.64}{\frac{5}{100} \times 1} = -92.8°$$

许多旋光性物质的比旋光度已被载入手册，所以查阅手册就可以估计这个化合物可能是果糖（旋光性物质中比旋光度相同的物质可能不止一种，故不能确定此化合物一定就是果糖，还应该用其它方法加以确定）。当知道某化合物比旋光度后，通过测定旋光度，还可以求出该物质的浓度。

例：某葡萄糖水溶液在 25℃时，钠光灯下，用 15 cm 长的旋光管测定旋光度为 +5.1°，其溶液的浓度为：$c=\frac{\alpha}{[\alpha]_{D}^{25}L}$，从有关手册中可查出葡萄糖的比旋光度为在平衡式为 $[\alpha]_{D}^{25}=+52.5°$，代入公式为：

$$c=\frac{5.1}{52.5\times1.5}=0.0648\text{g/ml}\ （或\ 6.48\text{g/100ml}）$$

如果测定的是纯净的液体化合物的旋光性，那么该液体化合物的比旋光度的计算公式中可以用密度 ρ 置换浓度项 c，得：

$$[\alpha]_{\lambda}^{t}=\frac{\alpha}{\rho\times l}$$

旋光度的测定一般情况下都以水作溶剂，如果用其他物质作溶剂，测定值将会发生变化，那么算出的比旋光度也不相同，所以必须注明所用的溶剂和测定条件。当用水作溶剂时，右旋酒石酸的比旋光度为+ 12°，在乙醇溶液中比旋光度为+3.79°，应表示为：

$$[\alpha]_{D}^{20}=+3.79°\ （乙醇）$$

二、旋光性与分子结构的关系

大量的实验事实证明：当分子的立体异构不具备对称因素时即可使偏振光的振动平面发生偏转，所以旋光性与分子的立体结构不对称因素是密不可分的。要了解旋光性与结构的关系，需要掌握一些基本概念。

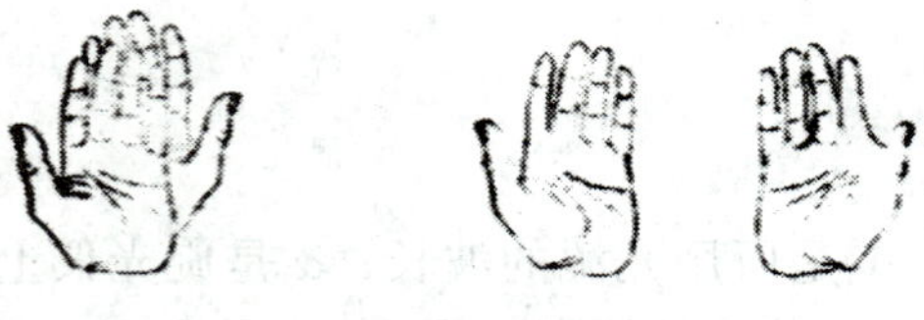

图 10-4 左：左、右手不能重合
右：左手的镜像是右手

1. 手性和手性分子 物体和分子的不对称性又称手征性、非对称性。手征性是分子产生旋光性的必要条件。因为任何物体都有它的镜像，如果物体是不对称的，物体和它的镜像不能完全重叠。例如（图 10-4），人的两只手看起来很相似，但左右手的五个手指不能在位置和方向上同时重叠，右手的镜像与左手相同，左手的镜像与右手相同，两只手的这种关系比喻为“实物”与“镜像”的关系，简单地说，右手与左手具有镜像关系。因为人的手是不对称的，所以不对称性也称为手性或手征性。

具有手性的分子称为手性分子，这种物质能使偏振光的振动平面发生旋转，具有旋光性；而非手性分子，则不能使偏振光的振动平面发生旋转。

2. 手性与对称因素的关系 要判断某一物质分子是否具有手性，关键是看分子中是否具有对称因素，没有对称因素，分子具有手性，若有对称因素则不具有手性。常见的对称因素有：

（1）平面对称因素（σ）：如果一个分子能够被一个平面分割成两个部分，而这两个部分刚好互为实物和镜像的关系，那么这个平面即为此分子的对称平面，则该分子具有平面对称因素（图 10-5）。这样的分子

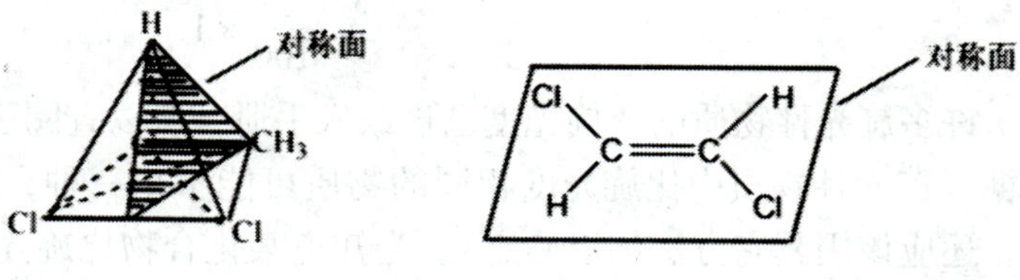

图 10-5 对称面

和它的镜像彼此能够重叠，其镜像即其自身，所以是一个对称的分子，或称作非手性分子。

如1，1-二氯乙烷分子中，一个碳原子上连着两个相同的原子（氯原子），分子中有一个对称面，分子是对称的，无旋光性。又如E-1，2-二氯乙烯，分子中所有原子都在同一个平面上，这个平面就是分子的对称面，因此它也不具有旋光性。

（2）中心对称因素（i）：若分子中有个假设的中心点，通过中心点作任意一直线，在直线上距中心点等距离的两端，有相同的原子或原子团，那么这个点便是分子的对称中心。该分子即具有中心对称因素，因此该分子又叫做中心对称分子。这样的分子和它的镜像彼此能够互相重叠，其镜像即其自身，所以是一个对称分子，即非手性分子。如苯分子（图10-6）中的六个氢和六个碳，经过环中心点分别对称，所以这个中心点就是苯分子的对称中心i，所以苯分子为对称分子。又如E-1，4-二氯环己烷中也具有对称中心，所以E-1，4-二氯环己烷也是非对称分子。

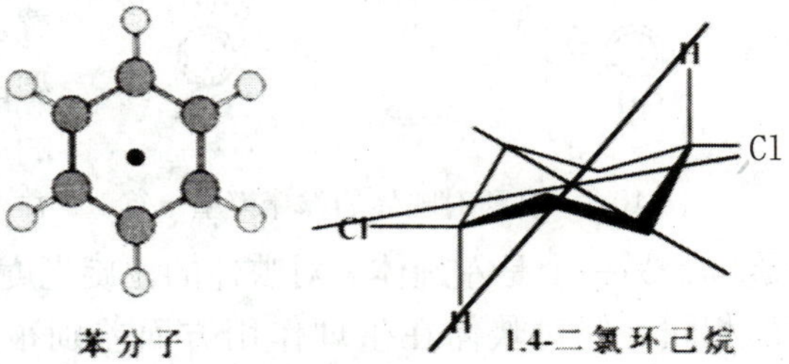

图10-6　分子的对称中心

在2-氯丁烷分子中，没有对称面，也没有对称中心，所以2-氯丁烷是手性分子，具有旋光性。

综上所述，凡是具有平面对称因素（σ）或中心对称因素（i）的分子都能与它们各自的镜像重叠，所以都是对称分子，属于非手性分子。而非对称分子则属于手性分子。

3. 手性碳原子　连接四个不同原子或基团的碳原子，称为手性碳原子或不对称碳原子。常用C^*表示。许多分子具有手性，就是因为在分子中存在有手性的碳原子，例如2-氯丁烷

$$CH_3—C^*H(Cl)—C_2H_5$$

，C_2上连有一个氢原子，一个氯原子，一个甲基和一个乙基，分子中的C_2为手性碳原子，2-氯丁烷既没有对称面，又没有对称中心，所以它为手性分子。而在1，1-二氯丁烷分子中，C_1上连有两个氯原子，一个氢原子，一个甲基，分子中没有手性碳原子，所以它为非手性分子。乳酸、甘油醛等化合物分子都具有手性碳原子，分子也具有手性。但应该指出，并不是有手性碳原子存在的分子就一定具有手性，在有些情况下，分子中虽然有手性碳原子，而分子却是非手性的。这说明手性碳原子的存在，不是分子不对称的必要和充分条件，其他原因也能导致分子的手性。因此产生旋光性的根本原因是分子结构的不对称性。但是分子具有手性的主要原因是手性碳原子的存在，特别是链状化合物的旋光异构更是如此。另外含手性碳原子的旋光异构研究的也是最为广泛和深入，所以我们主要讨论具有手性碳原子的旋光异构问题。

三、含手性碳原子的旋光异构体

1. 含有一个手性碳原子的旋光异构

（1）对映体：乳酸分子中含有一个手性碳原子，和手性碳原子相连的有羟基、羧基、甲基和氢原子，在空间可以有两种不同的排布方式，因而存在着两种不同的化合物，由于这两

种化合物的空间构型互呈实物和镜像关系，因此又称为对映异构体，简称对映体。

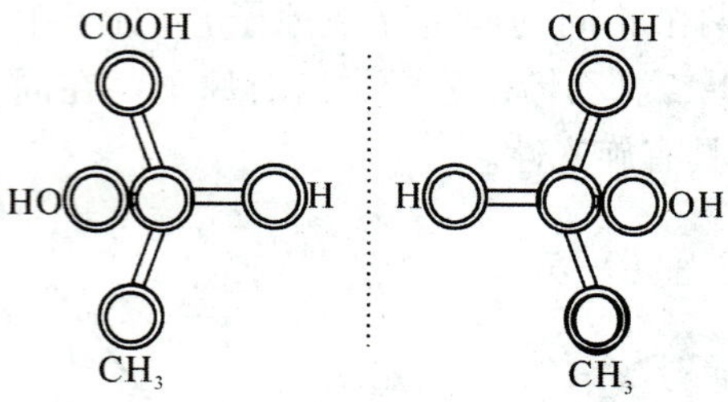

图 10-7 乳酸对映体的球棒模型

图 10-7 中的两个乳酸分子模型，一个代表右旋乳酸叫右旋体，另一个代表左旋乳酸叫左旋体，右旋体和左旋体的构型不同，互呈实物和镜像的对映关系，二者看去非常相似，但却不能重叠。其它含有一个手性碳原子的化合物即 Cabcd 型的化合物，由于与手性碳原子相连的四个不同的原子或原子团在空间排列方式不同，都能形成互为实物和镜像关系的一对对映体，其中一个是右旋体，另一个是左旋体。对映体的比旋光度大小相等，方向相反，其它的化学性质和物理性质相同。但对映体在生理作用方面差别很大，例如（+）-葡萄糖可被动物吸收利用；（-）-氯霉素有抗菌作用，而（+）-氯霉素则无疗效等。这是因为生物体内的化学反应一般要在酶的催化下才能顺利进行，而酶具有很高的手性，所以对反应物和反应产物的立体结构都有一定的要求。

分子组成相同，化学结构也相同，都由于分子中各基团在空间的排列形式不同而对偏振光的振动平面有不同的旋转能力的现象，称为旋光异构现象，这些化合物彼此间互称为旋光异构体。

表 10-1 乳酸旋光异构体的性质

化合物	熔点（℃）	$[\alpha]_D^{20}$（水）	pKa（25℃）
（+）-乳酸	53	+3.82	3.79
（-）-乳酸	53	-3.82	3.79
（±）-乳酸	18	0	3.79

（2）外消旋体：对映体中右旋体和左旋体的比旋光度数值相等，而方向相反，如果将一对对映体中的右旋体与左旋体等量混合，它们的旋光能力将互相抵消，不显示旋光性，这种等量对映体的混合物称为外消旋体。外消旋体一般用（±）或 dl 表示。外消旋体和相应的右旋体或左旋体，除旋光性能不同外，其他物理性质也不相同，但化学性质基本相同。

（3）Fischer 投影式：旋光异构体的构型一般用球棒模型、透视式和投影式来表示。用球棒模型表示分子立体构型比较直观，但书写困难。以透视式表示分子立体构型的方法是：手性碳原子放在纸面上，以粗线表示原子或原子团伸向纸平面的前方，虚线表示原子或原子团伸向纸平面的后方，以实线表示在纸平面上。这种表示方法比模型式简单，也比较直观，但书写较为困难的，尤其是对于较复杂的分子，书写起来就更加困难。

Fischer 投影式是一种采用投影的方法将分子的三维立体结构（构型）用二维平面图像表示的一种式子。

投影的规则是：中心碳原子（或手性碳原子）置于纸面内，用横竖两线的交点代表它，竖的两个基团指向纸面，横的两个基团指向观测者。画投影式时，习惯上把含碳原子的基团放在竖键的方向，并把命名时编号最小的碳原子放在上端。例如，乳酸的模型和 Fischer 投影式（图 10-8、图 10-9）。使用 Fischer 投影式时，投影式不能离开纸面翻转，可以在纸面上旋转 180°，但不能旋转 90°或 270°，若旋转 90°或 270°则成为其对映体的投影式。

因此，要判断 A 式和 B 式是否是同一构型，就可以按照上述规定旋转 180°，观察是否

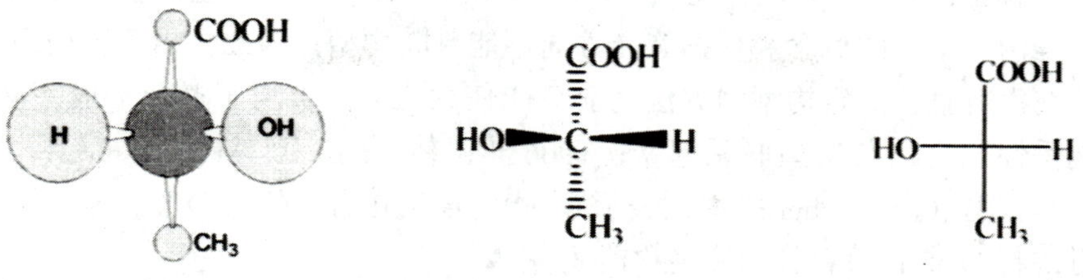

模型　　透视式　　费歇尔投影式

图 10-8　乳酸的构型表示

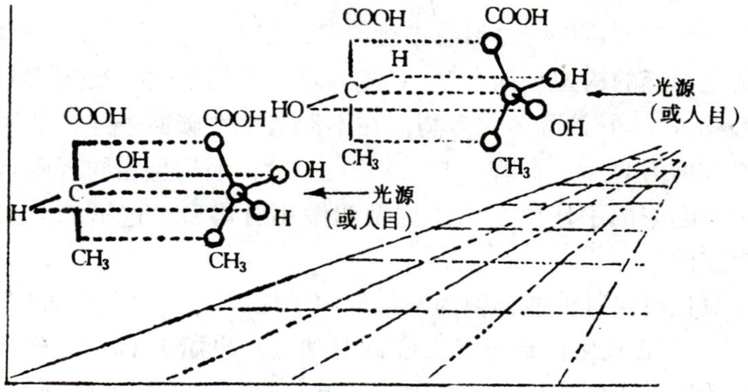

图 10-9　乳酸的费歇尔投影式

使 A 恰好与 B 式重叠，若能够重叠，则说明为同一构型，反之，则不是同一构型。

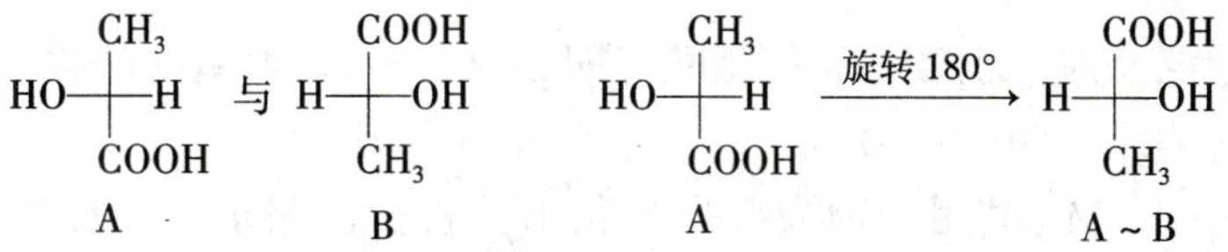

投影式在纸面上旋转 180°，又可看作是将两个竖向基团位置交换，两个横向基团的位置也必然交换，这样构型保持不变。

若固定任何一个基团，按顺序或逆时针一次轮换其余三个基团的位置，也不会改变化合物的构型。例如：

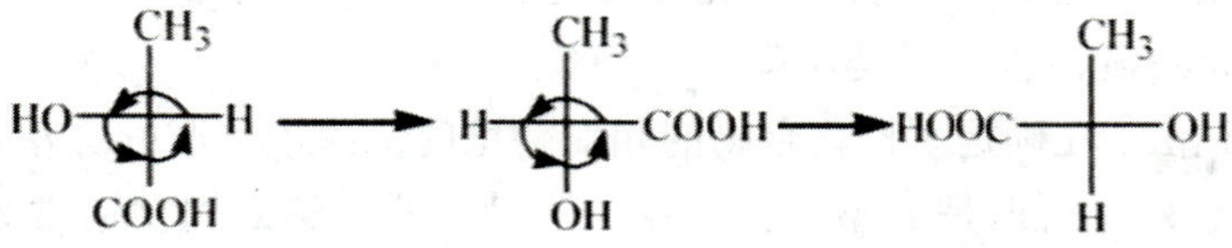

2. *旋光异构体构型的表示法*　已知乳酸有两种构型，它可以分别用两个投影式（或透视式）表示，但究竟哪个代表左旋，右旋？这有两种标记方法：

（1）D/L 标记法：一对对映体是具有两种构型的异构体，一种左旋、一种右旋，但旋光方向与构型是两个不同的概念。根据旋光方向不能判断构型，因此，用哪种构型表示左旋体或右旋体，在没有直接测定构型的方法之前只能任意指定。但为了避免造成不必要的混乱，同时可以把手性化合物与构型联系起来，1906 年，Rosanoff A. M 选用（+）-甘油醛作为标准，确定其构型（用 Fischer 投影式表示）。指定羟基在右侧的为 D 型，羟基在左侧的是 L 型。命名时，将 D 或 L 写在甘油醛名称前面。

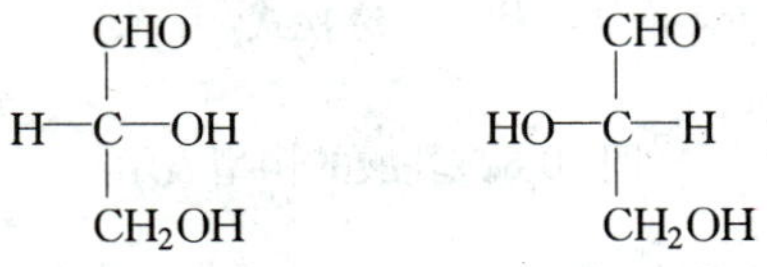

D-（+）-甘油醛　　L-（-）-甘油醛

其他手性化合物的构型可以与甘油醛进行关联，如糖类、氨基酸、肽类及其衍生物就以甘油醛为基准，确定相应的构型。凡由 D-（+）-甘油醛通过化学反应得到的化合物，或可以通过转换变为 D-（+）-甘油醛的化合物，在不涉及手性碳原子连接的四个键断裂的前提下，该化合物的构型均为 D 型。同理，与 L-（-）-甘油醛构型相同者则是 L 型。这种直接或间接与甘油醛关系起来的手性化合物的构型叫做相对构型。这里 D，L 表示构型，（+）和（-）表示旋光方向。

例如甘油醛经氧化可得甘油酸，因为在反应中手性碳原子上的键并未破裂，构型没有发生改变，所以由 D-甘油醛氧化得到的应该是 D-甘油酸，也属于 D-型。经旋光仪测定为左旋体；D-甘油酸经过还原又得到左旋乳酸，因此知道左旋的乳酸也是 D-型的。表示如下：

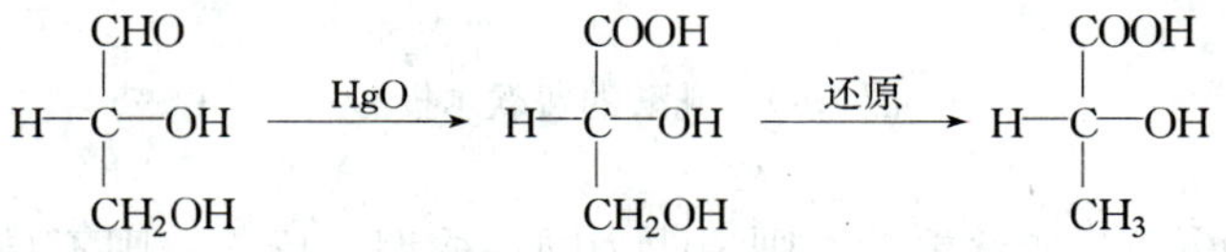

D-(+)-甘油醛　　D-(-)-甘油酸　　D-(-)-乳酸

来自自然界的氨基酸，主要是 α-氨基酸（即 2-氨基酸）。氨基酸的构型以 Fischer 式中 α-碳原子上氨基在右侧或左侧确定 D 或 L。

1951 年 Bijvoer J. M. 利用一种特殊的 X 衍射分析法，测定了右旋酒石酸铷钠的构型，确定了（+）-酒石酸的构型，并由此推断出（+）-甘油醛的真实结构就是 Rosanoff 指定的 D 型（相对结构），因此（+）-甘油醛的相对构型也就是绝对构型，同时凡与（+）-甘油醛关联得出的构型也都是绝对构型。换句话说，当一个构型式按规定表达一个立体异构体时，若确定的立体异构体的真实构型与构型式所表达的构型相同时，则这种构型式所表示的构型称为绝对构型。注意旋光物质的旋光方向与构型之间并无固定关系。一个 D 型化合物其旋光方向可以是右旋，也可以是左旋。

（2）R/S 标记法：在确定手性化合物的相对构型时，由于关联的方法不同，同一化合物有可能可以是 D 型，也可以是 L 型。为了克服这种矛盾，绝对构型通常采用 R/S 标记法命名，即在一个分子内对每一个手性碳原子都用 R 和 S 标记来表示手性碳原子的绝对构型。

1970 年，国际化学界根据 IUPAC 的建议，正式采用 R/S 构型标记法标记和命名分子中手性碳原子的构型。这种命名法根据化合物的实际构型或投影式就能命名，不需要与其它化合物联系比较。R 是拉丁文 Rectus 的缩写，意思是向右；S 是 Sinister 的缩写，意思是向左。

R/S法命名的原则是：

①按次序规则将手性碳原子上所连的四个原子或基团编号，优先基团编号最大，依次减小。这里需要重新回顾一下序位规则：

a. 将各取代基的中心原子按原子序数由小到大排列，大者为“优先”基团；若为同位素则质量大的为“优先”基团；孤对电子排在最后。如：I＞Br＞Cl＞S＞F＞O＞N＞C＞H＞孤电子对。

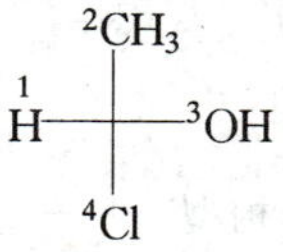

优先次序是：$Cl>O>CH_3>H$

相应编号是：4 ⟶ 3 ⟶ 2 ⟶ 1

b. 若取代基的中心原子相同，则比较与它直接相连的几个原子，先比较各组中原子序数比较大的，若还是相同，再依次外推比较第二个、第三个等等，直到决出序位为止。

如下列化合物中，与手性碳原子相连的第一个原子都是碳，就要按上述原则比较序位高低，其结果为：$—CH_2Cl$ ＞$—CH_2OH$＞$—CH_2—CH_3$＞$—CH_3$。

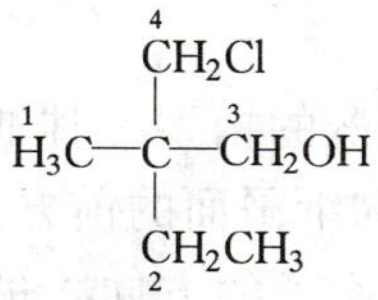

c. 含有双键和三键的基团，则相当于连有两个或三个组成双键或三键的原子。

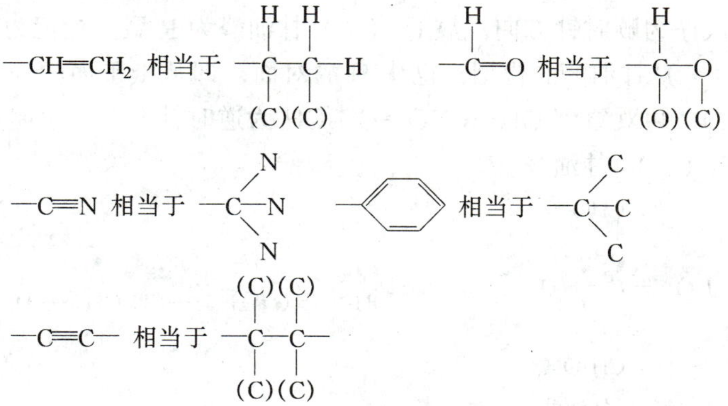

所以 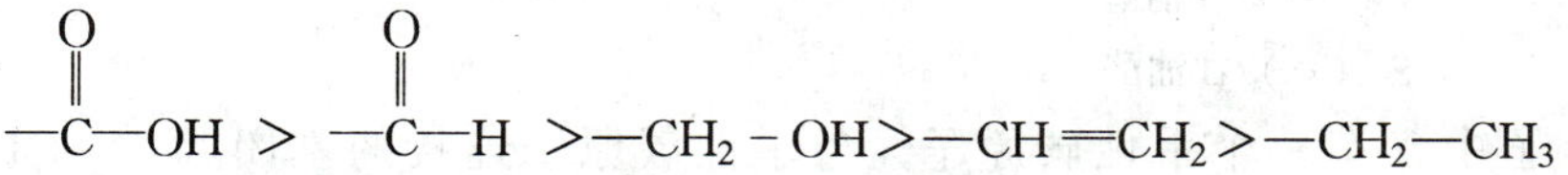

②R/S的确定：使用模型和透视式都比较容易确定某化合物的R/S构型。在采用费歇尔透视式确定手性碳原子的构型式，应该牢记“横前竖后”的原则。当手性碳原子所连接的四个不同的原子或原子团的顺序确定以后，就可以按照以下规则确定化合物的构型。

a. 在立体模型中，将标1的基团放在距离观察者最远的位置，然后看其它三个基团排列的顺序，若4→3→2顺序是顺时针方向（即右转）就称为R型，若是反时针方向（即左转）则称为S型。如图10-10所示，2-氯丁烷分子有两种构型，将编号最小的氢原子放在离眼睛最远的位置，然后观察其它三个基团的优先顺序：$Cl>CH_2CH_3>CH_3$，当其顺序为顺时针时，为R-2-氯丁烷，当为反时针时，为S-2-氯丁烷。

b. 命名顺序：将确定的R或S写在化合物名称的最前面，并用圆括号括上。

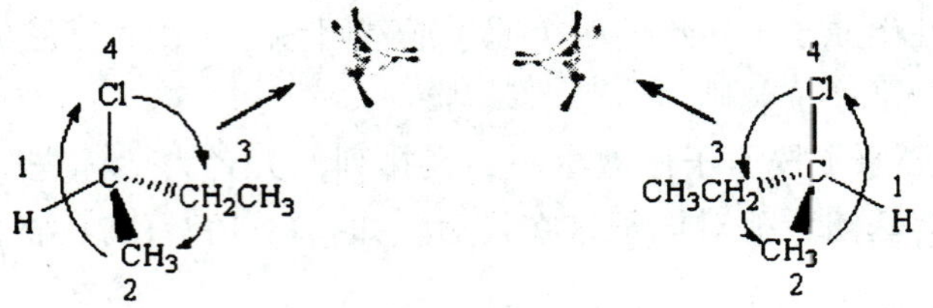

R-2-氯丁烷　　　S-2-氯丁烷

图 10-10　2-氯丁烷 RS 构型

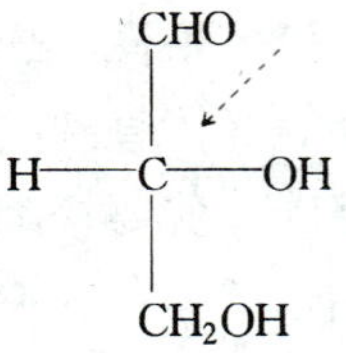

D-（+）-甘油醛

$$-OH > -\overset{\overset{\displaystyle O}{\|}}{C}-H > -CH_2OH > -H$$

例如用 R/S 法标记 D-（+）甘油醛的构型，甘油醛分子中手性碳原子上的四个基团中 H 最小，处在投影式水平线上，是伸向纸平面的前方，和观察者处在同一方向，按 R / S 法标记原则，应该在 H 的对面（远离氢原子的方向）进行观察，也就是从纸平面的右后方向左观察（如虚线箭头所指方向），即可见到其它三个基团按照从大到小次序，即 OH→CHO→CH_2OH 的排列次序为顺时针方向，故 D-（+）甘油醛为 R 型，标记为 R-（+）-甘油醛。同样可以确定 L-（－）甘油醛的构型，也从 H 的对面，即从纸平面的左后方向右观察（如虚线箭头所指方向），可观察到 OH→CHO→CH_2OH 为逆时针方向，说明是 D-（－）甘油醛为 S 型，标记为 S-（－）-甘油醛。

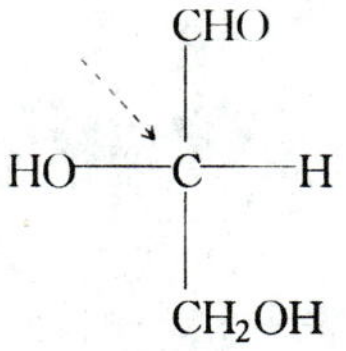

L-（－）甘油醛

S-（－）甘油醛

$$-OH > -\overset{\overset{\displaystyle O}{\|}}{C}-H > -CH_2OH > -H$$

乳酸分子中含有一个手性碳原子，与手性碳原子连接的基团为：—OH，—COOH，—H，—CH_3。它可以有两种排列方式，存在两种对映异构体。

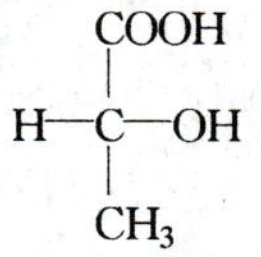

D-（－）乳酸

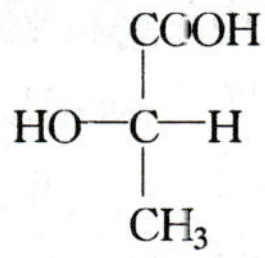

L-（+）乳酸

c. 在 Fischer 投影式中，标 1 的基团在竖键的上端（或下端）时。4→3→2 是顺时针方向为 R 型，反时针为 S 型。若 1 处于横键的左边（或右边）时，4→3→2 是顺时针方向为 S 型，反时针为 R 型。如 1，2-丙二醇的 Fischer 投影式［图 10-11（a）］中，标 1 的基团 H 在竖键的下端，4→3→2 是顺时针方向，所以该手性碳原子的构型为 R 型，命名为 R-1，2-丙二醇；而图 10-11（b）中，标 1 的基团 H 处于横键的左边，4→3→2 是顺时针方向，所以该化合物为 S-1，2-丙二醇。

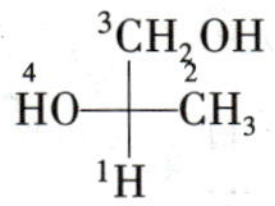

4 ⟶3 ⟶2 为顺时针，1 在下命名为：R-1，2 丙二醇

（a）

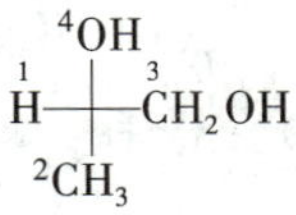

4 ⟶3 ⟶2 为顺时针，1 在左命名为：S-1，2 丙二醇

（b）

图 10-11　1，2-丙二醇的 Fischer 投影式

其他有一个手性碳原子的化合物，也有 2 个对映异构体，分别为左旋体和右旋体。其中左旋体和右旋体中，分子组成、化学性质及熔、沸点相同；构型不同，比旋光度方向相反，生理活性差别大。

生物体内的化学反应一般要在酶的催化下进行，由于酶具有很高的选择性，对反应物的立体结构和手性有一定的要求。左旋体与右旋体的生理作用可以有很大的区别。例如：（+）-葡萄糖可被动物吸收利用，而（-）-葡萄糖不能被动物代谢；（-）-氯霉素有抗菌作用，曾被用于饲料添加剂中，而（+）-氯霉素没有疗效。

3. 含有两个手性碳原子的旋光异构　在有机化合物中，随着手性碳原子数目的增多，其立体异构现象亦愈复杂。若分子中有多个手性碳原子时，应逐个进行标记，且需在 R 或 S 前注明该碳原子的位次，彼此间用逗号隔开。

当含有两个手性碳原子时，根据所连基团的不同，可分为完全相同和不相同两类。

①含有两个不同的手性碳原子

例如：氯代苹果酸，含有两个不同的手性碳原子，在空间中有四种不同的排列方式。

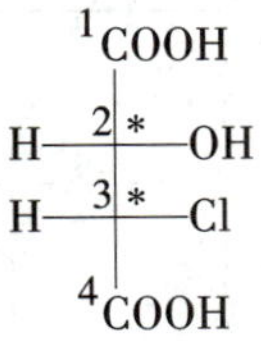

(2S,3S)-氯代苹果酸

Ⅰ

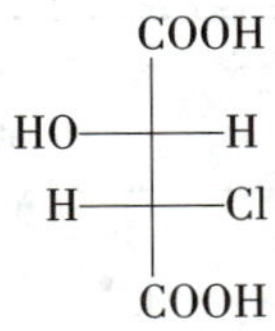

(2R,3S)-氯代苹果酸

Ⅱ

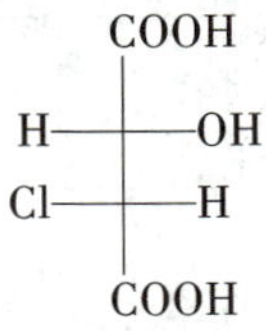

(2S,3R)-氯代苹果酸

Ⅲ

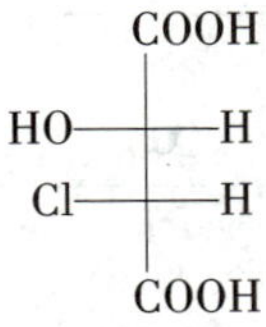

(2R,3R)-氯代苹果酸

Ⅳ

逐个标记多个手性碳原子的构型中，当考虑某一个手性碳原子时，另一个手性碳原子可暂不考虑，而将其看作是取代基。以（Ⅰ）为例：首先考虑 C_2^*，而 C_2 分别与—OH、—COOH、H、CH（Cl）—COOH 四个基团相连，按照次序规则，大小顺序为：—OH > CH（Cl）—COOH > COOH > H。H 在横键位置，由—OH 到—COOH 的方向顺序为顺时针，所以 C_2 为 2S；然后再考虑 C_3^*，而 C_3 与—COOH、—Cl、H、CH（OH）—COOH 四个基团相连，按照次序规则，大小顺序为：—Cl >—COOH > CH（OH）—COOH > H。H 在横键位置，由—Cl 到 CH（OH）—COOH 的方向顺序为顺时针，所以 C_3 为 3S。所以（Ⅰ）为（2S，3S）-氯代苹果酸。

同理，（Ⅱ）、（Ⅲ）、（Ⅳ）分别为（2R，3S）-氯代苹果酸、（2S，3R）-氯代苹果酸、（2R，3R）-氯代苹果酸。

比较（Ⅰ）和（Ⅳ）、（Ⅱ）和（Ⅲ），它们分别为对映异构体，而（Ⅰ）和（Ⅲ）、（Ⅱ）和（Ⅳ）之间为非对映异构体。

含 n 个不相同手性碳原子的化合物，有 2^n 种旋光异构体，可组成 2^{n-1} 个外消旋体，若

n 个手性碳原子中有相同的，则旋光异构体的数目小于 2^n。

(2) 含有两个相同的手性碳原子：例如酒石酸分子中，两个手性碳原子所连基团都为：—H、—COOH、—OH、—CH(OH)COOH。

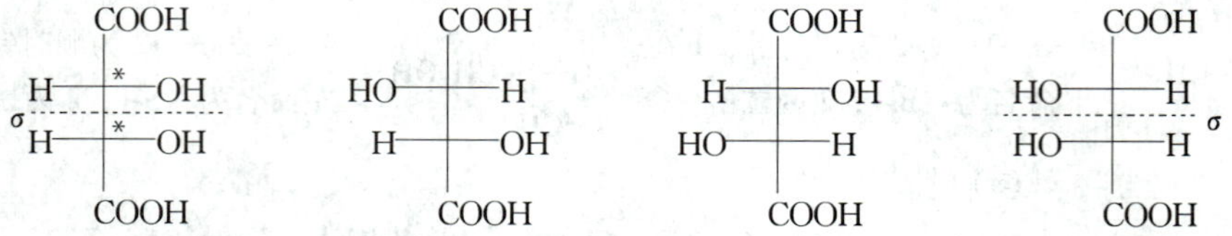

(2R,3S)-酒石酸（Ⅰ） (2S,3S)-酒石酸（Ⅱ） (2R,3R)-酒石酸（Ⅲ） (2S,3R)-酒石酸（Ⅳ）

比较（Ⅰ）和（Ⅳ），（Ⅱ）和（Ⅲ），其中（Ⅱ）和（Ⅲ）为对映异构体，（Ⅰ）和（Ⅳ）尽管在表面上看起来是对映体，但如果把（Ⅳ）在纸面上旋转 180°，可以看出（Ⅰ）和（Ⅳ）可以完全重叠，所以（Ⅰ）和（Ⅳ）是同一种物质。且（Ⅰ）和（Ⅳ）中，可以用虚线将分子分成两半，上下两部分互成镜像关系，实际上虚线所在平面是这个分子的对称面。由于上下两部分的旋光角度相等而方向相反，因此互相抵消，没有旋光性。

这种因分子内部含有相同的手性碳原子且分子的两半互为实物和镜像关系而导致分子不呈现旋光性的化合物叫做内消旋化合物。常用 i-或 meso 表示。

由此可见，凡是有两个相同手性碳原子的化合物，有三种立体异构体：左旋体、右旋体和内消旋体。等量的左旋体和右旋体混合后得到外消旋体。

内消旋体与外消旋体虽然都没有旋光性，但它们的本质不同。内消旋体是一个单纯的化合物，不能分离。而外消旋体是对映体等量的混合物，可用适当的方法分离。

表 9-2 酒石酸的物理性质

酒石酸	熔点（℃）	比旋光度 $[\alpha]_D^{25}$ 20%水溶液	溶解度（g/100g 水）	密度（g/ml，20℃）	pKa_1	pKa_2
右旋体	170	+12°	139	1.760	2.93	4.23
左旋体	170	−12°	139	1.760	2.93	4.23
内消旋体	140	不旋光	125	1.667	3.11	4.80
外消旋体	206	不旋光	20.6	1.680	2.96	2.44

4. 环状化合物的旋光异构 环状化合物的旋光异构闭链状化合物复杂，常常同时具有顺反异构和旋光异构。

在环丙烷二甲酸（图 10-12）中，由于三元环存在，两个羧基可以排布在环的同一侧或两侧，组成顺反异构体。

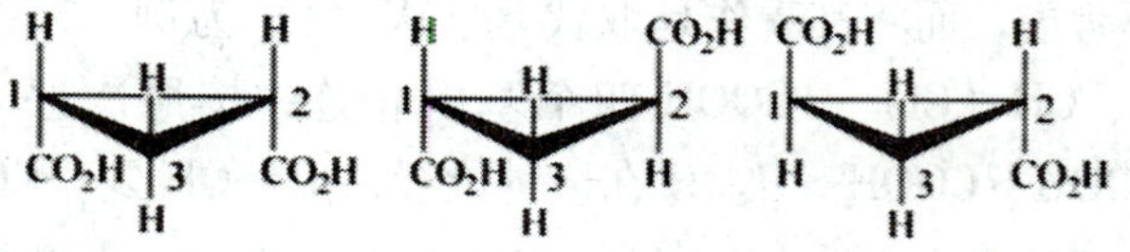

顺式（Z） 熔点 139℃ （Ⅰ） 反点（E） （Ⅱ） 熔点 175℃

图 10-12 环丙烷二甲酸顺反异构和旋光异构

环中 C_1、C_2 是两个相同的手性碳原子，所以又存在旋光异构体。在顺式异构体中有对称面，相当于内消旋体，没有旋光性。反式异构体中没有对称面，也没有对称中心，因而有手性，可以形成一对旋光异构体（Ⅰ）和（Ⅱ）。上面构型式中的顺式和反式，是顺反异构体，又是非对映异构体。

四、不含手性碳原子的旋光异构体

某些分子虽然不含手性原子，但由于分子中的内旋转受阻碍，也可以引起旋光异构现象，如丙二烯型或联苯型旋光化合物是通过分子中的一个轴来区别左右手征性的。

1．丙二烯型化合物的旋光异构　丙二烯型或其他聚集二烯烃型化合物的立体异构如图 10-13 所示：

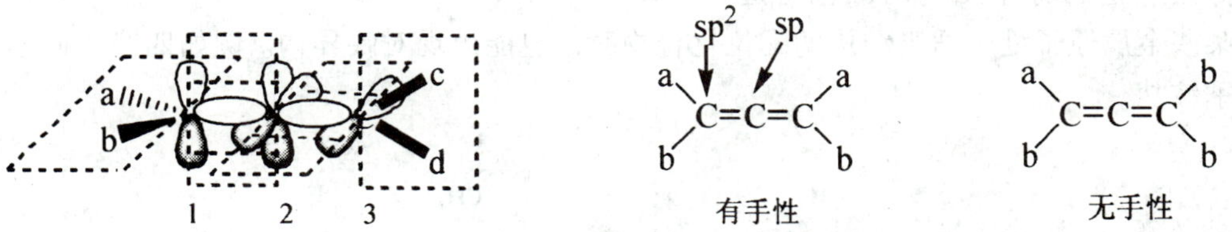

图 10-13　丙二烯型化合物的构型

丙二烯碳架中的中心碳原子 C_2 是 sp 杂化，其它两个碳原子 C_1 和 C_3 则为 sp^2 杂化，两个 π 键是相互垂直的。C_1 和 C_3 上所连的取代基所在平面也是相互垂直的。如果 C_1 上 a≠b，C_3 上 c≠d，虽然没有手性碳原子，但却是不对称分子，它有一对对映体。或者尽管 C_1 和 C_3 上所连的取代基都为 a，b，但它也有手性。如人们在 1935 年就合成了第一个旋光的丙二烯型化合物：1，3-二苯基-1，3-二-α-萘基丙二烯。

如果 C_1 和 C_3 上任何一个原子连有相同的基团，分子为非手性分子，不会产生旋光异构体。

如果把丙二烯化合物中的两个双键用两个环代替，则得到螺环化合物也应当是旋光的，如图所示。

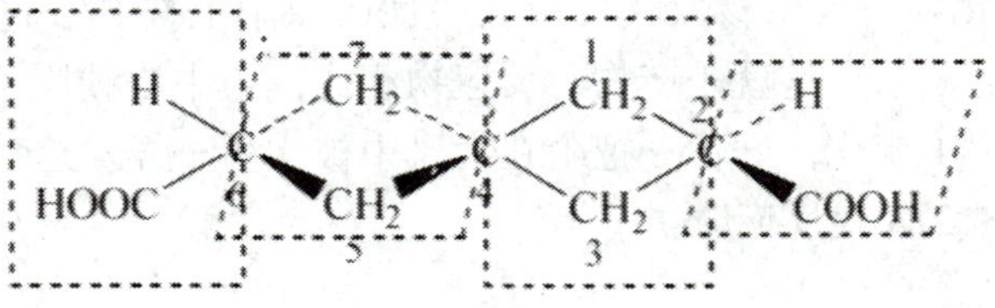

2，6-二羧基-螺环-［3，3］-庚烷

2．联苯型化合物的旋光异构　联苯的单键是可以自由旋转的。分子在连接键中心有对称面和对称中心。当联苯分子中邻位（2，6，2′，6′）的氢原子被体积相当大的原子或基团取代（如—NO_2、—COOH、—NH_2、—CH_3、—Br 等）时，由于两个苯环上的取代基不能容纳在同一平面内，使两个苯环绕单键的旋转受到了阻碍，两个苯环所在平面之间有一定的角度。

当 2，6，2′，6′位上的取代基不相同时，则整个分子没有对称面，也没有对称中心，就可能有手性而存在对映体。例如 2，2′-二硝基-6，6′-二羧基联苯就有一对对映体存在（图 10-14）。

当一个或两个苯环上所连的两个取代基相同时，这个分子就有对称面，因而没有旋光性，如2，6-二硝基-2′，6′二羧基联苯就是非手性分子，没有旋光性。

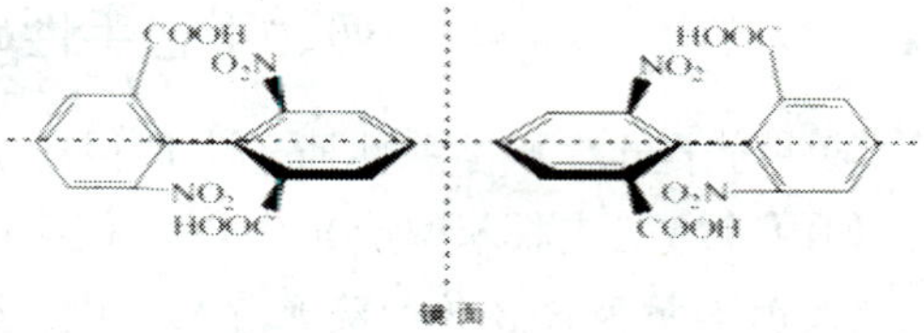

图 10-14 联苯型化合物的结构

3．含有其他（除碳外）手性原子的化合物 除碳原子外，其他原子如氮、硫、硅、磷、砷、硼、铍等处于适当分子结构时，也可造成对映异构。某些金属原子处于适当结构的配位化合物时，也能出现对映异构。例如四个不同基团取代的季铵盐。

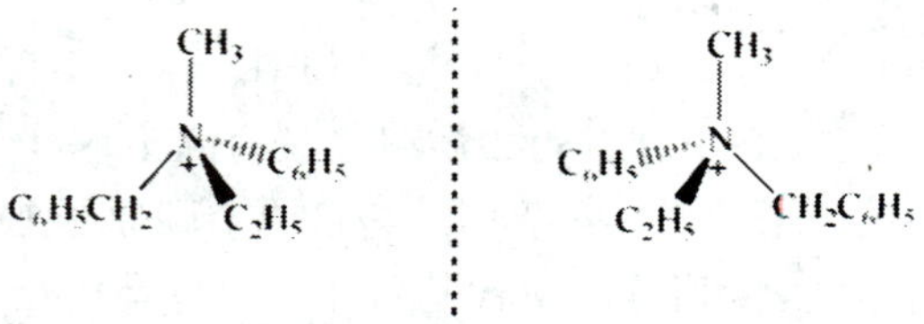

三级胺的氮原子也是四面体的，氮的一对未共用电子对占据四面体的一个顶角，键角约为109°。由于氮原子的不对称性，因此应有对映体的存在。但从未分离出呈现旋光性的不对称第三级胺。这被认为是由原分子的几个基团能很快地按如下的方式，在氮的周围“上下”翻转的缘故。

胺氮原了的翻转

五、动态立体化学

动态立体化学中，我们仅就取代反应、烯烃加成和双分子消除反应作一简要介绍。

1．S_N2 反应的立体化学 当亲核取代反应在手性碳原子上按 S_N2 进行时，反应物与产物之间常存在结构翻转的关系。这就是产物与反应物相比，与中心碳原子相连的诸原子（或原子团）的相对位置发生了变化，好像一把伞在大风中被吹翻一样。这种构型转换叫做瓦尔登转换。S-苹果酸发生 S_N2 卤代反应时：

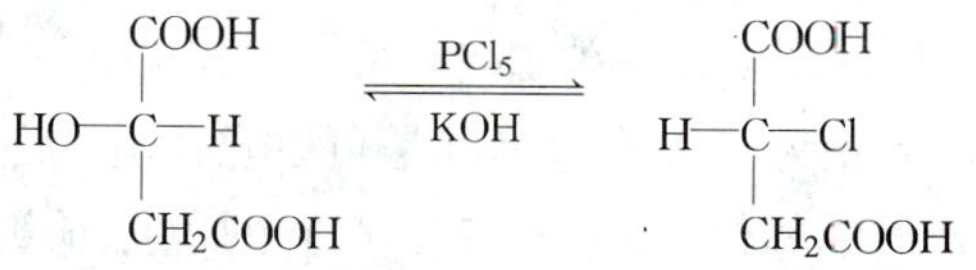

S-苹果酸　　R-2-氯代丁酸

在反应中发生了翻转，其原因为：

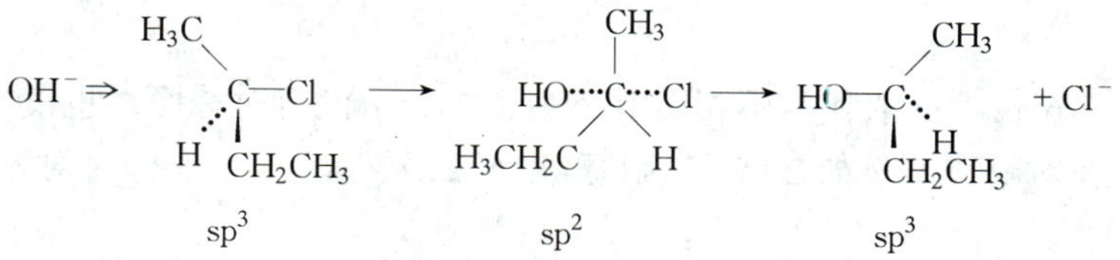

2-氯丁烷在碱性溶液中按双分子历程进行反应时，由于 OH^- 是从离去基团的背面向手性碳原子进攻，并形成过渡态而完成的。在过渡态时，进攻试剂（OH^-）与手性碳原子、离去基团（Cl^-）几乎处于同一直线上，手性碳原子所连接的其它三个基团（C_2H_5—、CH_3—、H—）由于受到进攻试剂的排斥作用被推向一个平面，碳原子由原来的 sp^3 杂化转变为 sp^2 杂化，然后随着 Cl^- 的离去，—OH^- 与中心原子连接成键，从而使手性碳原子又恢复到原来的 sp^3 杂化，同时手性碳原子的三个基团也必然向右翻转。

因此，完全的构型转换往往可以作为双分子亲核取代反应的标志。

2. S_N1 反应的立体化学　S_N1 反应首先生成过渡态的碳正离子，碳原子由原来的 sp^3 杂化转变为 sp^2 杂化，剩余的三个基团和手性碳原子都在一个平面上，如果此碳正离子足够稳定，则亲核试剂可从平面的两侧进攻碳正离子，其概率相同，所以反应可得到外消旋体。

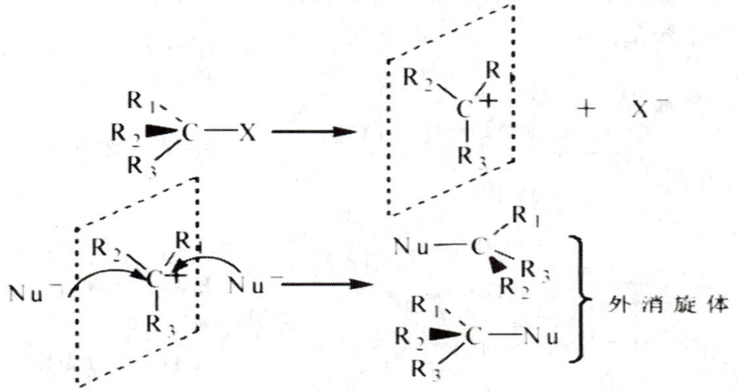

3. 亲电加成反应的立体化学　从反应物与产物的构型可以推断出，C ═C 双键上的亲电加成反应分两步进行，而且在大多数情况下的实验证明，烯烃加成为反式加成。以烯烃与 Br_2 的加成为例，当 Br_2 靠近双键后首先形成了环状结构的中间体（溴鎓离子），它的存在阻止了围绕 C—C 单键的自由旋转，且限制了 Br^- 只能从鎓离子背面进攻，因而导致了反式加成产物。反-2-丁烯与溴加成，由于是反式加成，在从溴鎓离子的背面进攻时，因为 Br^- 进攻两个碳的机会相等，所以得到内消旋体，而顺-2-丁烯与溴加成生成外消旋的 2,3-二溴丁烷。

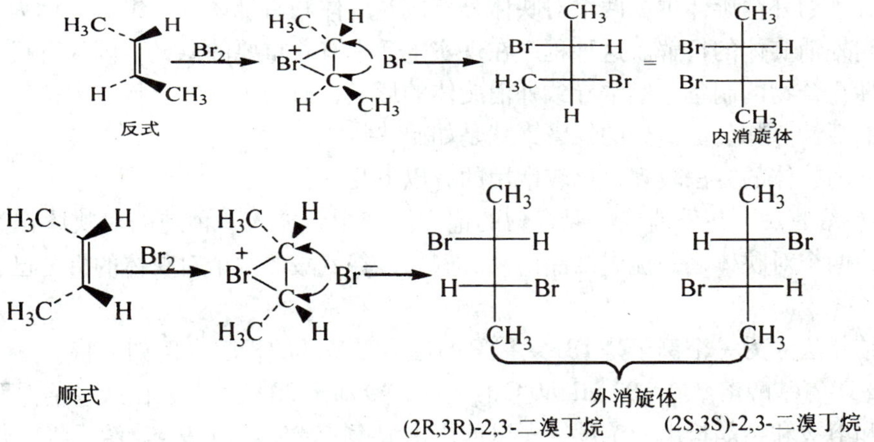

当环己烯和溴发生加成反应时，产物是反-1，2-二溴环己烷，这也说明了加成反应是反式加成。

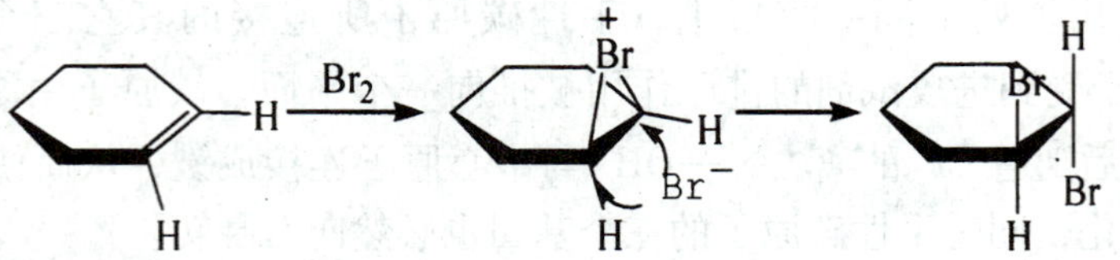

4. E2 的立体化学　许多实验证明，大部分的 E2 反应是反式消除的。即：被消除的两个原子或原子团在过渡态时，需处在反式共平面的位置，这样就使过渡态的 p 轨道达到最大重叠，有利于双键的形成。所以在 E2 反应中，一方面离去基团与进攻试剂在同一平面上有利于 π 键的形成，另一方面两个离去基团处于反式位置也可以避免试剂 B 与离去基团之间的相互干扰。例如：1R，2R-1-溴-1，2-二苯基丙烷在氢氧化钾中消除时，消除溴化氢后，只能得到顺式 1，2-二苯基丙烯。

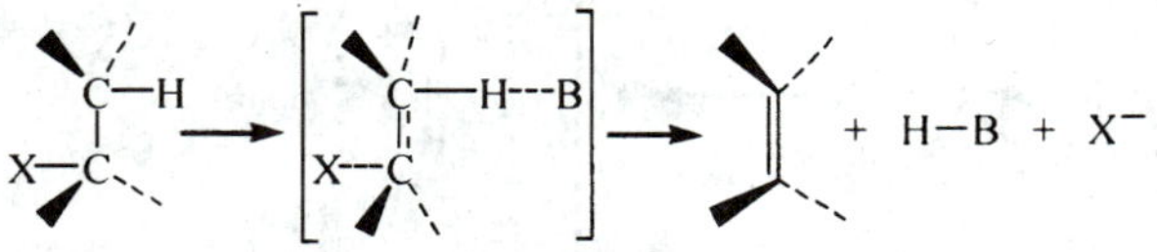

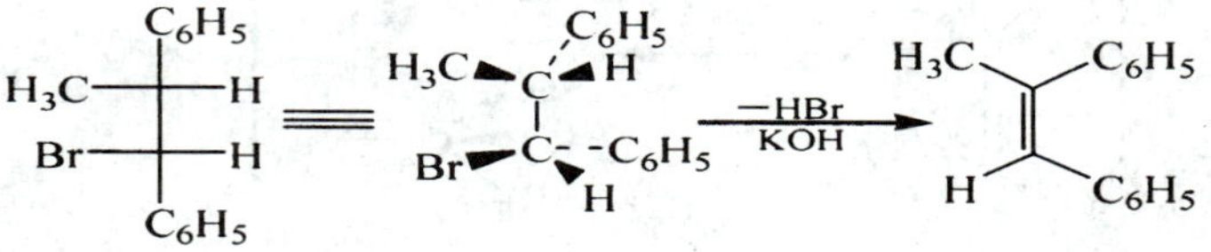

六、外消旋体的拆分

外消旋体是由等量的对映体组成的物质，无旋光性。在气体、液体或溶液中，外消旋体通常是等量对映体的混合物。然而，外消旋体通常并非是由等量对映体混合制得的，因为这样做无实际意义，它通常是在合成的过程中得到的。在气体、液体或溶液中，除了对偏振光的作用不同外，外消旋体和其它纯的对映体具有相同的物理性质。

将不旋光的外消旋体中的两个对映体分离成左旋体和右旋体两个组分，称为外消旋体的拆分。又叫外消旋体的析解。这种程序在现实生活中有着重要的意义，因为有机合成方法进行生理活性化合物的制备，经常导致外消旋体的形成，而两个立体异构体中往往只有一个具有所需要的活性。如前面提到的氯霉素就是如此。

拆分外消旋体的方法较多，比较常用的有以下几种：

1. 接种结晶法　在外消旋体混合物的饱和溶液中，加入一种纯的对映体作为晶种并适当冷却，使两个对映体之一优先结晶出来。例如，谷氨酸的两个对映体的拆分已在工业上采用。

接种结晶法的另一个例子是 DL-氯霉素的母体氨基醇的析解。例如，将 10 g 这种 DL-氨基醇和 1 g D-氨基醇溶解在 100 mL 80℃的水中，冷却至 20℃，因为在这些条件下 D-氨基醇已达到饱和溶液和结晶析出的浓度，所以即析出 D-氨基醇，约 1.9 g。然后将（母液）再加热到 80℃，并加适量的水以保持溶液的体积仍为 100 ml，再将 2 g DL-氨基醇溶于溶液中，然后冷却至20℃，此时 L-氨基醇达到结晶析出的浓度，于是析出 L-氨基醇，约2.1 g。用这种分段的操作法，分批连续地溶解 DL-氨基醇，可以交替分离出 D-氨基醇和 L-氨基醇，其中产物的光学纯度可达94.8%。

如果没有纯的对映体晶体，可以用别的旋光性化合物的晶体做晶种。例如用甘氨酸的晶体接种，可使旋光性的天门冬氨酰胺从其外消旋体溶液中结晶析出。

2. **生物化学法**　这种方法是利用微生物或酶在外消旋体的稀溶液中生长时破坏其中一种对映体比另一种快的方法，分离出其中一种对映体。在 DL-氨基酸中加入酵母，因酵母易与 L-氨基酸作用而剩下 D-氨基酸，其中有机体的酶对它的底物具有非常严格的空间专一反应性能。如：

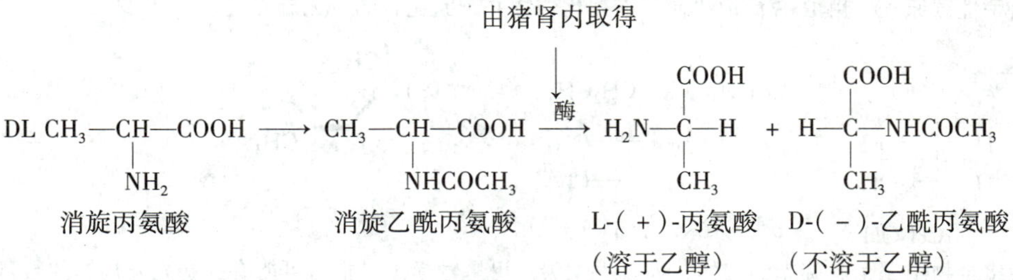

合成的 DL 丙氨酸经乙酰化后，通过一个由猪肾内取得的一个酶，水解 L 型丙氨酸的乙酰化物的速度要比 D 型的快得多。因此就可以把 DL 乙酰化物变为 L-（+）-丙氨酸和 D-（−）-乙酰丙氨酸，由于二者在乙醇中的溶解度区别很大，可以很容易地分开。

酶促作用的生物化学解析，对于制备旋光性的氨基酸特别有用。因为除少数氨基酸外，大多数氨基酸用一般的化学方法解析比较困难。

解析氨基酸常用的酶有猪肾酰化酶和一些商品化的稳定的酶制剂，如木瓜蛋白酶等。一般地由于猪肾酰化酶很不稳定，因此需使用新鲜的制剂。木瓜蛋白酶可以用于 N-酰基-DL-氨基酸的解析。

3. **化学法**　利用一个手性试剂与外消旋体作用，生成两个非对映异构体，再根据非对映异构体的不同物理性质将其分离，分离后再将两个对映体复原。

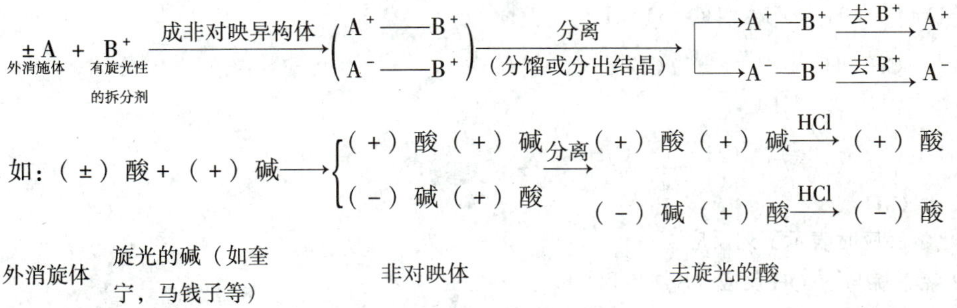

外消旋2-苯基丙酸可以利用（−）-α-苯乙胺进行拆分：

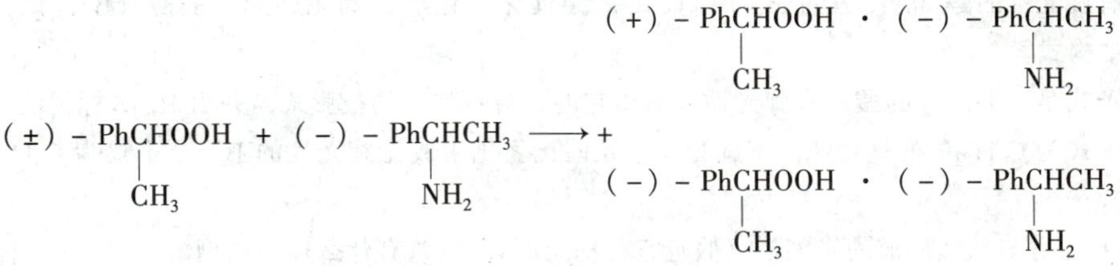

在生成的非对映体中，(－)-2-苯丙基酸的盐在水中溶解度较小而结晶析出，(＋)-2-苯丙基酸的盐则留在母液中，分离后再使之复原。

除上述几种的方法外，还可以采用色谱、动力学拆分法或将外消旋体在手性溶剂中结晶的方法等进行拆分。

习　题　十

1．回答下列问题

(1) 旋光性和旋光度　(2) 内消旋体和外消旋体　(3) 对映体和非对映体

(4) 物质产生旋光异构的原因　(5) 手性和对称因素

2．标出手性碳原子，用 R/S 标记法命名下列化合物并判断化合物有无旋光性。

(1) 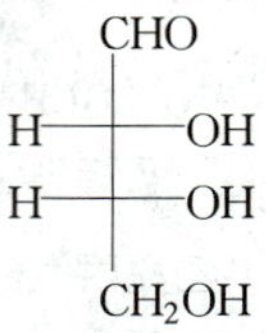

(2) 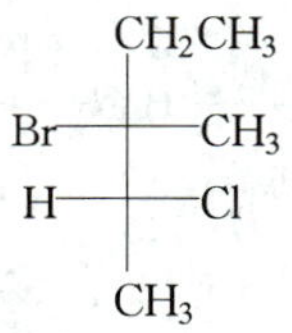

(3) 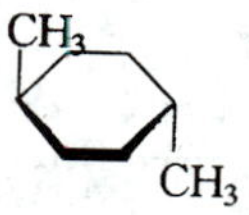

3．下列化合物中哪个有旋光异构体？如有手性碳，用星号标出。指出可能有的旋光异构体的数目。

(1) $CH_3CH_2CH(Cl)CH_3$　(2) $CH_3CH{=}C{=}CHCH_3$　(3) $CH_3CH(OH)—CH(CH_3)—COOH$

4．用 Fischer 投影式写出下列化合物可能有的旋光异构体，并用 R，S 标记法命名，并注明内消旋体或外消旋体。

(1) 2-溴-1-丁醇 (2) α，β-二溴丁二酸 (3) α，β-二溴丁酸 (4) 1，2-二溴丁烷

5．下列各组投影式是否相同？

(1) 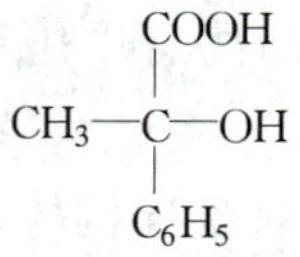，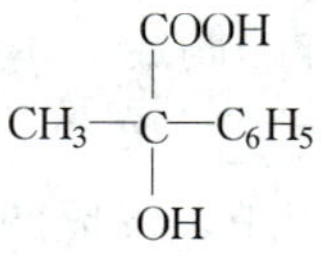 与 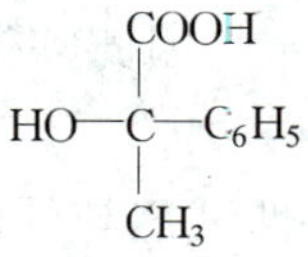

(2) 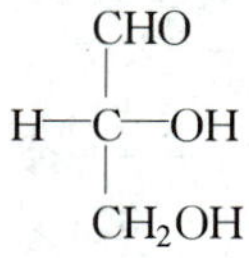 与 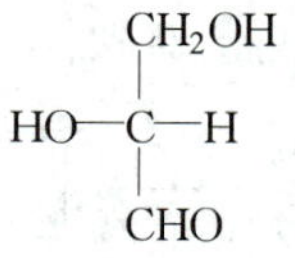

(3) 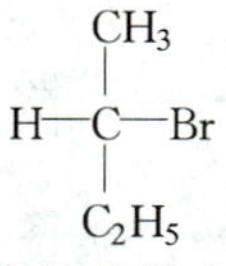 与 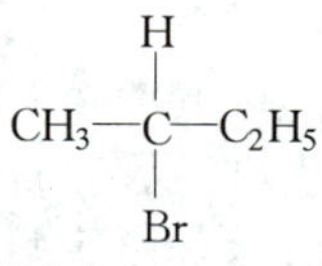

6．用立体化学反应时表示下列反应：

(1) R-2-氯丁烷与 NaOH 反应（S_N2 历程）

(2) 顺-2-丁烯与溴发生加成反应

7．具有旋光性的醇 (A)，分子式为 $C_6H_{12}O$，经催化氢化后得到无旋光性的醇 (B)，试推导出 (A) 和 (B) 的结构式。

8．分子式是 $C_5H_{10}O_2$ 的酸，有旋光性，写出它的一对对映体的投影式，并用 R，S 标记法命名。

9．分子式为 C_6H_{12} 的开链烃 A，有旋光性。经催化氢化生成无旋光性的 B，分子式为 C_6H_{14}。写出 A，B 的结构式。

10．(1) 乙醇与乙醛形成的半缩醛（假定它是稳定的），应该有什么样的构型（以 R、S 法标记）？

（2）已知葡萄糖的 $[\alpha]_D^{20} = +52.5°$，在 0.1m 长的样品管中盛葡萄糖溶液，以钠光灯在 20℃ 时测定旋光度为 +3.4°，求此溶液的浓度？

（3）将 100 ml 含 5 g 果糖的溶液放在 100 mm 长的样品管中，在 20℃ 及钠光灯下测得其旋光度为 −4.64°，问果糖的比旋光度为多少？

第十一章　杂环化合物和生物碱

第一节　杂环化合物

环状有机化合物中，构成环的原子除碳原子外还有其他类型的原子时，这类环状有机化合物叫做杂环化合物。非碳原子称为杂原子。最常见的杂原子是氧、硫和氮，杂环上可以有一个杂原子，也可以有两个或更多个杂原子，杂原子可以是一种原子，也可以是两种不同的原子。

和环烷烃一样，杂环也可以分为脂杂环和芳杂环两大类。一般来说，芳杂环的环系都有一定程度的稳定性和芳香性，在一般化学反应中，环不易破裂。一般讲到杂环都是指芳杂环。至于如前所述的羧酸的内酐、内酯及内酰胺、环状半缩醛等都属于脂杂环，脂杂环的环状结构中虽然也有杂原子，但其环系都不太稳定，化学性质也与相应的脂肪族化合物相似，所以通常不把它们列入杂环化合物中讨论。

杂环化合物在自然界中分布很广，功用很多。例如，中草药的有效成分生物碱大多是杂环化合物。在动植物体内起重要生理作用的血红素、叶绿素、核酸的碱基都是含氮杂环化合物，一部分维生素和抗菌素以及一些植物色素和植物染料都含有杂环。不少合成药物和合成染料也含有杂环。所以杂环化合物是很重要、也是最大的一类有机化合物。

一、杂环化合物的分类和命名

杂环化合物种类繁多，大体可分为单杂环和稠杂环两大类。最常见的单杂环为五元杂环和六元杂化。稠环是由苯环和单杂环或者是由杂环和杂环稠合而成的。

杂环的命名有两种方法。一种是常见的音译法，即根据杂环的英文名称译音，带“口”字旁的同音汉字表示。例如：

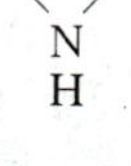

(pyrrole)
吡　咯

(furan)
呋　喃

(thiophene)
噻　吩

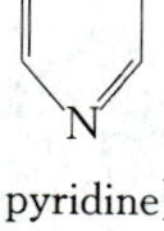

(pyridine)
吡　啶

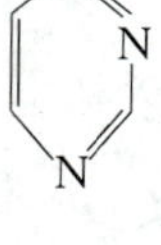

(pyrimidine)
嘧啶

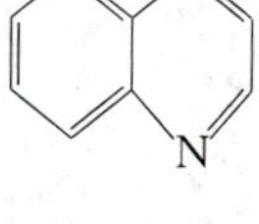

(quinoline)
喹啉

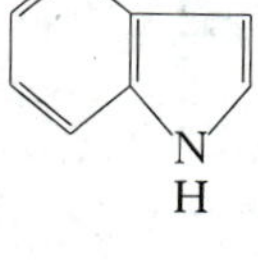

(indole)
吲哚

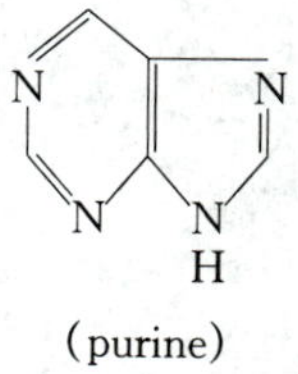

(purine)
嘌呤

另一种是系统命名法，即根据相应的碳环母体命名，命名时把相应的碳环母体名称前面加上杂原子的名称。例如：

茂
（环戊二烯）

氮　茂

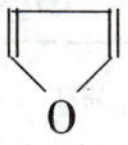

氧　茂

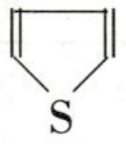

硫　茂

苯

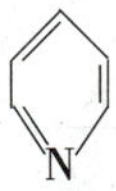

氮　苯

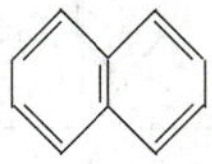

萘

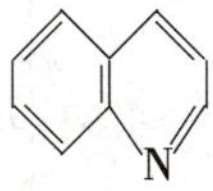

1-氮萘

上述两种命名方法各有其优缺点。音译法的优点是读音与外文名称相似，阅读外文书籍时比较容易联系，但其不足之处是不能反映杂环化合物的结构和组成上的特点。系统命名法的优点是结构和名称紧密联系，容易理解和记忆，但它与外文名称毫无联系。目前，音译法比较常用，本章采用的主要是这种方法。

当环上有一个以上杂原子时，命名时依照 O、S、N 的顺序依次编号，编号时杂原子的位次数字之和应最小。例如：

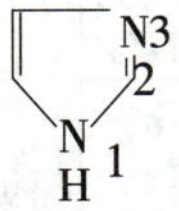

1，3-二氮茂
（咪唑）

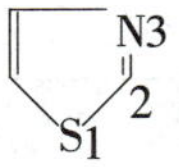

1-硫-3-氮茂
（噻唑）

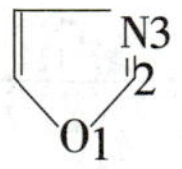

1-氧-3-氮茂
（恶唑）

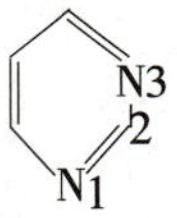

1，3-二氮苯
（嘧啶）

当环上有取代基时，取代基的位次从杂原子开始依次用 1，2，3，…（或 α，β，γ…）编号。

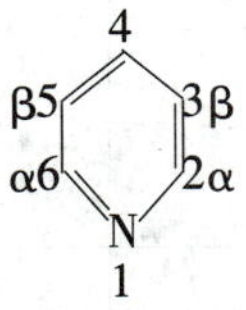

吡　啶

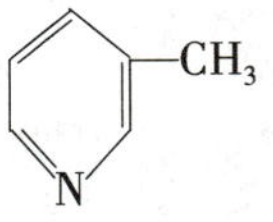

3-甲基-吡啶或 β-甲基吡啶

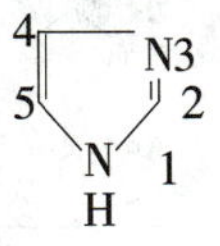

咪　唑

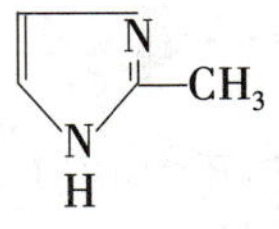

2-甲基咪唑

一些多杂原子的杂环，在编号时有其规定的编号顺序。例如：

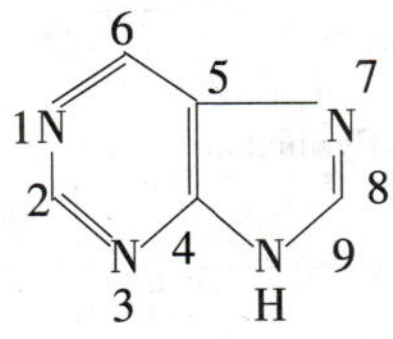

1，3，7，9-四氮茚
（嘌呤）

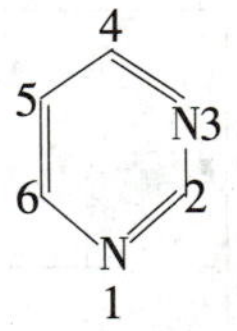

1，3-二氮苯
（嘧啶）

杂环母体有时也可以当作取代基命名。例如：

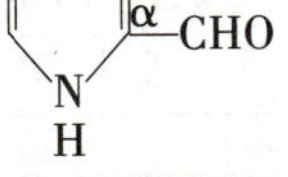

2-吡咯甲醛
α-吡咯甲醛

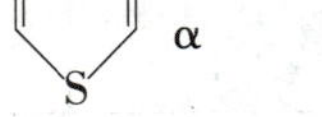

3-噻吩甲酸
β-噻吩甲酸

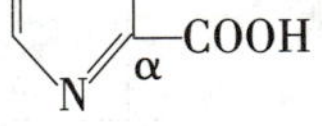

2，3-吡啶二甲酸
α，β-吡啶二甲酸

现将一些常见的杂环化合物的结构和名称列表 11-1。

表 11-1 常见杂环化合物的结构和名称

类别	碳环母体	结构式	英文名称	译音名	系统命名
五元单杂环	 环戊二烯（茂）		Furan	呋喃	氧茂
			Thiophene	噻吩	硫茂
		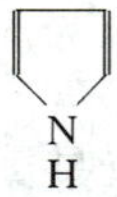	Pyrrole	吡咯	氮茂
		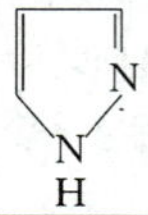	Pyrazole	吡唑	1，2-二氮茂
		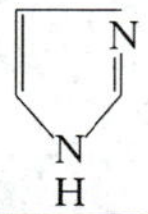	Imidazole	咪唑	1，3-二氮茂
			Thiazole	噻唑	1-硫-3-氮茂
			Oxazole	恶唑	1-氧-3-氮茂
	 环己二烯（芑）	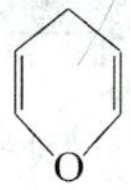	Pyran	吡喃	氧芑
六元单杂环	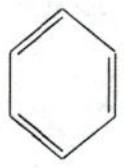 苯	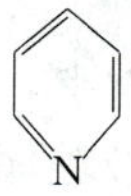	Pyridine	吡啶	氮苯
		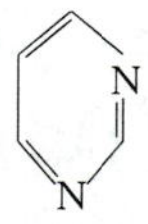	Pyrimidine	嘧啶	1，3-二氮苯
		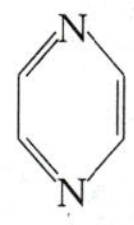	Pyrazine	吡嗪	1，4-二氮苯
		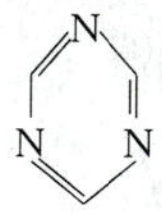	S－triazine	均三嗪	1，3，5-三氮苯

（续）

类别	碳环母体	结　构　式	英文名称	译音名	系统命名
稠杂环	 萘	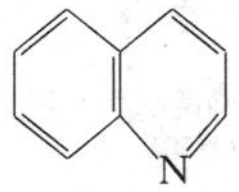	quinoline	喹啉	1-氮萘
	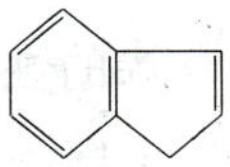 茚	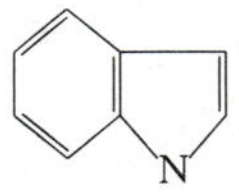	Indole	吲哚	1-氮茚
		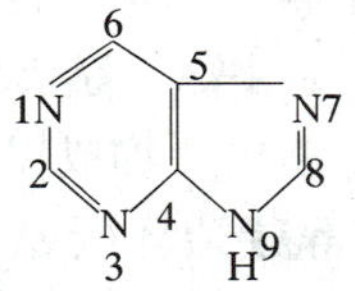	Purine	嘌呤	1,3,7,9-四氮茚

二、杂环化合物的结构和性质

1. 杂环化合物的结构　芳杂环是一类特殊的非苯芳环。现以吡咯（五元环）和吡啶（六元环）为例，具体说明芳杂环的结构。

在吡咯分子中，氮原子和四个碳原子都是 sp^2 杂化，五个原子基本上处在同一平面。由五个 sp^2 和 sp^2 杂化轨道形成的 σ 键组成了五元环。每个原子未参与杂化的 p 轨道都垂直于环平面，并从侧面相化重叠，形成一个闭合的共轭体系，其中氮原子的 p 轨道中有两个电子（孤对电子），这样，吡咯环的共轭体系虽然是由五个原子组成，但参与共轭体系的 π 电子数却有六个，符合休克尔规则（π 电子数 = 4n + 2），所以，吡咯环是个非苯芳环。

在吡啶分子中，氮原子和五个碳原子也都是 sp^2 杂化，由六个 sp^2 和 sp^2 杂化轨道形成的 σ 键组成了六元环。每个原子也都有未参与杂化的 p 轨道且都垂直于环平面，这些 p 轨道也从侧面相化重叠，形成一个闭合的共轭体系。但和吡咯不同的是，吡啶分子中，氮原子参与共轭体系的 p 轨道中只有一个电子，氮原子上的未共用电子（孤对电子）占据的是 sp^2 杂化轨道，因此吡啶环的共轭体系是六原子六 π 电子的体系，也符合休克尔规则（π 电子数 = 4n + 2），吡啶环也是一个非苯芳环。吡咯和吡啶的电子结构如图 11-1 所示。

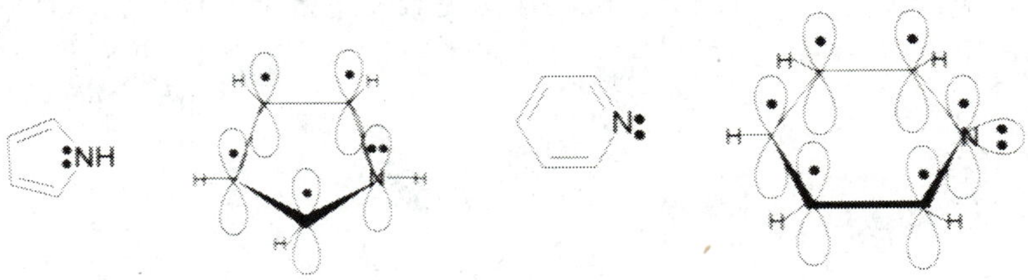

图 11-1　吡咯和吡啶的电子结构

呋喃、噻吩、咪唑、噻吩、嘧啶等其它芳杂环的结构也都与上述吡咯和吡啶的结构相似，也都是具有六 π 电子的闭合的共轭体系。

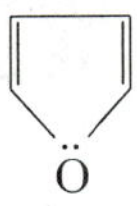

呋　喃

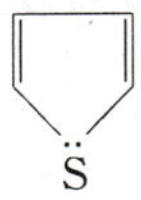

噻　吩

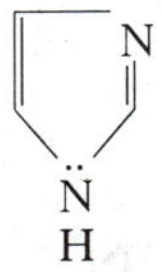

咪　唑

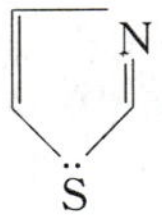

噻　唑

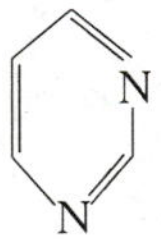

嘧　啶

需要指出的是，上述这些芳杂环虽然都是闭合的共轭体系，而且 π 电子数符合休克尔规则，具有芳香结构，但由于 O、S、N 的电负性比碳大，也由于成键形式的不同，环上电子云密度不如苯那样完全均匀化，键长也不如苯那样均等。如：

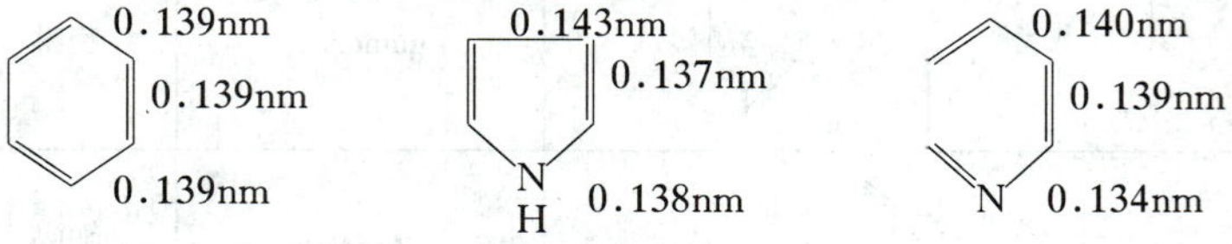

苯　　　　　　　　吡　咯　　　　　　　　吡　啶

所以，芳杂环虽然有芳香性，但不如苯那样典型，有时也会表现出环烯的性质。

2. *杂环化合物的化学性质*　性质和结构直接相关，芳杂环具有芳香结构，有一定的芳香性。下面仍以吡咯和吡啶为例，从亲电取代、氧化、加成以及酸碱性等方面做一些讨论。

(1) 亲电取代反应：与苯相似，吡咯和吡啶等芳杂环碳原子上的氢，也能被亲电试剂取代，生成芳杂环衍生物。但是芳杂环上的电子云密度是不均匀的，发生亲电取代的难易程度与苯相比是很不一样的。

吡咯分子中，虽然氮的电负性比碳大，氮原子对碳胳有吸电子的诱导效应，但是氮原子的未共用电子对参与了共轭，表现出给电子的共轭效应，由于共轭效应起主导作用，总的结果是，环上四个碳的电子云密度相对提高，其中 α-碳原子的电子云密度又稍高于 β-碳原子的电子云密度，因此，吡咯比苯更容易发生亲电取代反应，而且 α 位更容易取代。

苯　　　　　　　　　　吡　咯

呋喃和噻吩的情况也大致如此。

在吡啶分子中，氮原子与碳原子发生的是 π-π 共轭效应，氮原子的未共用电子对并没有参与共轭，由于氮原子的电负性大于碳，所以环上的五个碳原子的电子云密度相对降低，其中以 β 位降低的最小。因此，吡啶比苯更难发生亲电取代反应，且取代多发生在 β 位上。

苯　　　　　　　　　　吡　啶

①卤代反应：吡咯很容易发生卤代反应，并可得到多卤代物，吡啶则在较强烈的条件下才能被卤代。如：

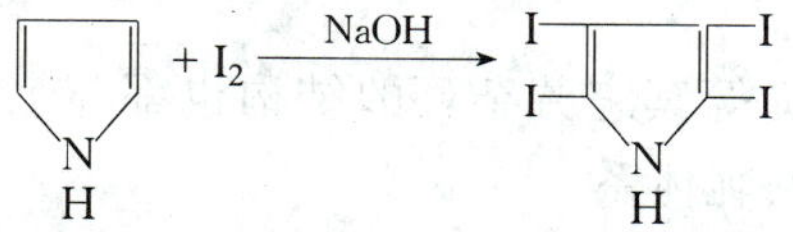

四碘吡咯

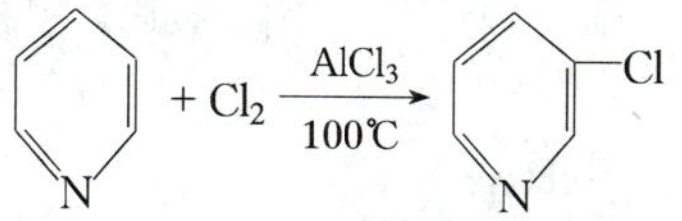

β-氯代吡啶

② 硝化反应和磺化反应：吡咯对酸很不稳定，遇酸会聚合成复杂的物质，因而不能用和硝酸及硫酸直接发生硝化反应和磺化反应，需用特殊的硝化剂和磺化剂。如：

硝化：

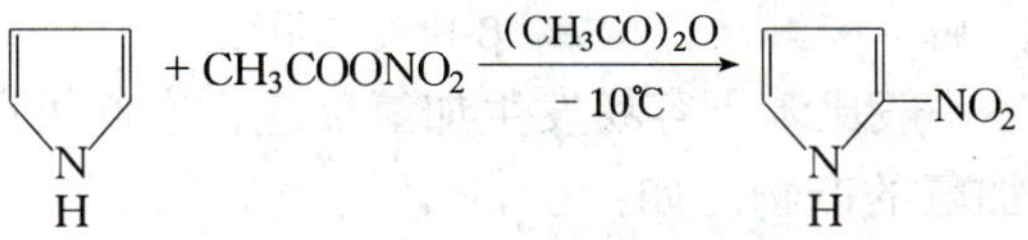

α-硝基吡咯

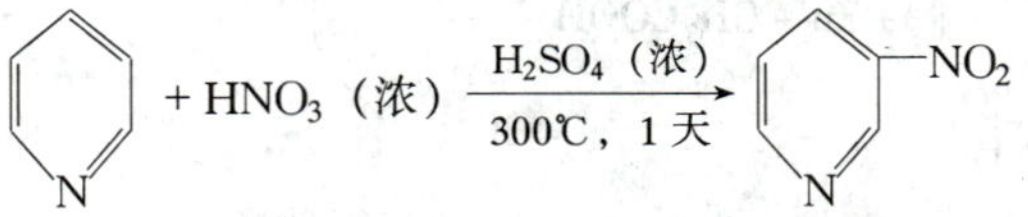

β-硝基吡啶

磺化：

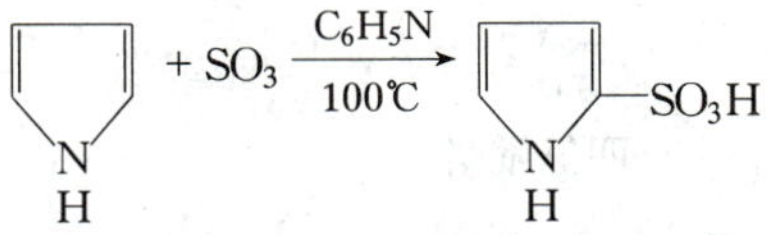

α-吡咯磺酸

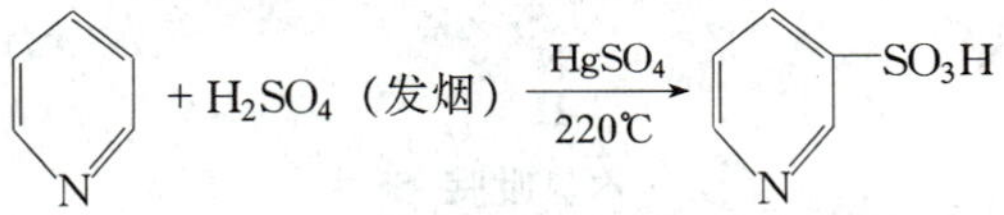

β-吡啶磺酸

③ 酰基化（付—克反应）反应：吡咯可被乙酸酐等酰基化，而吡啶则不能。

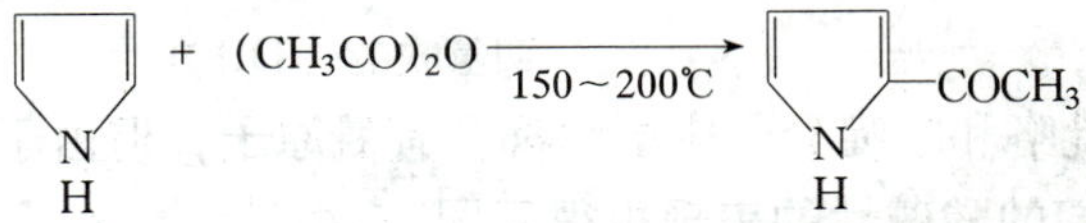

α-乙酰吡咯

一般来说，进行亲电取代反应时，五元环比苯活泼，而六元环则不如苯活泼，其顺序为：

呋喃和吡咯 ＞ 噻吩 ＞ 苯 ＞ 吡啶

呋喃和吡咯环的活性和被取代的位置，可以参比苯酚和苯胺，吡啶可参比硝基苯，这样就比较容易理解和记忆了。

(2) 氧化反应：吡咯很容易被氧化，在空气中就能被氧化，这是因为吡咯环富含电子，容易与氧化剂（电子受体）作用。而吡啶环是缺电子的，对氧化剂很稳定，只有侧链才能被氧化。吡啶环和苯环稠合在一起时，苯环被氧化而吡啶环保持不变，可见吡啶环比苯环更不易被氧化。

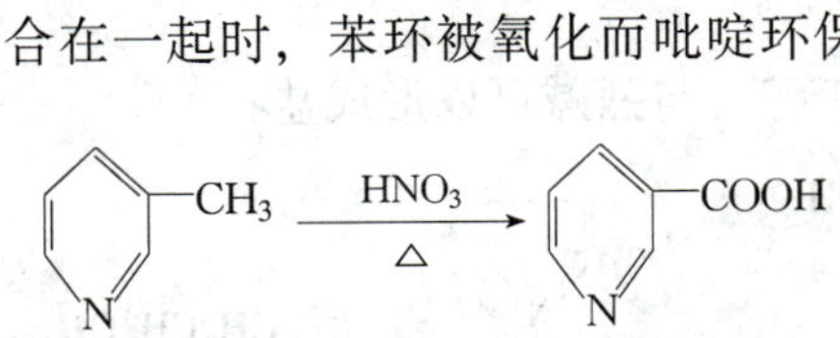

β-甲基吡啶　　烟酸（β-吡啶甲酸）

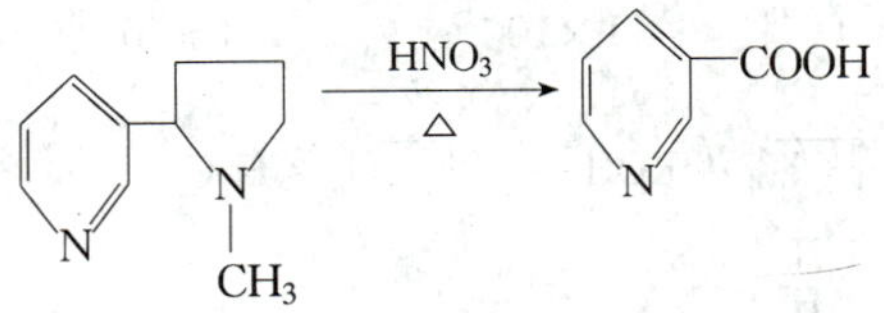

烟碱（尼古丁）

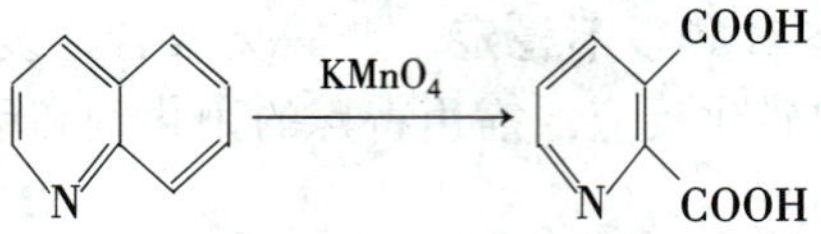

喹　啉　　　　　　α，β-吡啶二甲酸

（3）加氢反应：芳杂环一般比苯更容易发生加氢反应，它们可以在缓和的条件下得到其氢化产物，并可得到部分加氢的产物。如：

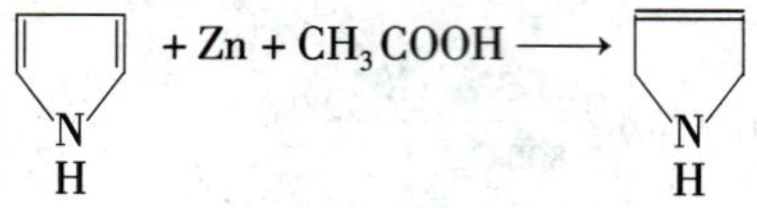

2，5-二氢吡咯

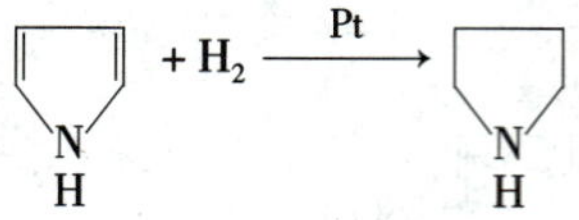

四氢吡咯

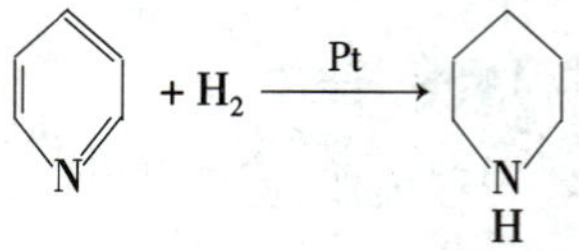

六氢吡啶

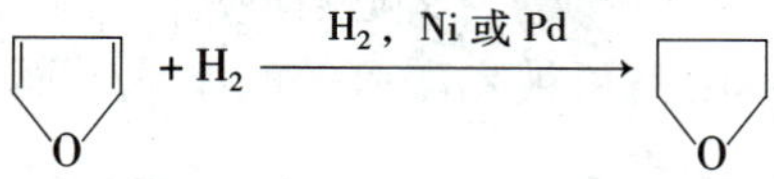

四氢呋喃（THF）

（4）酸碱性：吡咯和吡啶分子中虽然都含有氮原子，但由于氮原子上的未共用电子对所处的状态不同，它们的酸碱性的表现也很不同。

在吡咯分子中，氮原子上的未共用电子对参与了闭合共轭体系的形成，电子离域的结果使它和 H^+ 的结合能力在很大程度上被减弱，所以它的碱性很弱。同时由于这种共轭作用，使氮原子上的电子云密度相对降低，氮氢之间的电子云分更加偏向于氮，使得氮上的氢更容易电离为 H^+，所以，吡咯不但不表现出碱性，反而可表现出弱酸性。

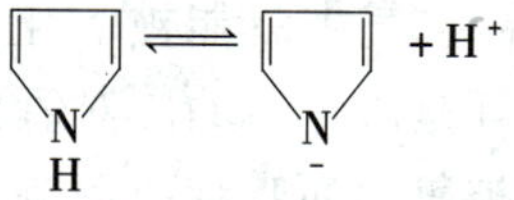

pKa = 15

吡咯的酸性比苯酚弱而略强于醇，与强碱可以形成盐：

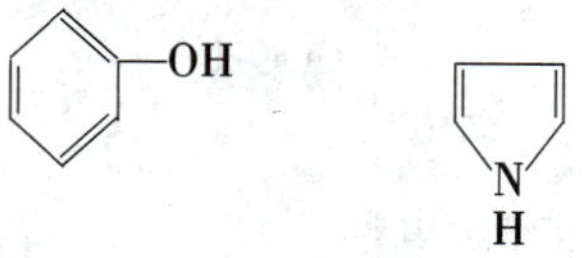

CH_3CH_2OH

$K_a = 1.3 \times 10^{-10}$　　1×10^{-15}　　1×10^{-18}

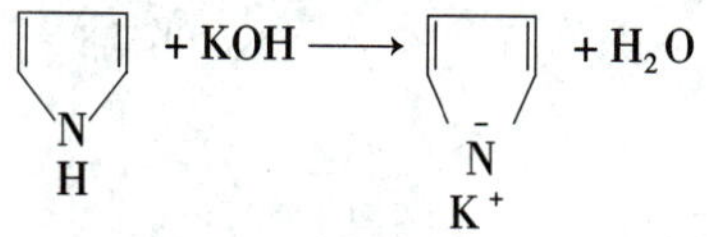

吡啶和吡咯的情况不同。吡啶的氮原子上的未共用电子对不参与闭合共轭体系的形成，与 H^+ 的结合能力就比较强，因此，吡啶显弱碱性，与酸能形成盐：

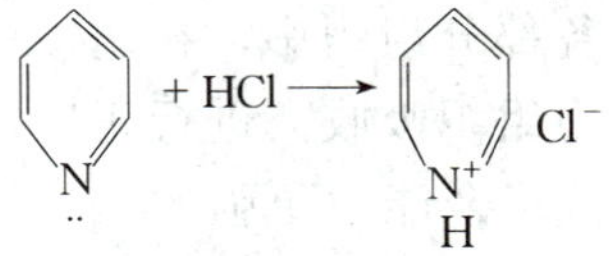

吡啶盐酸盐

从结构上看，吡啶属于叔胺，但其碱性要比脂肪族叔胺弱得多，这是因为吡啶分子中氮原子上的未共用电子对处于 sp^2 杂化轨道中，而一般脂肪族的叔胺氮原子上的共用电子对是在 sp^3 杂化轨道中。杂化轨道中 s 成分多受核的约束力就强，因此，吡啶中氮原子的未共用电子对受核的约束力较强，与 H^+ 的结合能力就比较弱，其碱性就要比一般脂肪族的叔胺弱得多，但比苯胺稍强。例如：苯胺的 $pK_b = 9.4$，吡啶的 $pK_b = 8.64$，三乙胺的 $pK_b = 3.4$，氨的 $pK_b = 4.75$。

从结构上看，吡啶属于环状叔胺，它也可与卤代烷烃反应生成季胺盐：

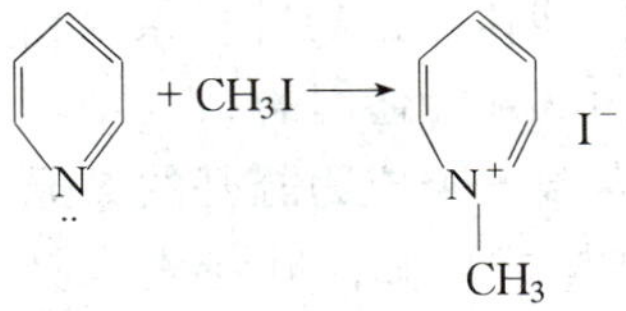

【思考题 11-1】

1. 完成下列反应

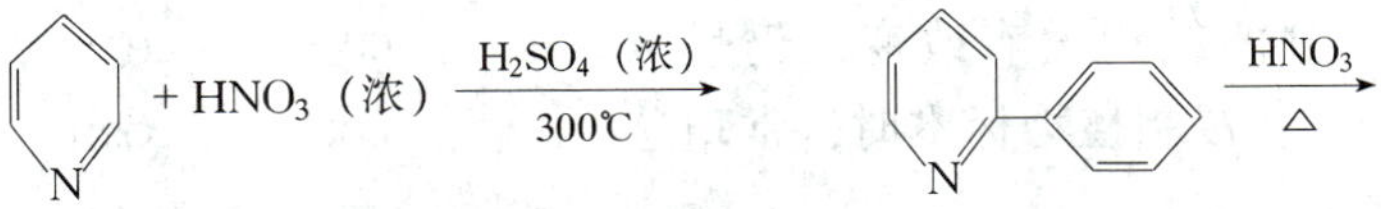

2. 把下列化合物按其碱性由强到弱的顺序排列：乙胺、苯胺、吡啶、吡咯、六氢吡啶、氨。

三、重要的杂环化合物及其衍生物

1. 吡咯及其衍生物　煤焦油及骨焦油里都含有吡咯，它是无色的液体，沸点 130～131℃，有弱的苯胺气味。吡咯难溶于水，易溶于醇、苯、醚等有机溶剂中。它在空气中易被氧化而变成褐色。受强酸作用后可发生聚合反应变为树脂状物质。吡咯遇到蘸有盐酸的松木片时显红色，称为松木片反应，利用这个反应可以鉴别吡咯及其低级衍生物。

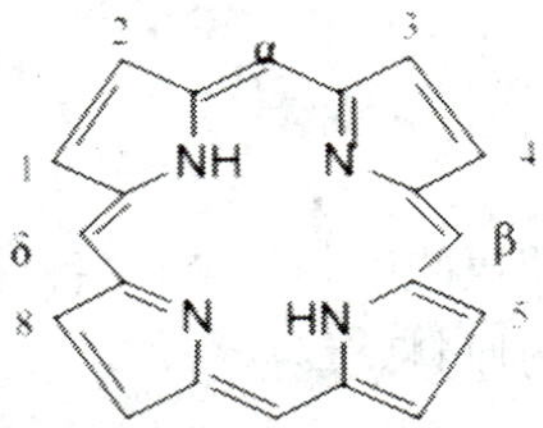

吡咯的衍生物极为重要，很多生理上的重要物质都是由它的衍生物组成的，其中最重要的是一类卟啉化合物。这类化合物有一个基本的结构，即卟吩环。卟吩环是由四个吡咯环的 α-碳原子与四个甲烯基（—CH═）交替相连而成的复杂共轭体系。

卟吩环上各原子基本上共平面，环的中心有很大的空隙，可以钻进一个较大的原子或离子而不改变环的结构。如植物中的叶绿素（图 11-2）和动物体中的血红素（图 11-3）等就是具有这样结构的化合物。

(1) 血红素：血红素是高等动物体内最重要的色素，与球蛋白结合成血红蛋白而存在于红血球中，是高等动物血液输送氧气和二氧化碳的主要物质。其结构式如图 11-3 所示，由图可知，血红素具有卟吩环的基本结构，中心络合着二价铁离子。在肺部，氧的分压高，氧气可与铁络合并随血液循环被输送到动物身体各部分组织中。在组织内由于氧的分压低而释出氧并为组织吸收，进行正常的新陈代谢。如果动物吸入与铁络合能力更强的气体如一氧化碳，一氧化碳就代替氧而与铁络合，血红素也就丧失了输送氧气的能力，动物因缺氧而窒息以致死亡，这便是一氧化碳中毒的原因。

(2) 叶绿素：叶绿素和类胡萝卜素色素一起存在于绿色植物的茎叶中，它也是和蛋白质结合成为一个复合体。在植物的光合作用过程中，叶绿素把太阳能转变为化学能贮存在形成的有机化合物中。因此叶绿素在植物体内具有重要的生理意义。

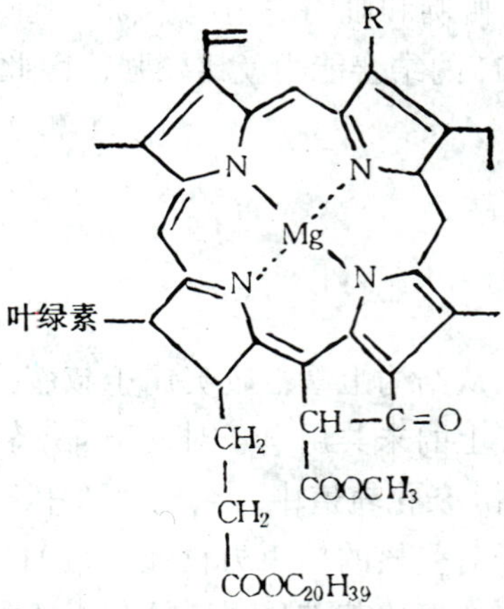

图 11-2　叶绿素 a（R= —CH_3）、叶绿素 b（R= —CHO）

自然界存在的叶绿素有两种，即蓝绿色的叶绿素 a 和黄绿色的叶绿素 b，二者之比约为 3∶1。它们的结构基本相同，只是叶绿素 b 比叶绿素 a 多含一个成为醛基的氧原子，结构式如图 11-2 所示，由结构式可知，叶绿素也具有卟吩环的基本结构，中心络合着二价镁离子。用硫酸铜酸性溶液小心处理叶绿素，铜离子可取代镁而进入卟吩环的中心，这时叶绿素其它部分的结构没有改变，仍呈绿色，且比原来的绿色更稳定。在浸制植物标本时，常用这个方法来长期保持植物的绿色。

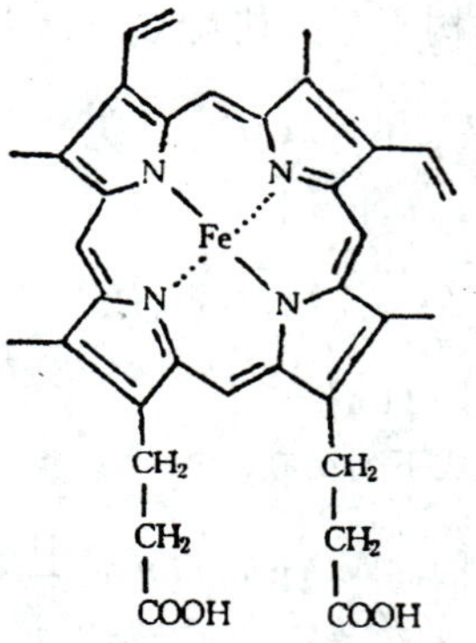

图 11-3　血红素

2. 呋喃及其衍生物　呋喃是无色而有特殊气味（与氯仿气味相似）的液体，沸点 32℃，不溶于水而易溶于乙醇、乙醚等有机溶剂。它的蒸气遇到被盐酸浸湿过的松木片时则发生绿色的松木片反应。呋喃发生加氢反应后生成四氢呋喃。

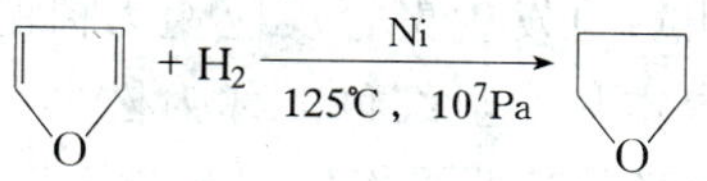

四氢呋喃

四氢呋喃是一个环醚，沸点 65℃，在有机合成中常用作溶剂，也是制备尼龙和 1，3-丁二烯的原料。

α-呋喃甲醛是呋喃的重要衍生物，俗名糠醛。花生壳、高粱秆、米糠、玉米芯等都可用来制造糠醛，因为这些物质都含有多聚戊糖，用盐酸处理后水解为戊糖，后者再失水生成糠醛。

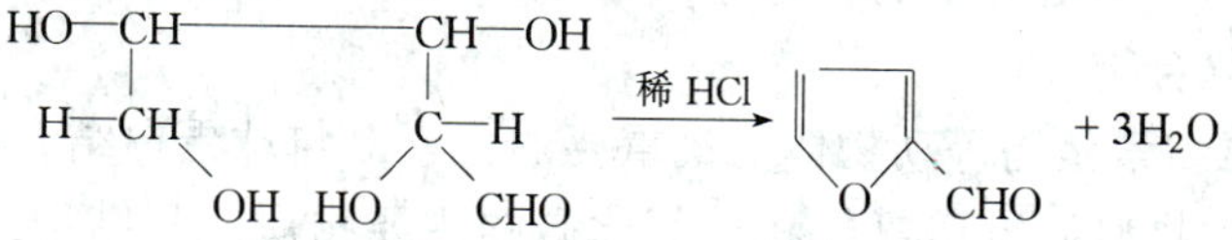

戊糖　　糠醛

糠醛为无色液体，沸点 162℃，在空气中容易变黑。糠醛表现出无 α-H 的醛和不饱和的呋喃杂环的双重化学性质，例如糠醛在碱溶液作用下可通过歧化反应生成呋喃甲酸和呋喃甲醇，因此有广泛的用途，在有机合成工业上很重要，可用于制造酚醛树脂等。糠醛还是一种良好的溶剂，如精炼石油时用以溶解含硫物质及环烷等。可见糠醛是一种来源丰富、成本低廉的化工原料。我国对于从农副产品及废品中制取糠醛进行了大量的研究。

3. 吡啶及其衍生物　吡啶为无色液体，沸点为 115.3℃，有特臭味，和吡咯一样存在于煤焦油和骨焦油中。它能和水、乙醇、乙醚、苯等任意混溶，也能溶解氯化铜、氯化锌、氯化汞、硝酸银等无机盐类。因此吡啶是很有用的溶剂，同时也是重要的有机合成原料（如合成药物）和催化剂。

吡啶的衍生物广泛存在于自然界，其中很多都与生理作用有关。

(1) 烟酸：烟酸是 β-吡啶甲酸，又名尼克酸，是烟碱（一种生物碱）氧化后的产物：

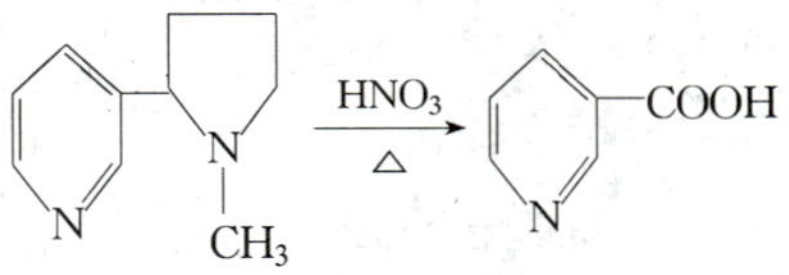

烟　碱　　　　　　　　烟　酸

烟酸是无色针状结晶，熔点 236～237℃，肝内含量很多，和它的酰胺一起组成维生素 PP，可防止人的癞皮病和狗的黑舌病。

烟酸的酰胺系统名称为 β-吡啶甲酰胺，也是与生理有关的重要化合物，是某些辅酶分子中的重要组成成分，参与机体的氧化还原过程，促进组织的新陈代谢。

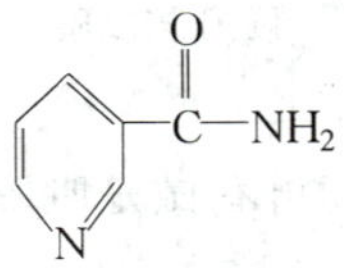

烟酰胺

（尼克酰胺）

烟酸和二乙胺形成的酰胺是一个刺激血液循环的药剂，商品名为“科拉明”：

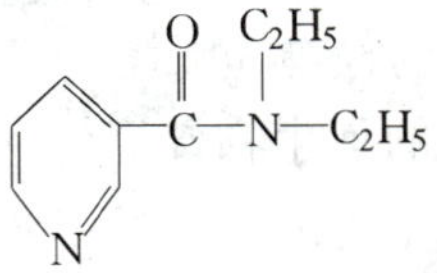

(2) 维生素 B_6：维生素 B_6 又称吡哆素，组成成分包括吡哆醇、吡哆醛、吡哆胺：

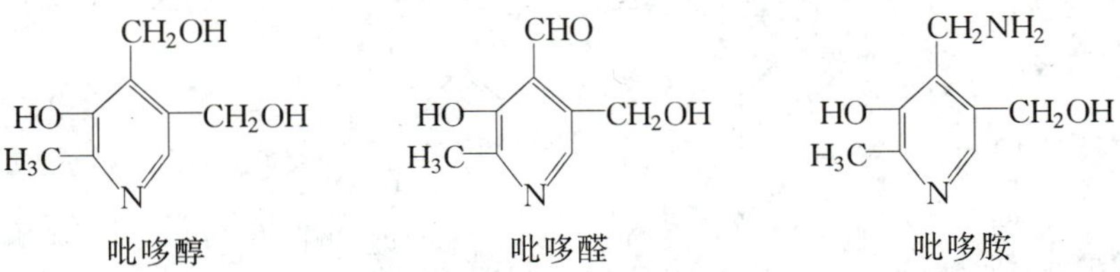

吡哆醇　　　　吡哆醛　　　　吡哆胺

维生素 B_6 是无色结晶，易溶于水和乙醇，存在于蔬菜、鱼、肉、谷物、蛋类等中。耐热，对酸碱稳定，但易被光破坏，是维持蛋白质正常代谢所必需的维生素，缺乏时，蛋白质代谢会受到障碍。

(3) 吡啶的其它衍生物：4-吡啶甲酸又叫异烟酸，它的酰肼叫做异烟酰肼。商品名“雷米封”。

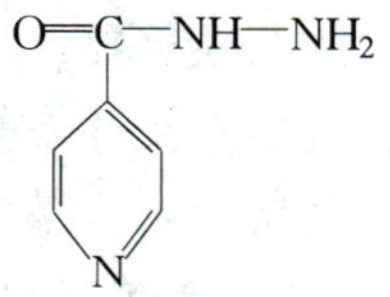

异烟酰肼

异烟酰肼是白色晶体，熔点 170～173℃，易溶于水，不溶于乙醚而微溶于乙醇，是一个很好的医治结核病的药剂。

碘化 N-甲基吡啶甲醛肟，商品名辟磷定或解磷毒，简称 PAM。

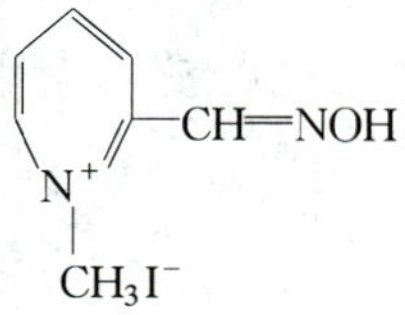

辟磷定（PAM）

辟磷定是橙黄色柱状晶体，熔点 219℃。它是剧毒农药 1605 等的解毒药，人畜中毒，均可用它解救。

此外，2-氨基吡啶和对氨基苯磺酰氯缩合得到的磺酰胺吡啶，是医治肺炎的特效药品。

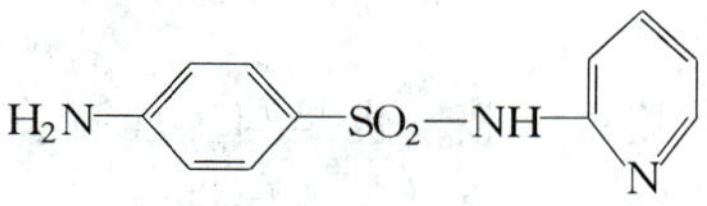

磺酰胺吡啶

很多生物碱都是吡啶的衍生物。

4．苯并吡喃及其衍生物　苯并吡喃可看做是吡喃环和苯环稠合而成的杂环化合物。

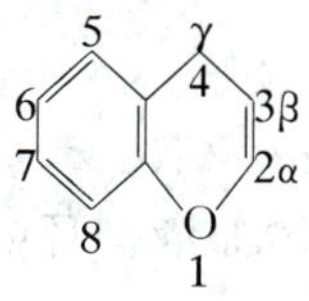

苯并吡喃

这个化合物本身并不重要，但它的衍生物却广泛存在于自然界。例如天然色素中的黄酮色素、花色素及儿茶素等都是它的衍生物。

(1) 黄酮色素：苯并-γ-吡喃酮又叫色酮，2-苯基苯并-γ-吡喃酮则称为黄酮：

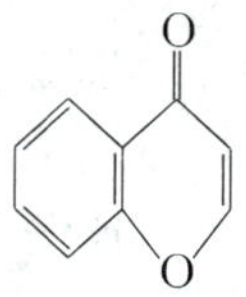

色　酮

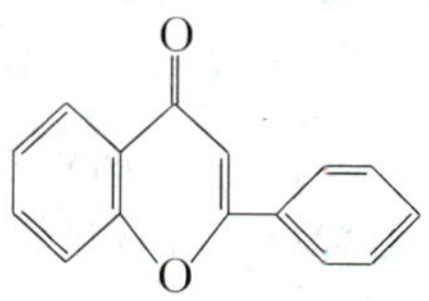

黄　酮

黄酮的多羟基衍生物，是广泛存在于植物根、茎、叶、花中的黄色或棕色色素，统称黄酮色素。例如存在于茶树等植物中的槲皮素，存在于木樨草中的木樨草黄素等都是黄酮色素。

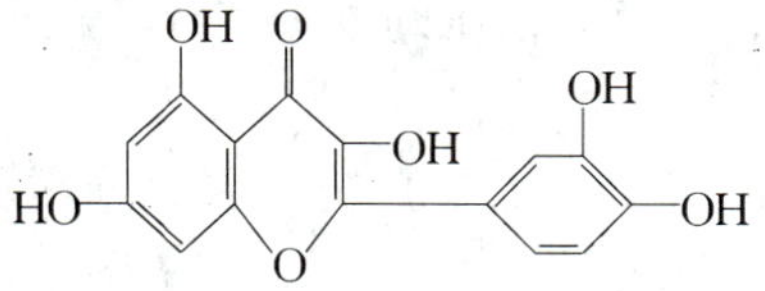

槲皮素

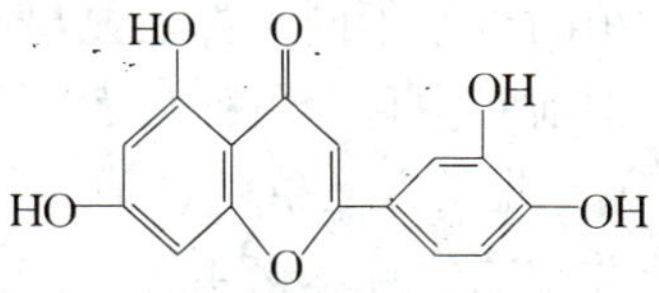

木樨草黄素

绝大多数黄酮色素与糖类结合成苷而存在。黄酮苷是中草药化学中一大类化合物，例如陈皮、金银花、槐花等均含黄酮苷。甘草素属黄烷酮化合物。

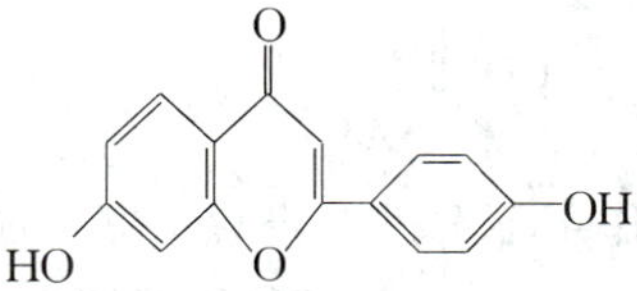

甘草素

(2) 花色素：花色素是一类重要的植物色素，广泛存在于植物的花和果实中。在植物体内，花色素和大多数黄酮色素一样，也是和糖类结合成苷，这种苷称为花青苷（素），用酸水解即得糖和花色素的鲜盐，这种鲜盐的结构是一个大的共轭体系，故呈现颜色。

花色素中都含有 2-苯基-3-羟基苯并吡喃的骨架，1 位上的氧成为鲜盐：

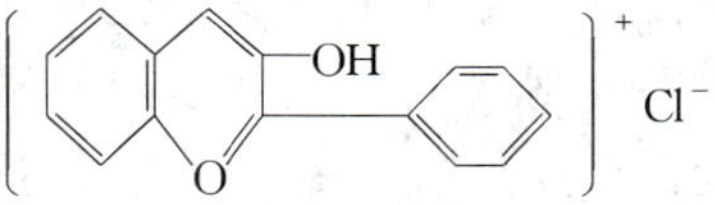

水解花青苷时多用盐酸，所以生成的盐都是盐酸盐，最常见的花色素有下列三种：

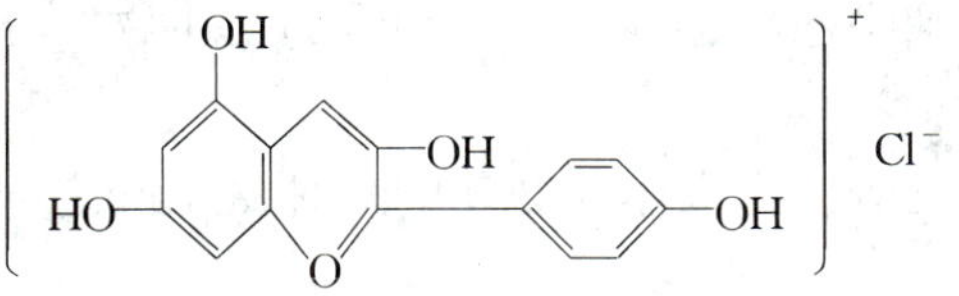

氯化天竺葵素

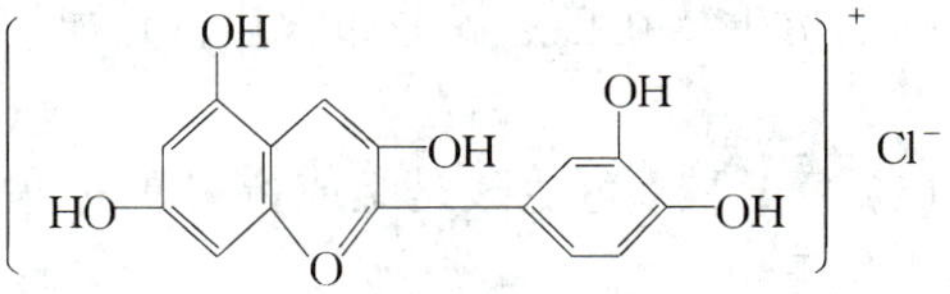

氯化青芙蓉素

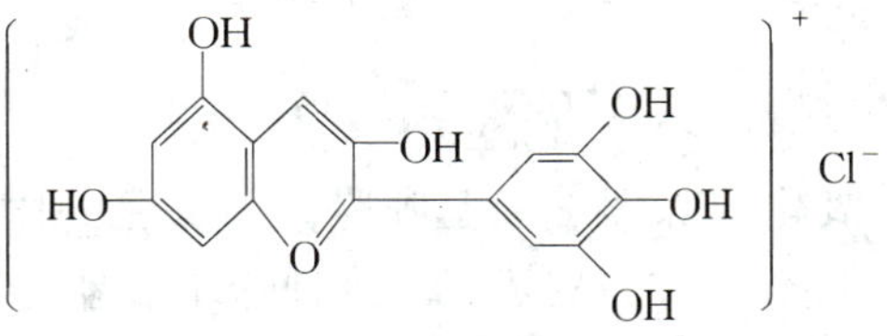

氯化飞燕草素

这些盐都是有色物质，遇碱后，盐就被分解，羟基取代的苯环变成苯醌的衍生物，后者也是有色物质，但颜色和原来的不同，例如氯化青芙蓉素是红色的（阳离子），遇碱后变为蓝色的（阴离子），结构如下：

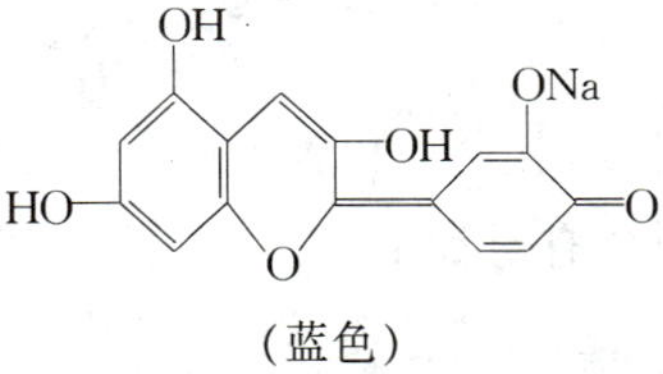

（蓝色）

因此花色素在不同 pH 值的溶液中颜色不同，即使是同一花色素，在不同的花里，或者是同一种花种植的土壤不同，都能显出不同的颜色。例如，王蜀黍穗和玫瑰花里都含有相同的青芙蓉素，但前者中显蓝色，后者中显红色。

(3) 儿茶素：儿茶素是茶叶、葡萄等中所含的单宁（鞣质）的主要成分，从结构上讲，它们是氢化苯并吡喃的羟基衍生物。如：

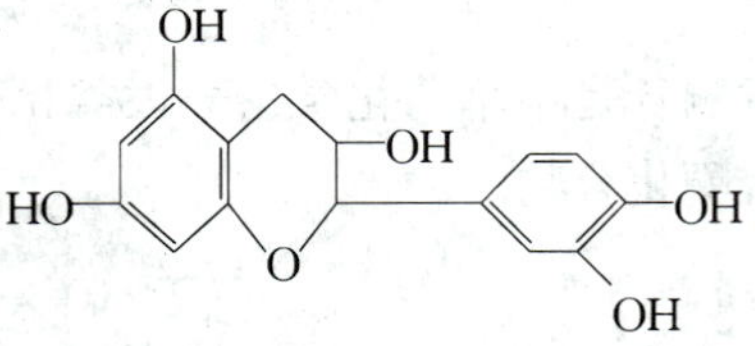

儿茶素

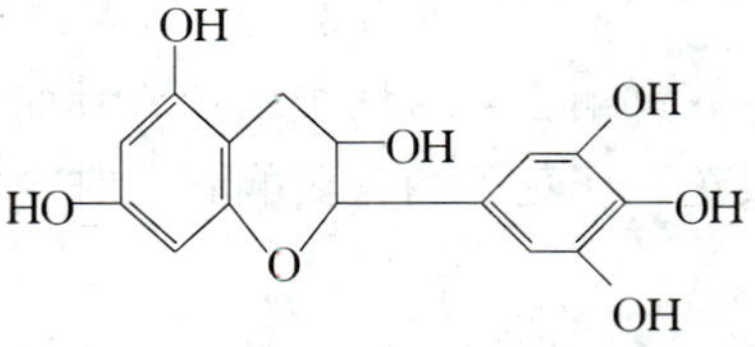

没食子儿茶素

这一类单宁的特点是在酸的作用下可进一步脱水缩合成不溶于水的物质。

5. 吲哚及其衍生物　吲哚可看做是吡咯环和苯环稠合而成的杂环化合物：

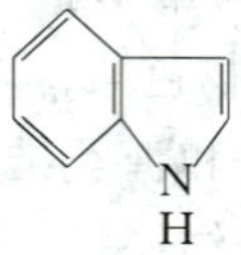

吲　哚

吲哚为片状结晶，熔点52℃，具有极臭的气味，但在极稀薄的情况下和其他物质混合时，则有香味，因此可当做香料用。吲哚易溶于热水及有机溶剂中，其化学性质与吡咯相似，碱性极弱，在空气中颜色变深，并且渐渐变为树脂状物质。松木片反应显红色。可发生取代反应，但一般取代在β-位上。

吲吲衍生物在自然界分布很广，色氨酸、β-吲哚乙酸、靛蓝都是吲哚的衍生物，分述如下：

(1) 色氨酸：色氨酸是组成蛋白质的重要氨基酸，为人体所必需的八种氨基酸之一，其结构式如下：

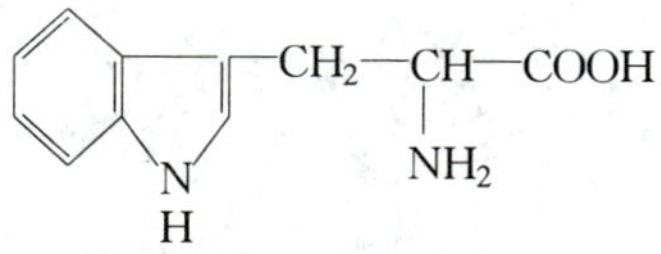

色氨酸

(2) 氧化吲哚及靛蓝：氧化吲哚即β-羟基吲哚，为黄色的固体，熔点82℃。在植物体内，氧化吲哚和葡萄糖结合成苷，称为靛蓝苷，这种苷在水溶液中受到酶的作用后，就分解成葡萄糖和氧化吲哚，后者在空气中氧化就成为靛蓝。现在工业上就用这个方法合成靛蓝：

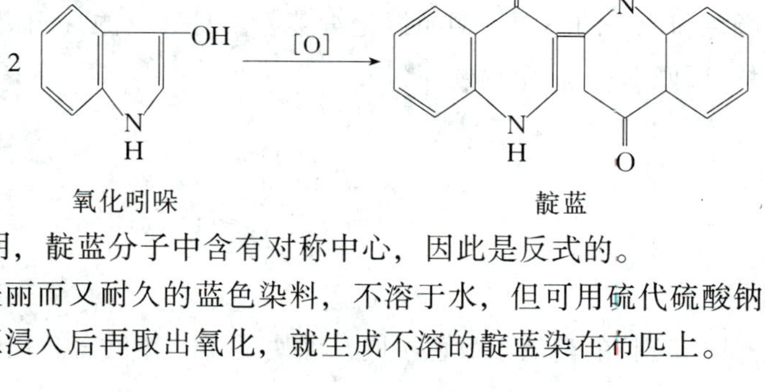

氧化吲哚　　　　靛蓝

经X-射线证明，靛蓝分子中含有对称中心，因此是反式的。

靛蓝是一种美丽而又耐久的蓝色染料，不溶于水，但可用硫代硫酸钠将其还原成无色可溶的靛白，将布匹浸入后再取出氧化，就生成不溶的靛蓝染在布匹上。

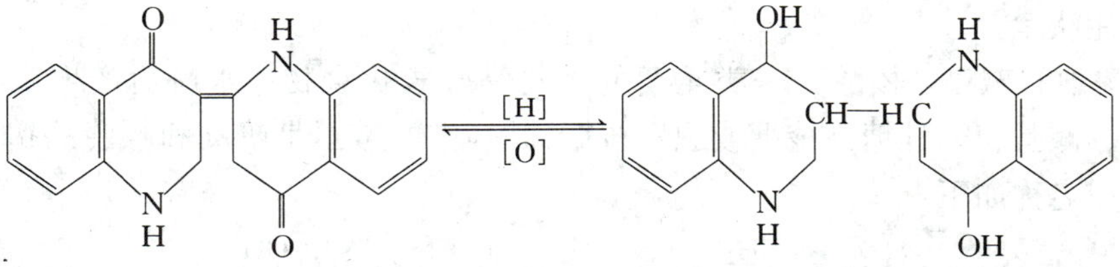

靛蓝　　　　靛白

(3) β-吲哚乙酸：β-吲哚乙酸存在于酵母、高等植物的生长点以及人畜尿内，是一种植物生长激素，可促进根的生长，也可防止水果成熟后从树上脱落。其结构式如下：

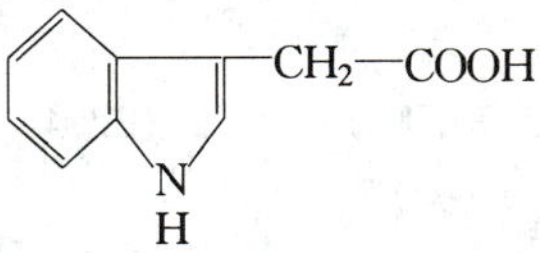

β-吲哚乙酸

β-吲哚乙酸为无色有光泽的小叶状结晶，熔点164～165℃，微溶于水，易溶于乙醇、乙醚等有机溶剂，在中性和酸性溶液中不稳定，而其钾、钠盐的水溶液较稳定，故一般都使用其盐类。

β-吲哚乙酸已能用人工的方法合成，其它许多人工合成的化合物，例如吲哚丁酸、α-萘乙酸（N A A)、2，4-二氯苯氧乙酸（2，4-D）等也有与β-吲哚乙酸相同或相似的功能，现在已在农业和园艺生产上广泛应用。

6. *嘧啶和嘌呤及其衍生物*　嘧啶是1，3-二氮苯，嘌呤可看作是嘧啶和咪唑稠合而成的杂环体系，系统名称为1，3，7，9-四氮茚。嘌呤有两种异构体（Ⅰ）和（Ⅱ），但在生物体内以（Ⅰ）式存在较多。

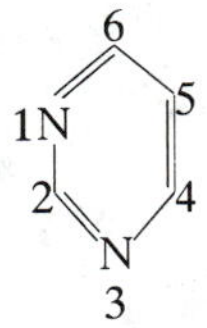

嘧　啶

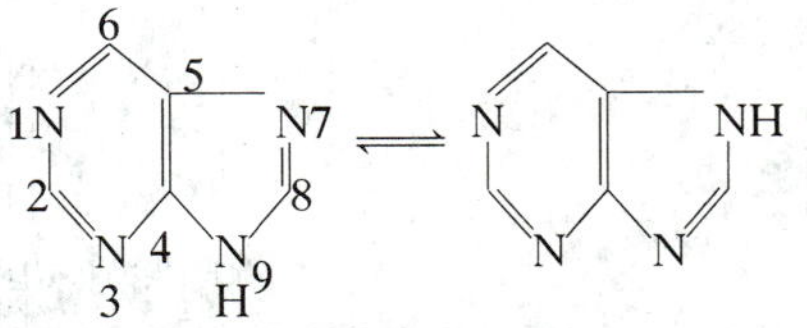

（Ⅰ）　　（Ⅱ）

嘌　呤

嘧啶是无色晶体，熔点22℃，沸点124℃，易溶于水，具有弱碱性。嘌呤也是无色晶体，熔点216℃，易溶于水，也具有碱性。

嘧啶和嘌呤很少存在于自然界，它们的衍生物却广泛分布于动植物体内。

(1) 维生素 B_1：维生素 B_1 是由嘧啶和噻唑结合而成的化合物，因分子中含有硫及氨基，所以又叫做硫胺素，常以盐酸盐的形式存在，其结构式如下：

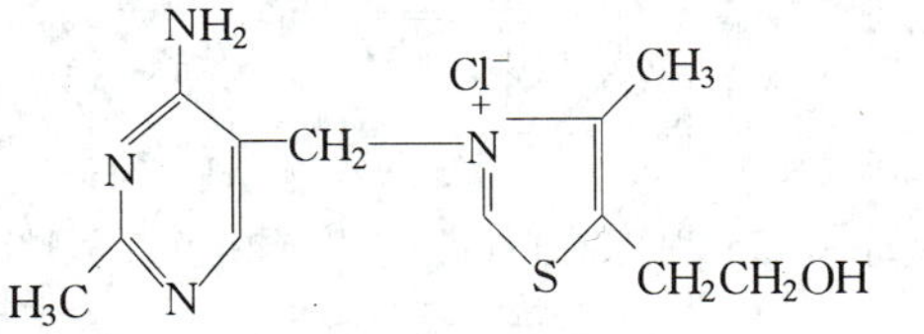

维生素 B_1

维生素 B_1 广泛存在于米糠、麦麸、酵母、豆类等中，对热稳定，但在碱性条件下容易分解。人畜缺乏维生素 B_1 时，糖的代谢就不能正常进行，会发生脚气病或多发性神经炎及消化不良等症状。

(2) 核酸中的碱基：核酸是一类重要的生物高分子化合物，水解后产生三种不同的组分，即磷酸、碱基和一种糖（核糖或脱氧核糖），其中的碱基是嘧啶和嘌呤的衍生物，共有五种，结构和名称如下：

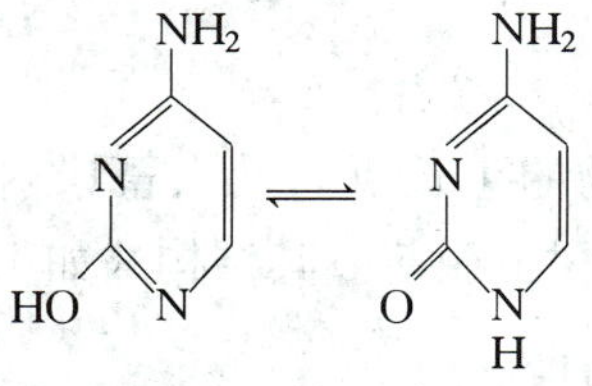

（2-羟基-4-氨基嘧啶）（2-氧-4-氨基嘧啶）

胞嘧啶（Cytosine）

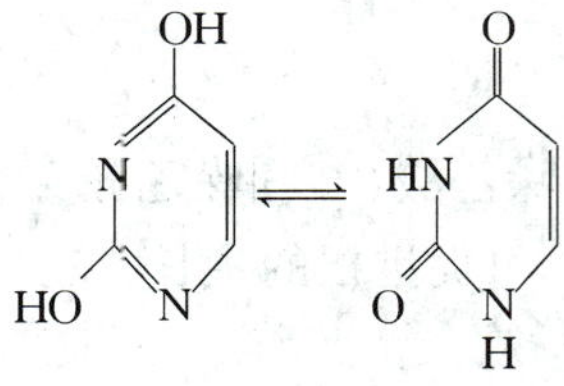

（2，4-二羟基嘧啶）（2，4-二氧嘧啶）

尿嘧啶（Uracil）

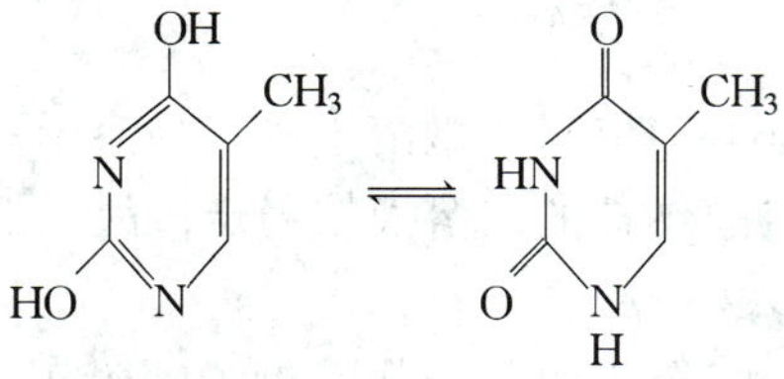

（2，4-二羟氧-5-甲基嘧啶）（2，4 二氧-5-甲基嘧啶）

胸腺嘧啶（Tnymine）

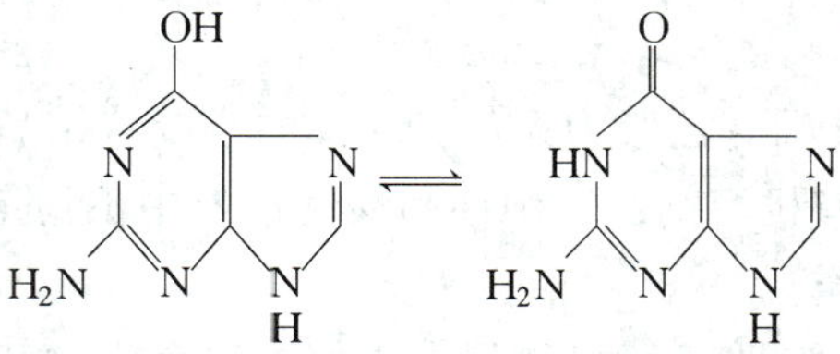

（2-氨基-6-羟基嘌呤）（2-氨基-6-氧嘌呤）

鸟嘌呤（Guanine）

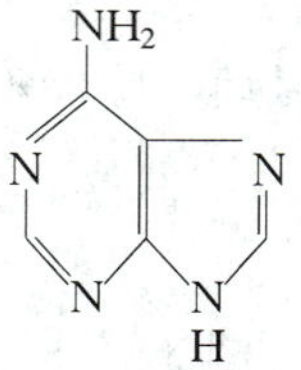

（6-氨基嘌呤）

腺嘌呤（Adenine）

上述五种嘧啶和嘌呤的衍生物均为核酸中的碱基，前四和都存在着烯醇式和酮式两种互变异构体。在核酸化学中，它们分别简称为 C、U、T、G 和 A，对核酸的构成和功能都十分重要（见第十四章）。

(3) 黄嘌呤：黄嘌呤即 2，6-二羟基嘌呤，存在于茶叶和动物的血液、肝脏和尿中。也有烯醇式和酮式两种互变异构体：

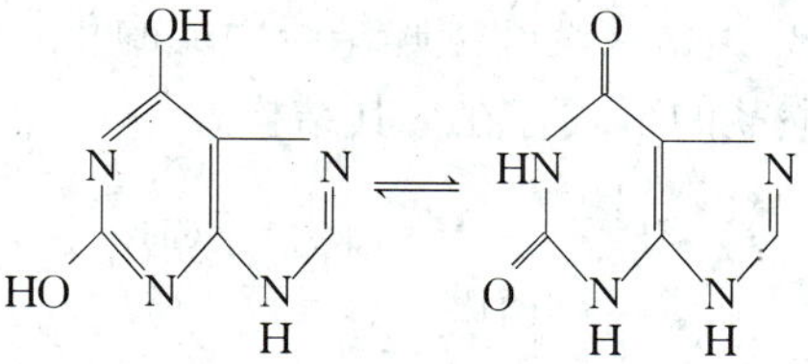

（2，6-二羟基嘌呤）（2，6-二氧嘌呤）

黄 嘌 呤

黄嘌呤的 N-甲基衍生物，例如 1，3，7-三甲基黄嘌呤、1，3-二甲基黄嘌呤以及 1，7-二甲基黄嘌呤，都是常见的重要生物碱，分别称为咖啡碱、茶碱及可可碱（详见本章第二节）。

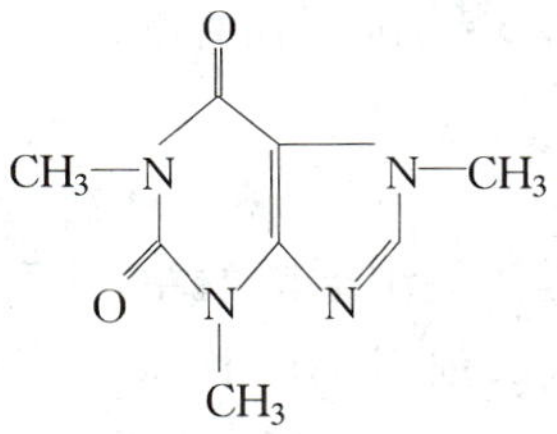

咖啡碱

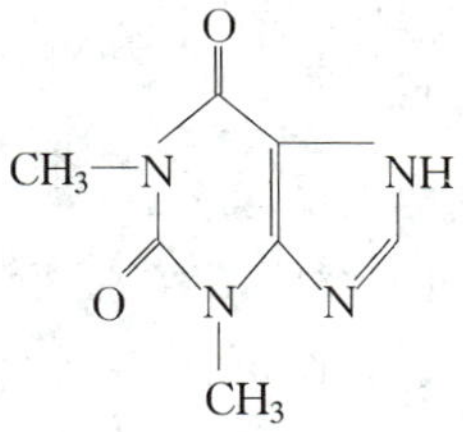

茶 碱

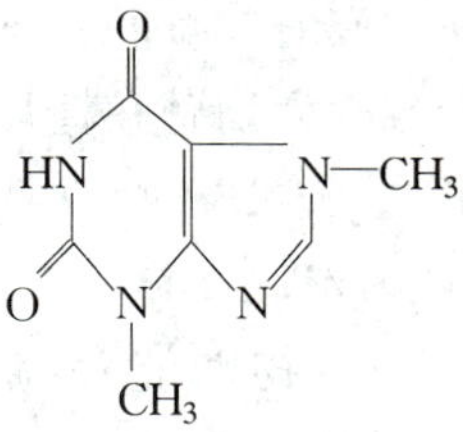

可可碱

7. 噻唑和咪唑及其衍生物

(1) 噻唑：噻唑是含一个硫原子和一个氮原子的五元杂环，无色，有吡啶臭味的液体，沸点 117℃，与水互溶，有弱碱性。是稳定的化合物。

一些重要的天然产物和合成药物含有噻唑结构，如青霉素、维生素 B_1 等。

青霉素是一类抗菌素的总称，已知的青霉素大约有一百多种，它们的结构很相似，均具有稠合在一起的四氢噻唑环和β-内酰胺环。

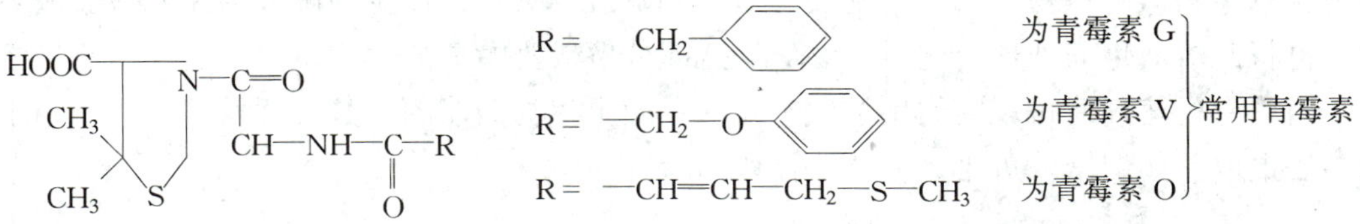

青霉素具有强酸性（pKa≈2.7），在游离状态下不稳定（青霉素 O 例外），故常将它们变成钠盐、钾盐或有机碱盐用于临床。

第二节 生 物 碱

一、生物碱概述

生物碱生物碱是一类存在于植物体内（少数存在于动物体内），对人和动物有强烈生理作用的含氮碱性化合物。它们的分子结构中大多含有氢化程度不同的含氮杂环，但也有少数非杂环的生物碱。生物碱主要存在于高等植物界，因此生物碱有时也叫做植物碱。不同的植物含生物碱的差异也很大。有些植物中，如罂粟科、茄科、毛茛科、豆科等植物，生物碱含量较高；而有些植物如蔷薇科植物、裸子植物、隐花植物中，生物碱的含量很低。一种植物有时可含有许多种结构近似的生物碱，例如金鸡纳树皮中就含有二十多种生物碱，烟草中也含有十多种生物碱。在很少的情况下，一种生物碱可以存在于不同科的植物体内。有趣的是，不同的植物，生物碱所存在的部位也不同，一年生植物的生物碱主要存在于组织最活动的部位，而多年生植物的生物碱则主要存在于组织最不活动的部位。生物碱大多对人畜有毒，但少量应用可作为医疗药剂。许多中草药的有效成分是生物碱，例如当归、甘草、贝母、麻黄、黄连等许多草药的有效成分都是生物碱。我国劳动人民几千年来对中草药的利用积累了丰富的经验。解放后我国中草药的研究受到很大的重视，生物碱的研究也取得了显著的成果。例如，古柯碱化学的研究导致出局部麻醉剂普鲁卡因的合成，奎宁化学结构的确定促使药学工作者合成氯奎等新抗疟药。

大多数生物碱是无色固体结晶，有苦味，难溶于水，能溶于乙醇、乙醚、丙酮、氯仿和苯等有机溶剂中。天然的生物碱大多具有旋光性，并以左旋的为多。在生物体内，生物碱通常与苹果酸、柠檬酸、草酸、硫酸、磷酸等有机酸或无机酸结合成盐而存在，这种盐一般易溶于水。极少数的生物碱和糖形成糖苷。

生物碱可被许多试剂沉淀或发生呈色反应。

1．*生物碱的沉淀反应*　生物碱的中性或酸性水溶液遇一些试剂能发生沉淀反应，利用这一反应可检查生物碱的存在。能使生物碱沉淀的常用试剂有：碘化汞钾（HgI_2 + KI，Mayer 试剂）、碘化铋钾（BiI_3 + KI，Dragendorff 试剂）、碘-碘化钾（I_2 + KI）、10％苦味酸、磷钼酸、磷钨酸、单宁（鞣质）等，其中最灵敏的是碘化汞钾和碘化铋钾。生物碱中毒可用鞣酸溶液或浓茶汁来解救，就是利用了鞣质可使生物碱沉淀的性质。

2．*生物碱的呈色反应*　生物碱与一些浓酸试剂呈现出各种颜色，其颜色随生物碱的不同而不同，利用这点可鉴别生物碱。能与生物碱发生呈色反应的常用试剂有：1％钒酸铵（NH_4V_3）的浓硫酸溶液（Mandelin 试剂）、1％钼酸铵[$(NH_4)_2MoO_4$]的浓硫酸溶液（Frohde 试剂）、甲醛的浓硫酸溶液（Marquis 试剂）、浓硫酸、浓硝酸等。提取生物碱时，通常是把含有生物碱的植物切碎，用稀酸（盐酸或硫酸）处理，使生物碱成为无机酸盐而溶于水中，再将此溶液用碱处理，这时生物碱的盐即分解成为游离的生物碱。最后再用有机溶剂提取，蒸去有机溶剂便得较纯的生物碱。此外，如果生物碱能随水蒸气挥发，也可以用水蒸气蒸馏法提取，如烟碱就可用这种方法提取。

二、生物碱选述

1．*烟碱*　烟碱又叫尼古丁，是烟草中的主要生物碱。从结构上看，烟碱是由吡啶与四氢吡咯两个杂环所组成，其结构式如下：

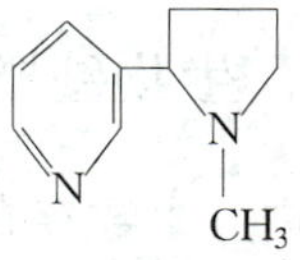

烟　碱

[N-甲基-2-（3-吡啶基）四氢吡咯]

烟碱为无色液体，沸点 247℃，味苦。可溶于水及乙醇、乙醚、石油醚中，能随水蒸气挥发而不分解，故可用水蒸气蒸馏法提取。烟碱具有旋光性（左旋体）。用强氧化剂氧化时，其分子中的四氢吡咯环被破坏，生成烟酸。

烟碱是极毒物质，所以人吸烟可慢性中毒或导致肺癌。内服或吸入 40mg 烟碱即能致死。烟碱可作农业杀虫剂用。

2．*麻黄碱*　麻黄碱又叫麻黄素，是中草药麻黄中所含有的一种生物碱。它的结构中没有含氮的杂环。是芳香族的醇胺。其结构式为：

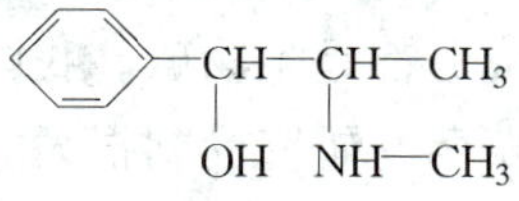

麻黄碱

（1-苯基-2-甲氨基-1-丙醇）

麻黄碱是无色晶体，熔点 38.1℃，易溶于水及乙醇、乙醚、苯、氯仿等有机溶剂中。麻黄碱分子结构中有两个不相同的手性碳原子，具有旋光性。麻黄是世界闻名的一种中药，是我国的特产，是常用的平喘、止咳药。

3．金鸡纳碱（奎宁）　金鸡纳碱又叫奎宁，存在于金鸡纳树皮中，其结构中有一个喹啉环：

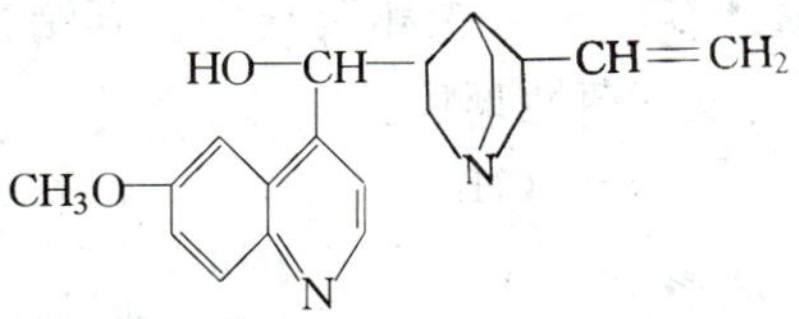

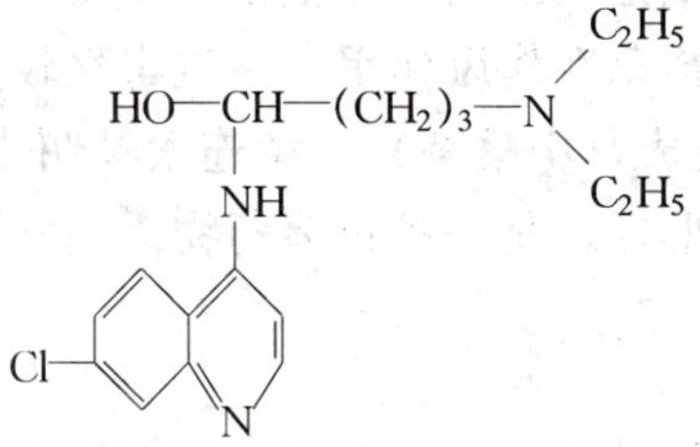

金鸡纳碱（奎宁）　　氯喹（合成抗疟疾药）

无水奎宁熔点177℃，含三分子结晶水的奎宁熔点57℃。微溶于水，易溶于乙醇、乙醚中。奎宁具有退热作用，是一种抗疟药，但对恶性疟疾无效。

4．茶碱、咖啡碱和可可碱　三者都是黄嘌呤的甲基衍生物，存在于茶叶、咖啡和可可中，它们有兴奋中枢作用，其中以咖啡碱的作用最强。结构式如下：

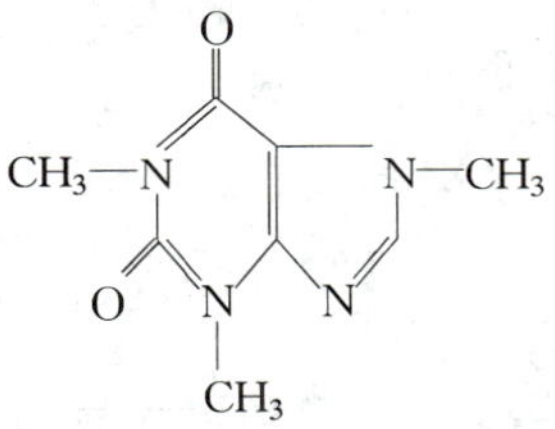

咖啡碱

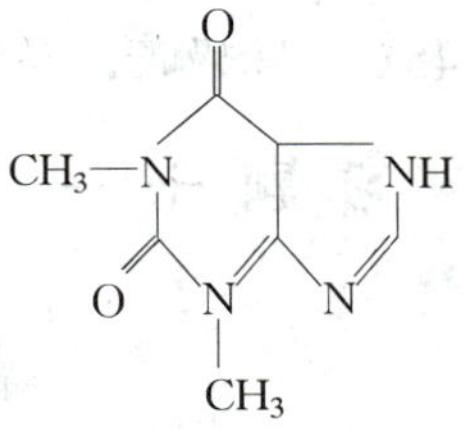

茶　碱

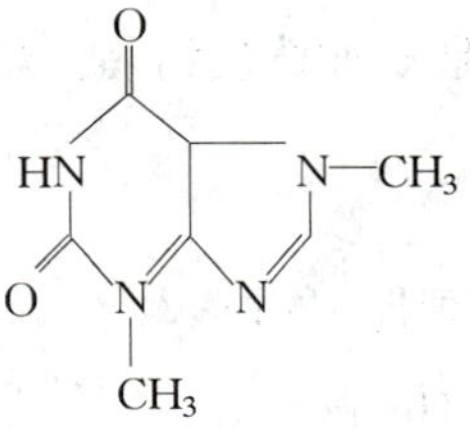

可可碱

茶碱和咖啡碱都是无色针状结晶，前者熔点270～274℃，后者熔点235～237℃，有苦味。它们易溶于热水，难溶于冷水。

5．颠茄碱　颠茄碱中最重要的是阿托品，存在于颠茄、曼陀罗、天仙子等植物中。阿托品是一种酯类化合物，其结构中含有氢化吡咯和氢化吡啶环。

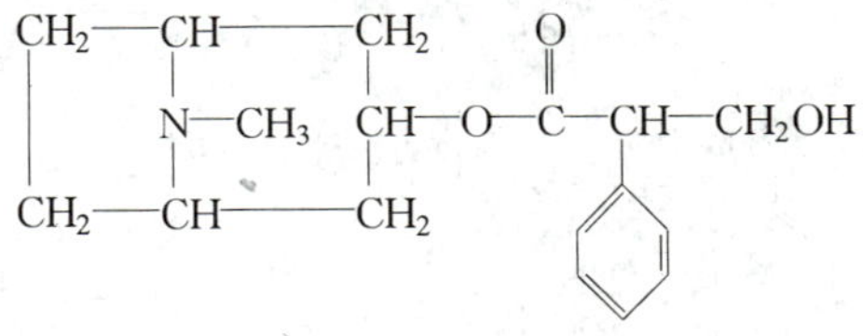

阿托品

阿托品是白色结晶，难溶于水，易溶于乙醇。医药上用于扩散瞳孔、医治平滑肌痉挛、胃和十二指肠溃疡，亦用作有机磷轻质中毒的解毒剂。

6．秋水仙碱　秋水仙碱存在于秋水仙植物中，我国云南的山慈菇中也含有这种生物碱。它是环庚三烯 酮的衍生物，分子中含有两个稠合的七碳环，氮在环外呈酰胺结构，因此秋水仙碱呈中性。

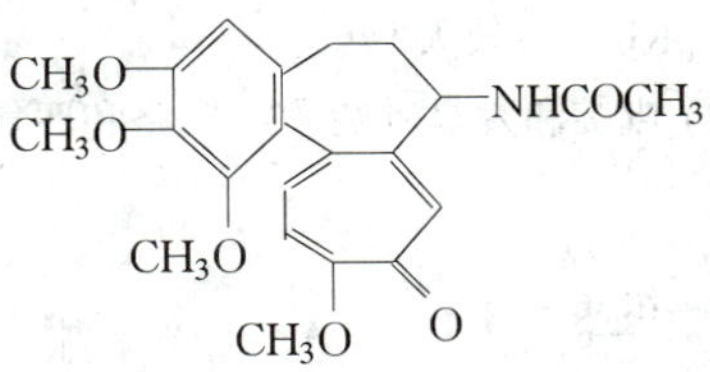

秋水仙碱

秋水仙碱是灰黄色的针状结晶，熔点 155～157℃。它可溶于水或稀酒精中，易溶于氯仿，而不溶于无水乙醚或石油醚。

秋水仙碱是人工诱发产生植物多倍体的有效化学药剂。近年来发现它还具有一定的抗癌(乳腺癌)、治急性痛风作用，不过毒性较大，使用时须慎重。

7. 黄连素（小蘖碱）　黄连素又叫小蘖碱，存在于黄栌和黄连中。其结构中含有两个稠合的异喹啉环。是一种抗菌药物，治疗肠胃炎及细菌性痢疾。

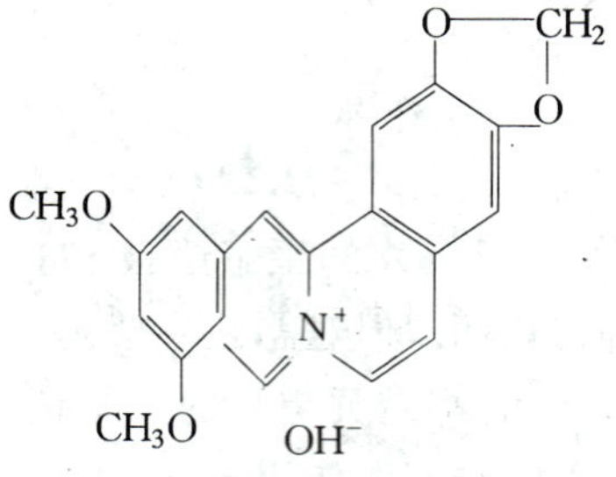

黄连素（小蘖碱）

黄连素是一种黄色结晶，熔点 145℃，味极苦，易溶于水。

习题十一

1. 命名下列化合物：

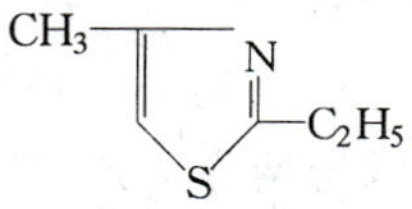

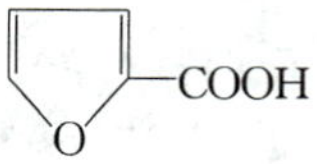

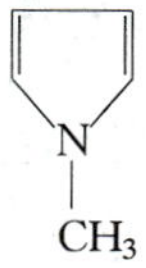

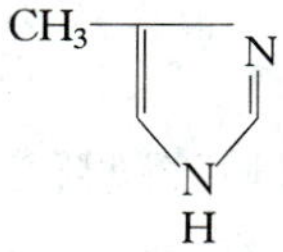

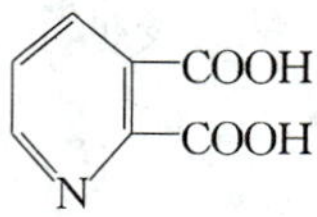

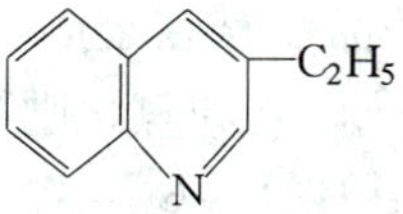

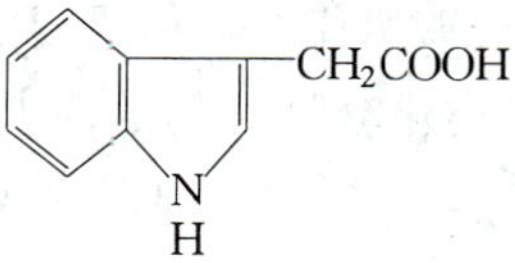

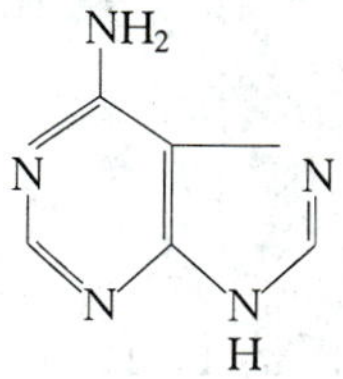

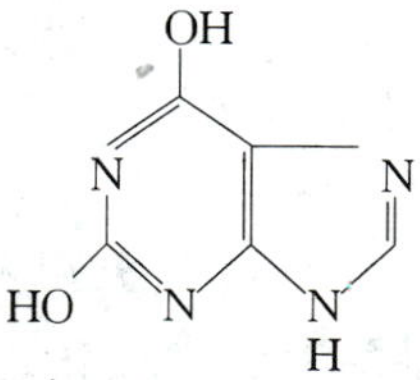

2. 在本章提到的一些化合物中各举一二个：(1) 有颜色的物质；(2) 有旋光异构现象的物质；(3) 有互变异构现象的物质。

3. 喹啉起硝化反应时，硝基取代在苯环上还是取代在吡啶环上？吲哚起硝化反应，硝基取代在哪个环上？

4. 下列各组化合物的 pKb 何者较大？

(1) 吡啶和吡咯 (2) 吡啶和六氢吡啶 (3) 吡咯和四氢吡咯

5. 完成下列反应：

(1) 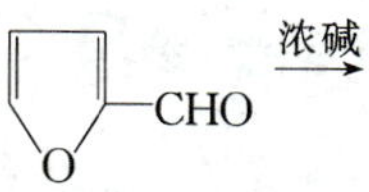

(2) 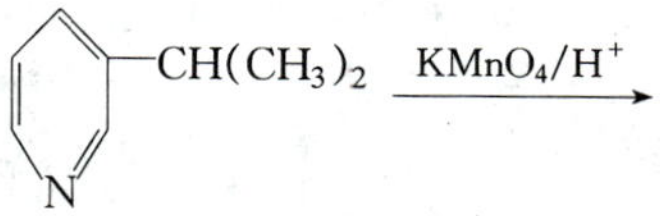

（3） 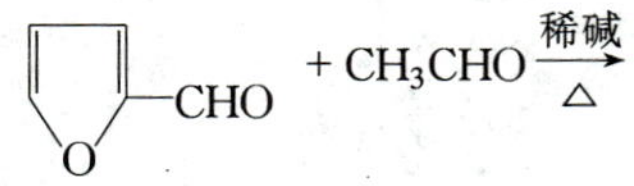　（4） 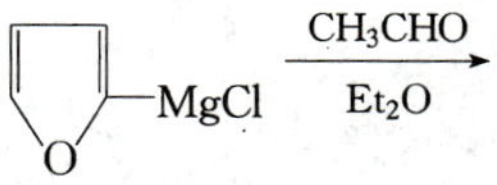

6．完成下列转化（其它试剂任选）

（1） 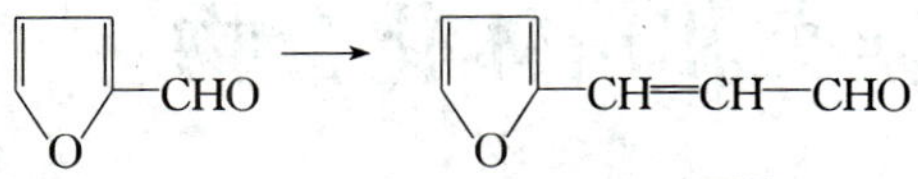

（2） 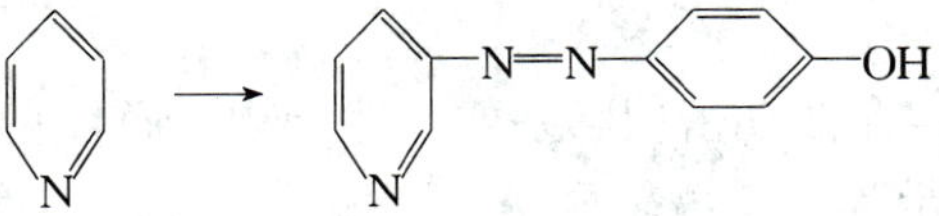

第十二章　萜类和甾体化合物

萜类和甾体化合物都是与生物体的生命活动密切联系的天然产物，而且它们又都是由乙酰辅酶经相同的生源途径形成的，可表示为：乙酰辅酶 A ——→萜类化合物，鲨烯（一种三萜化合物）——→甾体化合物，所以把它们放在同一章中讨论。

第一节　萜　　类

萜类化合物是指广泛存在于植物界，其碳胳能划分为若干个异戊二烯单位的一类化合物，如存在于许多植物叶、花、果实内的香精油（柠檬油、橘子油和松节油等）、一些植物及动物的色素和激素等都是萜类化合物。

对大量萜类分子式及其结构测定表明，这类化合物在组成上的共同点是分子中的碳原子数都是 5 的整数倍，它们可以看作是由若干个异戊二烯单位以不同的方式相连而成，这种结构特点叫做萜类化合物的异戊二烯规律。对于大多数萜类化合物来说，各个异戊二烯单位之间是以头尾结合为其基本结合方式，如：

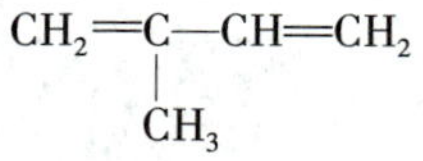

异戊二烯

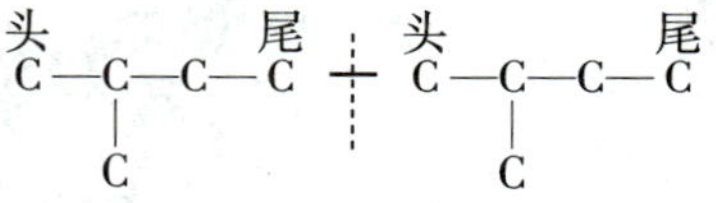

异戊二烯链的头尾结合

若干个异戊二烯单位可以结合成链状，形成链萜；也可以结合成环状，形成环萜。在这些萜类化合物分子中常含有数目不等的碳碳双键，也经常含有羟基、羰基和羧基等官能团。

萜类化合物通常根据组成分子的异戊二烯单位的数目，将其分类。见表 12-1：

表 12-1　萜的分类

分类	单萜	倍半萜	二萜	三萜	四萜	多萜
碳原子数	10	15	20	30	40	5 的整数倍
异戊二烯单位	2	3	4	6	8	
代表化合物	橙花油醇	昆虫保幼激素	维生素 A	鲨烯	胡萝卜素	

其中，在三萜或四萜化合物分子结构中，各个异戊二烯单位之间除了以头尾结合的方式外，也还有尾尾结合。如三萜是由两个倍半萜，四萜是由两个双萜通过尾尾结合而成的。

书写萜类结构式时，为了方便起见，通常写其结构简式，其写法是只写碳碳间的键，不写出碳和氢原子；键的交点或末端即代表一个碳原子，但连有其它原子或基团时必须写出。本章列举的萜类化合物多是这种写法。

一、萜类化合物的一般性质及其功用

大多数萜烯是有香味的油状液体，由于有重键存在，所以能与亚硝酰氯（NOCl）、氯化氢及溴等发生加成反应，形成结晶状的化合物，可用于萜类的分析和鉴定。

萜类在植物体内的功用还不清楚。在植物的花中，可能是由于它们的芳香气味，使花吸引昆虫以便于授粉。在植物的其它部分，例如果实中，可能起着保护作用，使植物免受昆虫的侵袭。有些香精油容易挥发，有人认为它们可调节植物体内部的热量。香精油广泛地用作香皂、牙膏、化妆品、卷烟、糖果、饮料等的香料。有许多香精油还可作为药物和杀虫剂。

二、萜类化合物选述

1．链状单萜　链状单萜中香叶醇较重要，存在于多种香精油中，具有显著的玫瑰香气。它的顺型异构体叫橙花油醇，香气比较温和，在香料制造中更有价值。

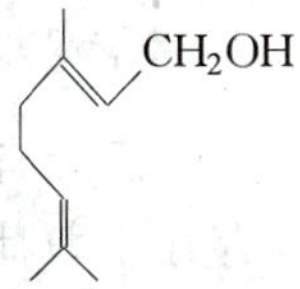
香叶醇（沸点 229℃）

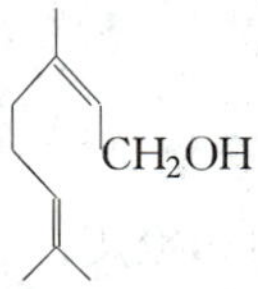
橙花油醇（沸点 225℃）

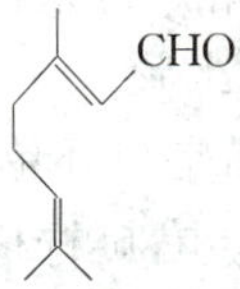
香叶醛

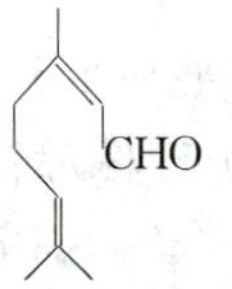
橙花油醛

香叶醇的氧化产物叫做香叶醛，与橙花油醛统称为柠檬醛，存在于柠檬草油中，具有愉快的柠檬香味。其结构是经臭氧化反应决定的，因柠檬醛经臭氧化反应后再还原水解产生丙酮、γ-羰基戊醛和乙二醛，故其结构应为：

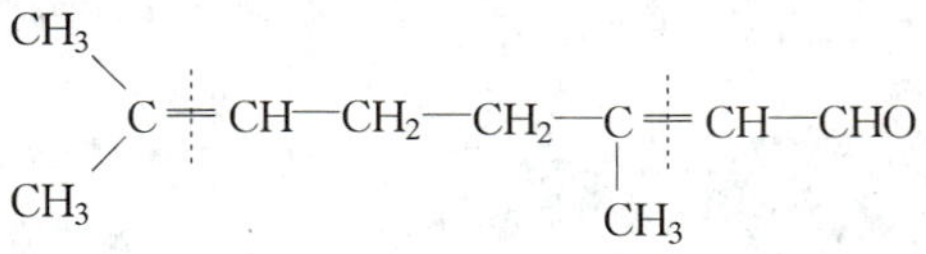

柠檬醛是制备紫罗兰香酮的原料。

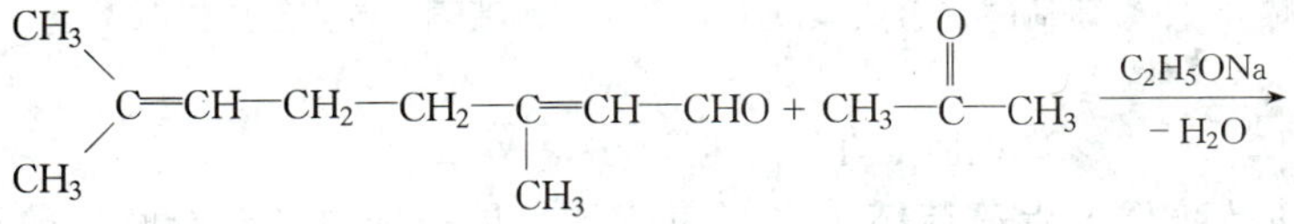
柠檬醛

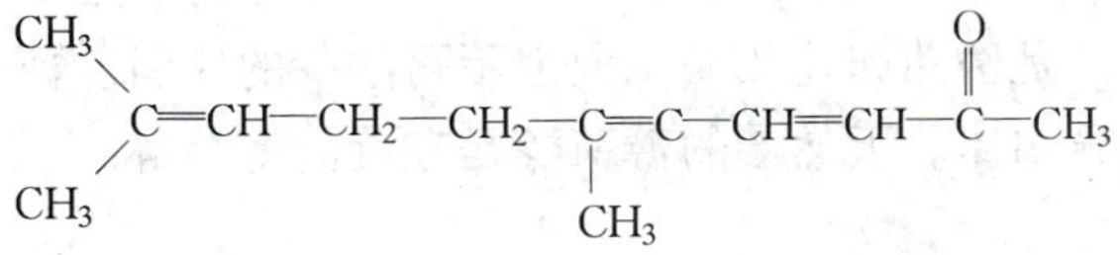
假紫罗兰香酮

假紫罗兰香酮与稀酸作用后，就发生关环和重排，生成 α-和 β-紫罗兰香酮：

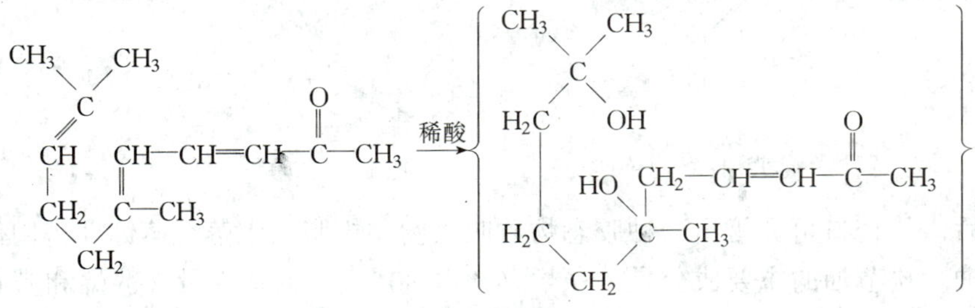

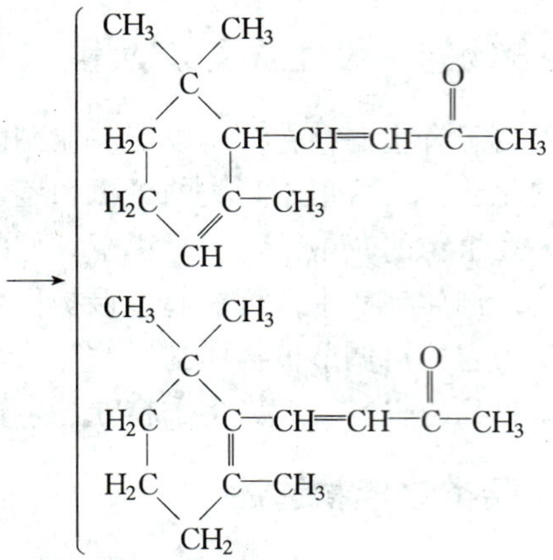

α-和 β-紫罗兰香酮都是紫罗兰的主要成分，因此在香料化学上很重要。β-紫罗兰香酮是制造维生素 A（一种二萜）的原料。

2．单环单萜及其衍生物

(1) 柠檬烯：柠檬烯是单环单萜中最简单的化合物，其结构式如图 12-1，柠檬烯有一个手性碳原子，有旋光性。右旋柠檬烯存在于柠檬油和橙皮油中，左旋柠檬烯存在于薄荷油和松针油中，外消旋体则存在于松节油中。柠檬烯有柠檬香味，可做食物香料。

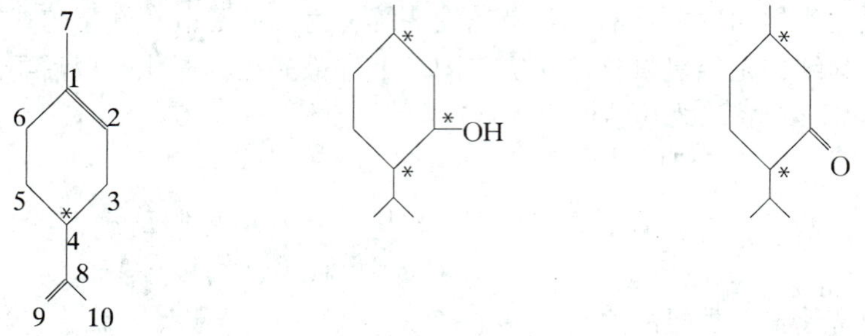

柠檬烯（1，8-萜二烯）（沸点 175℃）　　薄荷醇（熔点 43.5℃）　　薄荷酮（沸点 207℃）

图 12-1

(2) 薄荷醇和薄荷酮：薄荷醇俗名为薄荷精，也叫薄荷脑，是一种单环单萜醇，薄荷酮是其氧化产物，二者都是薄荷烃的衍生物，结构式如图 12-1，薄荷醇和薄荷酮都是薄荷的主要成分，具有芳香气味，又有杀菌能力，是医药和化妆品工业上不可缺少的原料。薄荷醇分子中有三个手性碳原子，故有四对对映异构体。天然产的薄荷醇是左旋的薄荷醇。

3．双环单萜及其衍生物

(1) 蒎烯：蒎烯是一种二环单萜烯，有 α-和 β-两种位置异构体。

α-蒎烯　　　　β-蒎烯

将松树皮割伤后，从伤口可分泌出一种胶态物质叫松脂。松脂经水蒸气蒸馏即得固体的松香及液体的松节油。松节油的主要成分是 α-蒎烯（约占 80%），也有少量 β-蒎烯和其它成分。

蒎烯是无色液体，α-蒎烯的沸点为155～156℃，β-蒎烯的沸点为163～164℃，都不溶于水，有清快的香味。蒎烯是制备樟脑的原料。松节油是医药和印刷术上的重要原料。

(2) 莰醇和莰酮：莰醇是饱和二环萜醇，莰酮是饱和二环萜酮，它们的结构式为：

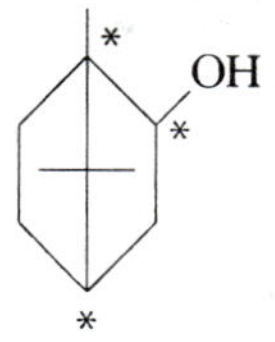

莰醇

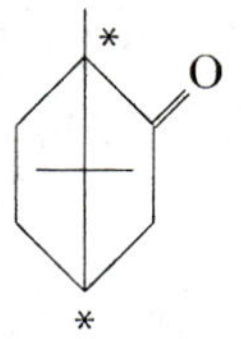

莰酮

莰醇是无色片状结晶，熔点208℃，有清凉气味，主要存在于热带植物龙脑的香精油中。莰醇又称冰片或龙脑，具有旋光性。莰酮是无色晶体，熔点180℃，有愉快香气，易升华，主要存在于樟脑树中，故莰酮又称樟脑。将樟脑树干锯碎，用水蒸气蒸馏可得樟脑。樟脑具有旋光性，天然产的为右旋体。樟脑有强心的效能，因此是医药和化妆品工业上不可缺少的原料。人工合成的樟脑还用作驱虫剂。

4. 倍半萜

(1) 法尼醇：法尼醇，又称金合欢花醇，其结构为：

法尼醇

法尼醇是无色粘稠液体，沸点125℃，有铃兰香味，存在于玫瑰油、橙花油、茉莉油等中。可用于制高级香精。

法尼醇经氧化后可得到法尼醛和法尼酸，法尼酸是昆虫保幼激素的基本碳胳。

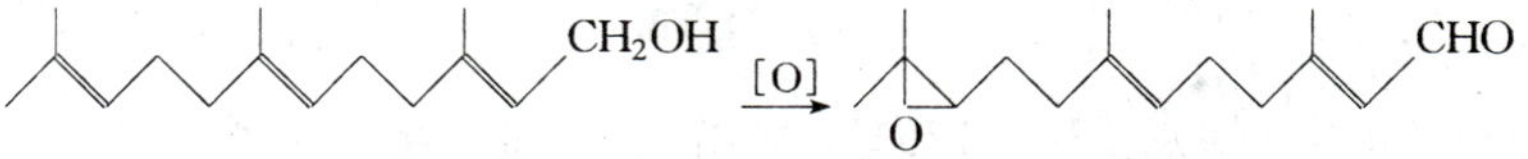

法尼醛

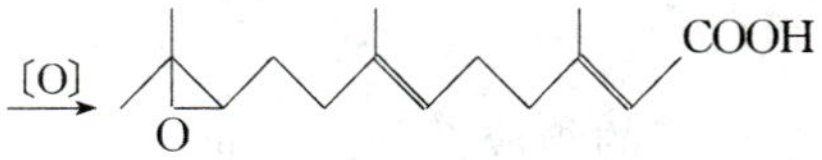

法尼酸

(2) 昆虫保幼激素（JH）：昆虫保幼激素也是一种倍半萜衍生物，60年代曾从天蚕中分离出保幼激素并确证其结构式。它们总的结构可以看做是法尼酸的甲酯，其C_{10}、C_{11}的双键与氧加成，组成了环氧结构：

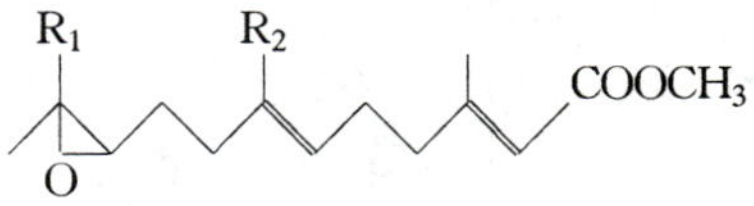

JH_1：$R_1 = R_2 = C_2H_5—$ JH_2：$R_1 = C_2H_5—$，$R_2 = CH_3—$ JH_3：$R_1 = R_2 = CH_3—$

JH_3的碳骨架就是倍半萜，JH_1和JH_2可以看作是倍半萜的衍生物。昆虫保幼激素是由昆虫咽侧体分泌出的一种激素，能使昆虫保持幼虫的体态，如过量可使昆虫不能正常发育导致其不育或死亡，是有效的杀虫剂。现已合成了不少昆虫保幼激素类似物，活性比天然的高。

5. 二 萜

(1) 维生素 A：维生素 A 是一个二萜醇，其结构中含有一个六元环，有五个共轭双键，其结构式如下：

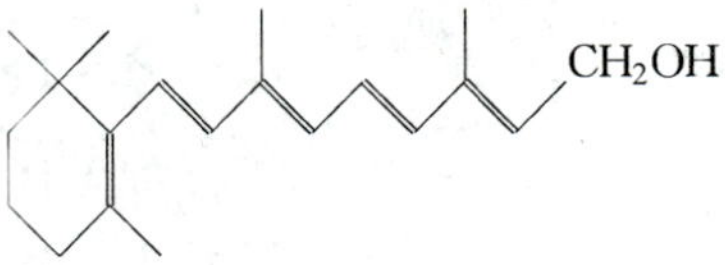

维生素 A

维生素 A 是淡黄色结晶，熔点 64℃，不溶于水，易溶于有机溶剂中，是一种脂溶性维生素，主要存在于鱼肝油中，在蛋黄、牛奶和动物肝脏中也含有丰富的维生素 A。

维生素 A 可被氧化剂或酶氧化成视黄醛，视黄醛在视觉过程中起重要作用，它在体内经代谢而被消耗，需要时能及时氧化维生素 A 得到补充。当体内缺乏维生素 A 时，会导致眼膜和眼角膜硬化症和夜盲症。长期缺乏维生素 A 会患营养不良和生长滞缓等症状。植物体中广泛存在的胡萝卜素（一类四萜，见后）可以在动物的肝脏内被酶分解成两分子的维生素 A，所以素食不一定会导致维生素 A 缺乏病。

(2) 松香酸：松香酸是一种多环二萜，其结构式为：

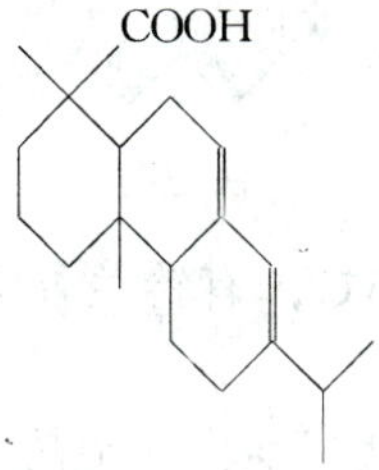

松香酸

松香酸为黄色晶体，熔点 174～175℃，不溶于水而易溶于有机溶剂中，是松香的主要成分。松香酸的钠盐可做肥皂的增泡剂和乳化剂，在造纸工业中用做填料。另外松香酸还用于制造清漆和药物。

(3) 叶绿醇：叶绿醇（植醇）是叶绿素分子的组成部分，工业上是合成维生素 E 和维生素 K_1 的原料。结构式如下：

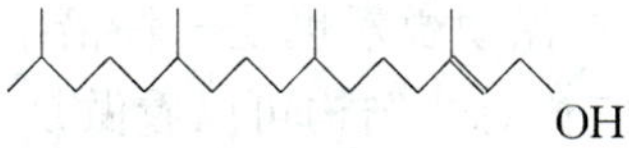

6. 三萜 鲨烯是很重要的一种无环三萜烯烃。法尼醇的焦磷酸酯尾尾相连就形成鲨烯：

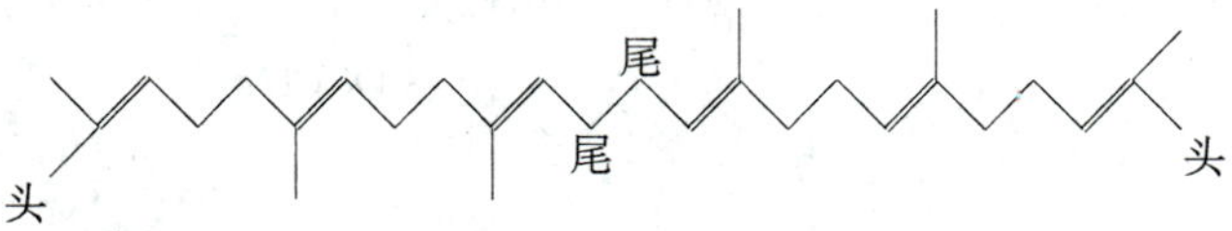

鲨烯

鲨烯是油状液体，不溶于水，在生物界分布很广，如鲨鱼肝、橄榄油、酵母、麦芽中都含有鲨烯。鲨烯容易环化成四环化合物，一般认为鲨烯经氧化、脱氢、甲基重排而形成羊毛甾醇。因此，鲨烯是羊毛甾醇生源合成的前身，可见，萜类化合物与甾体化合物在生源合成上有着密切的关系。

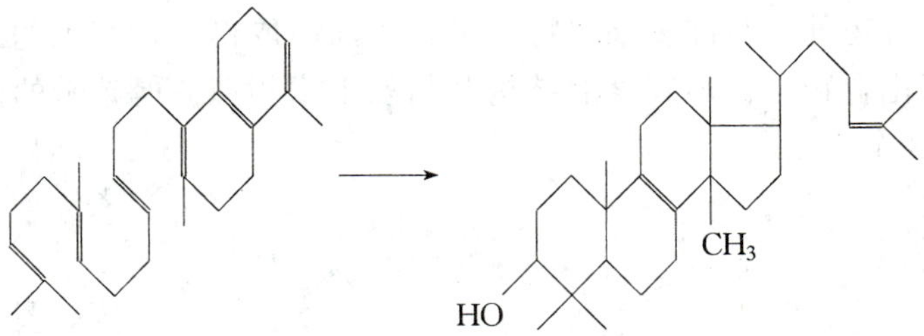

鲨烯 羊毛甾醇

7. 四萜 四萜广泛存在于自然界。它们的分子中都含有一个较长的碳碳双键的共轭体系，多带有由黄至红的颜色，因此常称为多烯色素。

胡萝卜素是四萜化合物中最重要的代表物，有 α、β 和 γ 三种异构体，以 β-异构体含量最高，也最重要。它们的分子结构中共轭双键为全反式，在分子中间有两个异戊二烯单位尾尾相连，结构式如下：

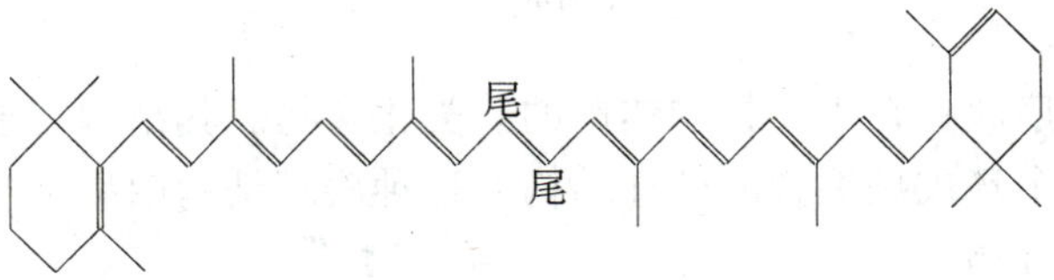

α-胡萝卜素，熔点 188℃

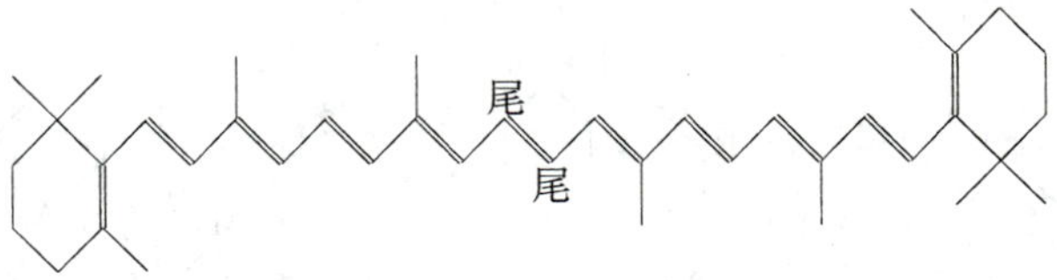

β-胡萝卜素，熔点 184℃

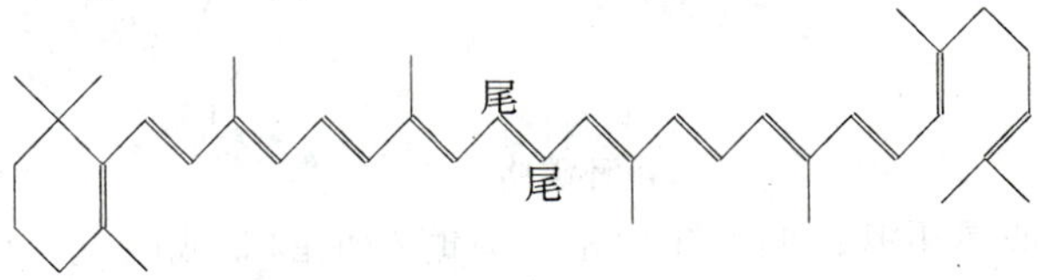

γ-胡萝卜素，熔点 178℃

胡萝卜素广泛存在于植物的叶、花和果实中，也存在于动物乳汁和脂肪中。因为它首先在胡萝卜中发现，因此得名。α-胡萝卜素中含有一个手性碳原子，有旋光异构体存在。β-胡萝卜素整个分子是对称的，分子中间的双键容易氧化断裂，动物体内 β-胡萝卜素即在此处断裂，形成两分子维生素 A，因此，β-胡萝卜素又称为维生素 A 元。

叶黄素是 α-胡萝卜素的羟基衍生物，其结构式如下：

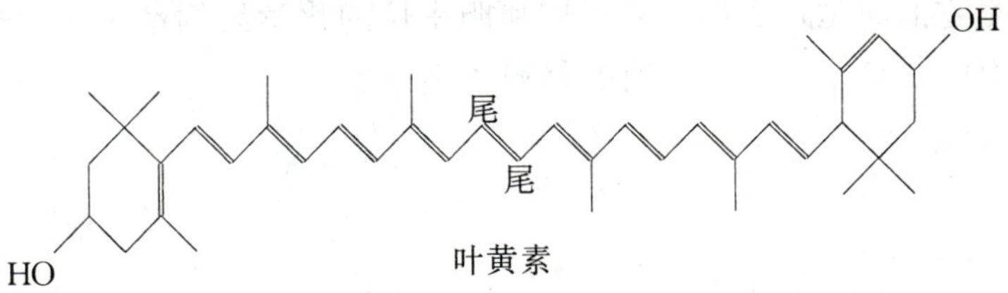

叶黄素

叶黄素色黄，与胡萝卜素和叶绿素等一起存在于绿色植物的茎叶中。由于叶绿素颜色较为深浓，掩盖了叶黄素的黄色，但秋天落叶时，叶绿素破坏，叶黄素和胡萝卜素的颜色就显现出来，便是秋天的黄叶。

除上述四萜化合物外，在许多果实特别是在番茄内取得一种红色的色素，叫做番茄红素，也是一种四萜化合物。番茄红素的结构与胡萝卜素相似，但碳链的两端没有环状的结构，分子中含有13个双键。

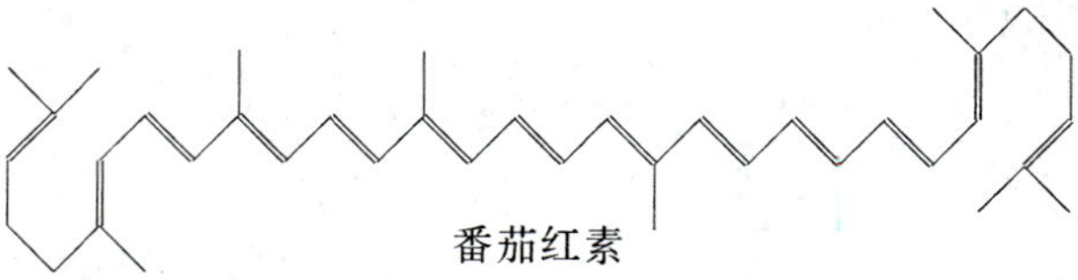

番茄红素

四萜类化合物大多难溶于水而易溶于有机溶剂中，遇浓硫酸或三氯化锑（$SbCl_3$）的氯仿溶液都呈深蓝色，这两个颜色反应常用来定性鉴定四萜化合物的存在。

第二节 甾体化合物

一、概 述

甾体化合物也是广泛存在于动植物体内的一类化合物。其结构特征是包含一个部分氢化或完全氢化的菲与一个环戊烷稠合的碳环结构，这种碳环结构简称甾环。以甾环为主要骨架的化合物叫做甾体化合物。

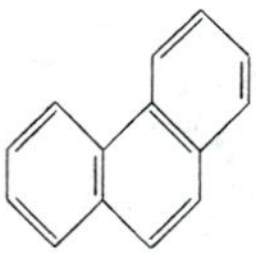

菲

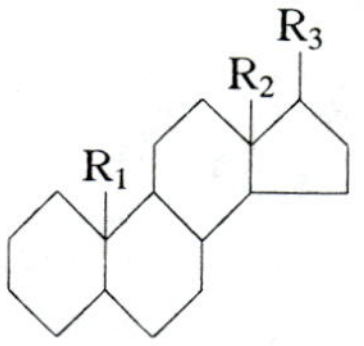

甾环碳胳

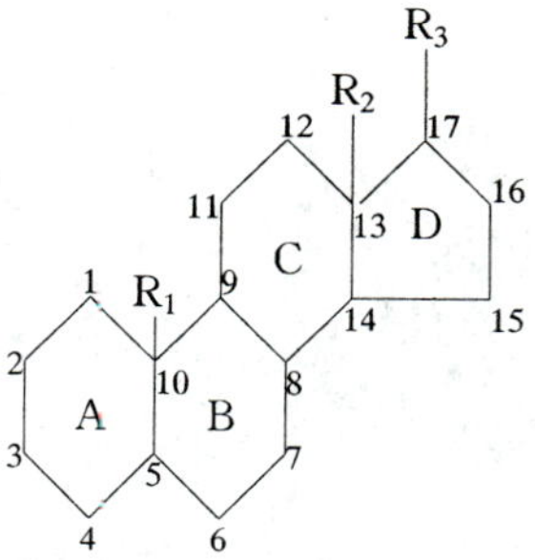

甾环编号

其中R_1和R_2一般是甲基，叫做角甲基，有时是伯醇基或醛基。R_3是氢或者是具有2、4、5、8、9和10个碳原子的侧链。

甾环共包含四个环，分别称为A、B、C、D环，这几个环彼此之间的稠合可以是反式的，也可以是顺式的，从理论上看，应是多种异构体，但事实上，天然的甾体类化合物，并没有像我们想像的那样复杂，因为其中四个环之间C、D及B、C两环的关系都是以反式相结合的，只是环A和环B之间的关系，有两种方式相结合，以顺式相结合的叫正系，相当于顺十氢萘的构型，以粪甾烷为典型代表物；以反式结合的叫别（异）系，相当于反十氢萘的构型，胆甾烷是它的典型代表物。粪甾烷和胆甾烷的化学结构都是17-异辛基甾烷。天然的甾体化合物，有的是属于正系的，有的是属于别系的。

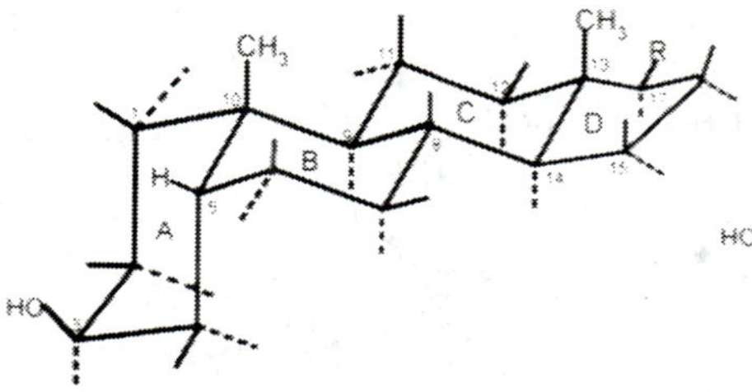

粪甾烷

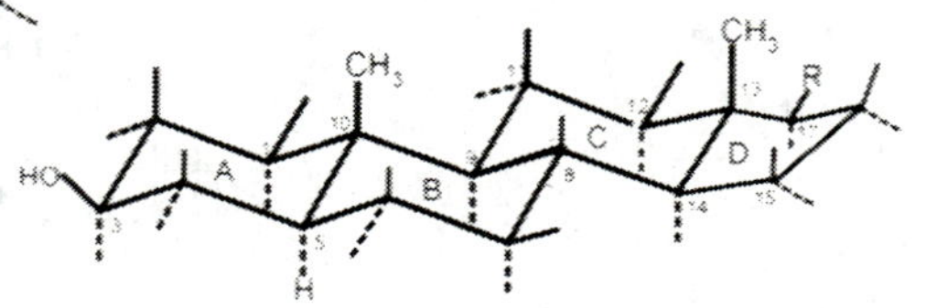

胆甾烷

R = $-CH(CH_3)-CH_2-CH_2-CH_2-CH(CH_3)-CH_3$

从上面的构象式可以看出，环上的键可以有两种取向，一种是指向环平面的上（前）方，称为β-型，用实线表示；另一种是指向环平面的下（后）方，称为α-型，用虚线表示。

无论是正系甾环还是别系甾环，C_{10}和C_{13}上的两个角甲基都是β-型，指向环平面的上（前）方。

由于正系甾环和别系的区别只是A、B环的稠合方式不同，而B、C和C、D的稠合方式都一样，所以，在正系和别系甾环中，C_8、C_9、C_{10}、C_{13}、C_{14}、C_{17}的键型是一致的，区别只在C_5的氢原子取向不同，在正系中C_5的氢原子是β-型而在别系中C_5的氢原子是α-型。所以也可以用下面的平面式表示正系甾环和别系甾环。

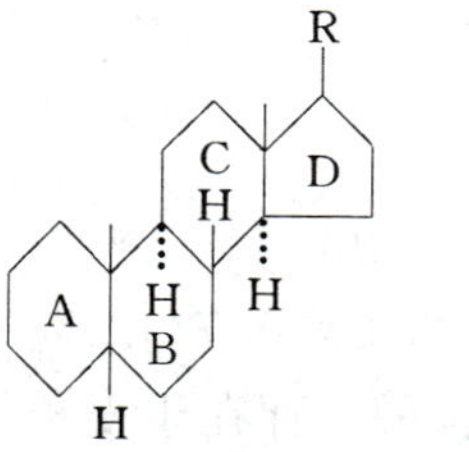

正系，A/B顺式，C_5是β-型

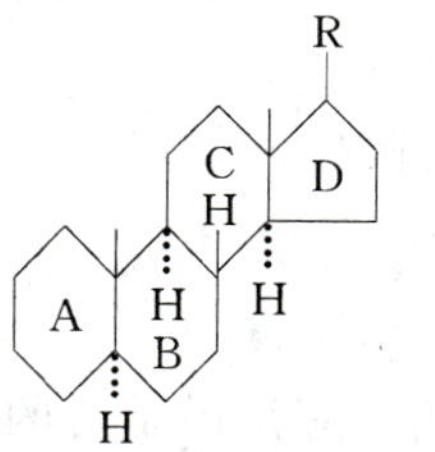

别系，A/B反式，C_5是α-型

甾环中含有很多手性碳原子，从理论上说，应有很多种旋光异构体，但自然界发现的很少。甾体化合物广泛存在于自然界，种类也很多，本节只摘要介绍几种。

二、甾体化合物选述

1. **甾醇** 甾醇是甾烷的羟基衍生物，是最早发现也是研究最多的一类化合物。由于它们是一类含有羟基的固体化合物，所以又叫做固醇。

甾醇在动植物体内分布很广，根据它们来源不同，分为动物甾醇和植物甾醇两类。

(1) 胆甾醇（胆固醇）：胆甾醇是最重要的动物甾醇，存在于动物的各种组织内，其中以血液、脂肪、脑髓及神经组织中含量为最多。胆甾醇也是细胞膜的重要组成成分之一。其结构式如下：

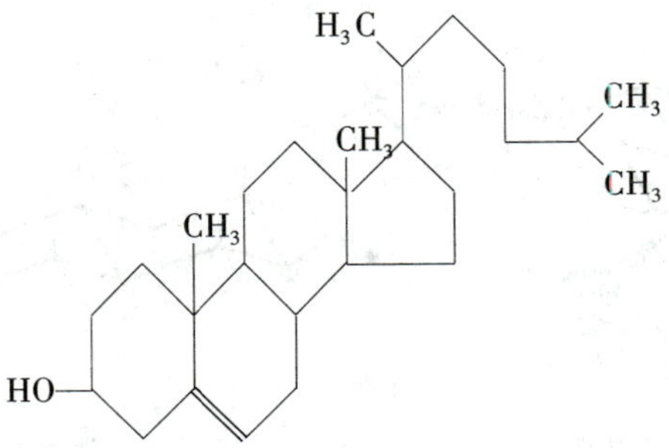

胆甾醇

胆甾醇是无色的正四方形晶体，熔点 148℃，微溶于水，易溶于氯仿、乙醚等有机溶剂，具有旋光性。在浓硫酸内遇乙酸酐即发生颜色反应，叫做李柏曼（Libermann）反应，可用来定性或定量测定胆甾醇。

胆甾醇在人体中的功用可能是和调节细胞膜的柔韧性有关，如果胆甾醇含量过高，可以引起胆结石和动脉硬化。

胆甾醇中 C_7 和 C_8 各失去一个氢原子而形成双键，就得到 7-脱氢胆甾醇，它也是一种动物甾醇，存在于人体皮肤中。7-脱氢胆甾醇经紫外光照射，可形成维生素 D_3：

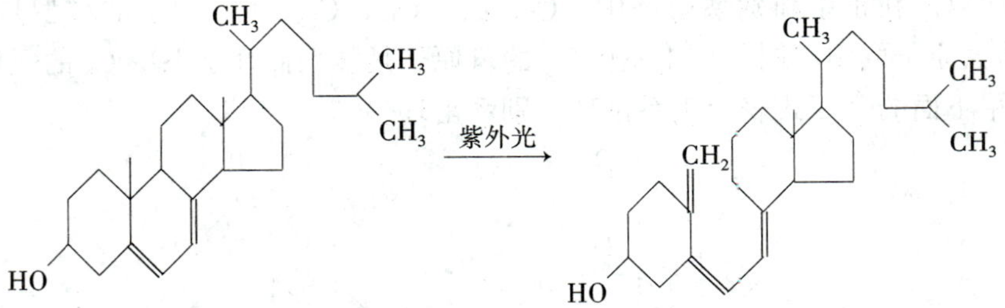

7-脱氢胆甾醇　　　　维生素 D_3（熔点 82～83℃）

（2）麦角甾醇：麦角甾醇是最重要的植物甾醇，存在于麦角、酵母、真菌及小麦粒内。与 7-脱氢胆甾醇相比，麦角甾醇在 $C_{22}C_{23}$ 之间多了一个双键，在 C_{24} 上多出一个甲基。麦角甾醇经紫外光照射时，B 环开裂生成维生素 D_2。麦角甾醇和维生素 D_2 的结构式如下：

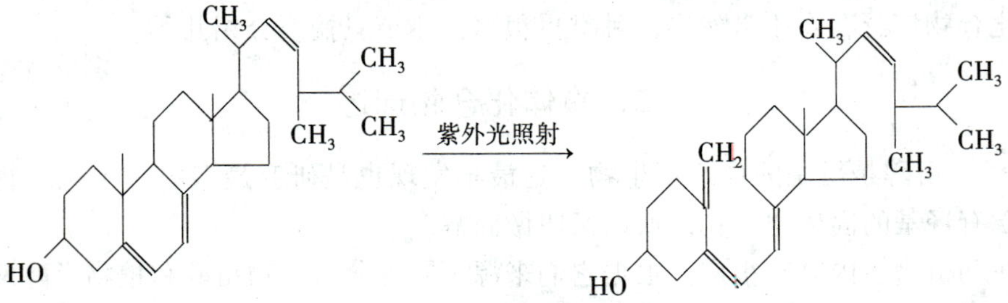

麦角甾醇　　　　维生素 D_2（熔点 115～117℃）

维生素 D 除 D_2 和 D_3 外，还有 D_4 和 D_5 等，其中以 D_2 和 D_3 的生理活性最强。维生素 D 广泛存在于鱼肝油、牛奶及蛋黄等中。人体如果缺乏维生素 D，将影响钙质的吸收而导致软骨病（佝偻病），因此，维生素 D 又叫抗佝偻病维生素。

2. **甾族激素**　许多重要的激素，从结构上讲，都是甾体化合物，故称甾族激素。

（1）性激素：性激素分为雄性激素和雌性激素两类，有促进动物的生长发育、维持第二性征的作用。

① 黄体酮：黄体酮又叫孕烯二酮，是一种雌性激素，其分子结构的特点是甾环的 C_3 上有一个羰基，C_4 和 C_5 之间是一个双键，C_{17}上连有一个乙酰基：

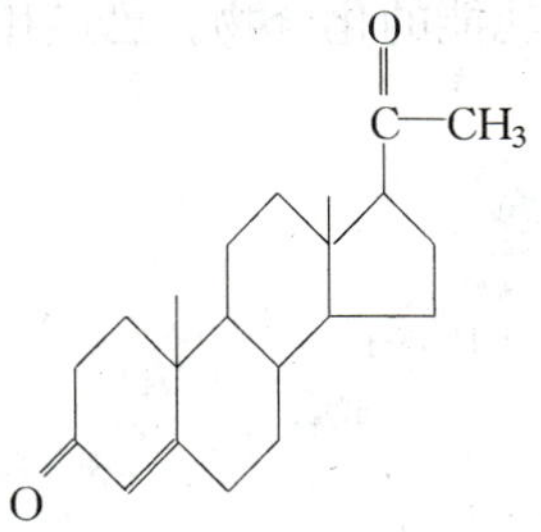

黄体酮

黄体酮是白色粉末，在空气中比较稳定。因它的分子中有两个羰基，故可以与羟氨和2，4二硝基苯肼等羰基试剂反应，生成肟、腙等。它的生理作用是抑制排卵，并使受精卵在子宫中发育以及使乳腺发育。临床用于治疗习惯性流产、子宫功能性出血、月经失调等。

② 睾丸酮：睾丸酮是雄性激素之一，存在于睾丸内。其结构与黄体酮极相似，所不同的是睾丸酮的 C_{17}上连有一个羟基：

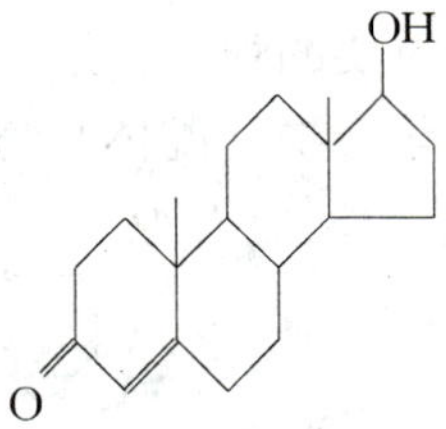

睾丸酮

睾丸酮的主要作用是促进雄性性器官的形成及副性器官的发育。临床上用以医治阳萎和性神经衰弱等。

(2) 肾上腺皮质激素：肾上腺皮质激素是从肾上腺皮质部分分泌出来的激素。这类化合物的结构都极为相似，差不多都含有一个 α，β-不饱和羰基，C_{17}的侧链上含有一个羰基。如：

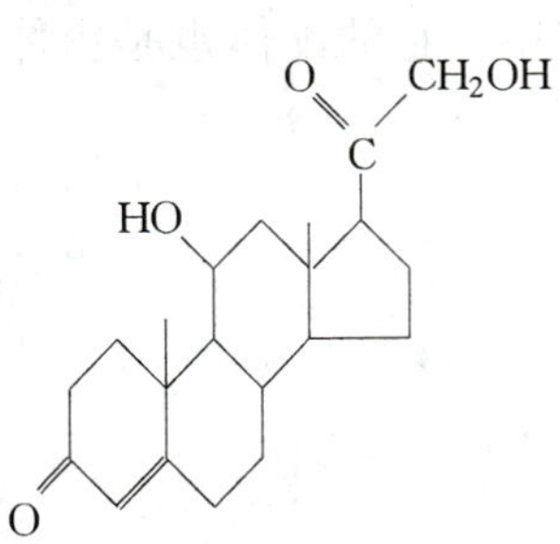

皮质甾酮

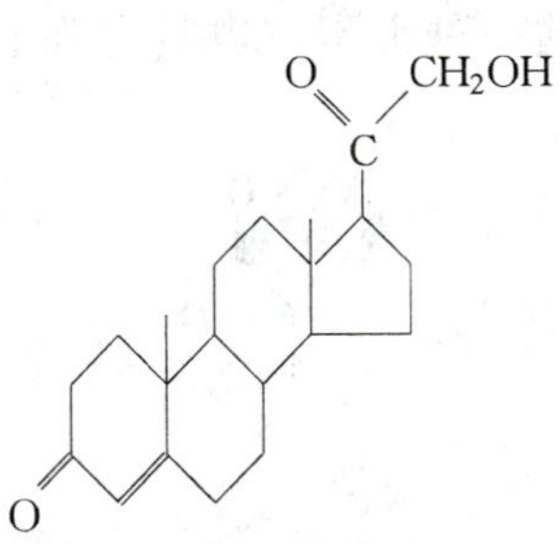

11-脱氧皮质甾酮

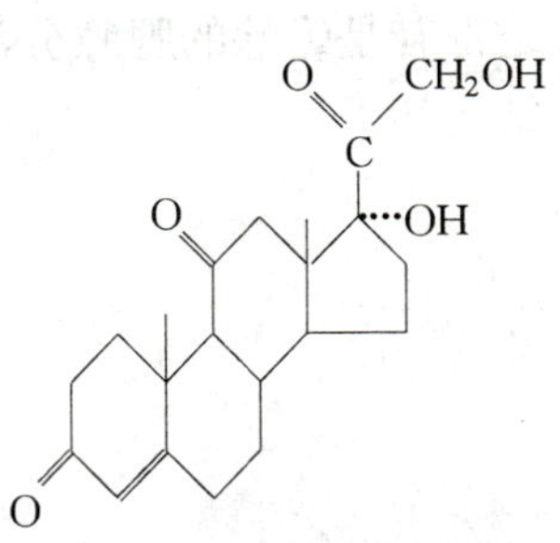

17-羟基-11-脱氢皮质甾酮（可的松）

这类激素在生理上极为重要，主要的功用是调节水和盐类的代谢作用，此外，对于体温、肌肉的运动、糖类的代谢作用等都很重要。其中，可的松除对糖的新陈代谢起作用外，它还有医治风湿病及气喘的功用，因此在医药上极为重要。

(3) 昆虫蜕皮激素：昆虫蜕皮激素是由昆虫的前胸腺分泌出来的一种激素，能刺激昆虫的蜕皮。昆虫的一生中要经过多次蜕皮和变态，这些过程就是由昆虫蜕皮激素和昆虫保幼激素协调控制的。甲壳类的蜕皮也受到蜕皮激素的控制。

现在，已从昆虫和甲壳动物体内分离出若干种昆虫蜕皮激素，并且人工合成很多与昆虫蜕皮激素结构相似，并有同样生理功能的化合物，已应用到植物保护和养蚕事业上。例如：

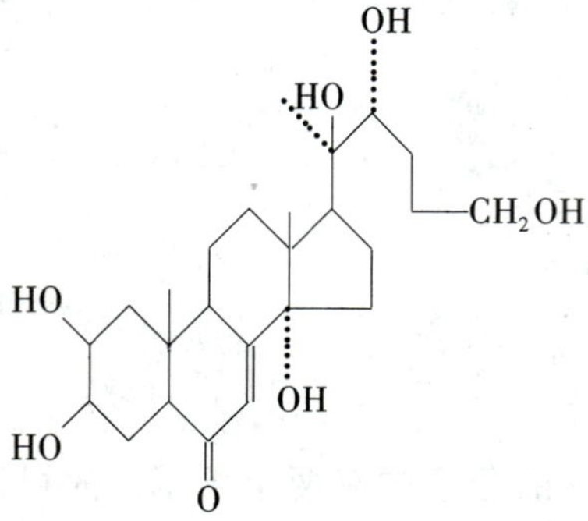

蜕皮甾酮
（昆虫蜕皮激素）

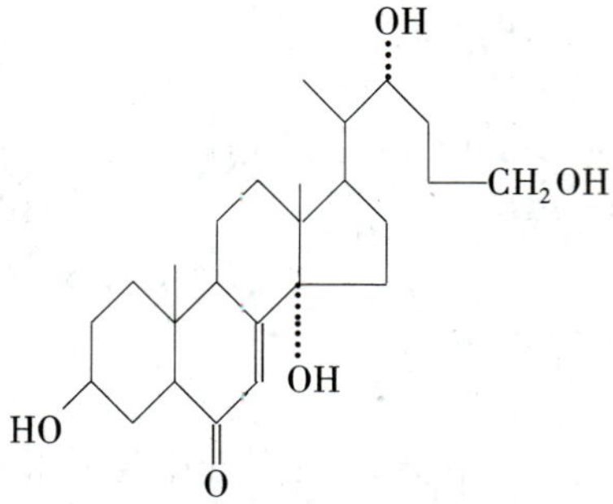

脱氧蜕皮甾酮
（甲壳类蜕皮激素）

3．强心苷、蟾毒苷和皂角苷的配体　毛地黄类植物的叶子内含有多种极毒的物质，其中有的可使心脏肌肉收缩的能力加强，在医药上可用作强心剂，它们是一种糖苷，故称为强心苷，其配体是一类甾体化合物。最重要的强心苷是从紫花毛地黄中取得的毛地黄毒素，这种毒素水解后，可得到一些糖和甾体化合物（配体），这个甾体化合物的结构如下：

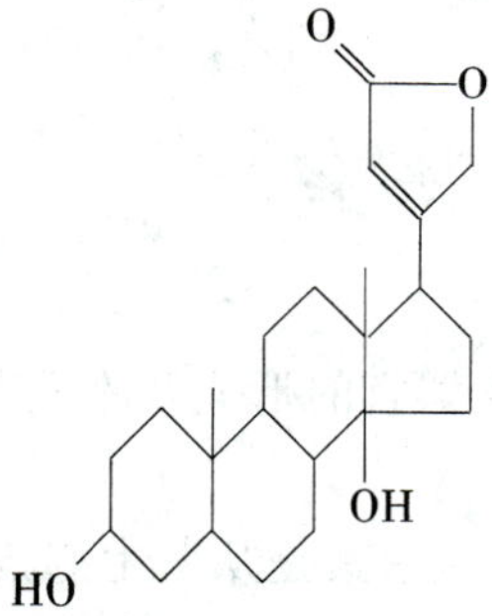

毛地黄毒配体

蟾毒苷是蟾蜍的腮腺分泌出的一种毒素，也具有强心的作用，它的配体也是甾体化合物，结构如下：

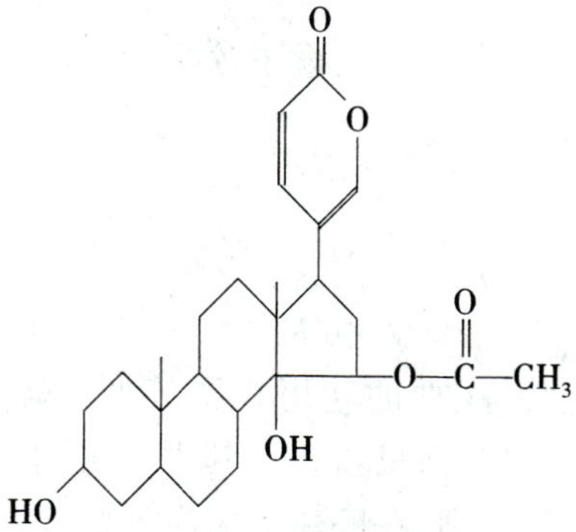

蟾毒配体

皂角苷是皂荚、薯蓣、桔梗、远志等植物中所含的一类糖苷，它们溶于水即成胶体溶液，经强烈振荡后会产生持久性泡沫，并有与肥皂相似的清洁和乳化等功用，故又称为皂素。它们的配体常为三萜或甾体化合物，例如薯蓣皂苷的配体就是一种甾体化合物，结构如下：

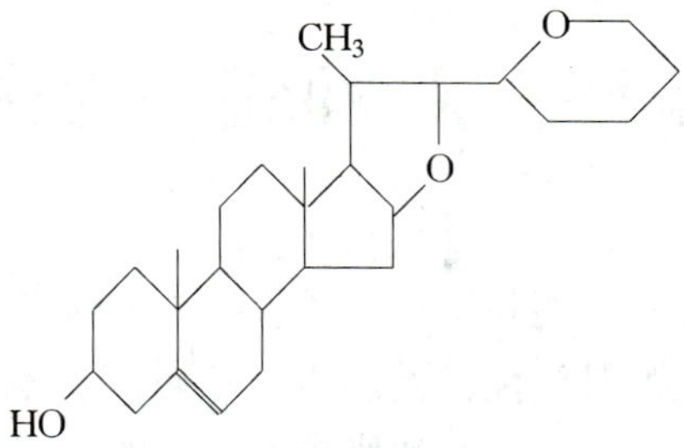

薯蓣皂苷配体

习 题 十 二

1. 用虚线将下列化合物分成若干异戊二烯单位，并说明它们各属于哪一类萜：

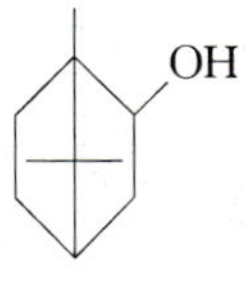

冰片

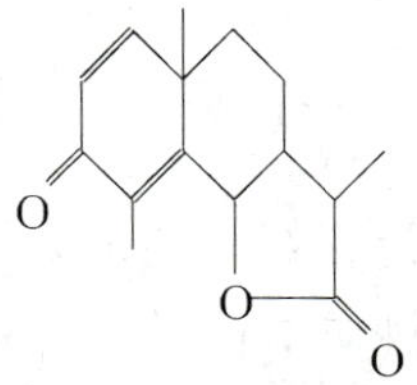

山道年

月桂烷

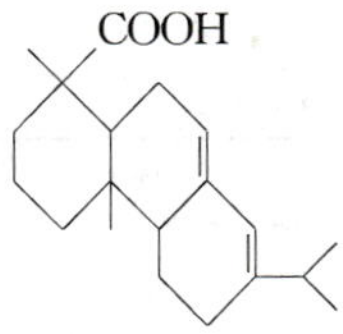

松香酸

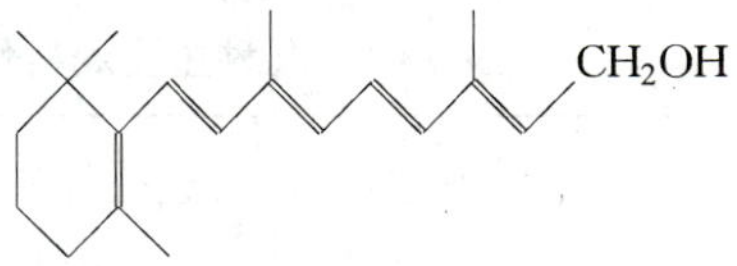

维生素 A

2. 写出甾体化合物的基本骨架和碳原子编号。甾体化合物的正系和别系是怎样确定的？

3. 有一个萜 A，分子式为 $C_{10}H_{16}O$，经催化加氢后，得到分子式为 $C_{10}H_{22}O$ 的化合物。用高锰酸钾氧化 A 则得 $CH_3-\underset{\underset{O}{\|}}{C}-CH_3$，$HOOC-CH_2-CH_2-\underset{\underset{O}{\|}}{C}-CH_3$ 及 $HOOC-COOH$。试推测 A 的结构。

4. 香叶烯（$C_{10}H_{16}$），吸收 3 摩尔氢而成为 $C_{10}H_{22}$，经臭氧分解产生：

$$CH_3-\underset{\underset{O}{\|}}{C}-CH_3 \qquad H-\underset{\underset{O}{\|}}{C}-H \qquad OHC-CH_2-CH_2-\underset{\underset{O}{\|}}{C}-CHO$$

试根据异戊二烯规律，推测香叶烯的可能结构。

第十三章　油脂和类脂

油脂和类脂化合物广泛存在于生物体内，是生物体内的重要组成物质，具有重要的生物学功能。油脂是指高级脂肪酸的甘油酯，类脂则包括磷脂、蜡、甾醇等不同类型的化合物。类脂化合物在化学组成和化学结构上有与油脂较大的差别，但由于它们在某些物理性质上与油脂相似，如都难溶于水而易溶于乙醚、苯、四氯化碳等有机溶剂，因此把它们称为类脂。油脂与类脂往往一起共存于生物体内，可使用有机溶剂从组织和细胞中一起提取出来。

第一节　油　　脂

一、概　　述

1．*油脂的存在和用途*　油脂广泛存在于动植物体内。在植物体中油脂多作为贮存的养料存在于果实和种子中，尤其以油料作物种子的含量较多，有的可达 50%～60%（表 13-1），而花、茎、叶等部位含量较少，许多野生植物的种子也含有 15%～16% 的油脂，我国的油脂资源相当丰富。

表 13-1　几种主要油料作物种子含油量（%）

名　称	含油量	名　称	含油量
蓖麻籽	60.0	樟树籽	50～60
向日葵籽	44.7	苍耳籽	17～80
白芝麻	60.8	松　籽	30
黑芝麻	53.6	木棉籽	25
棉花籽	20.0	青麻籽	17～80
大　豆	17.4	花椒籽	25.2
花生仁	39.2	油　桐	40～69
核桃仁	63.0	椰　子	65～70
桃　仁	42	油菜籽	33～74

在动物体内油脂主要存在于内脏的脂肪组织、肠间膜、皮下结缔组织和骨髓中。油脂在动物体内的主要功能是供应能量。当油脂在人体内完全氧化时，可释出约 38.91 $kJ\cdot g^{-1}$的热量，比糖和蛋白质在同样条件下释出的热量高一倍(糖 17.57$kJ\cdot g^{-1}$，蛋白质 16.73 $kJ\cdot g^{-1}$)。油脂还能供给人体内不能合成而又不可缺少的必需脂肪酸，如亚油酸、亚麻酸和花生四烯酸。这些必需脂肪酸是细胞膜的重要组成成分，对细胞膜各种功能具有重要的作用。油脂又是人及动物吸收脂溶性维生素（A、D、E、K）的良好溶剂，此外，油脂还能防止内脏器官遭受震动和撞击，防止体温散失。油脂也是重要的化工原料，用于医药、化妆品、油墨、油

漆等的生产。

2．油脂的组成和结构　油脂是油和脂的总称，通常将常温下为液态的称为油，如豆油、花生油、菜油等，把常温下呈蜡状固态或半固态的称为脂，如牛脂、猪脂、羊脂等。从化学组成来看，油脂是由高级脂肪酸与丙三醇（甘油）脱水生成的酯类化合物，即高级脂肪酸的甘油酯。

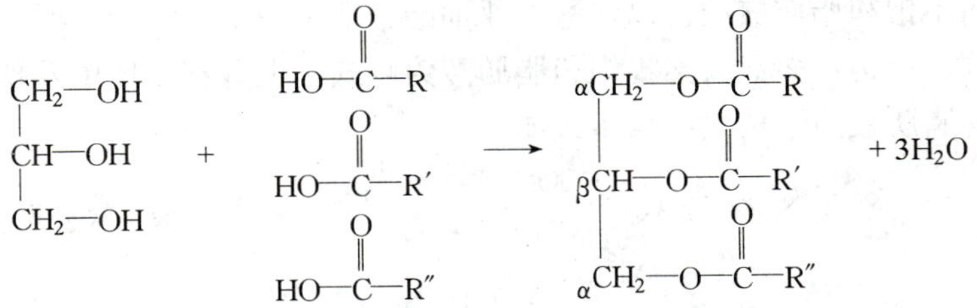

甘油　高级脂肪酸　油脂

油脂的组成中的 R、R′、R″代表高级脂肪酸的烃基，它们可以相同，也可以不同。如果相同，为单纯甘油酯，不同则为混合甘油酯。天然的油脂大多数是混合甘油酯的混合物。同时也有少量的单纯甘油酯和游离脂肪酸存在。

组成油脂的高级脂肪酸种类很多，已经发现的有 50 多种，其中有饱和的，也有不饱和的，绝大多数为含偶数碳原子的直链高级脂肪酸。详见表 13-2。

表 13-2　重要的脂肪酸

俗　名	分子式	熔点（℃）	分布情况
酪酸	C_3H_7COOH	−7.9	奶油
羊油酸	$C_5H_{11}COOH$	−3.4	奶油，羊脂，可可油
羊脂酸	$C_7H_{15}COOH$	16.7	奶油，羊脂，可可油
羊蜡酸	$C_9H_{19}COOH$	32	椰子油，奶油
月桂酸	$C_{11}H_{23}COOH$	44	鲸蜡，椰子油
豆蔻酸	$C_{13}H_{27}COOH$	54	肉豆蔻脂，椰子油
软脂酸	$C_{15}H_{31}COOH$	63	各种油脂
硬脂酸	$C_{17}H_{35}COOH$	70	各种油脂
花生酸	$C_{19}H_{39}COOH$	75	花生油
山萮酸	$C_{21}H_{43}COOH$	80	山萮，花生油
掬焦油酸	$C_{23}H_{47}COOH$	84	花生油
油酸	$C_{17}H_{33}COOH$	13	各种油脂
亚油酸	$C_{17}H_{31}COOH$	−5	亚麻油，棉籽油
亚麻酸	$C_{17}H_{29}COOH$	−11	棉籽油，亚麻油
桐油酸	$C_{17}H_{29}COOH$	49	桐油
花生四烯酸	$C_{19}H_{31}COOH$	−49.5	卵磷脂，脑磷脂
芥酸	$C_{21}H_{41}COOH$	33.5	菜籽油，芥菜籽油

高级脂肪酸的命名有系统命名和俗名两种。系统命名的原则是：饱和高级脂肪酸按所含碳原子数称为某碳酸。不饱和高级脂肪酸按其所含碳原子数和双键数分别称为某碳烯酸、某碳二烯酸等……，并用希腊字母“Δ”表示双键，将双键的位次写在 Δ 的右上角。俗名则是

根据它们的主要来源命名，如硬脂酸、软脂酸、油酸等名称都是俗名，俗名在油脂化学中应用得更为普遍。

在组成油脂的饱和脂肪酸中，以硬脂酸和软脂酸最为普遍。软脂酸几乎在所有的油脂中都有。而硬脂酸则大量存在于动物脂肪中，月桂酸在油脂中也广泛地存在，如椰子油中就含有约 50％的月桂酸。

组成油脂的不饱和脂肪酸中，以油酸、亚油酸、亚麻酸最为普遍。因为分子中有碳碳双键，所以存在顺反异构。多数天然不饱和脂肪酸为顺式，但曾在人体中发现有反式油酸。

这些常见的脂肪酸的结构式和构型式如下：

十六碳酸（软脂酸）

十八碳酸（硬脂酸）

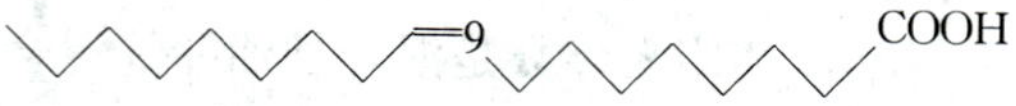

顺-Δ^9-十八碳烯酸（油酸）

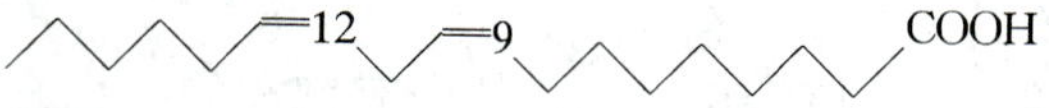

顺，顺-$\Delta^{9,12}$-十八碳二烯酸（亚油酸）

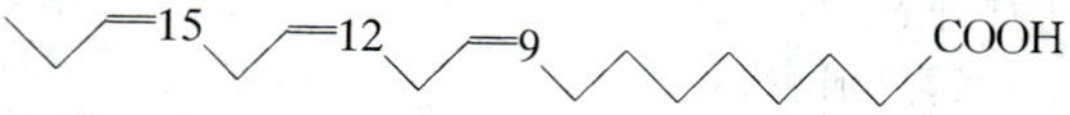

顺，顺，顺-$\Delta^{9,12,15}$-十八碳三烯酸（亚麻酸）

反油酸的构型式则为：

反-Δ^9-十八碳烯酸（反油酸）

除这些常见的高级脂肪酸外，有些油脂中也含有低级脂肪酸，如奶油中就含有丁酸、己酸、辛酸、癸酸等较低级的脂肪酸。

一些特殊的油脂中还含有特殊结构的羧酸，如蓖麻油中含有蓖麻酸；具有环戊烯结构的大枫子酸只存在于大枫子草的种子中。

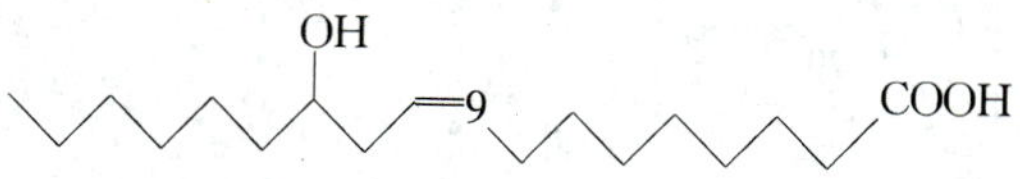

12-羟基-顺-Δ^9-十八碳烯酸（蓖麻酸）

13-环戊烯十三碳酸（大枫子酸）

有些肉类如牛肉和羊肉有特殊的膻气，这些气味来源于这些动物的脂质中的特有的一些脂肪酸成分。例如存在在羊肉中的 4-甲基辛酸和 4-甲基壬酸。另外在海豚油脂中含有异戊酸，一般这些奇数碳的脂肪酸在生物体中很少见，因为生物体内脂肪酸是以乙酸为单位进行合成的。

从表 13-2 中各种脂肪酸的熔点来看，脂肪酸的熔点随碳原子的数目增加而升高，随着不饱和度的增加而降低。硬脂酸比含一个双键的油酸熔点高，油酸又比含两个双键的亚油酸熔点高。因为硬脂酸为饱和脂肪酸，烃链上碳原子均为 sp^3 杂化，使碳链呈线状锯齿形排列。这种有规则而紧密的排列，分子间吸引力大，形成牢固密集的晶体结构，所以熔点较高。而不饱和酸如油酸中，碳碳双键的顺式构型使分子有一弯曲处，阻碍了分子在固态时彼此紧密靠近，分子间吸引力较小，致使油酸比硬脂酸熔点低。脂肪酸中顺式构型的双键越多，熔点则越低。硬脂酸与油酸的分子排列如下：

(a) 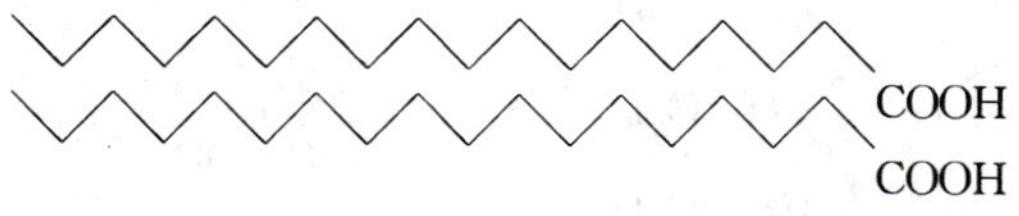 硬脂酸

(b) 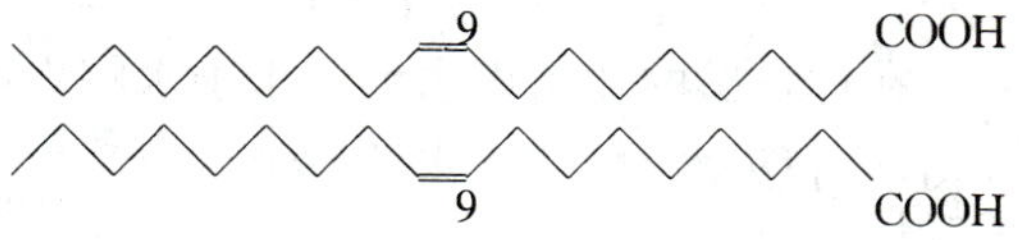 油酸

脂和油的熔点不同，也就是由于在油脂的组成中脂肪酸的含量（见表 13-3）及结构不同所致。在动物脂肪中，不饱和脂肪酸甘油酯含量比植物油少，在室温下动物脂肪常为固态或半固态。而在植物油中，不饱和脂肪酸甘油酯含量较多，所以熔点较低，在室温下植物油常为液态。

表 13-3　几种油脂中各种脂肪酸的含量（%）

油脂 \ 脂肪酸	软脂酸	硬脂酸	油　酸	亚油酸
大　豆　油	6	4	32	49
棉　籽　油	20	2	31	40
向日葵油		9	39	46
花　生　油	6.3	4.3	61.1	21.8
牛　　　油	28	24	44	2
羊　　　油	26	28	39	3
猪　　　油	5.3	9.0	47.2	10.7

同一种油脂，其脂肪酸的含量可能有些变化，这个变化是由于动物的饲料不同、植物的品种、生长环境和气候条件不同造成的。

二、油脂的物理化学性质

1. *物理性质*　纯净的油脂一般是无色、无味、无臭的，但常因溶有脂溶性色素和杂质而呈现不同的颜色和气味。因为油脂是弱极性化合物，故不溶于水而易溶于乙醚、石油醚、氯仿、酒精等有机溶剂。可以利用这些溶剂从动植物组织中提取油脂，从而测定动植物组织中油脂的含量。

油脂都比水轻，动物脂肪密度在 0.86 左右，植物油密度为 0.9～0.95。油脂是混合物，没有确定的熔点，但各种油脂有一定的组成范围，所以各种油脂虽然无固定的熔点，但都有一定的融化范围。例如：猪脂为 36～46℃，牛脂为 42～49℃，花生油为 28～32℃。在到达沸点温度之前，油脂将会分解，所以不能测出油脂的沸点。

各种油脂有一定的折射率范围，如菜籽油、猪脂的折射率分别为 1.4649～1.4659（40℃）和 1.4609～1.4620（40℃），利用折射率可以测定油脂的纯度。

2. *化学性质*　油脂是酯类化合物，分子结构中有酯键，组成油脂的不饱和脂肪酸还含有碳碳双键，因此，油脂可以发生水解、加成、氧化、聚合等反应。

(1) 水解反应：油脂在酸、碱或脂酶的催化作用下发生水解反应，水解产物为甘油和高

级脂肪酸。

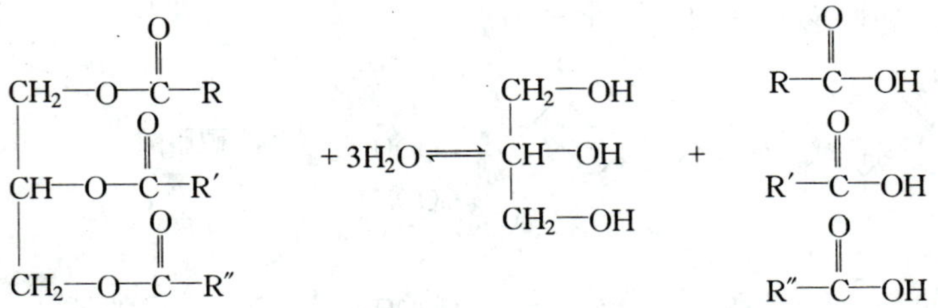

油脂的水解反应是一个可逆反应，如果在过量碱的作用下水解，由于水解生成的高级脂肪酸与碱作用而生成脂肪酸盐，这样使平衡向右移动，使油脂水解完全。

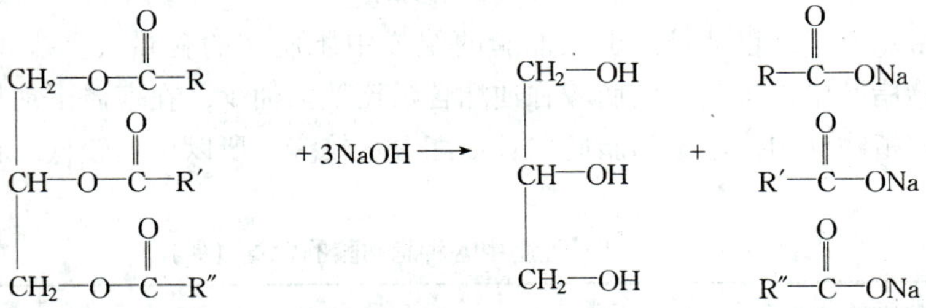

由于生成的高级脂肪酸盐通常称为皂，高级脂肪酸钠盐称为肥皂或硬皂，高级脂肪酸钾盐称为钾皂或软皂，所以把油脂在碱性介质中的水解称为皂化反应。后来推广到一般酯的水解都叫皂化。各种油脂的成分不同，组成它们的脂肪酸的分子量也各不相同，因此，不同油脂皂化时所需碱的用量也是各不相同的。在油脂分析中，通常把皂化并中和一克油脂所需氢氧化钾的毫克数称为该油脂的皂化值（或叫皂化价）。从皂化值可以粗略计算油脂的平均分子量。

$$\text{平均分子量} = \frac{3 \times 56 \times 1000}{\text{皂化值}}$$

式中 56 是 KOH 的分子量，中和 1 摩尔三羧酸甘油酯的脂肪酸需要 3mol 的 KOH，故乘以 3。油脂的皂化值与其平均分子量成反相关，皂化值高的油脂平均分子量小。

表 13-4 几种油脂的分子量及皂化值

名称	分子量	皂化值
三丁酸甘油酯	302.2	577.0
三辛酸甘油酯	544.4	303.6
三软脂酸甘油酯	806.8	208.6
三油酸甘油酯	884.8	190.2
三硬脂酸甘油酯	890.9	188.9

皂化值是检验油脂质量的重要数据之一。

如果油脂中含有较多的不能皂化的杂质，其皂化值一定偏低，所以可以用皂化值检验油脂的纯度。一般油脂皂化值为 190～200。各种天然油脂的皂化值见表 13-4。

(2) 加成反应：油脂中的不饱和脂肪酸甘油酯，含有碳碳双键，因此能与氢、卤素等起加成反应。

① 加氢（氢化）：不饱和脂肪酸甘油脂在催化剂（Ni、Pt、Pd）作用下，加氢生成饱和脂肪酸甘油酯，使之由液态的油转化为固态的脂，这个过程称为油的氢化或硬化。

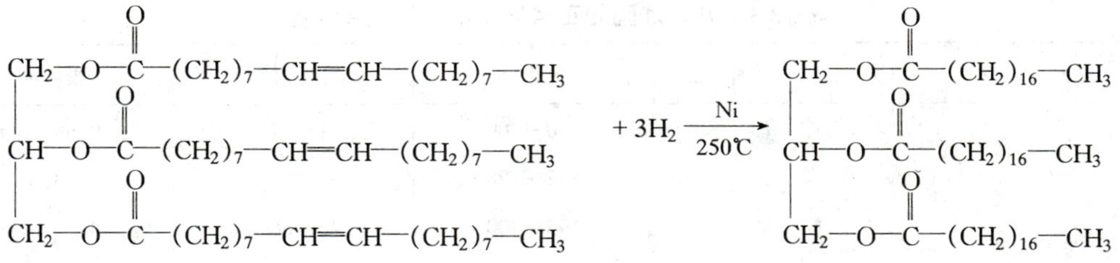

三油酸甘油酯　　　　三硬脂酸甘油酯

油脂氢化后，不易酸败，易于贮存，便于运输。不能食用的动植物油，通过氢化后可用于制造肥皂、人造奶油等。鱼油氢化后可以减除腥味，改善品质。

油脂的氢化程度不同，可生成不同“硬度”的固态脂肪。如果加氢过量，甘油脂便被还原成甘油和高级脂肪醇。

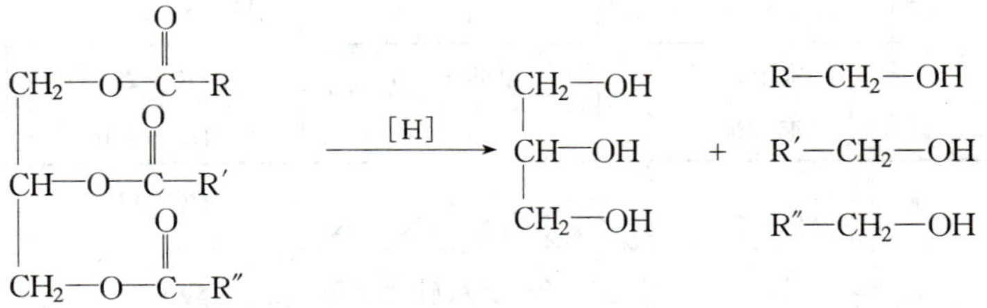

② 加卤素：油脂中的碳碳双键也可以与卤素发生加成反应。分析中常用油脂与卤素的加成反应来测定油脂的不饱和程度。每 100 克油脂中所能吸收碘的克数称为该油脂的碘值(或叫碘价)。碘值越大的，表明油脂的不饱和程度越大。由于碘与油脂不能发生正常的加成反应，在实际测定中，通常是用过量的氯化碘（ICl）或溴化碘（IBr）的冰醋酸溶液进行反应。

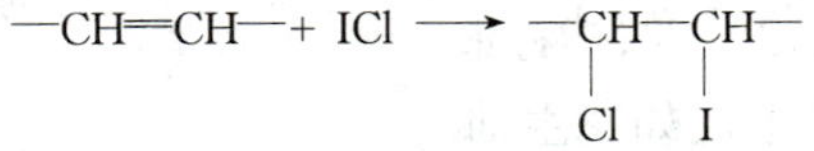

当反应完成后，加入足量的 KI 溶液，使剩余的 ICl 或 IBr 与 KI 作用析出一定量的碘，再用硫代硫酸钠标准溶液滴定析出的碘。

$$ICl + KI \longrightarrow KCl + I_2$$

$$I_2 + 2Na_2S_2O_3 \longrightarrow Na_2S_4O_6 + 2NaI$$

这样可以计算出被吸收氯化碘的量，然后换算出碘的量。便可求出油脂的碘值。碘值是分析油脂不饱和程度大小的一项重要数据。一些油脂的碘值（碘价）见表 13-5。

(3) 干化作用：一些植物油如桐油、亚麻油等涂刷在物体表面上，与空气接触后能形成一层坚韧、有弹性、不透水的薄膜，这个过程称为油脂的干化作用。虽然干化过程还不很清楚，但它与氧化聚合有关。现在一般对干化的看法是双键旁链端的亚甲基（$—CH_2—$）容易与空气中氧发生自动氧化反应，形成一个游离基，游离基可自行结合为高分子化合物。

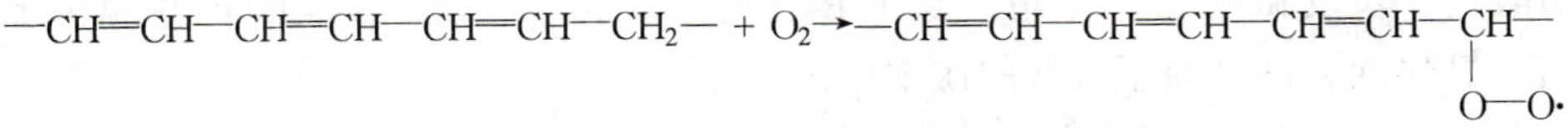

反应中产生的过氧化游离基，可取得一个氢变为稳定的过氧化物，或者两个游离基结合，然后再进行氧化得到高分子聚合物。

桐油干化比亚麻油快，所形成的膜较坚韧，是很好的油漆原料。这是因为桐油酸中三个双键形成了共轭体系：

表 13-5　几种油脂的正常皂化值、碘值和酸值

分　类	名　称	皂化值	碘　值	酸　值
非干性油	牛　油	190～200	31～47	0.66～0.88
	羊　油	192～198	31～46	2～3
	猪　油	193～200	46～66	0.5～0.8
	蓖麻油	176～187	81～90	0.12～0.8
	花生油	185～195	88～98	0.8
	菜　油	168～179	94～105	0.36～1.0
半干性油	芝麻油	188～193	103～117	4～5
	棉籽油	191～196	103～115	2.58
	豆　油	134～189	124～136	0.3～1.8
干性油	亚麻油	189～196	170～204	2～6
	桐　油	189～196	160～180	2

顺，反，反-$\Delta^{9,11,13}$-十八碳三烯酸（桐油酸）

而共轭双键链端的亚甲基更为活泼，更容易与氧作用。在亚麻酸中虽然也有三个双键，但不成共轭体系，所以亚甲基的活化程度没有桐油酸强。这就说明，油脂的干化性能不仅与其成分中的不饱和程度有关，更和其中碳碳双键的共轭体系有关。但通常仍按碘值大小不同而将油脂分为三类：

干性油：碘值在 130 以上，如桐油。

半干性油：碘值在 100～130，如棉籽油。

非干性油：碘值在 100 以下，如花生油。

（4）油脂的酸败：油脂在贮存期间，受湿、热、光和空气中氧的作用，逐渐产生一种特殊的臭味，这种现象称为油脂的酸败，又称变酯。油脂酸败的化学变化比较复杂，引起酸败的主要原因有两个，一是空气氧化分解，一是微生物氧化分解。

空气氧化分解往往是由油脂中的不饱和脂肪酸引起的，双键处吸收一个氧分子而形成过氧化物，再由水的作用，分解成低级的醛、酮或酸。光、热、潮湿或某些金属能加速这一过程。

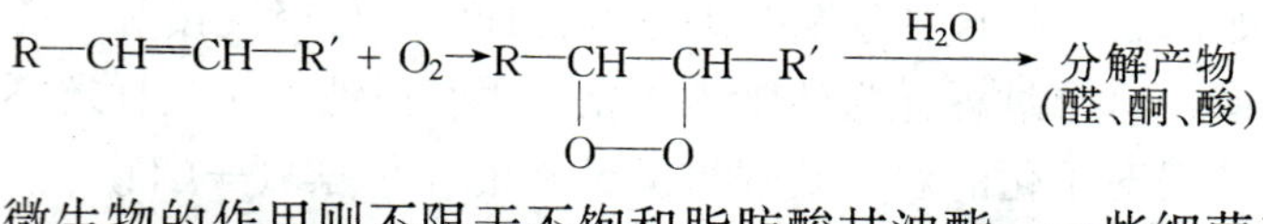

微生物的作用则不限于不饱和脂肪酸甘油酯。一些细菌和霉菌能使油脂水解而生成脂肪酸。脂肪酸进一步受微生物的作用，发生 β-氧化，生成 β-酮酸。β-酮酸再经脱羧形成低级酮，放出二氧化碳。这是油脂酸败的次要原因。

$$R-\overset{\beta}{C}H_2-\overset{\alpha}{C}H_2-COOH \xrightarrow[\text{微生物}]{O_2} R-\overset{O}{\overset{\|}{C}}-CH_2-COOH \longrightarrow R-\overset{O}{\overset{\|}{C}}-CH_3 + CO_2$$

低分子的羧酸及醛、酮都有不好闻的气味。另外分解出来的甘油也被氧化，变成具有特臭味的环氧丙醛。

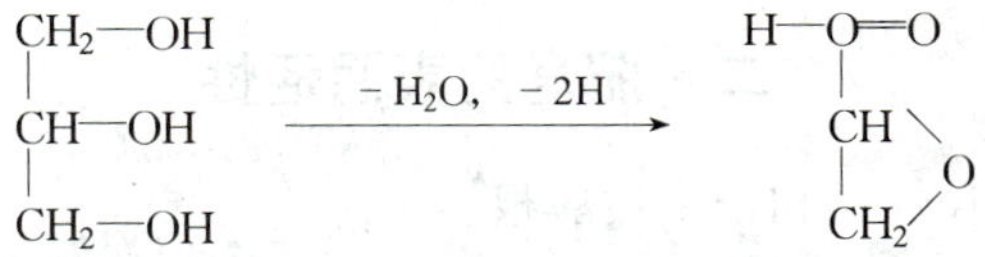

油脂中含低级脂肪酸甘油酯较多时，如奶油、猪脂等，容易被微生物所酸败。酸败后的油脂具有不同程度的毒性，如果食用，则对人体健康不利。当植物种子里所含的油脂酸败后，也会降低种子的发芽率。

通常油脂中总含有微量的游离脂肪酸。游离脂肪酸的含量可在常温下用氢氧化钾酒精溶液滴定。中和1g油脂中游离脂肪酸所需氢氧化钾的毫克数，称为该油脂的酸值（酸价）。油脂的酸值除芝麻油外一般都很低（见表13-5），酸败后，游离脂肪酸增多，酸值升高。油脂的酸值高低是衡量油脂品质好坏的重要数据之一。一般来说酸值大于6的油脂不宜再食用。

用氢氧化钾测出的油脂的皂化值，其中就包括了它的酸值。将测得的皂化值减去酸值，称为酯值。

为了防止油脂的酸败，可将油脂保存在干燥、不见光的密闭容器中，同时应放在阴凉的地方。或在油脂中加入少量的抗氧化剂，即易被氧化的物质，如维生素E，多元酚，卵磷酯等都可减缓或防止油脂的酸败。在麦胚油中富含维生素E，芝麻油中含有抗氧化剂芝麻酚，这两种油就比较不易酸败。

芝麻酚的结构为：

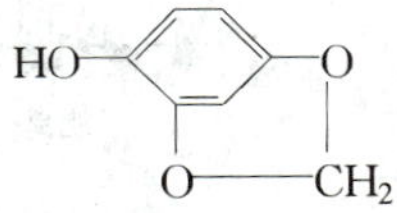

第二节　肥皂和表面活性剂

一、肥　　皂

高级脂肪酸的盐类通称为皂。油脂在碱催化下进行水解反应（又叫皂化反应）可得皂。饱和高级脂肪酸的盐硬度较大。制皂一般常选择硬脂酸含量较高而碘值低的脂如牛脂、羊脂、硬化油等为原料。

肥皂有钠皂、钾皂、钙皂等等许多种类。一般常用的肥皂为钠皂。钠皂易于结块，能溶于水，并且制造成本低，是印染造纸工业的重要原料，也为人们生活所必需。钾皂难于结块而成浆状，钾皂也可溶于水，钾皂主要用于医药上。钙皂和其它重金属皂都不溶于水。

肥皂是强碱弱酸盐，其水溶液因水解而呈碱性，当与强酸作用时会析出不溶于水的高级脂肪酸，与重金属离子作用时会形成重金属盐沉淀，因此肥皂在硬水中不适于使用。

肥皂是大家所熟知的洗涤去污剂。在农业生产上有一些特殊的皂，如棉油皂、铜皂等，可作为杀虫剂。同时在施用农药时，肥皂还是很好的乳化剂、展布剂和湿润剂。

乳化剂就是能使油/水乳浊液保持稳定的或比较稳定状态的物质。而展布剂是能使溶液在其他物质表面（如覆盖着蜡质的昆虫体表面或植物体表面）铺展开来的物质。湿润剂就是能使粉尘颗粒表面湿润而分散到水中去的物质。肥皂之所以能有去污、乳化、展布和湿润的功能，是由于它具有表面活性的缘故。

二、肥皂的表面活性

肥皂分子中含有一个长烃链和一个羧酸根：

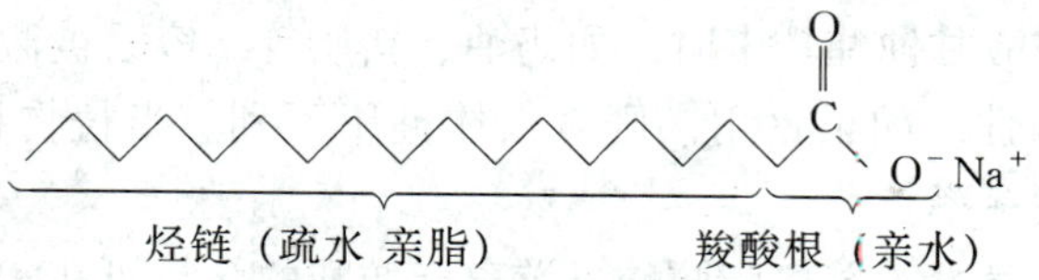

长烃链是一个很典型的疏水（亲脂）基，而羧酸根离子则是一个很强的亲水基。当肥皂与水接触时，它不能全部溶于水中，也不是完全不溶于水，而是羧酸根进入水中而烃基翘在水面外，向地铺展在水的表面。如果肥皂分子很少时，不足铺满整个水面，这些分子就有的直立，有的倾斜，虽然也是定向排列，但比较零乱松散，当肥皂分子较多时，则它们尽可能的挤在一起，一个挨一个地直立于水面，形成布满水面的肥皂薄层，这一薄层只有一分子的厚度，所以叫单分子层或单分子膜（图 13-1）。肥皂与油接触，情况也非常相似，肥皂分子在油面上也定向排列形成单分子层，只不过是烃基进入油中而羧酸根翘在油面之外。

由于单分子膜的形成改变了水表面或油表面的表面性质，而使表面张力降低，表面能减小。当肥皂在油的表面形成单分子层时，由于羧酸根离子翘在油面上面，使油的表面出现一定的亲水性，同理当肥皂在水的表面形成单分子层时也会使水的表面出现某些亲脂性。这就是肥皂的表面活性。

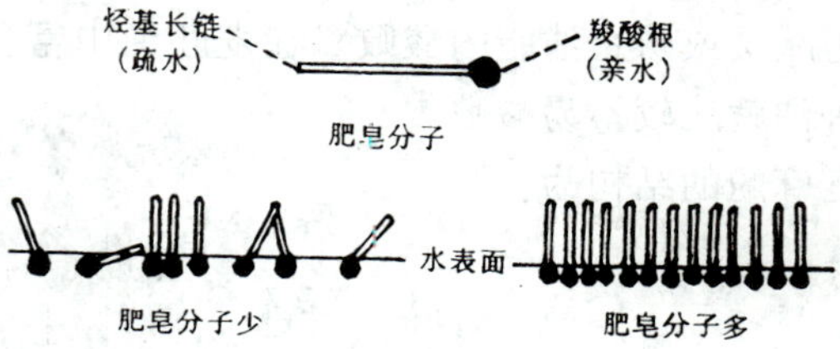

图 13-1　肥皂在水面形成单分子层

不仅在液—气表面肥皂分子定向排列，在互不相溶的液—液表面或液—固表面上也能定向排列，呈现出表面活性。

当某些水溶液或水，洒在覆盖了蜡质的物体表面时，由于表面张力，水或溶液总是成一圆珠而不铺展，当在水或溶液中加入肥皂，肥皂在水滴表面形成单分子层，降低了水滴的表面张力，并使表面有某些亲脂性，水滴则不再是圆珠而是铺展在蜡质物体的表面了。如图 13-2 所示。

亲脂性固体微尘颗粒，不易被水浸湿，当水中含有肥皂，水就可铺展在固体颗粒表面，使颗粒湿润而易分散在水中。

水与油一起剧烈振荡，油成为微细的油珠分散在水中，构成乳浊液，当停止振荡并静置一段时间时，细小的油珠又合并成大油滴，这是因烃基与水相斥，彼此靠范德华引力聚集在一起，逐步与水分离，乳浊液就不复存在。如果在体系中加入肥皂，肥皂分子在细油珠表面定向排列，亲脂的烃基部分进入油珠中，亲水的羧酸根排布在油珠表面，油珠表面因亲水基团的存在而带负电荷，互相排斥，阻止彼此合并，乳浊液可保存较长时间。这种现象叫乳

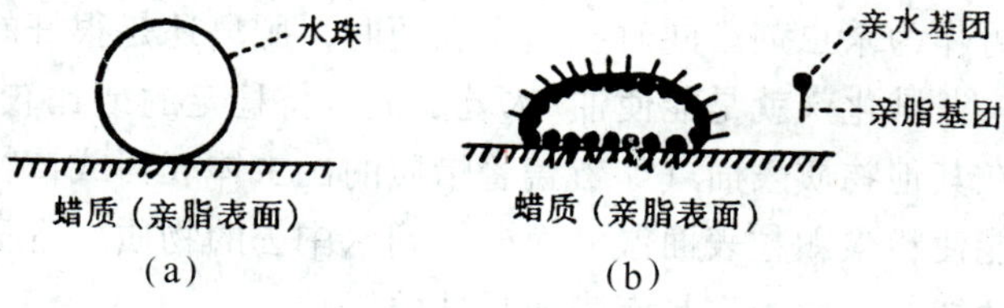

图 13-2　肥皂的展布作用

化。

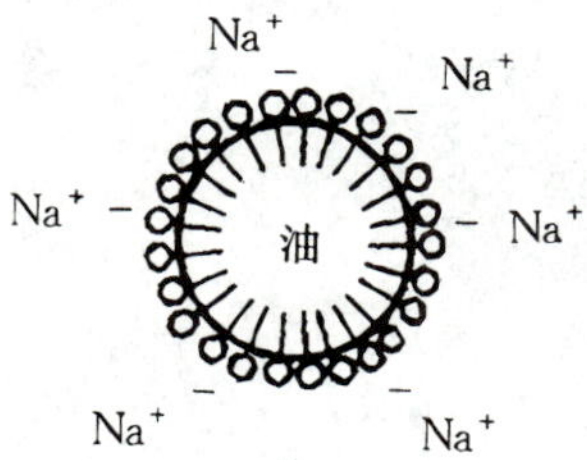

图 13-3 肥皂的乳化作用

凡具有乳化作用的物质都叫乳化剂。

洗涤用的肥皂含有 70% 高级脂肪酸钠和 30% 的水分，以及为增加泡沫而加入的松香酸钠等。肥皂能够去除油垢，就是利用它的乳化性能，衣物上的油污用肥皂处理后，肥皂分子亲脂部分进入油污层，经机械摩擦，油污逐渐分散成小滴，因其表面排布着亲水基团，就容易被水分子拉入水中而形成乳浊液，不能回沾到衣物上，从而衣物上的油污被除去。

由此可见，肥皂的乳化去污，和前面所提到的湿润、展布等作用，都是肥皂的表面活性的具体表现。而表面活性物质的结构特点是分子中有较长的典型的亲脂基和较强的亲水基。除肥皂外，其它具有这种结构特点的化合物，也都可以做表面活性剂。

三、表面活性剂

由于肥皂价廉易得，所以是农业生产上常用的一种表面活性剂。但肥皂有许多缺点，如不适用于硬水（而一般天然水都有某些硬度）。另外，肥皂有碱性，所以在应用上受到许多的局限，近年来根据不同的要求，合成了许多表面活性剂。按合成表面活性剂中亲水基的电性可分为三种类型。

1. 阳离子型　这类表面活性剂的亲水基团是阳离子，它们多数是一种季铵盐。例如：

$CH_3—CH_2—CH_2—CH_2—CH_2—CH_2—N^+(CH_3)_3Br^-$　　溴化三甲基己铵

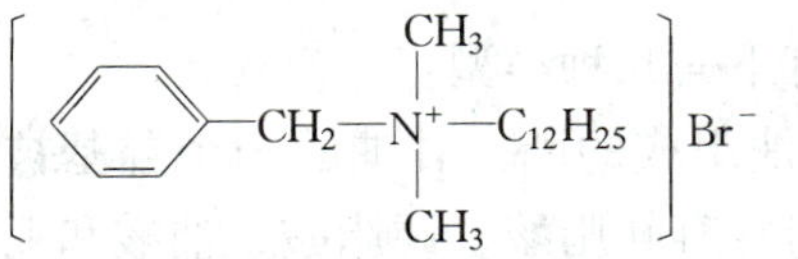

溴化二甲基-苄基-十二烷基铵（新洁尔灭）

这些化合物除用作乳化剂外，因具有较强的杀菌能力，可用作灭菌剂和消毒剂。如新洁尔灭主要用于外科手术时的皮肤和器械消毒。

2. 阴离子型　这类表面活性剂的亲水基团是阴离子，肥皂的亲水基团是羧酸根，所以肥皂是一种阴离子表面活性剂。其它常用的还有土耳其红油，即蓖麻油酸硫酸酯的钠盐，直链烷基苯磺酸钠，十二烷基硫酸钠等。

$$CH_3(CH_2)_5—\underset{\displaystyle OSO_3^-\ Na^+}{CH}—CH_2—CH{=}CH(CH_2)_7—COO^-\ Na^+$$　　土耳其红油

$CH_3\ (CH_2)_{10}CH_2OSO_3^-\ Na^+$　　十二烷基硫酸钠

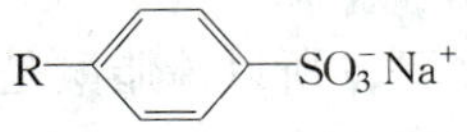

烷基苯磺酸钠

它们在水中分别生成 $ROSO_3^-$、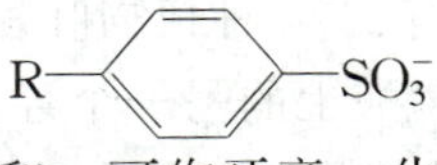 等亲水的阴离子。十二烷基硫酸钠具有优良的起泡性质，对皮肤作用温和，可作牙膏，化妆品、洗头水和洗涤剂。烷基苯磺酸钠是常用的良好洗涤剂，可作洗衣粉，也可用以清洁金属和润湿纺织品。

这一类化合物都是强酸盐，这些盐不被钙、镁及铁离子沉淀，故可在酸性水或硬水中使用。

3．非离子型　这类表面活性剂在水中不离解成离子。例如：

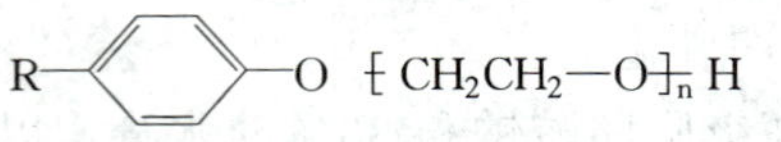

聚氧乙烯烷基酚醚

R＝C_8～C_{10}的烷基　　n＝6～12

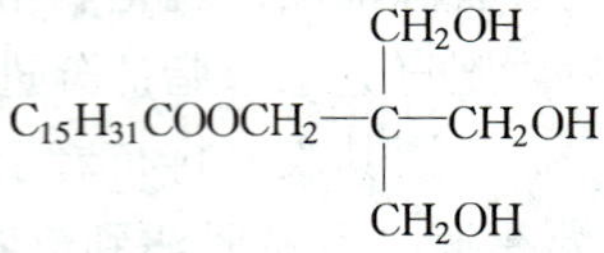

季戊四醇单软脂酸酯

这类表面活性剂的亲水基团是非离子型的基团，如羟基、醚键等。性能良好，对酸、碱、硬水和重金属盐等都很稳定，但其亲水性较弱，乳化能力差。因此，要使表面活性剂的分子具有足够的亲水性，分子中应具有多个羟基或多个醚键。另外，十六醇、十八醇、二十二醇等高级醇类，以及某些高级醚类如：$CH_3—(CH_2)_{20}—CH_2—O—CH_2—CH_2OH$ 等，都可用作非离子型表面活性剂。

将这种药剂撒布在水面上，形成的单分子膜对水起了保护作用，可降低水的蒸发，减少热量散失，保持水温和土温；对早稻育秧和促进稻株生长发育等都有好处。

第三节　类　　脂

类脂化合物在化学成分及结构上与油脂是有很大差别的，有的属于酯，有的不属于酯，它们在生物体内各自有着重要的生理功用。在这一节里仅对磷脂、蜡作简要介绍。

一、磷　　脂

磷脂是含磷酸的类脂化合物，按照其组分，已知有下面几种类型：

1．磷脂酸　磷脂酸是高级脂肪酸和磷酸共同与甘油组成的酯，甘油的一个羟基被磷酸酯化，而其它两个羟基被脂肪酸酯化。常见的高级脂肪酸有软脂酸、硬脂酸、油酸和亚油酸等。磷酸在甘油的第1碳原子上者称为α-磷脂酸；在第2碳原子上者称为β-磷脂酸。不论R与R′相同或不相同，α-磷脂酸的β-C为手性碳原子，有可能存在两种旋光异构体，但自然界常见的是L-α-磷脂酸，β-磷脂酸则是人工合成的。

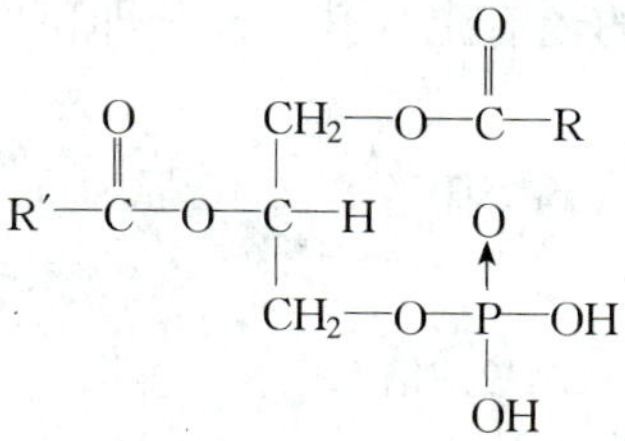

L-α-磷脂酸

磷脂酸既是羧酸酯，又是磷酸酯，分子中的磷原子上还有二个羟基，所以磷脂酸是酸性的。自然界中，它以钙、镁或钾盐存在于多种植物叶片、种子等的细胞中。

2．卵磷脂和脑磷脂　磷脂酸中磷酸上的另一个羟基还可以与某些具有羟基的含氮碱或其它羟基化合物形成酯。例如含氮碱基是胆碱的称为卵磷脂；含氮碱基是胆胺的称为脑磷脂；含氮碱基是丝氨酸（α-氨基-β-羟基丙酸）的称为丝氨酸磷脂；肌醇（环己六醇）与磷脂酸形成的脂称为磷脂酰肌醇。卵磷脂和脑磷脂是两种最重要的磷脂。二者都是α异构体，具L构型。

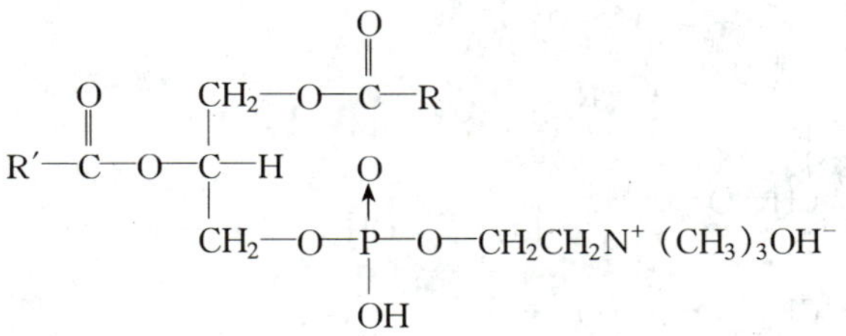

L-α-卵磷脂

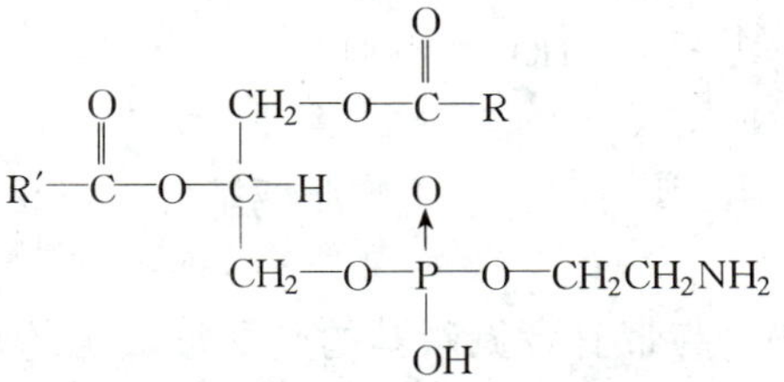

L-α-脑磷脂

卵磷脂和脑磷脂广泛存在于动植物器官中，一般说来，含油脂丰富的器官，含卵磷脂和脑磷脂也多些，例如干蛋黄中含磷脂9.4%，牛脑髓中含6%，大豆种子中含1.82%。两种磷脂之间的比例可有差别，禽鸟类的卵中，含卵磷脂特多；而高等动物的脑、肝、肾、心等器官中则脑磷脂的比例较高。

卵磷脂和脑磷脂都是吸水性很强的白色蜡状固体，由于分子中不饱和脂肪酸易被空气氧化而变成黄色，久则变成褐色。卵磷脂不溶于丙酮，能溶于乙醇和乙醚；脑磷脂则不溶于丙酮和乙醇，但能溶于乙醚，利用这些性质可以进行分离。制油的副产物油脚中含有丰富的脑磷脂和卵磷脂，若提取其中的卵磷脂，就可以利用它们在有机溶剂中溶解性的不同来进行。首先用乙醇来萃取卵磷脂，回收乙醇，萃取物用丙酮来沉淀卵磷脂，经离心脱去丙酮烘干等步骤，即可得卵磷脂。

卵磷脂和脑磷脂在酸、碱或生物体内酶的催化下，水解生成一分子甘油，二分子高级脂肪酸，一分子磷酸和一分子含氮碱（卵磷脂是胆碱；脑磷脂是胆胺）。

在蛇毒、蜂毒和蝎子毒汁中含有一种卵磷脂酶A，能水解卵磷脂的α-酯键或β-酯键（一般为油酸的酯键），产生一种具有溶血性的磷酸一酯，称溶血卵磷脂，它能破坏红细胞，产生溶血作用。毒蛇伤人的危险性即由于此。

卵磷脂和脑磷脂分子中的酸性磷酸基和含氮基可以形成内盐结构，如：

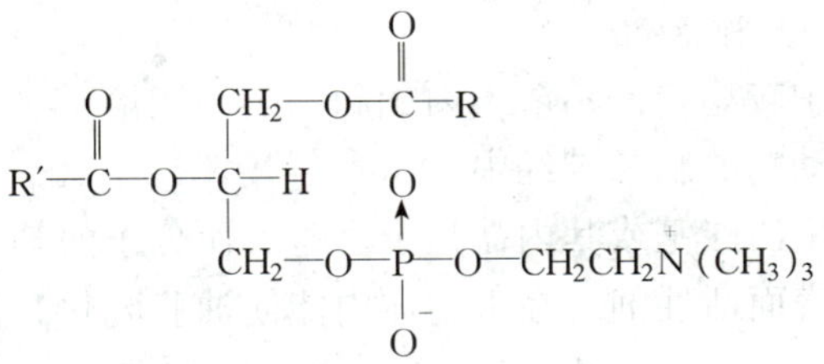

L-α-卵磷脂内盐

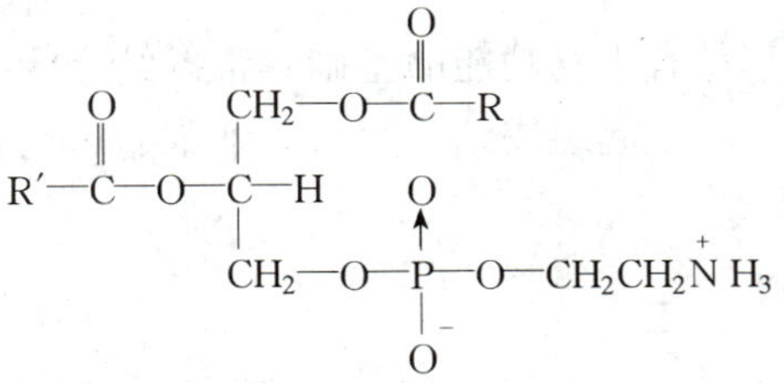

L-α-脑磷脂内盐

肌醇磷脂分子中，与磷酸相连的不是含氮碱而是肌醇（环己六醇），如下：

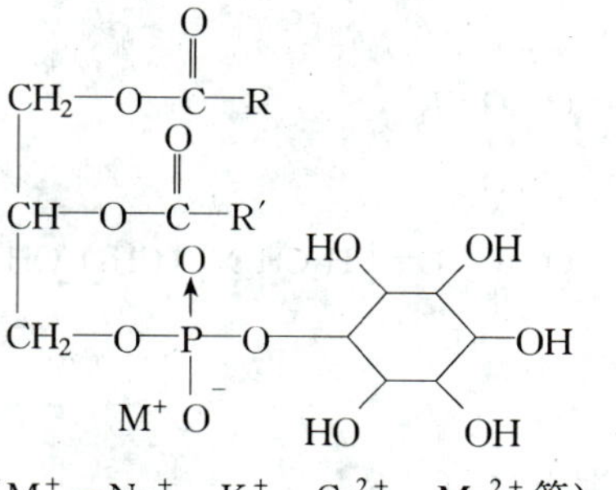

（$M^+ = Na^+$、K^+、Ca^{2+}、Mg^{2+}等）

肌醇磷脂分子中的肌醇含多个羟基，还可与第二个磷脂酸结合，也还可与某些糖类结合成结构较复杂的其它化合物。

3．*神经磷脂* 在神经磷脂分子中，与带有含氮碱基的磷酸形成酯的醇不是甘油，而是神经醇。它是一个十八碳氨基不饱和二元醇，其结构为：

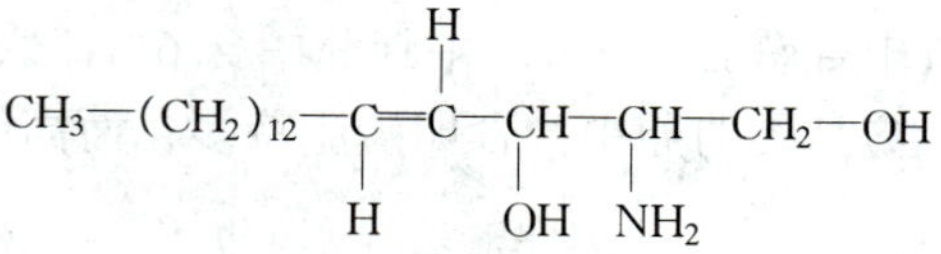

神经醇（反式）

构成神经磷脂时，神经醇的氨基与脂肪酸形成酰胺，一端的伯羟基与磷酸成酯，磷酸的另一个羟基通过酯键连着胆碱。结构如下：

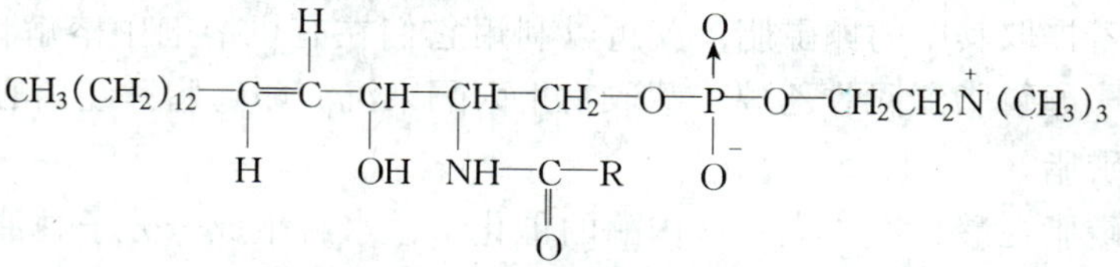

神经磷脂（内盐）

组成神经磷脂的脂肪酸一般为硬脂酸、软脂酸和二十四酸（掬焦油酸），此外还有特有的顺-Δ^{15}-二十四烯酸（神经烯酸），其结构为：

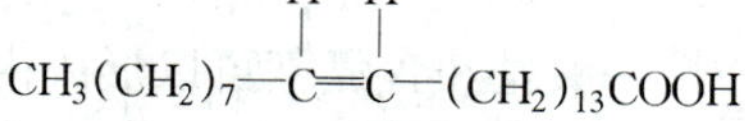

神经烯酸（顺式）

神经磷脂是白色晶体，在空气中较稳定，不溶于丙酮和乙醚，能溶于热的乙醇中，它也能形成内盐。神经磷脂主要存在于动物的脑和神经中。

上述的各种磷脂中，分子结构里磷酸基或其内盐是亲水基，而分子的其它部分则是非极性的疏水基，所以它们都是良好的表面活性剂，在生物体内能使油脂乳化，便于油脂的运输和消化吸收。

磷脂的亲油、亲水两重性，正是其具有生物功能的基础，常以结合状态作为一种组成物质存在于活细胞中，例如它们常与蛋白质一起组成细胞膜，对细胞的透性和渗透作用起着重要作用。

二、蜡

蜡是习惯叫法。蜡的组成相当复杂，主要成分是由高级脂肪酸与高级饱和一元醇组成的酯的混合物。此外天然蜡常含有游离脂肪酸、脂肪醇、烃类、高级醛酮等化合物。

蜡在常温下是固体，不溶于水，能溶于有机溶剂如乙醚、苯、氯仿、四氯化碳等。

蜡的化学性质非常稳定，不易酸败，在空气中不易变质，也不被微生物侵害而腐败。蜡不易皂化，也不能被肠胃消化吸收。

根据来源不同，蜡可分为植物蜡和动物蜡两类。植物蜡常覆盖在茎、叶、树干、花等植物组织或器官表面，或覆盖在种子和果实的表皮。也有少数植物细胞内有一些胞内蜡。

覆盖茎、叶、花表面的表层蜡可以棕榈蜡为例，棕榈蜡是棕榈科植物叶面分泌的一种蜡，主要成分是二十六烷酸二十六酯（$C_{25}H_{51}COOC_{26}H_{53}$）和二十六烷酸三十酯（$C_{25}H_{51}COOC_{30}H_{61}$）；此外还含有少量的二十八酸、三十酸、三十二酸与同碳原子醇所组成的酯和正三十一烷等饱和烃。

覆盖在果实或种子表面的种皮蜡可以高粱种皮蜡为例，这种蜡主要含二十酸二十六酯（$C_{19}H_{39}COOC_{26}H_{53}$），而苹果皮蜡则含有较多的高级烷烃如二十九烷和高级的如 C_{26}、C_{28}、C_{30}醇和酸。

蜡是亲脂疏水的，覆盖在植物体表的蜡使植物体表不透水，防止体外水分渗入，减少体内水分蒸发，不致干萎。蜡质也对植物起着保护作用，可防止微生物和昆虫等的侵害。

动物蜡可以昆虫表皮上的蜡为代表，如介壳虫的蜡片，主要成分是二十六酸二十六酯（$C_{25}H_{51}COOC_{26}H_{53}$）。它能保护身体不使药剂透入，所以多数触杀剂对它无效。松脂合剂有碱性，能腐蚀破坏蜡质层；脂溶性药剂容易通过昆虫的上表皮蜡质层，对于覆盖了蜡层的昆虫来说，这些药剂有较好的防治效果。

我国四川特产的白蜡（或叫虫蜡）是寄生在女贞或水蜡树上的白蜡虫所分泌，主要成分是二十六酸二十六酯（$C_{25}H_{51}COOC_{26}H_{53}$）。蜂蜡是工蜂的分泌物，是营造蜂巢的物质之一，近年来人们用皂化蜂蜡得到的三十烷醇喷洒玉米、大豆等农作物，发现它是一种很好的植物生长调节剂，用量甚微，无毒，而且效果显著。

存在于鲸鱼脑部的鲸蜡，主要成分是软脂酸十六酯（$C_{15}H_{31}COOC_{16}H_{33}$）；鸭的臀腺蜡的主要成分是油酸十八酯（$C_{17}H_{33}COOC_{18}H_{37}$）。

蜡可用以制造蜡纸、蜡笔、蜡烛、鞋油、上光剂、防水剂以及药膏的基质等。

习 题 十 三

1. 写出下列化合物的结构式

   (1) 花生四烯酸（顺，顺，顺，顺-$\Delta^{5,8,11,14}$-二十碳四烯酸）

   (2) 反式油酸　　　(3) 亚麻酸

2. 用化学方法鉴别下列化合物

   (1) 硬脂酸和蜡

   (2) 三油酸甘油酯和三硬脂酸甘油酯

   (3) 石油和花生油

3. 2g 油脂完全皂化，消耗 0.5mol·L^{-1} KOH 15ml，计算该油脂的皂化值。

4. 有一个合成磷脂，其水解产物是甘油、磷酸、胆碱和两分子硬脂酸，且无旋光性，试写出它的结构式。

5. 区分下述每组词的含义有何不同

   (1) 脂和酯　　　(2) 脂类和类脂

(3) 磷酸酯和磷脂酸　　　　　　(4) 混合甘油酯和甘油酯混合物

6．解释下列各问题

(1) 菜籽油的碘值比羊脂高，熔点比羊脂低

(2) 酸败油的酸值比新鲜的油高

(3) 桐油干化性能比亚麻油好

(4) 肥皂、磷脂、合成表面活性剂为什么能做乳化剂？肥皂去污垢的原理。

7．如何从卵磷脂、脑磷脂和神经磷脂的混合物中把三者分开？

第十四章　碳水化合物

碳水化合物，又称作糖，是自然界分布最广的一类有机化合物。它是植物的主要成分，许多植物含碳水化合物达干重的80%。植物种子中的淀粉，根、茎、叶中的纤维素，水果中的葡萄糖、果糖，甜菜、甘蔗中的蔗糖，以及牛奶中的乳糖、动物肝脏中的肝糖元和肌糖元等都是碳水化合物。

碳水化合物是光合作用的产物。植物通过光合作用将太阳能转化为化学能贮存在碳水化合物中，供给一切生物体维持生命活动所需要的能量；动物不能由简单的二氧化碳自行合成碳水化合物，必须从食物中摄取。碳水化合物是人类和动物最主要的食物之一。

碳水化合物是很重要的工业原料，广泛应用在纸张、纺织品、建筑材料、医药和食品工业中。因此，碳水化合物是一类很重要的化合物。

很早以前，人们分析了葡萄糖、果糖、蔗糖、淀粉和纤维素等许多碳水化合物，发现它们都是由碳、氢、氧三种元素组成的，而且分子中氢与氧之比，与水的组成相同，即2∶1。碳氢氧的关系可用通式$C_n(H_2O)_m$表示，例如葡萄糖的分子式是$C_6H_{12}O_6$，即$C_6(H_2O)_6$，故称为碳水化合物。后来发现有些化合物的结构和性质都属碳水化合物，但它们的元素组成却不符合上述通式，如脱氧核糖（$C_5H_{10}O_4$）、鼠李糖（$C_6H_{12}O_5$）。而有些化合物的元素组成虽符合上述通式，如乙酸（$C_2H_4O_2$）、乳酸（$C_3H_6O_3$），但结构和性质却又不是碳水化合物。所以，碳水化合物这一名词并不确切，是历史上沿用下来的，有其局限性，但至今仍被采用。

从化学结构的特点来看，碳水化合物是一类多羟基醛或多羟基酮，或经水解可以产生多羟基醛或多羟基酮的一类有机物。这个定义也不十分确切，因为碳水化合物主要是由同一分子中的羟基与羰基生成的半缩醛或半缩酮的形式存在的。可以认为，碳水化合物的基本结构是多羟基醛或多羟基酮和由其所形成的分子内的半缩醛或半缩酮及其缩合物。

根据水解情况可将碳水化合物分为三类：

（1）单糖：不能再水解为更小分子的糖。

（2）低聚糖：水解时生成两分子单糖的叫做双糖，生成三分子单糖的叫做三糖，水解时生成2～12分子单糖的统称为低聚糖。如麦芽糖、蔗糖、棉籽糖等。在低聚糖中双糖最重要。

（3）多糖：水解后可产生许多个单糖的糖，它们相当于许多个单糖分子缩合形成的高分子化合物，如淀粉、纤维素、果胶质等。

从碳水化合物的分类可以知道，单糖是组成低聚糖和多糖的基本单位，对于单糖的了解是研究全部糖类化学的根本问题。所以我们首先讨论单糖的结构和性质，然后讨论双糖和多糖。

第一节　单　　糖

一、概　　述

单糖是多羟基醛和多羟基酮，多羟基醛称为醛糖，多羟基酮称为酮糖，根据单糖分子中碳原子的数目不同，又把单糖分为丙糖、丁糖、戊糖、己糖、庚糖等。通常把这两种分类方法结合起来，例如含三个碳原子的酮糖称为丙酮糖，四个碳原子的醛（酮）糖称为丁醛（酮）糖，其余类推。

糖的命名一般用俗名。

自然界分布最广的糖是戊醛糖、己醛糖和己酮糖。庚糖存在很少，庚糖中的景天庚酮糖是光合作用的中间产物。下面是一些比较重要的单糖。

丙醛糖

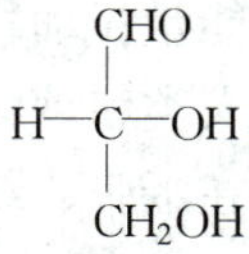

甘油醛

丙酮糖

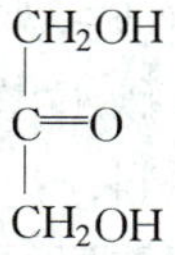

二羟基丙酮

戊醛糖

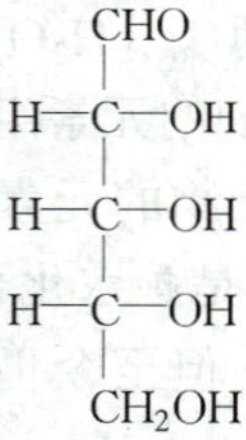

核糖

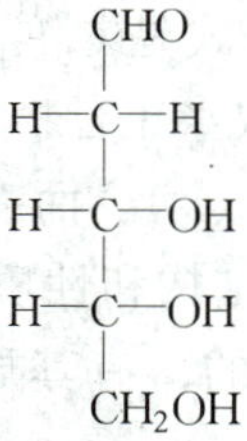

脱氧核糖

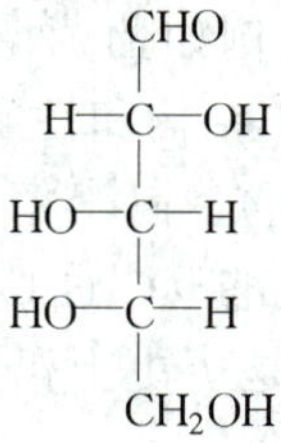

阿拉伯糖

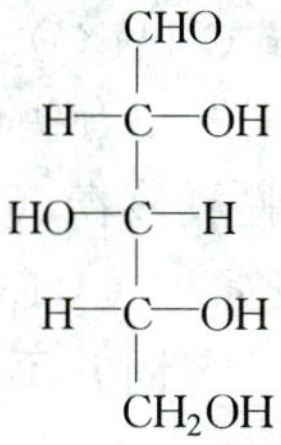

木糖

己醛糖

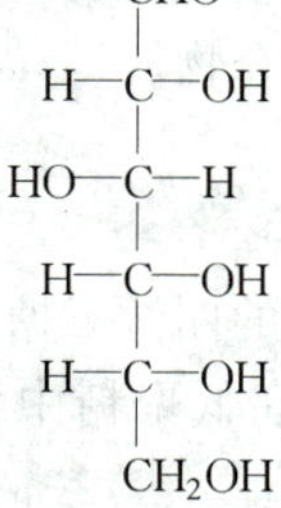

葡萄糖

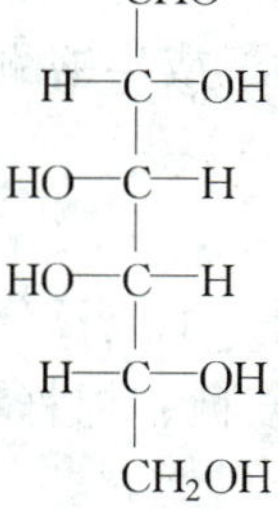

半乳糖

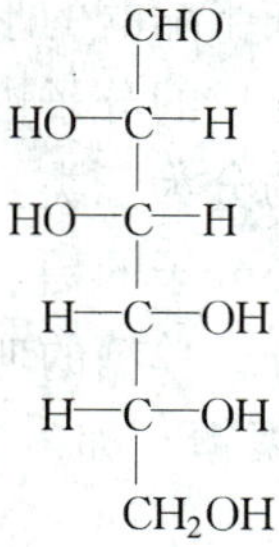

甘露糖

二、单糖的构型

单糖除丙酮糖外，分子中都含有手性碳原子，它们都有旋光异构现象。例如己酮糖中含有三个手性碳原子，有八个旋光异构体；己醛糖中有四个手性碳原子，有十六个旋光异构体，最简单的醛糖为丙醛糖，即甘油醛，分子中有一个手性碳原子，有两个旋光异构体。

对于单糖的旋光异构体，除可采用 R、S 命名法表示其构型外，还常采用 D、L 系列法表示其构型。用 D、L 表示糖的构型时，人为规定右旋的 R 型甘油醛为 D 构型的丙醛糖，则其对映体 S 甘油醛为 L 构型的丙醛糖，如下：

D-（+）-甘油醛　　L-（−）-甘油醛

将 D-甘油醛与 HCN 加成，可以增加一个碳原子，得到羟基腈，将其水解，得到羟基羧酸，脱水转化为内酯，再经还原成醛，得到两个互为异构体的 D-丁醛糖。

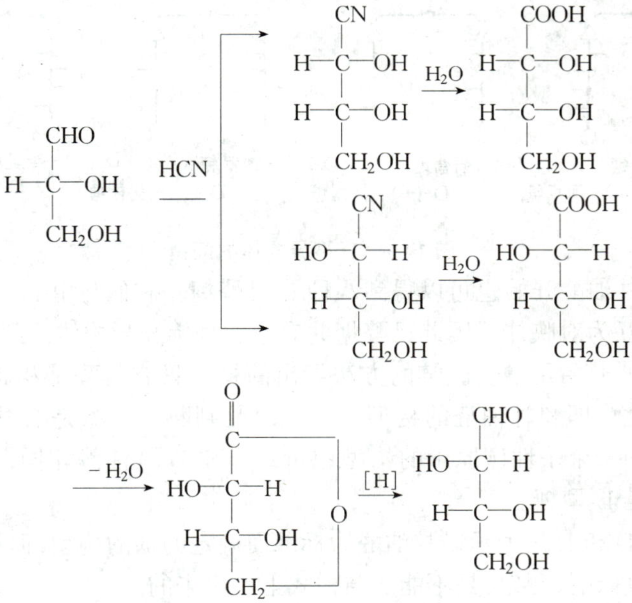

D-（−）-赤藓糖

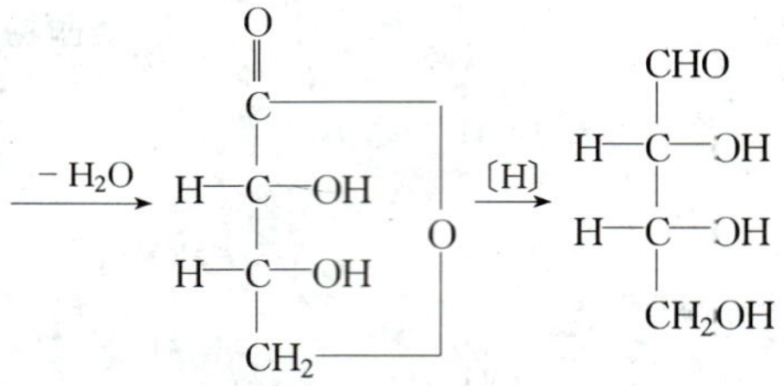

所得这两种丁醛糖的不同点是通过反应新生成的手性碳原子（原羰基碳原子）的构型相反，而原来的手性碳原子的构型是相同的。因为这两种丁醛糖都是由 D-（+）-甘油醛衍生出来的，所以都属于 D-构型的糖。

由两个 D-丁醛糖用上面碳链增长的办法可得四种 D-戊醛糖，然后由四种 D-戊醛糖又可制出八种 D-己醛糖。为了简便，在糖的构型式中将所有的原子省掉，以短横线代表手性碳原子上的羟基，以“Δ”代表醛基，以竖线代表碳链，以“○”代表羟甲基，则由 D-甘油醛导出的 D 型丁醛糖、戊醛糖、己醛糖的构型和名称可表示如图 14-1。

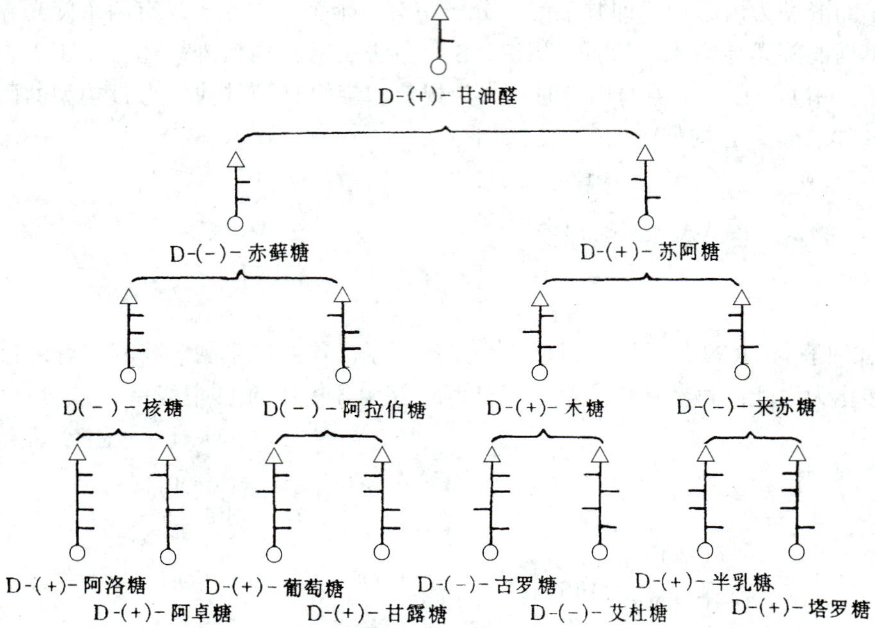

图 14-1 D-型异构体的醛糖

同样我们从 L-甘油醛开始也可以得到八种 L-己醛糖，它们与由 D-（+）-甘油醛衍生出来的八种 D-己醛糖互为对映体，因此己醛糖共有十六种旋光异构体，组成八对对映体。

上面从 D-甘油醛开始用增长碳链的方法导出的糖，只有与醛基相距最远的一个碳原子的构型没有发生变化，即和甘油醛的构型一样，因此判断一个糖是 D 构型还是 L 构型，只需要看离羰基最远的一个手性碳原子的构型即可，如和 D-甘油醛相同，便是 D-型糖；如和 L-甘油醛相同，便是 L-型糖。

应当明确指出，D 和 L 只表示以甘油醛为标准而确定的糖的构型，而糖的旋光方向和旋光能力的大小，必须用旋光仪测定，是不能从结构式上看出来的。

自然界存在的糖只有 D-葡萄糖、D-半乳糖和 D-甘露糖。其余十三种己醛糖是人工合成的。

酮糖的旋光异构现象与醛糖相似，从 D-赤藓酮糖（丁酮糖）开始，用增长碳链的方法导出两种 D-戊酮糖，再由 D-戊酮糖导出四种 D-己酮糖（图 14-2）。

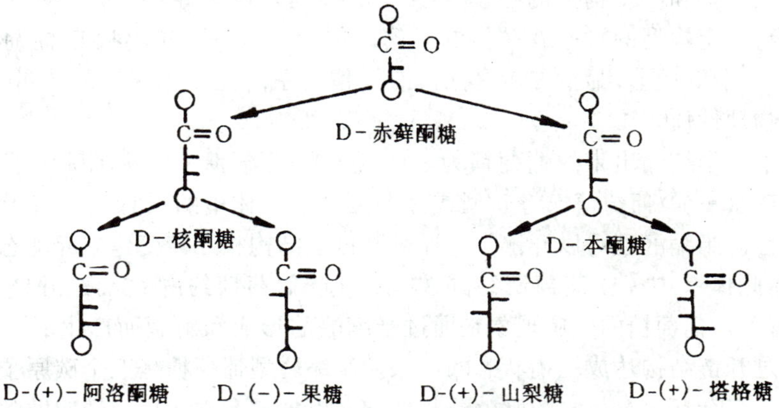

图 14-2　D-型异构体的酮糖

同样从 L-赤藓酮糖开始，可导出四种 L-型己酮糖，因此己酮糖有八个旋光异构体，组成四对对映体。自然界存在最多的是D-(－)-果糖，其次是含七个碳原子的 D-景天庚酮糖。

以上讨论的 D 系列和 L 系列单糖，只揭示了糖类之间的衍生关系，要想知道某一具体糖的构型，还需要进一步确证。

三、单糖的环状结构

1．变旋现象　在研究 D-葡萄糖的旋光现象中发现，从乙醇水溶液中结晶出来的 D-葡萄糖，熔点为 146℃，比旋光度为 + 113°，从吡啶溶液中结晶出来的 D-葡萄糖，其熔点为 150℃，比旋光度 + 19°。如果将这两种葡萄糖分别溶解在水里，同时将新制的两种葡萄糖溶液置于旋光仪中，可以观察到比旋光度随着时间而慢慢改变，前者从 + 113°逐渐降低到 + 52°，后者从 + 19°逐渐升高至 + 52°时，就不再改变。把这种旋光性化合物溶液的旋光度逐渐变化，最后达到一个恒定值的现象，称为变旋现象。

2．单糖的环状半缩醛和半缩酮结构　醛可与醇发生加成反应生成半缩醛。在醛糖分子中同时存在醛基和羟基，所以它可以发生分子内的加成反应而形成环状的半缩醛。对于己醛糖来说，分子中有五个羟基，究竟哪个羟基与羰基反应形成半缩醛，也就是说，构成的环是由几个原子组成的，实验证明，一般情况下，都是形成六员环，即第五个碳原子上的羟基与羰基进行加成形成半缩醛。例如：D-葡萄糖就可以形成下面两种环状半缩醛结构：

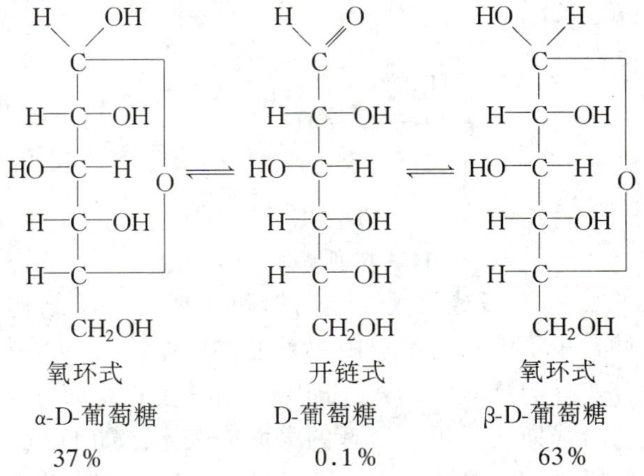

从以上的反应可以看出，D-葡萄糖由开链式转变为半缩醛式时，形成了环状的半缩醛结构，原来的羰基氧原子变为羟基，称这个羟基为半缩醛羟基或苷羟基；原来的羰基碳原子由

sp^2 杂化转变为 sp^3 杂化，并以醚键（或叫氧桥）与倒数第二个碳原子（C_5）相连，构成一个含氧杂环，原来的羰基碳原子也变成了手性碳原子，并有两种不同的构型，其中一种是半缩醛羟基（苷羟基）和决定构型的羟基（C_5 上的羟基）在碳链的同侧，称为 α-型；另一种是半缩醛羟基与决定构型的羟基在碳链的异侧，称为 β-型。这样环状 D-葡萄糖就有两种旋光异构体，即 α-型和 β-型。显然二者之间没有镜像关系，是非对映体，又叫“异头物”，它们有着不同的物理性质。

从乙醇水溶液中结晶出来的葡萄糖为 α-D-（+）-葡萄糖，而从吡啶溶液中结晶出来的葡萄糖则为 β-D-（+）-葡萄糖。将 α-型或 β-型两种异构体中的任意一种溶于水后，由于半缩醛的不稳定性，半缩醛型可以开链，并通过开链型结构相互转变建立起动态平衡，此时的 $[\alpha]_D^{20}=52°$。在此体系中 α-D-葡萄糖约占 37%，β-D-葡萄糖约占 63%，开链醛式结构仅占 0.1%。由此可见，葡萄糖的变旋现象是通过半缩醛的形成和解裂而产生的，或者说是由两种环状结构通过开链结构达成平衡状态的结果。半缩醛型葡萄糖是五个碳原子和一个氧原子形成的六元环，与杂环化合物中的吡喃环相似，所以把具有六元环的糖叫做吡喃糖。

所有的单糖如甘露糖、半乳糖、核糖、脱氧核糖等，在晶体状态时都以环状的半缩醛结构存在，当然也有变旋现象。酮单糖同样可以发生分子内的加成反应生成环状半缩酮结构。果糖在溶液中达成平衡时的比旋光度为 −92°，果糖在溶液中可能存在有五种结构。

果糖在游离状态时，以较稳定的吡喃糖形式存在，但在结合状态时，果糖只以五员环的形式存在，五员环是由四个碳原子和一个氧原子构成，与呋喃环相似，又叫呋喃糖。

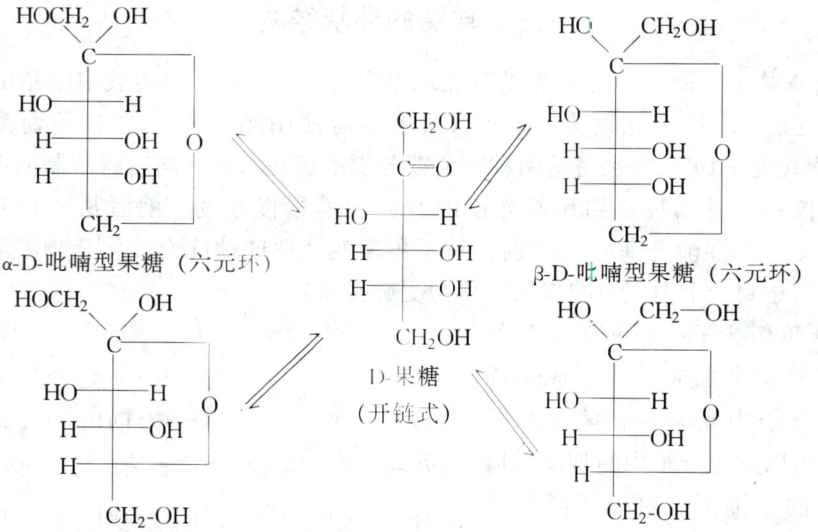

α-D-吡喃型果糖（六元环） β-D-吡喃型果糖（六元环）
D-果糖（开链式）
α-D-呋喃型果糖（五元环） β-D-呋喃型果糖（五元环）

3. 哈武斯透视式 葡萄糖和果糖的环状结构，前面所写的是用费歇尔投影式表示的。这种式子不能确切的反映单糖的立体结构。1926 年哈武斯（W·N·Haworth）提出了一种更符合实际的环状结构式，即哈武斯透视式，简称哈武斯式。

哈武斯式是用一个环的平面来表示，如 D-（+）-葡萄糖的空间排布，是将碳链放成水平位置（I），碳链左边的原子或原子团在碳链上边（Ⅱ），将 C_5 按箭头所指，绕 C_4—C_5 键轴旋转 120°，使 C_5 上的羟基靠近 C_1 的羰基，如（Ⅲ）。C_5 上羟基与羰基两边均可加成形成环。成环后，羟甲基（—CH_2OH）在环的上面。C_1 上新形成的羟基在环面的下面或上面，从而形成了 α 和 β 两个异构体。

用哈武斯透视式表示糖时，α-型和β-型异构体的确定仍以 C_1 上新形成的苷羟基与决定构型的碳原子（C_5）上的羟基在未成环时的相对位置为标准。因此在下述的透视式中，D-型糖的苷羟基向下的为α-型，反之则为β-型。

葡萄糖和果糖的哈武斯透视式如下：

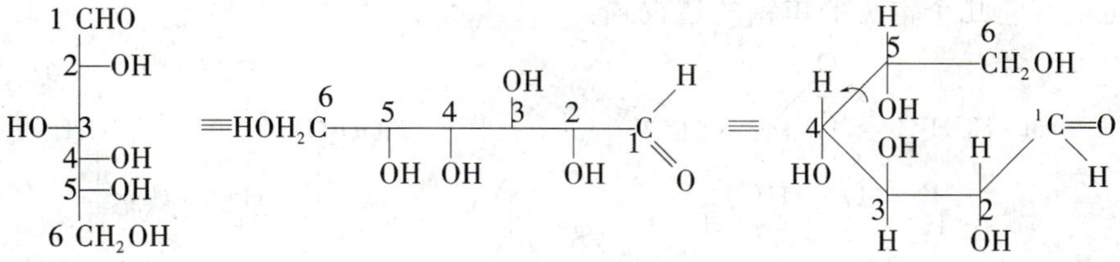

（Ⅰ）　（Ⅱ）

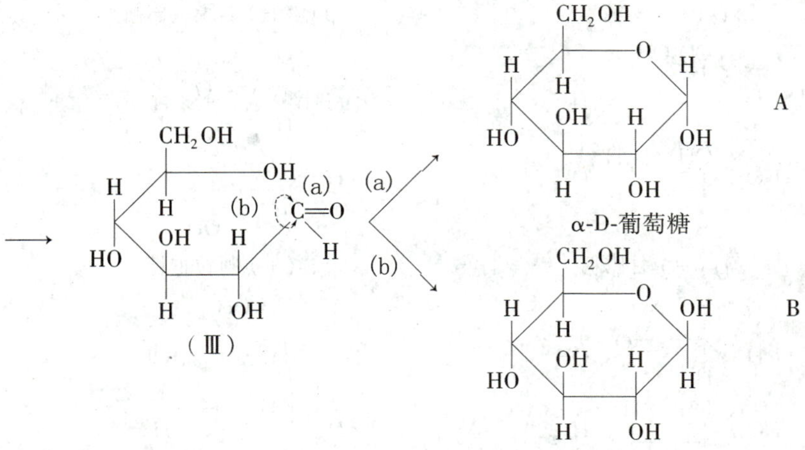

（Ⅲ）

α-D-葡萄糖

β-D-葡萄糖

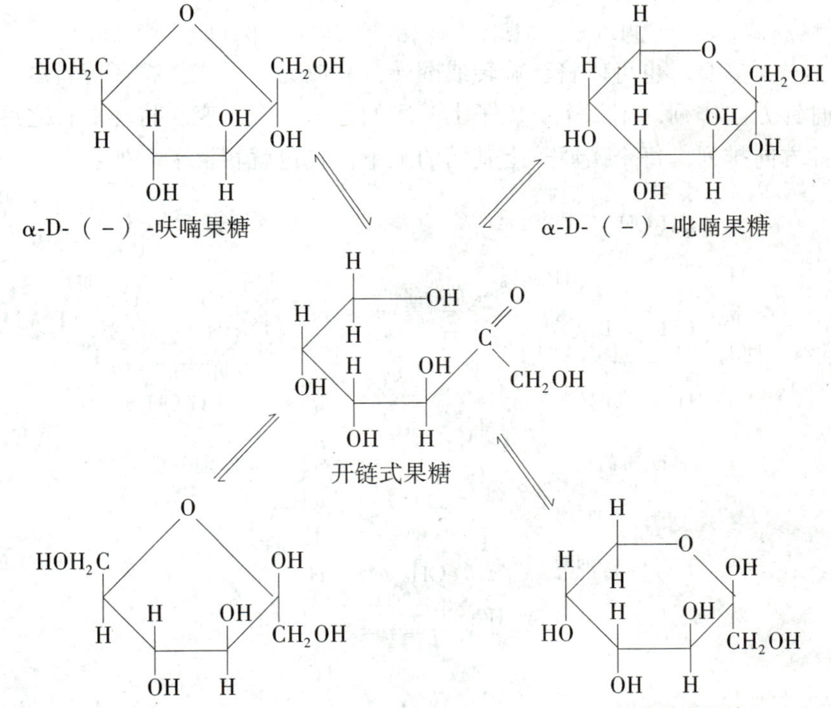

α-D-（－）-呋喃果糖　α-D-（－）-吡喃果糖

开链式果糖

β-D-（－）-呋喃果糖　β-D-（－）-吡喃果糖

果糖在成环时，可以是第二个碳原子上的羰基与第六个碳原子上的羟基加成成环，形成吡喃型果糖，或者第二个碳原子的羰基和第五个碳原子上的羟基加成成环，形成呋喃型果糖。

以上所写的葡萄糖和果糖的哈武斯透视式，氧桥都在纸平面后方，碳原子都是顺时针方向排列的，这是通用写法。

下面是其它几个常见的单糖的透视式：

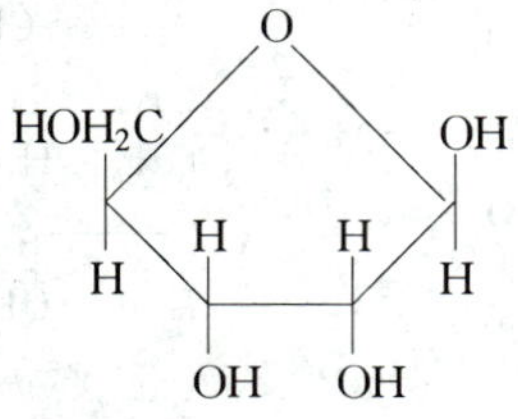

β-D-(－)-核糖

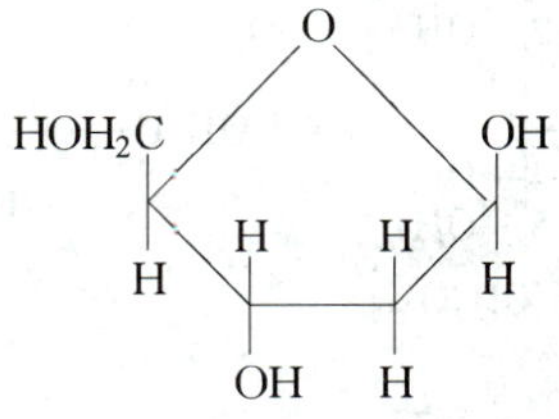

β-D-(－)-2-脱氧核糖

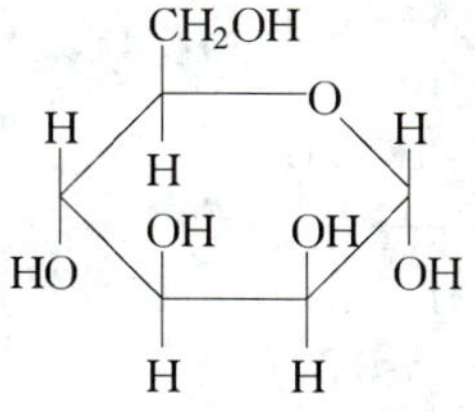

α-D-(＋)-甘露糖

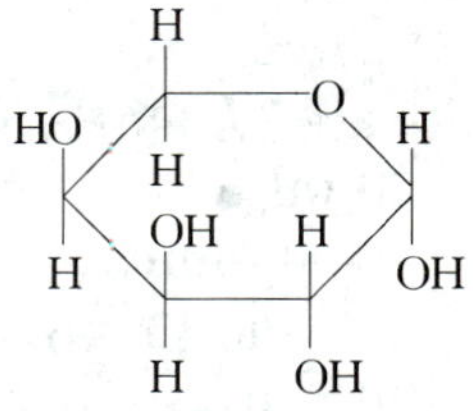

β-L-(＋)-阿拉伯糖

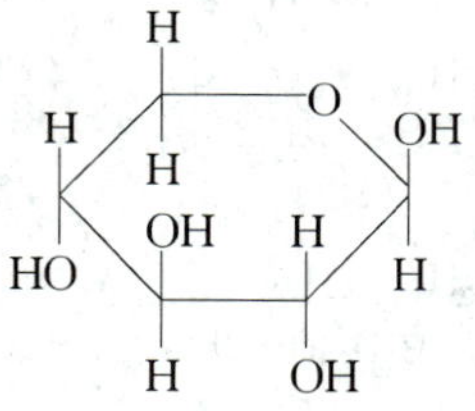

β-D-(＋)-木糖

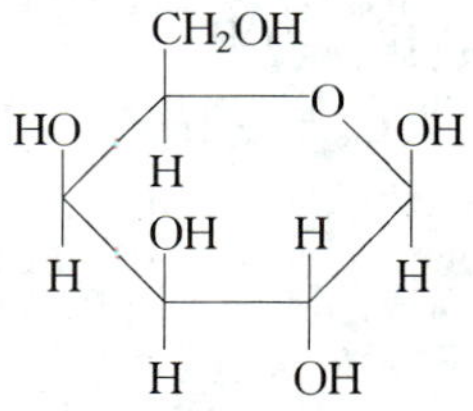

β-D-(＋)-半乳糖

有时为了书写需要，也可以将环旋转或翻转，写成另一形式。将环旋转后，环上碳原子如果仍是顺时针方向排列，则每个碳原子上基团的上下位置不变。将环翻转之后，环上碳原子变成反时针方向排列，每个碳原子上基团的上下位置也就相反了。如：

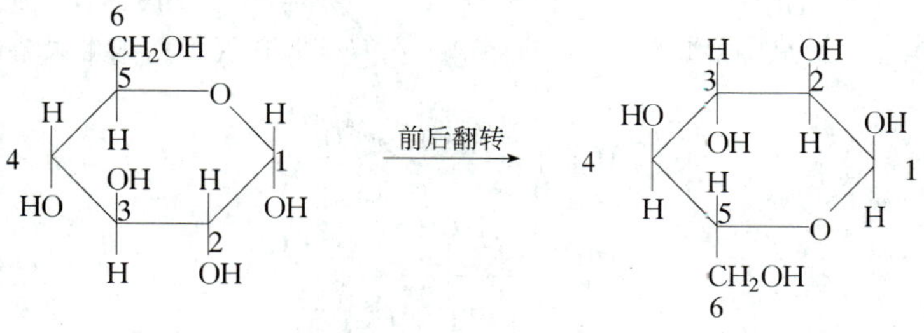

α-D-葡萄糖　　α-D-葡萄糖

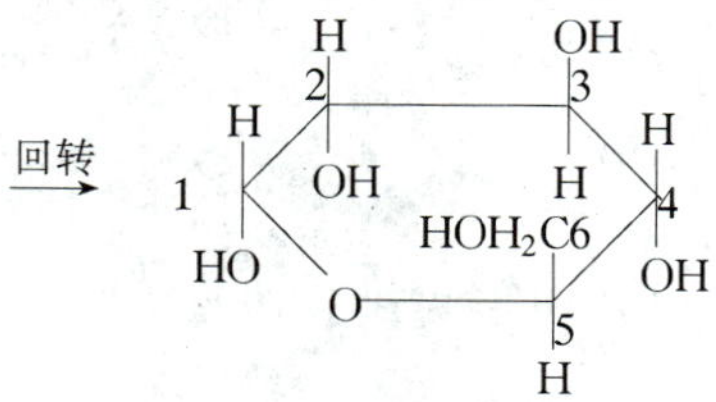

α-D-葡萄糖

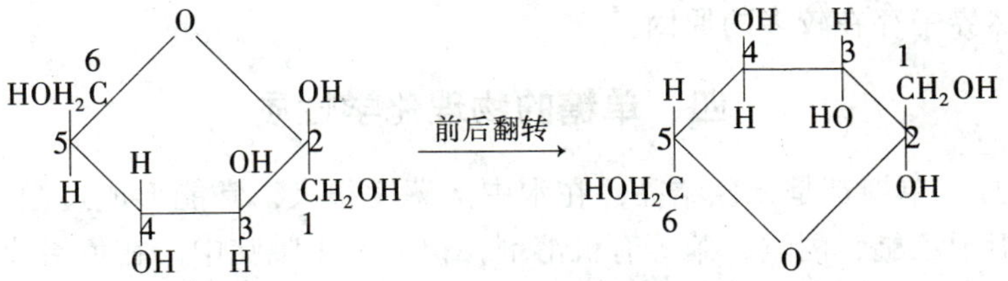

β-D-果糖　　β-D-果糖

4. 环的构象　用X-射线研究证明，在呋喃型糖（五元环）分子中，其成环的四个碳原子和一个氧原子是在一个平面上，而吡喃型糖（六元环）分子中，成环的五个碳原子和一个氧原子并不在一个平面上。因此，哈武斯透视式虽然能够较合理地表达糖的环状形式，但不能反映出六元环的三维空间结构。从前面环已烷的构象分析中，我们知道环已烷有船式和椅式两种构象，其中椅式的内能较低，比较稳定。吡喃糖构象式与环已烷类似，不同的是环中有一个碳原子被氧原子所代替，所以吡喃糖的椅式的构象可以有两种形式。

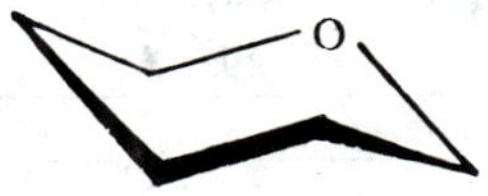

N-式

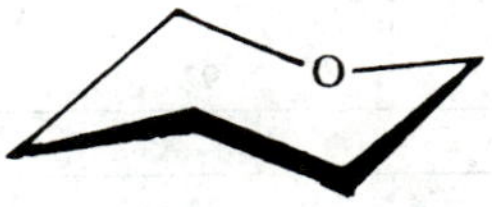

A-式

对于D系糖来讲，C_5上所连接的羟甲基是最大的取代基，只有当它处于e键的情况下，糖的环系才比较稳定，所以D系糖的构象一般皆为椅式。下面是几个单糖的构象式：

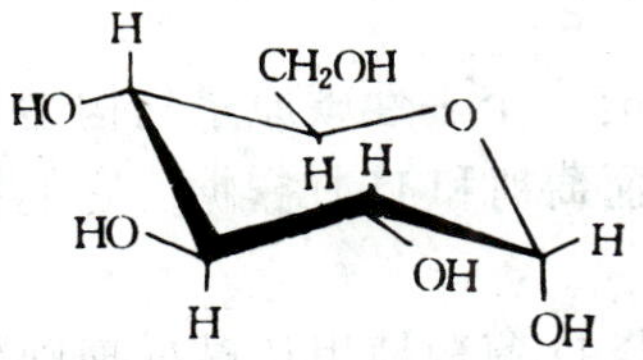

α-D-葡萄糖

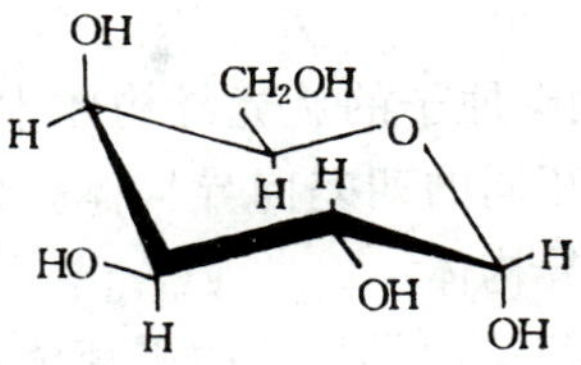

α-D-半乳糖

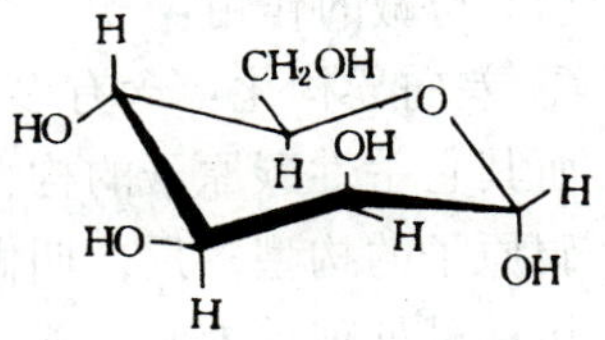

α-D-甘露糖

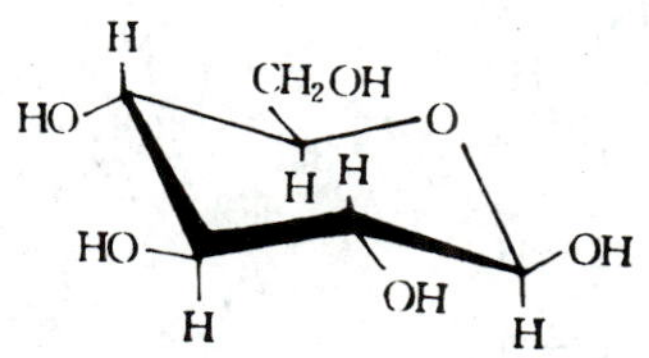

β-D-葡萄糖

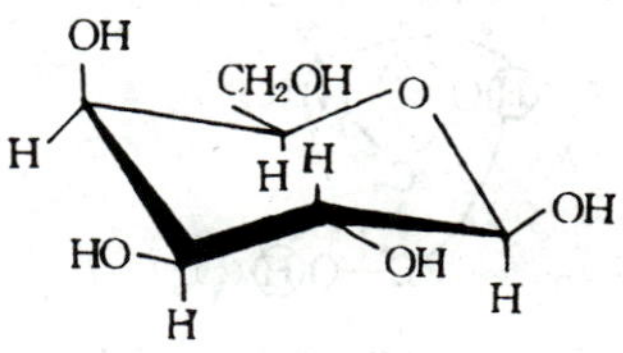

β-D-半乳糖

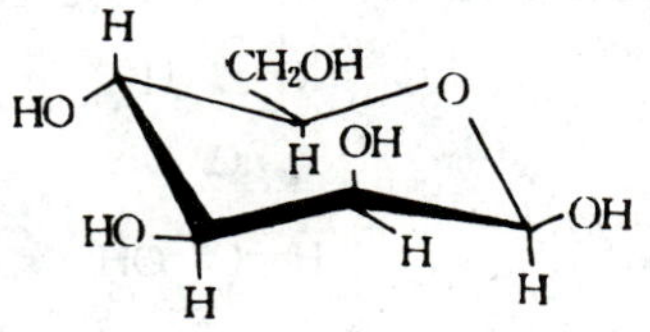

β-D-甘露糖

从上面的构象式中还可以看出，β-型糖的苷羟基都处于e键上，因此β-型糖要比α-型糖稳定，在达成平衡时，所占比例也就较多。

β－葡萄糖是所有的大基团都处于e键上的惟一的单糖，这决定了纤维素的稳定性，也是葡萄糖在自然界中存在较多的原因。

四、单糖的物理化学性质

1. **物理性质** 单糖都是无色结晶，在水中溶解度很大，常能形成过饱和溶液-糖浆。可溶于乙醇、难溶于乙醚、丙酮、苯等有机溶剂，但能溶于吡啶中，在色层分析中常用吡啶为溶剂提取糖。单糖都有甜味，各种糖甜度不一，一般以蔗糖的甜度为100来比较其它糖的相对甜度，如葡萄糖的甜度为74，果糖的甜度则为173（果糖是最甜的糖）。单糖都含有手性碳原子（丙酮糖除外），所以都具有旋光性。单糖的物理性质见表14-1。

表14-1 单糖的物理性质

名 称	比旋光度 $[\alpha]_D^{20}$			糖脎熔点（℃）
	α式	β式	平衡混合物	
戊 糖				
D-阿拉伯糖	−54	−175	−105	160
D-莱苏糖	+5.5	−36	−14	163
D-核糖	–	–	−21.5	160
D-木糖	+92	−20	+19	163
己 糖				
D-葡萄糖	+113.4	+19	+52.2	210
D-甘露糖	+34	−17	+14.6	210
D-半乳糖	+144	+52	+80	186
D-古罗糖	–	–	−20	168
D-果糖	−21	−133	−92.3	210

2. **化学性质** 单糖是多羟基醛或多羟基酮，所以除具有醇的性质和羰基的性质外，还表现出各个基团互相影响产生的特殊性质。

(1) 与碱的作用：

① 差向异构化：含有多个手性碳原子的旋光异构体中，只有一个手性碳原子的构型相反，而其它手性碳原子的构型完全相同的叫差向异构体。如D-葡萄糖和D-甘露糖，它们第二个碳原子的构型相反，叫做差向异构体。

用稀碱处理单糖时，能形成某些差向异构体的平衡体系。若D-葡萄糖用稀碱处理则生成D-葡萄糖、D-甘露糖、D-果糖的平衡混合物。若D-甘露糖、D-果糖作同样处理，也会得到同样的结果。这种转化是通过烯醇式中间体完成的。

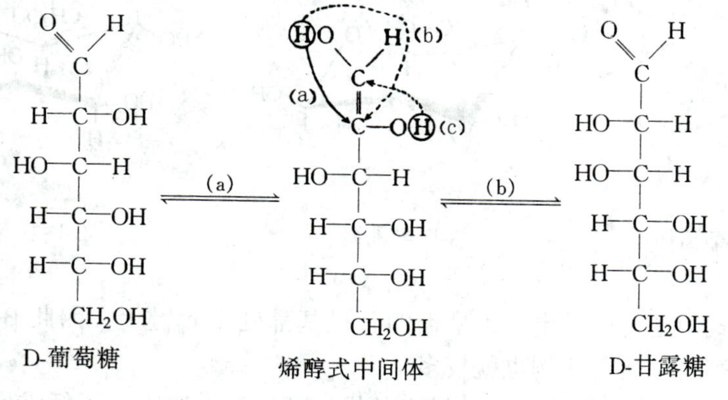

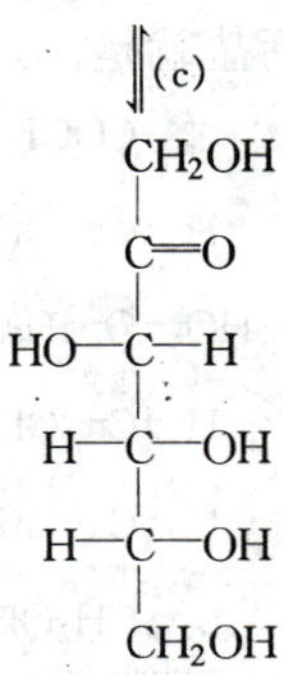
D-果糖

具有活泼 α-氢的醛、酮在一定条件下，存在互变异构现象。在单糖分子中的 α-氢受羰基和羟基的双重影响变得更为活泼。

在稀碱催化下，D-葡萄糖中的活泼 α-氢转移到羰基氧上，形成烯醇式中间体，C_2 失去了手性，当烯醇式再变为酮式时，就可能出现如下的情况：

C_1 羟基上的氢原子，由于结构中的 p-π 共轭效应而转到 C_2 上，此时 C_2 又重新出现手性，因而可得到两种异构体，即氢原子从左边（按（a）所指）加到 C_2 上，C_2 的羟基在碳链右边为 D-葡萄糖。当氢原子从右边（按（b）所指）加到 C_2 上时，C_2 上的羟基在碳链左边，生成 D-甘露糖。D-葡萄糖和 D-甘露糖只有 C_2 这个手性碳原子的构型不同，而其它的手性碳原子的构型则是一样的，这种只有一个手性碳原子构型不同的旋光异构体又称为"差向异构体"，因此，在稀碱溶液中，把葡萄糖和甘露糖之间的这种转化称为差向异构化。同理当 C_2 上羟基上的氢原子转移到 C_1 上（按（c）所指），此时 C_2 就变为羰基，这样得到的产物为 D-果糖。但应强调指出，D-葡萄糖和 D-果糖的相互转化，不属于差向异构化，而是结构的异构化，在生物体内，在异构酶的作用下，常会发生葡萄糖的异构化。

② 在强碱溶液中的分解作用：单糖在强碱作用下，加热则生成黄色物质并逐渐变为金黄色，最后变为黑棕色。这是因为糖分解为醛，醛经过聚合变为树脂状物质。

(2) 氧化作用：

① 碱性溶液中氧化：单糖在碱性溶液中极易被氧化。酮糖在碱性溶液中都能通过异构化生成烯醇式中间体，进而变成醛糖，易被弱氧化剂氧化分解，平衡移动的结果，单糖逐渐转化为烯醇而全部被氧化。因此，在碱性溶液中，单糖是一种还原剂。易将弱氧化剂如斐林试剂、本尼地试剂中的 Cu^{2+} 还原成砖红色的氧化亚铜（Cu_2O）沉淀；或者将多伦试剂中的 Ag^+ 还原生成银镜或银末沉淀。糖分子则被氧化成羧酸或小分子羧酸的混合物。酮虽不与弱氧化剂反应，而酮糖分子中的羰基由于受 α-碳上所连羟基吸电子效应的影响而变得更为活泼，也可以转化为烯醇式结构，所以酮糖也能被弱氧化剂所氧化。

单糖在碱性溶液中还原斐林试剂的性质叫做还原性。把能还原斐林试剂的糖称为还原糖。所有单糖都是还原糖。

还原糖与斐林试剂的反应，可定性检验还原糖的存在，还可进行糖的定量分析。由于这种氧化反应比较复杂，不是按当量关系进行反应。只有在固定的反应条件（酸碱度、温度、时间）下，一定量的还原糖与一定量的斐林试剂反应，生成 Cu_2O 的量才是一定的。用经验数据可以计算出还原糖的含量。

② 酸性溶液中氧化：在酸性溶液中，弱氧化剂如溴水，能选择性地氧化醛糖分子中醛

基为羧基。如葡萄糖氧化成葡萄糖酸，其钙盐就是医药上常用的葡萄糖酸钙。

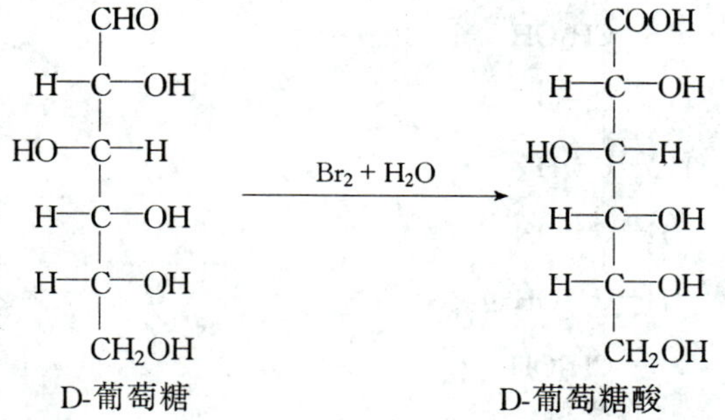

酮糖不易被溴水氧化，故可用溴水区别醛糖和酮糖。

如果用强氧化剂硝酸氧化醛糖，不仅醛基被氧化，伯醇基也被氧化，生成糖二酸。例如D-葡萄糖氧化成D-葡萄糖二酸；D-赤藓糖氧化成酒石酸。

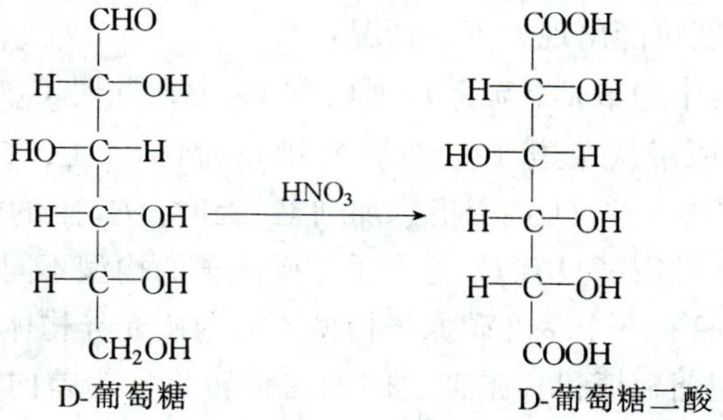

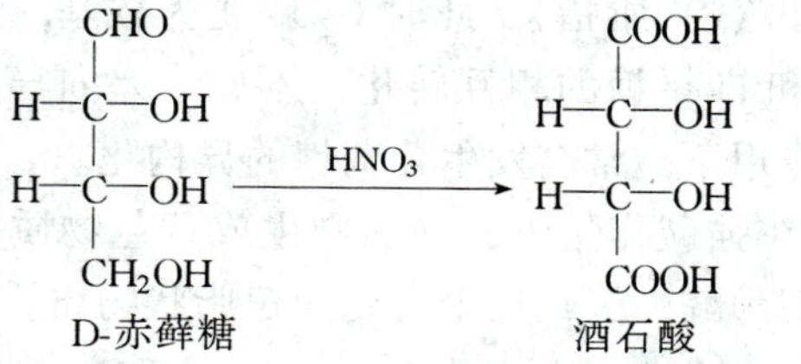

氧化成的D-葡萄糖二酸是旋光的，酒石酸是内消旋体。因此，醛糖氧化生成的糖二酸是否旋光可用于糖的构型测定。

果糖在同样条件下，碳链发生断裂，生成含碳原子数较少的混合二元羧酸。

在生物体代谢过程中，在酶的作用下，有些醛糖（如葡萄糖、半乳糖）在特殊酶作用下能发生伯醇基的氧化（醛基仍保留），产生糖醛酸。

各种糖醛酸是组成果胶质、半纤维素、粘多糖等的重要组成成分。在土壤微生物作用下，生成的多糖醛酸类物质是天然土壤结构改良剂。

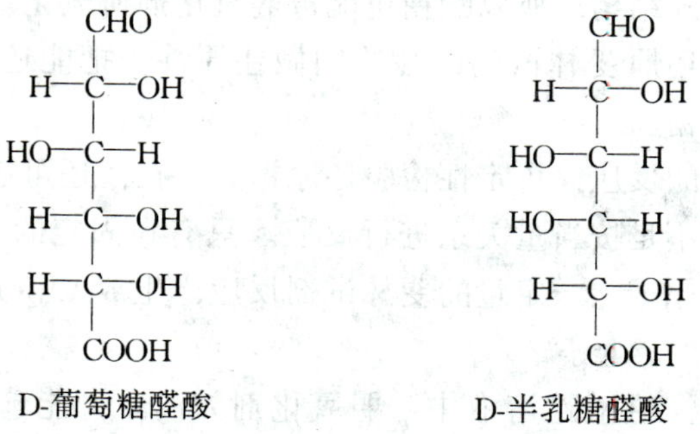

(3) 还原反应：单糖可以通过催化加氢或酶的作用，还原生成相应的糖醇。如葡萄糖还原生成的糖醇为山梨醇，甘露糖还原生成甘露醇，果糖还原生成山梨醇和甘露醇的混合物，因果糖还原时，第二个碳原子成为手性碳原子，所连的 H 和 OH 有两种不同的空间排布。

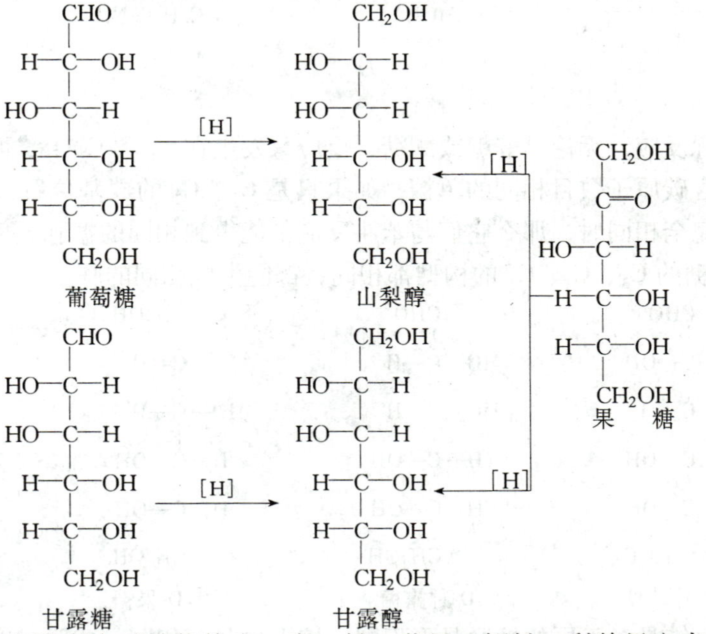

山梨醇和甘露醇广泛存在于植物体内。李、桃、苹果、樱桃、梨等果实中含有多量的山梨醇，而甘露醇主要存在于甘露蜜、柿子、葱、胡萝卜等中。山梨醇还常用来作细菌的培养基及合成维生素 C 的原料。

(4) 成脎反应：苯肼和醛、酮作用生成苯腙，单糖与苯肼作用和醛、酮不同。单糖与苯肼作用生成二苯腙，又称为脎。其反应过程是：首先，糖分子中的羰基（醛基或酮基）与一分子苯肼作用生成苯腙，而后 α-羟基被第二分子苯肼氧化变成羰基，新生成的羰基再与第三分子苯肼反应生成糖脎。

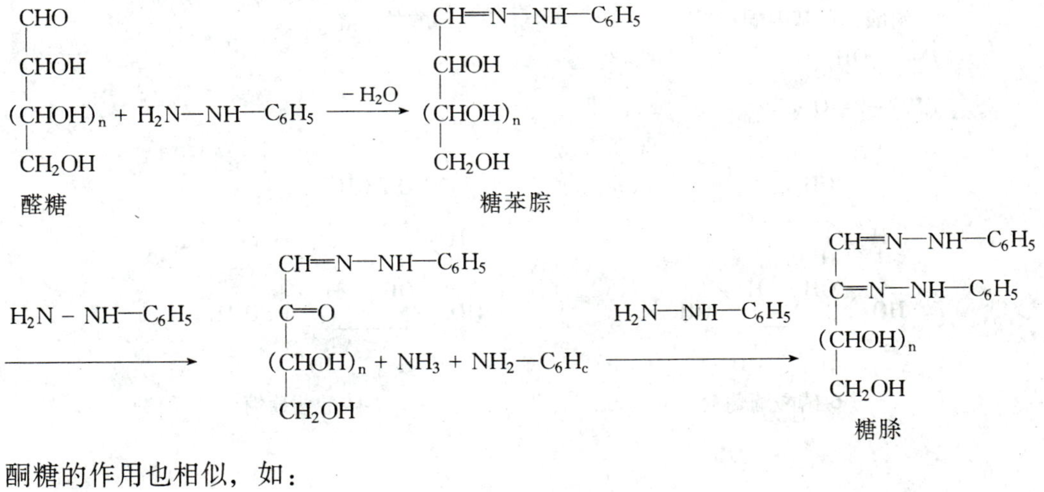

酮糖的作用也相似，如：

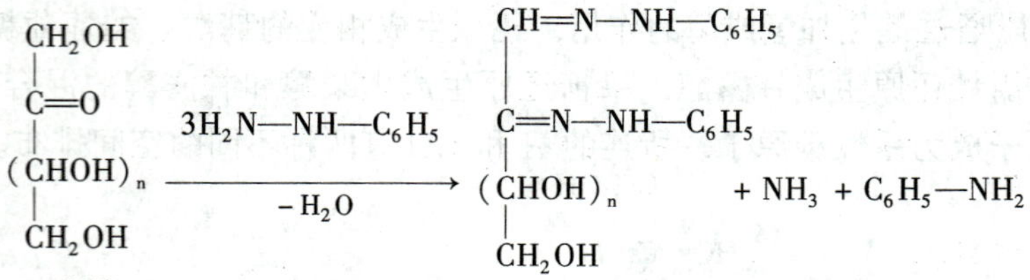

酮糖　　糖脎

上述的成脎反应，无论是醛糖或酮糖，反应只发生在 C_1 和 C_2 上，而其它碳原子不发生反应。因此，含碳原子数目相同的单糖，如果只是 C_1、C_2 的羰基位置或构型不同，而其它碳原子的构型完全相同时，那么它们与苯肼反应都能得到相同的糖脎。例如：D-葡萄糖、D-甘露糖和 D-果糖的 C_3、C_4、C_5 的构型都相同，都能生成相同的脎。

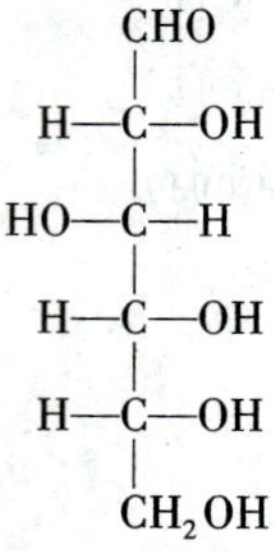

D-葡萄糖

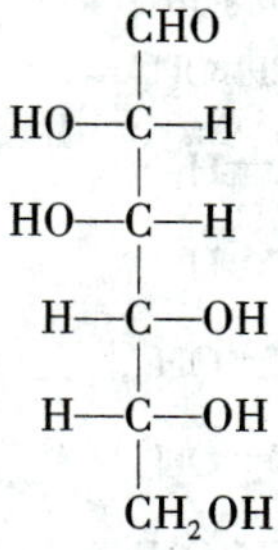

D-甘露糖

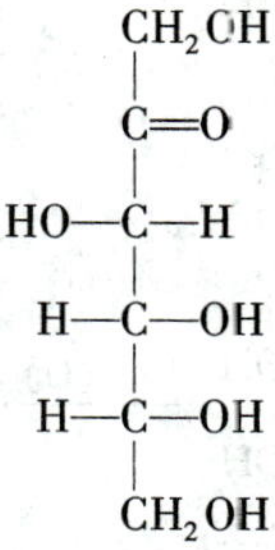

D-果糖

糖脎为黄色结晶，不同的糖脎晶形不同，熔点也各不相同，成脎速度也不同，都不溶于水。所以成脎反应可用于糖的定性鉴定，对测定糖的构型也很有价值。

(5) 酯化反应：单糖的羟基都可以酯化。单糖与无机酸磷酸作用，生成磷酸脂，生物体内存在最广泛的是己糖磷酸脂和丙糖磷酸脂。其结构为：

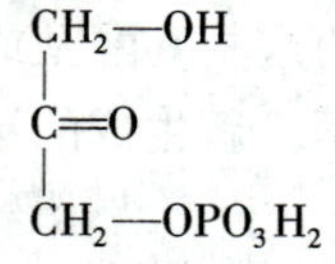

磷酸二羟基丙酮

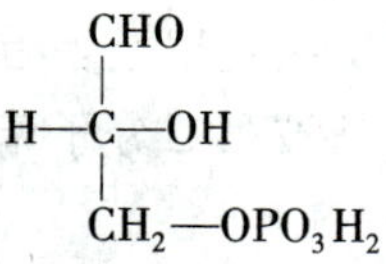

3-磷酸甘油醛

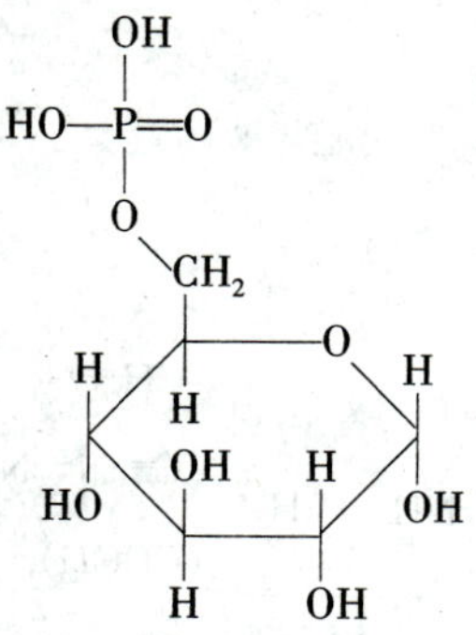

6-磷酸葡萄糖

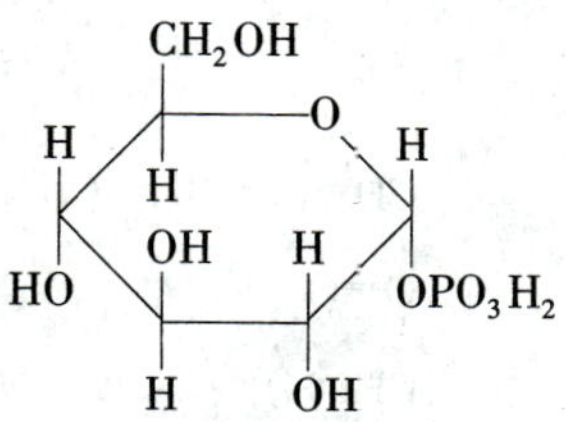

1-磷酸葡萄糖

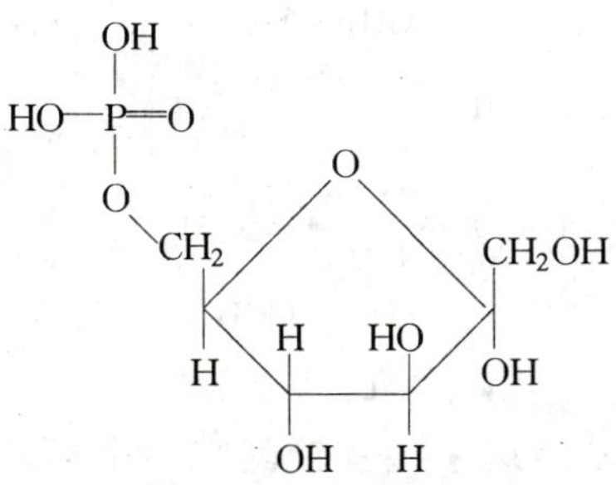

6-磷酸果糖

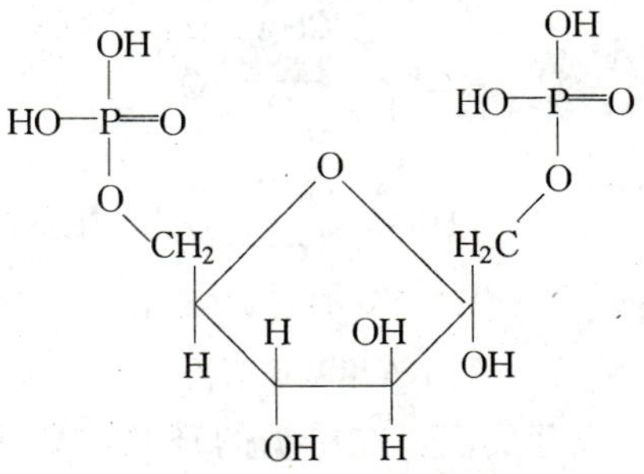

1，6-二磷酸果糖

糖的磷酸脂是糖代谢过程中的中间产物。作物如果缺磷，就难于合成磷酸脂，作物的光合作用和呼吸作用就不能正常进行。

单糖也可与有机酸酐作用生成酯，葡萄糖与乙酸酐（Ac_2O）反应生成五乙酰葡萄糖。此反应如在酸性催化剂（$HClO_4$ 或 $ZnCl_2$）作用下进行，得到 α-五乙酰葡萄糖，如用碱性催化剂（NaOAc），得到 β-五乙酰葡萄糖。

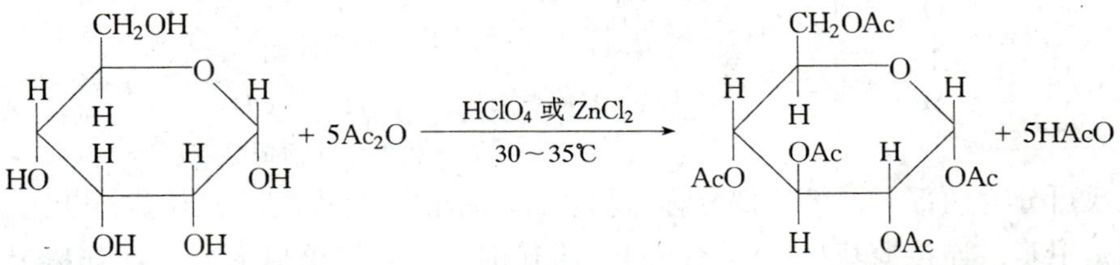

α-五乙酰葡萄糖

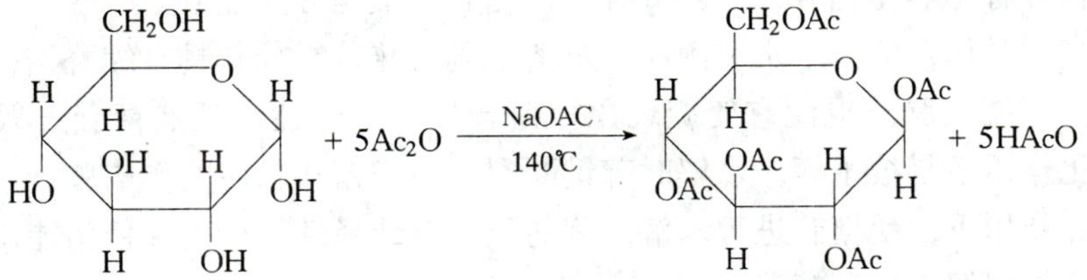

β-五乙酰葡萄糖

α-或 β-五乙酰葡萄糖用无水溴化氢处理，C_1 上的酰基被溴取代，得到溴代四乙酰基葡萄糖，而其它位置上的酰基不受影响。这说明苷羟基有特殊活泼性。

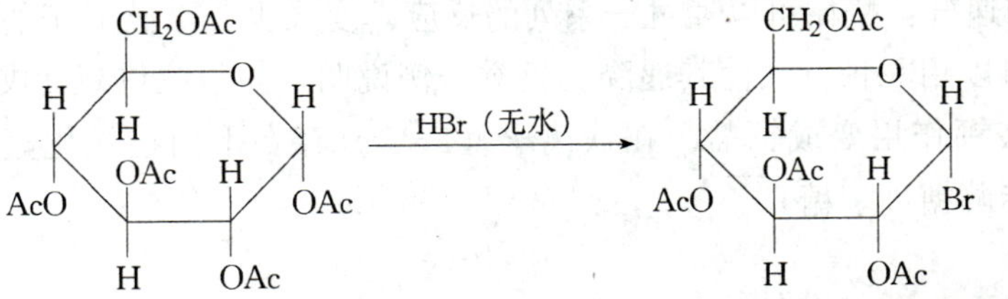

α-D-溴代四乙酰葡萄糖

（6）成醚反应：单糖在碱性溶液中与碘甲烷（CH_3I）或硫酸二甲酯（$(CH_3)_2SO_4$ 作用时，分子中羟基上的氢原子可以全部被甲基所取代而生成五甲基糖，在五甲基葡萄糖分子中，有四个甲氧基较稳定不易水解，只有半缩醛碳上的甲氧基易被水解。成醚作用对证明单糖的环状结构起着重要作用。

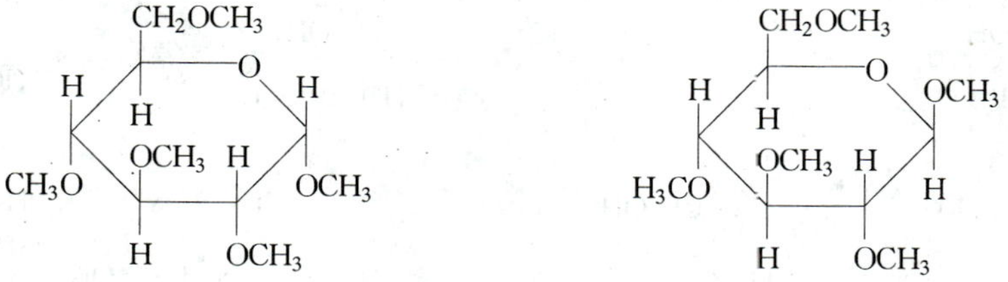
α-五甲基葡萄糖　　β-五甲基葡萄糖

(7) 成苷反应：在单糖的环状结构中含有苷羟基，这个羟基较其它四个羟基活泼，因此，单糖的苷羟基可与 ROH、R_2NH、RSH 等缩合形成缩醛型化合物，这类化合物特称为糖苷（或叫糖甙）。例如，α-D-葡萄糖在干燥氯化氢催化下，与甲醇作用生成甲基-α-D-葡萄糖苷。

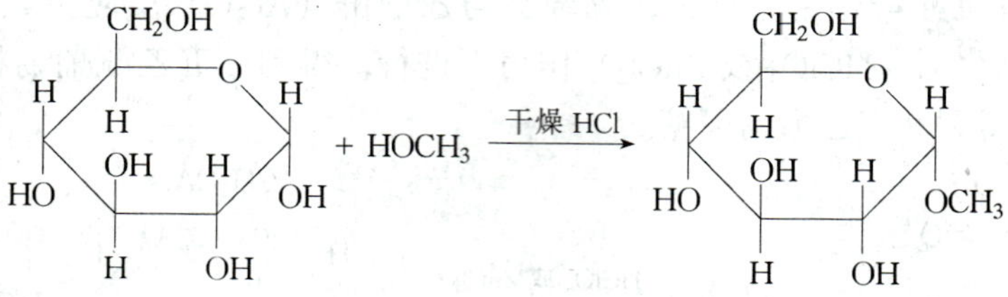
甲基-α-D-葡萄糖苷

苷的组成可分为两部分，糖的部分称为糖基，非糖部分称为配基或苷基、苷元。糖苷最简单的配体是甲基，连接糖基与配体之间的键叫苷键。由 α-型单糖形成的糖苷称为 α-糖苷；由 β-型单糖形成的糖苷称为 β-型糖苷。自然界存在的糖苷多数是 β-型糖苷。

糖苷是无色无臭的晶体，能溶于水和酒精，难溶于醚。味苦。糖苷具有缩醛结构，比较稳定，没有还原性，不能成脎，也没有变旋现象。糖苷具有旋光性，天然糖苷一般是左旋的。糖苷在酸的催化作用下易被水解，水解时苷键断裂，生成糖和相应的醇或胺。

生物体内在酶的作用下，使糖苷进行水解，酶的催化有选择性，如麦芽糖酶能水解 α-葡萄糖苷，苦杏仁酶只能水解 β-葡萄糖苷。

根据配体的不同，糖苷可分为含氧糖苷、含氮糖苷和含硫糖苷等。前面所例举的含氧糖苷是最简单的一种，在自然界存在最广泛。低聚糖或多聚糖都是一些特殊的含氧糖苷。

(8) 碳链的递降和递升：醛糖可以通过一系列的反应，变成少一个碳原子的醛糖，这就是碳链的递降。碳链可以用几种方法使其递降。仅举一例说明。如阿拉伯糖（戊糖）被溴水氧化生成糖酸，与碳酸钙作用变成钙盐，在铁离子（Fe^{3+}）存在下用过氧化氢氧化，脱酸即得少一个碳原子的赤藓糖（丁糖）。

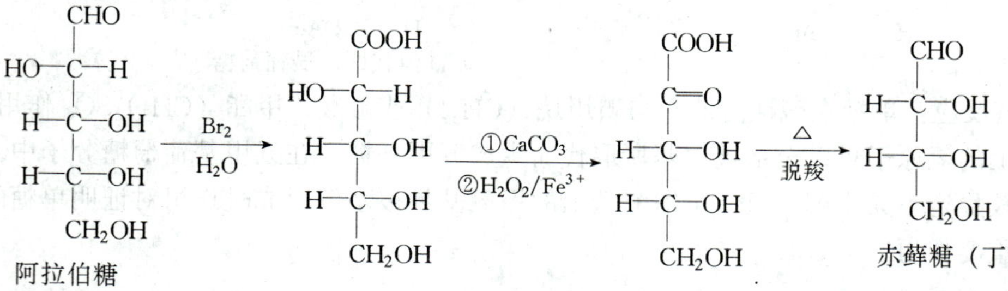
阿拉伯糖　　赤藓糖（丁糖）

醛糖与强亲核试剂 HCN 作用，可以得到相应的羟基腈，羟基腈经水解得到羟基酸，羟基酸还原得到羟基醛。通过一系列的作用，一个醛糖可以得到多一个碳原子的醛糖和它的差向异构体。这就是碳链递升反应，又叫克里安利（Kliqni）反应，在前面已经提到过了。其反应为：

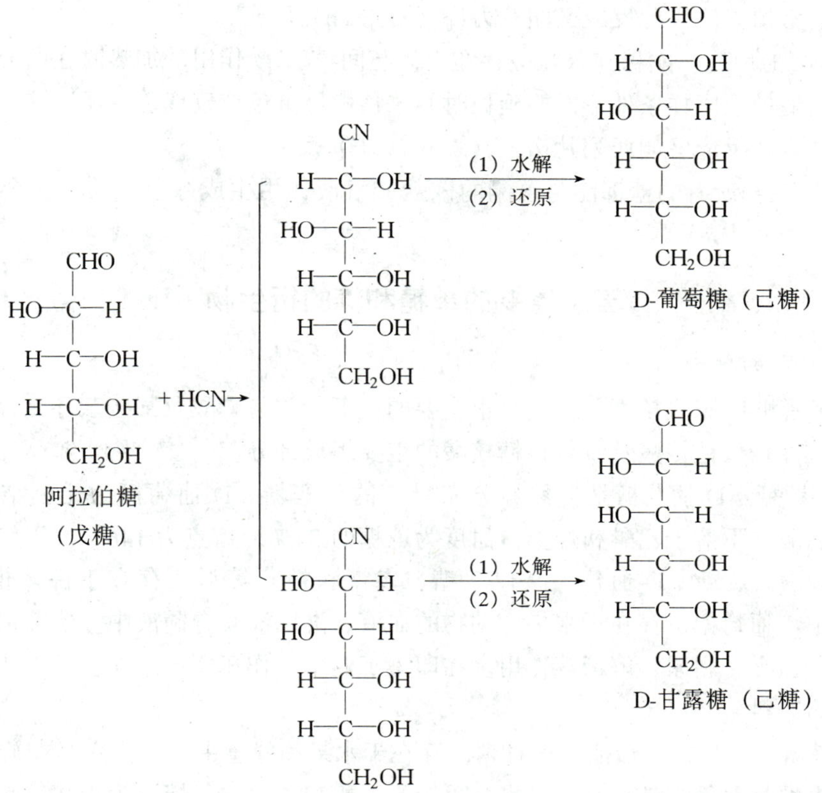

（9）呈色反应：单糖能与浓酸（如盐酸、硫酸）反应，脱水生成糠醛或糠醛的衍生物。如戊糖脱水得到糠醛，己糖脱水得到 ω－羟甲基糠醛。

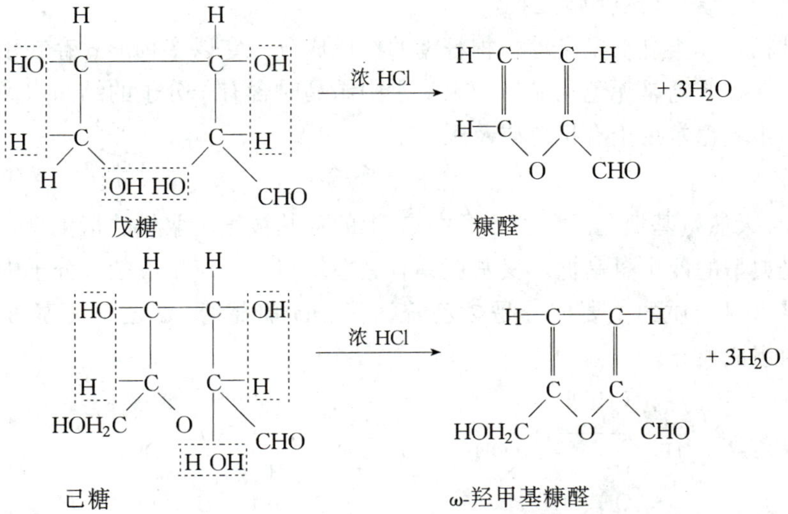

糠醛和糠醛的衍生物在一定条件下，能与酚类、蒽酮等作用，生成各种不同的有色物质，这类有色物质的结构还不清楚，但由于反应灵敏，呈色清晰，常用来定性鉴定碳水化合物。

① α-萘酚反应：在糖的水溶液中加入α-萘酚的酒精溶液，然后小心沿试管壁注入浓硫酸（严防振动），在两层液面之间形成一个紫色环。单糖、低聚糖及多糖都能起这个反应，是鉴别糖类的常用方法，此反应又叫莫力许（Molisch）反应。

② 间-苯二酚反应：酮糖在浓盐酸存在下，与间-苯二酚作用，加热时在两分钟内即生成红色物质，而醛糖在同样条件下需要延长时间才稍微显黄色或玫瑰色。所以这个反应可以区别酮糖和醛糖。此反应又叫西列凡诺夫（Seliwanoff）反应。

③ 蒽酮反应：所有的糖都能与蒽酮的浓盐酸溶液作用生成绿色物质。这个反应可以用来定量测定糖类物质。

五、重要的单糖和糖的衍生物

1．几种重要的单糖

(1) D-核糖和D-脱氧核糖：它们是很重要的戊糖，常与磷酸及某些杂环化合物结合而存在于核蛋白中，是核糖核酸及脱氧核糖核酸的重要组成部分。

(2) D-葡萄糖：D-葡萄糖是自然界分布最广的己醛糖。D-葡萄糖为无色结晶，易溶于水，稍溶于乙醇，不溶于乙醚和烃类，甜度为蔗糖的74%。熔点为146℃，天然的葡萄糖是右旋的，故称为右旋糖。D-葡萄糖常以双糖、多糖和糖苷等形式存在于许多植物的种子、根、叶或花中。葡萄糖也存在于水果、动物的血液、淋巴液及脊髓液中。葡萄糖在医药上用作营养剂，有强心、利尿、解毒等作用。在印染工业中用作还原剂。在食品工业上用来制作糖浆、糖果的原料。

(3) D-果糖：D-果糖是最甜的一种糖，存在于水果和蜂蜜中。因为它是左旋的，所以称为左旋糖。果糖是无色结晶，易溶于水，可溶于乙醇和乙醚中，熔点为102℃。

(4) D-甘露糖：D-甘露糖常以多糖及糖苷的形式存在于植物中，游离状态存在也非常广泛，如用酸水解椰子外壳的半纤维素，可得甘露糖。甘露糖为无色结晶，易溶于水，微溶于乙醇而几乎不溶于乙醚，熔点为132℃。

(5) D-半乳糖：D-半乳糖是乳糖、棉籽糖的组成成分，它以多种形式存在于许多植物的种子和树胶中。D-半乳糖是无色结晶，如果从水中结晶时含有一分子的结晶水。溶于水及乙醇，呈右旋性。半乳糖常用于有机合成及医药上。

2．单糖的衍生物

(1) 氨基糖：天然氨基糖是己醛糖分子中C_2上的羟基被氨基取代的衍生物。氨基葡萄糖和氨基半乳糖是典型的两个氨基糖。氨基糖具有碱性，与酸反应生成盐。分子中的氨基也易被酰化。构成昆虫甲壳质的主要成分是2-乙酰氨基-β-D-葡萄糖。2-乙酰氨基-β-D-半乳糖是软骨素中多糖的组成成分。

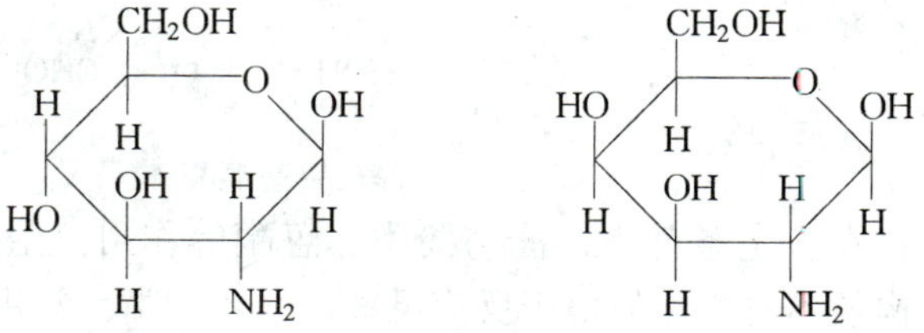

2-氨基-β-D-葡萄糖　　2-氨基-β-D-半乳糖

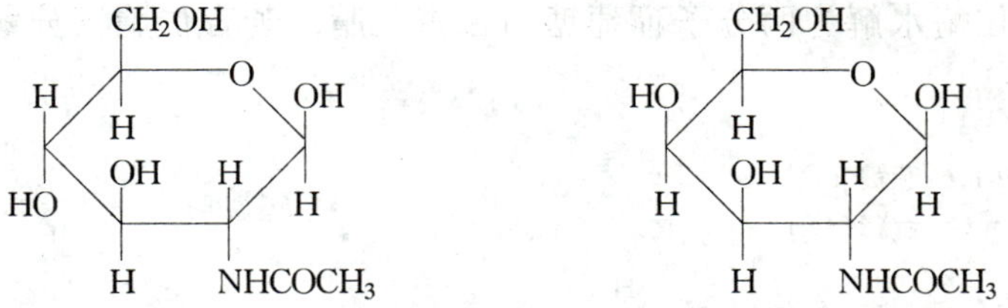

2-乙酰氨基-β-D-葡萄糖　　2-乙酰氨基-β-D-半乳糖

(2) 维生素C：维生素C不属于糖类，但可用山梨糖来合成，在结构上可看成是不饱和的糖酸内酯，所以把它当作单糖的衍生物。

维生素C是白色结晶，易溶于水，其结构为L-型，比旋光度为+21°。因分子内具有烯醇式结构，烯醇羟基可以电离出H^+而显酸性，同时维生素C有防止坏血病的作用，所以在医药上常把它叫做抗坏血酸。维生素C广泛存在于各种植物体内，特别在新鲜的水果和蔬菜中含量较多。人体不能合成维生素C，必须从食物中获得。

维生素C容易氧化形成脱氢抗坏血酸，脱氢抗坏血酸还原又重新变成抗坏血酸，所以在动植物体内生物氧化过程中具有传递电子和质子的作用。

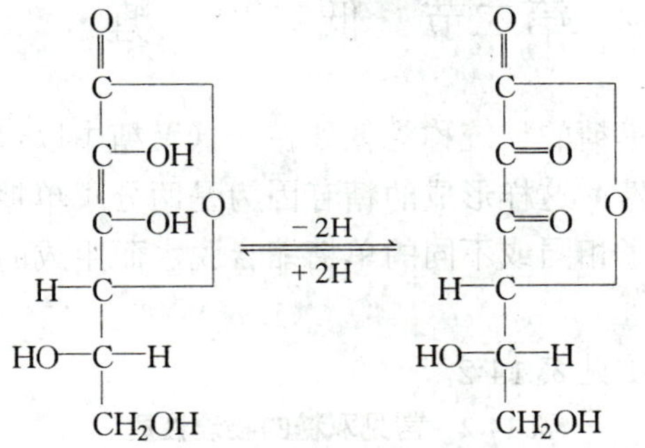

抗坏血酸　　脱氢抗坏血酸

由于它是一种较强的还原剂，故可用作食品的抗氧化剂。维生素C的差向异构体（异Vc钠），虽无抗坏血病的作用，却是优良的水溶性食品抗氧化剂，被广泛应用于水果、蔬菜、罐头、啤酒、果酒、香肠、鱼类、糕点、腌制品、乳制品和油脂等食品工业。

(3) 糖苷：由于苷键的不同，糖苷可分为含氧糖苷、含氮糖苷、含硫糖苷等。这里只讨论含氧糖苷。

糖苷在自然界的分布很广，主要存在于植物的根、茎、叶、花和种子中。如存在于松针内的水杨苷，它是由β-D-葡萄糖和水杨醇形成的苷：

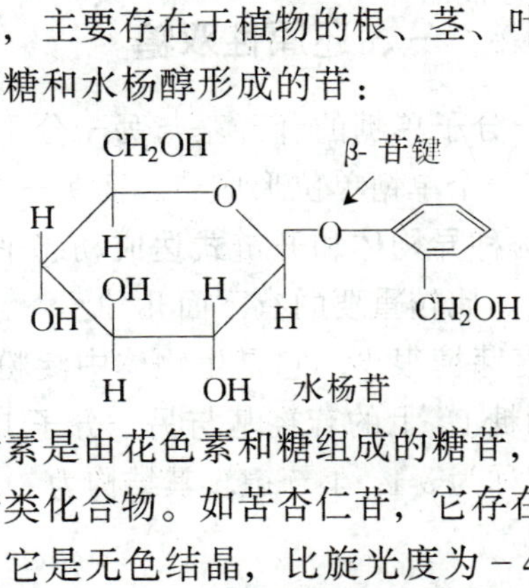

水杨苷

另外还有些色素，如花青素是由花色素和糖组成的糖苷，已在第十一章中讨论过。很多中草药中的有效成分也是糖苷类化合物。如苦杏仁苷，它存在于杏、李、扁桃、苹果等果核仁中，以苦杏仁中含量最多。它是无色结晶，比旋光度为−42°。苦杏仁苷是由二分子β-D-葡萄糖以1，6−苷键结合形成龙胆二糖再与苦杏仁腈（2-羟基苯乙腈）结合形成的β-糖苷。

苦杏仁苷可被苦杏仁酶水解为两分子葡萄糖和苦杏仁腈，苦杏仁腈又分解为苯甲醛和氢氰酸：

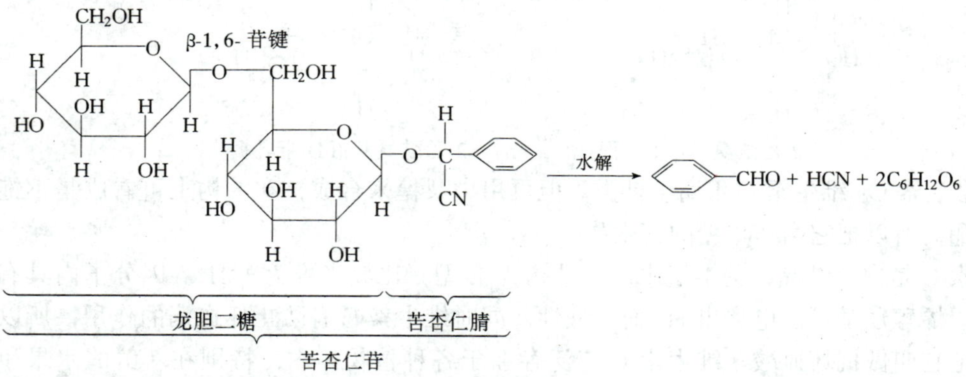

水解后能生成氢氰酸的糖苷叫做生氰糖苷。氢氰酸剧毒，误食可引起中毒，苦杏仁苷在医药上常用作祛痰止咳药。

第二节 低 聚 糖

水解时生成2～12分子单糖的糖统称为低聚糖。低聚糖中以双糖最重要。在糖苷的结构中，如果配体也是一分子单糖，这样形成的糖苷因为是两分子单糖脱水的产物。所以又叫双糖。由此可见，双糖是两分子相同或不同的单糖缩合脱水而生成的苷。双糖有还原性双糖和非还原性双糖两种。

一些常见双糖的物理性质见表14-2。

表 14-2 常见双糖的物理性质

名 称	比旋光度 $[\alpha]_D^{20}$			糠脎熔点（℃）
	α式	β式	平衡混合物	
麦芽糖	+168	+112	+136	206
乳糖	+90	+35	+55	200
纤维二糖	+92	+35	+35	208
蔗糖	+66.5			–

一、还原性双糖

还原性双糖可以看作是由一分子单糖的苷羟基与另一分子单糖的醇羟基失水而成的糖苷，这样形成的双糖分子中，有一个单糖单位形成苷，而另一单糖单位中仍保留有苷羟基，可以开环成链式，并能以α、β两种异构体和开链式达成动态平衡，所以有变旋现象、能成脎、具有还原性，属还原性双糖。比较重要的有下面几种：

1. *麦芽糖* 自然界游离的麦芽糖很少，它是生物体中淀粉降解的产物。麦芽糖属α-葡萄糖苷，它是由一分子α-D-葡萄糖 C_1 上的苷羟基与另一分子D-葡萄糖 C_4 上的醇羟基失水通过苷键结合而成的。这种苷键称为α-1，4-苷键，其结构为：

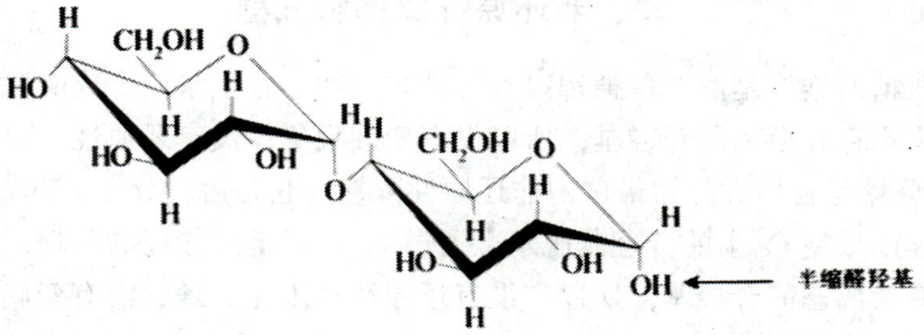

α-麦芽糖的结构（构象式）

麦芽糖是白色片状结晶，易溶于水，分子中还保留有苷羟基（半缩醛羟基），所以在水溶液中存在和开链结构的动态平衡。α-麦芽糖 $[\alpha]_D^{20}=+168°$，β-麦芽糖的 $[\alpha]_D^{20}=+112°$，变旋达到平衡时的 $[\alpha]_D^{20}=+136°$，由于麦芽糖在溶液中含有醛基的开链式结构，所以麦芽糖属于还原性双糖。有还原性、成脎反应和变旋现象。

2. *纤维二糖* 纤维二糖是纤维素水解的中间产物。纤维二糖可被苦杏仁酶水解生成二分子 D-葡萄糖。纤维二糖是由一分子 β-D-葡萄糖的苷羟基和另一分子 D-葡萄糖 C_4 上的醇羟基脱水以 β-1，4-苷键结合而成的，属于 β-糖苷，其结构式如下：

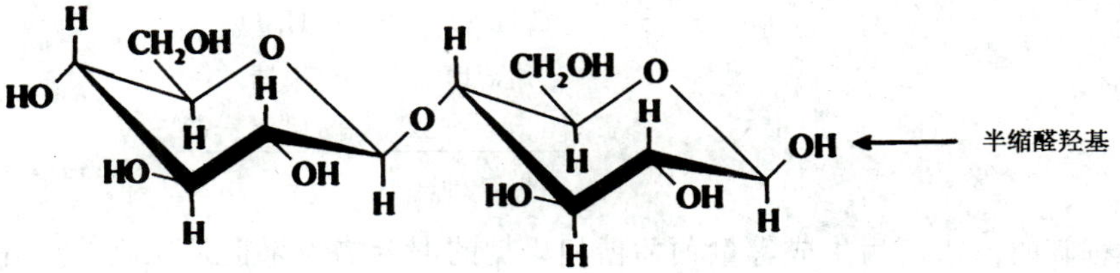

β-纤维二糖的结构（构象式）

纤维二糖也属于还原性双糖，为无色结晶，它也有 α 及 β 两种异构体，变旋达到平衡时，比旋光度 $[\alpha]_D^{20}=+34.6°$。有还原性、成脎反应和变旋现象。

3. *乳糖* 乳糖存在于哺乳类动物的乳汁中，在人乳中的含量约为 5%～8%，牛、羊乳中约含 4%～5%。甜度约为蔗糖的 27%。

乳糖是由 β-D-半乳糖 C_1 上的苷羟基与另一分子 D-葡萄糖 C_4 上的醇羟基脱水而成，以 β-1，4-苷键结合。其结构为：

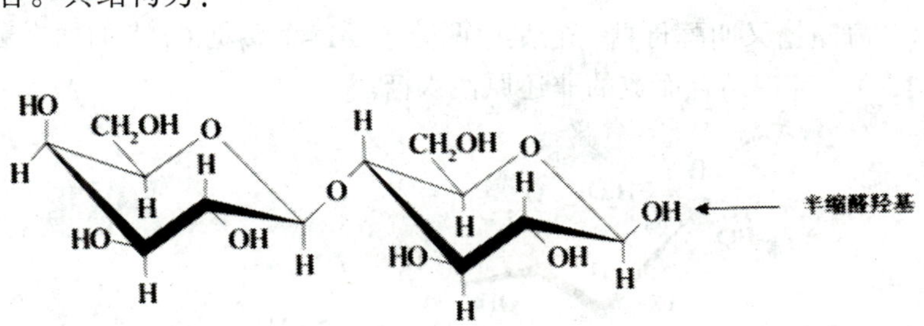

β-乳糖的结构（构象式）

乳糖为白色粉末，水溶性较小，并且没有吸湿性，可用于食品及医药工业。乳糖属于还原性双糖。有还原性、成脎反应和变旋现象，平衡时 $[\alpha]_D^{20}=+55.4°$ 。

二、非还原性双糖和三糖

非还原性双糖的结构是两个单糖都以苷羟基相互间缩合脱水而形成的双糖。这样形成的双糖，其分子中不存在游离的苷羟基，所以没有变旋现象，没有还原性，也不能成脎。

1. *蔗糖* 蔗糖是自然界分布最广的非还原性双糖。它是由一分子 α-D-葡萄糖 C_1 上的苷羟基和一分子 β-D-果糖 C_2 上的苷羟基脱水，通过1，2-苷键连接成的双糖，是典型的缩醛结构，分子中没有游离态的苷羟基，所以它没有还原性、不能成脎、没有变旋现象。

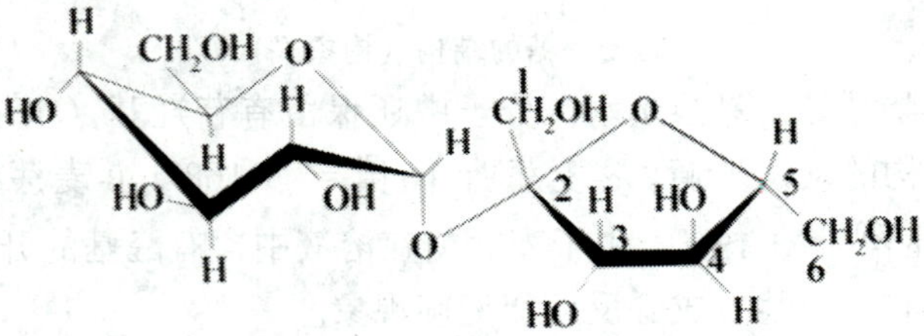

蔗糖的结构（构象式）

蔗糖是无色结晶，易溶于水，难溶于酒精。蔗糖比较甜，仅次于果糖。在稀酸或酶的作用下发生水解反应，生成等分子的 D-果糖和 D-葡萄糖：

$$C_{12}H_{22}O_{11} \xrightarrow{H_2O} \underset{\text{葡萄糖}}{C_6H_{12}O_6} + \underset{\text{果糖}}{C_6H_{12}O_6}$$

$$[\alpha]_D^{20} = +66.5^\circ \qquad \underbrace{[\alpha]_D^{20} = +52^\circ \quad [\alpha]_D^{20} = -92^\circ}_{[\alpha]_D^{20} = -20^\circ}$$

蔗糖是右旋的，水解后生成等量葡萄糖和果糖的混合物。果糖是左旋的，并且其比旋光度大于右旋的葡萄糖，所以水解产物呈左旋性。鉴于蔗糖在水解过程中，比旋光度由右旋变为左旋，所以把蔗糖的水解反应称为转化反应，水解生成的葡萄糖和果糖混合物称为转化糖。

蔗糖广泛存在于植物界，以甘蔗和甜菜中含量最多。我们日常生活的食糖如棉白糖、砂糖、冰糖等，都是晶粒大小不等的蔗糖。

蔗糖是植物体内碳水化合物运输的主要形式，同时也是碳水化合物的一种贮藏形式。光合作用产生的葡萄糖转化为蔗糖后再向植物各部分运输，它转运到植物各部分后，又转变为葡萄糖供植物利用，或变成淀粉贮藏起来。

2. *海藻糖* 海藻糖又叫酵母糖。它是由两分子 α-D-葡萄糖 C_1 上的两个苷羟基脱水形成苷键，通过 α-1，1－苷键结合而成的非还原性双糖。

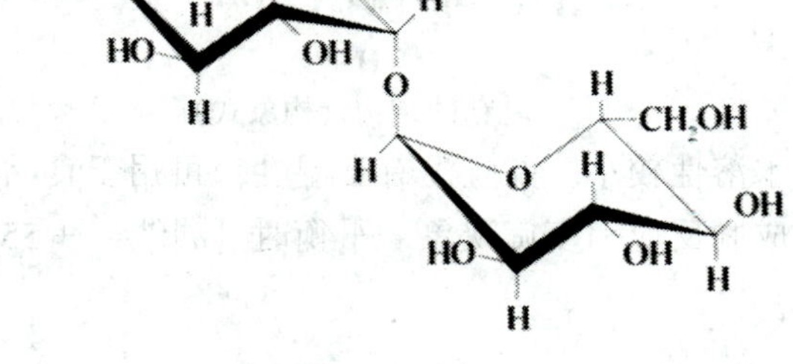

海藻糖的结构（构象式）

海藻糖分子中没有游离态苷羟基，所以没有还原性、不能成脎、没有变旋现象。它存在于海藻、昆虫血液、细菌、酵母和真菌体内。海藻糖是各种昆虫血液中的主要血糖。

3. **棉籽糖**　棉籽糖是低聚糖中的三糖，存在于棉籽中，对碱稳定，棉籽糖在酸存在下经彻底水解后，得到半乳糖、葡萄糖和果糖。棉籽糖分子中有两个苷键，一个是α-D-半乳糖与α-D-葡萄糖之间的1，6-苷键，另外一个是α-D-葡萄糖与β-D-果糖之间的1，2-苷键。分子中没有游离苷羟基，所以没有还原性、不成脎、不变旋，是一个非还原性的三糖。

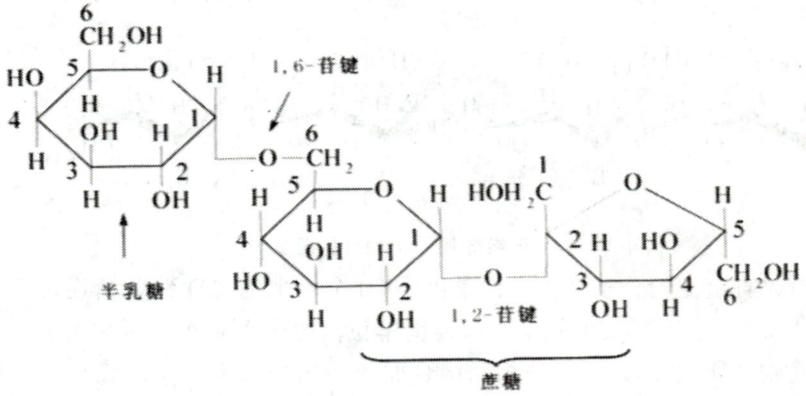

棉籽糖

第三节　多　　糖

多糖是由许多相同或不同的单糖分子脱水以苷键结合而成的天然高分子化合物。一个多糖分子可由几百个甚至几千个单糖分子结合而成。同一种多糖的分子量也不均一。多糖在酸或酶的催化下可被水解。根据水解产物，多糖可分为两类：

均多糖：水解产物只有一种单糖的多糖，如淀粉、糖元和纤维素。

杂多糖：水解产物多于一种单糖的多糖，如果胶质、粘多糖。

多糖还可以按生物功能分类：一类为贮藏物质如淀粉、糖元等。另一类为构成植物骨架的纤维素、半纤维素、果胶质等。

一、淀　　粉

淀粉是植物光合作用的产物，是植物贮藏的营养物质。淀粉广泛存在于植物体的各个部分，特别是在植物的种子、块根、块茎中含量更多。例如小麦中含量为57%～76%，玉米中含量为65%～72%，马铃薯中含量为12%～14%。

1. **淀粉的分类和结构**　淀粉是由α-D-葡萄糖通过苷键结合成的多糖。通式为$(C_6H_{10}O_5)_n$。淀粉有两种，一种是直链淀粉，约占淀粉的10%～30%，另一种是支链淀粉，约占淀粉的70%～90%，它们的结构和理化性质都有差异。

直链淀粉是由数百个α-D-葡萄糖通过α-1，4苷键连接而成的，平均分子量约为32000～50000。直链淀粉并不像图14-3所表示的那样一条直线，而是由于分子内氢键的作用，使链卷曲盘旋呈螺旋状存在，每个螺旋圈大约有6个葡萄糖单位。

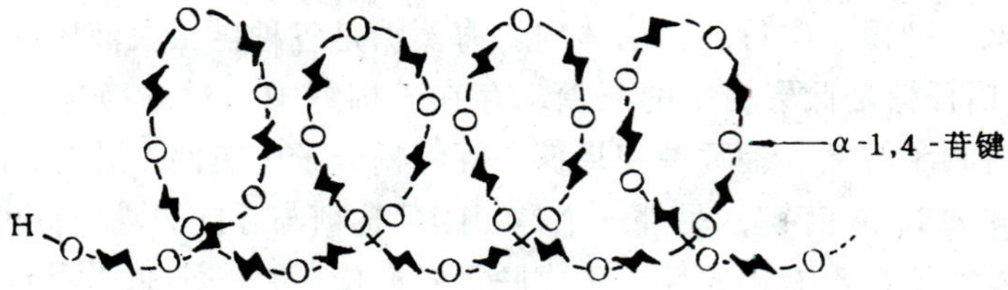

图 14-3 直链淀粉螺旋结构示意图

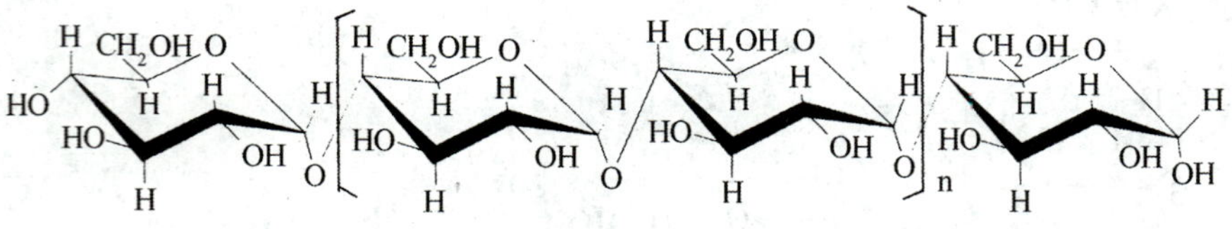

直链淀粉的结构（构象式）

支链淀粉比直链淀粉分子量更大，是由 1000 个以上的 α-D-葡萄糖连接而成的有众多分支的大分子，每个分支约含 20～25 个葡萄糖单位，每个葡萄糖分子以 α-1，4-苷键相结合。每个支链之间则是通过 α-1，6-苷键相互结合而成的树枝状大分子，支链淀粉的分子量约为 160 000～1 000 000。

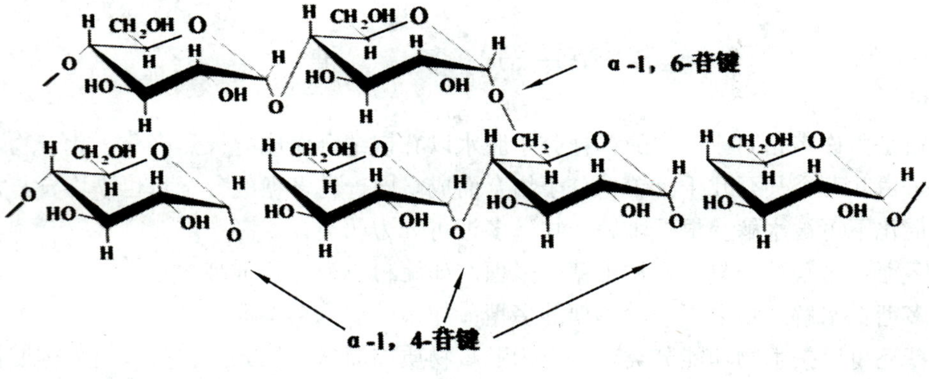

支链淀粉的结构（构象式）

从图 14-4 中看出，支链淀粉的形状没有一定的规律。支链淀粉中的支链数目随来源不同而异，至少也有 50 个以上。粮食作物的种子中所含的淀粉，一般直链淀粉和支链淀粉都有。支链淀粉含量约为 70%，直链淀粉约为 30% 左右。含支链淀粉较高时，蒸煮后粘性比较大。

表 14-3 几种粮食中直链淀粉和支链淀粉含量

粮食名称	直链淀粉（%）	支链淀粉（%）
小　麦	24	76
稻　米	17	83
糯　米	0	100
玉　米	23	77
糯玉米	0	100

2. **理化性质**　淀粉是白色无定形粉末。直链淀粉和支链淀粉的结构和分子量不同，所以性质也有差异。直链淀粉容易溶解在热水里，遇碘的碘化钾溶液呈深蓝色，能够全部被淀粉酶水解成麦芽糖。而支链淀粉不溶于水，在热水中吸水糊化生成极粘稠溶液，与碘液则呈紫红色，在淀粉酶的作用下，只有62%水解成麦芽糖。

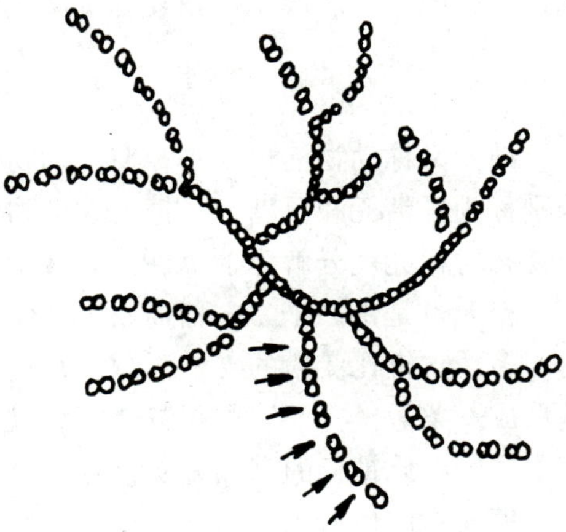

图 14-4　支链淀粉结构示意图
（每个圆圈代表一个葡萄糖单位，∞代表麦芽糖单位，箭头所指处为可被淀粉酶水解的部分）

虽然淀粉的分子末端还保留有苷羟基，但在整个分子中所占的比例太小，因此不显还原性，没有变旋现象。淀粉没有甜味。淀粉在酸或酶的作用下水解，首先转化为糊精，根据它们与碘产生的颜色不同分为蓝糊精、红糊精和无色糊精，无色糊精继续水解生成麦芽糖，最后水解生成葡萄糖。淀粉的水解过程可表示如下：

淀粉酶催化（淀粉→无色糊精）　　麦芽糖酶催化（无色糊精→D-葡萄糖）

水解产物：	淀粉→	蓝糊精→	红糊精→	无色糊精→	麦芽糖→	D-葡萄糖
和碘反应：	深蓝	蓝	红	无色	无色	无色

淀粉在酸的作用下水解，最后生成许多个分子的葡萄糖，可用下式表示：

$$(C_6H_{10}O_5)_n + (n-1)\ H_2O \xrightarrow{\text{稀酸}} nC_6H_{12}O_6$$

淀粉　　　　　　　　　葡萄糖

淀粉和碘的颜色反应，是检验淀粉和碘的极灵敏的反应。分析化学中常用可溶性淀粉配制淀粉指示剂，用在碘量法分析中。

如前所述，淀粉的葡萄糖α-1，4-苷链呈6个葡萄糖单位为一周的螺旋状结构，这个螺旋圈的内径约为1.0nm，羟基朝向圈内，如图14-5所示。当碘分子进入圈内时，羟基成为电子供给体，碘分子成为电子接受体，形成了淀粉-碘配合物，呈现深兰色或紫红色。

淀粉-碘配合物的颜色与淀粉分子中多苷链的长度有关。当链长小于6个葡萄糖单位时，不能形成一个螺旋圈，因而不能产生淀粉-碘配合物；当链长有20个葡萄糖单位时，能形成三个螺旋圈，碘分子进入圈内产生红色的淀粉-碘配合物，红糊精的链长属于此类情况；当链长有20～30个葡萄糖单位时，能与碘形成紫红色的淀粉-碘配合物，支链淀粉的分支链长属于此类情况；当链长大于60个葡萄糖单位时，能形成更多的螺旋圈，由于碘分子深深进入一个较长的管道中，产生了深蓝色的淀粉-碘配合物，直链淀粉的链长属于此类情况。将呈色的淀粉溶液加热时，由于多苷键螺旋圈伸开，不能形成螺旋圈，所以与碘不形

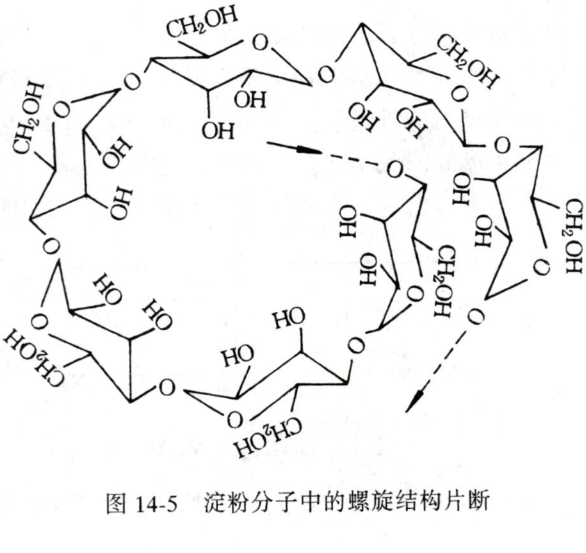

图 14-5　淀粉分子中的螺旋结构片断

成蓝色的配合物。冷却后恢复螺旋圈结构，重显深蓝色。

二、糖 元

糖元又称动物淀粉，是存在于动物体内的多糖。在高等动物的肝脏和肌肉中含量较多。分别称为肝糖元和肌糖元。糖元在动物体中有调节血液中含糖量的功能。当血液中含糖量低于常态时糖元就分解为葡萄糖，血液中含糖量高于常态时，葡萄糖又合成糖元。

糖元也是由多个 α-D-葡萄糖结合而成的，其结构与支链淀粉形似，但分支数目比支链淀粉要多，支链比淀粉的支链要短，在糖元分子中，大约由 12～18 个葡萄糖单位以 α-1，4-苷键形成一条短链，而这些短链之间又以 α-1，6-苷键连接成分支。分支点约间隔 3～4 个葡萄糖单位。因此糖元的结构是支链短、多、又比较紧密，整个分子团成球形。

糖元为白色粉末，遇碘液呈紫红色，能溶于水及三氯醋酸，但不溶于乙醇及其它有机溶剂，因此可以用三氯醋酸从肝脏中提取糖元，然后加入乙醇，糖元即可沉淀析出。糖元分子量比淀粉大，一般在 100 万～1000 万。

三、纤 维 素

纤维素是构成植物细胞壁的主要成分，在植物体内起着支柱的作用，它是植物界分布最广的多糖。棉花中纤维素含量多达 98%，其次是亚麻含量约 65%～70%，其它如木材、麦秆、稻草、玉米轴等含纤维素约 40%～50%。

纤维素分子是由几千个 β-D-葡萄糖单位通过 β-1，4-苷键连接的、没有分支的长链，也可以看成是纤维二糖的高聚物。其结构如下所示：

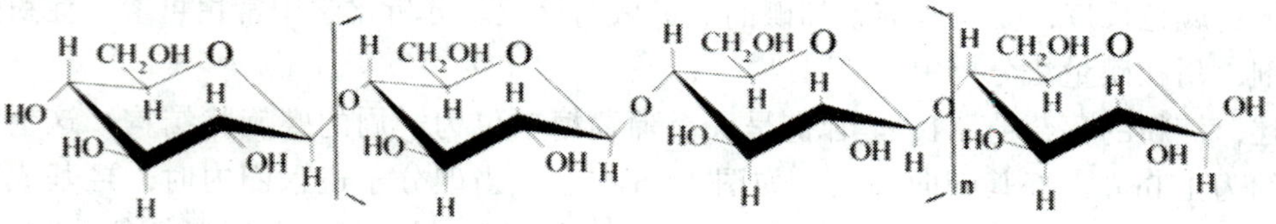

纤维素的结构（构象式）

纤维素分子中约有 1200～10000 个葡萄糖单位，分子量为 2.2×10^5～1.8×10^6。与直链淀粉不同，其分子不盘绕成螺旋形，而是略带弯曲的长丝状结构，在纤维素长丝上还存在着数目众多的羟基（每个葡萄糖残基里有三个羟基），能形成很多氢键而将纤维素分子联系起来，结成牢固的纤维胶束（图 14-6）。每一个纤维胶束约由 60 个纤维素分子组成，胶束再定向排布而形成网状结构，所以纤维素具有良好的机械强度和化学稳定性。

纤维素是白色纤维状固体，不溶于水，仅能吸水膨胀，这是由于水分子进入胶束的纤维

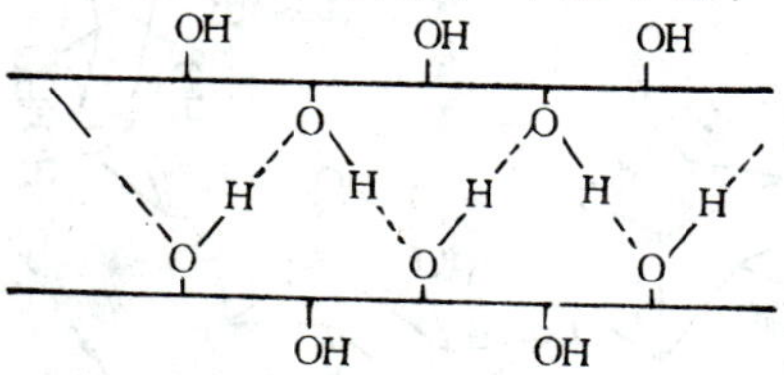

(a)纤维素分子间氢键

(b)纤维素胶束

图 14-6 纤维素胶束形成示意图

素长丝状分子之间，仍能通过氢键将纤维素分子拉住，这时两条长丝虽有些离开，但不分散（如图 14-7 所示），因此纤维素能吸水膨胀而不溶解。

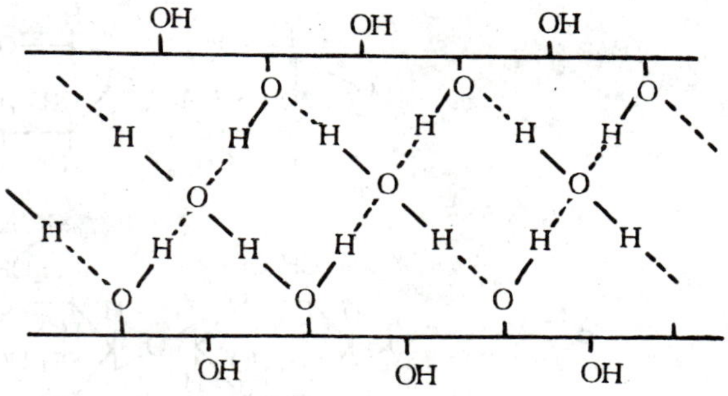

图 14-7　吸水纤维分子间氢键

纤维素不溶于稀碱、稀酸和一般的有机溶剂，能溶于浓硫酸及氢氧化铜的氨溶液中，也能溶于氯化锌的盐酸溶液以及氢氧化钠和二硫化碳中，形成粘稠的溶液。利用这种溶解性，可以制造人造丝和人造棉等。

纤维素也可以水解但比淀粉困难，在无机酸或有机酸作用下水解，其水解过程也产生一系列纤维素糊精，最后生成纤维二糖和葡萄糖。某些霉菌含有纤维素酶，可水解纤维素，高等动物中的牛、羊之所以能消化纤维素，就是因为它们的胃中存在这类细菌。土壤中也有这类微生物，能将枯萎枝叶分解为腐殖质，增强土壤肥力。

纤维素分子上的羟基能部分甚至全部与烷基化试剂作用生成醚，或与酰化试剂作用生成酯。如硝酸纤维素酯（又称消化纤维），可制火棉胶、赛璐璐、照相片基等。高度硝化的纤维素可做无烟火药。醋酸纤维酯可用来制造人造丝、电影胶片等的材料。

四、半纤维素

半纤维素是与纤维素共存于植物细胞壁的一类多糖，它的分子量比纤维素小，它的结构组成与纤维素则完全不同。它的成分比较复杂，包括很多高分子的多糖。不同来源的半纤维素，它们的成分也各不相同。半纤维素不溶于水，能溶于稀碱。如用稀酸水解，产物为戊糖和己糖。因此半纤维素是多缩戊糖和多缩己糖的混合物。但分子结构还不很清楚。

多缩戊糖中主要是多缩阿拉伯糖和多缩木糖，其中阿拉伯糖现认为是 L-型。多缩戊糖的分子具有象纤维素的直链结构，链比纤维素短得多。

多缩己糖中主要是多缩甘露糖、多缩半乳糖和多缩半乳糖醛酸。它们也是直链结构，链比纤维素短。在多缩甘露糖和多缩半乳糖中，甘露糖、半乳糖可能都是β-型的。

多缩戊糖加酸水解后得到戊糖，戊糖经浓酸脱水形成糠醛。稻草、棉子壳中也含有多缩戊糖，水解后可制造糠醛，糠醛是制造尼龙 66 及塑料的原料。半纤维素在植物体内主要起着骨架物质的作用，但在适当的条件下，例如当种子发芽时，在酶的作用下能水解成直接起营养作用的单糖。

多缩木糖、多缩阿拉伯糖、多缩甘露糖和多缩半乳糖的结构示意如下所示：

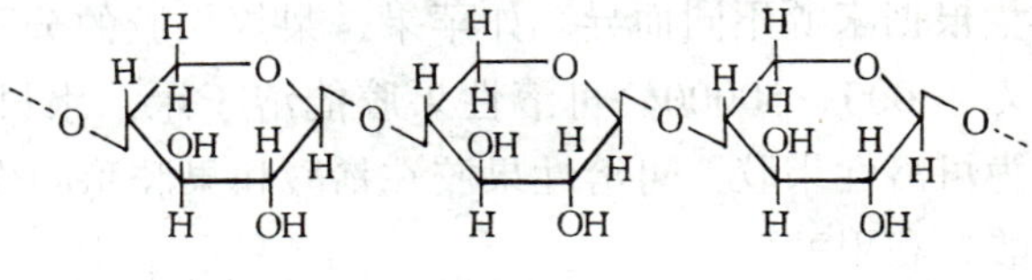

多缩木糖

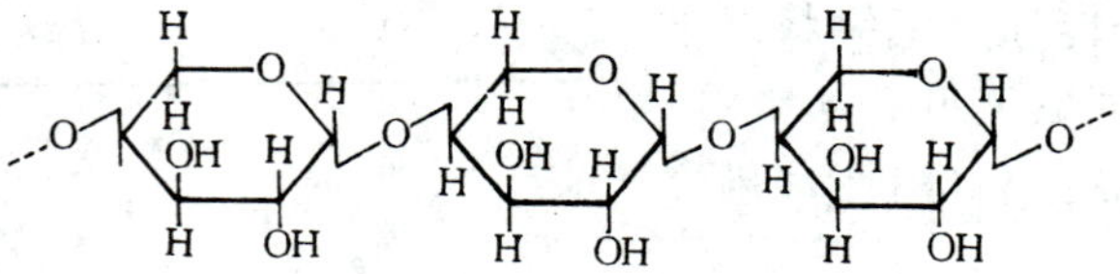

多缩阿拉伯糖

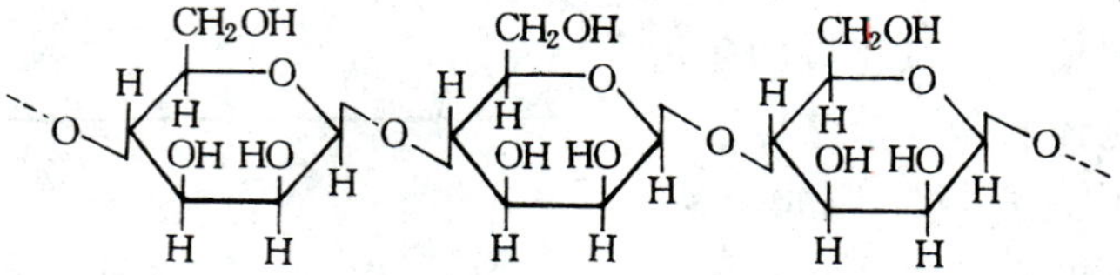

多缩甘露糖

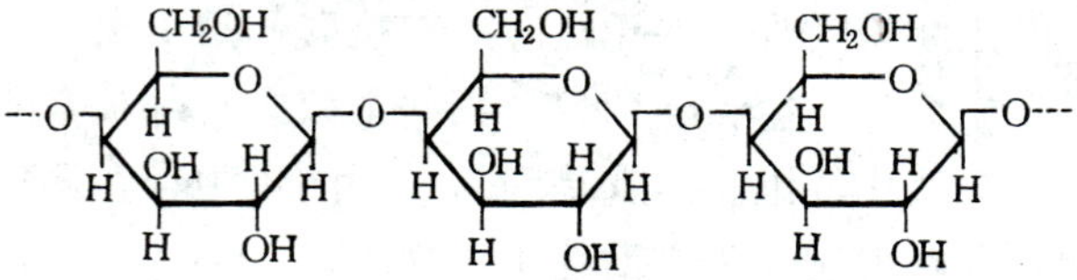

多缩半乳糖

五、果 胶 质

果胶质是植物细胞壁的组成成分，填充在细胞壁之间，能使细胞粘合在一起。在植物的种子、果实、根、茎和叶里都含有果胶质。尤其是水果和蔬菜中含量较多。

果胶质是一类成分比较复杂的多糖类化合物，分子结构尚未完全搞清楚，根据它的结合状态和理化性质可分为以下几种：

1. 原果胶　原果胶存在于未成熟的水果和植物茎、叶里。它是可溶性果胶与纤维素缩合而成的高分子化合物。它不溶于水，比较坚硬，未成熟的水果坚硬与这一性质有关。原果胶在稀酸或原果胶酶的作用下，可转变为可溶性果胶。

2. 可溶性果胶　可溶性果胶是由 α-D-半乳糖醛酸甲酯和少量的半乳糖醛酸通过 α-1，4-苷键连接而成的高分子化合物。

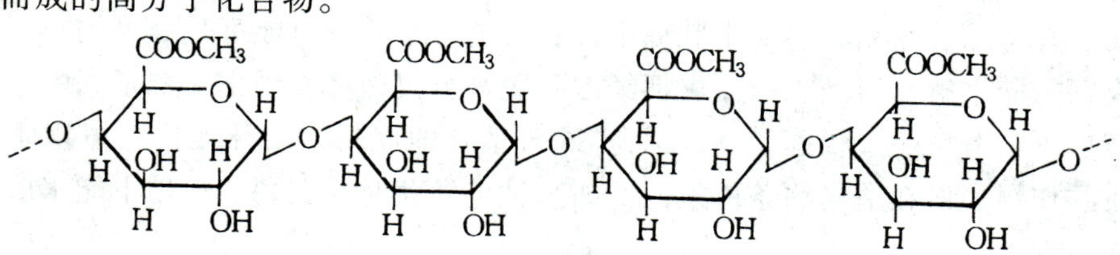

可溶性果胶

可溶性果胶的分子量根据来源不同而异。如苹果、梨等果胶的分子量为 25000～35000，而柑橘果胶的分子量则为 40000～50000。可溶性果胶能溶于水，水果成熟时由硬变软，其主要原因是原果胶转变为可溶性果胶。可溶性果胶在稀酸和果胶酶的作用下，又可水解成果胶酸（即多缩半乳糖醛酸）和甲醇。

3. 果胶酸　果胶酸是由很多分子的半乳糖醛酸通过 α-1，4-苷键结合而成的高分子化合物。其分子量因来源不同而异。果胶酸分子中含有游离的羧基，故能与 Ca^{2+} 或 Mg^{2+} 生成不溶性的果胶酸钙或果胶酸镁沉淀。这一反应可用来测定果胶质的含量。

果胶质存在于植物的中胶层中。中胶层细胞之间的原果胶转变成可溶性果胶，进一步转变成小分子的糖酸，使细胞之间分离，发生离层，从而造成植物落叶、落花、落蕾、落铃、落果。果胶质与适量的有机酸和糖混合可形成凝胶，制造果冻就是根据这一原理。

六、粘 多 糖

在动物体内还存在一类含氮的杂多糖，称为粘多糖，它常与蛋白质结合形成粘蛋白而存在于软骨、肌腱、结缔组织、腺体分泌的粘液、细胞间质、关节液、眼球玻璃体等中。对组织起着滑润和保护作用。存在于肝脏、肌肉、血管壁等组织中的肝素，也是一种粘多糖，它具有抗凝血的作用。

粘多糖的种类很多，从不同动物或不同器官得到的粘多糖，其组织和结构也不一样。一般来说，它们多是一些己糖（葡萄糖或半乳糖）的糖醛酸与乙酰氨基己糖（或其硫酸酯）以苷键连接成二糖，再由许多这种二糖以苷键交错结合而成多糖。它们的结构复杂，现在还没有完全搞清楚，这里不再详细讨论。

习 题 十 四

1. 指出下列化合物哪些能还原斐林试剂？哪些不能？为什么？

① 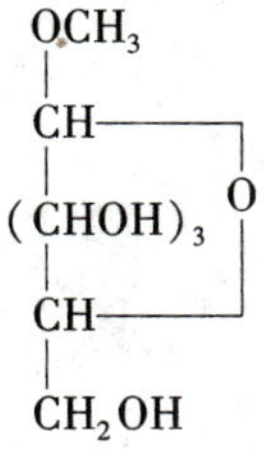

② 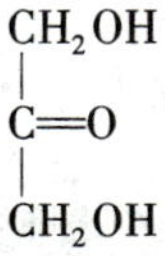

③ 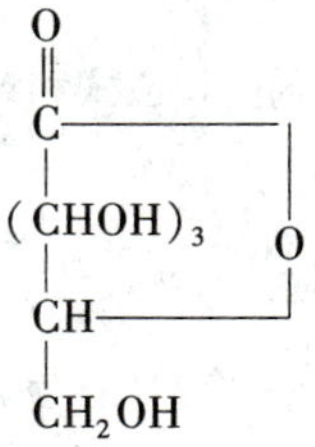

④ 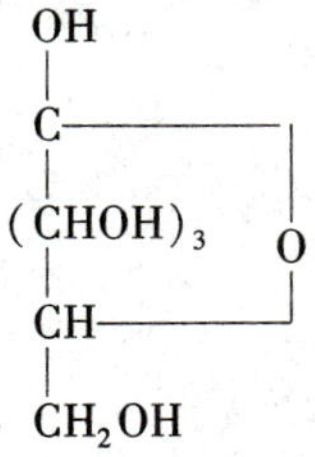

⑤ 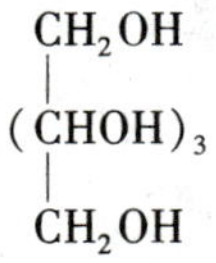

2. 用简单的化学方法鉴别下列各组化合物：

①葡萄糖、蔗糖、淀粉　　②果糖、麦芽糖、糖元

3. 名词解释

①变旋现象　　②差向异构　　③苷键　　④还原糖

⑤在碳水化合物中 D、L、α、β、(+)、(-) 各表示什么意思？

4. 完成下列的合成

①葡萄糖——→庚糖酸

②核糖——→ 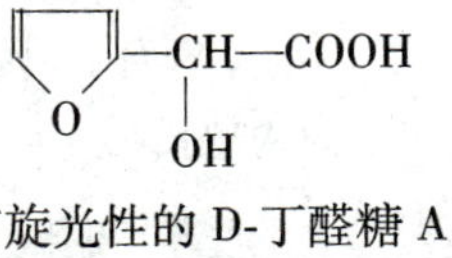

5. 有两个具有旋光性的 D-丁醛糖 A 和 B，与苯肼生成相同的脎。用硝酸氧化后，A 和 B 都生成含四个碳原子的二酸，但前者具有旋光性，而后者不具有旋光性。试推断 A 和 B 的结构。

6. 写出下列单糖的吡喃型构型式

① D-甘露糖　② D-半乳糖　③ D-葡萄糖

7. 确定下列单糖的构型（D，L），并指出它们是α-式还是β-式。

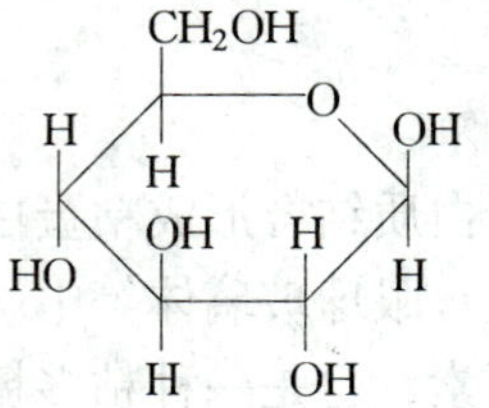
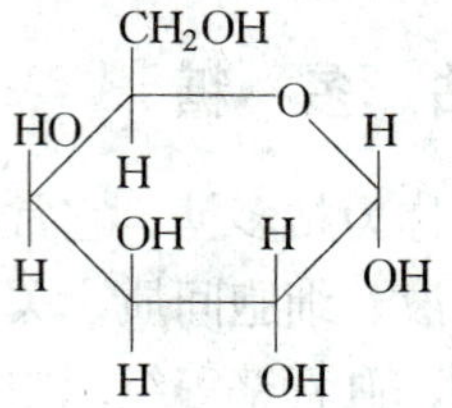
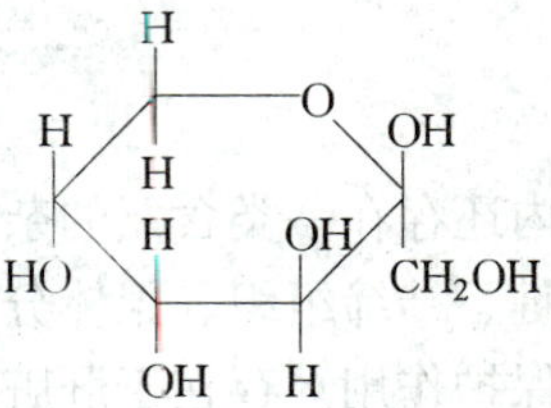
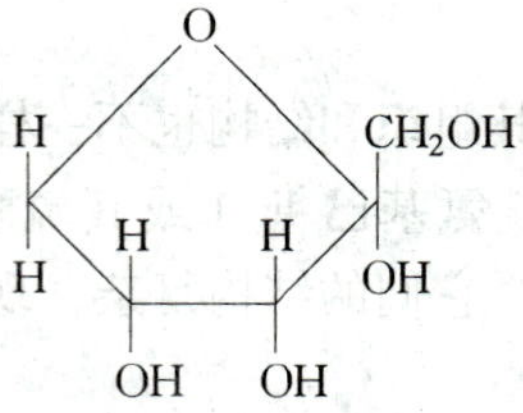
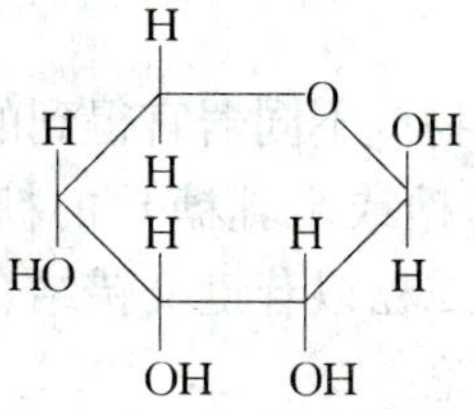

7. 写出下列单糖的吡喃型构型式。

①D-甘露糖

②D-半乳糖

③D-葡萄糖

8. 写出D-（+）-葡萄糖与下列试剂的反应式和产物的名称。

①羟胺　②苯肼　③$Br_2—H_2O$

④HNO_3　⑤H_2，Ni

9. 有一个己醛糖A被氧化时生成己糖酸B及己糖二酸C。A经递降作用先转变为戊醛糖D，再转变为丁醛糖E。E经氧化作用生成左旋酒石酸。B具有旋光性，而C不具有旋光性。试写出A、B、C、D和E的构型及它们的名称，并以反应式表示上述各变化过程。

10. 从支链淀粉的部分水解产物中可分离出一种叫异麦芽糖的二糖，其结构式如下：

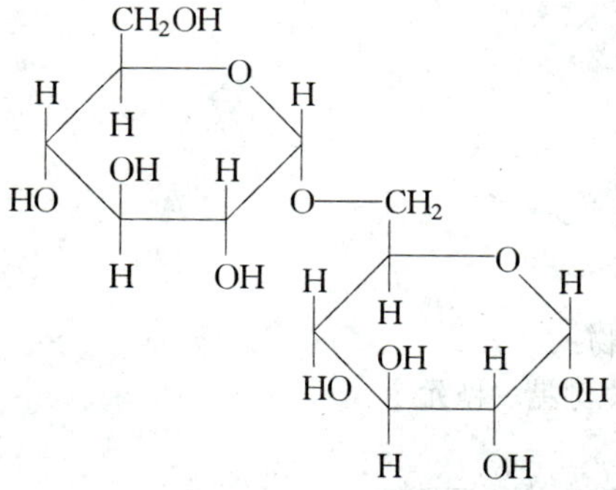

异麦芽糖

分析异麦芽糖的结构，并回答下列问题：

①它与麦芽糖的结构有何不同？

②它是α-异麦芽糖还是β-异麦芽糖？α-异麦芽糖与β-异麦芽糖的结构有何不同？

③根据结构，异麦芽糖可能有哪些化学性质？

11. 某D-戊糖A，分子式为$C_5H_{10}O_5$，有还原性，可成脎，可变旋，将A与HCN加成后，经水解得B，将B用HI把所有羟基还原成氢原子后得2-甲基戊酸，试推测A的可能的构型式。

第十五章　蛋白质和核酸

蛋白质和核酸都是生命的物质基础。一切生命活动都是在蛋白质参与下进行的，不同的蛋白质具有不同的生理功能。例如，组成皮肤、毛发、指甲、羽毛、蹄角的蛋白质起保护和支持作用；组成各种酶的蛋白质催化体内各种反应；血红蛋白在血液中输送氧气；组成激素的蛋白质负责调节体内的代谢；组成抗体的蛋白质具有免疫作用。而核酸则对生物的遗传变异以及蛋白质的生物合成起着决定性的作用，核酸是生物遗传的物质基础。因此，可以说，上没有核酸就没有蛋白质，没有蛋白质就没有生命。

蛋白质是高分子化合物，化学结构极其复杂，种类繁多，人体内约有几百万种蛋白质，但目前已搞清其结构的只有极少数。组成蛋白质的元素主要是碳、氢、氧、氮，大多数蛋白质含有硫，少数含有磷、铁、铜、锰、锌、碘等元素。

蛋白质在酸、碱或酶的作用下完全水解生成各种 α-氨基酸，α-氨基酸是组成蛋白质的基本单位。因此，研究蛋白质必须对氨基酸有所认识。

第一节　α-氨基酸

一、概　　述

1. *α－氨基酸的分类和命名*　将蛋白质水解，可以得到 20 多种常见的 α-氨基酸。根据这些 α-氨基酸的侧链 R 基的结构，可将其分为脂肪族氨基酸、芳香族氨基酸和杂环族氨基酸三大类。其中绝大多数是脂肪族的 α-氨基酸，其结构为：

$$\begin{array}{c} \mathrm{H} \\ | \\ \mathrm{R{-}C{-}COOH} \\ | \\ \mathrm{NH_2} \end{array}$$

根据氨基酸分子中氨基和羧基数目，也可将氨基酸分为中性氨基酸、酸性氨基酸和碱性氨基酸。如果分子中氨基和羧基数目相等叫中性氨基酸；分子中羧基数目多于氨基的叫酸性氨基酸，碱性基数目多于羧基的叫碱性氨基酸。但应该明确地指出，这里所指的中性，并不是指 pH＝7，实际上，氨基的碱性和羧基的酸性，在分子中并不能抵消而呈现中性。α－氨基酸中的其它基也对氨基酸的酸碱性产生影响，各种 α-氨基酸都有不同的 pK_a 和 pK_b 值。

氨基酸多用俗名，俗名是按氨基酸的来源或性质命名的。如天门冬氨酸最初是由天门冬的幼苗中发现的；甘氨酸是因有甜味而得名的。组成蛋白质的较为常见的 20 种氨基酸，也常用符号来表示。国际上通用的符号是由氨基酸英文名字的前三个字母组成的。因为一个蛋白质可以由上千个氨基酸组成，所以有时又仅用一个英文字母表示，我国也用中文缩写。如用“甘”字代替甘氨酸，半胱氨酸用“半”字代替。现将组成蛋白质常见氨基酸名称、符号、结构式和学名、代号及等电点列表 15-1。

表 15-1　蛋白质的 α-氨基酸

氨基酸名称(俗名)	符号	字母代号	中文代号	结构式和学名	等电点
（一）脂肪族氨基酸				1. 一氨基一羧基酸	
甘氨酸	Gly	G	甘	$H—CH(NH_2)—COOH$ α-氨基乙酸	5.97
丙氨酸	Ala	A	丙	$CH_3—CH(NH_2)—COOH$ α-氨基丙酸	6.00
*缬氨酸	Val	V	缬	$(CH_3)_2CH—CH(NH_2)—COOH$ α-氨基异戊酸	5.96
*亮氨酸	Leu	L	亮	$(CH_3)_2CH—CH_2—CH(NH_2)—COOH$ α-氨基-γ-甲基戊酸	5.98
*异亮氨酸	Ile	I	异	$CH_3—CH_2—CH(CH_3)—CH(NH_2)—COOH$ α-氨基-β-甲基戊酸	6.02
丝氨酸	Ser	S	丝	$HO—CH_2—CH(NH_2)—COOH$ α-氨基-β-羟基丙酸	5.68
*苏氨酸	Thr	T	苏	$HO—CH(CH_3)—CH(NH_2)—COOH$ α-氨基-β-羟基丁酸	6.18
				2. 一氨基二羧基酸	
天门冬氨酸	Asp	D	门	$HOOC—CH_2—CH(NH_2)—COOH$ α-氨基丁二酸	2.77
谷氨酸	Glu	E	谷	$HOOC—CH_2—CH_2—CH(NH_2)—COOH$ α-氨基戊二酸	3.22

（续）

氨基酸名称（俗名）	符号	字母代号	中文代号	结构式和学名	等电点
（一）脂肪族氨基酸				3. 二氨基一羧基酸	
精氨酸	Arg	R	精	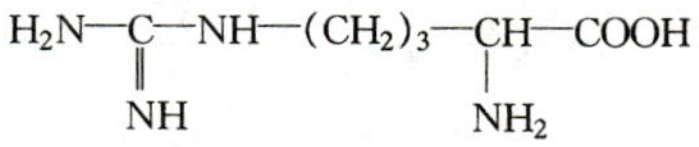 α-氨基-δ-胍基戊酸	10.76
*赖氨酸	Lys	K	赖	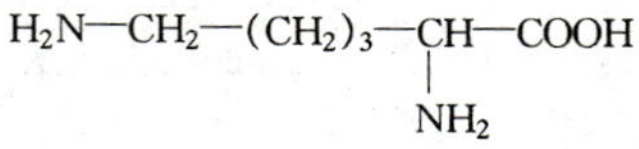 α，ε-二氨基己酸	9.74
4. 含硫氨基酸					
*蛋氨酸（甲硫氨酸）	Met	M	蛋	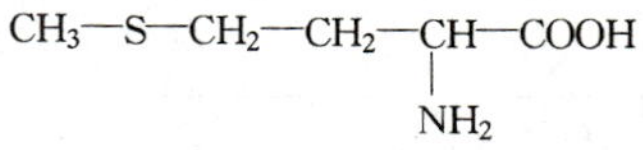 α-氨基-γ-甲硫基丁酸	5.74
半胱氨酸	Cys	C	半	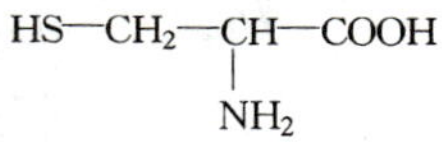 α-氨基-β-巯基丙酸	5.07
5. 酰胺型氨基酸					
天冬酰胺	Asn	N	天酰（门-NH_2）	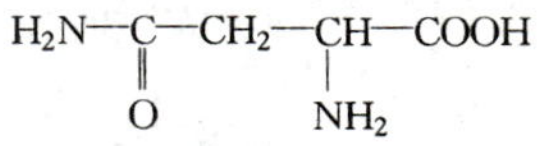 α-氨基丁酰胺酸	5.41
谷氨酰胺	Gln	Q	谷酰（谷-NH_2）	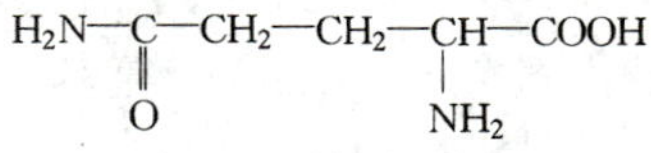 α-氨基戊酰胺酸	5.65
（二）芳香族氨基酸					
*苯丙氨酸	Phe	F	苯	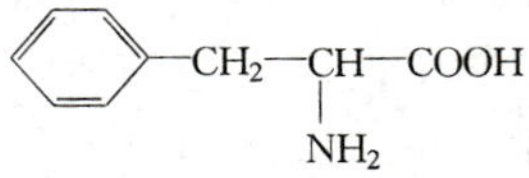 α-氨基-β-苯基丙酸	5.48
酪氨酸	Tyr	Y	酪	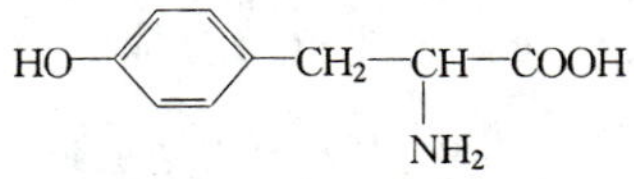 α-氨基-β-对羟苯基丙酸	5.66
（三）杂环族氨基酸					
组氨酸	His	H	组	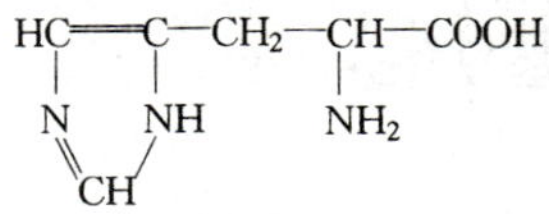 α-氨基-β-（5-咪唑）丙酸	7.59

（续）

（三）杂环族氨基酸

氨基酸名称（俗名）	符号	字母代号	中文代号	结构式和学名	等电点
*色氨酸	Try	W	色	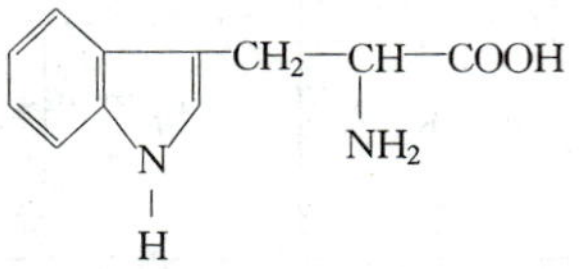 α-氨基-β-（3-吲哚）丙酸	5.89
脯氨酸	Pro	P	脯	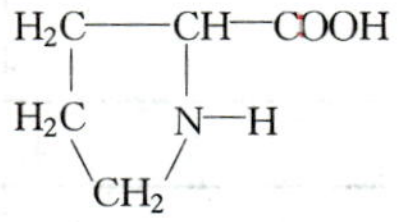 四氢吡咯-α-甲酸	6.30

注：有＊号的是人体必需氨基酸。

2．*α-氨基酸的构型*　组成蛋白质的α-氨基酸，除甘氨酸外，α-碳原子都是手性的，因而都有旋光性。高等动物蛋白质中的氨基酸绝大多数是属于L-型的α-氨基酸。在细菌的细胞壁和某些抗菌素中有D-型的氨基酸。氨基酸的构型是与乳酸的构型相联系的，相当于乳酸中的羟基被氨基代替，而乳酸的构型又是由甘油醛的构型导出的。

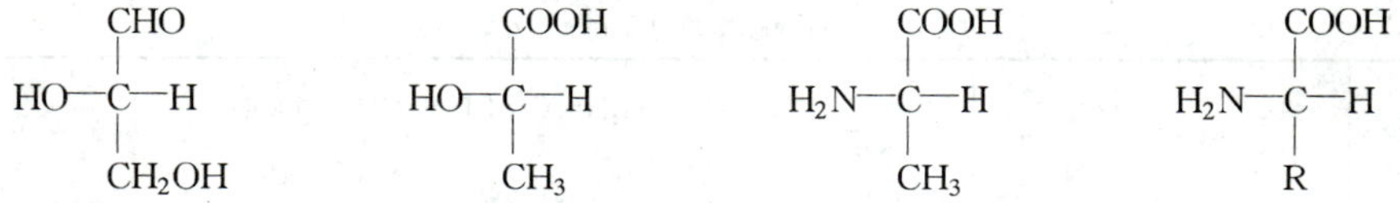

L-（－）-甘油醛　　L-（＋）-乳酸　　L-（＋）-丙氨酸　　L-氨基酸

在分子中含有一个以上手性碳原子的氨基酸的构型都以α-碳原子为准。如果某氨基酸的α-碳原子构型与L-丙氨酸相当，这个氨基酸就是L-型。对于绝大部分氨基酸来说，L-型就相当于R，S标记法中的S-型。D-型和L-型氨基酸，生理功能很不相同，因动、植物体中的酶系只能促进L-氨基酸的代谢，对D-氨基酸无作用。

3．*必需氨基酸*　植物能够由二氧化碳、水和无机盐合成蛋白质，而动物则必须从食物中摄取蛋白质。食物中的蛋白质在生物体内经水解而得氨基酸，动物可以利用这些氨基酸以建造生物所需的蛋白质，也可以利用它们作为能量的来源，或参与代谢作用。组成蛋白质的20多种氨基酸中，有一部分动物体能自身合成，这些自身能合成的氨基酸叫非必需氨基酸。有些氨基酸则是人和动物不能自身合成的，必须从食物中直接摄取，如赖氨酸、色氨酸、苯丙氨酸、蛋氨酸、亮氨酸、异亮氨酸、缬氨酸和苏氨酸是人体必需氨基酸。当食物中缺少这些氨基酸时，就会影响生长发育。提高食物中这些氨基酸的含量，便可提高食物的营养价值。

在各种农产品的蛋白质中，所含氨基酸的组分不同，品种之间亦有较大的差异。几种作物种子内蛋白质的氨基酸含量见表15-2。

表 15-2　几种作物种子蛋白质的氨基酸含量（%）

氨　基　酸	球蛋白		醇溶谷蛋白		谷蛋白
	麻仁球蛋白	豌豆球蛋白	麦胶蛋白	玉米胶蛋白	大麦谷蛋白
天冬氨酸	6.8	6.7	0.8	3.0	4.7
谷氨酸	10.6	12.6	24.6	15.8	11.7
脯氨酸	2.8	2.1	9.2	7.9	6.6
甘氨酸	–	3.8	–	–	5.2
丙氨酸	3.7	2.6	1.9	10.2	6.6
缬氨酸	3.7	2.4	1.8	2.6	4.6
亮氨酸	2.7	6.6	7.2	14.8	5.8
异亮氨酸	4.3	2.7			3.5
苯丙氨酸	2.5	3.4	3.1	3.1	2.7
酪氨酸	1.8	1.5	1.4	2.5	1.9
色氨酸	1.1	–	0.46	0.10	1.1
丝氨酸	4.5	5.3	3.7	5.8	4.2
苏氨酸	2.4	1.1	1.4	2.5	3.1
半胱氨酸	0.9	0.99	1.7	0.60	0.9
蛋氨酸	1.2	0.96	0.97	0.4	1.1
赖氨酸	2.5	9.4	0.6	0	4.8
组氨酸	4.2	3.0	2.8	2.2	4.3
精氨酸	28.9	15.7	5.0	3.4	12.0
酰　胺	9.5	8.7	25.4	18.3	10.3
总　　计	94.2	89	92.0	100.6	95.4

二、氨基酸的物理性质

α-氨基酸是无色结晶，其熔点一般在 200～300℃。比相应的羧酸或酰胺高，如羟乙酰胺与甘氨酸为同分异构体，但甘氨酸的熔点比羟乙酰胺几乎高出一倍。

甘氨酸　熔点为 232℃　　羟乙酰胺　熔点为 117℃

有些氨基酸具有苦味，有些具有甜味，而有些则无味。味精具有鲜味，它的成分为谷氨酸的一钠盐。除甘氨酸外，其它氨基酸都有旋光性。绝大部分氨基酸都可溶于水。也有少数氨基酸如胱氨酸、酪氨酸、脯氨酸和半胱氨酸能溶于苯、石油醚、乙醇、乙醚等有机溶剂，表 15-3 是组成蛋白质的常见氨基酸的溶解度。

表 15-3　组成蛋白质常见氨基酸的溶解度（g/100ml）

氨　基　酸	水中溶解度（25℃）	乙醇中溶解度
甘氨酸	25.0	0.0029（25℃）
L-丙氨酸	16.51	0.16（20℃）
L-缬氨酸	8.85	微溶
L-亮氨酸	2.19	0.017（25℃）
L-异亮氨酸	4.12	略溶于热乙醇
L-丝氨酸	25.0（20℃）	–
L-苏氨酸	20.5	不溶
L-蛋氨酸	5.14（20℃）	不溶
L-半胱氨酸	极易溶	可溶
L-胱氨酸	0.011	–
L-天冬氨酸	0.5	不溶
L-谷氨酸	0.84	0.00027（25℃）
L-精氨酸	71.8（20℃）	不溶
L-赖氨酸	易溶	微溶
L-苯丙氨酸	2.96	不溶
L-酪氨酸	0.045	0.01（17℃）
L-组氨酸	4.29	微溶
L-色氨酸	1.14	微溶
L-脯氨酸	162.3	1.18（19℃）
L-天冬酰胺	2.989	0.0003（25℃）
L-谷氨酰胺	4.25（盐酸盐）	0.00046（25℃）

三、氨基酸的化学性质

氨基酸分子中既含有羧基，又含有氨基，因此能发生氨基、羧基的典型化学反应，又由于氨基和羧基的相互影响，氨基酸又显出其特殊性质。

1．两性及等电点　氨基酸分子中含有羧基和氨基两种官能团，因此氨基酸有酸、碱两重性，它为两性化合物。

氨基酸分子中含有酸性的羧基，所以能与碱作用生成盐：

$$R-\underset{\substack{|\\NH_2}}{CH}-COOH + NaOH \longrightarrow R-\underset{\substack{|\\NH_2}}{CH}-COO^- Na^+ + H_2O$$

氨基酸分子中又含有碱性的氨基，故又能与酸作用生成盐：

$$R-\underset{\substack{|\\NH_2}}{CH}-COOH + HCl \longrightarrow R-\underset{\substack{|\\NH_3^+Cl^-}}{CH}-COOH$$

氨基酸不但能与碱或酸作用生成盐，分子内的羧基和氨基也能相互作用而生成内盐，形成偶极离子：

$$R-\underset{\substack{|\\NH_2}}{CH}-COOH \rightleftharpoons R-\underset{\substack{|\\NH_3^+}}{CH}-COO^-$$

氨基酸在结晶状态时，主要以内盐（偶极离子）形式存在。

氨基酸在水溶液中电离时，有两种电离方式。按酸式电离时氨基酸形成负离子，按碱式电离时，氨基酸形成正离子：

$$R-\underset{\displaystyle NH_2}{\underset{|}{CH}}-COOH + H_2O \rightleftharpoons R-\underset{\displaystyle NH_2}{\underset{|}{CH}}-COO^- + H_3^+O \text{（酸式电离）}$$

$$R-\underset{\displaystyle NH_2}{\underset{|}{CH}}-COOH + H_2O \rightleftharpoons R-\underset{\displaystyle NH_3^+}{\underset{|}{CH}}-COOH + OH^- \text{（碱式电离）}$$

在各种不同的氨基酸中，羧基和氨基在分子中所连的R基不同，相互影响各异，离子化程度也有所不同，酸式电离与碱式电离也就不相等。如果酸式电离程度大于碱式电离，溶液呈酸性，水溶液中氨基酸的负离子数多于正离子数。反之溶液呈碱性且水溶液中的正离子数多于负离子数。当加酸或加碱来调节氨基酸溶液的pH，使酸式电离和碱式电离相等时，氨基酸就以偶极离子形式存在，氨基酸的净电荷为零，处于等电状态，称此时溶液的pH为该氨基酸的等电点（Isoelectric point），用pI表示。

氨基酸若呈负离子时，在电场中向正极移动，如呈正离子时则向负极移动。带电离子在电场中的运动称为电泳。在等电点时，氨基酸既不向负极也不向正极移动。在等电点时氨基酸的溶解度最小，最易沉淀。应该明确指出的是等电点并不是中性点。中性点是指水溶液中氢离子的浓度等于氢氧根浓度，所以中性点的pH＝7。等电点是指两性电解质的酸式电离与碱式电离程度相等，或者说两性电解质的共轭酸和共轭碱的浓度相等，它和中性点并不完全是一个概念，不应把二者混淆起来。

$$R-\underset{\displaystyle NH_2}{\underset{|}{CH}}-COOH$$

$$\Updownarrow$$

$$R-\underset{\displaystyle NH_3^+}{\underset{|}{CH}}-COOH \underset{H^+}{\overset{OH^-}{\rightleftharpoons}} R-\underset{\displaystyle NH_3^+}{\underset{|}{CH}}-COO^- \underset{H^+}{\overset{OH^-}{\rightleftharpoons}} R-\underset{\displaystyle NH_2}{\underset{|}{CH}}-COO^-$$

各种氨基酸的等电点并不相同，一般来说，酸性氨基酸的等电点pH比较低，碱性氨基酸的等电点pH比较高，而中性氨基酸的等电点pH约为6左右。如果溶液的pH小于某种氨基酸的等电点，即溶液的pH在这种氨基酸等电点的酸侧，氨基酸以碱式电离成正离子，如果溶液的pH大于某一氨基酸等电点时，即溶液的pH在这种氨基酸等电点的碱侧，氨基酸以酸式电离成为负离子。当pH等于某氨基酸的等电点时，氨基酸为偶极离子。

2．氨基的反应

(1) 与亚硝酸的反应：氨基酸中的氨基与亚硝酸作用，氨基转化为羟基，同时放出氮气，所生成的氮气的摩尔数等于氨基的摩尔数。此反应进行的迅速而完全，所以在一定条件下收集放出的氮气，通过测定它的体积，就可计算出氨基酸中伯氨基的含量。这个反应叫做范斯莱克（Van Slyke）氨基测定法。用于测定氨基酸、多肽、蛋白质中游离伯氨基的含量。亚氨基（ $\gt N-H$ ）、胍基（ $-NH-\underset{\displaystyle NH}{\underset{\|}{C}}-NH_2$ ）和叔氮原子（ $\gt N-$ ）等都不能与亚硝酸反应放氮气。

$$R-\underset{\displaystyle NH_2}{\underset{|}{CH}}-COOH + \underset{(HCl+NaNO_2)}{O=N-OH} \longrightarrow R-\underset{\displaystyle OH}{\underset{|}{CH}}-COOH + N_2\uparrow + H_2O$$

(2) 与甲醛的反应：甲醛与氨基酸中的氨基作用，生成希夫碱并释放出 H^+，从而可用标准碱来滴定氨基酸：

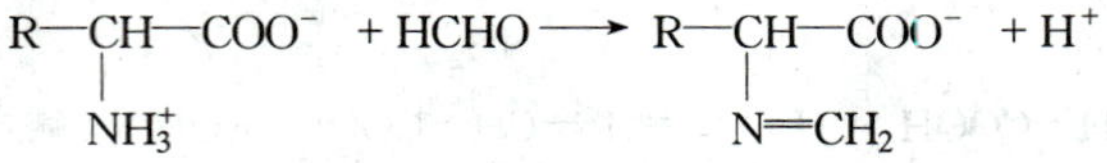

希夫碱

(3) 氧化脱氨作用：氨基酸分子中的氨基被高锰酸钾、过氧化氢氧化，先生成 α-亚氨基酸，然后亚氨基酸水解脱氨生成 α-酮酸。在生物体中此反应是在酶的催化作用下进行的。

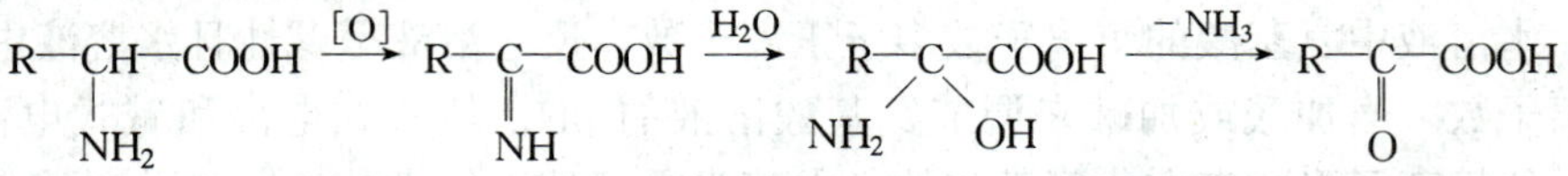

(4) 与 2，4-二硝基氟苯的反应：氨基酸中的氨基可与 2，4-二硝基氟苯（DNFB）作用，此反应在微弱碱性或中性条件下进行，生成 2，4-二硝基苯基氨基酸(DNP-aa)，DNP-aa 是黄色的，能吸收紫外光，容易从紫外灯光下观察到，用色层法将它分离并与标准 DNP-aa 比较，就可以鉴别出它是哪一种氨基酸形成的。此方法是蛋白质 N—端分析的经典方法，称为桑格（Sanger）法。

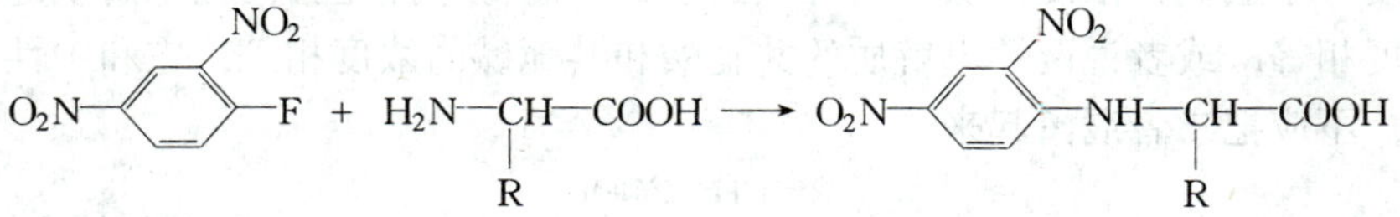

DNFB DNP-aa（黄色）

(5) 与酰化剂反应：胺能与酰卤、酸肝等酰化剂反应，生成酰胺，氨基酸中的氨基也与这些酰化剂起类似的反应。在蛋白质研究中，常用的酰化剂是苯甲氧基甲酰氯和 5-二甲氨基萘磺酰氯。

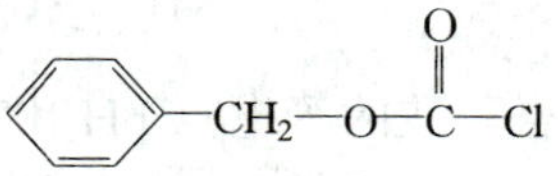

苯甲氧基甲酰氯

（cbz-Cl）

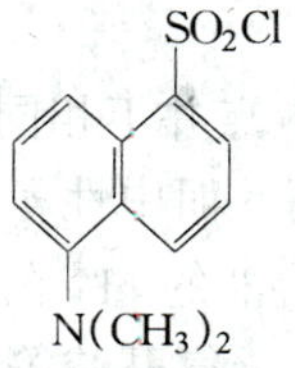

5-二甲氨基萘磺酰氯（丹磺酰氯）

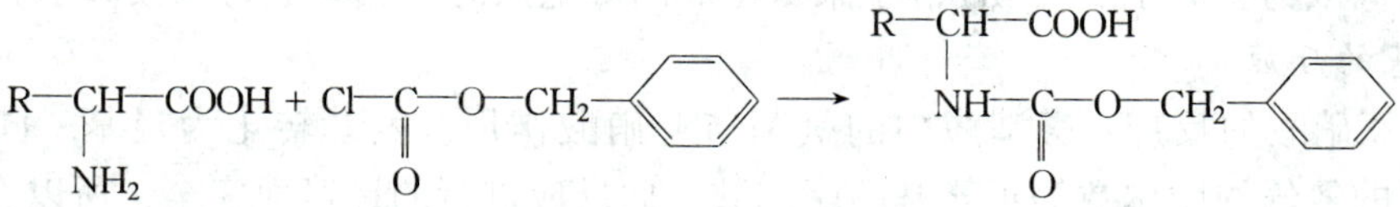

cbz-aa

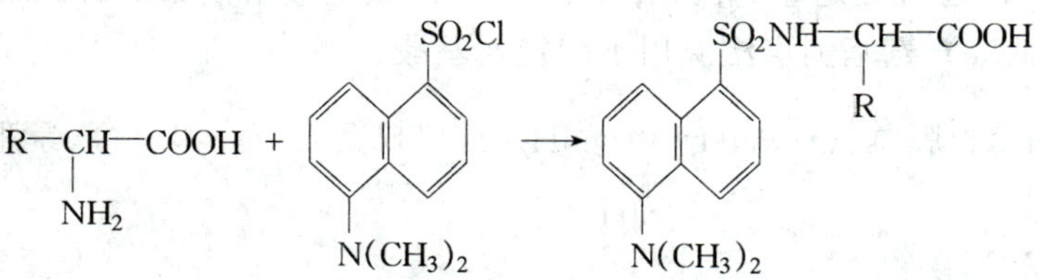

丹磺酰氯 丹磺酰氨基酸

此反应用于保护氨基，因为氨基经过酰化后，化学活性明显降低，不容易被氧化破坏，氨基酸分子中就只有一个活性羧基，是蛋白质合成研究的基本措施。丹磺酰氨基酸具有荧光，可用于蛋白质的 N—端分析中。

（6）与水合茚三酮的反应：α-氨基酸与水合茚三酮在加热的条件下，生成蓝紫色化合物，并放出 CO_2。根据颜色深浅，可作为氨基酸定性、定量分析的重要依据。此反应灵敏，因此是鉴定氨基酸迅速而简便的方法之一。多肽和蛋白质也发生此反应。反应过程为：

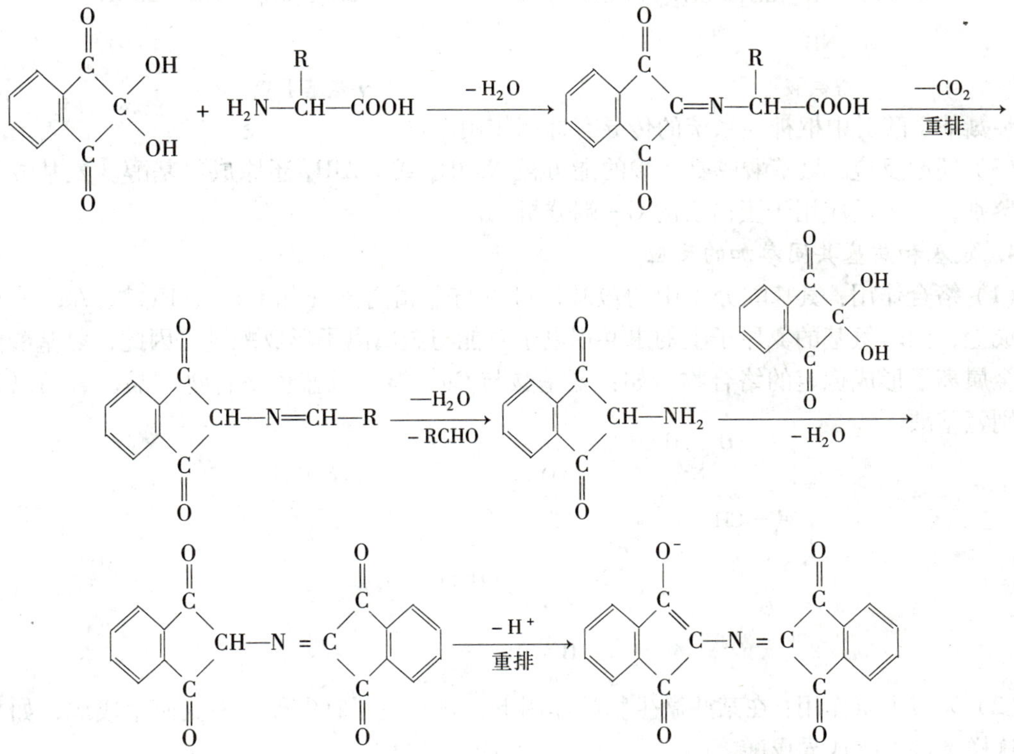

蓝紫色化合物

3. 羧基的反应

（1）成酯反应：氨基酸在无水乙醇中，通入干燥的氯化氢，加热回流，可生成氨基酸乙酯：

$$R-\underset{\underset{NH_2}{|}}{CH}-\overset{\overset{O}{\|}}{C}-OH \xrightarrow[HCl]{C_2H_5OH} R-\underset{\underset{NH_2}{|}}{CH}-\overset{\overset{O}{\|}}{C}-OC_2H_5 + H_2O$$

由于各种氨基酸酯的沸点不同，可在不同的温度下分别将它们蒸馏出来，所以可用常压分馏法分离。同时，利用酯化可将氨基酸转变成易挥发的化合物，便于气相色谱分析。氨基酸酯与氨在醇溶液中反应，生成氨基酸酰胺：

$$R-\underset{\underset{NH_2}{|}}{CH}-\overset{\overset{O}{\|}}{C}-OC_2H_5 + NH_3 \xrightarrow{乙醇} R-\underset{\underset{NH_2}{|}}{CH}-\overset{\overset{O}{\|}}{C}-NH_2 + C_2H_5OH$$

天门冬酰胺和谷氨酰胺是生物体内主要的氨基酸酰胺，生物体常用此种酰胺储存氮素营养，当生物需要氮时，酰胺就水解放出氨供生物需要。

（2）脱羧反应：当氨基酸在高沸点溶剂中回流或直接加热时，将脱去羧基，生成胺。如赖氨酸脱羧后得到戊二胺（尸胺）：

$$H_2N—CH_2—(CH_2)_3—\underset{\large NH_2}{\underset{|}{CH}}—COOH \xrightarrow{\triangle} \underset{\text{戊二胺}}{H_2N—CH_2—(CH_2)_3—CH_2—NH_2} + CO_2$$

生物体内脱羧反应是在脱羧酶的催化作用下进行的：

$$\underset{\text{谷氨酸}}{HOOC—\underset{\large NH_2}{\underset{|}{CH}}—CH_2—CH_2—COOH} \xrightarrow{\text{脱羧酶}} \underset{\gamma\text{-氨基丁酸}}{H_2N—CH_2—CH_2—CH_2—COOH}$$

γ-氨基丁酸对中枢神经系统的传导有抑制作用。

（3）还原反应：氨基酸或氨基酸的酯可被 $NaBH_4$ 或 $LiAlH_4$ 还原成氨基醇。氨基醇可以分离鉴别，这个反应用于蛋白质的 C—端分析。

4. 氨基和羧基共同参加的反应

（1）络合作用：氨基酸分子中的羧基，可以与金属离子（如 Cu^{2+}、Hg^{2+}、Ag^{+} 等）作用生成盐，同时氨基的氮原子上的未共用电子对能与金属离子形成配键。因此，氨基酸能与这些金属离子形成稳定的络合物。如：氨基酸与 Cu^{2+} 能形成蓝色络合物结晶，可用以分离和鉴别氨基酸。

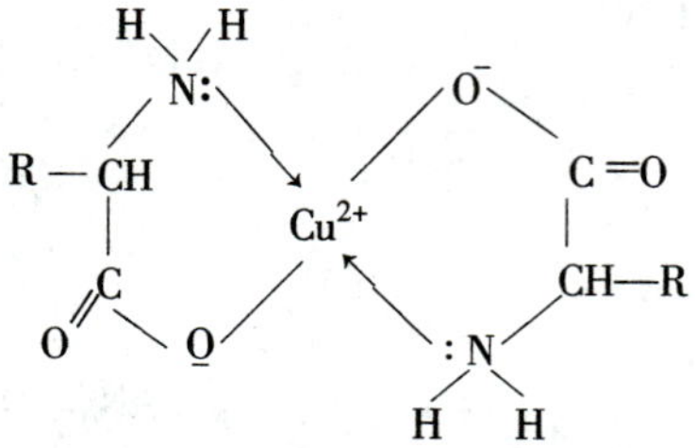

（2）失羧失氨作用：在某些微生物的作用下，氨基酸同时失羧、失氨而生成醇，如亮氨酸在这样条件下生成异戊醇。

$$CH_3—\underset{\large CH_3}{\underset{|}{CH}}—CH_2—\underset{\large NH_2}{\underset{|}{CH}}—COOH + H_2O \longrightarrow CH_3—\underset{\large CH_3}{\underset{|}{CH}}—CH_2—CH_2—OH + CO_2 + NH_3$$

（3）成肽反应：一个氨基酸的羧基中的羟基与另一个氨基酸中的氨基脱水，生成含有酰胺键的化合物。酰胺键在蛋白质化学中叫肽键，由 2 个氨基酸分子脱水形成的肽叫二肽，由 3 个氨基酸分子脱水形成的肽叫三肽，由多个氨基酸分子脱水形成的肽叫多肽。例如：

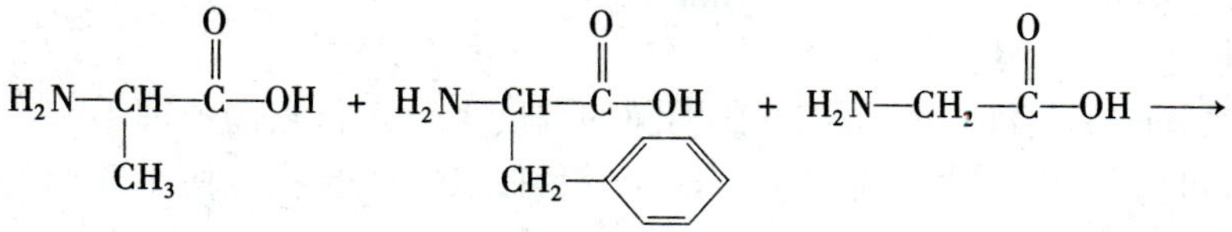

丙氨酸　　　　苯丙氨酸　　　　甘氨酸

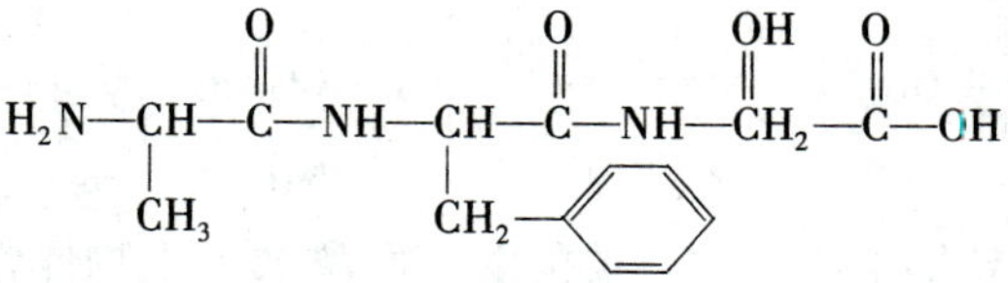

丙氨酰苯丙氨酰甘氨酸（丙-苯丙-甘肽）

多肽的书写是将含有游离氨基的一端写在左边，叫 N—端；含有游离羧基的一端写在右边，叫 C—端。例如：

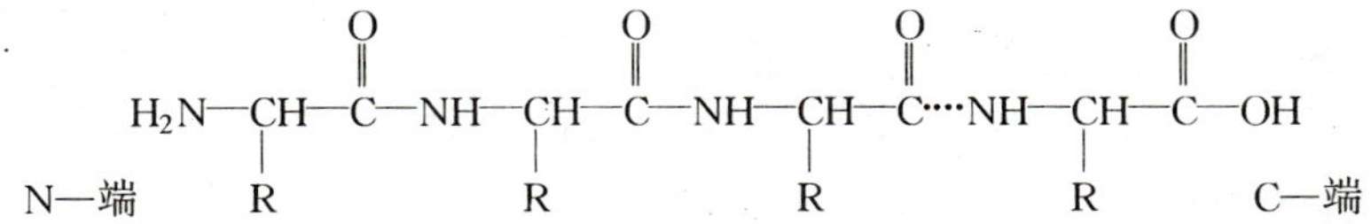

多肽的命名是以 C—端的 α—氨基酸为母体，在母体氨基酸名称前按氨基酸的排列顺序从 N—端开始，依次加上氨基酸残基相应的酰基名称。例如：

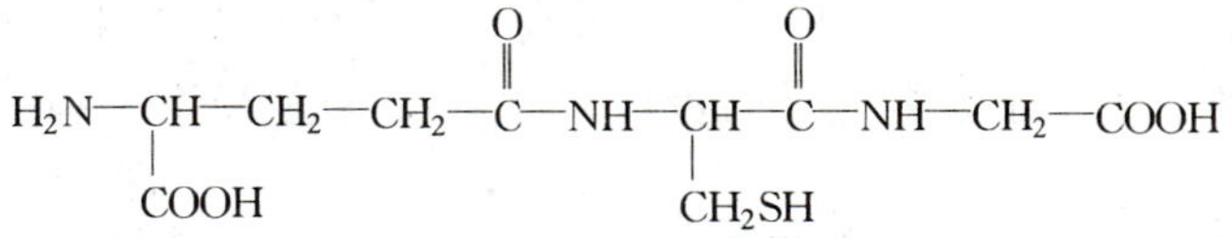

γ-谷氨酰半胱氨酰甘氨酸或 γ-谷-半胱-甘肽（谷胱甘肽）

四、重要代表物

游离的氨基酸在自然界很少见，主要是以聚合体的形式——多肽或蛋白质存在于动植物体中。氨基酸可用合成方法或由某些蛋白质水解来制取。

1．甘氨酸　甘氨酸是无色结晶，有甜味，没有旋光性，是最简单的氨基酸，它以酰胺的形式存在于胆酸、马尿酸和谷胱甘肽中，也存在于许多蛋白质中。甘氨酸的许多衍生物是农药及药物。

2　半胱氨酸和胱氨酸　它们多存在于蛋白性保护组织（如毛发、角、指甲等）中，并可通过氧化还原而相互转化。

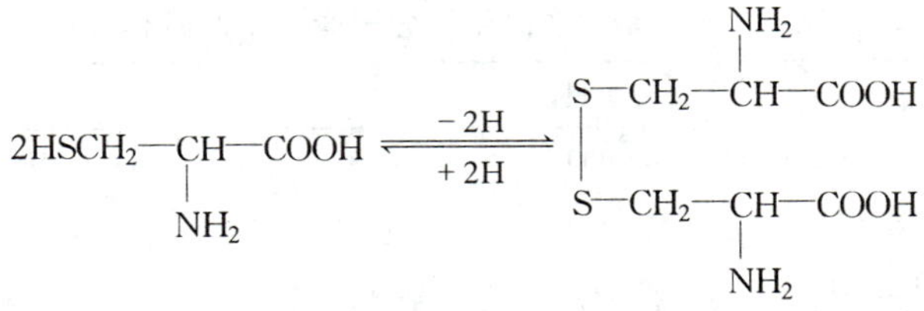

胱氨酸

胱氨酸的构型较为特殊，有两个不对称中心，而且是相同的，两个不对称中心的构型如果相同，则会产生 D—型和 L—型两个异构体，如果不相同，一个不对称中心的构型将是另一个不对称中心构型的镜像。这样的分子由于内部互相抵消而无旋光性，这种异构体称为内消旋胱氨酸。

它们都可由头发水解制得。在医药上半胱氨酸可用于肝炎或放射性药物中毒的治疗等。胱氨酸有促进机体细胞氧化还原的机能，增加白血球和阻止病原菌发育等作用，并可用于脱发症治疗。

3．色氨酸　色氨酸是动物生长不可缺少的氨基酸，它存在于大多数蛋白质中。色氨酸是植物幼芽中所含生长素 β-吲哚乙酸的来源，并能在动物大肠中因细菌的分解作用而产生粪臭素甲基吲哚。

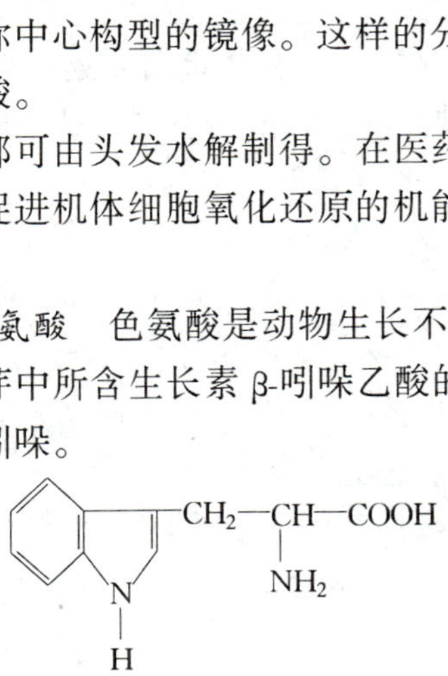

色氨酸

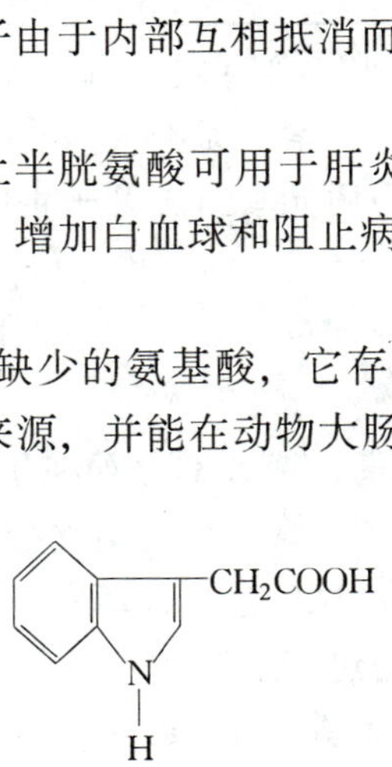

β-吲哚乙酸

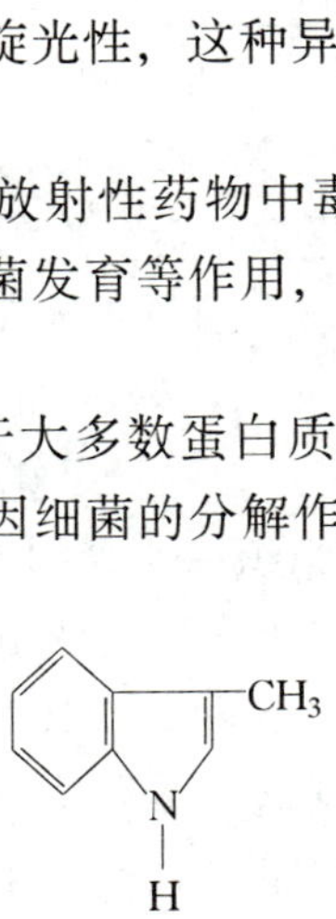

甲基吲哚

第二节 蛋 白 质

蛋白质是由许多α－氨基酸脱水而生成的高分子化合物，由于氨基酸数目、种类和排列顺序的不同，所以构成的蛋白质种类非常多，结构也非常复杂。蛋白质在生命活动中有着很重要的作用。相对来说，动物体的蛋白质含量较高，几乎存在于全身；植物体的蛋白质含量较低，主要存在于种子中，如豆类种子的蛋白质含量可高达30%～40%，动、植物体内蛋白质含量见表15-4。

表15-4 某些动植物材料中的蛋白质含量（%）

植物材料	蛋白质含量	动物材料	蛋白质含量
种子	10～15	肌肉	18～23
叶	1.2～3	内脏	14～19
根	0.5～3	血浆	6.5～7.5
茎	1.5～3	卵黄	15
果实	—	卵白	12
		牛奶	3

蛋白质是高分子化合物，分子量一般为数万至数十万，也有的高达几百几千万的。见表15-5。

表15-5 一些蛋白质的平均分子量（超速离心法）

蛋白质	来源	分子量	蛋白质	来源	分子量
卵清蛋白	鸡蛋	44 000	黄酶	酵母	82000
乳清蛋白	牛乳	17 400	过氧化氢酶	牛肝	250 000
细胞色素C	牛心	15 600	麻仁球蛋白	大麻	310 000
核糖核酸酶	牛胰	12 700	脲酶	大豆	480 000
麦胶蛋白	小麦	27 500	短枝病毒	番茄	7 600 000
大麦醇溶蛋白	大麦	27 500	斑纹病毒	烟草	40 000 000

通过元素分析表明，蛋白质除含有碳、氢、氧、氮之外，有些蛋白质还会含有少量的硫、磷、铁、锌、铜、锰、碘等元素。无论蛋白质的种类和来源如何不同，其组成元素的重量百分比变化都不大。一般蛋白质元素组成（干重%）大致如下：

C 50%　　H 6.0%～7.5%

O 19%～24%　　N 15%～17%

S 0～4%　　P 0～0.8%

生物体组织中所含的氮元素，绝大部分存在于蛋白质中，各种蛋白质含氮量的变化幅度不大，一般可取平均值16%来计算，因此生物样品中每克氮的存在，就意味着样品分析中大约含蛋白质6.25（100/16）克，把“6.25”称为蛋白质系数。农牧产品粗蛋白含量的测定就是依据这一系数关系，通过定氮法测定氮含量来换算的。

粗蛋白含量（%）＝氮含量（%）×6.25

一、蛋白质的结构

蛋白质是由 20 多种 α－氨基酸组成的，研究蛋白质结构，首先应搞清楚组成蛋白质的氨基酸是如何连接在一起的。

1. 蛋白质的一级结构（肽链结构）　氨基酸分子间通过酰胺键相互连接而成肽键。在蛋白质化学中。酰胺键 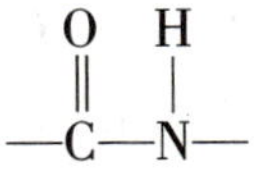 结构又叫肽键。

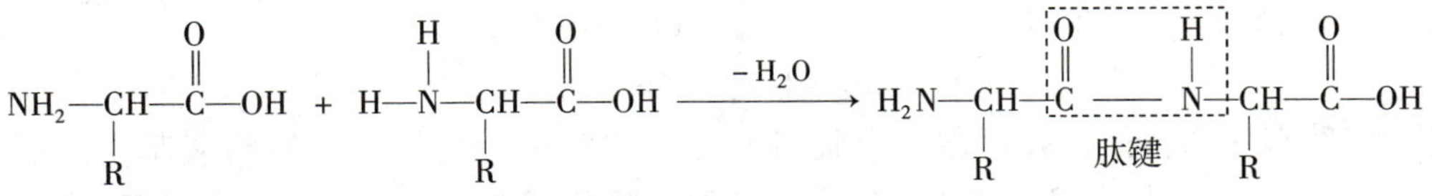

α-氨基酸　　α-氨基酸　　二肽

由两个氨基酸通过一个肽键连接而成的肽叫二肽；由三个氨基酸通过两个肽键连接而成的肽叫三肽；依此类推，由多个氨基酸组成的肽叫多肽。氨基酸分子之间以肽键形式首尾相连而形成的长链叫肽链。在肽链中的每个氨基酸分子，因形成肽链时都失去某些部分，这种失去完整性的氨基酸叫氨基酸残基。因此，蛋白质结构的基本形式可说是由很多 α-氨基酸残基通过肽键结合而成的多肽链，肽键是蛋白质分子的主键。分子量在 10000 以上的多肽一般看作是蛋白质。

两种不同的氨基酸组成二肽时，有两种不同的连接顺序。例如，由甘氨酸与丙氨酸组成的二肽，由于结合顺序不同就有两种异构体：

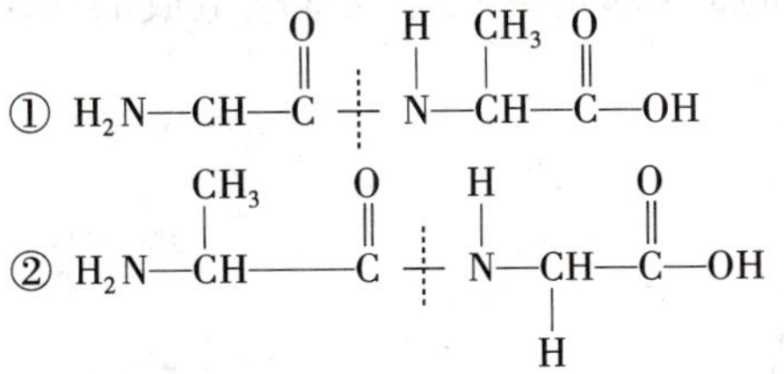

甘-丙肽

丙-甘肽

甘丙肽中的肽键是由甘氨酸的羧基与丙氨酸的氨基形成的，而丙甘肽中的肽键是由丙氨酸的羧基与甘氨酸的氨基形成的。由此可见，组成肽键的氨基酸数目增多，理论上的排列方式也增多。例如，由三个不同氨基酸组成的三肽就有 6 种异构体，由四个不同氨基酸组成的四肽有 24 种，五肽有 120 种，六肽有 720 种。

在多肽链中，位于肽链两端的氨基酸残基叫末端氨基酸。通常称在 α-碳原子上具有游离氨基的一端叫 N—端，在 α-碳原子上连有游离羧基的一端叫 C—端。书写肽链时，习惯上把N—端写在左边，C—端写在右边。

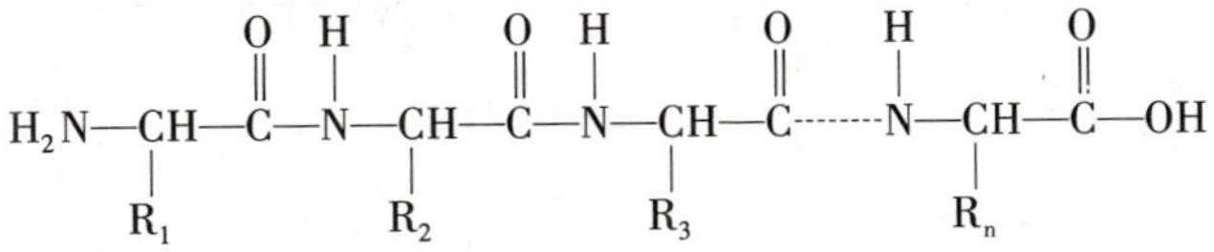

N-端　　C-端

肽的命名是以 C—端氨基酸作为母体称为某氨酸，其它氨基酸残基视为取代基，称为某氨酰，从 N—端氨基酸开始依次排列于母体名称前面。如：

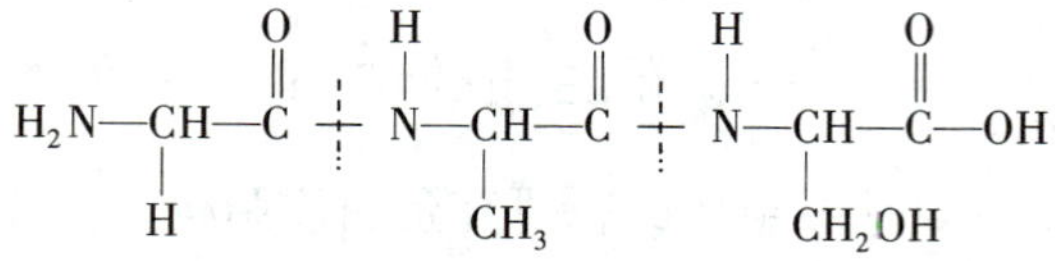

甘氨酰 丙氨酰 丝氨酸

这个三肽命名为甘氨酰丙氨酰丝氨酸，或简称为甘丙丝肽。又如：

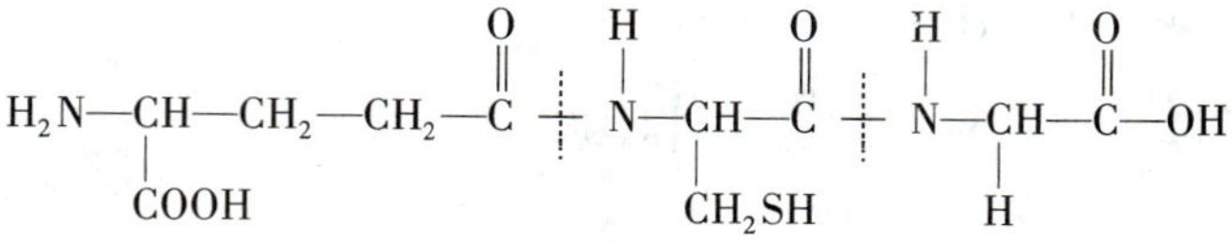

谷氨酰半胱氨酰甘氨酸（俗称谷胱甘肽）

这个三肽有一个特征，谷氨酸与半胱氨酸之间的肽键涉及谷氨酸的γ-羧基，而不是通常的α-羧基，因而称为γ-谷氨酰半胱氨酰甘氨酸，简称谷胱甘肽，常以符号 GSH 表示，其中巯基（—SH）是这个三肽的活性基团。

巯基易被氧化，两分子还原型谷胱甘肽（GSH）易脱氢生成以二硫键连接的氧化型谷胱甘肽（G—S—S—G），二硫键在还原剂存在下可以重新生成巯基：

$$GSH + HS-G \underset{+2H}{\overset{-2H}{\rightleftharpoons}} G-S-S-G$$

谷胱甘肽是生物体活性细胞中普遍存在的一种三肽，参与细胞内的氧化还原作用，对一些巯基酶有保护作用。

多肽类物质在天然界存在很多，它们在生物体中起着各种不同的作用。除上面所述的谷胱甘肽外，还有存在于垂体后叶腺中的催产素和增血压素都是由八个氨基酸组成的肽类激素，前者与子宫的收缩有关，后者能增高血压。

牛催产素：

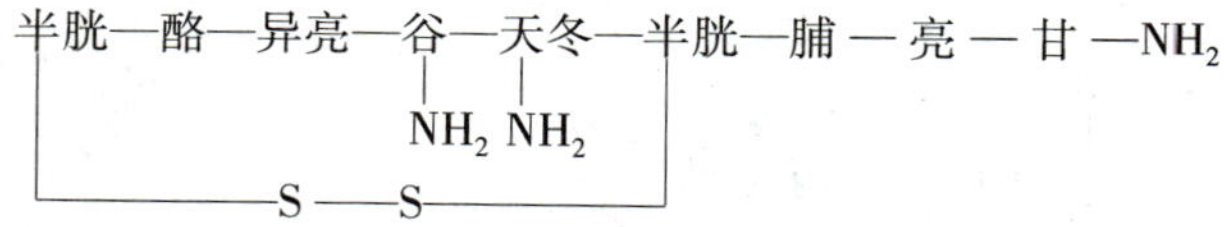

牛加压素：

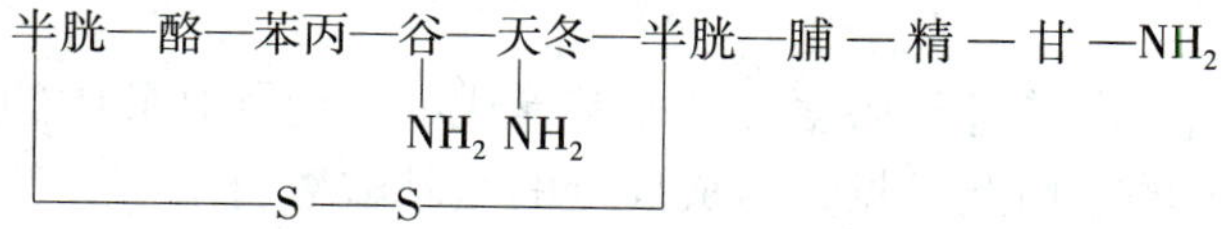

胰脏中分泌的胰岛素是由 51 个氨基酸组成的多肽类激素，它是控制碳水化合物正常代谢必需的物质，是由 21 个氨基酸组成的 A 链与 30 个氨基酸组成的 B 链，通过两个二硫键连接形成的。

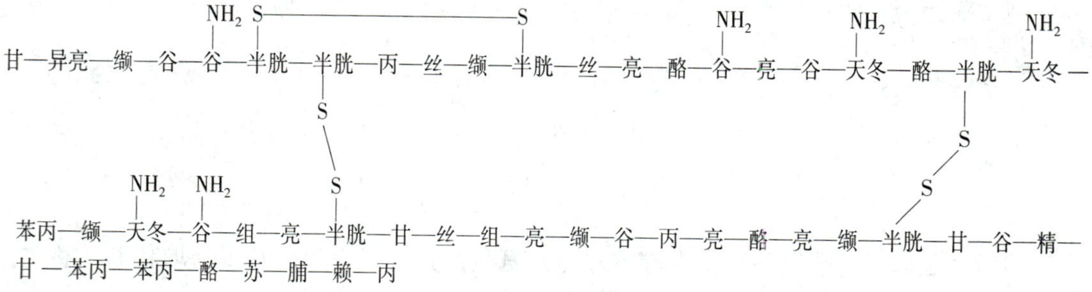

牛胰岛素的结构

由此可见，各种蛋白质中氨基酸都有严格的、一定的排列顺序，它对蛋白质分子结构、性能都起着决定性的作用。

在蛋白质分子中只要有一个氨基酸改变，就可能导致整个蛋白质分子的性能改变，使生物功能发生巨大变化。通过肽键组成蛋白质的多肽链中的氨基酸的种类、数目以及排列顺序，是蛋白质的基本结构，通常称为蛋白质的一级结构（又称初级结构）。

2. *蛋白质的构象*　蛋白质分子是非常复杂的，以上所述，仅是蛋白质的最基本结构，现代物理方法证明，蛋白质的多肽链并不是线形或平面展开的，而是卷曲折叠或盘绕成非常严密的空间构型。

蛋白质分子中的肽键存在有 p-π 共轭作用，p-π 共轭作用的结果将会导致键长的均匀化。测定表明，在肽键中 C—N 键长为 0. 132nm，介于 C—N 单键（0. 147nm）和 C ═N 双键（0. 128nm）之间。p-π 共轭作用也使 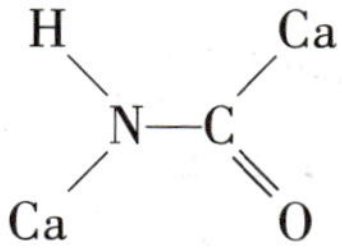 这一结构中的 C—N 键不能自由旋转而成平面结构，这个平面结构称为酰胺平面。平面中羰基中的氧原子和亚氨基上的氢原子常处于相反的方向。α-碳原子的 Ca—N 和 Ca—C 键都是 σ 键，可以旋转，这样两个相邻的酰胺平面以共用的 Ca 为定点而旋转。如图 15-1 所示。

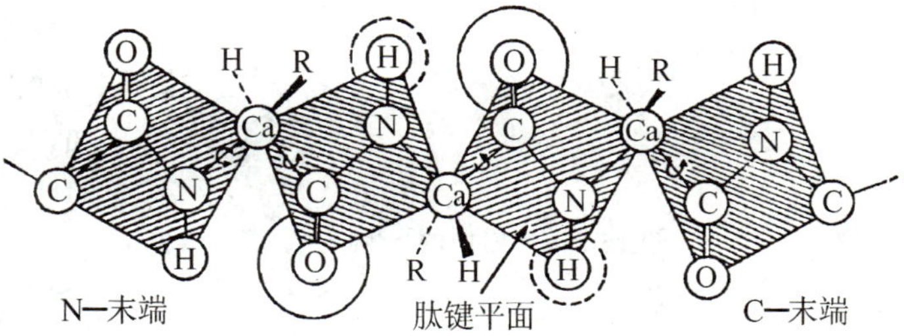

图 15-1　多肽链主链中单键旋转所受的限制

Ca—N 和 Ca—C 的自由旋转并不是无限制的，原因是 Ca 上侧链 R－基团的空间位阻影响，其影响程度由 R－基团大小所决定。另外 Ca—N 和 Ca—C 自由旋转的最大范围是 180°，因为这时与 C 相邻的两个肽键上的羰基氧（图中大圈），或亚氨基氢（图中虚线圈）将互相重叠，妨碍进一步旋转。这就使整个蛋白质在一定条件下具有某一独特的构象。

除上述的一级结构外，目前对蛋白质的空间结构的认识有二、三、四级等结构。

（1）二级结构：蛋白质多肽长链的空间构象，称为蛋白质的二级结构。根据 X-射线分析，所有蛋白质分子都含有 α-螺旋和 β-折叠这两种二级结构。

① α-螺旋结构：α-螺旋有左手 α-螺旋和右手 α-螺旋两种。天然蛋白质中，α-螺旋都是右手螺旋。在 α-螺旋结构中，氨基酸残基以 100°的角度围绕螺旋轴心盘旋上升，邻近两个氨基酸残基间的螺距为 0. 15nm，每一圈包含 3. 6 个氨基酸残基，螺旋每上升一圈，螺距升高 0. 54nm，α-螺旋构象的稳定性是由肽链上羰基和亚氨基间形成的氢键来维系的，氢键与中心轴接近平行。如图 15-2 所示。

② β-折叠结构：β-折叠结构中，肽键为较伸展的曲折形式。相邻两条多肽链以相同方向或相反方向平行排列，借助氢键连成片状结构。β-折叠片空间结构的稳定性也是由肽链上羰基和亚氨基间形成的氢键来维持，氢键与肽链长轴接近垂直。如图 15-3 所示。

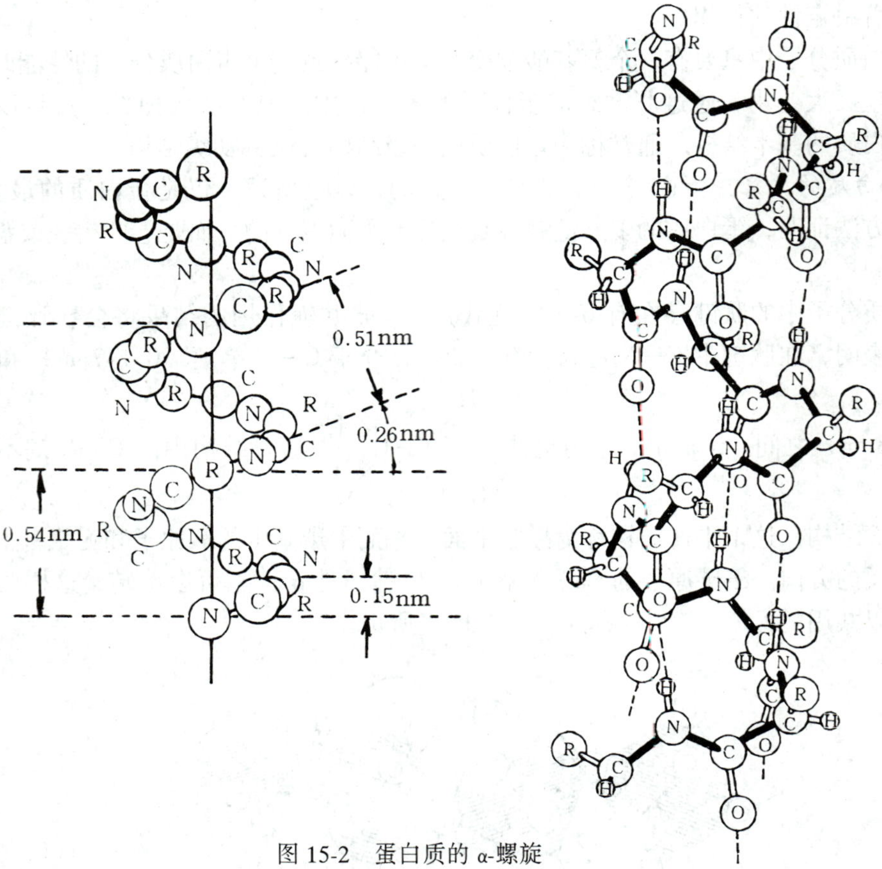

图 15-2 蛋白质的 α-螺旋

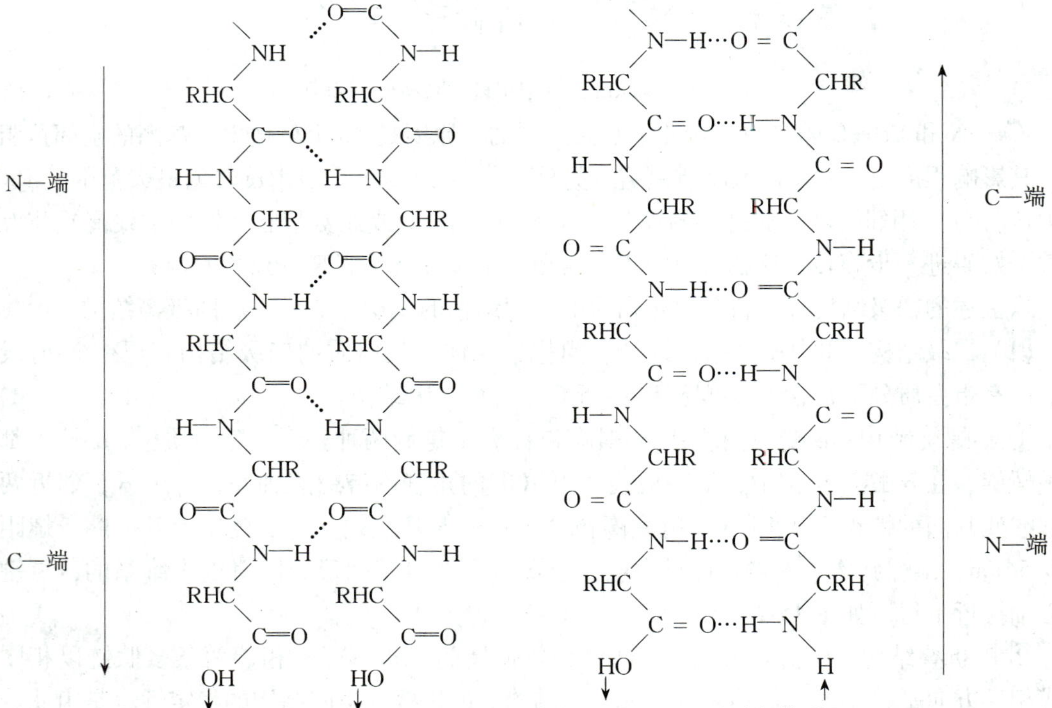

(a) 平行排列 (b) 反平行排列

图 15-3 蛋白质的 β-折叠

（2）三、四级结构：多肽链再进一步卷曲、折叠和盘绕形成一种紧密的纤维状或近似球状的空间构型，即是蛋白质的三级结构。如图 15-4 和图 15-5 所示。多数具有生理作用的蛋白质是球状蛋白质，如球蛋白质中的鲸肌红蛋白，是含有血红素的结合蛋白质，分子量为 18000，它的一级结构是 153 个氨基酸按一定顺序组成的一条多肽链；二级结构基本上是这条多肽链形成的 α-螺旋体；二级结构进一步迂回盘曲形成三级结构，如图 15-5 所示。

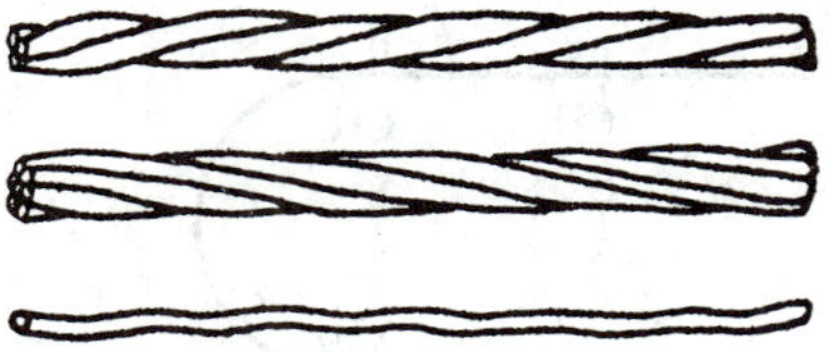

图 15-4　纤维状蛋白三级结构

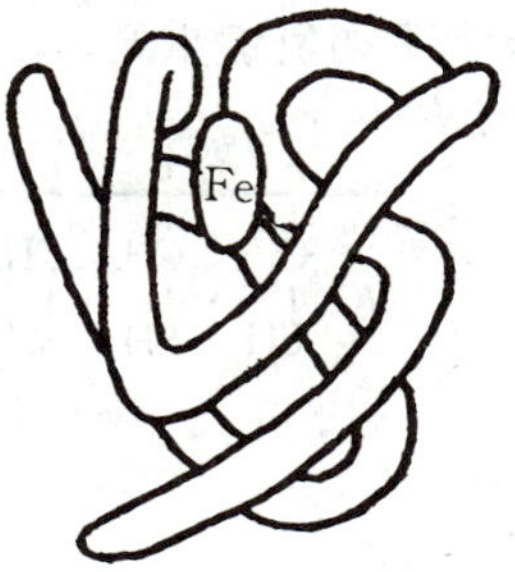

图 15-5　鲸肌红蛋白三级结构

很多蛋白质是由两条多肽链构成的，而这些肽链间并无共价键连结。每条肽链都有各自的一、二、三级结构，这些肽链称为蛋白质亚基或原体。各个亚基（或原体）在蛋白质构象中的空间排列方式称为蛋白质的四级结构。例如血红蛋白就是由四个亚基组成的蛋白质。如图 15-6。

图 15-6　蛋白质四聚体（示四级结构）

蛋白质的空间结构，特别是二、三、四级结构，已研究清楚的还很少。只有搞清楚蛋白质的空间结构，才能更好地认识其性质和生理功能，也有助于对生命本质作更深入的了解。可见研究蛋白质的空间结构对揭示生命本质具有很重要的理论和实践意义。

3. *维持蛋白质构象的作用力*　各种不同的蛋白质都有各自独特的构象，这是由于蛋白质分子中的多肽链除以肽键构成共价主链外，还有不少副键。氢键是主要的副键，氢键的键能不如共价键，但氢键在蛋白质分子中数目很多，另外，还存在有二硫键、酯键、盐键和疏水交互作用或叫疏水“键”等副键，这些副键对维持蛋白质空间三维构象的稳定性起着极其重要的作用。

（1）氢键：多肽链中羰基上的氧原子与肽链中亚氨基上的氢原子（或 R—侧链上的羟基氢）之间，由于静电引力可以形成氢键，如图 15-7 中 b 所示。

在蛋白质分子内、蛋白质分子间、蛋白质分子与周围的水分子之间，都存在着氢键。氢键也会受到水的屏蔽作用，虽然氢键是弱键，但在蛋白质大分子中，氢键的数目非常多，就整体而言这种作用是强大的。所以氢键在稳定蛋

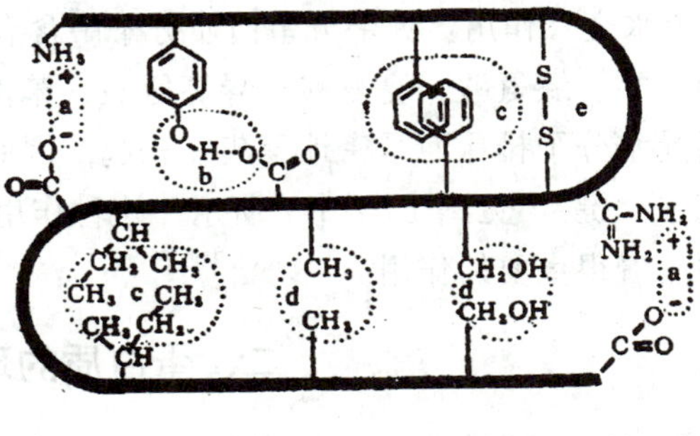

图 15-7　维持蛋白质三级结构的各种作用力

a. 盐键；b. 氢键；c. 疏水作用力；d. 范德华引力；e. 二硫键

白质构象中起着主要的作用。

（2）二硫键：多肽链上半胱氨酸残基中的巯基（—SH）可与同肽链上或邻肽链上的半胱氨酸残基中的巯基通过脱氢氧化，形成二硫键（—S—S—）而相连接。二硫键是共价键，在蛋白质分子中起着交联作用（图 15-8），使空间结构稳定。角蛋白中含有较多的二硫键，所以角蛋白很坚硬。二硫键易通过还原反应而被破坏，同时在一般蛋白质中为数不多，在稳定蛋白质构象上不如氢键重要。

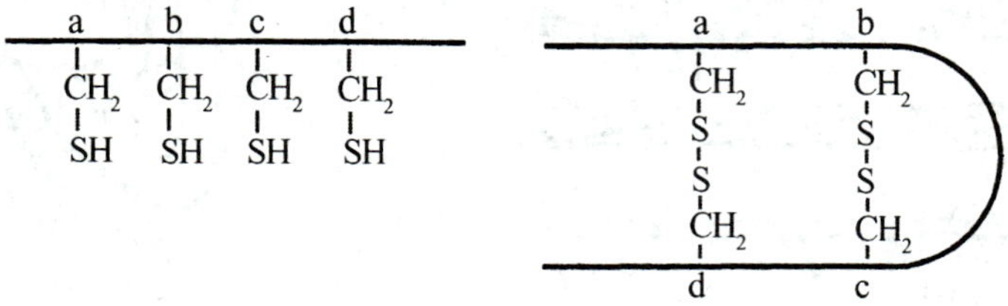

图 15-8　二硫键交联作用

（3）酯键：多肽链上侧链的游离羧基，如天冬氨酸残基和谷氨酸残基的侧链上都有游离的羧基与同肽链或邻肽链侧链上的醇羟基（如丝氨酸残基、苏氨酸残基的侧链上都有游离羟基）可以脱水形成酯。酯键是共价键，在蛋白质分子结构中数目不多，又易受酸、碱的作用而被破坏。

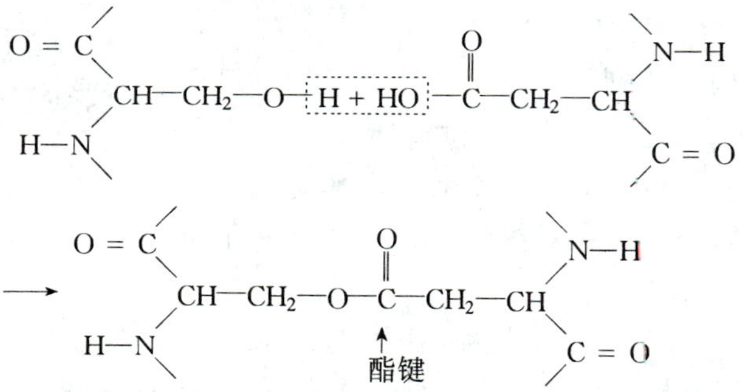

（4）盐键：多肽链侧链上游离的羧基与同肽链或邻肽链侧链游离碱性基之间可以形成盐键，它是通过正、负离子静电引力形成的离子键，就个体而言是强有力的，但在蛋白质分子中这种键暴露在水中，由于受到水的屏蔽作用而被削弱。盐键易被酸、碱所破坏，在维系蛋白质的构象中有一定作用，但重要性较小。盐键见图 15-7 中 a 所示。

（5）疏水交互作用：大部分蛋白质分子中含有 30％～50％的具有非极性侧链的氨基酸残基（如丙氨酸、缬氨酸、亮氨酸、异亮氨酸、苯丙氨酸、色氨酸等），这些非极性侧链有疏水性，易受水分子排斥而紧密地聚集在一起，因而产生一种特殊的作用力，称为疏水交互作用或称疏水“键”。见图 15-7 中 c 所示。这种作用力在维持蛋白质的三级结构和四级结构的构象方面起着很重要的作用。

二、蛋白质的理化性质

讨论蛋白质的理化性质，要着眼于下述结构特点：蛋白质是高分子化合物，分子量很大，蛋白质除了一级结构外，还有二级和三、四级结构，蛋白质分子除主链（肽链）外，还有各式各样的侧链。这些侧链中有些有活泼的基团如羧基、氨基、醇羟基、巯基等，它们是亲水基团，有些有酸性，有些有碱性；有些侧链则是惰性的烃基，它们是疏水基。侧链的空间构型也不同，有些裸露在二三级结构的外面，有些则掩蔽在二三级结构内部。

我们从上述结构特点出发，对蛋白质的理化性质进行讨论。

1．*蛋白质的胶体性质* 蛋白质是生物高分子化合物，分子颗粒的直径为 1～100nm，属于胶体质点的范围，因此蛋白质具有胶体性质，其溶液为胶体溶液。胶体可分为两大类，一类是亲水胶体，一类是疏水胶体，蛋白质属于亲水胶体。蛋白质亲水胶体的稳定因素为：

(1) 胶粒外围有水化膜：因为蛋白质分子表面有许多亲水基团，如—COOH、$—NH_2$、—OH、$-\overset{O}{\overset{\|}{C}}-$、$-\overset{H}{\overset{|}{N}}-$ 等，能使蛋白质粒子高度水化，并形成了一层水化膜，对蛋白质粒子起保护作用，使粒子不易聚集而沉淀下来。

(2) 粒子带有电荷：蛋白质分子表面有许多可电离的基团，在一定的 pH 溶液中，蛋白质分子表面一般带有同性的电荷，由于同性电荷的互相排斥，蛋白质不易聚沉。

2．*蛋白质的两性及等电点* 蛋白质多肽链上有游离的羧基（C—端），也有游离的氨基（N—端），在肽链侧链 R—基团中也具有未结合的游离极性基团，如酸性的羧基、酚基、巯基和碱性的氨基、胍基、咪唑基等。这些基团都能在溶液中进行酸式或碱式电离，因此与氨基酸相似，具有两性性质，是两性电解质。电离情况受外界环境的 pH 影响。当调节蛋白质溶液到某一 pH 时，蛋白质颗粒所带的正、负电荷数目相等，净电荷为零，蛋白质以偶极离子状态存在，此时溶液的 pH 称为该蛋白质的等电点（用 pI 表示）。如果溶液的 pH 在等电点的酸侧，蛋白质进行的是碱式电离，本身带正电荷。如果溶液的 pH 在等电点的碱侧，蛋白质进行酸式电离，蛋白质本身带有负电荷。蛋白质的两性电离也可用方程式表示如下：

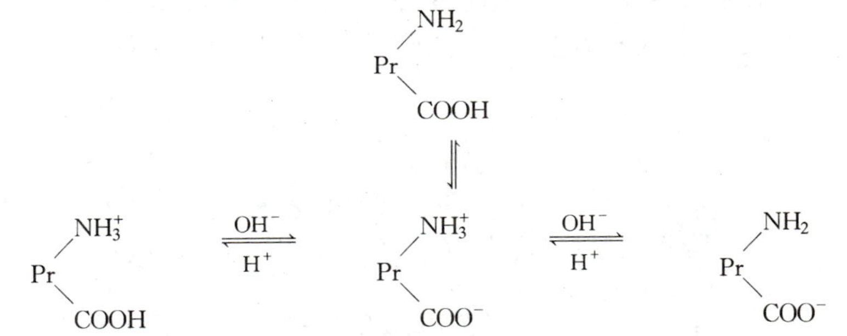

蛋白质正离子	偶极离子	蛋白质负离子
pH＜pI	pH＝pI	pH＞pI
总电荷：＋	总电荷：0	总电荷：－

大多数蛋白质的等电点（见表 15-6）约为 5 左右，在动植物组织液中，pH 一般为 7～7.4，故它们多呈负离子形式。在等电点时，由于所带正负电荷相等，破坏了稳定因素带电性，没有同性电荷的排斥作用，所以分子之间的排斥力减弱；在水溶液中与水的结合能力也减弱，降低了水化膜的保护作用。所以蛋白质胶粒稳定性降低，溶解度最小，容易凝聚而沉淀，溶液的导电性也最小，渗透压、粘度、吸胀性等也都小。

蛋白质是两性电解质，可随外界的酸碱条件而改变本身的带电情况，因而具有缓冲作用，在很大程度上可使生物体内的体液保持一定的 pH，是生物体内重要的缓冲剂。如哺乳动物血液的 pH，主要靠血红蛋白的缓冲能力来调节，控制 pH 在 7.3～7.5 这个较小范围内。

蛋白质离子在电场中，负离子向正极移动，正离子向负极移动，这种移动现象，前面已讲过，叫电泳现象，电泳的速度取决于蛋白质颗粒所带电荷量的多少和质点的大小。各种蛋白质的等电点不同，质点大小也不同，所以，在同一电场中，蛋白质混合物的各成分移动的方向、速度也不同，故可利用电泳把蛋白质混合液中的各种蛋白质进行分离，然后再进行定性和定量测定。

几种蛋白质的等电点见表 15-6。

表 15-6 某些蛋白质的等电点

蛋白质	pI	蛋白质	pI
细胞色素 c	10.8	麻仁球蛋白	5.5
核糖核酸酶	9.4	胰岛素	5.3
麦麸蛋白	7.1	卵清蛋白（鸡）	4.9
血红蛋白	6.7	乳酪蛋白	4.6
麦胶蛋白	6.5	胃蛋白酶	2.5
玉米醇溶蛋白	6.2		

3．*蛋白质的沉淀作用* 蛋白质的沉淀可分为可逆沉淀和不可逆沉淀。所谓的可逆沉淀是指沉淀出来的蛋白质分子内部结构改变很小，或基本上没有改变，仍保持原来的生物学活性，如果将沉淀因素消除，沉淀又能重新溶解成胶体溶液。不可逆沉淀是指被沉淀的蛋白质分子内部结构发生了较大的变化，失去了原有的生物活性，即使沉淀因素消除后，沉淀也不能重新溶解。根据蛋白质溶液产生沉淀的原因，蛋白质的沉淀作用有下面几种类型：

(1) 聚沉作用：因胶体体系被破坏而产生沉淀，蛋白质颗粒（图 15-9）因具有外层的水化膜及所带电荷，决定其亲水胶体性质，当把这两个稳定因素破坏或削弱，蛋白质就会聚沉。

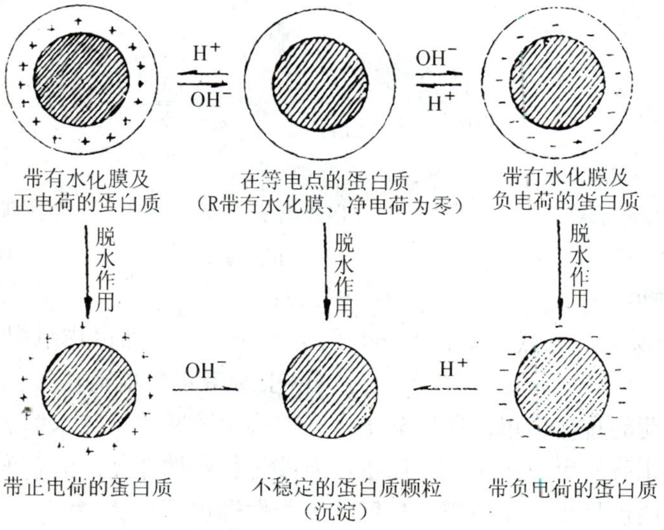

图 15-9 蛋白质胶体颗粒的沉淀

在蛋白质水溶液中，加入定量的盐类，可使很多蛋白质从溶液中沉淀出来，这种用盐使沉淀析出的过程称为盐析。盐析是由于盐类离子的水化能力比蛋白质水化能力强，盐类离子能夺去蛋白质水化膜中的水分子，同时盐类离子所带的电荷能中和、削弱蛋白质分子表面相反的电荷。盐析常用的盐有硫酸铵、氯化钠、氯化铵、硫酸钠等。若采用不同浓度的盐溶液处理蛋白质的混合溶液时，可使蛋白质分段析出，这一分离方法称为分段盐析。利用分段盐析法可以分离和纯化蛋白质。例如：鸡蛋清用水稀释后加入硫酸铵至半饱和，球蛋白沉淀析出。过滤后，再加入硫酸铵至饱和，即有卵清蛋白沉淀析出。盐析所得沉淀在适宜的条件下可重新溶解，并且仍保留原有的构象和性质。所以盐析法生成的沉淀是可逆的。

(2) 在蛋白质溶液中加入乙醇、丙酮等水溶性有机溶剂，由于这些溶剂的水合能力大于蛋白质，破坏了蛋白质颗粒外层的水化膜，而使其沉淀析出。此作用在短时间及低温时，沉淀是可逆的，但作用时间过长或高温时，会引起结构的改变，沉淀就成为不可逆的。

(3) 由于发生化学反应而产生沉淀：蛋白质在 pH 小于其等电点的溶液中，主要以正离子形式存在，能与生物碱试剂——三氯乙酸、苦味酸、磷钨酸、鞣酸等作用，生成不溶性盐沉淀。例如：

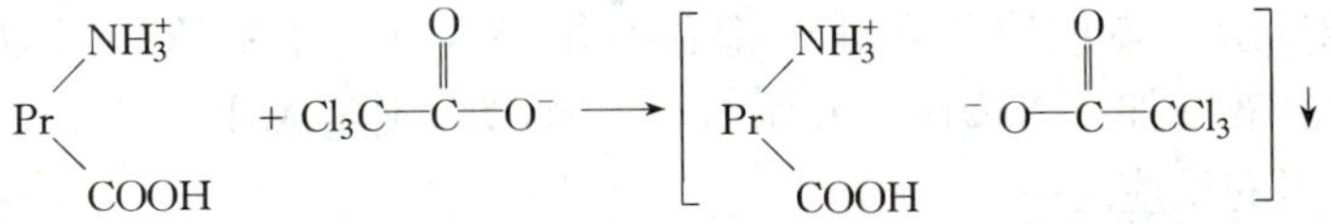

蛋白质在 pH 大于其等电点的溶液中，主要以负离子形式存在，能与 Cu^{2+}，Hg^{2+}，Pb^{2+} 等重金属盐作用，生成不溶性沉淀。例如：

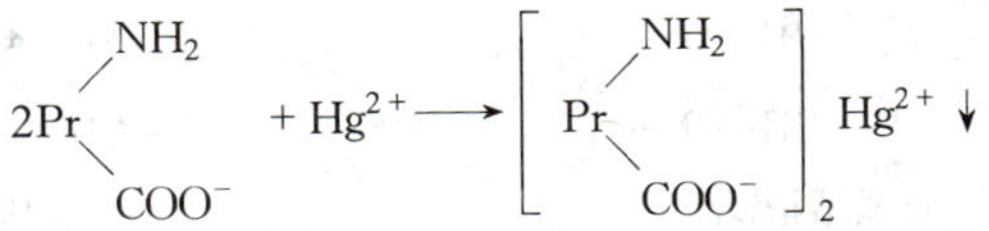

发生重金属盐中毒后，可大量吃牛奶或蛋清解毒，就是应用蛋白质遇重金属离子形成不溶物的性质。

加入苯酚或甲醛也能使蛋白质生成难溶于水的物质而沉淀。例如，苯酚的消毒作用；甲醛溶液用于浸制标本，都是根据这一性质。

酸性染料的负离子或碱性染料的正离子，能与蛋白质结合成不溶物，细胞或生物组织染色就是利用这一性质。

上述因发生化学反应而引起的沉淀都是不可逆的沉淀。

4. 变性作用　蛋白质受物理或化学因素的影响，使其理化性质及生理活性发生改变的过程，称为蛋白质的变性。变性后的蛋白质称为变性蛋白质。

引起蛋白质变性的理化因素主要有：加热、高压、剧烈振荡、紫外线及 X-射线照射、超声波等物理因素以及强酸、强碱、重金属盐、生物碱试剂、有机溶剂（如乙醇、丙酮）、尿素浓溶液等化学因素。

一般认为蛋白质变性的机制是因为蛋白质严密的空间结构，主要依靠分子中的副键以及疏水交互作用来维系固定。发生变性时，结构中的副键破坏，蛋白质分子组织松弛，部分肽链展开，不保持原有的空间结构。蛋白质分子中疏水基团如烃基等趋向表面，使蛋白质水化作用减弱，溶解度降低。蛋白质分子中某些活泼基团（如—OH、—NH_2、—COOH 等）也可能发生了变化，影响了蛋白质颗粒的带电情况。

由于发生了上述变化，导致蛋白质一系列理化性质的改变，生理活性丧失，即蛋白质发生了变性。

变性是蛋白质结构本质的改变。当其结构改变不大时，变性后可部分或全部恢复原有的结构及性质，此类变性称为可逆变性；当其结构改变较大时，变性后不能恢复原有的结构及性质，此类变性称为不可逆变性。由于蛋白质结构的复杂性，变性往往是不可逆的，且一般有沉淀产生。应当指出的是沉淀不一定变性，如蛋白质的盐析就是如此；反之，变性也不一定沉淀，如蛋白质受强酸或强碱的作用变性后，常因颗粒带同性电荷，能保持在溶液中而无沉淀现象。然而，蛋白质的不可逆沉淀是蛋白质变性。

变性作用具有广泛的实用意义。例如：有机体的衰老和蛋白质慢慢地逐步变性并与亲水性相应减弱有关。酒精（70%）能够消毒，就是因为它能沉淀细菌的蛋白质。某些菌种、生物制剂在低温下保存，就是为了防止温度影响而引起蛋白质变性。

5. *颜色反应* 蛋白质分子中存在许多肽键和侧链，它们能与某些试剂作用而生成有色物质。我们可以根据这些颜色反应来鉴定蛋白质和多肽，或者检查某个蛋白质和多肽中是否存在某种氨基酸。

（1）缩二脲反应：蛋白质和多肽中都含有很多个邻近的肽键，所以能起缩二脲反应。在蛋白质或多肽溶液中加入 NaOH 与几滴 $CuSO_4$ 溶液，则生成浅红色至紫蓝色。此反应是检查蛋白质的最通用的反应之一。

（2）茚三酮反应：含有 α-氨基的酰基化合物都能与水合茚三酮作用生成蓝紫色物质。α-氨基酸就是一种 α-氨基酰基化合物：

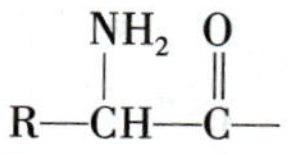
α-氨基酰基

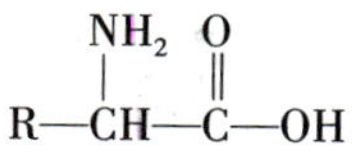
α-氨基酸

一切蛋白质和多肽都能与茚三酮反应呈蓝紫色。

（3）米伦（Millon）反应：米隆试剂是硝酸、亚硝酸、硝酸汞、亚硝酸汞的混合溶液。米隆试剂遇蛋白质能生成白色的蛋白质汞盐沉淀，加热后转变为肉红色。这就是米隆反应。产生这一反应的原因是由于蛋白质分子中含有酪氨酸，酪氨酸中含有酚基侧链，使苯环变得活泼。一般蛋白质中大多数都含有酪氨酸，所以此反应一方面可用作检测蛋白质的反应，另外也可以用来检验多肽中是否有酪氨酸存在。

（4）黄蛋白反应：蛋白质与浓硝酸共热，则成黄色，再加强碱，颜色转而呈现橙色，这就是黄蛋白反应。颜色的产生是因为蛋白质的侧链中含有芳香环侧链的缘故。如蛋白质侧链中有苯丙氨酸和酪氨酸，就能起黄蛋白反应。

（5）乙醛酸反应：蛋白质溶液与乙醛酸（几滴）混合，再沿器壁慢慢加入浓 H_2SO_4（不与蛋白质溶液相混），当蛋白质侧链中有吲哚环时（色氨酸的侧链），在两液层的交界面上会出现紫色环。可用于检测蛋白质或多肽的氨基酸中是否有色氨酸。这个反应叫乙醛酸反应或霍普金（Hopkins）反应。

（6）与醋酸铅的反应：组成蛋白质的氨基酸中如有含硫氨基酸（如半胱氨酸和蛋氨酸），蛋白质和碱、醋酸铅共热时将生成棕黑色硫化铅沉淀。

常见的这些显色反应归纳如表 15-7。

表 15-7　常见显色反应

反　应　名　称	试　　剂	起反应的基团	产生的颜色
茚三酮反应	水合茚三酮	α-氨基酰基	蓝（紫）
缩二脲反应	NaOH 稀 $CuSO_4$	两个以上的肽键	紫
黄蛋白反应	浓 HNO_3	苯环	黄
米伦反应（Millon）	$Hg(NO_3)_2$ $Hg(NO_3)_2$	酚基	肉红
乙醛酸反应	HOCCOOH 浓 H_2SO_4	吲哚环	紫环
醋酸铅反应	$Pb(OAc)_2$ NaOH	硫	棕黑色沉淀

6. 水解反应　在酸、碱或酶的作用下，简单蛋白质彻底水解后，生成 α-氨基酸。蛋白质在水解过程（蛋白质→蛋白际→蛋白胨→多肽→二肽→α-氨基酸）中可得到一系列的中间产物：

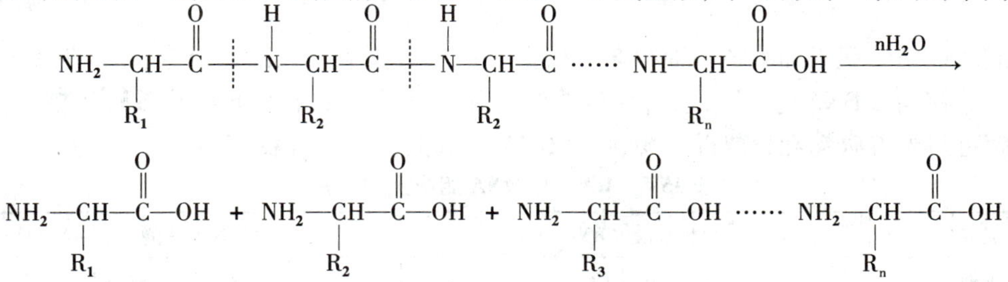

蛋白质水解过程中，多肽链逐渐断裂，大分子逐渐分裂成较小分子，最后生成各种 α-氨基酸的混合物。

三、蛋白质的分类

自然界蛋白质可根据水解产物而分为简单蛋白质和结合蛋白质两大类。水解后只生成 α-氨基酸的蛋白质，称为简单蛋白质；水解产物除 α-氨基酸外，还有其它物质的，称为结合蛋白质。

1. *简单蛋白质*　自然界许多蛋白质属于简单蛋白质。按其溶解性不同，简单蛋白质又可分为下列几类，见表 15-8 。

表 15-8　简单蛋白质分类

分　　类	溶　解　度	实　　例
清蛋白	可溶于水，被饱和硫酸铵沉淀	血清蛋白 卵清蛋白 乳清蛋白
球蛋白	可溶于稀氯化钠溶液 被 1/2 饱和度硫酸铵沉淀	血球蛋白 植物种子球蛋白
组蛋白	可溶于水，不溶于氨水	小牛胸腺组蛋白
精蛋白	可溶于水，还溶于氨水	鱼精蛋白
谷蛋白	不溶于水，溶于稀酸或稀碱中	米谷蛋白
醇溶谷蛋白	不溶于水，可溶于 70% 乙醇中	小麦醇溶谷蛋白 玉米醇溶谷蛋白
硬蛋白	不溶	胶原蛋白，角蛋白

2. 结合蛋白质 结合蛋白质是由简单蛋白质和非蛋白质结合而成。非蛋白质部分叫做“辅基”，根据辅基的不同，结合蛋白质又可分为下列几种：

脂蛋白：这类蛋白质以类脂（如卵磷脂）为辅基，结合形式较松，蛋白质与辅基易分离。

磷蛋白：由简单蛋白质与磷酸结合而成。

糖蛋白：由简单蛋白质与碳水化合物或其衍生物结合而成。

色蛋白：由简单蛋白质与色素结合而成。如血红蛋白的辅基是含铁卟啉环的血红素；而叶绿蛋白的辅基是含镁卟啉环的叶绿素。

核蛋白：由简单蛋白质与核酸结合而成。核蛋白的辅基—核酸在生物体的新陈代谢、生长、遗传变异以及蛋白质的生物合成等方面起着非常重要的作用。

第三节 核 酸

核酸因最初发现于细胞核内而得名。根据化学成分不同，核酸可分为核糖核酸（RNA）和脱氧核糖核酸（DNA）。核酸水解后生成单核苷酸，进一步水解可生成磷酸和核苷，核苷再经水解可得到五碳糖和含氮碱，RNA 和 DNA 组成上的差异见表 15-8。

表 15-8 RNA 与 DNA 组成上的区别

组成成分	核糖核酸（RNA）	脱氧核糖核酸（DNA）
戊糖	β-D-核糖	β-D-2-脱氧核糖
含氮碱	腺嘌呤（A） 鸟嘌呤（G） 尿嘧啶（U） 胞嘧啶（C）	腺嘌呤（A） 鸟嘌呤（G） 胸腺嘧啶（T） 胞嘧啶（C）

一、核 苷

核苷是核酸的最基本结构，它是由 β-D 核糖或 β-D-2-脱氧核糖的苷羟基与组成核酸的嘌呤碱基第 9 号氮原子上的氢原子或嘧啶碱基第 1 号氮原子上的氢原子脱水而形成的糖苷，统称为核苷，核苷是一种氮苷。β-D-核糖组成的四种核苷为；腺苷（A）、鸟苷（G）、胞苷（C）和尿苷（U）；β-D-2-脱氧核糖所组成的四种脱氧核苷为：脱氧腺苷（dA）、脱氧鸟苷（dG）、脱氧胞苷（dC）和脱氧胸腺苷（dT）。以腺苷和脱氧胞苷为例，它们的结构为：

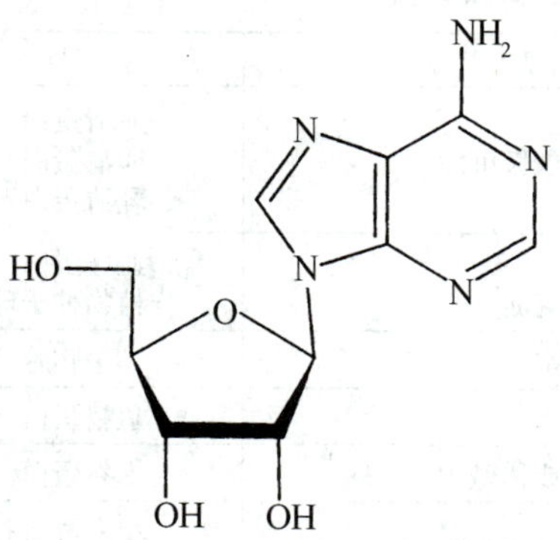

9-B-D-核糖腺嘌呤（腺苷）

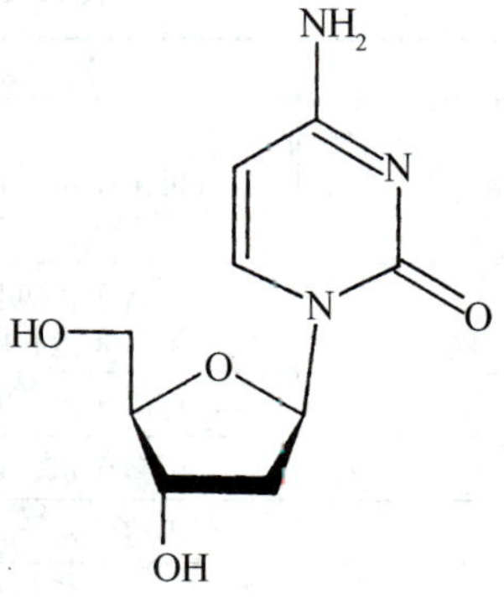

1-B-D-脱氧核糖胞嘧啶（脱氧胞苷）

二、单核苷酸

1．单核苷酸的组成 单核苷酸是核苷的磷酸酯。

核 苷 核苷酸

核苷酸是核酸的组成单位，核苷酸有两类即核糖核苷酸和脱氧核糖核苷酸。磷酸连接在核糖或脱氧核糖的 3’ 位或 5’ 位上。常见的核苷酸及其缩写符号见表 15-10。

表 15-10 常见的核苷酸

核糖核苷酸	脱氧核糖核苷酸
腺嘌呤核苷酸（AMP）	腺嘌呤脱氧核苷酸（dAMP）
鸟嘌呤核苷酸（GMP）	鸟嘌呤脱氧核苷酸（dGMP）
胞嘧啶核苷酸（CMP）	胞嘧啶脱氧核苷酸（dCMP）
尿嘧啶核苷酸（UMP）	胸腺嘧啶脱氧核苷酸（dTMP）

以 3′-AMP 和 5′-dCMP 为例，核苷酸的结构如下：

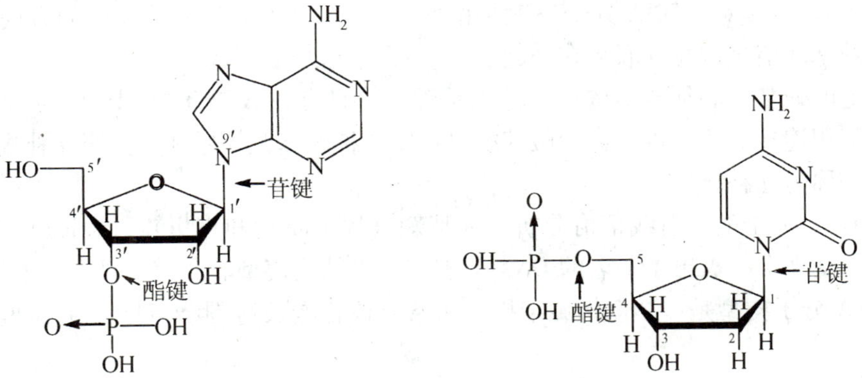

2．生物体内游离的核苷酸 核苷酸中的 5′-AMP，5′-GMP，5′-CMP，5′-UMP 等在生物体中亦有游离存在。此外还有不少游离的核苷酸在机体代谢中起着重要的作用。例如腺苷二磷酸（ADP），腺苷三磷酸（ATP），鸟苷二磷酸（GDP），鸟苷三磷酸（GTP），胞苷二磷酸（CDP），胞苷三磷酸（CTP），尿苷二磷酸（UDP），尿苷三磷酸（UTP）等。这些都是

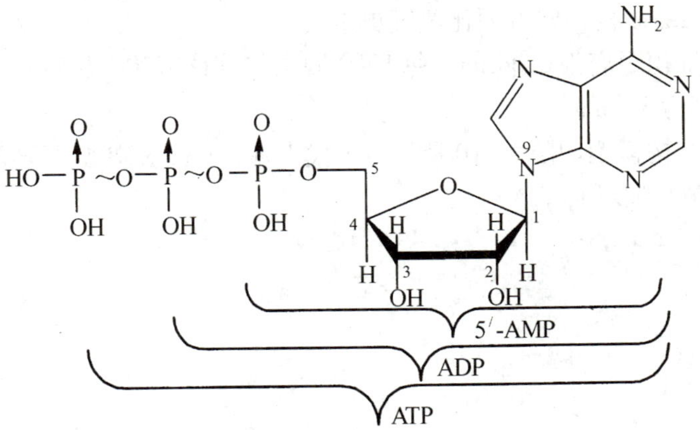

生物体中重要的单核苷酸。其中最重要的两种是 ADP 和 ATP。

ADP 和 ATP 是生物体内重要的高能磷酸化合物。ADP 和 ATP 是生物贮能库，可为细胞进行生物化学反应提供能量。

三、核　　酸

1. *核酸的组成和一级结构*　组成核酸的元素主要为 C、H、O、N、P 五种，其中磷的含量在各种核酸中变化范围很小，一般为 9% ~10%，平均值为 9.5%，在核酸的定量分析中，常根据磷的含量计算出核酸的含量。

核糖核酸和脱氧核糖核酸都是由众多相应的单核苷酸通过 3，5-磷酸二酯键结合起来的线性长链。在核糖核酸的长链中约含有数十至数百个单核苷酸残基，分子量介于数万至数百万之间；脱氧核糖核酸的分子量则更大，约为 10^6 ~ 10^9，相当于 5×10^3 ~ 6×10^7 个单核苷酸残基。因此，在核酸分子中，四种碱基的排列组合状况也必将是非常复杂和多样化的。我们称这种键合和碱基的排列组合状况为核酸的一级结构。

脱氧核糖核酸的碱基排列状况中，蕴藏着生物体的全部遗传基因和密码。2001 年 2 月，中、美、日、德、法、英等国科学家和美国塞莱拉公司联合公布了人类基因组图谱和初步分析结果，这一成就必将对生命科学和生物技术的发展起到重要的推动作用。

2. *DNA 的二级结构*　DNA 分子一般是由两条 DNA 链组成，两条长链的方向相反，两条链之间的碱基间借氢键相互联系在一起。

两条链上的碱基，必须严格按一定的关系配对。只有在 A 与 T 之间、C 与 G 之间才能配对并以氢键相连接。这一规律称为碱基配对规则或称碱基互补原则。按照互补规则进行配对的两条链，称为互补链。

根据对 DNA 分子的 x 射线衍射分析，瓦特森（Watson）和克里克（Crick）于 1953 年在前人工作的基础上，提出了著名的 DNA 双螺旋二级结构模型。此模型具有如下特点：

（1）DNA 分子构型是一个双螺旋结构，两条多核苷酸长链围绕着同一主轴盘旋，呈双螺旋状分子。

（2）两条链的方向是反平行的。一条由 3’-P →5’，另一条由 5’-P→3’。

（3）两条链皆为右旋，两条链的碱基间存在着氢键，氢键在维系 DNA 的二级结构方面起着很重要的作用。

（4）碱基的环是平面的，与螺旋轴成直角，聚集在螺旋中间，配对的碱基在同一平面上，各层间的碱基则一个堆在另一个环面上，在成叠碱基之间的纵向作用力叫碱基堆积力。碱基堆积力在维持二级结构稳定方面比氢键更重要。

（5）碱基间的堆积距离为 0.34nm，每 10 个脱氧核糖核苷酸螺旋重复一次。螺旋直径为 2.0nm，每一转高度为 3.4nm。

DNA 的双螺旋结构模型如图 15-10 所示（S 代表糖，P 代表磷酸，DNA 双平行线代表氢键和螺旋结构中的碱基配对）。

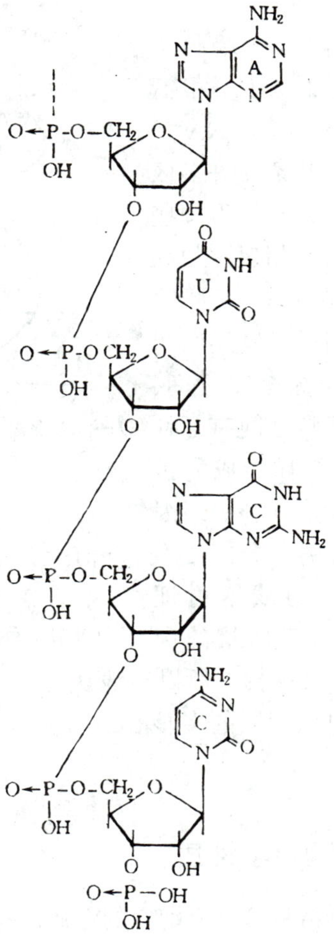

RNA 链

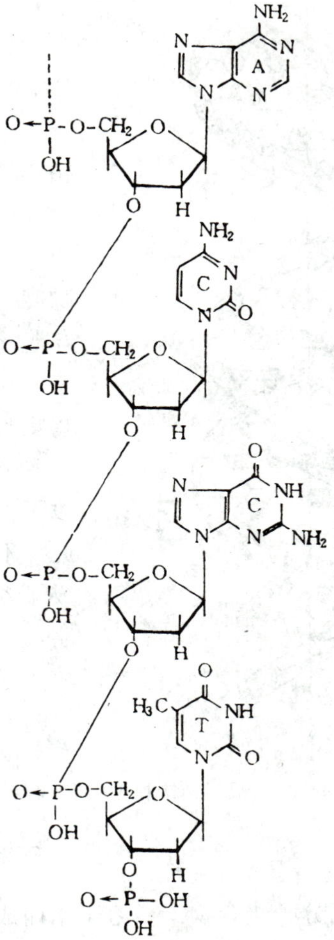

DNA 链

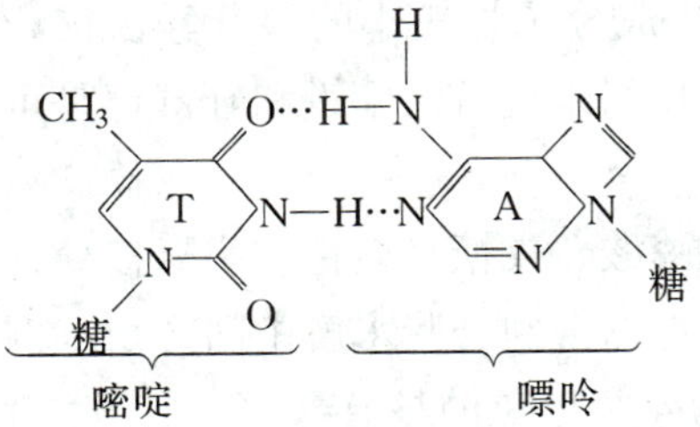

A 与 T 配对

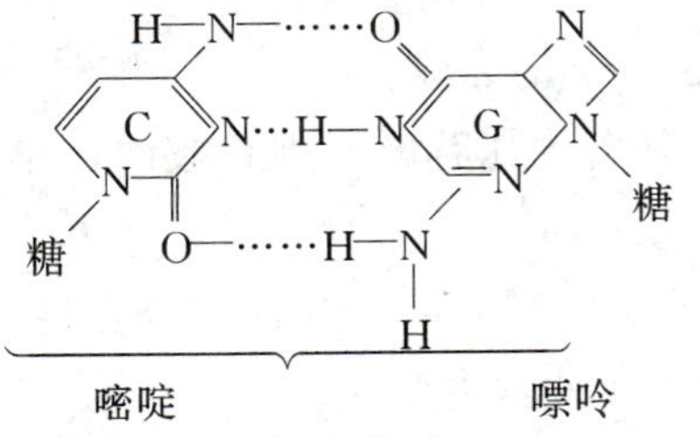

C 与 G 配对

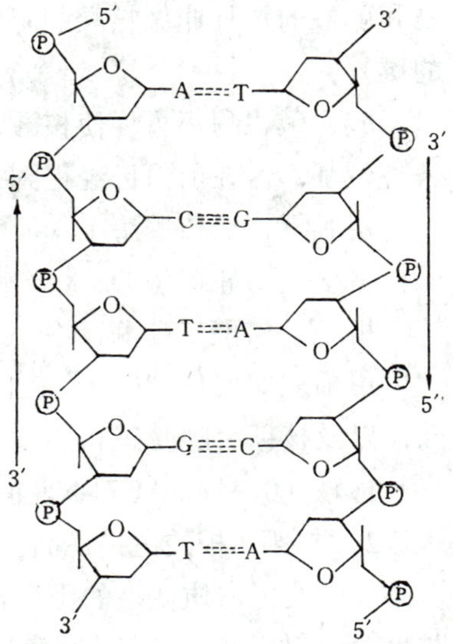

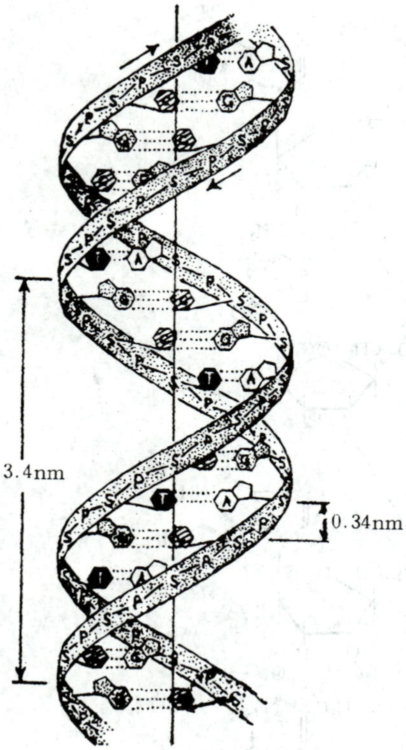

图 15-10　DNA 的双螺旋结构模型

3.RNA 的二级结构　RNA 的构像目前还不很清楚。一般认为多数 RNA 是由单链构成，链条在许多区域发生自身回褶，使得一些可以配对的碱基相遇，如腺嘌呤与尿嘧啶之间、鸟嘌呤与胞嘧啶之间以氢键连结起来（腺嘌呤与尿嘧啶之间、鸟嘌呤与胞嘧啶之间有互补关系）。由于这样形成的链段不可能是精确互补的，因此，不能键合的部分，便形成了突环。X-射线衍射证明：RNA 链自身回褶的区域，确实有螺旋结构。所以一般认为 RNA 分子是由含有短的不完全的螺旋区的多核苷酸链构成。RNA 的空间结构如图 15-11。

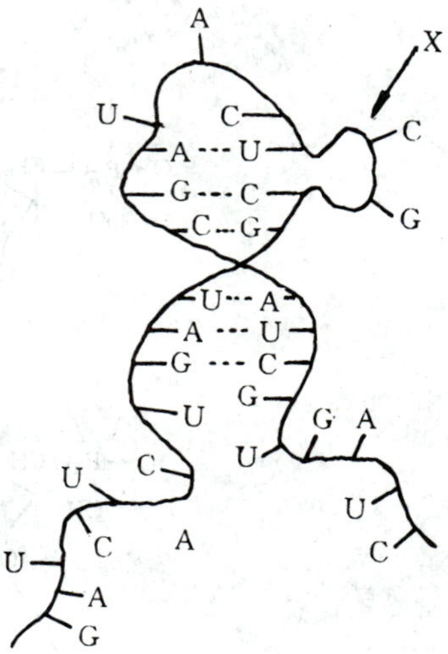

图 15-11　RNA 的二级结构示意图
（X 处表示螺旋突环部分）

四、核酸的物理化学性质

核酸是高分子化合物，微溶于水而成高分子溶液，具有溶胶的性质，粘滞性很大，并容易变成凝胶。DNA 和 RNA 都易溶于稀碱或中性碱金属盐的溶液中，亦可溶于 50% 以下的乙醇溶液，但不溶于一般的有机溶剂。

1. 降解　核酸主链（磷酸二酯键、苷键）断裂，生成分子量较小的核苷酸、核苷、碱基和磷酸的过程叫做核酸的降解。核酸降解可通过水解作用来进行（酯键和苷键都是可水解的键）。

酸、碱、酶都可促使核酸水解，彻底水解可以得到磷酸、戊糖（核糖或脱氧核糖）以及各种碱基，这在前面已经提到过了。控制一定的条件，可以得到一些水解中间产物。例如：

用脱氧核糖核酸酶 I，可将 DNA 降解成平均链长为 4 个单位的核苷酸（四核苷酸）。脱氧核糖核酸酶Ⅱ可将 DNA 降解为六核苷酸。

用 5’-磷酸二酯酶，在 70℃左右可将 RNA 降解为 5’-单核苷酸。

用稀酸如（$1mol \cdot L^{-1}$ HCl），100℃左右，可将 RNA 降解为尿苷酸、胞苷酸两种单核苷酸，以及核糖、嘌呤碱和磷酸（嘧啶苷键比嘌呤苷键稳定）。

稀碱（$0.31mol \cdot L^{-1}$ NaOH）容易将 RNA 降解为单核苷酸和核苷。DNA 对碱稳定。

2. 变性　核酸主键不断，氢键断裂而使空间构象破坏，就发生变性。

凡能使蛋白质变性的因素也能使核酸变性。此外，溶解在中性盐溶液中的核酸，当稀释时也会引起变性。溶液 pH 值过低（<6）或过高（>10），也可使核酸变性。

变性核酸的粘滞性显著降低。

3. 核酸的测定　利用核酸的一些性质可以分析测定生物样品中的核酸或核苷酸。

（1）紫外吸收：RNA 和 DNA 分子中没有发色团，不吸收可见光；但它却能强烈地吸收紫外光，特别在 260nm 处有最强的吸收。测定样品在 260nm 处的吸光度，与标准曲线对比，即可求出核酸含量。

（2）显色反应：RNA 和 DNA 分子中都有戊糖，将 RNA 或 DNA 用热酸处理，就可降解转化而生成糠醛衍生物。糠醛衍生物与某些试剂能产生有色物质，可以用比色法测定核酸含量。对 RNA 常用的试剂是 3，5－二羟甲苯、浓盐酸和三氯化铁，溶液呈绿色；对 DNA 常用的试剂是二苯胺和浓硫酸，溶液呈蓝色。

（3）钼蓝反应：核酸在强酸中加热后，全部水解而产生磷酸。磷酸与钼酸铵以及还原剂（如对苯二酚、亚硫酸、维生素 C 等）作用，生成蓝色的磷钼蓝。这个反应叫钼蓝反应。将钼蓝溶液用比色法推算出含磷量，再乘以 100/9.5，就可得到核酸的含量。

用以上三种方法测定 RNA 和 DNA 时，应该先将两者分离提纯。

习 题 十 五

1. 写出下列反应的产物：

（1）$HOOC-\underset{NH_2}{\underset{|}{CH}}-CH_2-COOH + CH_3OH$（过量）$\xrightarrow{HCl}$

（2）$H_2N-CH_2-CONH-\underset{CH_3}{\underset{|}{CH}}-CONH-\underset{CH_2COOC_2H_5}{\underset{|}{CH}}-COOC_2H_5 + H_2O \xrightarrow[\triangle]{H^+}$

（3）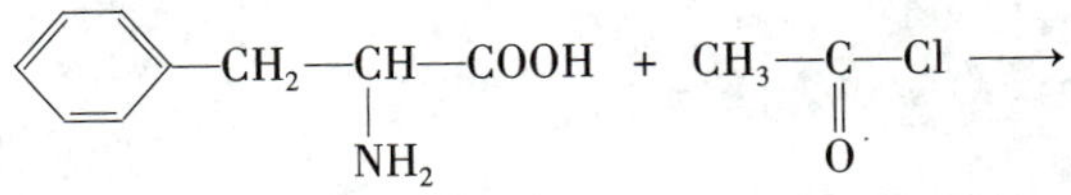

（4）$HOOC-\underset{NH_2}{\underset{|}{CH}}-CH_2-CH_2CONH_2 + HNO_2 \longrightarrow$

2. 写出下列化合物的结构：

（1）亮氨酰甘氨酸　　（2）赖氨酰谷氨酰胺

（3）天门冬氨酰丙氨酰色氨酸　　（4）谷胱甘肽

3. 蛋白质 A、B、C、D、E，其分子量和等电点如下：

蛋白质	A	B	C	D	E
分子量	25 000	30 000	25 000	40 000	50 000
等电点（pI）	3.8	8.0	6.5	3.8	7.3

当在 pH = 6.8 的缓冲溶液中进行电泳分离，请在下图中画出其移动方向和顺序。

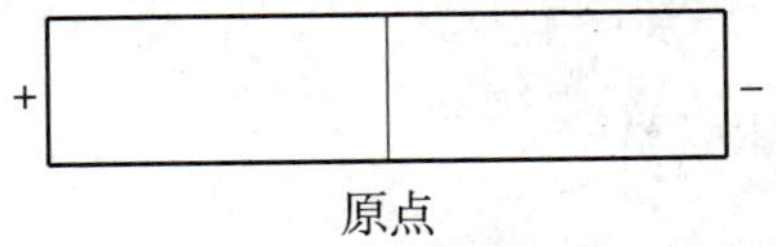

4. 在某蛋白质的水溶液中，加酸至小于 7 的某个 pH 值时，可观察到蛋白质沉淀下来，这是什么原因？在这一 pH 时，该蛋白质以何种形式存在？这一蛋白质的 pI 小于 7，还是大于 7？在电场中向哪极移动？

5. 某氨基酸溶于 pH = 7 的纯水中，所得氨基酸的溶液 pH = 6，问此氨基酸的等电点是大于6，等于6，还是小于6？

6. 某化合物 A 的分子式 $C_5H_{11}O_2N$，具有旋光性，用稀碱处理，发生水解反应生成 B 和 C。B 也有旋光性，既溶于酸又能溶于碱，并与亚硝酸反应放出氮气，C 无旋光性，但能发生碘仿反应。试写出 A 的结构式。

7. 某化合物 A 的分子式为 $C_9H_{15}O_6N_3$，在甲醛存在下，1 mol A 消耗 2 mol 的 NaOH，A 与亚硝酸反应放出 1 mol N_2 并生成 B，B 与稀 NaOH 煮沸后，得到一分子乳酸、一分子甘氨酸和一分子天门冬氨酸，试写出 A、B 的分子结构式和各步反应式。

8. 完成下列合成

(1) 乙烯⟶丙氨酸

(2) 丁酰胺⟶2-甲基-2-氨基丙酸丙酯

9. 用化学方法鉴别下列各组化合物

(1) 丙氨酸和半胱氨酸

(2) 酪氨酸、色氨酸和甘氨酸

10. DNA 和 RNA 在组成和结构上有何异同？

11. 核酸的单体是什么？如何连接成核酸大分子的？什么叫碱基互补规则？

第十六章　高分子化合物

高分子化合物的来源有天然和人工合成两类。我们前面学过的淀粉、纤维素、蛋白质和核酸等都是天然高分子化合物，它们在生物体的生命活动中起着重要的作用。随着生产和科学技术的发展，以及人民生活需求的日益增长，人工合成高分子化合物如合成橡胶、塑料及合成纤维等都迅速增加，它们已经是工、农业生产和人民生活中不可缺少的材料，正在发挥着更加巨大的作用。

本章将对高分子化合物的基本概念、特性、合成方法及常见品种和用途作简要介绍。

一、概　　述

1．高分子化合物的分子量　高分子化合物又叫做高聚物，是由千百个原子间彼此以共价键连接的大分子化合物。它们有较高的分子量，一般都在一万以上，有几万到几十万，甚至达数百万。

高分子化合物是低分子化合物通过适当方法聚合或缩聚而成。如聚氯乙烯就是由氯乙烯在引发剂存在下聚合而成的：

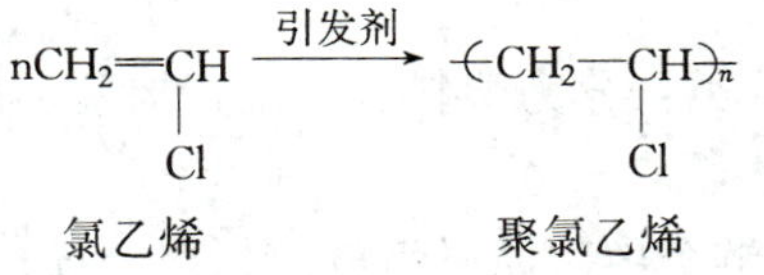

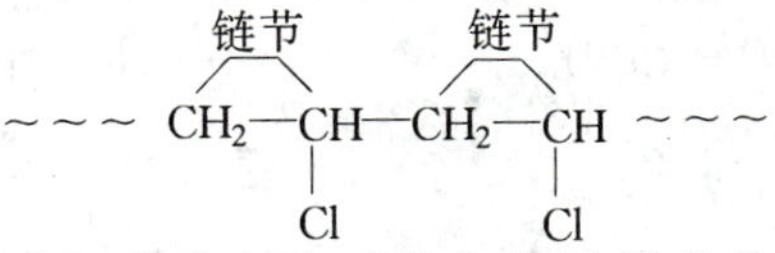

称这种能通过聚合或缩聚反应形成高分子化合物的简单分子为单体，组成高分子化合物的重复结构单元称为链节，高聚物中所含的链节数 n 称为聚合度。每一链节量（等于或近似等于单体分子量）与聚合度的乘积就是该高聚物的分子量。实际上，不论用什么聚合方法，所得高聚物的聚合度是大小不一的，因此高分子化合物是分子量各异的分子的混合物。这一特征与一般低分子化合物是极不相同的，这种现象称为高分子化合物的多分散性。因此，对于高分子化合物来讲，它的分子量也只能是平均分子量。

高分子化合物的巨大分子量致使分子间的作用力大大增强，使高聚物具有一定的物理机械强度和特性。

2．高分子化合物的几何形态　高分子化合物链节的连接方式有线型和体型之分。当高聚物链节之间互相连接成线状（或称链状）时，则称为线型高聚物（包括带支链的线型高聚物）。如低压聚乙烯和高压聚乙烯分别是线型和支链型的高聚物。

表 16-1 某些高分子化合物的分子量

高分子化合物	分 子 量
聚氯乙烯	20 000～160 000
聚苯乙烯	10 000～300 000
聚异丁烯	10 000～100 000
聚丙烯腈	60 000～500 000
聚甲基丙烯酸甲酯	50 000～140 000

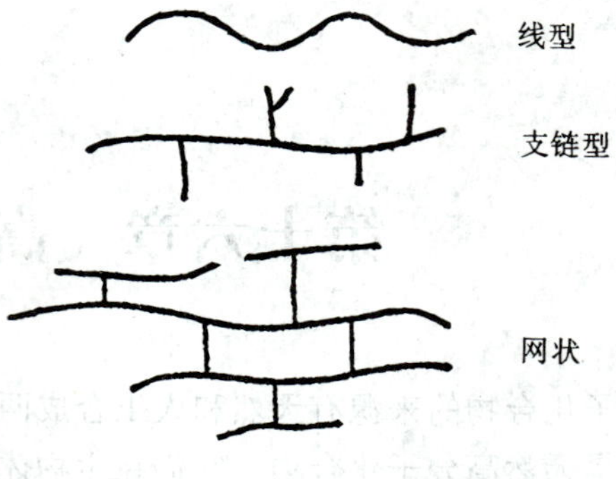

图 16-1 高聚物的几何形态

如果高聚物链与链之间以共价键相互连结成网状或三度空间的立体结构，则称为体型（包括网状）高聚物。如酚醛树脂就是体型高聚物。

高聚物几何形态上的差异造成了性质上的特异。在受热时，线型高聚物可逐渐软化，直至熔融，但遇冷后又变硬；体型高聚物则不然，受热时不熔化，温度很高时就分解。因此，称线型高聚物为热塑性高聚物，称体型高聚物为热固性高聚物。前者可反复熔化，易于加工成型，后者不能熔化，只能在形成体型形态时进行一次性加工成型。它们对溶剂的作用也不相同。一般线型高聚物在适当的溶剂中可溶胀，最后成为高分子溶液，而体型高聚物不溶于任何溶剂，至多能溶胀，即溶剂分子扩散到高分子链间。所以人们常称线型高聚物为可溶可熔高聚物，体型高聚物为不溶不熔高聚物。

3. *高分子化合物的分类和命名* 高分子化合物的品种日益增多，为便于研究需进行分类。

(1) 按高分子材料的用途分类：分为塑料、纤维、橡胶、离子交换树脂。

(2) 按高分子主链结构分类：

① 碳链高分子：高分子主链全由碳原子组成，如聚乙烯、聚苯乙烯等：

$$\text{-}\!\!\left(CH_2-CH_2\right)\!\!\text{-}_n$$

聚乙烯

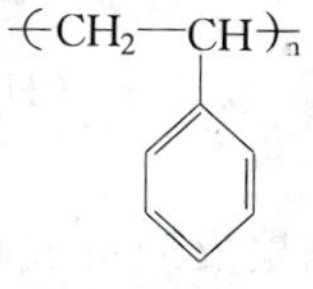

聚苯乙烯

② 杂链高分子：高分子主链中除碳原子外还有氧、氮、硫等原子，如聚酯、聚酰胺：

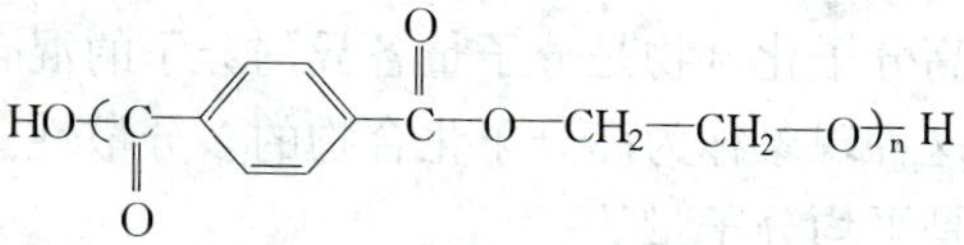

聚对苯二甲酸乙二醇酯（涤纶）

$$H\left[NH-(CH_2)_5-\overset{\overset{O}{\|}}{C}\right]_n OH$$

聚己内酰胺（绵纶-6）

③ 元素高分子：高分子主链主要由硅、氧、硼、氮、磷等元素构成，如有机硅高分子：

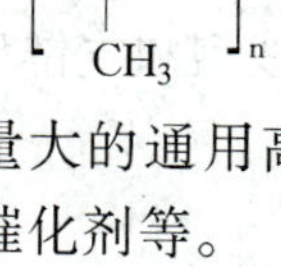

(3) 按应用功能分类：如应用多用量大的通用高分子（塑料、纤维、橡胶），医用高分子、生物高分子、高分子药物、高分子催化剂等。

高分子化合物的命名比较简单，一般在所用单体的名称前冠以“聚”字便可。如由一种单体聚合得到的高分子化合物：聚乙烯、聚苯乙烯、聚丙烯、聚丙烯腈、聚己内酰胺等，由二种单体聚合得到的高分子化合物如聚对苯二甲酸乙二醇酯、聚乙烯醇缩乙醛等。

在工业上常将用作原料的高分子物质称作树脂。如聚氯乙烯树脂、聚甲醛树脂等。

在商业上还经常应用一些习惯名称或商业名称。如将聚对苯二甲酸乙二醇酯称涤纶、聚丙烯腈称为腈纶、聚己内酰胺称为锦纶、聚顺丁二烯称为顺丁橡胶、聚四氟乙烯称为氟纶等。

二、高分子化合物的合成

高分子化合物的合成主要有两种方法，一是加成聚合反应（简称加聚反应），二是缩合聚合反应（简称缩聚反应）。

1. *加聚反应*　以相同或不相同的单体，在一定条件下（光、热、引发剂、催化剂等），通过互相加成的方法结合为聚合物的反应称为加聚反应。这类反应是链锁反应，瞬时间即可生成高聚物。它可以按游离基型历程进行反应，也可以按离子型历程进行反应。常见的是游离基型加聚反应。

(1) 游离基型加聚反应的单体：一般用含有双键或共轭双键的化合物作为单体。如：

乙　烯　$CH_2=CH_2$

丙　烯　$CH_2=CH-CH_3$

氯乙烯　$CH_2=CH-Cl$

醋酸乙烯酯

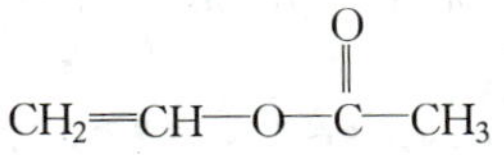

α-甲基丙烯酸甲酯

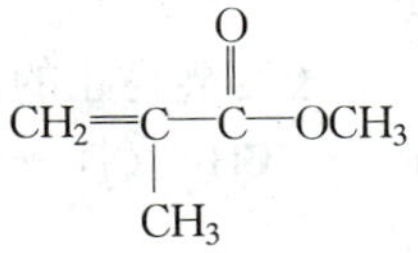

偏二氯乙烯　$CH_2=CCl_2$

苯乙烯

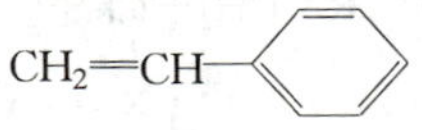

丙烯腈　$CH_2=CH-CN$

丁二烯　$CH_2=CH-CH=CH_2$

四氟乙烯　$CF_2=CF_2$

异戊二烯

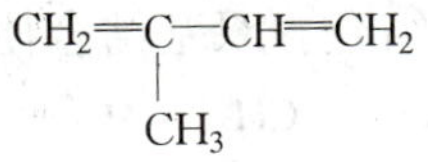

氯丁二烯

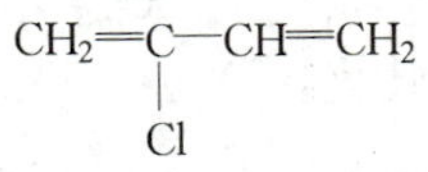

(2) 游离基型加聚反应的历程：

① 链的引发：单体受光、热及引发剂的作用，可以得到具有活性的游离基。常用的引发剂有：

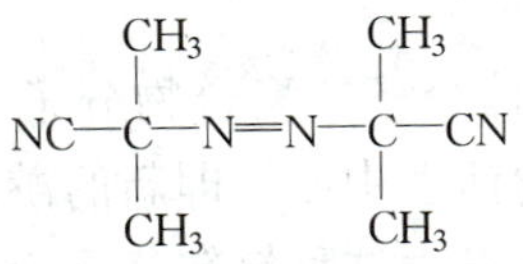

偶氮二异丁腈

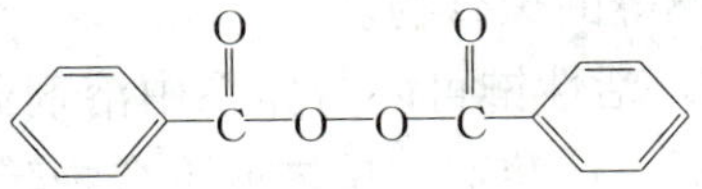

过氧化苯甲酰

这些引发剂在光照或加热下很容易分解出游离基，如：

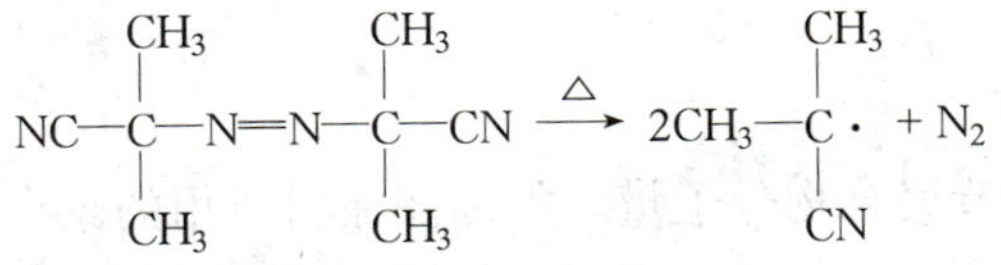

偶氮二异丁腈

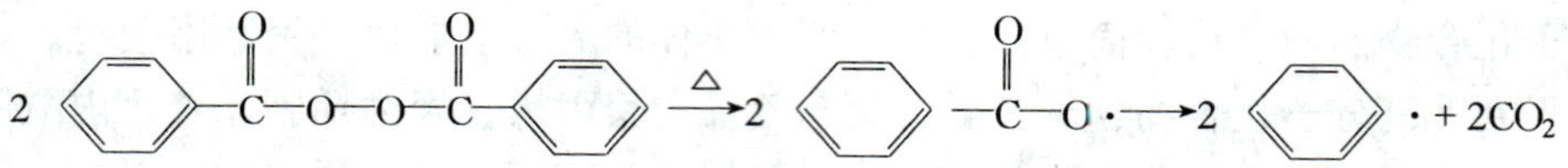

过氧化苯甲酰

引发剂游离基立即与单体反应，生成单体游离基，如以 R·代表引发剂游离基，它与单体反应可表示为：

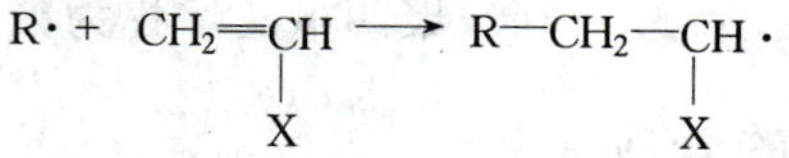

(X=—H、—Cl、—CN、—C_6H_5 等)

链的引发速度与引发剂用量成正比，但其用量却与将要生成的高聚物的分子量成反比，所以引发剂用量不宜过多，一般为单体重量的 0.1%～1%。

② 链的增长：单体一经引发成单体游离基后，它立即与体系中其余的单体分子相作用，开始链增长反应，得到活性链：

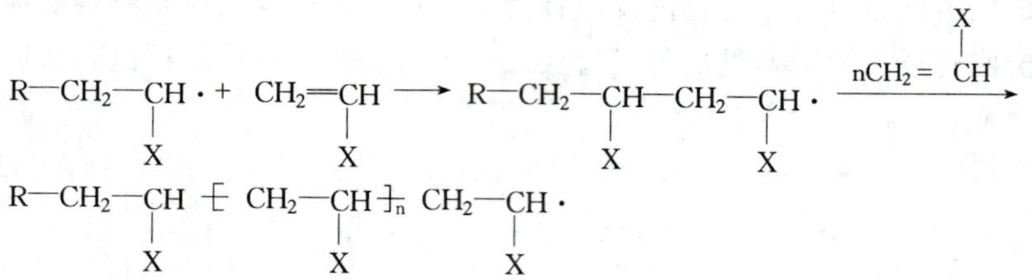

链增长反应所需活化能一般只为 21～33 $kJ\cdot mol^{-1}$，一旦发生链增长反应后，单体的 π 键破裂，转变为稳定的 σ 键，同时放出大量的热，一般可达 61～80 $kJ\cdot mol^{-1}$。所以链增长反应并非逐步进行而是在瞬间完成的，在不到一秒钟（0.001～0.01s）的时间内，聚合物的分子量可猛增到成千上万。

③ 链的终止：链的终止反应主要有两种方式：

a. 双基结合：双基结合使游离基消失，链终止。这是链终止的主要形式。

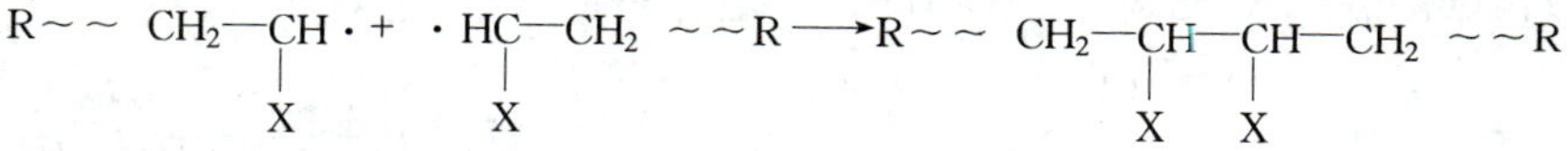

b. 双基歧化：

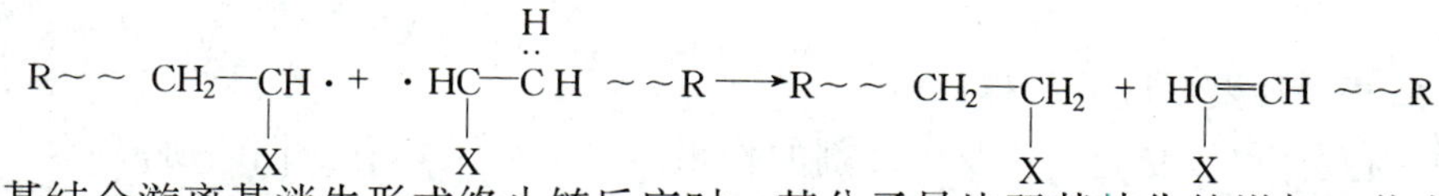

以双基结合游离基消失形式终止链反应时，其分子量比双基歧化约增加一倍左右，所以得到分子量大小不等的聚合物。

④ 链的转移：活性链可以与体系中溶剂分子、单体分子、聚合物分子发生反应，此时活性链游离基淬灭，使溶剂、单体或聚合物转变为新的活性中心，即新的游离基，然后再开始新的链增长反应。如活性链与聚合物分子之间就可以发生这种链转移反应：

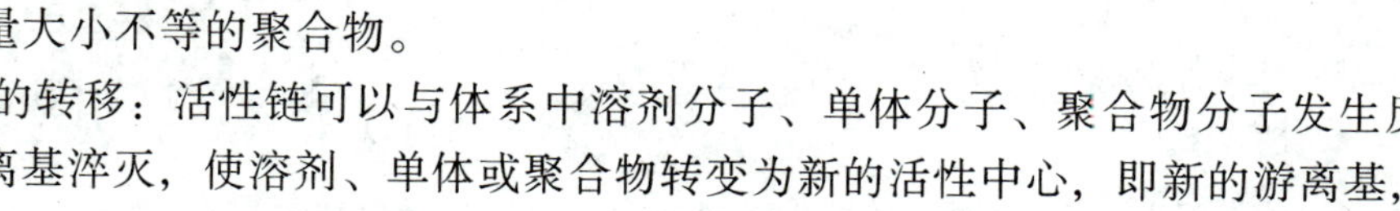

(继续链增长反应)

链转移反应可用来调节聚合物分子量。如油漆涂料所用的聚合物分子量不宜过大，常在反应体系中加入少量硫醇（$C_{12}H_{25}SH$）等作为分子量调节剂，以使分子量控制在所需范围内。如果链转移反应生成的新游离基相当稳定，就不易继续发生链增长反应，使链增长反应明显 减慢或完全停止，如对苯醌即可起到这种作用，称它为阻聚剂。苯乙烯等单体在储运过程中，加入少量阻聚剂就可以避免自聚的损失。

2．缩聚反应　缩聚反应是含有两个或三个官能团的单体分子间相互作用生成高分子化合物的过程，同时伴有小分子如水、氨、卤化氢、醇等生成。

缩聚反应与加聚反应不同之处是其聚合物分子链增长过程是逐步反应，不是瞬间完成的。

缩聚反应按反应可逆与否，分为可逆缩聚反应和不可逆缩聚反应。按生成产物的结构又可分为线型缩聚与体型缩聚两类。

我们重点讨论可逆的线型缩聚反应，以己二胺与己二酸之间的缩聚反应为例：

$$nH_2N—(CH_2)_6—NH_2 + nHOOC—(CH_2)_4COOH \rightleftharpoons$$

$$H\text{-}[NH—(CH_2)_6—NH—\overset{\overset{O}{\|}}{C}—(CH_2)_4—\overset{\overset{O}{\|}}{C}]_n OH + (2n-1)\ H_2O$$

为了简便起见，以 aAa 代表己二酸，以 bBb 代表己二胺，a、b 分别代表不同的官能团。因此上列反应式可表示为：

$$nbBb + naAa \rightleftharpoons b\ (BA)_n a + (2n-1)\ ab$$

线型可逆缩聚反应的历程也分为链的开始、链的增长和链的终止等过程。

① 链的开始：两种不同单体之间发生反应即为链的开始：

$$aAa + bBb \rightleftharpoons aABb + ab$$

$$H_2N—(CH_2)_6—NH_2 + HOOC—(CH_2)_4—COOH \rightleftharpoons$$

$$H\text{-}[NH—(CH_2)_6\ —NH—\overset{\overset{O}{\|}}{C}—(CH_2)_4—\overset{\overset{O}{\|}}{C}]\ OH + H_2O$$

② 链的增长：链开始的反应产物仍具有可以继续反应的官能团，可以和单体逐步反应，变成高聚物大分子 。

$$aABb + aAa \rightleftharpoons aABAa + ab$$

$$aABAa + bBb \rightleftharpoons aABABb + ab$$

$$a(AB)_2b + aAa \rightleftharpoons a(AB)_2Aa + ab$$

………………

$$a(AB)_nb + aAa \rightleftharpoons a(AB)_nAa + ab$$

$$a(AB)_nAa + bBb \rightleftharpoons a(AB)_{n+1}b + ab$$

到反应后期单体逐渐减少时，也可以通过聚合物分子之间的反应来增长分子链：

$$a(AB)_nb + a(AB)_mb \rightleftharpoons a(AB)_{m+n}b + ab$$

可见缩聚反应是一逐步反应，它所得的聚合物分子也是有大有小的，控制条件可以使其分子量在某一范围内分布得多些，即分子量分布窄些。

反应进行到后期，由于反应可逆，不利于大分子的增长，必须从反应体系中移走生成的小分子（水、氨、乙醇等），使反应向生成大分子的方向进行。

③ 链的终止：从理论上讲，缩聚反应应该进行到所有的单体都反应完，生成一个几乎包括所有单体的大分子，但实际上并不可能，一般缩聚物分子量在一万左右。这有两方面的原因 ：

a．物理因素：反应后期分子链长，整个体系的粘度增加。此时小分子难以排出，官能团所占比例也降低，大分子之间进一步反应的几率也变得比较小。

b. 化学因素：由于原料的纯度不够或某一单体或大分子的官能团发生变化，造成两种单体之间的非等摩尔比，反应进行到较少的单体耗尽，所得到的大分子的两端为相同的官能团时，缩聚反应便告终止。

单体或大分子官能团的变化形式很多，例如二元羧酸的脱羧，二元胺的脱氨，使之成为单官能团的化合物，失去缩聚能力：

$$HOOC—(CH_2)_4—COOH \longrightarrow HOOC—(CH_2)_3—CH_3 + CO_2$$

$$H_2N—(CH_2)_6—NH_2 \longrightarrow CH_2=CH-(CH_2)_4—NH_2$$

此外在缩聚反应中还有许多副反应，也会使缩聚反应不能进行。如：己二酸和乙二胺会相互作用生成 α-咪唑啉的衍生物。

$$2H_2N—CH_2—CH_2—NH_2 + HOOC—(CH_2)_4—COOH \longrightarrow$$

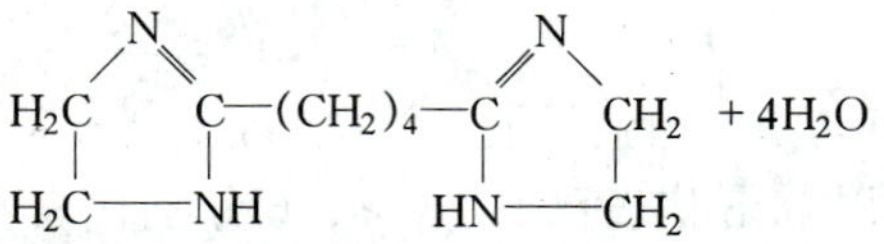

二元酸中的丁二酸易与胺作用生成环酰亚胺：

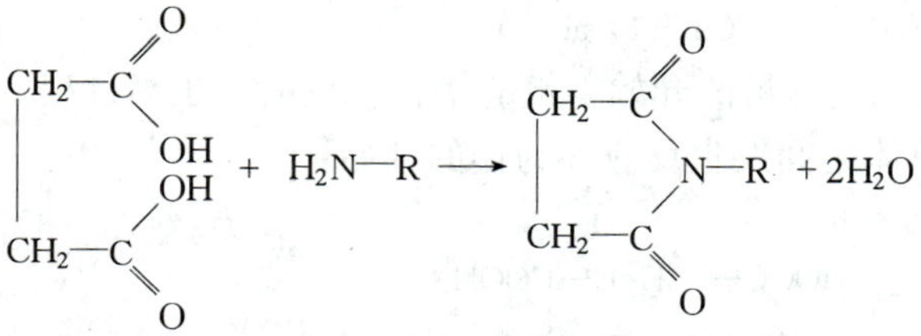

上述这两种副反应发生均会丧失缩聚能力，终止链的增长。

三、高分子化合物的特性和影响其性能的因素

从低分子化合物到高分子化合物由于分子量的巨变而引起质变，使高分子化合物具有不同于低分子化合物的特性。高分子化合物实际上是链节相同，而聚合度不同的化合物组成的混合物。这种多分散性使高分子化合物在性质上不同于单一的纯化合物。因此高分子化合物的性质不仅决定于它们的组成和结构，由于巨大的分子量和多分散性，高分子链间的引力、分子量大小及分子量分布宽窄等对高分子化合物的性质都有重要的影响。

1. 高分子化合物的特性

(1) 不挥发性：一般高分子化合物由于分子量大，不挥发，不能蒸馏，不以气体形式存在。

(2) 高分子链的柔顺性与良好的机械强度：一般低分子化合物的形状可以是球状或椭圆形，分子间的引力微弱，而高分子化合物往往由几万或几十万个原子组成，分子间的引力大。尤其是高分子链中包含有极性基团或分子链间存在氢键时则分子间引力更大。如锦纶-66分子中的羰基和亚胺基间就有氢键吸引。某些线型分子链间的引力总和甚至超过主链价键的离解能，在承受外力时主链先行断裂，然后分子链滑脱。因此高分子化合物分子间引力大，具有一定的机械强度。

线型高分子链很长，由于原子间的 σ 键可以自由旋转，这样使每个链节的相对位置可以不断变化，这种性能称为高分子链的柔顺性。具有柔顺性的高聚物往往卷曲成无规则的线

团。在拉伸时分子链被拉直，当外力消失后分子链又卷曲收缩，所以高分子化合物具有弹性。柔顺性越大，弹性就越好。

(3) 良好的绝缘性：高分子化合物分子中的原子彼此以共价键结合，不电离，有良好的绝缘性能。烃类高聚物如聚乙烯、聚丙烯、聚苯乙烯不含极性基团，其介电常数仅为2.0～2.5，且不受频率变化的影响，绝缘性能良好。

(4) 结晶性：有些高聚物具有结晶物质的一些特性，但结晶高聚物在开始固化时，由于分子链很长，高聚物的粘度逐渐增加，此时沿高聚物的长链完全定向排列成非常规则的结晶非常困难。因此高聚物不可能完全结晶，即除结晶区外还有非结晶区存在。结晶区域所占的百分数称为高聚物的结晶度。如低压聚乙烯在室温时结晶度为55%～75%。高聚物结晶度愈高，熔点愈高，溶解与溶胀的趋向愈小。

2. 影响高聚物性能的重要因素

(1) 高聚物的化学结构对性能的影响：高聚物线型和体型结构在性质上很不相同。线型的高聚物在适当的溶剂中可以无限溶胀，并能成为胶体溶液。它们受热后软化。绝大多数线型高聚物软化时并不分解（除链中有不稳定基团或分子间引力极大的如聚乙烯醇、聚丙烯腈外），而且能反复熔化。体型高聚物在溶剂中可以溶胀，但不溶解。而且溶胀程度随分子中支链增多而减小，它们受热软化时有分解现象，甚至不软化而直接分解。体型高分子化合物较线型高分子脆硬。

纤维为线型结构。橡胶基本上是线型结构，但有适当的交联和支链。塑料可以是线型结构，也可以是体型结构。热塑性塑料为线型结构，热固性塑料为体型结构。

(2) 高聚物的组成对性能的影响：各种高聚物由于组成不同，性质各异。不带极性基的烃类高聚物如聚乙烯、聚丙烯等都具有良好的绝缘性能，抗水性也好，但不耐油。而含多个羟基的聚乙烯醇不抗水。

根据组成、化学结构与性质关系，通过采用共聚合的方法或从改变高聚物的化学结构着手，合成具有特殊性能的产品在高分子化学工业中有重要意义。如：聚丙烯腈因有强极性基氰基（—CN），分子间引力大，具有结晶性，不易溶解。若在其中加入另一单体丙烯酸甲酯或乙酸乙烯酯共聚，溶解性便大大提高，便于纺丝。锦纶-66的主链酰胺键 $\left(-\underset{H}{\underset{|}{N}}-\underset{O}{\underset{\|}{C}}-\right)$ 因在分子中形成氢键，使其有结晶性。若将其主链上氢原子被甲基取代，制得N-甲基锦纶-66，这样制成的纤维，由于分子间不再形成氢键，因此拉长后分子链平行，但放松后便回缩象弹性体。锦纶-6的每个链节中含有五个亚甲基 $\left[\overset{O}{\overset{\|}{C}}-(CH_2)_5-\overset{H}{N}\right]_n$，吸湿性不好，若减少亚甲基数，成为 $\left[\overset{O}{\overset{\|}{C}}-(CH_2)_3-\underset{H}{N}\right]_n$ 时，其吸湿性便与棉花相近。这方面例子很多，不一一列举。

(3) 高聚物构型对性能的影响：用一般方法合成的聚丙烯是无规结构，熔点75℃，而定向聚合的聚丙烯熔点可达160℃，它是良好的合成纤维材料。天然橡胶是顺-1，4-聚异戊二烯，而天然的古塔胶是空间构型不同的反-1，4-聚异戊二烯，其性质与天然橡胶不同，它有结晶性，而无弹性。

其简单结构式如右式所示。

(4) 分子量大小与分子量分布的影响：同一种高聚物分子量大小不同，性质差别很大。聚异丁烯性质与分子量关系见表 16-2。

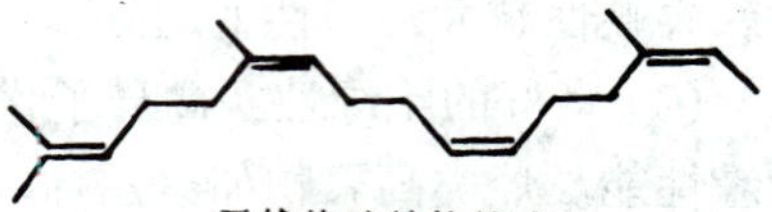

天然橡胶结构简式

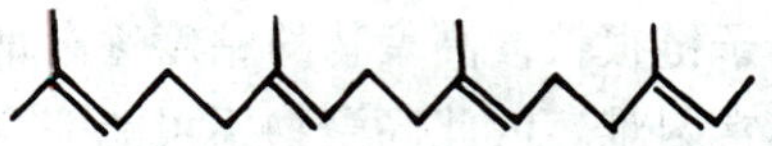

古塔胶结构简式

表 16-2 聚异丁烯的分子量与物理性能

分子量	形态
3 000	油状液体
15 000	黏状物质
50 000	塑料
1000 000	弹性体

分子量在 15000～25000 的聚异丁烯用作润滑油的黏度添加剂。

合成高分子产品时，分子量大小往往是一个要求指标，过高或过低都将影响产品质量，如合成纤维聚丙烯腈，分子量如不够高，虽然产品强度不错，但耐磨性能差。

分子量分布与产品性质的关系也是明显的，研究表明：一高聚物若低分子量组分（聚合度低于 100～150）的含量高达 10%～15%，其机械性能显著地降低。如用环烷酸镍三氟化硼乙醚络合物和三烷基铝为催化剂合成顺丁橡胶，不仅产品中顺-1，4-结构的含量高，并且分子量分布较宽，则较易加工。

(5) 填料对高聚物性能的影响：在高聚物中加入填料能改进其性能。如酚醛树脂中加入玻璃纤维、石棉纤维等填料；橡胶中加入炭黑，可以提高其机械强度、耐磨、耐腐蚀性能。在塑料中加增塑剂，可降低高分子链间的引力，增强高聚物的可塑性。在用作假漆的树脂中加入挥发性溶剂，使树脂溶解成为便于喷涂的低粘度溶液，喷涂后随溶剂的挥发，增塑作用消失，树脂将形成坚固的油漆膜覆盖在物体表面上。纳米材料作为一种新型的填料，极大地改善了高聚物各方面的性能，扩大了它的应用领域。例如，用纳米材料替代碳黑作为橡胶填料，从而生产出性能优越的彩色橡胶；金属纳米材料的应用，为解决化纤制品的静电问题提供了新的途径；纳米 Ag 粒子可用于生产抗菌除臭的化纤和塑料；利用纳米 SiOx 材料对普通塑料聚丙烯进行改性，使其技术指标达到或超过了工程塑料尼龙 6。且成本比尼龙 6 有大幅度降低。

四、高分子化合物的应用

高聚物具有易生产、易加工、可塑性大等特点，因此它在工业、农业、交通运输、建筑、国防和医药卫生、人民生活等方面都得到了广泛的应用。在此，仅就塑料、合成纤维、合成橡胶及离子交换树脂的应用作一简单介绍。

1. 塑料　塑料已经是人们很熟悉，并且越来越多的代替传统材料，如木材、玻璃、金属，以致有些塑料已变得家喻户晓了。塑料是加热可以使它流动的合成聚合物，因此塑料具有可塑性。有些塑料通过加热和冷却时能经多次软化和硬化，这种塑料叫热塑性塑料。热塑性塑料加热可呈流动态，待加工成型冷却后就可保持形状。另一种塑料在加热时软化，但因发生化学变化而永久性的变硬，这种塑料叫热固性塑料。热固性塑料只能在其形成体型结构时一次加工成型，不能再次加热成型。生产的塑料大约 70% 为热塑性。现在塑料的品种很多，常用的有六十多种，产量最大的有聚乙烯、聚氯乙烯、聚苯乙烯、聚丙烯、酚醛塑料等。

塑料是以树脂为主的一种混合物，为增强或改进其性能还要加入填料、增塑剂、稳定剂、润滑剂、色料等辅助剂。所含树脂的量一般在40%～100%，像有机玻璃（聚甲基丙烯酸甲酯）、聚乙烯、聚苯乙烯不含或很少含辅助剂，而像聚氯乙烯等却含不少辅助剂，特别是增塑剂（邻苯二甲酸二丁酯等）。

(1) 聚乙烯：聚乙烯是一种最简单的热塑性塑料。按其聚合方法不同分高压与低压聚乙烯。高压聚乙烯是在少量氧气或引发剂存在下，于高温（约200℃）高压，按游离基历程聚合而成。在结构上含有较多支链的聚乙烯，分子链不能紧密排列，故密度较低（0.92 $g\cdot cm^{-3}$）称低密度聚乙烯。它的软化点也较低（约为80℃），熔点约为110℃。

低压聚乙烯是德国化学家齐格勒（Ziegler）于1953年首次合成。以三乙基铝和三氯化钛为催化剂，在常温下使乙烯聚合成线型大分子，无支链，大分子间排列较紧密，故密度较高（0.95～0.96$g\cdot cm^{-3}$），称高密度聚乙烯，熔点约为130℃。低压聚乙烯按离子型反应历程进行。

$$n\,CH_2{=}CH_2 \xrightarrow[TiCl_3]{Al(C_2H_5)_3} {+}CH_2{-}CH_2{+}_n$$

图16-2 高压聚乙烯-支链型

图16-3 低压聚乙烯

高压聚乙烯产量较大，因其较柔软、透明，适于作包装用的薄膜（如食品袋、农用薄膜）和注塑制品（如瓶、桶等）。低压聚乙烯较坚韧，机械强度较高，可制仪器仪表的零部件、管材和日常生活用的盆、桶等。

由于聚乙烯具有优良的电绝缘性，所以是用于雷达设备的理想绝缘材料。

(2) 聚丙烯：聚丙烯迄今只有低压聚丙烯。20世纪50年代初纳塔（Natta）用改进的齐格勒催化剂在低压下将丙烯聚合成大分子，得到的聚丙烯立体构型比较规则，称立体有规。大分子链中带有甲基，构型完全相同的称为全同聚丙烯，间隔一个甲基构型相同的称为间同聚丙烯，完全无规则的称无规聚丙烯。纳塔的方法可使全同聚丙烯达到90%以上，提高了它的耐热性和机械强度。

$$nCH_2{=}\underset{\underset{CH_3}{|}}{CH} \xrightarrow[TiCl_3]{(C_2H_5)_2AlCl} {+}CH_2{-}\underset{\underset{CH_3}{|}}{CH}{+}_n$$

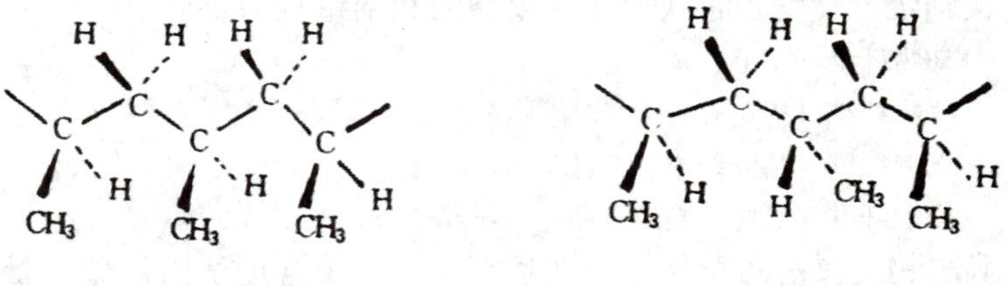

全同聚丙烯　　间同聚丙烯

图16-4 聚丙烯的构型

由于聚丙烯链中存在甲基，使主链绕碳碳键的自由旋转不像聚乙烯那样容易，增加了它的强度和硬度，同样它的密度也较低（0.91g/cm^3）。

聚丙烯比聚乙烯具有质轻、较硬、耐磨及耐热性较高等优点，可用作工程塑料，制成各种机械零部件、化工和建筑用导管板材等。它也可以拉制成丝作纤维用，也能拉制成带，市售的编织袋即是用它做成的，但其耐低温性能不如聚乙烯好。

(3) 聚氯乙烯：聚氯乙烯是一种广泛应用的聚合物，又称聚乙烯基氯，或PVC。它是由氯乙烯在引发剂（如偶氮二异丁腈）存在下聚合而成的。

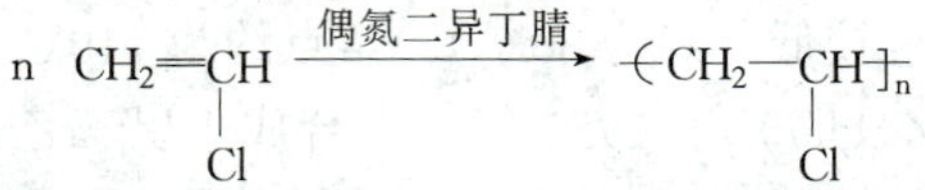

因其分子链中有氯原子，极性碳氯键的存在增强了分子间的作用力，因此它比聚乙烯、聚丙烯重，也比较硬。

聚氯乙烯制作塑料制品时，要加进辅助剂，按加进量的多少分硬、软聚氯乙烯。硬聚氯乙烯含增塑剂在5%以下，可制成硬板、硬管。软聚氯乙烯含增塑剂（邻苯二甲酸二丁酯或二辛酯）30%～70%，它渗入聚氯乙烯大分子之间，降低了分子间的作用力，有利于分子链的运动，因而增加了柔韧性。软聚氯乙烯可制成薄膜、人造革、软管、日用品（如塑料鞋）、服装和电绝缘制品。将聚氯乙烯溶于苯——丙酮中，将溶液喷制成丝就是聚氯乙烯纤维（氯纶）。

氯乙烯也可以和乙酸乙烯酯共聚，产物是一种较软而不发脆的聚合物。它是制留声机片的理想材料。

(4) 聚苯乙烯：聚苯乙烯又称聚肉桂烯，也是一种应用较广的塑料之一，它是产量仅次于聚乙烯和聚氯乙烯之后的第三个最重要的热塑性塑料。它由苯乙烯通过游离基型反应聚合制得：

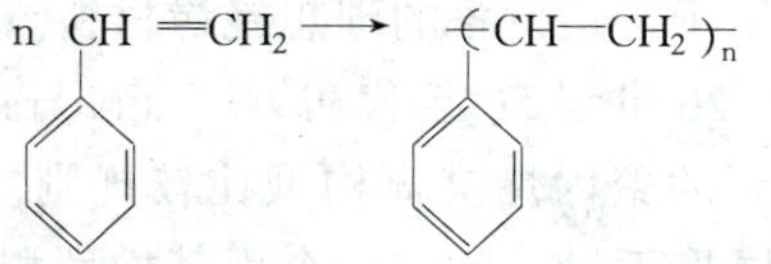

由于大分子链中有苯基，影响分子链碳碳键的自由旋转，所以在室温下硬而脆。透明性和绝缘性良好，耐化学腐蚀，大约在100℃时软化。现在聚苯乙烯常用来制成仪表外壳、高频绝缘制件。它的突出热绝缘性使其常用来制保温杯。聚苯乙烯泡沫塑料是防震隔音材料，在仪器包装上应用很多。

2. 合成纤维　纤维分天然纤维和化学纤维两大类，化学纤维中又分为人造纤维和合成纤维。近年来合成纤维产量增加很快，尤其以涤纶和锦纶较为重要。

- 纤维
  - 天然纤维
    - 动物纤维（羊毛、蚕丝等）
    - 植物纤维（棉花等）
  - 化学纤维
    - 人造纤维（粘胶纤维、醋酸纤维）
    - 合成纤维（涤纶、锦纶、腈纶、维纶）

合成纤维的高聚物是具有可溶性质的线型高分子，聚合度适当，分子量在10^{4}以内。其次，要求大分子链间有较强的分子间作用力，如聚酰胺的大分子间除有范德华力外，还有较强的氢键，有利于提高纤维的强度。

(1) 聚酯纤维——涤纶：涤纶纤维占合成纤维产量的一半，其性能优于锦纶，耐热性和保型性较好，适于衣着。

现在生产涤纶的方法有两种，一种是以对苯二甲酸二甲酯和乙二醇为原料；另一种是以对苯二甲酸和乙二醇为原料直接生产涤纶。

① 对苯二甲酸二甲酯和乙二醇的交换法。

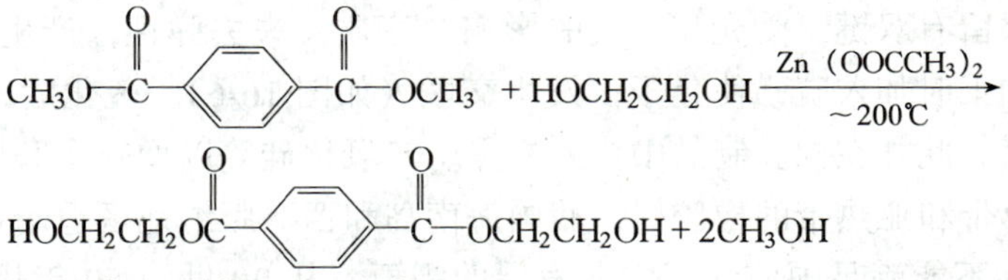

对苯二甲酸二乙二醇酯

然后再由此酯发生分子间的酯交换，生成大分子，同时放出乙二醇：

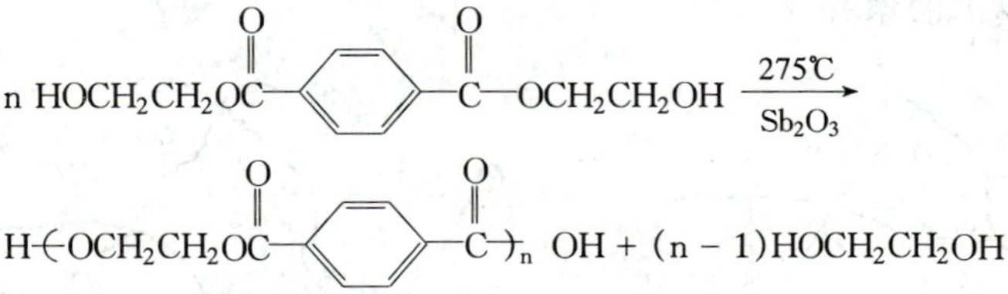

② 对苯二甲酸和乙二醇直接酯化法。

近年来已经可以得到99.5%以上纯度的对苯二甲酸，这样用它和乙二醇直接酯化，然后再进行酯交换生成聚对苯二甲酸乙二醇酯：

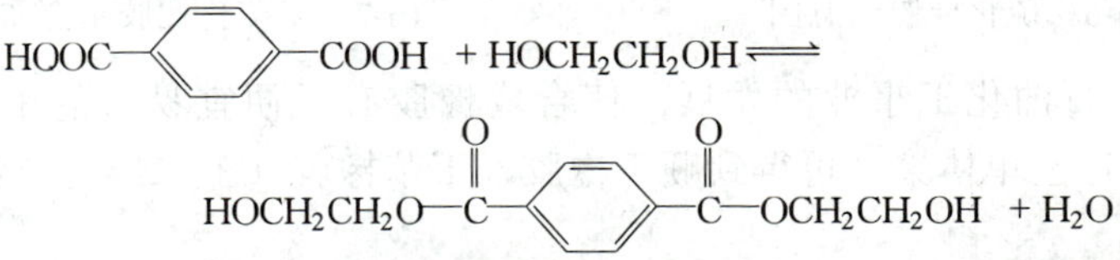

涤纶树脂为半透明的固体，它可熔融喷丝或压成薄膜，也可作工程塑料。涤纶纤维织品结实耐穿挺括美观，为人们所喜欢。为改进其吸水性差的缺点，与棉花混纺就是大家熟悉的“棉的确良”，也可与羊毛或粘胶纤维等混纺成毛涤纶等混纺织品。

(2) 聚酰胺——锦纶，尼龙：聚酰胺商品名称“锦纶”，译音叫“尼龙”。如在上节中介绍的锦纶-66，就是由己二胺和己二酸缩聚而成的聚己二酰己二胺。锦纶-6 则是由 6-氨基己酸（或己内酰胺）缩聚得到的聚己内酰胺。

聚酰胺突出特点是结实，这与聚酰胺分子链间有氢键有关。其氢键如图 16-5 所示。

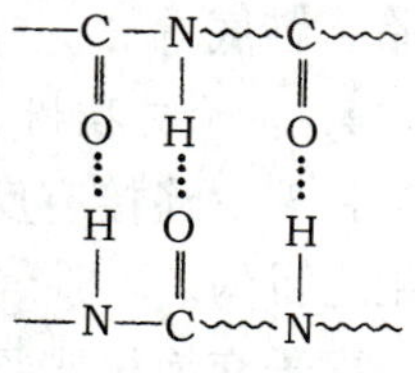

图 16-5　聚酰胺氢键示意图

另外，它的耐磨性比棉花强十倍。这类纤维在强度、弹性、耐磨、抗缩能力和快干等方面的优良性能，使它成为用途广泛的纤维。锦纶主要用来制袜子、混纺织品，粗丝用作牙刷、绳子、鱼网及汽车轮胎的帘子线。锦纶纺织品的缺点是不耐晒、保型性、吸湿性较差。由于聚酰胺的机械强度较高，它也是重要的工程塑料。

3. 橡胶　线型的高聚物，在压力下即可发生形变，除去压力后又立即恢复原状，这样的高聚物就能做橡胶。

(1) 天然橡胶：天然橡胶是顺式聚异戊二烯：

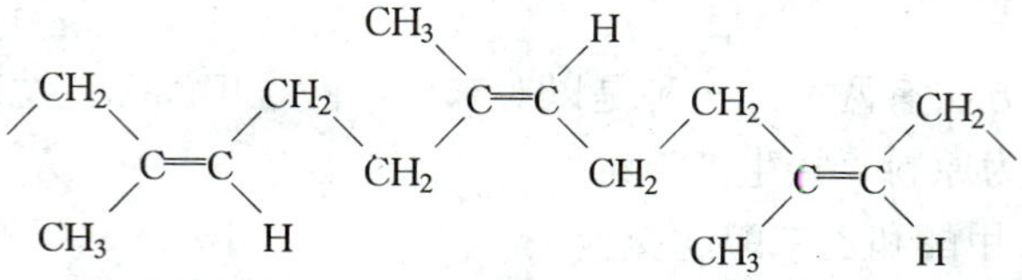

因在分子链中保留有双键，受光和氧气的影响会变质，失去弹性，产生“老化”现象。为改进其性能，在加工时加入硫磺使分子链发生交联（如图 16-6）。硫化后，化学性质变的稳定，弹性强度提高。此外在橡胶制品中掺入炭黑、二氧化硅等以增强耐磨性。

天然橡胶产于热带和亚热带的橡胶树，我国海南岛和西双版纳地区适于种植。但天然橡胶的产量和质量远远不能满足国防和工农业发展的需要。从 20 世纪 50 年代发现了齐格勒-纳塔（Ziegler-Nata）催化剂后，合成天然橡胶才有了可能。异戊二烯在此催化剂作用下，得到顺式构型达 95％以上的聚异戊二烯。

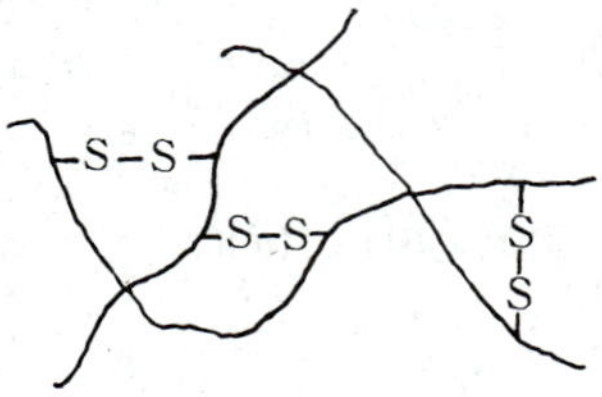

图 16-6　硫化橡胶示意图

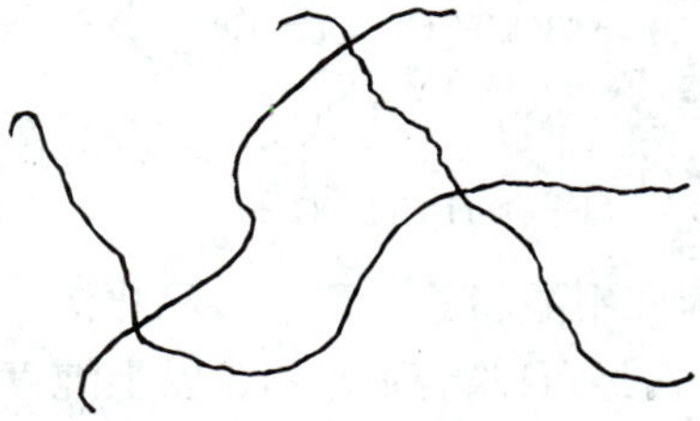

图 16-7　未硫化橡胶示意图

（2）顺丁橡胶：石油化工事业的发展，使合成橡胶有了便宜易得的单体，如丁二烯、苯乙烯、异丁烯等，这些单体聚合可得到顺丁橡胶、丁苯橡胶（丁二烯与苯乙烯的共聚体）、丁基橡胶等品种。

顺丁橡胶的原料是 1，3-丁二烯，用 Ni-B-Al 三组分的络合催化剂，即由环烷酸镍、三乙基铝和三氟化硼乙醚络合物组成的催化剂，可使聚丁二烯的顺式构型达 96％以上。

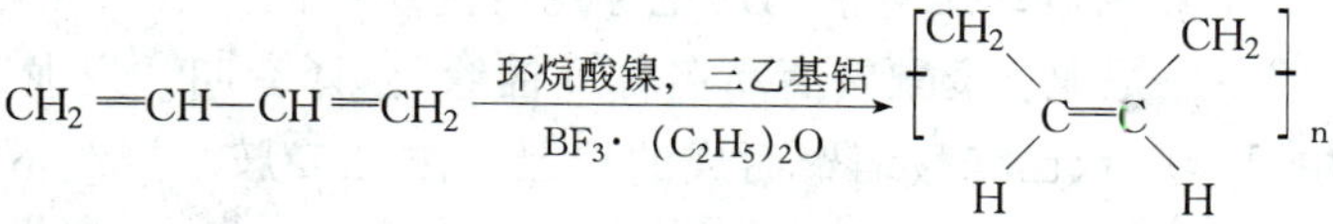

这种合成橡胶与天然橡胶相比，具有耐热、耐磨、弹性高等特点，可代替天然橡胶制造轮胎、鞋底等。

4．离子交换树脂　离子交换树脂是可以进行离子交换反应的体型高聚物，也就是在高分子骨架上连接有反应性基团，离解出的离子可以与溶液中其它离子进行交换，达到分离、纯化之目的。

离子交换树脂是应用较早的功能高分子，它主要用作水的纯化和软化，其它如制药、冶金等工业中也广泛应用。

离子交换树脂的品种很多，应用最广的是交联聚苯乙烯强酸型和强碱型离子交换树脂。它是用苯乙烯和少量对二乙烯苯在引发剂作用下，生成的体型聚合物：

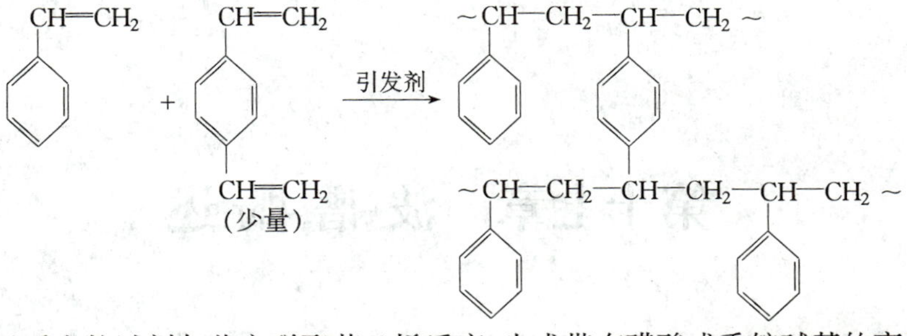

然后分别以适当的试剂与此交联聚苯乙烯反应,生成带有磺酸或季铵碱基的离子交换树脂:

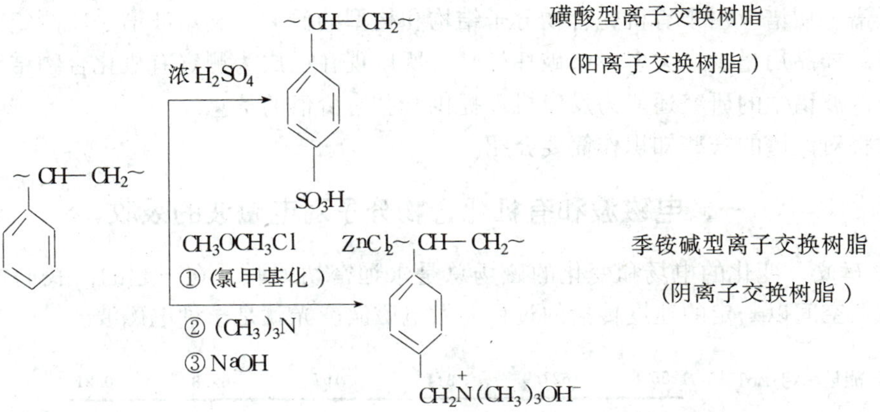

磺酸型离子交换树脂可以与阳离子(如金属离子)进行交换反应。季铵碱型可与阴离子(如 Cl^-、HCO_3^-)进行交换反应。交换后再分别以酸或碱的溶液淋洗即可使其再生。如含 NaCl 的水经过阳离子和阴离子交换就可除去 Na^+ 和 Cl^-:

阳离子交换

$$RSO_3^- H^+ + NaCl \underset{\text{再生}}{\overset{\text{交换}}{\rightleftharpoons}} R \cdot SO_3^- Na^+ + HCl$$

阴离子交换

$$RCH_2\overset{+}{N}(CH_3)_3OH^- + HCl \underset{\text{再生}}{\overset{\text{交换}}{\rightleftharpoons}} R \cdot CH_2\overset{+}{N}(CH_3)_3Cl^- + H_2O$$

习 题 十 六

1. 解释名词:

   (1) 单体　(2) 链节　(3) 多分散性　(4) 树脂

   (5) 加聚反应　(6) 缩聚反应　(7) 聚合度

2. 命名:

   (1) $\left[CH_2-\underset{CN}{\underset{|}{CH}} \right]_n$　　(2) $\left[CH_2-\underset{Cl}{\underset{|}{C}}=CH-CH_2 \right]_n$

3. 合成高聚物的方法有几类? 有何异同点?

4. 高分子化合物有什么特性? 影响其性能的主要因素是什么?

5. 和人们生活以及农业生产有关的高分子化合物有哪些?

第十七章　波谱概述

随着科学技术的发展，许多现代的物理实验方法已在有机化学的研究中得到广泛的应用。例如气相和液相色谱被应用于有机物的分离和鉴定；再如波谱学——紫外和红外光谱、核磁共振谱、质谱应用于有机化合物分子结构和构型的研究。利用波谱手段测定有机化合物的结构时，样品用量少，大多不会破坏样品，所以现在已成为测定有机化合物结构的主要手段。此外，波谱学的研究还能为反应机理提供一些有价值的信息。

本章将对波谱的一些知识作简要介绍。

一、电磁波和有机化合物分子对电磁波的吸收

1. *电磁波*　变化的电场和变化的磁场总是永远密切地联系在一起的，我们把这种变化的电磁场在空间以一定的速度传播的过程叫做电磁波。光就是一种电磁波。

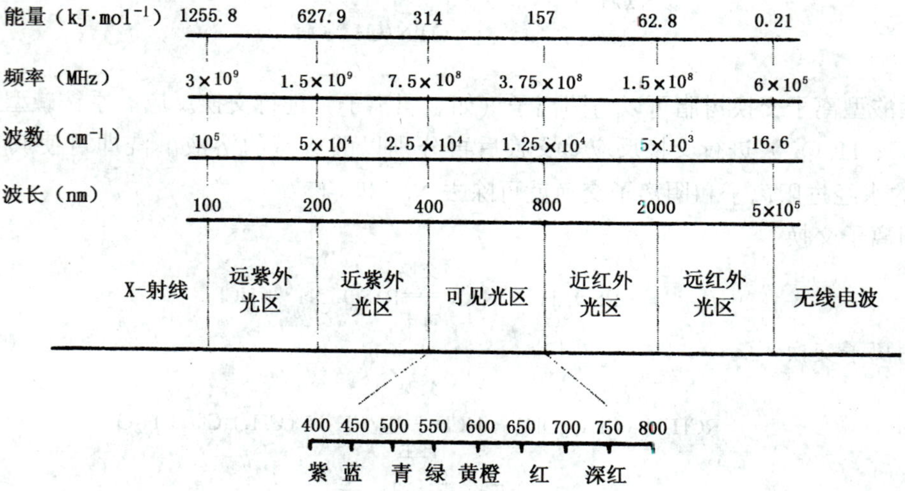

图 17-1　电磁波波谱

电磁波的波长 λ、频率 ν 和传播速度 υ 三者之间的关系是：

$$v = \lambda\nu$$

由于各种频率电磁波在真空中的传播速度相等（$\upsilon = c = 3\times10^{10}\text{cm}\cdot\text{s}^{-1}$），所以频率不同的电磁波，它们的波长也不相等。频率高的电磁波波长短，频率低的波长较长。

按照电磁波的波长变化，可以依次把它们排成一个谱，叫做电磁波谱。如图 17-1 所示。

对于光波来讲，上述的公式常写成

$$\upsilon = \lambda\nu$$

式中：c 为光速，$c = 3\times10^{10}\text{cm}\cdot\text{s}^{-1}$，$\nu$ 为频率，单位是赫兹（Hz）；λ 为波长，单位常用纳米（nm）表示，$1\text{nm} = 10^{-9}\text{m} = 10^{-7}\text{cm} = 10^{-3}\mu\text{m} = 10\text{Å}$。

上述公式也可以改写成

$$\nu = \frac{1}{\lambda} \cdot c$$

称 $1/\lambda$ 为波数，它的物理意义是每一厘米内光波的数目，常用 $\bar{\upsilon}$ 表示，其单位是（cm^{-1}）。显然，波数和频率是正相关的，光波的频率越高，波数也就越大。

光具有波动、微粒二象性，每一光量子的能量与光量子的振动频率有关，也可以说与波数有关（表 17-1），即：

$$E = h\upsilon \quad 或 \quad E = h\bar{\upsilon}c$$

式中，h 为普朗克（Plank）常数，$h = 6.626 \times 10^{-34} J \cdot s$。

表 17-1　电磁波区域的能量

电磁波区域	波长范围（nm）	能量（$kJ \cdot mol^{-1}$）
x-射线	0.1～100	$1.23 \times 10^6 \sim 1.23 \times 10^3$
远紫外光	100～200	$1.23 \times 10^3 \sim 5.99 \times 10^2$
近紫外光	200～400	$5.99 \times 10^2 \sim 3.01 \times 10^2$
可见光	400～800	$3.01 \times 10^2 \sim 1.5 \times 10^2$
近红外光	800～2000	$1.5 \times 10^2 \sim 59.8$
远红外光	$2 \times 10^3 \sim 5 \times 10^6$	$59.8 \sim 2.4 \times 10^{-2}$
微　波	$5 \times 10^6 \sim 1 \times 10^7$	$2.4 \times 10^{-2} \sim 1.2 \times 10^{-2}$
无线电波	$1 \times 10^7 \sim 1 \times 10^9$	$1.2 \times 10^{-2} \sim 1.2 \times 10^{-4}$

2. *有机化合物分子对电磁波的吸收*　有机化合物分子可以对一定波段的电磁波选择吸收，并可得到吸收光谱图。颜色的产生就是有机物分子选择吸收可见光形成的，它只是选择吸收的一种特例。实际上，任何物质，不论其是否有色，它对许多波段的电磁波都能选择吸收，只不过这种吸收不能用眼睛直接观察到，需要用特殊的仪器来检验。用于获得物质对电磁波选择吸收光谱的仪器叫做光谱仪。光谱仪主要由光源、样品室、单色器和检测器构成。

量子力学的研究证明，物质在入射光的照射下，分子吸收光时，其能量的增加是跳跃式的，即物质所含能量并不是连续变化的，所以物质只能吸收一定量的光。依照量子学说，吸收光的频率 υ 和分子两个能级之间的能量差 ΔE 要符合下列关系式：

$$\Delta E = E_{高} - E_{低} = h\nu$$

可见，高能级状态和低能级状态能量相差越大，所吸收光的频率也就越大（波长越短）。反之，两个能级差值越小，所吸收的的频率也就越小（波长越长）。

和光谱有关的分子运动主要有分子的转动、分子内各原子间的相对振动和分子内电子的运动三种运动状态，每个运动状态都属于一定的能级，因此，分子的能量可表示为：

$$E_{总} = E_{转动} + E_{振动} + E_{电子}$$

每一种能量都是量子化的，每个分子只能存在一定数目的转动能级、振动能级和电子能级，也就是说，每个分子都有它自己的特征能级图。图 17-2 是一个双原子分子的能级示意图。

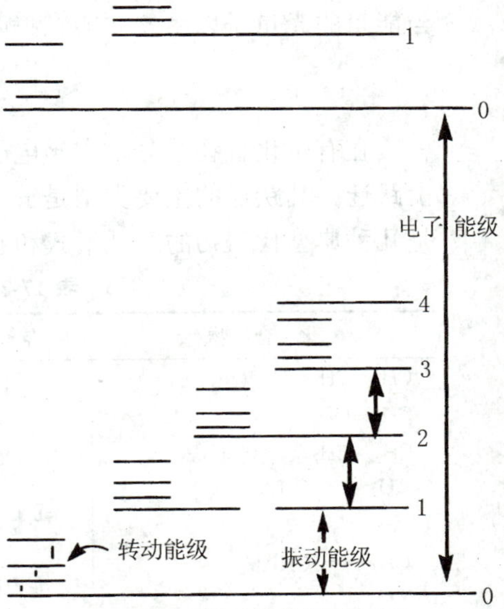

图 17-2　双原子分子的能级示意图

从图 17-2 中可以看出，转动能级之间的间隔最小，能量差约为 $10^{-4}\sim5\times10^{-2}$ 电子伏特之间（电子伏特符号为 eV,），它吸收的光波区主要在远红外和微波区。振动能级差约为 0.05～1.0 eV，它吸收近红外光；电子能级差介于 1～20eV，它需要吸收可见光或紫外光才能引起电子的跃迁。

二、紫外和可见光谱（UV 和 VIS）

紫外和可见光谱是有机物分子吸收一定波长的紫外光或可见光而使分子中的价电子从低能级（基态）跃迁到高能级（激发态）而产生的吸收光谱。

紫外光区可分为远紫外区（波长为 100～200 nm）和近紫外区（波长为 200～400 nm），一般所说的紫外光谱实际上是近紫外区的光谱。

常用的紫外分光光度计（紫外光谱仪）一般包括紫外和可见两个光区，波长变化范围在 200～800 nm 或 200～1000 nm，由于紫外吸收和可见吸收都属于有机物分子的电子跃迁，所以，紫外光谱和可见光谱常放到一起讨论。

1. 基本原理

(1) 电子跃迁类型：按照分子轨道理论，当原子相互组成分子时，将形成分子轨道。根据分子轨道的对称情况和能级水平，分子轨道可分为 σ 成键轨道（σ）和 σ 反键轨道（σ^*）；π 成键轨道（π）和 π 反键轨道（π^*），杂原子的一些孤电子对不参与成键，它的能级水平和原来的原子轨道一样，称为非键轨道（n）。所以分子轨道由 σ、σ^*、π、π^* 和 n 轨道组成。

但分子处于基态时，电子优先填充在低能级的轨道中。各轨道间的相对能量如图 17-3 所示，但分子吸收一定的能量以后，分子中的电子就有可能从低能级轨道跃迁到高能级轨道中而形成激发态，由于这种能量是量子化的，所以有机物分子只能吸收适当能量的光量子以后，才能在瞬时间发生跃迁，跃迁所需的能量与光量子波长之间的关系为

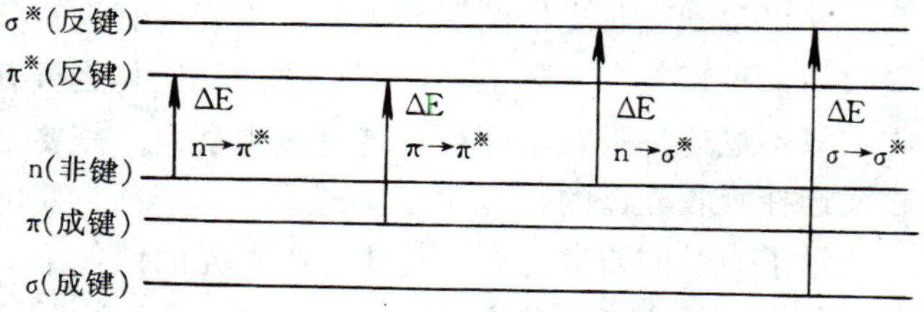

图 17-3 各轨道的相对能级示意图

$$\Delta E = h\nu = \frac{1.973\times10^5}{\lambda}\text{kJ/mol}$$

在有机化合物的分子中，电子通过吸收光能而从低能级的成键或非键轨道上向反键轨道上跃迁，其跃迁的主要类型是 $n\rightarrow\pi^*$ 跃迁、$\pi\rightarrow\pi^*$ 跃迁、$n\rightarrow\sigma^*$ 跃迁和 $\sigma\rightarrow\sigma^*$ 跃迁。表 17-2 是几种典型代表物的跃迁形式和它们对光波的吸收情况：

表 17-2 几种典型化合物的跃迁和紫外吸收

化合物	溶剂	跃迁形式	吸收波长（nm）	ΔE（$kJ\cdot mol^{-1}$）
CH_3-CH_3	气体	$\sigma\rightarrow\sigma^*$	135	887.4
CH_3-OH	–	$n\rightarrow\sigma^*$	183	653
$CH_2=CH_2$	气体	$\pi\rightarrow\pi^*$	171	699
$CH_3-\underset{\underset{O}{\Vert}}{C}-CH_3$	正己烷	$\pi\rightarrow\pi^*$	189	632.1
$CH_3-\underset{\underset{O}{\Vert}}{C}-CH_3$	正己烷	$n\rightarrow\pi^*$	279	427

（2）紫外吸收光谱：紫外吸收光谱图是以波长（nm）为横坐标，以吸光度（A）为纵坐标或摩尔消光系数（ε）或其对数（lgε）为纵坐标绘制的。一般的物质只有为数不多的几个吸收峰，图形比较简单且谱带（吸收带）较宽。如图 17-4 所示。

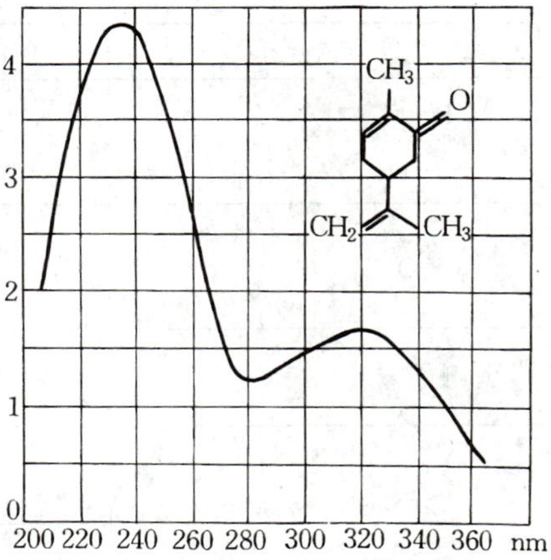

图 16-4　香芹酮的紫外吸收光谱（乙醇溶液）

吸收峰的最高部位称为最大吸收峰，此处的波长记为 λ_{max}，根据郎伯特—比尔定律（Lambert-Beer）可以计算出最大吸收峰的摩尔消光系数。

$$A = \lg\frac{I_0}{I} = \lg\frac{1}{T} = \varepsilon cl$$

A：吸光度　　I_0：入射光强度

I：透射光强度　　T：透光度

$$\therefore \varepsilon = \frac{A}{cl}$$

式中，ε 为摩尔消光系数，c 为被测物的摩尔浓度，l 为样品池厚度（cm）。

在实际应用上，UV 谱采用这种重新换算过的 ε 值或 lgε 值作为纵坐标。

在一定的溶剂中，每一种化合物都有其确定的最大吸收峰的波长和摩尔消光系数，所以 λ_{max} 和相应的 ε 值（或 lgε 值）作为有机化合物的特性常数被记入手册，一般写成（以香芹酮为例）$\lambda_{max}^{乙醇}$238（lgε = 4.4），λ_{max} 后面的数值为最大吸收的峰波长，$\lambda_{max}^{乙醇}$ 上角所注的乙醇表示用乙醇作溶剂，括号内的数值为摩尔消光系数或其对数值。

2. **生色团和基本吸收带**　从表 17-2 中可以看出，饱和烃只有 σ 电子，它只能产生 σ→σ* 跃迁，这种跃迁所需能量较大，只能吸收远紫外光区的光量子，所以吸收带在远紫外区，一般的紫外光谱中没有它们的吸收带。饱和的氯代烃、醇、醚等，虽然只有能量较低的 n→σ* 跃迁，但吸收带也在远紫外区。所以，在紫外光谱分析中，常用的饱和烃、一元氯代饱和烃、一元饱和醇和饱和醚等作为溶剂。

有 π 键的结构如：>C=C<，—C≡C—，>C=O，—C≡N，>C=N—，—N=N—，—N=O，—N(→O)=O 等，可以产生 π→π* 跃迁或同时能产生 π→π*、n→π* 跃迁，它们的吸收带基本上在 200～800 nm 之间，即在近紫外和可见光区。称这样的结构为生色团。各种生色团的吸收峰都是特征的，称为该生色团的基本吸收带，表 17-3 摘录了一些生色团的基本吸收带。

表 17-3　生色团的基本吸收带

生　色　团	代表化合物	溶　　剂	λ_{max}　（lgε）
>C=C<	乙　烯	（气体）	171（4.19）
—C≡C—	2-辛炔	正庚烷 正庚烷 正庚烷	178（4） 196（3.32） 223（2.20）

（续）

生色团	代表化合物	溶剂	λ_{max} (lgε)
—C(H)=O	乙醛	（气体） （气体） 正己烷	160（4.30） 180（4） 290（2.23）
>C=O	丙酮	（气） 正己烷 正己烷	166（4.20） 189（2.95） 729（1.18）
—C(=O)—OH	乙酸	乙醇	208（1.51）
—C(=O)—NH_2	乙酰胺	正己烷 水	178（3.98） 220（1.51）
—C(=O)—O—R	乙酸乙酯	乙醇	211（1.76）
—N(=O)→O	硝基甲烷	甲醇 甲醇	201（3.70） 274（1.23）
—C≡N	乙腈	（气）	187（弱）
—N=N—	偶氮乙酸乙酯 （$N_2CH—COOC_2H_5$） 偶氮甲烷（CH_2N_2）	乙醇 乙醇 乙醇	249（4.00） 378（1.20） 338（0.60）
—N=O	亚硝基丁烷	正己烷 正己烷	220（4.16） 356（1.94）

有机化合物的的结构因素和溶剂都会对生色团的最大吸收峰发生影响。

（1）结构因素的影响：许多结构因素能够使生色团的最大吸收峰的波长变长，同时使摩尔消光系数也变大（即吸收强度变强），这种现象称为向红位移，简称红移。这些结构因素主要有：

① 共轭和超共轭效应：按照分子轨道理论，共轭和超共轭效应实际上是电子的离域，因而 $\pi\rightarrow\pi^*$ 跃迁所需要的激发能量也相应变小，即光波波长变长。共轭效应是红移的主要结构因素。从表 17-4 中可以明显地看到这一效应的影响。

表 17-4 共轭效应对紫外吸收的影响

化合物	双键数	λ_{max}（nm）	lgε
乙烯	1	171	4.18
丁二烯	2	217	4.32
己三烯	3	258	4.54
癸五烯	5	335	5.07
去氢番茄红色素	15	504	5.18
苯		255	2.36
甲苯	（超共轭）	261	2.43

② 助色效应：含有非键电子（p 孤对电子）的原子或原子团连在双键或共轭体系上时，可以形成 p-π 共轭，其结果也使电子的活动范围变大，激发能降低，λ_{max}增大（红移），这种效应称为助色效应，这些基团如—OH，—OR，—NH_2，—NR_2，—SR，—X 等称为助色团。助色团都具有 n 电子，可以产生 $n\rightarrow\pi^*$ 跃迁。

（2）溶剂的影响：由于有机化合物的基态和激发态极性不相同，所以，溶剂对化合物的紫外吸收有重要的影响。此外，溶剂和有机化合物之间的静电吸引作用、氢键的形成等，也都对有机物的紫外吸收产生不同程度的影响。

一般来讲，在极性溶剂中，$n\rightarrow\pi^*$ 跃迁的吸收带将向短波长一端移动，而 $\pi\rightarrow\pi^*$ 跃迁的吸收则向长波长一端移动。和极性溶剂比起来，非极性溶剂对跃迁的影响较小。

由于溶剂在很多方面影响有机化合物的紫外吸收，所以，紫外吸收峰的测定必需注明所用的溶剂。一般紫外吸收常用的溶剂是水、95%乙醇、异丙醇、正己烷、环己烷等。有时为了验证某化合物，应尽量采用与文献记载相一致的溶剂。

表 17-5　助色团对共轭体系 λ_{max} 的增值（nm）

母体基 / 助色团	(助)C=C—C=C　环己烷 217nm	(助)C=C—C(H(R))=O　乙醇 521nm
—OH		30
—OR	6	30
—NR	60	95
—Cl	5	12
—Br	5	30

3. 紫外和可见光谱的应用　有机物分子对紫外光的吸收，是分子中生色团、助色团以及一些其它因素共同影响的结果。所以，紫外吸收可以提供一些官能团的消息。但是由于有机化合物的紫外图谱比较简单且谱带较宽，所以许多结构细节又不能从紫外图谱中反映出来。虽然如此，紫外图谱在测定有机物的结构中还是有一定作用的，尤其是对共轭体系和顺反异构体的测定上。

例如：紫罗兰酮有 α、β 两种，它们具有如下的骨架：

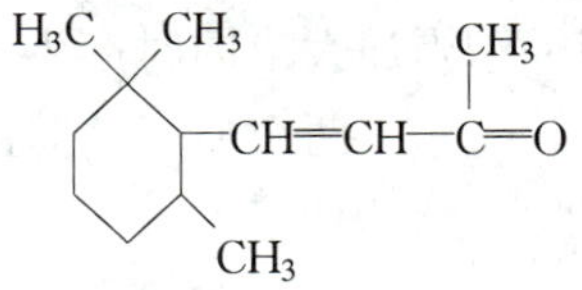

并且已知在环上具有一个双键。经测定，α-紫罗兰酮的 λ_{max} 是 227nm，β-紫罗兰酮的 λ_{max} 为 296nm。因此可知 β-紫罗兰酮为一共轭体系而 α-紫罗兰酮则否。

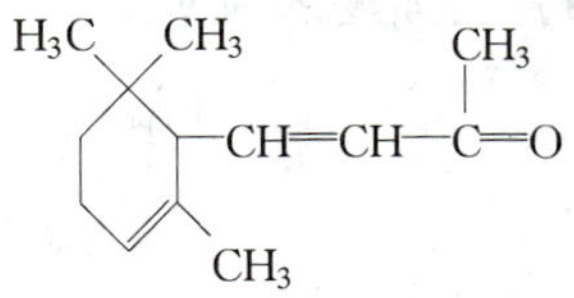

α-紫罗兰酮

$\lambda_{max}=227nm$

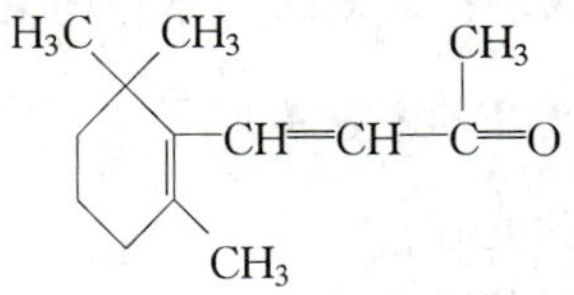

β-紫罗兰酮

$\lambda_{max}=296nm$

在顺反异构中，如果取代基体积较大，则顺式异构将因位阻作用而破坏共平面性，对共轭体系的建立产生不良影响，而反式异构一般不致破坏共平面性，可以建立良好的共轭体系。所以反式异构的 λ_{max} 将较大。

(1) 浓度的测定：依据朗伯特－比尔定律 $A=\varepsilon c\, l$，可知消光度 A 与浓度 c 成正相关。在一定波长下测定物质的消光度，参照标准溶液，容易计算出未知溶液的浓度。分析方法中常用的比色分析就基于这一原理。紫外光谱更进一步扩大了这一方法的应用范围，因为它可用于不具有颜色的化合物。

紫外——可见光谱分析需要的浓度低，灵敏度高，测定结果也相当准确。

(2) 杂质的检测：杂质也有它的紫外吸收，如果在已知的物质中发现有其它的吸收峰，便可判定有杂质存在，再经测定其 λ_{max} 和消光度 A，便可对杂质进行定量或半定量的检测，如果已知物的光谱中测不出其他吸收峰，即可认为没有杂质，该物质的纯度已经达到了光谱纯（S.P）的等级，这是一种纯度很高的等级，做光谱分析时，试剂一般要求达到光谱纯。

三、红外光谱（IR）

红外光谱是有机物分子的振转光谱，常用波长为 2500 nm～25000 nm（即波数为 4000～400 cm^{-1})的近红外光，诱发分子的振动能级和转动能级的跃迁。任何分子，都有它自己特征的红外光谱，所以红外光谱是应用得非常广泛的一种光谱。

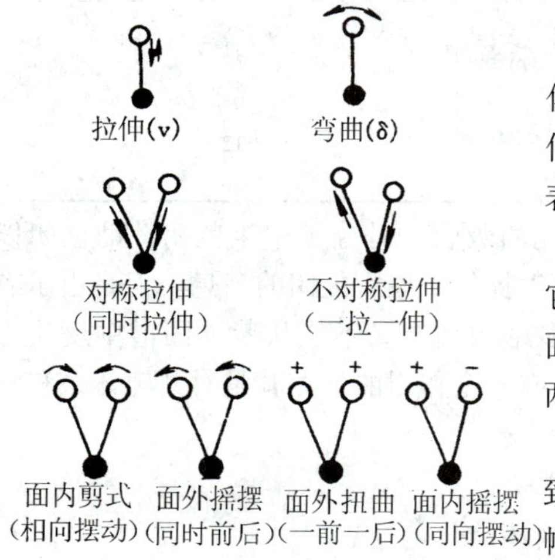

图 17-5 原子振动的几种类型

1. 分子振动的类型（图 17-5）

(1) 拉伸振动：拉伸振动是牵涉到化学键键长变化的一种振动形式，它又可分为对称拉伸和不对称拉伸两种情况。拉伸振动又称为伸缩振动，常用符号 ν 表示。

(2) 弯曲振动：弯曲振动又称为摆动，符号为 δ，它涉及了键角和成键方向的变化。弯曲振动又可分为面内弯曲（即在平面内的弯曲振动）和面外弯曲振动两种情况：

当分子接受红外光的能量且此能量与振动能相一致时，将引起分子振动的共振，即分子吸收能量使振幅加大，同时产生了红外吸收。

两个原子之间的拉伸振动可用虎克（Hooke）定律表示如下：

$$\bar{\nu}=\frac{1}{2\pi c}\sqrt{\frac{k}{\mu}}$$

式中，$\bar{\nu}$ 为波数，k 为键的力常数，它是键的弹性强度的因素，所以，三键的力常数大于双键，双键又大于单键；μ 为原子的折合质量，$\mu=\frac{1}{m_1}+\frac{1}{m_2}$ 其中 m_1，m_2 分别为两个原子的质量（g）；c 为光速。

如果将原子质量换算成原子量，并将 π 值，c 值代入，上述公式可改成：

$$\bar{\nu}=1303\sqrt{K\left(\frac{1}{M_1}+\frac{1}{M_2}\right)}=1303\sqrt{K\frac{M_1+M_2}{M_1M_2}}$$

式中，$K=k\times10^{-5}\mathrm{dyn\cdot cm^{-1}}$，$M_1$，$M_2$ 为两个原子的原子量，$\bar{\nu}$ 为波数。

从公式中可以看出，红外光谱的吸收频率（波数）与键的弹性强度成正相关，与原子量成反相关，即键的弹性强度越大，吸收频率（波数）越大；原子量越大，吸收频率（波数）越小。弯曲振动的力常数小于拉伸振动，所以弯曲振动的吸收频率（波数）小于拉伸振动。

2. 红外吸收光谱图和基团的特征吸收频率 红外吸收光谱图是以波数（cm^{-1}）为横坐标，以透光率（$T\%$）为纵坐标绘制的。图 17-6 是环己酮的红外吸收光谱。

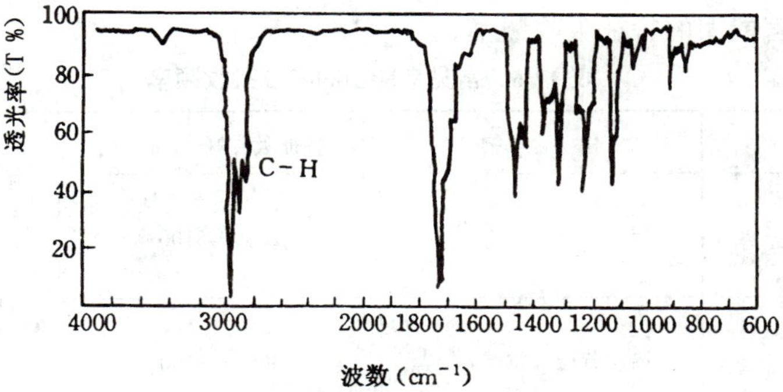

图 17-6　环己酮的红外吸收光谱

从图 17-6 中可以看出，红外光谱要比紫外光谱复杂得多，而且，它的吸收峰在图中实际上表现为“谷”。

在红外光谱中，波数在 4000～1430 cm^{-1}的吸收称为官能团区，它表示了各种官能团的特征吸收，通过这一吸收区，可确定化合物中所含有的官能团。1430～650cm^{-1}的吸收区称为指纹区，由于每一种化合物都有其特殊的指纹区图谱，所以可根据这一区域确定是那一种化合物。观察丙酮和丁酮的红外图谱可以对这一问题的认识更为清楚。丙酮和丁酮都有（$\rangle$C═O），因此，在 1740 cm^{-1}处有一强的吸收峰，此外，甲基的 C—H 键在 3106 cm^{-1}处也有吸收峰，但丙酮和丁酮的结构不同，影响到其指纹区也有所不同。

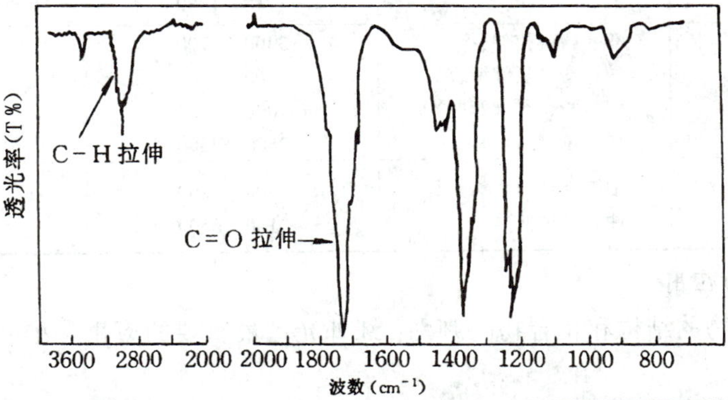

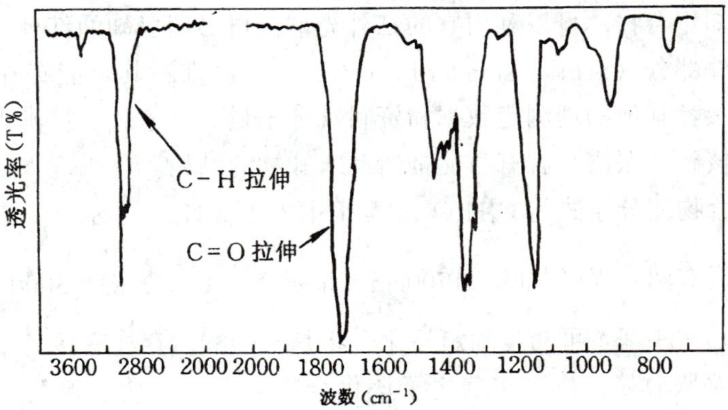

图 17-7　丙酮（上）和丁酮（下）的红外吸收光谱

每一种官能团的特征吸收频率基本上是固定的，但也会受到分子中其它基团的影响，表17-6列出了一些官能团的特征吸收频率。

表17-6 常见官能团的特征吸收频率

键 型	化 合 物	特征吸收峰（cm^{-1}）	吸 收 强 度
＞C—H（饱和碳）	烷（拉伸）	2800～3100	强
═C—H	烯、芳烃（拉伸）	3000～3100	中
≡C—H	炔（拉伸）	3200～3350	强 尖
＞C═C＜	烯（拉伸）	1600～1680	不 定
—C≡C—	炔（拉伸）	2050～2260	不 定
＞C—O	醇、醚 羧酸 酯	980～1250 1350～1440 1210～1320 1035～1300	强 弱～中 强 强
＞C═O	醛（拉伸） 酮（拉伸） 酸、酯（拉伸）	1690～1740 1650～1730 1710～1780	强 强 强
—O—H	醇、酚（拉伸） 醇、酚（氢键缔合） 醇、酚、酸（弯曲） 酸（氢键缔合）	3400～3700 3200～3400 1000～1450 2500～3300	不定（尖） 强（宽） 强 不定（宽）
＞N—H	伯胺（拉伸） 仲胺（拉伸）	3200～3600 3100～3500	中 中

3．红外光谱的应用

(1) 推断化合物的结构和化合物的判别：红外光谱最重要的应用是推断化合物的结构和化合物的判别。

例如对一个未知化合物，可以利用它的红外光谱，再参照已知的红外光谱数据表〔如萨德勒标准光谱的红外部分（Sadtler standard spectra)〕可以推断其可能存在的官能团和可能的碳（胳）架，再参考其他物理测定数据和资料（分子量、分子式、熔沸点、折射率、比旋光度、紫外光谱和核磁共振谱）就有可能推断此未知物的结构。

例一：有一化合物，分子式为$C_4H_6O_2$，其红外光谱图如图17-8。

根据其官能团区有两个强吸收峰，1700cm^{-1}指示有 ＞C═O 键，3000cm^{-1}处（强，宽）说明有羧基的缔合O—H基，可初步确定该化合物是一个酸，存在有羧基。又由于在1210～1320cm^{-1}处有一个强吸收峰，进一步确定了该化合物应有一个羧基无疑。所以该化合物可写成C_3H_5COOH。

C_3H_5可能是烯基或环丙基，在图谱1600～1680cm^{-1}处没有吸收峰，所以不应有碳碳双

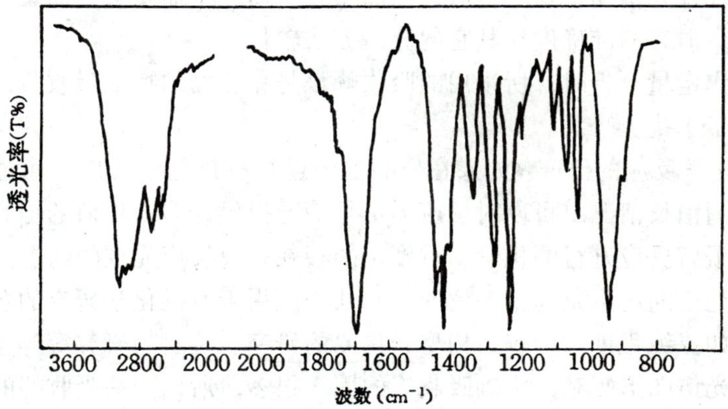

图 17-8　$C_4H_6O_2$ 的红外光谱

键存在，所以 C_3H_5 不可能是烯基。此化合物最大的可能结构应是：

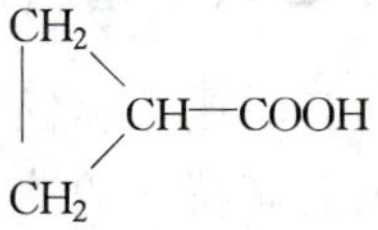

例二：化合物分子式为 C_8H_7N，熔点为 29℃，其红外图谱为如图 17-9。

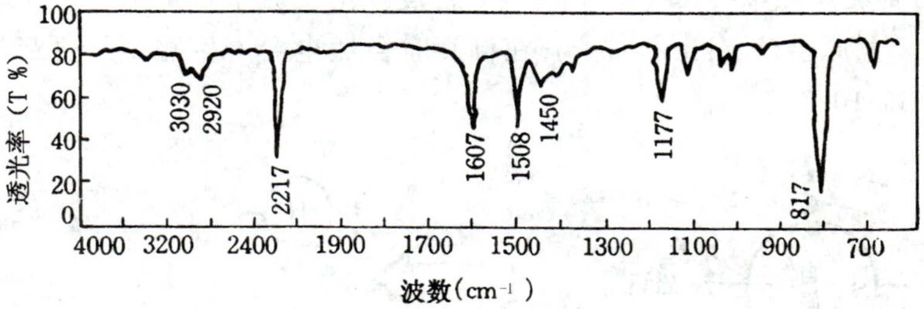

图 17-9　C_8H_7N 的红外光谱

根据分子式中的 C、H 比，推测该化合物可能存在有苯环，图谱中 $3030cm^{-1}$ 处的吸收峰是苯环 C—H 的拉伸振动吸收区，也证实了苯环的存在。$2217cm^{-1}$ 处的吸收峰是腈基(—CN)的特征吸收，所以该化合物可能是

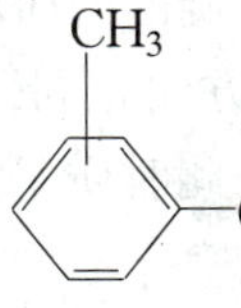

，$2920cm^{-1}$ 处的吸收峰也证实了甲基的存在。

进一步考虑 $817cm^{-1}$ 处的吸收峰，它是苯环对位取代后，两个相邻的氢原子向外弯曲的特征吸收峰，所以该化合物应为对甲基苯甲腈。

要确定一种未知物和一种已知物是否同一物质，或者要确定某未知物结构的推断是否正确，可以用此未知物的红外图谱和已知物的红外图谱进行比较，如果图谱完全吻合（尤其要注意指纹区），则是同一物质，否则就不是同一物质。

(2) 样品的定量测定：化合物对红外光的吸收同样服从比尔定律，所以可利用红外光谱作定量测定，用红外光谱作定量分析时，样品用量少而且不需要对样品进行分离提纯是这一方法的主要优点，但它的准确度比其它的分析方法较低。

用红外光谱作定量分析时，所采用的吸收峰该是化合物的特征吸收带，而且不被溶剂和其它组分的吸收所干扰。

(3) 对有机化学反应的研究：如果在样品池中进行有机化学反应，通过连续的光谱测定研究某些吸收峰的消长情况，可以对反应的进行情况提供许多有价值的信息。通过对这些信息的分析有助于了解反应进行的机理、过度态的存在以及反应完成的情况。

总之，红外光谱的应用是非常广泛的，它几乎应用于有机化学研究的各个方面，除上面介绍的外，其它如提纯程度的检查、构型、构象的研究、位阻的研究等等无不涉及到红外光谱。但是，红外光谱图形复杂，影响吸收峰的因素很多，所以一些吸收峰的重叠使之难以判断，只有积累足够的经验才能对红外图谱作出准确的判断。

四、核磁共振谱（NMR）

核磁共振谱也是一种吸收波谱，但它的原理和仪器与紫外、红外谱有所不同。核磁共振谱在测定有机化合物分子的碳胳结构上有其特殊的功用。它和红外光谱一起已成为测定有机化合物分子结构的重要手段。

1. *质子的自旋和核磁共振* 原子核可以自旋，由于原子核带电荷，所以原子核在自旋时会产生磁距。氢原子核（H_1^1 即质子）在自旋时当然也会产生磁距，磁距是一个矢量，有方向性。如图 17-10。

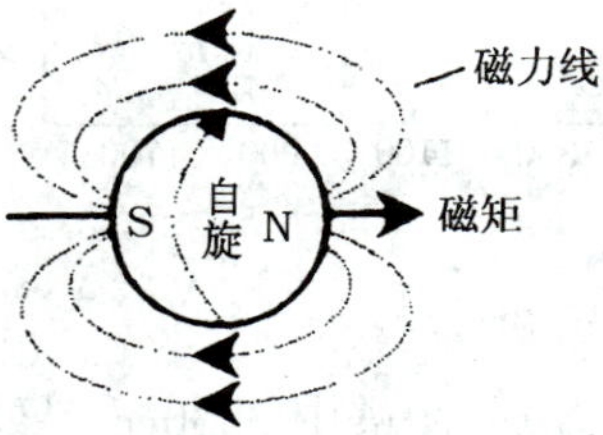

图 17-10 质子自旋的磁矩方向

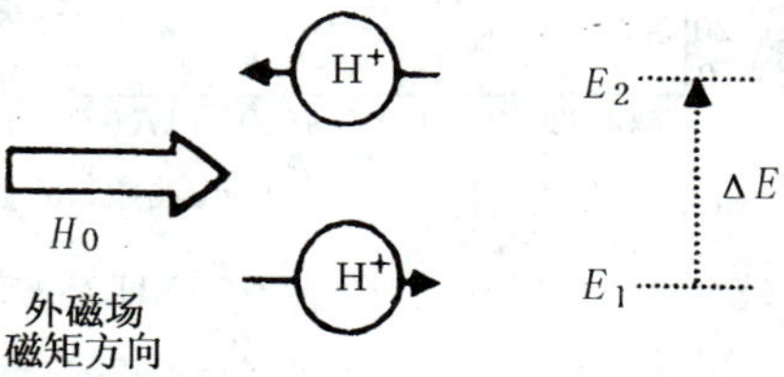

图 17-11 质子自旋的能级

将自旋的质子放在一个外磁场中，质子在自旋的同时将在磁场的作用下产生回旋，原子核的磁距可以有两种取向：① 与外磁场的磁距方向相同，这种情况下，质子处于自旋的低能级状态（E_1）；② 与外磁场的磁距方向相反，此时质子处于自旋的高能级状态（E_2）（图 17-11）。

自旋能级之差与回旋频率有关：

$$E_2 - E_1 = \Delta E = h\nu \qquad (1)$$

式中，h 为普朗克常数；ν 为质子在外磁场作用下的回旋频率。

由于质子的回旋是受外磁场影响的，所以此能级差与外磁场有关：

$$\Delta E = rh\frac{H_0}{2\pi} \qquad (2)$$

式中，r 为核旋比，质子的核旋比 = 26750；h 为普朗克常数；H_0 为外磁场强度（高斯 G，Gauss）

由（1）和（2）可得：

$$h\nu = rh\frac{H_0}{2\pi}$$

$$\nu = \frac{r}{2\pi}H_0$$

公式说明，质子要产生自旋能级的跃迁，需要吸收一定频率的电磁波，而电磁波频率的高低又和外磁场强度有关。例如，要使低自旋能级的质子吸收 60 兆赫（MH）的电磁波而跃迁到高自旋状态时，要求外磁场强度应为 14100 高斯。如果要使质子吸收 100 兆赫的电磁波产生自旋跃迁，则需要 23500 高斯的外磁场与之相匹配。

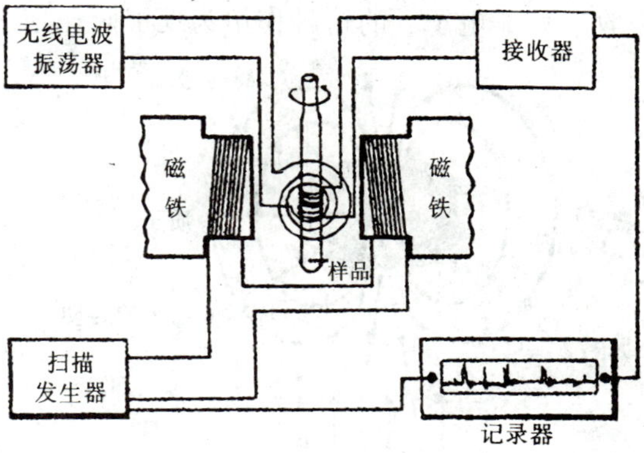

图 17-12　核磁共振仪示意图

核磁共振仪就是这样一种仪器，它是由高磁场强度的永久磁铁（如磁场强度可达 1 万或 2 万高斯）、具有固定频率的无线电波振荡器（一般采用 60 或 100 兆赫的频率）、扫描发生器、接受器、记录器以及样品管组成，将样品放在磁铁的两个磁极之间，使样品的质子产生回旋的能级分裂，用固定频率（如 60 兆赫）的无线电波照射，然后在扫描器的线圈中通直流电，使扫描器产生一个小的磁场，逐步增强此磁场强度，但总磁场强度（永久磁铁的磁场强度加上扫描器的磁场强度）$H_0 = \frac{2\pi}{\gamma}v$ 时，则可以产生共振吸收并由记录器记录下来，即共振吸收谱。

2. 化学位移　除个别例外，有机化合物分子都含有氢原子。氢原子的原子核——质子都有相同的核旋比 r 值，那么它们就应在同样的磁场强度产生共振吸收，如果是这样，在结构判断中就无任何意义。

实际上，有机化合物分子中的氢原子都不可能是游离的、独立的氢原子，它们都处于一定的化学环境中，例如乙醇（CH_3CH_2OH）中有六个氢原子，它们可分别有三种不同的化学环境：

① 和氧原子直接相连的一个氢原子；

② 和一个与氧原子、一个与碳原子相连的碳原子上的两个氢原子，即—CH_2—中的两个氢原子；

③ 仅和一个碳原子相连的碳原子上的三个氢原子，即 CH_3 上的三个氢原子。这种化学环境的不同主要表现为屏蔽效应和反屏蔽效应。

（1）屏蔽效应：有机化合物的氢原子都以 σ 键和其它原子相连接，而与氢原子相连接的 C、O、N、S 等原子又可以 σ 键或（$\sigma+\pi$）键与其它原子相连接，这种不同原子间的连接和不同的键合形式，就是氢原子的化学环境。

氢原子周围的 σ 电子云也在运动，在外磁场的诱导下，它会产生一个磁距与外磁场方向相反的感应磁场，它会降低作用于氢原子上的有效磁场强度。这时，只有加大外磁场的强度，才能使氢原子发生共振吸收。σ 电子云降低有效磁场强度的作用称为屏蔽作用。由于和氢原子核相连的原子的电负性不同以及电子效应的影响，不同化学环境的氢原子周围的 σ 电子云密度也不相同，因此有不同程度的屏蔽效应。

和氢原子相连的原子如果还以 π 键与其它原子相键合，π 电子云在外磁场的诱导作用下将会产生一个与外磁场方向一致的感应磁场，这种磁场将降低 σ 电子云的屏蔽作用，或者说它将加大作用于氢原子核的有效磁场，从而只需要较小的外加磁场强度就可以产生质子的共振吸收。称 π 电子云的这种作用为反屏蔽作用，也可称为负屏蔽或去屏蔽作用。

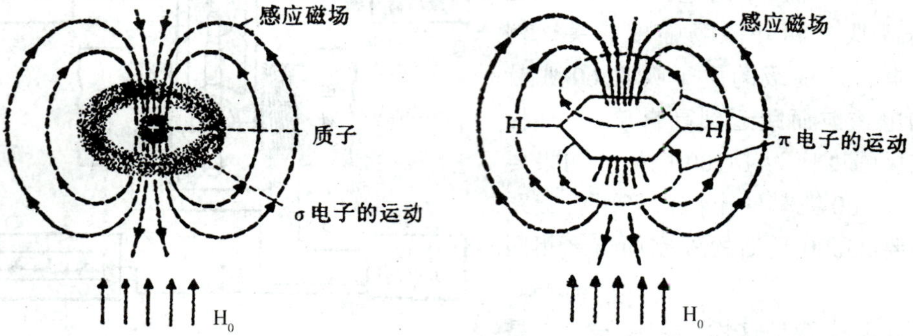

图 17-13 屏蔽作用和反屏蔽作用

这种由于屏蔽作用和反屏蔽作用而使氢原子核的吸收信号向外加磁场的高场或低场方向移动的现象称为化学位移。化学位移是受氢原子的化学环境所影响的，不同的化学环境将产生不同程度的化学位移。例如二甲醚 CH_3OCH_3 中六个氢原子处于同一化学环境，所以它只有一个吸收信号（吸收峰）；二乙醚 $CH_3CH_2OCH_2CH_3$ 中的十个氢原子有两种不同的化学环境，所以可以有两个吸收峰，而乙醇 CH_3CH_2OH 正如上面所指的，它的六个氢原子有三种不同的化学环境，所以产生三个吸收峰。

（2）化学位移的表示方法：在实验条件下，不受任何屏蔽和反屏蔽作用的氢质子是不存在的，所以不可能以这种质子作为基点来度量化学位移，目前一般采用屏蔽效应很大的四甲基硅烷〔TMS，$(CH_3)_4Si$〕作为标准，四甲基硅烷的十二个氢原子都处于同一化学环境，只能产生一个吸收峰。由于碳原子和硅原子的电负性又都很小，氢原子周围的 σ 电子云密度比几乎所有的其它有机化合物都大，所以屏蔽效应也很大，它的吸收峰将出现在高磁场处，并被记录在最右边。有机分子中的其它氢原子的屏蔽效应都比四甲基硅烷中的氢原子小，它们的吸收峰的磁场强度也都小于四甲基硅烷，因此吸收信号将出现在四甲基硅烷左侧。其中屏蔽效应较大的，吸收峰位置离四甲基硅烷较近；屏蔽效应较小的氢原子，吸收峰的位置离四甲基硅烷较远。

化学位移最直接的表示方法应该是外磁场的强度，但由于磁场强度难于精确测量，所以它不是一个理想的数据，在实践上是根据 $\nu = rH_0/2\pi$ 的关系，用频率 ν 来度量化学位移。由于无线电波频率值又受仪器所使用的频率的影响，如二乙醚中，—CH_2—和—CH_3 相对于 TMS 的化学位移在仪器使用 60 兆赫的无线电波频率是，分别为 202 赫兹和 69 赫兹，而对于 100 兆赫无线电波频率的仪器，则它们的相对化学位移又分别为 337 赫兹和 115 赫兹。为了避免仪器的影响，现在一般用样品位移的赫兹数与仪器的无线电波频率的赫兹数之比 δ 来度量化学位移。

$$\delta = \frac{\text{样品位移的频率（Hz）}}{\text{仪器所用的无线电波频率（Hz）}} \times 10^6$$

$$=\frac{\nu_{样品}-\nu_{TMS}}{\nu_{仪器}}\times 10^6$$

表 17-7 各种类型氢原子的化学位移（δ）值

质子类型	δ	质子类型	δ
▽—H	0.2～0.9	—C(=O)—C—H 酮	2～2.7
R—CH_3 伯烷基	0.9	—C(=O)—O—C—H 酯	2～2.2
R_2CH_2 仲烷基	1.3	R—O—C—H 醚	3.3～4
R_3CH 叔烷基	1.5	HO—C—H 醇	3.4～4
>C=C<H 烯	4.6～5.9	X—C—H 卤代烃*	2～4.5
—C≡C—H 炔	2～3	R—O—H 醇羟基**	1～6
Ar—H 芳基	6～8.5	Ar—O—H 酚羟基**	4～12
Ar—CH_3 芳基侧链	2～3	R—C(=O)—O—H 羧基**	10～12
—C(=O)—H 醛	9～10	R—N(H)H 胺**	1～5

注：*：卤代烃中质子的化学位移与卤原子有关；

**：受溶剂、温度、浓度的影响而有所改变。

有些仪器的化学位移也使用 τ 值表示，并定义 $\tau=10-\delta$。

（3）核磁共振谱图：核磁共振谱是以化学位移为横坐标绘制的，(有的谱图上也注出位移的赫兹数)，核磁共振的吸收强度是用吸收峰所包括的面积来度量的。各吸收峰的面积之比等于各种类型的质子数之比，如图 17-14 所示。

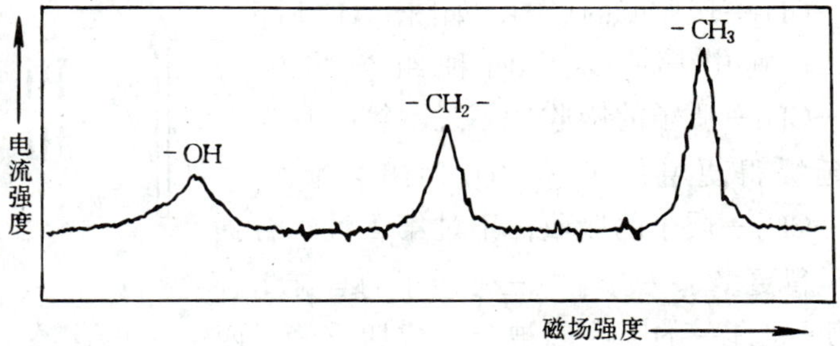

图 17-14 乙醇的核磁共振吸收

3．自旋偶合和自旋分裂 图 17-14 所介绍的乙醇的赫兹共振谱是用低分辨率的核磁共振仪所绘制的，如果采用高分辨率的核磁共振仪绘制乙醇的核磁共振谱图，可以发现，表现为—CH_3 的质子吸收峰被分裂成三重峰，而表现为—CH_2—质子的吸收峰被分裂成四重峰。如图 17-15 所示。

图中的细线是仪器画出的积分线，积分线每一梯级的高度之比等于各吸收峰的面积之比，也就是各种不同化学环境的氢质子数之比。

各吸收峰的分裂情况是由其相邻的各质子自旋的相互干扰影响的，这种质子自旋的相互干扰被称为自旋偶合，由于自旋偶合而影响相邻的质子吸收峰发生分裂的情况称为自旋分裂。

仍以乙醇为例，进一步讨论自旋偶合和自旋分裂。

一个质子会因自旋而产生一个小磁场 H′，如果 H′磁矩方向与外磁场 H_0 的方向相同，其相邻近的质子感受到的总有效磁场强度就是 H_0+H'，邻近的质子就会提早给出吸收信号；如果 H′的磁距方向与外磁场 H_0 的方向相反，邻近质子感受到的磁场强度将是 H_0-H'，邻近质子就会延缓给出吸收信号。而每一个质子由于自旋而产生的小磁场 H′的磁矩方向则是随机的。

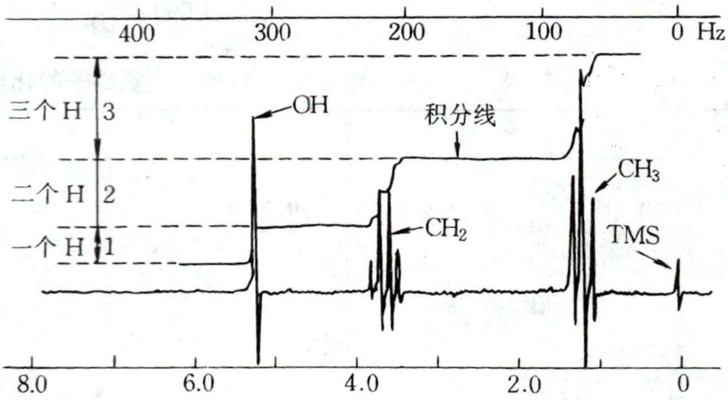

图 17-15　高分辨率的乙醇核磁共振谱
（图示出峰的分裂情况）

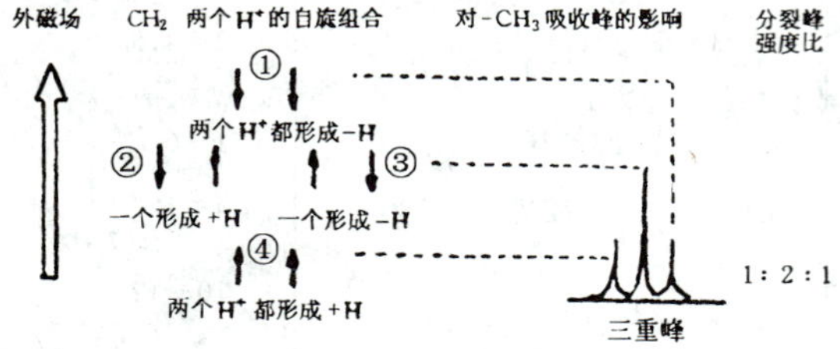

图 17-16　$—CH_2—$自旋对$—CH_3$ 吸收峰的影响（三重峰的形成）

乙醇分子中的$—CH_2—$基团的两个氢质子自旋的组合情况和对邻近的$—CH_3$ 质子吸收峰的影响如图 17-16 所示。

由于物质中分子数目是众多的，所以两个质子的四种自旋组合情况的几率应该是相等的，即各占四分之一。第①种情况将延缓$—CH_3$ 质子的吸收，第②、第③种情况对$—CH_3$ 质子的吸收没有影响，第④情况将提早$—CH_3$质子的吸收，所以把$—CH_3$ 质子的吸收峰分裂成三重峰，其强度为 1∶2∶1。

再考虑$—CH_3$ 的自旋组合情况和它对$—CH_2—$吸收峰的影响，如图 17-17 所示。

其中第①、②两种组合将延缓$—CH_2—$质子的吸收，不过，第①种组合延缓得更甚；第③、④种组合将提早$—CH_2—$质子的吸收，不过第④种组合提早得更多。$—CH_3$ 中三个质子的自旋组合使$—CH_2—$的吸收峰被分裂成四重峰，四个小峰的强度比为 1∶3∶3∶1。

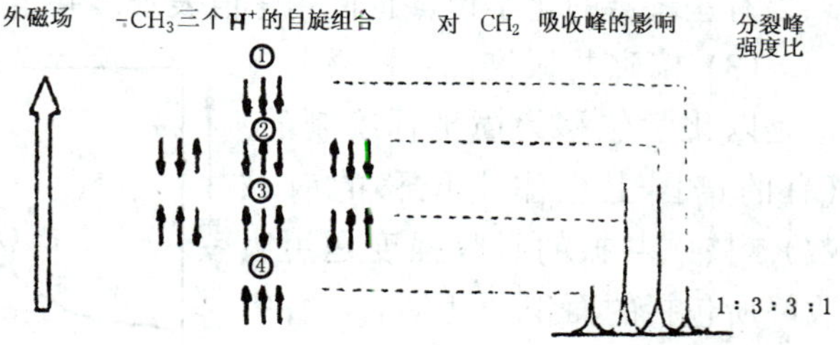

图 16-17　$—CH_3$ 三个质子的自旋组合对$—CH_2—$吸收峰的影响

如果是四个同型质子，可使相邻的质子吸收峰分裂成五重峰，n 个同型质子，可使相邻质子吸收峰分裂成（n+1）重峰，这叫作 n+1 规律。

自旋偶合通常只产生在相邻碳原子的 H 上，相距较远的就没有什么影响，所以可以从某一吸收峰的分裂情况判断其相邻的同型氢原子的数目。

4. 核磁共振谱的应用　如前面所指出的，核磁共振谱在碳胳的研究上有着重要价值，兹略举两例以说明这一问题。

例一：化合物 C_3H_6O 的核磁共振谱如图 17-18。

从核磁共振谱中可以看出：

① 它有三种吸收峰，所以应该有三种类型的氢原子。

② 三个峰的积分线高度比为 1∶2∶3，而总共有六个氢原子，说明这三种类型的氢原子分别为一个、两个和三个。

③ 1.0 处的吸收峰被分裂成三重，2.4 处的吸收峰被分裂成四重，说明它们分别应为—CH_3 基（1.0 处）和—CH_2—基（2.4 处）。

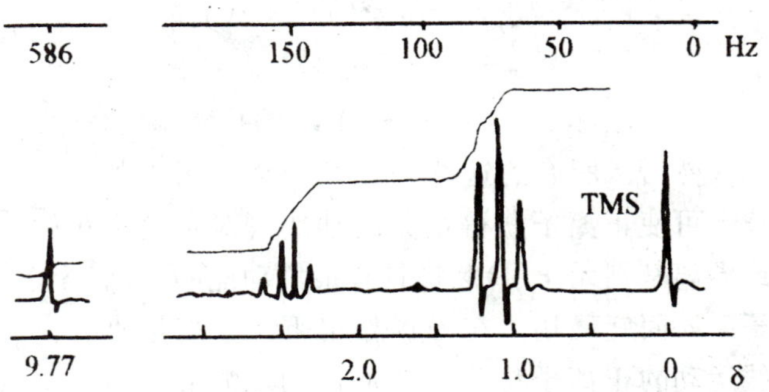

图 17-18 C_3H_6O 的核磁共振谱

④ 9.77 处的吸收峰是醛基氢原子的特征化学位移，而且从 1.0 和 2.4 处的吸收峰为乙基（—CH_2CH_3）也可推知，剩下的基团应为—CHO，所以，此化合物最大的可能是 CH_3CH_2CHO。

例二：化合物 $C_3H_8O_2$，红外谱图上，在 1730cm^{-1}处有一强吸收峰；核磁共振谱上有三个吸收峰，它们是 δ＝3.6，为单峰（三个 H）；δ＝2.4，为四重峰（两个 H）；δ＝1.15，为三个峰（三个 H）。

从红外谱图中，1730cm^{-1}处有一强吸收峰；说明该化合物含有羰基（醛、酮、酸或酯可参见表 17-6），两个 H 的四重峰和三个氢的三重峰说明有一个乙基存在；三个氢的单峰说明其邻近不存在有 C—H 键，即此甲基应与上面的乙基是隔开的。所以此化合物应该是丙酸甲酯（$CH_3CH_2COOCH_3$）或乙酸乙酯（$CH_3COOCH_2CH_3$）。

上面讨论的核磁共振都是从质子的核磁共振出发的，所以叫做质子核磁共振谱（符号 PMR），一般所讲的核磁共振都属于此种类型。现在也有用碳元素的 C^{13}的核磁共振仪问世，由 C^{13}产生的核磁共振又称碳谱（CMR），碳谱比氢谱更为复杂，这里不作介绍。

五、质 谱（MS）

质谱主要用于对有机化合物分子量的测定，此外，对确定有机化合物的分子式和结构也有一定的意义。特别是对痕迹量的化合物，用紫外、红外、核磁共振都难以确定其分子结构时，质谱法就显得更有价值。

质谱法首先要求将有机化合物气化成气态且不得分解，然后将此气态的化合物分子在高真空的条件下受到高能（50～100 eV）的电子流轰击。由于一般有机物分子的第一电离势约为 10ev 左右，因此有机物分子将在此强电子流轰击下电离：

$$\underset{\text{有机物分子}}{M} + \underset{\text{电子}}{e} \longrightarrow \underset{\text{分子离子}}{M^+} + 2e$$

所形成的 M＋称为分子离子或母离子。

分子离子一般都不甚稳定，它可以自发地或者在电子流的轰击下继续分裂成更小的碎片，这些碎片也有可能再分裂或者彼此间聚合。以正丁烷为例，其裂解情况为：

$$C_4H_{10} + e \longrightarrow C_4H_{10}^+\ (M^+) + 2e$$

$$C_4H_{10}{}^+ \longrightarrow C_4H_9^+ + \cdot H$$

$$\longrightarrow C_3H_7^+ + \cdot CH_3$$

$$\longrightarrow CH_3^+ + \cdot C_3H_7$$

$$\longrightarrow C_2H_5^+ + \cdot C_2H_5$$

$$C_3H_7^+ \longrightarrow C_3H_5^+ + H_2$$

然后，所有的这些碎片在一个电场中加速，可使正离子获得很大的动能（对负离子或游离基则无作用），将具有很大动能的正离子射入回旋磁场，在磁场作用下，原来呈直线运动的正离子将改作弧形运动，弧形弯曲的程度和正离子的质荷比（m/e）有关，质荷比越大，弯曲程度越小。质谱仪的出口是一个很窄的狭缝，在一定的磁场强度下只能让一种质荷比的离子通过。通过扫场（连续改变磁场强度）便可使各种质荷比的离子依次通过出口，经放大器和自动记录器记录，可以得到质谱图。

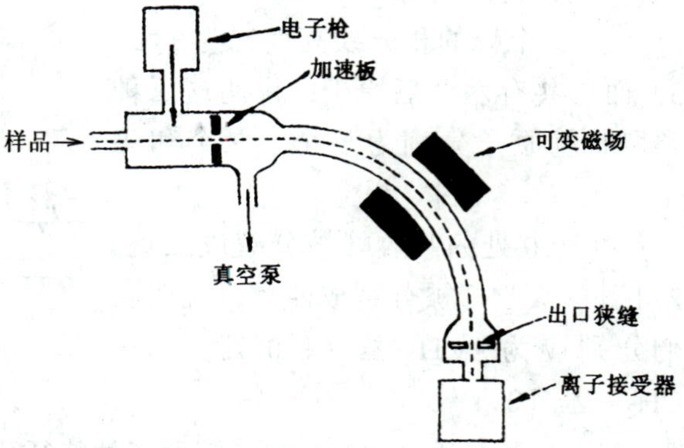

图 17-19 质谱仪示意图

质谱仪的构造原理如图 17-19。

绘制的质谱图是以质荷比作横坐标，各种离子的相对丰度为纵坐标，并以丰度最大的一种离子为100%，称这种相对丰度最大的离子峰为基峰或标准峰。图 17-20 是正丁烷的质谱峰。

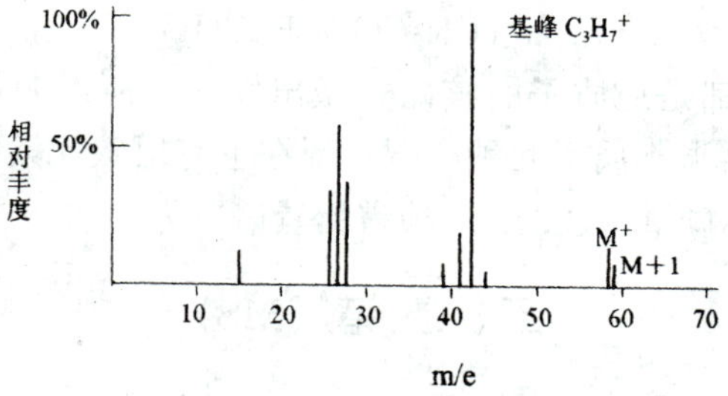

图 17-20 正丁烷的质谱图

判断分子离子峰（M^+峰）是看质谱图的关键，质荷比最大的峰不一定是分子离子峰，还要根据其它的峰作综合判断。

在正丁烷的质谱图中，可以见到 M^+ 峰（$m/e=58$）的左侧有一个 $m/e=59$ 的小峰，称为 M+1 峰，这是同位素的影响所造成的，称为同位素峰，根据分子组成的情况，同位素峰可表现为 M+1 或 M+2 两种峰。依据同位素峰和裂解出来的其它离子峰，还可推断化合物的分子式和结构式。

习题十七

1. 解释下列名词：

   助色团、生色团、红移、自旋偶合、自旋分裂、化学位移、指纹区

   UV、IR、NMR、PMR、MS、λ_{max}、$\nu_{C—H}$、M^+峰、M+1 峰、m/e

2. 化合物 A 的紫外吸收带是 λ_{max} 242nm（10 000），B 的紫外吸收带 λ_{max} 320nm（8 000）；有 A 和 B

的混合物，紫外吸收为 242nm（ε = 3 000），320nm（ε = 1 600），求 A、B 的摩尔比。

3．化合物 $C_6H_{12}O$，在官能团区有两个 IR 吸收峰 2 950cm^{-1}，3 350cm^{-1}，它的可能结构是什么？

4．指出下列化合物 NMR 吸收峰的数目和每一个吸收峰的分裂情况：

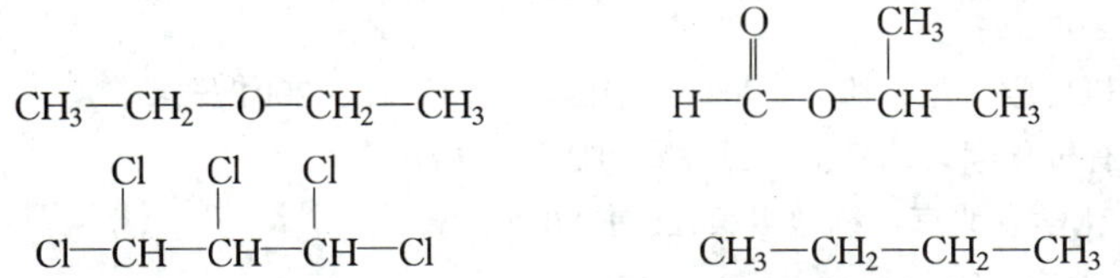

5．用 NMR 区分下列各组化合物：

① $Cl_2CH—CH_3$ 和 $Cl—CH_2—CH_3$

② $CH_3—CH_2—CH_3$ 和 $CH_3—CH_2—CH_2—CH_3$

③ $CH_3CH_2CH_2CH_2CH_3$ 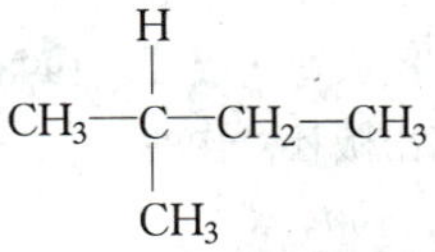 和 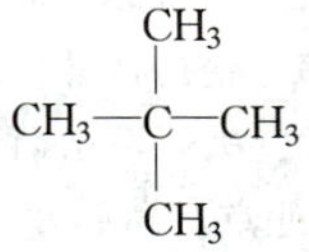

6．化合物 $C_6H_4Cl_2$，其 NMR 只有一个信号，推测此化合物的结构。

7．化合物 $C_4H_{10}O$，IR 谱在 2950cm^{-1}有一个吸收峰，无其它官能团区吸收，NMR 谱情况为 δ4.1（七重）、δ3.1（单峰）、δ1.55（双峰），其积分比 1:3:6，推测该化合物的结构。

8．化合物 C_2H_4O 的波谱数据为 UV：210nm 以上没有吸收峰，IR 官能团区只有 2950cm^{-1}处的强吸收峰而无其它峰，NMR 只有一个单峰，此化合物的可能结构如何？

9．苯甲酸在 273nm 处 ε = 970（水），它的水溶液在此波段透过 1cm 长的试样槽的透过率为 40%，求此溶液的浓度 C。

10．下图是 $(CH_3)_2C(OH)CH_2COCH_3$ 的核磁共振谱，问

①分子中有几种化学环境不同的质子？

②写出各峰的化学位移。

③推测每一个峰是分子中哪种质子产生的？

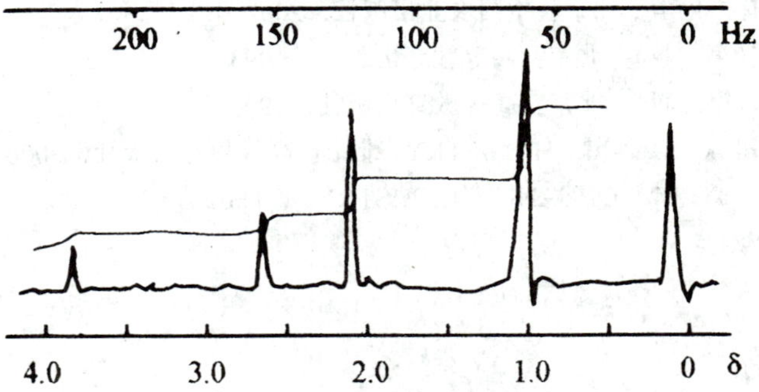

图 17-21 $(CH_3)_2C(OH)CH_2COCH_3$ 的核磁共振谱

参考文献

1. 董雍年，丁起盛，康俊卿．有机化学（第二版）．北京：中国林业出版社，2001
2. 邢其毅，徐瑞秋，周政．基础有机化学．北京：人民教育出版社，1980
3. 莫里森 RT，博伊德 RN．有机化学．北京：科学出版社，1980
4. 汪小兰．有机化学（第三版）．北京：高等教育出版社，1997
5. 南京大学化学有机化学教研室．有机化学（上下册）．北京：人民教育出版社，1980
6. 王积涛，胡青眉，张立申，王永梅．有机化学．天津：南开大学出版社，1993
7. 叶秀林．立体化学．北京：北京大学出版社，1999．
8. 沈同，王镜岩，赵邦悌．生物化学．北京：人民教育出版社，1998
9. 郭定成．植物生物化学．太原：山西科学教育出版社，1988
10. 胡宏文．有机化学．北京：高等教育出版社，1994
11. 叶孟兆．有机化学．北京：中国农业出版社，2000
12. 胡宏文．有机化学．北京：高等教育出版社，1994
13. 蒋硕健，丁有骏，李明谦．有机化学（第二版）．北京：北京大学出版社，1996
14. 张振权，唐吉康，高连奎，贾国祥．有机化学．长春：东北师范大学出版社，1989
15. 邢其毅，徐端秋，周政，裴伟伟．基础有机化学（第二版下册）．北京：高等教育出版社，1993
16. 伍越寰，李伟昶，沈晓明．有机化学．合肥：中国科学技术大学出版社，1994
17. 金世美．有机分析教程．北京：高等教育出版社，1992
18. 柴慧瑛，杨涵贞．有机化学（第二版）．北京：中国林业出版社，1996
19. 李述文，范如霖编译．实用有机化学手册．上海：上海科学技术出版社，1981
20. 伍越寰．有机结构分析．合肥：中国科学技术大学出版社，1993
21. 陈法，宋启泽．有机波谱分析．北京：北京理工大学出版社，1994
22. 夏百根，黄乾明．有机化学．北京：中国农业出版社，2002
23. 徐寿昌．有机化学（第二版）．北京：高等教育出版社，1993
24. 曾昭琼．有机化学（第三版）．北京：高等教育出版社，1993
25. Meieslich E.K.，et al．ORGANIC CHEMISTRY．北京：高等教育出版社，2000
26. Graham Solomons T W．ORGANIC CHEISTRY（THIRD EDITION）．New York：JOHN WILEY&SONS，1984